개정판

현 대 대 수 학

이민섭 지음

KyoWooSa 敎 友 社

머리말

대수학은 정수, 유리수, 실수 등 구체적인 모형에서 성립하는 기본개념을 추출하여 공리계를 설정하고 이들 공리계를 만족하는 추상적인 모형을 연구하여 얻은 결과를 다시 구체적인 모형으로 만드는 학문이다. 구체적이고 실제적인 모형은 자연과학, 공학은 물론 인문사회과학의 문제를 해결하는 과정을 거치면서 발전하고 있다. 최근 IT 공학에의 응용은 대수학의 중요성을 더욱 부각시키고 있다.

이 책은 학부과정 학생들을 위한 2학기간의 강의 교과서 및 참고서적으로 사용할 수 있도록 필요한 대수학에 관한 내용을 거의 모두 포함하고 있다. 또한, 저자는 가능한 한 독자의 입장에서 구체적인 많은 예제들을 대하면서 어려운 추상적인 개념을 이해할 수 있도록 집필하려 노력하였으며 귀찮은 증명을 요하는 정리의 증명도 가급적 자세하게 설명하려고 노력하였다. 이 책이 관련분야에 관심을 가진 많은 분들에게 다소라도 도움이 되기를 기대한다. 그러나 이러한 노력에도 불구하고 독자들에게 다소 부족한 점이 있을 것으로 생각되며 독자들의 많은 질타와 격려를 기대한다.

이 책의 구성은 평범하게 모두 네 부분으로 구분하였다. 제1장은 현대대수학을 이해하는데 필요한 기초사항을 정리하였으며 제2장에서 군에 관한 이론을 다루고 제3장에서 환에 관한 이론을 다루었으며 마지막 장에서 체에 관한 이론을 다루었다.

이 저술은 2005년도 단국대학교 대학연구비지원에 의하여 발간되었음을 밝힌다. 또한 이 책이 태어나도록 도와주신 교우사 및 단국대학교 암호교실 여러분들에게 감사드린다. 특히, 이 책의 마지막 마무리를 할 수 있도록 Purdue 대학에 본인을 초청하고 여러 가지 연구여건을 제공하여 주신 Purdue 대학교 전산학과에 계신 박기홍 교수에게 진심으로 감사드린다.

지 은 이

차 례

제 3 장 환론 / 187

제 4 장 확대체 / 323

제 1 장
기초사항

1.1 집합과 관계

일반적으로 어떤 대상이 그 모임에 속하는지 또는 속하지 않는지 객관적으로 분명한 모임을 **집합**(set)이라 하고 그 모임에 속하는 대상을 **원소**(element)라고 한다. 이와 같은 집합과 원소는 수학의 여러 대상을 표현하는 도구로 사용되고 있다. 집합들 중에는 원소를 갖지 않는 특수한 집합이 존재한다. 이를 **공집합**(empty set)이라 하며 기호 ϕ로 나타낸다.

두 집합 A와 B가 주어져 있을 때, B의 모든 원소가 A의 원소이면 B를 A의 **부분집합**(subset)이라 하고 기호 $B \subseteq A$ 또는 $A \supseteq B$로 나타낸다. 특수한 예로 공집합은 모든 집합의 부분집합이다. 또한, $B \subseteq A$이고 $A \subseteq B$일 때 A와 B는 **같은 집합**이라 하고 기호 $A = B$로 나타낸다. 한편, $B \subseteq A$이고 $B \neq A$일 때, B를 A의 **진부분집합**(proper subset)이라 하고 기호 $B \subset A$ 또는 $B \subsetneq A$로 나타낸다.

집합 A의 원소 중에 조건 p를 만족시키는 원소의 집합을

$$\{x \in A \mid p(x)\} \text{ 또는 } \{x \mid x \in A,\ p(x)\}$$

로 나타낸다. 두 집합 A와 B가 주어져 있을 때, A와 B 중에 어느 한쪽 또는 양쪽 모두에 속하는 원소들의 집합을 A와 B의 **합집합**(union)이라 하고, 이를 기호

$$A \cup B = \{x \mid x \in A \text{ 또는 } x \in B\}$$

로 나타낸다. 한편, 두 집합 A와 B가 주어져 있을 때, A와 B의 양쪽 모두에 속하는 원소들의 집합을 A와 B의 **공통집합**(intersection)이라 하고, 이를 기호

$$A \cap B = \{x \mid x \in A \text{이고 } x \in B\}$$

로 나타낸다. 특히, $A \cap B = \phi$일 때 두 집합 A와 B는 **서로소**라 한다. 두 집합 A와 B가 주어져 있을 때, A에는 속하고 B에는 속하지 않는 원소들의 집합을 A의 B에 대한 **차집합**(difference)이라 하고, 기호

$$A - B = \{x \mid x \in A \text{이고 } x \notin B\}$$

로 나타낸다.

여집합을 정의하기 위하여 모든 집합을 부분집합으로 가지는 **전체집합**(universal

set)이 제한적으로 이용되며 기호 U로 나타낸다. 이러한 관점에서 집합 $U-A$를 A^C로 나타내고 U에 대한 A의 상대적 여집합을 간단히 **여집합**(complement)이라 하고 기호로 다음과 같이 나타낸다.

$$A^C=\{x \mid x \notin A\}$$

앞에서와 같이 정의된 연산 아래 다음 성질들이 성립한다.

정리 1.1.1 임의의 집합 A, B, C에 대하여

(1) $A \cup B = B \cup A$ $A \cap B = B \cap A$

(2) $(A \cup B) \cup C = A \cup (B \cup C)$ $(A \cap B) \cap C = A \cap (B \cap C)$

(3) $A \cup \phi = A$ $A \cap \phi = \phi$

(4) $A \cup U = U$ $A \cap U = A$

정리 1.1.2 임의의 집합 A, B, C에 대하여

(1) $(A \cup B) \cap C = (A \cap C) \cup (B \cap C)$ $(A \cap B) \cup C = (A \cup C) \cap (B \cup C)$

(2) $(A \cup B)^C = A^C \cap B^C$ $(A \cap B)^C = A^C \cup B^C$

정리 1.1.2의 (2)는 **DeMorgan 정리**로 잘 알려진 정리이다.

집합의 원소의 개수를 음이 아닌 정수로 나타낼 수 있을 때, 그 집합을 **유한집합**(finite set)이라 하고, A의 원소의 개수를 $\#(A)$ 또는 $|A|$로 나타낸다. 집합 A가 유한집합이 아닐 때, **무한집합**(infinite set)이라고 한다.

이 책에서 자주 쓰이는 집합의 기호들은 다음과 같다.

$\mathbb{N}$ =모든 양의 정수들의 집합

$\mathbb{Z}$ =모든 정수들의 집합

$\mathbb{Q}$ =모든 유리수들의 집합

$\mathbb{R}$ =모든 실수들의 집합

$\mathbb{C}$ =모든 복소수들의 집합

두 개 이상의 개념을 동시에 생각하는 Cartesian 곱은 매우 중요하다.

정의 1.1.3 공집합이 아닌 집합 A_1과 A_2에 대하여 A_1의 모든 원소 a_1과 A_2의 모든 원소 a_2를 짝지은 원소 (a_1, a_2)의 집합을 A_1과 A_2의 Cartesian 곱이라 하고 기호 $A_1 \times A_2$로 나타낸다. 이때, $A_1 \times A_2$의 원소를 **순서쌍**이라 하고 두 순서쌍 (a_1, a_2)와 (b_1, b_2)에 대하여,

$$(a_1, a_2) = (b_1, b_2) \text{는 오직 } a_1 = b_1 \text{이고 } a_2 = b_2$$

일 때만 성립하는 것으로 약속한다. 특히 $A_1 = A_2 = A$일 때, $A_1 \times A_2$를 $A \times A$ 또는 간단하게 A^2으로 나타낸다.

Cartesian 곱에 관한 예를 들면 다음과 같다.

[예제 1.1.1] (1) 두 유한집합 $A_1 = \{1, 2, 3\}$과 $A_2 = \{ㄱ, ㄴ\}$에 대하여

$$A_1 \times A_2 = \{(1, ㄱ), (2, ㄱ), (3, ㄱ), (1, ㄴ), (2, ㄴ), (3, ㄴ)\}$$

(2) 유한집합 $A = \{1, 2, 3\}$에 대하여

$$A \times A = \{(1, 1), (1, 2), (1, 3), (2, 1), (2, 2), (2, 3), (3, 1), (3, 2), (3, 3)\}$$

(3) 실수들의 집합 $\mathbb{R}$에 대하여, $\mathbb{R} \times \mathbb{R} = \mathbb{R}^2$은 2차원 평면공간을 나타낸다. 즉, $\mathbb{R}^2 = \{(x, y) \mid x, y \in \mathbb{R}\}$이다.

일반적으로 두 집합의 Cartesian 곱은 확장이 가능하다. 이를테면, 집합 $A_i (i = 1, 2, \cdots, n)$에 대하여 $A_1 \times A_2 \times A_3$, $\cdots$, $A_1 \times A_2 \times \cdots \times A_n$을 정의할 수 있으며, 같은 방법으로 3차원 공간 $\mathbb{R} \times \mathbb{R} \times \mathbb{R} = \mathbb{R}^3$을 정의할 수 있으며 귀납적으로 n차원 공간 $\mathbb{R}^n$을 정의할 수 있다.

두 유한집합 A_1과 A_2의 Cartesian 곱은 유한집합이고, Cartesian 곱 $A_1 \times A_2$가 유한집합일 필요충분조건은 집합 A_1과 A_2가 유한집합이다. 실제로, A_1과 A_2가 유한집합일 때, $|A_1 \times A_2| = |A_1||A_2|$이다.

정의 1.1.4 공집합이 아닌 집합 A에 대하여 A^2의 부분집합 R을 A 위에서의 **관계**(relation)라 하고, $(x, y)\in R$일 때 x는 y와 **관계가 있다**고 한다. 즉,

$$R=\{(x, y)\in A\times A \mid x\text{와 } y\text{는 적당한 조건을 만족한다}\}$$

순서쌍 $(x, y)\in R$를 기호 xRy 또는 $x\sim y$로 나타낸다. 특히, R이 다음 세 조건을 만족할 때 **동치관계**(equivalence relation)라고 한다.
(i) R : 반사(reflexive) $\Leftrightarrow$ A의 임의의 원소 x에 대하여 $(x, x)\in R$이다.
(ii) R : 대칭(symmetric) $\Leftrightarrow$ $(x, y)\in R$이면 $(y, x)\in R$이다.
(iii) R : 추이(transitive) $\Leftrightarrow$ $(x, y)\in R$이고 $(y, z)\in R$이면 $(x, z)\in R$이다.

관계에 관한 몇 가지 예를 들면 다음과 같다.

[예제 1.1.2] 집합 $A=\{1, 2, 3\}$에 대하여

$$A^2=\{(1, 1), (1, 2), (1, 3), (2, 1), (2, 2), (2, 3), (3, 1), (3, 2), (3, 3)\}$$

이고 A^2의 부분집합은 2^9개이므로 A 위에서의 관계는 모두 2^9가지가 존재한다. 다음과 같이 주어진 관계

$$R_1=\{(1, 1), (2, 2), (3, 3)\}$$
$$R_2=\{(1, 1), (1, 2), (1, 3), (2, 2), (3, 3)\}$$
$$R_3=\{(1, 1), (1, 2), (2, 1), (2, 2), (3, 3)\}$$
$$R_4=\{(1, 2), (2, 1), (2, 3), (3, 2), (1, 3), (3, 1)\}$$

에서 R_1과 R_3는 동치관계이고 R_2와 R_4는 동치관계가 아니다. 이들 관계 중에 R_1, R_2, R_4는 두 순서쌍이 만족하는 조건을 이용하여 다음과 같이 표현된다.

$$R_1=\{(x, y) \mid x=y\text{이고 } x, y\in A\}$$
$$R_2=\{(x, y) \mid x\text{는 } y\text{의 약수이고 } x, y\in A\}$$
$$R_4=\{(x, y) \mid x\neq y\text{이고 } x, y\in A\}$$

이제 동치관계에 의하여 만들어지는 부분집합에 관하여 살펴보자.

정의 1.1.5 관계 $(A, \sim)$가 동치관계이고 $x \in A$일 때, x와 관계가 있는 모든 원소들의 집합을 x를 품는 **동치류**(equivalence class)라 하고 기호 $\bar{x}$로 나타낸다. 이때 x를 이 동치류의 **대표원**이라 한다. 즉, x를 품는 동치류를 다시 표현하면

$$\bar{x} = \{a \in A \mid a \sim x\} = \{a \in A \mid x \sim a\}$$

이고 동치류 $\bar{x}$는 집합 A의 부분집합이다.

동치류들에 관하여 다음 성질들이 성립한다.

정리 1.1.6 관계 $R \subseteq A^2$이 $\sim$에 관하여 동치관계를 이룬다고 하면, 동치류들의 집합 $P = \{\bar{x} \mid x \in A\}$는 다음 성질이 성립한다 :

(1) 임의의 원소 $x \in A$에 대하여 $x \in \bar{x}$이다.

(2) 임의의 원소 $x, y \in A$에 대하여 $\bar{x} \cap \bar{y} = \phi$ 또는 $\bar{x} = \bar{y}$이다.

(3) $\bigcup_{x \in A} \bar{x} = A$이다.

즉, $P = \{\bar{x} \mid x \in A\}$는 집합 A를 **분할**(partition)한다고 한다.

[예제 1.1.3] 예제 1.1.2의 R_3에서

$$\bar{1} = \{x \in A \mid x \sim 1\} = \{1, 2\},$$
$$\bar{2} = \{x \in A \mid x \sim 2\} = \{1, 2\},$$
$$\bar{3} = \{x \in A \mid x \sim 3\} = \{3\}$$

이다. 따라서 $\bar{1} = \bar{2}$이고 $P = \{\bar{1}, \bar{3}\}$이다.

같은 방법으로 예제 1.1.2의 R_1에서 $P = \{\bar{1}, \bar{2}, \bar{3}\}$이다.

연습문제 1.1

1. 집합 $X=\{1, 2, \cdots, n\}$의 멱집합의 원소의 개수가 2^n임을 증명하여라.

2. 정리 1.1.1을 증명하여라.

3. 정리 1.1.2를 증명하여라.

4. 예제 1.1.2에서 관계 R_2와 R_4는 동치관계가 아님을 설명하여라.

5. 공집합이 아닌 두 집합 A_1과 A_2에 대하여 다음을 증명하여라.
   (1) 집합 A_1과 A_2가 유한집합이면 $A_1 \times A_2$는 유한집합이고 $|A_1 \times A_2| = |A_1| \times |A_2|$이다.
   (2) 집합 $A_1 \times A_2$가 유한집합이면 집합 A_1과 A_2가 유한집합이다.

6. 정리 1.1.6을 증명하여라.

7. 정수의 집합 $\mathbb{Z}$ 위에서 관계 R을

$$R=\{(a, b) \in \mathbb{Z}^2 \mid a-b\text{는 3의 배수이다}\}$$

   로 정의하였을 때, 다음을 구하여라.
   (1) 관계 R은 동치관계임을 증명하여라.
   (2) 0을 품는 동치류 $\overline{0}$을 집합으로 나타내라.
   (3) 동치류의 집합 P를 구하여라.

1.2 함수와 이항연산

공집합이 아닌 집합 A, B에 대하여 A의 각 원소 a에 대하여 B의 원소 b가 유일하게 대응되는 규칙 f를 A에서 B로의 **함수**(function) 또는 **사상**(map)이라 하고, 기호 $f: A \to B$로 나타내고, 원소 a와 b의 대응을 $b=f(a)$로 나타낸다. 이때, A를 **정의역**(domain)이라 하고 B를 **공역**(codomain)이라 한다. 또한, b를 a에 대한 **상**(image)이라 하고 a를 b에 대한 **원상**(preimage)이라 한다. 또, f에 의한 상 전체의 집합을 $\operatorname{im} f$ 또는 $f(A)$로 나타내고 f의 **상**(image) 또는 **치역**(range)이라고 한다. 즉,

$$\operatorname{im} f = f(A) = \{f(a) \mid a \in A\}$$

이다.

함수의 예 중에 특수한 경우로 공집합이 아닌 집합 A에 대하여 함수

$$f: A \times A \to A, \quad f(x, y) = z$$

를 집합 A 위에서의 **이항연산**(binary operation) 또는 간단히 **연산**이라고 한다. 이때, $f(x, y)$를 xfy라 나타내고 x와 y의 f 연산이라고 한다. 우리가 흔히 사용하는 이항연산을 나타내는 기호로는 $+$, $\times$, $\circ$, $*$ 등이 있다. 이를테면, 함수 $+: \mathbb{R} \times \mathbb{R} \to \mathbb{R}$은 이항연산 $+(a, b) = a+b$로 덧셈의 형식적인 정의이다. 이때, '+은 집합 $\mathbb{R}$ 위에서 **정의된다**' 또는 '집합 $\mathbb{R}$은 연산 +에 관하여 **닫혀있다**'고 한다.

함수들 중에 특수한 성질을 만족하는 다음과 같은 정의를 살펴보자.

정의 1.2.1 함수 $f: A \to B$에서 A의 임의의 서로 다른 원소 a_1, a_2에 대하여 $f(a_1)$과 $f(a_2)$가 서로 다른 함수를 **일대일 함수**(one-to-one function, injection)라고 한다. 다시 설명하면, 함수 $f: A \to B$에서

$$x_1 \neq x_2 \Rightarrow f(x_1) \neq f(x_2) \text{ 즉, } f(x_1) = f(x_2) \Rightarrow x_1 = x_2$$

일 때, 함수 f를 일대일 함수라고 한다. 한편, 함수 $f: A \to B$에서

$$\operatorname{im} f = f(A) = B \text{ 즉, } \{f(a) \mid a \in A\} = B$$

일 때, 함수 f를 A에서 B **위로의 함수**(onto function, surjection)라고 한다. 또한, f가 일대일 함수인 동시에 위로의 함수일 때, f를 **일대일대응 함수**라고 한다. 특히, 일대일대응 함수 $f : A \to A$를 A 위에서의 **치환**(permutation)이라 한다.

이를테면, 집합 A의 임의의 원소 a에 대하여 $f(a)=a$로 정의된 A에서 A로의 함수 f는 일대일대응 함수이다(연습문제). 이와 같은 함수를 집합 A 위에서의 **항등함수**(identity function)라고 하고 기호 1_A로 나타낸다. 즉, A 위에서의 항등함수는 A 위에서의 치환으로 정의역이 분명할 때 1로 나타낸다.

두 함수 $f : A \to B$와 $g : B \to C$에 대하여 아래와 같이 정의되는 함수

$$g \circ f : A \to C, \quad (g \circ f)(x) = g(f(x))$$

를 f와 g의 **합성함수**(composite function)라고 한다.

정리 1.2.2 두 함수 $f : A \to B$와 $g : B \to C$에 대하여 다음이 성립한다.

(1) f와 g가 일대일 함수이면, $g \circ f$도 일대일 함수이다.

(2) f와 g가 위로의 함수이면, $g \circ f$도 위로의 함수이다.

(3) f와 g가 일대일대응 함수이면, $g \circ f$도 일대일대응 함수이다.

특히, $A=B=C$일 때 f와 g가 치환이면, $g \circ f$도 치환이다.

정리 1.2.3 두 함수 $f : A \to B$와 $g : B \to C$에 대하여 다음이 성립한다.

(1) $g \circ f$가 일대일 함수이면, f는 일대일 함수이다.

(2) $g \circ f$가 위로의 함수이면, g는 위로의 함수이다.

정리 1.2.4 두 함수 $f : A \to B$와 $g : B \to A$에 대하여

$$g \circ f = 1_A, \quad f \circ g = 1_B$$

이면 f와 g는 일대일대응 함수이다. 또한, 함수 $f : A \to B$가 일대일대응 함수이

면, 유일한 일대일대응 함수 $g : B \to A$가 존재하여 $g \circ f = 1_A$, $f \circ g = 1_B$를 만족시킨다. 이때, g를 f의 **역함수**(inverse function)라고 하고 g를 f^{-1}로 나타낸다.

위 정리에서 g를 f^{-1}로 나타내면, $f^{-1} \circ f = 1_A$, $f \circ f^{-1} = 1_B$이고 특히,

$$f(a) = b \Leftrightarrow f^{-1}(b) = a$$

이다.

정리 1.2.5 일대일대응 함수에 대하여 다음이 성립한다.

(1) 항등함수 1_A에 대하여 $(1_A)^{-1} = 1_A$이다.

(2) 함수 $f : A \to B$가 일대일대응 함수이면, f의 역함수 $f^{-1} : B \to A$는 일대일대응 함수이고 $(f^{-1})^{-1} = f$이다.

(3) 두 함수 $f : A \to B$와 $g : B \to C$가 일대일대응 함수이면, $g \circ f$도 일대일대응 함수이고 $(g \circ f)^{-1} = f^{-1} \circ g^{-1}$이다.

공집합이 아닌 두 집합 A, B에 대하여 A에서 B로의 일대일대응 함수 $f : A \to B$가 존재할 때 A와 B는 **농도**(cardinality)가 같다고 하고 기호 $|A| = |B|$ 또는 $\#(A) = \#(B)$로 나타낸다. 이를테면, A와 B가 유한집합일 때, A와 B의 농도가 같을 필요충분조건은 두 집합의 원소의 개수가 같을 때이다. 따라서 유한집합인 경우에 유한집합과 그의 진부분집합은 농도가 같지 않다. 그러나 무한집합인 경우에는 무한집합과 그의 진부분집합의 농도가 같을 수 있다. 이를테면, 함수 $f : \mathbb{N} \to 2\mathbb{N}$, $f(x) = 2x$는 일대일 대응함수이므로 자연수의 집합 $\mathbb{N}$과 그의 진부분집합인 짝수들의 집합 $2\mathbb{N}$은 농도가 같다.

실제로 집합 A가 유한집합이면 $|A|$는 A의 원소의 개수로 나타내고 집합 A가 무한집합이면 기호를 사용하여 나타낸다. 이를테면, 정수의 집합 $\mathbb{Z}$의 농도를 $\aleph_0$로 나타내고 실수의 집합 $\mathbb{R}$의 농도를 $\aleph$로 나타낸다. 이와 같은 기호 아래 $|\mathbb{N}| = |\mathbb{Z}| = |\mathbb{Q}| = \aleph_0$이다.

연습문제 1.2

1. A 위에서의 항등함수는 치환임을 증명하여라.

2. 집합 $X_n = \{1, 2, \cdots, n\}$ 위에서 치환들의 개수는 $n!$임을 증명하여라.

3. 정리 1.2.2를 증명하여라.

4. 정리 1.2.3을 증명하여라.

5. 세 함수 $f : A \to B$, $g : B \to C$, $h : C \to D$에 대하여

$$(h \circ g) \circ f = h \circ (g \circ f)$$

을 증명하여라.

6. 정리 1.2.4를 증명하여라.

7. 정리 1.2.5를 증명하여라.

8. 함수 $f : \mathbb{N} \to 2\mathbb{N}$, $f(x) = 2x$는 일대일대응 함수임을 증명하여라.

9. 다음 명제를 증명하여라.
   (1) 집합 $\mathbb{N}$과 양의 유리수의 집합 $\mathbb{Q}^+$는 농도가 같음을 증명하여라.
   (2) 집합 $\mathbb{Z}$와 집합 $\mathbb{Q}$는 농도가 같음을 증명하여라.
   (3) 집합 $\mathbb{N}$과 정수의 집합 $\mathbb{Z}$는 농도가 같음을 증명하여라.
   (4) 집합 $\mathbb{N}$과 집합 $\mathbb{Q}$는 농도가 같음을 증명하여라.
   (5) 집합 $\mathbb{N}$과 집합 $\mathbb{R}$은 농도가 같지 않음을 증명하여라.

1.3 치환과 호환

이 절에서는 앞에서 다룬 치환을 표현하는 방법과 치환의 예를 살펴본다.

원소의 개수가 n개로 주어진 유한집합 위에서의 치환은 집합 $\{1, 2, \cdots, n\}$ 위에서의 치환과 유사하다. 따라서 유한집합 위에서 치환에 관한 설명을 하기 위하여, 집합 $\{1, 2, \cdots, n\}$을 편의상 X_n으로 나타내기로 한다.

이를테면, 집합 X_n 위에서의 치환 σ는 X_n에서 X_n으로의 일대일대응 함수로 σ에 의한 함수값 $\sigma(1), \sigma(2), \cdots, \sigma(n)$에 의하여 결정된다. 즉, 치환 σ는 아래 그림과 같이 나타낼 수 있다.

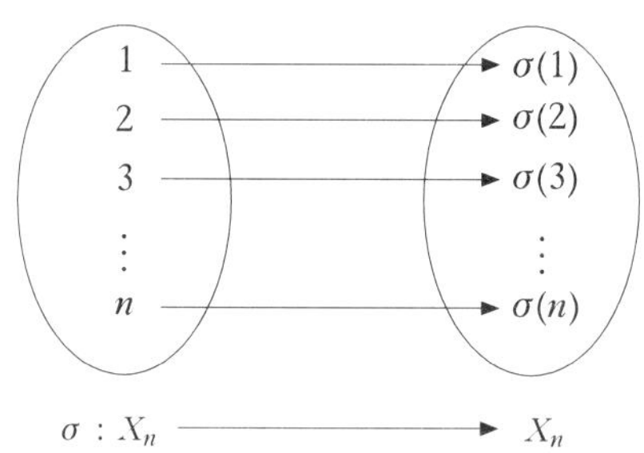

치환 σ를 간단하게 나타내기 위하여 첫째 줄에 정의역의 원소를 나열하고 둘째 줄에 함수값을 나열하여 다음과 같이 표현한다.

$$\begin{pmatrix} 1 & 2 & 3 & \cdots & n \\ \sigma(1) & \sigma(2) & \sigma(3) & \cdots & \sigma(n) \end{pmatrix}$$

집합 X_n의 임의의 원소를 자기 자신으로의 치환을 **항등치환**(identity permutation)이라고 하고 편의상 1_X 또는 간단히 1로 나타낸다. 집합 X_1 위에서의 치환은 1을 1로 보내는 자명한 치환 즉 항등치환 뿐이고, 집합 X_2 위에서의 치환은 $\begin{pmatrix} 1 & 2 \\ 1 & 2 \end{pmatrix}$와 $\begin{pmatrix} 1 & 2 \\ 2 & 1 \end{pmatrix}$의 두 가지 뿐이다. 한편, 집합 X_n 위에서의 치환들의 집합을 S_n으로 나타내기로 하면, S_n에는 항상 항등치환이 존재함을 알 수 있다.

[예제 1.3.1] 집합 $X_3 = \{1, 2, 3\}$ 위에서의 치환은

$$\begin{pmatrix}1&2&3\\1&2&3\end{pmatrix},\quad \begin{pmatrix}1&2&3\\1&3&2\end{pmatrix},\quad \begin{pmatrix}1&2&3\\3&2&1\end{pmatrix},\quad \begin{pmatrix}1&2&3\\2&1&3\end{pmatrix},\quad \begin{pmatrix}1&2&3\\2&3&1\end{pmatrix},\quad \begin{pmatrix}1&2&3\\3&1&2\end{pmatrix}$$

로 모두 6가지이다. 즉, S_3는 6개의 원소를 가진다. 일반적으로, 집합 X_n 위에서의 치환은 정의역은 첫째 줄에 위치하고 치역은 둘째 줄에 위치하므로 집합 S_n의 원소는 둘째 줄에 n개의 수 1, 2, 3, $\cdots$, n을 일렬로 나열하는 경우이므로 모두 $n!$가지이다.

집합 S_n의 두 치환 σ와 τ의 합성함수 $\tau \circ \sigma$는 아래 그림

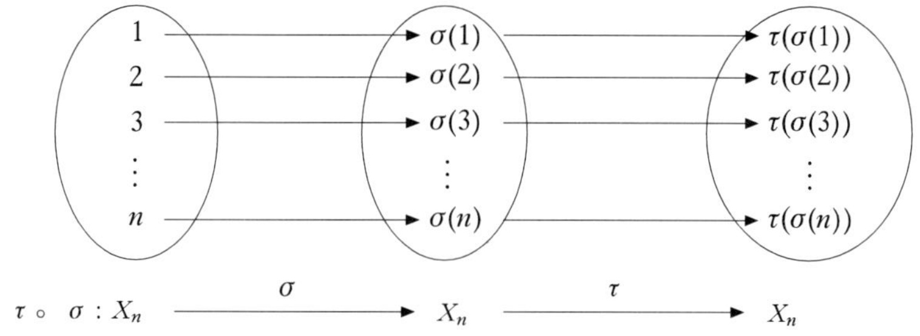

과 같이 X_n 위에서의 치환이다. 집합 S_n의 원소 σ에 대하여 $\sigma \circ \sigma$를 편의상 σ^2으로 나타낸다. 일반적으로, σ^i은 다음과 같이 정의한다.

$$\sigma^i = \begin{cases} 1 & : i = 0 \\ \sigma \circ \sigma^{i-1} & : i \geq 1 \end{cases}$$

[예제 1.3.2] 두 치환 $\sigma = \begin{pmatrix}1&2&3\\1&3&2\end{pmatrix}$와 $\tau = \begin{pmatrix}1&2&3\\2&3&1\end{pmatrix}$에 대하여 $\sigma \circ \tau$를 구하면

$$\sigma \circ \tau(1) = \sigma(\tau(1)) = \sigma(2) = 3,$$
$$\sigma \circ \tau(2) = \sigma(\tau(2)) = \sigma(3) = 2,$$
$$\sigma \circ \tau(3) = \sigma(\tau(3)) = \sigma(1) = 1$$

이므로 $\sigma \circ \tau = \begin{pmatrix}1&2&3\\3&2&1\end{pmatrix}$이다. 같은 방법으로 $\tau \circ \sigma = \begin{pmatrix}1&2&3\\2&1&3\end{pmatrix}$이고 $\sigma^2 = \begin{pmatrix}1&2&3\\1&2&3\end{pmatrix}$이다.

이제, 이들을 간단히 표현하는 방법에 관하여 알아보자. 먼저 $\begin{pmatrix} 1 & 2 & 3 \\ 1 & 2 & 3 \end{pmatrix}$은 항등치환으로 1로 나타내고, 치환 $\sigma = \begin{pmatrix} 1 & 2 & 3 \\ 1 & 3 & 2 \end{pmatrix}$는 1은 자신으로 보내므로 표현하지 않고 2와 3이 서로 바뀌는 치환으로 (2 3)으로 나타낸다. 같은 방법으로 $\tau = \begin{pmatrix} 1 & 2 & 3 \\ 2 & 3 & 1 \end{pmatrix}$는 1은 2로, 2는 3으로, 3은 1로 보내는 치환으로 (1 2 3)으로 표현한다. 이와 같은 방법으로 집합 $\{1, 2, 3\}$ 위에서의 치환을 모두 나타내면, 예제 1.3.1의 6개의 치환은

$$1,\ (2\ 3),\ (1\ 3),\ (1\ 2),\ (1\ 2\ 3),\ (1\ 3\ 2)$$

와 같이 표현된다. 이와 같은 표현에서 $\sigma \circ \tau = (2\ 3)(1\ 2\ 3)$을 구하면, 오른쪽에서부터 정의역의 값이 보내지는 것을 확인하면 $1 \xrightarrow{\tau} 2 \xrightarrow{\sigma} 3$, $3 \xrightarrow{\tau} 1 \xrightarrow{\sigma} 1$, $2 \xrightarrow{\tau} 3 \xrightarrow{\sigma} 2$이므로 $\sigma \circ \tau(1) = 3$, $\sigma \circ \tau(3) = 1$, $\sigma \circ \tau(2) = 2$이다. 따라서 $\sigma \circ \tau = (1\ 3)$이다.

자연수 n이 클 때, 치환을 간단히 표현하는 방법을 알아보자. 이를테면,
$\sigma = \begin{pmatrix} 1 & 2 & 3 & 4 & 5 & 6 & 7 & 8 \\ 3 & 4 & 7 & 2 & 1 & 6 & 8 & 5 \end{pmatrix}$에서

$$1 \xrightarrow{\sigma} 3 \xrightarrow{\sigma} 7 \xrightarrow{\sigma} 8 \xrightarrow{\sigma} 5 \xrightarrow{\sigma} 1,\ 2 \xrightarrow{\sigma} 4 \xrightarrow{\sigma} 2,\ 6 \xrightarrow{\sigma} 6$$

이므로 $\sigma = (1\ 3\ 7\ 8\ 5)(2\ 4)$로 나타낸다.

지금까지 설명한 것처럼 유한집합의 치환에서 한 원소로 시작하여 계속 치환을 적용하면 항상 자기 자신으로 돌아온다. 즉, 집합 X_n 위에서의 치환 σ에서 임의의 원소 a에 대하여 적당한 자연수 r이 존재하여

$$a \to \sigma(a) \to \sigma(\sigma(a)) = \sigma^2(a) \to \cdots \to \sigma^r(a) = a$$

이다. 즉, 임의의 원소 a에 대하여 $\sigma^r(a) = a$를 만족하는 최소의 자연수 r이 존재한다(연습문제). 특히, $a \to \sigma(a) \to \sigma(\sigma(a)) = \sigma^2(a) \to \cdots \to \sigma^r(a) = a$이고 나머지 원소는 모두 자기 자신으로의 치환 σ를 **길이가 r인 순환치환**(a cycle of length r)이라 하고 기호 $(a\ \sigma(a) \cdots \sigma^{r-1}(a))$로 나타낸다. 특히, 길이가 2인 순환치환을 **호환**(transposition)이라고 한다. 또, 치환 σ의 역함수를 σ^{-1}로 나타낸다.

이를테면, (1 2 3)은 길이가 3인 치환, (1 2)는 호환이고 $(1\ 2\ 3)^{-1} = (1\ 3\ 2)$이다.

[예제 1.3.3] 집합 S_3의 원소들은 1, (2 3), (1 3), (1 2), (1 2 3), (1 3 2)이고 이들의 표현과 합성연산을 살펴보면,

$$\begin{array}{lll} (2\ 3)=(3\ 2) & (1\ 3)=(3\ 1) & (1\ 2)=(2\ 1) \\ (123)=(231)=(312) & (132)=(321)=(213) & \\ (23)^2=(23)\circ(23)=1 & (13)^2=(13)\circ(13)=1 & (12)^2=(12)\circ(12)=1 \\ (123)^1=(123) & (123)^2=(132) & (123)^3=(132)\circ(123)=1 \\ (132)^1=(132) & (132)^2=(123) & (132)^3=(123)\circ(132)=1 \\ (12)\circ(123)=(23) & (13)\circ(123)=(12) & (23)\circ(123)=(13) \\ (123)\circ(12)=(13) & (123)\circ(13)=(23) & (123)\circ(23)=(12) \\ (12)\circ(132)=(13) & (13)\circ(132)=(23) & (23)\circ(132)=(12) \\ (132)\circ(12)=(23) & (132)\circ(13)=(12) & (132)\circ(23)=(13) \end{array}$$

이다. 이 사실로부터

$$\begin{array}{lll} 1^{-1}=1 & (23)^{-1}=(23) & (13)^{-1}=(13) \\ (12)^{-1}=(12) & (123)^{-1}=(132) & (132)^{-1}=(123) \end{array}$$

이다.

지금부터 특별히 혼돈이 일어나지 않는 경우에 기호 $\circ$를 생략하기로 한다. 순환치환에 관하여 다음 등식이 성립한다.

정리 1.3.1 집합 S_n의 원소인 순환치환 $(i_1 i_2 \cdots i_r)$에 관하여

$$(i_1 i_2 \cdots i_r)^r = 1 \text{이고 } (i_1 i_2 \cdots i_r)^{-1} = (i_r i_{r-1} \cdots i_2 i_1) = (i_1 i_r i_{r-1} \cdots i_2)$$

이다.

증명 먼저, 직접 계산하면 임의의 i_t에 대하여

$$i_t \to i_{t+1} \to \cdots \to i_r \to i_1 \to \cdots \to i_t \quad (1 \le t \le r-1)$$
$$i_r \to i_1 \to i_2 \to \cdots \to i_{r-1} \to i_r$$

이므로 $(i_1 i_2 \cdots i_r)^r = 1$이다. 또한, 두 순환치환의 곱 $(i_1 i_2 \cdots i_r)(i_1 i_r i_{r-1} \cdots i_2)$을 계산하면, 임의의 $j(1 \le j \le r)$에 대하여

$$j=1\text{일 때 } i_1 \to i_r \to i_1\text{이고 } 1<j\text{일 때 } i_j \to i_{j-1} \to i_j$$

이므로 항등치환이다. 따라서 정리 1.2.4 역함수의 유일성에 의하여

$$(i_1 i_2 \cdots i_r)^{-1} = (i_r i_{r-1} \cdots i_2 i_1) = (i_1 i_r i_{r-1} \cdots i_2)$$

이다. ■

이를테면, $(1357)^4 = 1$이고 $(1357)^{-1} = (1753)$이다.

정의 1.3.2 집합 S_n의 두 치환 σ와 τ에 대하여 '$\sigma(i) \neq i$인 모든 i에 대하여 $\tau(i) = i$이고 $\tau(j) \neq j$인 모든 j에 대하여 $\sigma(j) = j$'일 때, 치환 σ와 τ는 서로소(disjoint)라고 한다.

이를테면, $(1\ 2\ 3\ 5)$와 $(4\ 6\ 7)$은 서로소이다. 그러나 $(1\ 2\ 3\ 5)$와 $(3\ 5\ 6)$은 서로소가 아니다. 한편, $(1\ 2\ 3\ 5)(3\ 5\ 6) = (1\ 2\ 3)(5\ 6) \neq (1\ 2\ 5)(3\ 6) = (3\ 5\ 6)(1\ 2\ 3\ 5)$이지만, 두 치환이 서로소이면 다음 정리가 성립하는 것을 알 수 있다.

정리 1.3.3 집합 S_n의 두 순환치환 $\sigma = (i_1 i_2 \cdots i_r)$와 $\tau = (j_1 j_2 \cdots j_s)$에 대하여

(1) σ와 τ가 서로소일 필요충분조건은 $\{i_1, i_2, \cdots, i_r\} \cap \{j_1, j_2, \cdots, j_s\} = \phi$이다.

(2) σ와 τ가 서로소이면, $\sigma\tau = \tau\sigma$이다.

증명 (1) 먼저 $\{i_1, i_2, \cdots, i_r\} \cap \{j_1, j_2, \cdots, j_s\} = \phi$이면, 정의로부터 σ와 τ가 서로소이다. 역으로, σ와 τ가 서로소일 때, $\{i_1, i_2, \cdots, i_r\} \cap \{j_1, j_2, \cdots, j_s\} \neq \phi$이라고 가정하면, 적당한 t가 존재하여 $t = i_l$이고 $t = j_k$이다. 한편, $\sigma(t) \neq t$이고 $\tau(t) \neq t$이므로 σ와 τ는 서로소가 아니다. 따라서 $\{i_1, i_2, \cdots, i_r\} \cap \{j_1, j_2, \cdots, j_s\} = \phi$이다.

(2) 순환치환 σ와 τ가 서로소라고 가정하면, 임의의 $t \in X_n$에 대하여

$$t \notin \{i_1, i_2, \cdots, i_r\} \cap \{j_1, j_2, \cdots, j_s\} \text{ 이므로}$$
$$t \notin \{i_1, i_2, \cdots, i_r\} \text{ 또는 } t \notin \{j_1, j_2, \cdots, j_s\}$$

이다. 따라서

(i) $t \notin \{i_1, i_2, \cdots, i_r\}$이면, $\sigma(t) = t$이고 $\tau(t) \notin \{i_1, i_2, \cdots, i_r\}$이므로 $\sigma\tau(t) = \sigma(\tau(t)) = \tau(t)$이고 $\tau\sigma(t) = \tau(\sigma(t)) = \tau(t)$이다.

(ii) $t \notin \{j_1, j_2, \cdots, j_s\}$이면, 같은 방법으로 $\sigma\tau(t) = \sigma(\tau(t)) = \sigma(t)$이고 $\tau\sigma(t) = \tau(\sigma(t)) = \sigma(t)$이다.

그러므로 임의의 $t \in X_n$에 대하여 $\sigma\tau(t) = \tau\sigma(t)$이고 $\sigma\tau = \tau\sigma$이다. ▩

[예제 1.3.4] 집합 S_8의 원소 $\begin{pmatrix} 1 & 2 & 3 & 4 & 5 & 6 & 7 & 8 \\ 2 & 5 & 8 & 3 & 7 & 6 & 1 & 4 \end{pmatrix}$를 살펴보면

$$1 \to 2 \to 5 \to 7 \to 1, \quad 3 \to 8 \to 4 \to 3, \quad 6 \to 6$$

이므로 $\begin{pmatrix} 1 & 2 & 3 & 4 & 5 & 6 & 7 & 8 \\ 2 & 5 & 8 & 3 & 7 & 6 & 1 & 4 \end{pmatrix} = (1\ 2\ 5\ 7)(3\ 8\ 4)$이다.

또한, $(1\ 2\ 5\ 7) = (1\ 7)(1\ 5)(1\ 2)$이고 $(3\ 8\ 4) = (3\ 4)(3\ 8)$이다.

따라서 $\begin{pmatrix} 1 & 2 & 3 & 4 & 5 & 6 & 7 & 8 \\ 2 & 5 & 8 & 3 & 7 & 6 & 1 & 4 \end{pmatrix} = (1\ 2\ 5\ 7)(3\ 8\ 4) = (1\ 7)(1\ 5)(1\ 2)(3\ 4)(3\ 8)$이다.

예제 1.3.4에서 집합 S_8의 원소 $\begin{pmatrix} 1 & 2 & 3 & 4 & 5 & 6 & 7 & 8 \\ 2 & 5 & 8 & 3 & 7 & 6 & 1 & 4 \end{pmatrix}$가 서로소인 두 순환치환의 곱으로 표현되며 또한 호환들의 곱으로 표현되는 것을 보였다. 일반적으로 집합 S_n의 원소에 관하여 다음이 성립한다.

정리 1.3.4 집합 S_n의 임의의 순환치환 $(i_1 i_2 \cdots i_r)$과 치환 σ에 대하여

(1) $(i_1 i_2 \cdots i_r)$는 호환들의 곱으로 표현된다.

(2) σ는 서로소인 순환치환들의 곱으로 표현된다.

(3) σ는 호환들의 곱으로 표현된다.

증명 (1) $(i_1 i_2 \cdots i_r) = (i_1 i_r)(i_1 i_{r-1}) \cdots (i_1 i_3)(i_1 i_2)$이므로 순환치환은 호환들의 곱으로 표

현된다.

(2) 먼저, X_n의 모든 원소 i에 대하여 $\sigma(i)=i$이면 $\sigma=1$이다. 이제, $\sigma(i)\neq i$인 원소 i가 존재하면, 임의의 양의 정수 k에 대하여 $\sigma^k(i)$는 유한집합 X_n의 원소이므로 최소의 양의 정수 r_i가 존재하여 $\sigma^{r_i}(i)=i$를 만족한다. 따라서 i에 의하여 생성되는 순환치환 $\sigma_i=(i\sigma(i)\cdots\sigma^{r_i-1}(i))$를 얻는다. 이제, $\sigma_i=\sigma$이면, 증명은 끝난다. $\sigma_i\neq\sigma$이면 $X-\{i, \sigma(i), \cdots, \sigma^{r_i-1}(i)\}$의 원소 j가 존재하여 $\sigma(j)\neq j$이고 같은 방법으로 순환치환 σ_j를 얻는다. 집합 X_n이 유한집합이므로 유한번의 시행으로 끝난다. 즉, 적당한 s에 대하여 $\sigma=\sigma_i\cdots\sigma_s$이다.

(3) (1)과 (2)에 의하여 분명하다. ▩

정리 1.3.4에 의하여 S_n의 임의의 치환 σ는 호환들의 곱으로 표현된다. 다음 예

$$(1\ 2)(1\ 3)=(1\ 3\ 2)=(2\ 3)(1\ 2)$$

와 같이 호환들의 곱은 유일하게 표현되지는 않는다. 그러나 치환 σ가 호환들의 곱으로 표현될 때, 호환의 개수가 짝수인지 홀수인지는 일정하다(증명 생략). 이 사실로부터 다음 정의를 할 수 있다.

정의 1.3.5 집합 S_n의 임의의 치환 σ가 짝수개의 호환들의 곱으로 표현될 때 σ를 **짝수치환**(even permutation)이라 하고, 홀수개의 호환들의 곱으로 표현될 때 σ를 **홀수치환**(odd permutation)이라 한다.

이를테면, 집합 S_3의 원소 중 $(1\ 2\ 3)=(1\ 3)(1\ 2)$, $(1\ 3\ 2)=(1\ 2)(1\ 3)$이므로 집합 S_3는 3개의 짝수치환 1, (123), (132)와 3개의 홀수치환 (23), (13), (12)를 가진다.

[예제 1.3.5] 집합 S_4의 24개 원소를 모두 살펴보면,

1	(12)(34)	(13)(24)	(14)(23)
(123) = (13)(12)	(124) = (14)(12)	(134) = (14)(13)	(234) = (24)(23)
(132) = (12)(13)	(142) = (12)(14)	(143) = (13)(14)	(243) = (23)(24)

와 같이 12개의 원소는 짝수치환이고

$$\begin{matrix} (12) & (13) & (14) & (23) & (24) & (34) \\ (1234) & (1432) & (1243) & (1342) & (1324) & (1423) \end{matrix}$$

과 같이 12개의 원소는 홀수치환이다.

예제 1.3.5의 결과는 일반적으로 확장된다. 즉, 집합 S_n의 모든 짝수치환들의 집합을 A_n으로 표현하면 $|A_n| = \dfrac{n!}{2}$이다(연습문제).

연습문제 1.3

1. 원소의 개수가 n개로 주어진 유한집합 위에서의 치환은 집합 $\{1, 2, \cdots, n\}$ 위에서의 치환과 유사함을 설명하여라.

2. 정의 1.3.2 서로소의 정의를 다음과 같은 조건을 만족하는 것으로 정의하여도 같은 정의가 되는 것을 증명하여라.

   조건 집합 S_n의 두 치환 σ와 τ에 대하여 $\sigma(i) \neq i$인 모든 i에 대하여 $\tau(i) = i$일 때, 치환 σ와 τ는 서로소라고 한다.

3. 다음 치환을 서로소인 순환치환들의 곱으로 나타내어라.

   (1) $\begin{pmatrix} 1 & 2 & 3 & 4 & 5 & 6 & 7 & 8 \\ 2 & 4 & 8 & 7 & 3 & 6 & 1 & 5 \end{pmatrix}$ (2) $\begin{pmatrix} 1 & 2 & 3 & 4 & 5 & 6 & 7 & 8 & 9 \\ 2 & 5 & 8 & 3 & 7 & 9 & 1 & 4 & 6 \end{pmatrix}$

   (3) $\begin{pmatrix} 1 & 2 & 3 & 4 & 5 & 6 & 7 & 8 \\ 2 & 5 & 8 & 7 & 3 & 6 & 1 & 4 \end{pmatrix}$ (4) $\begin{pmatrix} 1 & 2 & 3 & 4 & 5 & 6 & 7 & 8 & 9 \\ 2 & 7 & 8 & 3 & 5 & 9 & 1 & 4 & 6 \end{pmatrix}$

4. 다음 치환을 호환들의 곱으로 나타내어라.

   (1) $\begin{pmatrix} 1 & 2 & 3 & 4 & 5 & 6 & 7 & 8 \\ 2 & 4 & 8 & 7 & 3 & 6 & 1 & 5 \end{pmatrix}$ (2) $\begin{pmatrix} 1 & 2 & 3 & 4 & 5 & 6 & 7 & 8 & 9 \\ 2 & 5 & 8 & 3 & 7 & 9 & 1 & 4 & 6 \end{pmatrix}$

   (3) $\begin{pmatrix} 1 & 2 & 3 & 4 & 5 & 6 & 7 & 8 \\ 2 & 5 & 8 & 7 & 3 & 6 & 1 & 4 \end{pmatrix}$ (4) $\begin{pmatrix} 1 & 2 & 3 & 4 & 5 & 6 & 7 & 8 & 9 \\ 2 & 7 & 8 & 3 & 5 & 9 & 1 & 4 & 6 \end{pmatrix}$

5. 집합 S_n에 길이가 r인 순환치환이 $\dfrac{n!}{(n-r)!r}$개 존재함을 증명하여라.

6. 다음을 간단히 하여라.

(1) $(1\ 2\ 3)(1\ 2\ 4)$ (2) $(1\ 2\ 4)(1\ 2\ 3)$

(3) $(1\ 2)(1\ 3)(1\ 2)$ (4) $(1\ 2\ 3)^{-1}$

(5) $(1\ 2\ 3)(1\ 2\ 4\ 5)(1\ 2\ 3)^{-1}$ (6) $(1\ 2\ 3)(2\ 3\ 4\ 5\ 6)(1\ 2\ 3)^{-1}$

7. 임의의 원소 $\sigma \in S_n$가 주어졌을 때, 각 원소 $a \in X_n$에 대하여 $\sigma^r(a) = a$를 만족하는 최소의 자연수 r이 존재함을 증명하여라.

8. 집합 S_5의 원소에 대하여 다음 물음에 대답하여라. (단, i, j, k, l, m은 X_5의 서로 다른 원소들이다.)

(1) $(i\ j)$꼴의 홀수치환은 모두 몇 가지인가?

(2) $(i\ j\ k)$꼴은 짝수치환 또는 홀수치환임을 결정하고 이 꼴의 원소는 모두 몇 가지인가 구하여라.

(3) $(i\ j\ k\ l)$꼴은 짝수치환 또는 홀수치환임을 결정하고 이 꼴의 원소는 모두 몇 가지인가 구하여라.

(4) $(i\ j\ k\ l\ m)$꼴은 짝수치환 또는 홀수치환임을 결정하고 이 꼴의 원소는 모두 몇 가지인가 구하여라.

(5) $(i\ j)(k\ l)$꼴은 짝수치환 또는 홀수치환임을 결정하고 이 꼴의 원소는 모두 몇 가지인가 구하여라. 단, $\{i, j\} \cap \{k, l\} = \phi$이다.

(6) $(i\ j)(k\ l\ m)$꼴은 짝수치환 또는 홀수치환임을 결정하고 이 꼴의 원소는 모두 몇 가지인가 구하여라. 단, $\{i, j\} \cap \{k, l, m\} = \phi$이다.

(7) 집합 S_5의 원소 중에 짝수치환의 개수를 구하여라.

9. 양의 정수 n이 1보다 클 때, $|A_n| = \dfrac{n!}{2}$임을 증명하여라.

1.4 정 수

이 절에서는 정수에서 성립하는 기본 성질들에 관하여 다룬다. 여기에서 설명하는 정리의 자세한 증명은 참고문헌[7]을 참조하기 바란다.

정리 1.4.1 임의의 정수 a, b, c에 대하여

A.1 : $(a+b)+c=a+(b+c)$ [결합법칙]

A.2 : $a+b=b+a$ [교환법칙]

A.3 : 특정한 정수 0이 존재하여 $a+0=a=0+a$이다.

A.4 : 각 정수 $a\in\mathbb{Z}$에 대하여 $a+(-a)=0=(-a)+a$인 정수 $-a$가 존재한다.

M.1 : $(a\cdot b)\cdot c=a\cdot(b\cdot c)$ [결합법칙]

M.2 : $a\cdot b=b\cdot a$ [교환법칙]

M.3 : 특정한 정수 1이 존재하여 $a\cdot 1=a=1\cdot a$이다.

C : $a\neq 0$일 때, $a\cdot b=a\cdot c$이면 $b=c$이다. [소약법칙]

D : $(a+b)\cdot c=a\cdot c+b\cdot c$, $a\cdot(b+c)=a\cdot b+a\cdot c$ [배분법칙]

정리 1.4.1에서 정수 0을 덧셈에 관한 **항등원**(identity) 또는 **영원**(zero element)이라 하고 정수 $-a$를 정수 a의 덧셈에 관한 **역원**(inverse element)이라 한다. 또한, 정수 1을 곱셈에 관한 **항등원**이라 한다. 한편, 실수의 집합 $\mathbb{R}$ 위에서 덧셈과 곱셈에 관하여 만족하는 성질은 정수의 집합 $\mathbb{Z}$에서 만족하는 성질 A.1~A.4, M.1~M.3, C, D 외에 M.4가 있다.

M.4 : 각 실수 $a\in\mathbb{R}$, $a\neq 0$에 대하여 $a\cdot a^{-1}=1=a^{-1}\cdot a$인 a^{-1}이 존재한다.

이때, a^{-1}을 a의 곱셈에 관한 **역원**이라 한다. 실제로 정수의 집합에서 a^{-1}가 존재하는 a는 1과 -1뿐이다.

실제로 사칙연산 중에 뺄셈 $-$과 나눗셈 $\div$은 다음과 같이 정의한다.

$$a-b=a+(-b) \text{와 } a\div b=a\cdot b^{-1}$$

정수 전체의 집합 $\mathbb{Z}$가 순서에 관하여 만족하는 성질은 정리 1.4.2와 같다.

정리 1.4.2 집합 $\mathbb{Z}$에는 다음 두 조건을 만족하는 부분집합 $\mathbb{N}$이 존재한다.
(1) 각 정수 $a \in \mathbb{Z}$에 대하여 다음 중 꼭 하나만 성립한다.
(i) $a \in \mathbb{N}$ (ii) $a = 0$ (iii) $(-a) \in \mathbb{N}$
(2) 임의의 정수 $a, b \in \mathbb{N}$에 대하여 $a+b \in \mathbb{N}$이고 $a \cdot b \in \mathbb{N}$이다.

정수의 집합에서 $a-b \in \mathbb{N}$일 때, 'a는 b보다 크다' 또는 'b는 a보다 작다'고 정의하고 기호 $a>b$ 또는 $b<a$로 나타낸다. 또, $a-b \in \mathbb{N}$ 또는 $a=b$일 때, 'a는 b보다 크거나 같다' 또는 'b는 a보다 작거나 같다'고 정의하고 기호 $a \geq b$ 또는 $b \leq a$로 나타낸다. 특히,

$$a = a - 0 \in \mathbb{N} \Leftrightarrow a > 0 \text{ 또는 } 0 < a, \quad -a = 0 - a \in \mathbb{N} \Leftrightarrow a < 0 \text{ 또는 } 0 > a$$

이다. 따라서, 정리 1.4.2로부터 임의의 정수는 양의 정수, 0 또는 음의 정수 중에 꼭 한 가지이다.

한편, 수학적 귀납법에 관하여 다음 정리가 성립한다.

정리 1.4.3 양의 정수의 집합 $\mathbb{N}$의 부분집합에 관한 다음 명제는 동치이다.
(1) 집합 $\mathbb{N}$의 부분집합 S가 다음 조건
(i) $1 \in S$ (ii) $n \in S \Rightarrow n+1 \in S$
을 만족하면, $S = \mathbb{N}$이다.
(2) 집합 $\mathbb{N}$의 공집합이 아닌 부분집합은 최소원을 가진다.

정리 1.4.3에서 (1)을 **수학적 귀납법**(mathematical induction)**의 원리**라 하고 (2)를 **정수의 정렬성**(well ordering property)이라고 한다. 일반적으로 정수의 정렬성은 성립되는 것으로 가정된다. 수학적 귀납법의 원리를 이용하여 성질들을 증명하는 수학적 귀납법은 다음과 같다.

> **정리 1.4.4** 양의 정수 n에 관한 명제 $p(n)$에 대하여 다음 두 조건
> (i) $p(1)$은 참이다.
> (ii) $p(n)$이 참이면, $p(n+1)$도 참이다.
> 이 성립하면, 모든 양의 정수 n에 대하여 $p(n)$은 참이다.

다음 정리는 정수들의 집합의 부분집합에서 성립하는 성질들을 증명하는데 자주 이용되는 수학적 귀납법의 변형된 유형 중에 한 성질이다.

> **정리 1.4.5** 양의 정수 n에 관한 명제 $p(n)$에 대하여 다음 두 조건
> (i) $p(1)$은 참이다.
> (ii) $n>1$일 때, $1\leq k<n$인 모든 정수 k에 대하여 $p(k)$가 참이면, $p(n)$도 참이다.
> 이 성립하면, 모든 양의 정수 n에 대하여 $p(n)$은 참이다.

정수 a에 대하여 a의 **절대값**을 $|a|$로 나타내며 다음과 같이 정의한다.

$$|a|=\begin{cases} a : a\geq 0 \\ -a : a<0 \end{cases}$$

즉, $|a|$는 음이 아닌 정수이다. 임의의 두 정수 a, b에 대하여 $|ab|=|a|\,|b|$는 쉽게 증명된다. 자연수에서 성립되었던 나눗셈 정리는 다음과 같이 확장된다.

> **정리 1.4.6** 두 정수 a, $b(\neq 0)$에 대하여
>
> $$a=bq+r, \quad 0\leq r<|b|$$
>
> 인 두 정수 q, r이 유일하게 존재한다. 이때, q를 몫(quotient)이라 하고 r을 나머지(remainder)라고 한다.

두 정수 a, b에 대하여 적당한 정수 c가 존재하여

$$b=c\times a \text{ (간단히, } b=ca)$$

를 만족할 때, 'a는 b를 나눈다.' 또는 'b는 a에 의하여 나누어진다.'고 하고 기호 $a \mid b$로 나타낸다. 이때, a를 b의 약수(divisor) 또는 인수(factor)라 하고 b를 a의 배수(multiple)라고 한다. 한편, $a \mid b$가 아닐 때, $a \nmid b$로 나타낸다.

임의의 정수 a에 대하여 a의 배수 전체의 집합을 $a\mathbb{Z}$로 나타낸다. 즉,

$$a\mathbb{Z} = \{ax \mid x \in \mathbb{Z}\}$$

이다. 이를테면, $0\mathbb{Z} = \{0\}$, $1\mathbb{Z} = \mathbb{Z}$이고 임의의 정수 a에 대하여 $a\mathbb{Z} = -a\mathbb{Z}$이다.

정리 1.4.7 두 정수 a, b에 대하여 다음이 성립한다.

(1) $0\mathbb{Z} \subseteq a\mathbb{Z} \subseteq 1\mathbb{Z}$

(2) $b\mathbb{Z} \subseteq a\mathbb{Z} \Leftrightarrow a \mid b$

(3) $b\mathbb{Z} = a\mathbb{Z} \Leftrightarrow b = \pm a$

정리 1.4.8 각 정수 a에 대하여 집합 $a\mathbb{Z}$는 덧셈과 뺄셈에 관하여 닫혀 있다. 역으로, 집합 $\mathbb{Z}$의 공집합이 아닌 부분집합 S가 덧셈과 뺄셈에 관하여 닫혀 있으면 적당한 음이 아닌 정수 m이 존재하여

$$S = m\mathbb{Z}$$

이다.

두 정수 a, b의 공통이 되는 약수를 **공약수**(common divisor)라 하고 공약수 중에 0 또는 가장 큰 수를 **최대공약수**(greatest common divisor)라고 한다. 엄밀하게 말하면, 두 정수 a, b가 다음 세 조건을 만족할 때 d를 a와 b의 최대공약수라고 한다.

(i) $d \geq 0$

(ii) $d \mid a$이고 $d \mid b$이다. 즉, d는 a와 b의 공약수이다.

(iii) $e \mid a$이고 $e \mid b$이면 $e \mid d$이다. 즉, a와 b의 모든 공약수 e는 d의 약수이다.

최대공약수 d를 $\gcd(a, b)$ 또는 순서쌍과 구별될 때 간단히 (a, b)로 나타낸다.

특히, 두 정수 a, b의 최대공약수가 1일 때, 두 정수 a와 b가 서로소(relatively prime)라고 한다.

정리 1.4.9 임의의 정수 a, b에 대하여, a와 b의 최대공약수 d는 유일하게 존재하며 다음이 성립한다.

$$a\mathbb{Z}+b\mathbb{Z}=d\mathbb{Z} \text{ 즉, 적당한 정수 } s,\ t\text{가 존재하여 } d=as+bt\text{이다.}$$

최대공약수에 관한 몇 가지 성질들을 살펴보면 다음과 같다.

정리 1.4.10 (Euclid 알고리즘) 두 양의 정수 a, b에 대하여 $r_0=a$, $r_1=b$라고 하고 다음이 성립한다고 하자.

$$\begin{aligned}
r_0 &= q_0r_1+r_2, & 0<r_2<r_1\\
r_1 &= q_1r_2+r_3, & 0<r_3<r_2\\
&\vdots & \vdots\\
r_{n-1} &= q_{n-1}r_n+r_{n+1}, & 0<r_{n+1}<r_n\\
r_n &= q_nr_{n+1}
\end{aligned}$$

이때, $(a,\ b)=r_{n+1}$이다. 또, 적당한 정수 s, t가 존재하여 $as+bt=r_{n+1}$이다.

이를테면, 57과 209의 최대공약수는

$$209=3\times57+38,\ 57=1\times38+19,\ 38=2\times19$$

이므로 $(209,\ 57)=19$이다. 여기서 $57s+209t=19$를 만족하는 s, t를 구하면,

$$19=57+(-1)\times38=57+(-1)\{209+(-3)\times57\}=57\times4+209\times(-1)$$

으로 $s=4$이고 $t=-1$이다.

정리 1.4.11 두 정수 a와 b가 서로소일 필요충분조건은 적당한 정수 s와 t가 존재하여 $as+bt=1$이다.

정리 1.4.12 양의 정수 n과 정수 a_1, a_2, b에 대하여 다음이 성립한다.

(1) $(a_1a_2, b)=1 \Leftrightarrow (a_1, b)=1$이고 $(a_2, b)=1$.

특히, $(a_1{}^2, b)=1 \Leftrightarrow (a_1, b)=1$이다.

(2) $(a_1{}^n, b)=1 \Leftrightarrow (a_1, b)=1 \Leftrightarrow (a_1, b^n)=1$.

(3) $(a_1, b)=1$일 때, $b \mid a_1a_2 \Leftrightarrow b \mid a_2$이다.

(4) $(a_1, b)=1$일 때, $a_1b \mid a_2 \Leftrightarrow a_1 \mid a_2$이고 $b \mid a_2$.

두 정수 a, b의 공통이 되는 배수를 **공배수**(common multiple)라 하고 공배수 중에 0 또는 가장 작은 양의 정수를 **최소공배수**(least common multiple)라고 한다. 엄밀하게 정의하면, 두 정수 a, b가 다음 세 조건을 만족할 때 l을 a와 b의 최소공배수라고 한다.

(i) $l \geq 0$

(ii) $a \mid l$이고 $b \mid l$이다. 즉, l은 a와 b의 공배수이다.

(iii) $a \mid c$이고 $b \mid c$이면 $l \mid c$이다. 즉, a와 b의 모든 공배수 c는 l의 배수이다.

이때, l을 $\mathrm{lcm}(a, b)$ 또는 간단히 $[a, b]$로 나타낸다.

최소공배수의 정의로부터 다음 성질들이 쉽게 증명된다.

정리 1.4.13 양의 정수 a, b, c에 대하여 다음이 성립한다.

(1) $(a, b) \mid [a, b]$

(2) $a \mid c$이고 $b \mid c \Leftrightarrow [a, b] \mid c$

(3) 두 정수 a와 b가 서로소일 필요충분조건은 $[a, b]=|ab|$이다.

정리 1.4.14 임의의 정수 a, b에 대하여, a와 b의 최소공배수 l은 유일하게 존재하며 $a\mathbb{Z} \cap b\mathbb{Z} = l\mathbb{Z}$이다. 특히, $a \mid b$이면, $a\mathbb{Z} \cap b\mathbb{Z} = b\mathbb{Z}$이다.

지금까지 두 정수에 관한 최대공약수와 최소공배수를 정의하였다. 이를 일반화하면, n개의 정수 $a_1, a_2, \cdots, a_n$의 최대공약수 d와 최소공배수 l은 각각 다음 조건을 만족하는 정수로 정의한다.

(i) $d \geq 0$

(ii) $d \mid a_1,\ d \mid a_2,\ \cdots,\ d \mid a_n$이다. 즉, d는 $a_1, a_2, \cdots, a_n$의 공약수이다.

(iii) $e \mid a_1,\ e \mid a_2,\ \cdots,\ e \mid a_n$이면 $e \mid d$이다. 즉, $a_1, a_2, \cdots, a_n$의 모든 공약수 e는 d의 약수이다.

최대공약수 d를 $\gcd(a_1, a_2, \cdots, a_n)$ 또는 n조 순서쌍과 구별될 때 간단히 $(a_1, a_2, \cdots, a_n)$으로 나타낸다.

(i) $l \geq 0$

(ii) $a_1 \mid l,\ a_2 \mid l,\ \cdots,\ a_n \mid l$이다. 즉, l은 $a_1, a_2, \cdots, a_n$의 공배수이다.

(iii) $a_1 \mid c,\ a_2 \mid c,\ \cdots,\ a_n \mid c$이면 $l \mid c$이다. 즉, $a_1, a_2, \cdots, a_n$의 모든 공배수 c는 l의 배수이다.

최소공배수 l을 $\mathrm{lcm}(a_1, a_2, \cdots, a_n)$ 또는 간단히 $[a_1, a_2, \cdots, a_n]$으로 나타낸다.

정리 1.4.15 정수 $a_1, a_2, \cdots, a_n$에 대하여 다음이 성립한다.

(1) $(a_1, a_2, \cdots, a_{n-1}, a_n) = ((a_1, a_2, \cdots, a_{n-1}), a_n)$

$[a_1, a_2, \cdots, a_{n-1}, a_n] = [[a_1, a_2, \cdots, a_{n-1}], a_n]$

(2) 정수 $a_1, a_2, \cdots, a_n$의 최대공약수 d는 항상 존재하고

$$a_1 s_1 + a_2 s_2 + \cdots + a_n s_n = d$$

인 정수 $s_1, s_2, \cdots, s_n$이 존재한다.

[예제 1.4.1] 세 정수 42, 30, 21에 대하여 최대공약수는

$$(42,\ 30,\ 21) = ((42,\ 30),\ 21) = (6,\ 21) = 3$$

이고 정리 1.4.10에 의하여

$$4 \cdot 6 + (-1) \cdot 21 = 3$$

$$(-2)\cdot 42+3\cdot 30=6$$

을 구할 수 있으므로 위 식을 27쪽 마지막 줄에 있는 식에 대입하면

$$4\cdot((-2)\cdot 42+3\cdot 30)+(-1)\cdot 21=3$$

이고 정리하면

$$(-8)\cdot 42+12\cdot 30+(-1)\cdot 21=3$$

정수 $a_1, a_2, \cdots, a_n$에 대하여 $(a_1, a_2, \cdots, a_n)=1$일 때 서로소(mutually prime)라 하고 임의의 서로 다른 i, j에 대하여 $(a_i, a_j)=1$일 때 쌍마다 서로소(relatively prime in pairs)라 한다.

정수 $a_1, a_2, \cdots, a_n$이 쌍마다 서로소이면 서로소이지만, 서로소라고 해서 쌍마다 서로소는 아니다. 이를테면, 2, 6, 7은 서로소이지만 쌍마다 서로소는 아니다.

임의의 정수 a에 대하여 그의 절대값이 1이 아닐 때, a는 적어도 1, -1, a, $-a$를 약수로 가진다. 즉, a는 적어도 서로 다른 4개 이상의 약수를 가진다. 특히, 0의 약수는 무한히 많다.

서로 다른 약수를 꼭 4개만 가지는 양의 정수를 소수(prime number)라고 하고, 5개 이상의 서로 다른 약수를 가지는 양의 정수를 합성수(composite number)라고 한다.

정리 1.4.16 소수 p와 정수 a에 대하여 다음이 성립한다.

(1) $p \nmid a \Leftrightarrow (p, a)=1 \Leftrightarrow [p, a]=p|a|$

(2) $p \mid a \Leftrightarrow (p, a)=p \Leftrightarrow [p, a]=|a|$

정리 1.4.17 소수 p와 정수 a, b에 대하여 다음이 성립한다.

$$p \mid ab \Leftrightarrow p \mid a \text{ 또는 } p \mid b$$

연습문제 1.4

1. 정리 1.4.3을 증명하여라.

2. 정리 1.4.4를 증명하여라.

3. 정리 1.4.6을 증명하여라.

4. 정리 1.4.8을 증명하여라.

5. 최대공약수를 구하여라.
   (1) $(30, -42)$ (2) $(24, 0)$
   (3) $(30, -42, 0)$ (4) $(30, 42, 18)$

6. 정리 1.4.10을 증명하여라.

7. 식 $23x+35y=1$을 만족하는 정수 x와 y를 구하여라.

8. 정리 1.4.12를 증명하여라.

9. 최소공배수를 구하여라.
   (1) $[30, -42]$ (2) $[24, 0]$
   (3) $[30, -42, 0]$ (4) $[30, 42, 18]$

10. 정리 1.4.16을 증명하여라.

11. 정리 1.4.17을 증명하여라.

1.5 집합 $\overline{\mathbb{Z}}_m$과 집합 $\overline{\mathbb{Z}}_m^*$

이 절에서는 정수 전체의 집합 $\mathbb{Z}$에서 자연수 $m(m \geq 2)$을 법으로 하는 합동관계와 잉여류에 관하여 설명한다. 이 절에서 다루는 정리들의 자세한 증명은 참고문헌 [7]을 참조하기 바란다.

정의 1.5.1 양의 정수 $m(m \geq 2)$에 대하여 두 정수 a와 b의 차가 m의 배수일 때, 즉, $m \mid (a-b)$일 때, a와 b는 법 m에 관하여 합동(congruent)이라고 하고 기호 $a \equiv b \bmod m$으로 나타낸다. 다시 말하면,

$$\begin{aligned} a \equiv b \bmod m &\Leftrightarrow m \mid (a-b) \\ &\Leftrightarrow \text{적당한 정수 } k\text{가 존재하여 } a-b=km \\ &\Leftrightarrow a-b \in m\mathbb{Z} \end{aligned}$$

이다. 한편, $m \nmid (a-b)$일 때, 기호 $a \not\equiv b \bmod m$으로 나타낸다.

이를테면, $25 \equiv 4 \bmod 7$, $25 \equiv 4 \bmod 3$, $29 \equiv 4 \bmod 5$이고 $25 \not\equiv 4 \bmod 9$이다.

정리 1.5.2 집합 $\mathbb{Z}$ 위에서 정의된 양의 정수 m에 관한 합동관계는 동치관계이다. 즉, 임의의 정수 a, b, c에 대하여 다음이 성립한다.

(1) $a \equiv a \bmod m$이다.

(2) $a \equiv b \bmod m$이면 $b \equiv a \bmod m$이다.

(3) $a \equiv b \bmod m$이고 $b \equiv c \bmod m$이면 $a \equiv c \bmod m$이다.

정리 1.5.3 양의 정수 m과 임의의 정수 a, b, c, d에 대하여 다음이 성립한다.

(1) $a \equiv c \bmod m$, $b \equiv d \bmod m$이면, $a+b \equiv c+d \bmod m$이고 $ab \equiv cd \bmod m$이다.

특히, $a \equiv c \bmod m$이면, $a+b \equiv c+b \bmod m$이고 $ab \equiv cb \bmod m$이다.

(2) $(b, m)=1$일 때, $ab \equiv cb \bmod m$이면 $a \equiv c \bmod m$이다.

(3) $a \equiv b \bmod m$이면, $(a, m)=(b, m)$이다.

정리 1.5.4 양의 정수 m과 임의의 정수 a, b에 대하여 다음이 성립한다.

(1) $(a, m)=1$이면, $ab \equiv 1 \bmod m$인 정수 b가 존재한다.

(2) $ab \equiv 1 \bmod m$이면, $(a, m)=(b, m)=1$이다.

정리 1.5.2에 의하여 집합 $\mathbb{Z}$ 위에서 정의된 양의 정수 m에 관한 합동관계는 동치관계이므로 임의의 정수 a를 품는 동치류 $\overline{a}$와 동치류들의 집합 $\overline{\mathbb{Z}}_m$은 각각 다음과 같다. 이때 $\overline{a}$를 **잉여류**라고 하고 특히 $(a, m)=1$일 때 **기약잉여류**라고 한다.

$$\overline{a}=\{x \in \mathbb{Z} \mid x \equiv a \bmod m\}, \quad \overline{\mathbb{Z}}_m=\{\overline{a} \mid a \in \mathbb{Z}\}$$

실제로, 집합 $\overline{\mathbb{Z}}_m$을 나타내면,

$$\overline{\mathbb{Z}}_m=\{\overline{a} \mid a \in \mathbb{Z}\}=\{\overline{0}, \overline{1}, \cdots, \overline{m-1}\}$$

이고, $\overline{\mathbb{Z}}_m$의 각 원소는 다음과 같은 정수의 부분집합이다.

$$\begin{aligned}
\overline{0} &= \{x \in \mathbb{Z} \mid x \equiv 0 \bmod m\} = m\mathbb{Z}, \\
\overline{1} &= \{x \in \mathbb{Z} \mid x \equiv 1 \bmod m\} = 1+m\mathbb{Z}, \\
&\vdots \\
\overline{m-1} &= \{x \in \mathbb{Z} \mid x \equiv m-1 \bmod m\} = m-1+m\mathbb{Z}
\end{aligned}$$

집합 $\overline{\mathbb{Z}}_m$ 위에서 덧셈 $+$과 곱셈 $\cdot$을 각각

$$\overline{a}+\overline{b}=\overline{a+b}, \quad \overline{a}\cdot\overline{b}=\overline{a\cdot b}$$

로 정의한다. 이를테면, $\overline{\mathbb{Z}}_5$에서 $\overline{2}+\overline{4}=\overline{6}=\overline{1}$이고 $\overline{2}\cdot\overline{4}=\overline{8}=\overline{3}$이다. 다음 정리는 집합 $\overline{\mathbb{Z}}_m$ 위에서 연산 $+$과 $\cdot$이 잘 정의됨을 의미한다.

정리 1.5.5 정수 a, b, c, d에 대하여 $\overline{a}=\overline{b}$이고 $\overline{c}=\overline{d}$이면 다음이 성립한다.

(1) $\overline{a}+\overline{c}=\overline{b}+\overline{d}$ (2) $\overline{a}\cdot\overline{c}=\overline{b}\cdot\overline{d}$

즉, 집합 $\overline{\mathbb{Z}}_m$ 위에서 정의된 덧셈과 곱셈은 잘 정의된 연산이다.

집합 $\overline{\mathbb{Z}}_m$ 위에서 정의된 두 연산에 관하여 다음 성질이 성립한다.

정리 1.5.6 집합 $\overline{\mathbb{Z}}_m$의 원소 $\overline{a}$, $\overline{b}$, $\overline{c}$에 대하여 다음 성질이 성립한다.

A.1 : 임의의 원소 $\overline{a}$, $\overline{b}$, $\overline{c}$에 대하여 $(\overline{a}+\overline{b})+\overline{c}=\overline{a}+(\overline{b}+\overline{c})$이다.

A.2 : 임의의 원소 $\overline{a}$, $\overline{b}$에 대하여 $\overline{a}+\overline{b}=\overline{b}+\overline{a}$이다.

A.3 : 원소 $\overline{0}$이 존재하여 임의의 원소 $\overline{a}$에 대하여 $\overline{a}+\overline{0}=\overline{a}=\overline{0}+\overline{a}$이다.

A.4 : 각 원소 $\overline{a}$에 대하여 $\overline{a}+\overline{b}=\overline{0}=\overline{b}+\overline{a}$인 원소 $\overline{b}$가 존재한다. 이 원소 $\overline{b}$를 $-\overline{a}$로 나타낸다. 즉, $-\overline{a}=\overline{-a}$이다. 이 원소 $\overline{b}$를 $\overline{a}$의 덧셈에 관한 역원(inverse)이라고 한다.

M.1 : 임의의 원소 $\overline{a}$, $\overline{b}$, $\overline{c}$에 대하여 $(\overline{a}\cdot\overline{b})\cdot\overline{c}=\overline{a}\cdot(\overline{b}\cdot\overline{c})$이다.

M.2 : 임의의 원소 $\overline{a}$, $\overline{b}$에 대하여 $\overline{a}\cdot\overline{b}=\overline{b}\cdot\overline{a}$이다.

M.3 : 원소 $\overline{1}$이 존재하여 임의의 원소 $\overline{a}$에 대하여 $\overline{a}\cdot\overline{1}=\overline{a}=\overline{1}\cdot\overline{a}$이다.

M.4 : 정수 m과 서로소 즉, $(a, m)=1$인 임의의 원소 $\overline{a}$에 대하여 $\overline{a}\cdot\overline{b}=\overline{1}=\overline{b}\cdot\overline{a}$인 원소 $\overline{b}$가 존재한다. 이 원소 $\overline{b}$를 $\overline{a}^{-1}$로 나타낸다. 이때, $\overline{a}^{-1}$를 $\overline{a}$의 곱셈에 관한 역원(inverse)이라 한다.

M.4′ : $(a, m)=1$인 각 원소 $\overline{a}$에 대하여 $\overline{a}\cdot\overline{b}=\overline{a}\cdot\overline{c}$이면 $\overline{b}=\overline{c}$이다.

D : 임의의 원소 $\overline{a}$, $\overline{b}$, $\overline{c}$에 대하여 배분법칙이 성립한다. 즉,

$$(\overline{a}+\overline{b})\cdot\overline{c}=\overline{a}\cdot\overline{c}+\overline{b}\cdot\overline{c},\quad \overline{c}\cdot(\overline{a}+\overline{b})=\overline{c}\cdot\overline{a}+\overline{c}\cdot\overline{b}$$

집합 $\overline{\mathbb{Z}}_m$의 원소 $\overline{a}$가 곱셈에 관한 역원 $\overline{a}^{-1}$이 존재할 때, 원소 $\overline{a}$를 $\overline{\mathbb{Z}}_m$의 **단원**(unit element)이라고 한다. 단원에 관하여 다음 정리가 성립한다.

정리 1.5.7 집합 $\overline{\mathbb{Z}}_m$의 원소 $\bar{a}$에 대하여 원소 $\bar{a}$가 단원일 필요충분조건은 $(a, m)=1$이다. 즉, 원소 $\bar{a}$가 단원일 필요충분조건은 $\bar{a}$가 기약잉여류이다.

정리 1.5.8 기약잉여류 전체의 집합을 $\overline{\mathbb{Z}}_m{}^* = \{\bar{a} \in \overline{\mathbb{Z}}_m \mid (a, m)=1\}$라고 할 때, $\overline{\mathbb{Z}}_m{}^*$의 원소 $\bar{a}$, $\bar{b}$, $\bar{c}$에 대하여 다음이 성립한다.

(1) 임의의 원소 $\bar{a}$, $\bar{b}$에 대하여 $\bar{a} \cdot \bar{b}$도 $\overline{\mathbb{Z}}_m{}^*$의 원소이다.

(2) 임의의 원소 $\bar{a}$, $\bar{b}$, $\bar{c}$에 대하여 $(\bar{a} \cdot \bar{b}) \cdot \bar{c} = \bar{a} \cdot (\bar{b} \cdot \bar{c})$이다.

(3) 임의의 원소 $\bar{a}$, $\bar{b}$에 대하여 $\bar{a} \cdot \bar{b} = \bar{b} \cdot \bar{a}$이다.

(4) 원소 $\bar{1}$이 존재하여 임의의 원소 $\bar{a}$에 대하여 $\bar{a} \cdot \bar{1} = \bar{a} = \bar{1} \cdot \bar{a}$이다.

(5) 각 원소 $\bar{a}$에 대하여 $\bar{a} \cdot \bar{a}^{-1} = \bar{1} = \bar{a}^{-1} \cdot \bar{a}$인 원소 $\bar{a}^{-1}$가 존재한다.

[예제 1.5.1] 집합 $\overline{\mathbb{Z}}_{14}{}^*$의 원소를 나열하면, 14와 서로소인 기약잉여류로

$$\bar{1},\ \bar{3},\ \bar{5},\ \bar{9},\ \overline{11},\ \overline{13}$$

이다. 집합 $\overline{\mathbb{Z}}_{14}{}^*$의 원소들의 곱셈표를 만들면 다음과 같다.

집합 $\overline{\mathbb{Z}}_{14}{}^*$의 곱셈표

$\cdot$	$\bar{1}$	$\bar{3}$	$\bar{5}$	$\bar{9}$	$\overline{11}$	$\overline{13}$
$\bar{1}$	$\bar{1}$	$\bar{3}$	$\bar{5}$	$\bar{9}$	$\overline{11}$	$\overline{13}$
$\bar{3}$	$\bar{3}$	$\bar{9}$	$\bar{1}$	$\overline{13}$	$\bar{5}$	$\overline{11}$
$\bar{5}$	$\bar{5}$	$\bar{1}$	$\overline{11}$	$\bar{3}$	$\overline{13}$	$\bar{9}$
$\bar{9}$	$\bar{9}$	$\overline{13}$	$\bar{3}$	$\overline{11}$	$\bar{1}$	$\bar{5}$
$\overline{11}$	$\overline{11}$	$\bar{5}$	$\overline{13}$	$\bar{1}$	$\bar{9}$	$\bar{3}$
$\overline{13}$	$\overline{13}$	$\overline{11}$	$\bar{9}$	$\bar{5}$	$\bar{3}$	$\bar{1}$

따라서 $\bar{1}^{-1} = \bar{1}$, $\bar{3}^{-1} = \bar{5}$, $\bar{9}^{-1} = \overline{11}$, $\overline{13}^{-1} = \overline{13}$이다.

특히, 소수 p에 대하여 $\overline{\mathbb{Z}}_p=\{\overline{0}, \overline{1}, \cdots, \overline{p-1}\}$이고 $\overline{\mathbb{Z}}_p{}^*=\{\overline{1}, \cdots, \overline{p-1}\}$이며, 정리 1.5.6으로부터 다음 정리를 얻는다.

정리 1.5.9 집합 $\overline{\mathbb{Z}}_p$의 원소 $\overline{a}$, $\overline{b}$, $\overline{c}$에 대하여 다음 성질을 만족한다.

A.1 : 임의의 원소 $\overline{a}$, $\overline{b}$, $\overline{c}$에 대하여 $(\overline{a}+\overline{b})+\overline{c}=\overline{a}+(\overline{b}+\overline{c})$이다.

A.2 : 임의의 원소 $\overline{a}$, $\overline{b}$에 대하여 $\overline{a}+\overline{b}=\overline{b}+\overline{a}$이다.

A.3 : 원소 $\overline{0}$이 존재하여 임의의 원소 $\overline{a}$에 대하여 $\overline{a}+\overline{0}=\overline{a}=\overline{0}+\overline{a}$이다.

A.4 : 각 원소 $\overline{a}$에 대하여 $\overline{a}+\overline{b}=\overline{0}=\overline{b}+\overline{a}$인 원소 $\overline{b}$가 존재한다. 이 원소를 $-\overline{a}$로 나타낸다. 즉, $-\overline{a}=\overline{-a}$이다.

M.1 : 임의의 원소 $\overline{a}$, $\overline{b}$, $\overline{c}$에 대하여 $(\overline{a}\cdot\overline{b})\cdot\overline{c}=\overline{a}\cdot(\overline{b}\cdot\overline{c})$이다.

M.2 : 임의의 원소 $\overline{a}$, $\overline{b}$에 대하여 $\overline{a}\cdot\overline{b}=\overline{b}\cdot\overline{a}$이다.

M.3 : 원소 $\overline{1}$이 존재하여 임의의 원소 $\overline{a}$에 대하여 $\overline{a}\cdot\overline{1}=\overline{a}=\overline{1}\cdot\overline{a}$이다.

M.4 : 각 원소 $\overline{a}\neq\overline{0}$에 대하여 $\overline{a}$의 곱셈에 관한 역원 $\overline{a}^{-1}$이 존재한다

M.4′ : 임의의 원소 $\overline{a}\neq\overline{0}$에 대하여 $\overline{a}\cdot\overline{b}=\overline{a}\cdot\overline{c}$이면 $\overline{b}=\overline{c}$이다.

D : 임의의 원소 $\overline{a}$, $\overline{b}$, $\overline{c}$에 대하여 배분법칙이 성립한다. 즉,

$$(\overline{a}+\overline{b})\cdot\overline{c}=\overline{a}\cdot\overline{c}+\overline{b}\cdot\overline{c}, \quad \overline{c}\cdot(\overline{a}+\overline{b})=\overline{c}\cdot\overline{a}+\overline{c}\cdot\overline{b}$$

양의 정수의 집합 $\mathbb{N}$ 위에서 정의된 함수

$$\varphi : \mathbb{N} \to \mathbb{Z}, \quad \varphi(m)=|\overline{\mathbb{Z}}_m{}^*|$$

를 Euler의 φ함수라고 한다.

이를테면, $\overline{\mathbb{Z}}_6{}^*=\{\overline{1}, \overline{5}\}$이므로 $\varphi(6)=2$이다. 특히, p가 소수이면, $\overline{\mathbb{Z}}_p{}^*=\{\overline{1}, \overline{2}, \cdots, \overline{p-1}\}$이므로 $\varphi(p)=p-1$이다.

일반적으로 자연수 m에 대하여 Euler의 함수값 $\varphi(m)$을 구할 때 다음 정리가 이용된다.

정리 1.5.10 정수 $m(>1)$의 표준분해가 $m=p_1^{e_1}p_2^{e_2}\cdots p_r^{e_r}$일 때

$$\varphi(m)=m\left(1-\frac{1}{p_1}\right)\left(1-\frac{1}{p_2}\right)\cdots\left(1-\frac{1}{p_r}\right)$$
$$=p_1^{e_1-1}p_2^{e_2-1}\cdots p_r^{e_r-1}(p_1-1)(p_2-1)\cdots(p_r-1)$$

이다.

이를테면, $\varphi(288)=\varphi(2^5 3^2)=2^4 3^1(2-1)(3-1)=48\times2=96$이다.

합동식에 관한 다음 정리 또한 유용하게 쓰인다.

정리 1.5.11 양의 정수 m에 대하여 $\sum_{d\mid m}\varphi(d)=m$이다. 단, d는 m의 양의 약수이다.

이를테면, $m=12$이면, $\sum_{d\mid 12}\varphi(d)=\varphi(1)+\varphi(2)+\varphi(3)+\varphi(4)+\varphi(6)+\varphi(12)=12$이다.

정리 1.5.12 (Euler 정리) 양의 정수 m과 $(a, m)=1$인 정수 a에 대하여 $a^{\varphi(m)}\equiv 1 \bmod m$이다. 특히, 소수 p에 대하여 $(a, p)=1$인 정수 a에 대하여 $a^{p-1}\equiv 1 \bmod p$이고 따라서 모든 정수 a에 대하여 $a^p\equiv a \bmod p$이다.

Euler 정리에서 정수 m이 소수인 경우는 Fermat 정리로 알려져 있다. 이를테면, 7을 법으로 한 3의 지수승을 계산하면

$$3^0\equiv 1 \bmod 7,\quad 3^1\equiv 3 \bmod 7,\quad 3^2\equiv 2 \bmod 7,\quad 3^3\equiv 6 \bmod 7,$$
$$3^4\equiv 4 \bmod 7,\quad 3^5\equiv 5 \bmod 7,\quad 3^6\equiv 1 \bmod 7,\quad 3^7\equiv 3 \bmod 7$$

로 Euler 정리를 만족한다.

연습문제 1.5

1. 정리 1.5.2부터 정리 1.5.5까지 증명하여라.

2. 정리 1.5.7을 증명하여라.

3. 다음 집합을 원소나열법으로 나타내어라.
   (1) $\overline{\mathbb{Z}}_7{}^*$　　(2) $\overline{\mathbb{Z}}_{10}{}^*$
   (3) $\overline{\mathbb{Z}}_{12}{}^*$　　(4) $\overline{\mathbb{Z}}_{21}{}^*$

4. 다음 자연수 m에 대하여 $\varphi(m)$을 구하여라.
   (1) $m=17$　　(2) $m=2^5$
   (3) $m=288$　　(4) $m=2^5 3^2 5$

5. Euler의 φ함수에 대하여 다음을 증명하여라.
   (1) $\varphi(m)=m \Leftrightarrow m=1$
   (2) $\varphi(m)=1 \Leftrightarrow m=1$ 또는 $m=2$
   (3) $\varphi(m)=2 \Leftrightarrow m=3, m=4$ 또는 $m=6$
   (4) $\varphi(m)=m-1 \Leftrightarrow m$은 소수

6. 정리 1.5.10부터 정리 1.5.12까지 증명하여라.

7. 두 양의 정수 m과 n에 대하여 m이 n의 약수이면 $\varphi(m)$은 $\varphi(n)$의 약수임을 증명하여라.

8. 정리 1.4.10을 이용하여 $\overline{\mathbb{Z}}_{21}{}^*$의 단원들에 관한 역원을 구하여라.

1.6 실수와 복소수

이 절에서는 실수의 집합과 복소수의 집합에서 정의된 두 연산에 대하여 성립하는 성질들에 관하여 살펴본다.

정의 1.6.1 공집합이 아닌 집합 F 위에 덧셈 $+$과 곱셈 $\cdot$이 정의되어 있고, 즉,

$$F\text{의 두 원소 } a, b\text{에 대하여 } a+b\in F\text{이고 } a\cdot b\in F$$

이 정의되어 있고, F의 임의의 원소 a, b, c에 대하여 다음 성질이 만족할 때 F를 체(field)라고 한다.

A.1 : $(a+b)+c=a+(b+c)$

A.2 : $a+b=b+a$

A.3 : 원소 0이 F에 존재하여 $a+0=0+a=a$이다.

A.4 : 각 원소 a에 대하여 $a+d=d+a=0$인 원소 d가 F에 존재한다. 이 원소 d를 $-a$로 나타낸다.

M.1 : $(a\cdot b)\cdot c=a\cdot(b\cdot c)$

M.2 : $a\cdot b=b\cdot a$

M.3 : 원소 1이 F에 존재하여 임의의 원소 a에 대하여 $a\cdot 1=1\cdot a=a$이다.

M.4 : 각 원소 $a\neq 0$에 대하여 $a\cdot f=f\cdot a=1$인 원소 f가 F에 존재한다. 이 원소 f를 a^{-1}로 나타낸다.

D : $a\cdot(b+c)=a\cdot b+a\cdot c,\quad (a+b)\cdot c=a\cdot c+b\cdot c$

유리수 전체의 집합 $\mathbb{Q}$와 실수 전체의 집합 $\mathbb{R}$은 흔히 사용하는 덧셈과 곱셈에 관하여 체를 이룬다. 이러한 의미에서 각각을 **유리수체**(rational number field)와 **실수체**(real number field)라고 한다.

우리가 사용해온 뺄셈 $-$과 나눗셈 $\div$은

$$a+(-b)=a-b\text{와 } a\cdot b^{-1}=a\div b$$

와 같이 편의상 정의된 것이다. 또한, 종종 문장이나 식에서 혼돈이 일어나지 않는 경우에 곱셈기호는 생략된다.

지금부터 복소수에 관하여 자세히 살펴보자.

실수를 계수로 가지는 2차 방정식 $x^2+1=0$은 실수 근을 가지지 않는다. 이 방정식을 만족하는 새로운 수 $i(i^2=-1$ 즉, $i=\sqrt{-1})$를 도입하고 실수와 i를 품는 새로운 수의 형식적인 합 $a+bi(a,\ b\in\mathbb{R})$를 **복소수**(complex number)라고 하고 복소수 전체의 집합을 $\mathbb{C}$로 나타낸다. 즉,

$$\mathbb{C}=\{a+bi\mid a,\ b\in\mathbb{R}\}$$

이다. 복소수 전체의 집합 $\mathbb{C}$ 위에서의 상등관계, 덧셈, 곱셈을 각각

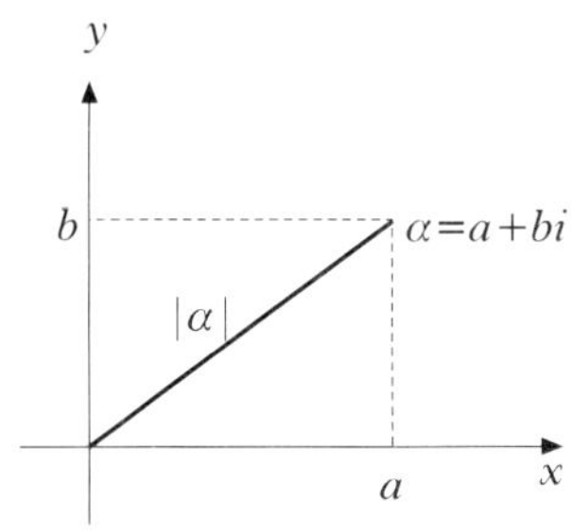

$$a+bi=c+di \Leftrightarrow a=c,\ b=d$$
$$(a+bi)+(c+di)=(a+c)+(b+d)i$$
$$(a+bi)(c+di)=(ac-bd)+(ad+bc)i$$

와 같이 정의한다. 한편, 복소수 $\alpha=a+bi$에 대하여, α의 **켤레복소수**(conjugate complex number) $\overline{\alpha}$, **노름**(norm) $N(\alpha)$, **절대값** $|\alpha|$를 각각

$$\overline{\alpha}=a-bi,\ N(\alpha)=a^2+b^2=\alpha\overline{\alpha},\quad |\alpha|=\sqrt{N(\alpha)}=\sqrt{a^2+b^2}$$

와 같이 정의한다.

정리 1.6.2 임의의 두 복소수 α와 β에 대하여 다음이 성립한다.

(1) $\overline{\alpha+\beta}=\overline{\alpha}+\overline{\beta},\quad \overline{\alpha\beta}=\overline{\alpha}\,\overline{\beta}$

(2) $N(\alpha\beta)=N(\alpha)N(\beta)$

(3) $N(\alpha)=0 \Leftrightarrow \alpha=0$

(4) $N(\alpha)\neq 0$인 $\alpha=a+bi$에 대하여 $\alpha^{-1}=\dfrac{\overline{\alpha}}{N(\alpha)}=\dfrac{a}{a^2+b^2}+\dfrac{-b}{a^2+b^2}i$이다.

복소수 집합 $\mathbb{C}$는 체를 이룬다. 이 체를 **복소수체**(complex number field)라고 한다.

각 실수 θ에 대하여 오른편 그림과 같이 두 실수 $\cos\theta$와 $\sin\theta$를 정의하면 다음 정리가 성립한다.

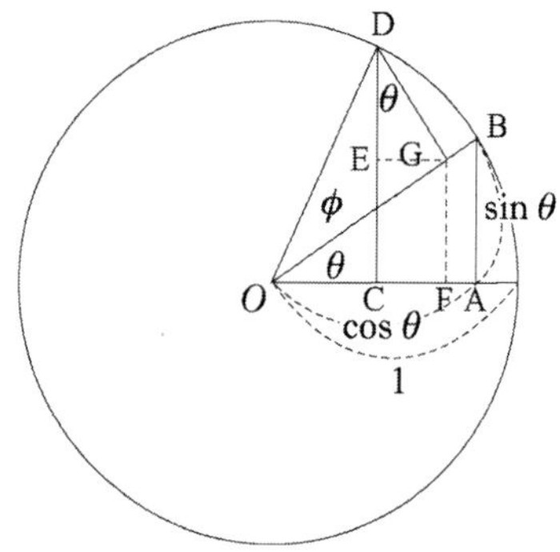

정리 1.6.3 두 실수 θ, ϕ에 대하여 다음 등식이 성립한다.

(1) $\cos^2\theta+\sin^2\theta=1$

(2) $\sin(\theta+\phi)=\sin\theta\cos\phi+\cos\theta\sin\phi$

$\cos(\theta+\phi)=\cos\theta\cos\phi-\sin\theta\sin\phi$

(3) $\sin 2\theta=2\sin\theta\cos\theta$

$\cos 2\theta=\cos^2\theta-\sin^2\theta=2\cos^2\theta-1=1-2\sin^2\theta$

(4) $\sin 3\theta=3\sin\theta-4\sin^3\theta$, $\cos 3\theta=4\cos^3\theta-3\cos\theta$

복소수 $\alpha=a+bi$를 좌표평면 위의 점 $\mathrm{P}(a, b)$로 생각할 때, 좌표평면을 **복소평면** (complex plane) 또는 **가우스 평면**이라고 한다. 이때 $\alpha=a+bi\neq 0$이면,

$$\alpha=a+bi=\sqrt{a^2+b^2}\left(\frac{a}{\sqrt{a^2+b^2}}+\frac{b}{\sqrt{a^2+b^2}}i\right)$$

이다. 적당한 실수 θ가 존재하여 $\dfrac{a}{\sqrt{a^2+b^2}}=\cos\theta$이고 $\dfrac{b}{\sqrt{a^2+b^2}}=\sin\theta$이므로

$$\alpha=|\alpha|(\cos\theta+i\sin\theta)$$

이다. 복소수 α를 이와 같이 나타낸 것을 α의 **극형식** 또는 **극표시**라고 한다. 한편, 실수 θ에 대하여 $\cos\theta+i\sin\theta$를 $e^{i\theta}$ 또는 $\exp(i\theta)$로 나타낸다. 즉,

$$\exp(i\theta)=e^{i\theta}=\cos\theta+i\sin\theta$$

정리 1.6.4 두 실수 θ, ϕ에 대하여 다음 등식이 성립한다.

(1) $e^{i\theta}e^{i\phi}=e^{i(\theta+\phi)}$, $(e^{i\theta})^{-1}=e^{-i\theta}=\overline{e^{i\theta}}$

즉, $(\cos\theta+i\sin\theta)(\cos\phi+i\sin\phi)=\cos(\theta+\phi)+i\sin(\theta+\phi)$

$(\cos\theta+i\sin\theta)^{-1}=\cos(-\theta)+i\sin(-\theta)=\cos\theta-i\sin\theta$

(2) $e^{i\theta}=1 \Leftrightarrow \theta=2n\pi \ (n\in\mathbb{Z})$

$e^{i\theta}=e^{i\phi} \Leftrightarrow \theta=\phi+2n\pi \ (n\in\mathbb{Z})$

(3) $(e^{i\theta})^n=e^{in\theta}$ 즉, $(\cos\theta+i\sin\theta)^n=\cos n\theta+i\sin n\theta \ (n\in\mathbb{Z})$

이를테면, 식 $(\cos\theta+i\sin\theta)(\cos\phi+i\sin\phi)=\cos(\theta+\phi)+i\sin(\theta+\phi)$의 좌변을 정리하면

$$\begin{aligned}&(\cos\theta+i\sin\theta)(\cos\phi+i\sin\phi)\\&\quad=\cos\theta\cos\phi-\sin\theta\sin\phi+i(\cos\theta\sin\phi+\sin\theta\cos\phi)\end{aligned}$$

이므로 정리 1.6.3의 (2)를 얻는다. 즉,

$$\cos(\theta+\phi)=\cos\theta\cos\phi-\sin\theta\sin\phi,\ \ \sin(\theta+\phi)=\sin\theta\cos\phi+\cos\theta\sin\phi$$

정리 1.6.5 양의 정수 n에 대하여 n차 방정식 $x^n=1$은 복소수체 $\mathbb{C}$에서 서로 다른 n개의 근을 가진다. 즉, $\xi^k=\cos\dfrac{2k\pi}{n}+i\sin\dfrac{2k\pi}{n}$ $(k=0, 1, 2, \cdots, n-1)$는 서로 다른 n개의 근이다.

증명 먼저, $x=\cos\dfrac{2k\pi}{n}+i\sin\dfrac{2k\pi}{n}$를 방정식에 대입하면, $x^n=\cos 2k\pi+i\sin 2k\pi=1$이므로 $x=\cos\dfrac{2k\pi}{n}+i\sin\dfrac{2k\pi}{n}$는 n차 방정식 $x^n=1$의 근이다. 두 정수 $k, l(0\le k, l\le n-1)$에 대하여 $\xi^k=\xi^l$이면 $\cos\dfrac{2k\pi}{n}=\cos\dfrac{2l\pi}{n}$이고 $\sin\dfrac{2k\pi}{n}=\sin\dfrac{2l\pi}{n}$이다. 따라서 $k=l$이다. 따라서 방정식 $x^n=1$은 n개의 서로 다른 근 $\xi^k(k=0, 1, 2,\cdots n-1)$를 가진다. 한편, 수학적 귀납법에 의하여 n차 방정식 $x^n=1$은 n개 이하의 근을 가지므로 정리가 증명된다. ■

[예제 1.6.1] 방정식 $x^3 = a(a>0)$의 근은

$$\eta,\ \eta w,\ \eta w^2$$

단, $\eta = a^{\frac{1}{3}}$이고 $w = \cos\frac{2\pi}{3} + i\sin\frac{2\pi}{3} = \frac{-1+\sqrt{3}i}{2}$이다.

연습문제 1.6

1. 정리 1.6.2를 증명하여라.

2. 정리 1.6.3을 증명하여라.

3. $\cos 15^\circ$를 구하여라.

4. 정리 1.6.4를 증명하여라.

5. 정리 1.6.4의 (3)을 이용하여 정리 1.6.3의 (3)과 (4)를 증명하여라.

6. 2차 방정식 $x^2 - x + 1 = 0$에 대하여 다음 물음에 답하여라.
   (1) 2차 방정식의 근을 구하여라.
   (2) 허수 부분이 +인 근을 α라고 하고 다른 근을 β라고 할 때, α와 β를 극형식으로 나타내어라.
   (3) α와 β의 노름을 구하여라.
   (4) α^3과 β^4을 구하여라.

1.7 벡터공간

이 절에서는 체 F 위에서 벡터공간을 설명한다.

정의 1.7.1 공집합이 아닌 집합 V가 체 F 위에서 다음 조건을 만족할 때, V를 체 F 위의 **벡터공간**(vector space)이라 한다.

A : V 위에 덧셈 $+$이 정의되어 $u, v, w \in V$에 대하여 다음이 성립한다.

A.1 : 임의의 원소 u, v, w에 대하여 $(u+v)+w=u+(v+w)$이다.

A.2 : 임의의 원소 v, w에 대하여 $v+w=w+v$이다.

A.3 : 원소 $\mathbf{0} \in V$이 존재하여 모든 $v \in V$에 대하여

$$v+\mathbf{0}=\mathbf{0}+v=v$$

A.4 : 각 $v \in V$에 대하여 $v+(-v)=(-v)+v=\mathbf{0}$인 $-v \in V$가 존재한다.

SM : 함수 $\circ : F \times V \to V$, $\circ(a, v)=a \circ v$가 정의되어 다음이 성립한다. 이 함수를 V 위의 **스칼라 곱셈**(scalar multiplication)이라고 한다. 또 임의의 $v, w \in V$와 $a, b \in F$에 대하여

SM.1 : $a \circ (v+w)=a \circ v+a \circ w$

SM.2 : $(a+b) \circ v=a \circ v+b \circ v$

SM.3 : $(ab) \circ v=a \circ (b \circ v)$

SM.4 : $1 \circ v=v$

특히, 벡터공간 V의 각 원소를 **벡터**(vector)라 하고 $(V, +)$의 항등원 $\mathbf{0}$을 **영벡터**(zero vector)라고 한다. 체 F를 벡터공간 V의 **기초체**(ground field)라 하고 F의 원소를 **스칼라**(scalar)라고 한다. 또, $v, w \in V$에 대하여 $v+w$를 v와 w의 **합**이라 하고, $a \in F$에 대하여 $a \circ v$를 a에 의한 v의 **스칼라 배**(scalar multiple)라고 한다.

앞으로 특별한 구별이 필요 없을 때, 스칼라 배의 기호 $\circ$를 생략한다.

[예제 1.7.1] (1) 체 F는 자신 위에서 벡터공간이다.

(2) 실수체 $\mathbb{R}$은 유리수체 $\mathbb{Q}$ 위에서 벡터공간이다. 여기서 스칼라 배는 실수체

위에서의 곱셈이다.

(3) 실수와 유리수의 곱은 일반적으로 유리수가 아니므로 유리수의 집합 $\mathbb{Q}$는 실수체 $\mathbb{R}$ 위에서 벡터공간이 아니다.

(4) 2차원 공간 $\mathbb{R}^2 = \{(a_1, a_2) \mid a_1, a_2 \in \mathbb{R}\}$은 실수체 $\mathbb{R}$ 위에서 벡터공간이다.

정의 1.7.2 집합 V를 체 F 위의 벡터공간이라고 하자. 집합 V의 부분집합 W가 V에서의 덧셈과 스칼라 곱셈에 관하여 F 위의 벡터공간을 이룰 때, W를 V의 부분공간(subspace)이라고 한다.

정리 1.7.3 집합 V를 체 F 위의 벡터공간이라고 할 때, 다음 명제들은 동치이다.

(1) V의 부분집합 W는 V의 부분공간이다.

(2) $w_1, w_2 \in W$이면 $w_1 - w_2 \in W$이고 $a \in F$, $w \in W$이면 $aw \in W$이다.

(3) $w_1, w_2 \in W$이면 $w_1 + w_2 \in W$이고 $a \in F$, $w \in W$이면 $aw \in W$이다.

증명 (1)⇒(2) W가 V의 부분공간이므로 W는 체 F 위의 벡터공간이므로 벡터공간의 정의에 의하여 분명하다.

(2)⇒(3) 체 F에는 곱셈에 관한 항등원 1과 그의 덧셈에 관한 역원 -1이 존재한다. 따라서 $w_2 \in W$에 대하여 $-w_2 = (-1)w_2 \in W$이다. 그러므로

$$w_1 + w_2 = w_1 - (-w_2) \in W$$

이므로 (3)이 성립한다.

(3)⇒(1) 임의의 $u, v, w \in W$에 대하여 $u, v, w \in V$이므로 다음이 성립한다.

A.1 : $(u+v)+w = u+(v+w)$

A.2 : $v+w = w+v$

A.3 : 원소 $0 \in F$에 대하여 $\mathbf{0} = 0v \in W$이고, 모든 $v \in V$에 대하여

$$v + \mathbf{0} = \mathbf{0} + v = v$$

A.4 : 각 $v \in W$에 대하여 $(-v) = (-1)v \in W$가 존재하여

$$v+(-v)=(-v)+v=\mathbf{0}$$

이다.

SM : 임의의 $v,\ w \in W$에 대하여 $v,\ w \in V$이므로 $a,\ b \in F$에 대하여

SM.1 : $a \circ (v+w) = a \circ v + a \circ w$

SM.2 : $(a+b) \circ v = a \circ v + b \circ v$

SM.3 : $(ab) \circ v = a \circ (b \circ v)$

SM.4 : $1 \circ v = v$

이므로 W는 벡터공간이다. ▒

[예제 1.7.2] 실수체 $\mathbb{R}$ 위의 벡터공간 $\mathbb{R}^2 = \{(a_1,\ a_2) \mid a_1,\ a_2 \in \mathbb{R}\}$에서

(1) $\mathbb{R}^2$의 부분집합 $W_1 = \{(a_1,\ a_2) | a_1 - a_2 = 0\}$이 $\mathbb{R}^2$의 부분공간임을 살펴보자. 먼저, W_1의 임의의 원소 $(a_1,\ a_2),\ (b_1,\ b_2)$와 $\mathbb{R}$의 원소 a에 대하여 $(a_1-b_1)-(a_2-b_2)=(a_1-a_2)-(b_1-b_2)=0$이므로 $(a_1,\ a_2)-(b_1,\ b_2) \in W_1$이고 $aa_1 - aa_2 = a(a_1-a_2) = 0$이므로 $a(a_1,\ a_2) \in W_1$이다. 따라서 정리 1.7.3에 의하여 W_1는 부분공간이다.

(2) $\mathbb{R}^2$의 부분집합 $W_2 = \{(a_1,\ 0) \mid a_1 \in \mathbb{R}\}$는 (1)과 같은 방법으로 $\mathbb{R}^2$의 부분공간임을 증명할 수 있다. 이 증명은 연습문제로 남긴다.

벡터공간 V의 임의의 두 부분공간 W_1과 W_2에 대하여 다음 정리가 성립한다. 이 정리는 정의에 의하여 간단하게 증명되므로 독자에게 맡긴다.

> **정리 1.7.4** 집합 V를 체 F 위의 벡터공간이라 하고 $W_1,\ W_2$를 V의 부분공간이라고 할 때, $W_1 \cap W_2$와 $W_1 + W_2 = \{w_1 + w_2 \mid w_1 \in W_1,\ w_2 \in W_2\}$는 V의 부분공간이다.

정리 1.7.4에 정의된 부분공간 $W_1 + W_2$는 W_1과 W_2를 품는 부분공간 중에 가장 작은 부분공간이다. 한편, 부분집합 $W_1 \cup W_2$는 W_1과 W_2를 품는 집합이지만 부분공간은 아니다.

정의 1.7.5 집합 V를 체 F 위의 벡터공간이라 하고 W를 V의 부분공간이라고 할 때, 집합 $V/W=\{v+W \mid v \in V\}$는 다음과 같이 정의된 덧셈과 스칼라 곱셈에 관하여 체 F 위의 벡터공간을 이룬다.

$$(v+W)+(w+W)=(v+w)+W, \quad a(v+W)=av+W$$

이때, 벡터공간 V/W를 W에 관한 V의 **잉여공간** 또는 **인자공간**(factor space) 또는 **상공간**(quotient space)이라고 한다.

벡터공간 V의 부분공간 W에 의하여 V/W가 벡터공간이 되는 것은 정의에 의하여 어렵지 않게 증명되므로 연습문제로 남긴다. 또한, 다음에 정의되는 일차결합의 집합이 V의 부분공간이 되는 것도 연습문제로 남긴다.

정의 1.7.6 체 F 위의 벡터공간 V에 대하여 V의 부분집합을 $S=\{v_1, \cdots, v_n\}$라고 할 때, 적당한 스칼라 $a_1, \cdots, a_n \in F$에 대하여

$$v=a_1v_1+\cdots+a_nv_n$$

으로 표현되는 벡터를 $v_1, \cdots, v_n$의 **일차결합**(linear combination)이라고 한다. 이때, 벡터 $v_1, \cdots, v_n$의 일차결합 전체의 집합

$$\{a_1v_1+\cdots+a_nv_n \mid a_1, \cdots, a_n \in F\}$$

는 V의 부분공간이다. 이 부분공간을 S 또는 $v_1, \cdots, v_n$에 의하여 **생성된**(generated) **부분공간**이라 하고 기호 $\langle S \rangle$ 또는 $\langle v_1, \cdots, v_n \rangle$로 나타낸다.

[예제 1.7.3] 실수체 $\mathbb{R}$ 위의 벡터공간 $\mathbb{R}^3=\{(a_1, a_2, a_3) \mid a_1, a_2, a_3 \in \mathbb{R}\}$에서

(1) $(1, 1, 0)$에 의하여 생성되는 부분공간 W_1은 아래와 같다.

$$W_1=\langle (1, 1, 0) \rangle=\{a(1, 1, 0) \mid a \in \mathbb{R}\}=\{(a_1, a_2, 0) \mid a_1-a_2=0\}$$

(2) $(1, 1, 0)$과 $(0, 0, 1)$에 의하여 생성되는 부분공간 W_2는 아래와 같다.

$$W_2 = \langle (1,\ 1,\ 0),\ (0,\ 0,\ 1) \rangle$$
$$= \{a(1,\ 1,\ 0)+b(0,\ 0,\ 1) \mid a,\ b \in \mathbb{R}\}$$
$$= \{(a_1,\ a_2,\ a_3) \mid a_1 - a_2 = 0,\ a_3 \in \mathbb{R}\}$$

정의 1.7.7 집합 V를 체 F 위의 벡터공간이라 하고 $v_1, \cdots, v_n \in V$라고 하자. 적어도 하나는 0이 아닌(not all zero) $a_1, \cdots, a_n \in F$에 대하여

$$a_1 v_1 + \cdots + a_n v_n = \mathbf{0}$$

으로 될 때, $v_1, \cdots, v_n$은 **일차종속**(linearly dependent)이라고 한다.

한편, 벡터 $v_1, \cdots, v_n$이 일차종속이 아닐 때, 즉

$$a_1 v_1 + \cdots + a_n v_n = \mathbf{0}\ (a_1, \cdots, a_n \in F) \Rightarrow a_1 = \cdots = a_n = 0$$

일 때, $v_1, \cdots, v_n$은 **일차독립**(linearly independent)이라고 한다.

[예제 1.7.4] (1) 벡터 (1, 1, 0), (0, 0, 1)에 대하여

$$a(1,\ 1,\ 0)+b(0,\ 0,\ 1) = (0,\ 0,\ 0)\text{이라 놓으면 } (a,\ a,\ b) = (0,\ 0,\ 0)$$

이므로 $a=0$, $b=0$이다. 따라서 (1, 1, 0), (0, 0, 1)은 일차독립이다.

(2) 벡터 (1, 1, 0), (0, 1, 1), (1, 2, 1)은

$$1 \cdot (1,\ 1,\ 0) + 1 \cdot (0,\ 1,\ 1) + (-1) \cdot (1,\ 2,\ 1) = (0,\ 0,\ 0)$$

이므로 일차종속이다.

정의 1.7.8 체 F 위의 벡터공간 V에서 다음 두 조건을 만족시키는 유한집합 $B = \{v_1, \cdots, v_n\} \subseteq V$가 존재할 때, B를 V의 **유한기저**(finite basis)라고 한다.

(i) $V = \langle B \rangle = \langle v_1, \cdots, v_n \rangle$

(ii) $v_1, \cdots, v_n$는 일차독립이다.

정의 1.7.9 체 F 위의 벡터공간 V가 유한 기저를 가질 때, V를 체 F 위의 유한차원 벡터공간(finite dimensional vector space)이라고 한다.

또, 벡터공간 V가 n개의 벡터로 이루어진 유한 기저를 가질 때, V를 체 F 위의 n차원 벡터공간이라고 하며, n을 V의 차원(dimension)이라 하고 이 사실을 $n=\dim_F V$ 또는 $n=\dim V$로 나타낸다.

특히, $V=\{0\}$이면, $n=\dim_F V=0$으로 생각한다.

이제 유한차원 벡터공간에 관한 몇 가지 예를 살펴본다.

[예제 1.7.5] (1) 예제 1.7.4의 (1)에서 벡터 (1, 1, 0), (0, 0, 1)은 일차독립이므로

$$\langle(1,\ 1,\ 0),\ (0,\ 0,\ 1)\rangle=\{a(1,\ 1,\ 0)+b(0,\ 0,\ 1)\mid a,\ b\in\mathbb{R}\}$$

는 $\mathbb{R}$ 위에서 2차원 벡터공간이다.

(2) 예제 1.7.4의 (2)에서 $(1,\ 2,\ 1)=(1,\ 1,\ 0)+(0,\ 1,\ 1)$이고 벡터 (1, 1, 0), (0, 1, 1)은 일차독립이므로

$$\langle(1,\ 1,\ 0),\ (0,\ 1,\ 1),\ (1,\ 2,\ 1)\rangle=\langle(1,\ 1,\ 0),\ (0,\ 1,\ 1)\rangle$$

는 $\mathbb{R}$ 위에서 2차원 벡터공간이다.

[예제 1.7.6] 체 F와 양의 정수 n에 대하여, 집합

$$F^n=\{(x_1,\ \cdots,\ x_n)\mid x_1,\ \cdots,\ x_n\in F\}$$

는 다음과 같이 정의된 덧셈과 스칼라 곱셈에 관하여 체 F 위의 벡터공간을 이룬다.

$$(a_1,\ \cdots,\ a_n)+(b_1,\ \cdots,\ b_n)=(a_1+b_1,\ \cdots,\ a_n+b_n)$$
$$a(a_1,\ \cdots,\ a_n)=(aa_1,\ \cdots,\ aa_n)\quad(a\in F)$$

이때 $\{(1,\ 0,\ \cdots,\ 0),\ (0,\ 1,\ \cdots,\ 0),\ \cdots,\ (0,\ \cdots,\ 0,\ 1)\}$는 F^n의 기저이므로 F^n은 체 F 위의 n차원 벡터공간이다.

[예제 1.7.7] 체 $\mathbb{R}$과 양의 정수 n에 대하여, 집합

$$P_n = \{a_0 + a_1 x + \cdots + a_n x^n \mid x\text{는 부정원, } a_i \in \mathbb{R}\,(0 \le i \le n)\}$$

은 $n+1$차원 벡터공간이다. 이때, $\{1, x, \cdots, x^n\}$는 P_n의 기저이다.

연습문제 1.7

1. 실수체 $\mathbb{R}$ 위에서 벡터공간 $\mathbb{R}^2 = \{(a_1, a_2) \mid a_1, a_2 \in \mathbb{R}\}$의 부분집합

$$W_2 = \{(a_1, 0) \mid a_1 \in \mathbb{R}\}$$

는 $\mathbb{R}^2$의 부분공간임을 증명하여라.

2. 정리 1.7.4를 증명하여라.

3. 집합 V를 체 F 위의 벡터공간이라 하고 W를 V의 부분공간이라고 할 때, 집합 $V/W = \{v+W \mid v \in V\}$ 위에 덧셈과 스칼라 곱셈을

$$(v+W)+(w+W)=(v+w)+W, \quad a(v+W)=av+W$$

와 같이 정의하면 V/W는 체 F 위의 벡터공간임을 증명하여라.

4. 체 F 위의 벡터공간 V에 대하여 V의 부분집합을 $S=\{v_1, \cdots, v_n\}$라고 할 때, 정의 1.7.6과 같이 정의된 $\langle S \rangle$는 부분공간임을 증명하여라.

제 2 장

군 론

2.1 군의 정의와 예

이 절에서는 공집합이 아닌 집합 위에 주어진 하나의 연산에 관하여 만족하는 성질에 따른 대수적 구조를 다룬다.

정의 2.1.1 공집합이 아닌 집합 G 위에 정의된 이항연산 $*$에 대하여 다음 성질들이 만족할 때 $(G, *)$를 군(group)이라고 한다.

G.1 : G의 임의의 원소 a, b, c에 대하여 $(a*b)*c=a*(b*c)$이다.

G.2 : G의 특정한 원소 e가 존재하여 G의 모든 원소 a에 대하여 등식

$$a*e=e*a=a$$

를 만족한다. 이때, 원소 e를 연산 $*$에 관한 G의 **항등원**(identity)이라 한다.

G.3 : G의 각 원소 a에 대하여 $a*b=b*a=e$인 원소 b가 G에 존재한다. 이때, 원소 b를 연산 $*$에 관한 a의 **역원**(inverse)이라 하고 a^{-1}로 나타낸다. 즉,

$$a*a^{-1}=a^{-1}*a=e$$

이다.

또, $(G, *)$가 군일 때에, G는 연산 $*$에 관하여 군이라고 한다. 정의 2.1.1에서 G.1, G.2 및 G.3를 군에 대한 공리계(system of axioms)라고 한다. 한편, G.1만을 만족하는 경우에 $(G, *)$를 반군(semigroup)이라고 하고, G.1과 G.2를 만족하는 경우에 $(G, *)$를 모노이드(monoid)라고 한다.

정의 2.1.2 군 $(G, *)$가 G.4를 만족할 때, $(G, *)$를 **가환군**(commutative group) 또는 Abel 군(abelian group)이라고 한다. 가환군이 아닌 군 $(G, *)$를 **비가환군**(noncommutative group) 또는 비 Abel 군(nonabelian group)이라 한다.

G.4 : G의 임의의 원소 a, b에 대하여 $a*b=b*a$이다.

특히, 가환군 $(G, +)$를 **덧셈군**(additive group)이라고 한다.

정의 2.1.2에 의하여 덧셈군 $(G, +)$에 대하여 다음이 성립한다.

A.1 : G의 임의의 원소 a, b, c에 대하여 $(a+b)+c=a+(b+c)$이다.

A.2 : G의 특정한 원소 0이 존재하여 G의 모든 원소 a에 대하여 등식

$$a+0=0+a=a$$

를 만족한다. 원소 0을 연산 +에 관한 G의 **항등원**(identity) 또는 **영원**(zero)이라 한다.

A.3 : G의 각 원소 a에 대하여 $a+b=b+a=0$인 원소 b가 G에 존재한다. 원소 b를 연산 +에 관한 a의 **역원**(inverse)이라 하고 $-a$로 나타낸다. 즉,

$$a+(-a)=(-a)+a=0$$

이다.

A.4 : G의 임의의 원소 a, b에 대하여 $a+b=b+a$이다.

정의 2.1.3 군 $(G, *)$에서 G가 무한집합일 때, 이 군을 **무한군**(infinite group)이라고 한다. 또, 군 $(G, *)$에서 G가 유한집합일 때, 이 군을 **유한군**(finite group)이라고 하고 $|G|$를 이 군의 **위수**(order)라고 한다.

지금까지 정의한 군에 관한 용어를 정리하면 다음 그림과 같다.

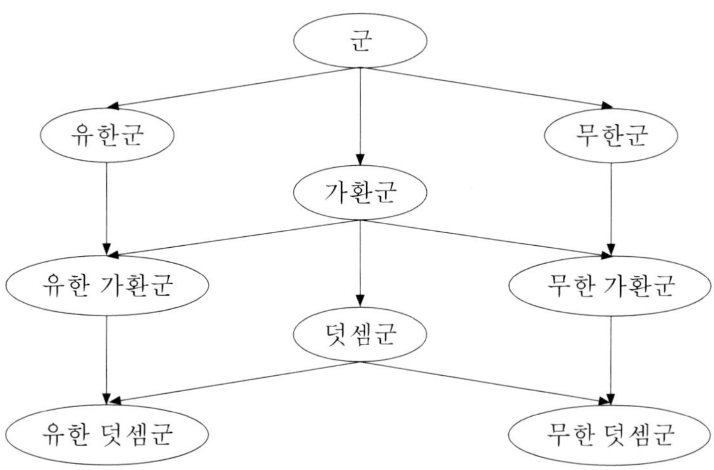

이들 군에 관한 구체적인 예를 들어보자.

[예제 2.1.1] 유리수의 집합 $\mathbb{Q}$에서는 덧셈과 곱셈에 관한 결합법칙과 교환법칙이 성립한다. 또, 덧셈에 관한 항등원 0과 곱셈에 관한 항등원 1을 가진다.

(1) 각 유리수 a에 대하여 $(-a)$는 연산 $+$에 관한 a의 역원이므로 $\mathbb{Q}$는 무한 덧셈군이다.

(2) 집합 $\mathbb{Q}$는 곱셈에 관한 모노이드이지만, 유리수 0의 곱셈에 관한 역원이 존재하지 않으므로 $\mathbb{Q}$는 곱셈에 관한 군이 아니다.

(3) 집합 $\mathbb{Q}^* = \mathbb{Q} - \{0\}$는 곱셈에 관한 무한군이다.

[예제 2.1.2] 제1장 제5절에서 정의한 n을 법으로 한 잉여류 집합 $\overline{\mathbb{Z}}_n$은 정리 1.5.6에 의하여 위수 n인 유한 덧셈군이다. 또한, 정리 1.5.8에 의하여 기약잉여류 집합 $\overline{\mathbb{Z}}_n{}^*$는 위수 $\varphi(n)$인 곱셈에 관한 유한 가환군이다. 구체적으로 $\overline{\mathbb{Z}}_4$는 위수 4인 유한 덧셈군이고 $\overline{\mathbb{Z}}_8{}^* = \{\overline{1}, \overline{3}, \overline{5}, \overline{7}\}$는 위수 4인 유한 가환군이다. 덧셈군 $\overline{\mathbb{Z}}_4$의 덧셈표와 곱셈군 $\overline{\mathbb{Z}}_8{}^*$의 곱셈표는 아래와 같다.

$\overline{\mathbb{Z}}_4$의 덧셈표

$+$	$\overline{0}$	$\overline{1}$	$\overline{2}$	$\overline{3}$
$\overline{0}$	$\overline{0}$	$\overline{1}$	$\overline{2}$	$\overline{3}$
$\overline{1}$	$\overline{1}$	$\overline{2}$	$\overline{3}$	$\overline{0}$
$\overline{2}$	$\overline{2}$	$\overline{3}$	$\overline{0}$	$\overline{1}$
$\overline{3}$	$\overline{3}$	$\overline{0}$	$\overline{1}$	$\overline{2}$

$\overline{\mathbb{Z}}_8{}^*$의 곱셈표

$\cdot$	$\overline{1}$	$\overline{3}$	$\overline{5}$	$\overline{7}$
$\overline{1}$	$\overline{1}$	$\overline{3}$	$\overline{5}$	$\overline{7}$
$\overline{3}$	$\overline{3}$	$\overline{1}$	$\overline{7}$	$\overline{5}$
$\overline{5}$	$\overline{5}$	$\overline{7}$	$\overline{1}$	$\overline{3}$
$\overline{7}$	$\overline{7}$	$\overline{5}$	$\overline{3}$	$\overline{1}$

위 덧셈표에 의하면 $\overline{0}$이 항등원이고, $\overline{1}$의 역원은 $\overline{3}$이고 $\overline{2}$의 역원은 $\overline{2}$이다. 또한, 위 곱셈표에 의하면 $\overline{1}$이 항등원이고, $\overline{3}^{-1} = \overline{3}$, $\overline{5}^{-1} = \overline{5}$, $\overline{7}^{-1} = \overline{7}$이다.

제2장에서는 기호를 간단하게 사용하기 위하여 $\overline{\mathbb{Z}}_n$(또는 $\overline{\mathbb{Z}}_n{}^*$)을 $\mathbb{Z}_n$(또는 $\mathbb{Z}_n{}^*$)으로 표현하고 그들의 원소들은 bar를 삭제하고 사용한다. 또 $\mathbb{Z}_n$(또는 $\mathbb{Z}_n{}^*$)에서의 연산은 $\overline{\mathbb{Z}}_n$(또는 $\overline{\mathbb{Z}}_n{}^*$)에서의 연산 결과로부터 bar를 삭제하고 사용한다. 이를테면, $\mathbb{Z}_4$에서 $2+3=1$이고 $\mathbb{Z}_8{}^*$에서 $3\times5=7$이다.

[예제 2.1.3] 제1장 제3절에서 정의한 집합

$$S_n = \{\sigma \mid \sigma : \{1, 2, \cdots, n\} \to \{1, 2, \cdots, n\} \text{는 치환이다}\}$$

은 정리 1.2.2의 (3)에 의하여 연산 $\circ$에 관하여 닫혀있다. $n \geq 3$인 경우에 연산 $\circ$에 관하여 살펴보면 다음과 같다.

(1) 연습문제 1.2.7에 의하여 임의의 치환 σ, τ, ρ에 대하여

$$(\sigma \circ \tau) \circ \rho = \sigma \circ (\tau \circ \rho)$$

이다.

(2) 항등치환 1이 존재해서 임의의 치환 σ에 대하여 $1 \circ \sigma = \sigma \circ 1 = \sigma$이다.

(3) 각 치환 σ에 대하여 역치환 σ^{-1}가 항상 존재하여 다음이 성립한다.

$$\sigma \circ \sigma^{-1} = \sigma^{-1} \circ \sigma = 1$$

(4) $(1\ 2)(1\ 3) = (1\ 3\ 2) \neq (1\ 2\ 3) = (1\ 3)(1\ 2)$이므로 교환법칙이 성립하지 않는다.

(5) $|S_n| = n!$이다.

따라서 S_n은 연산 $\circ$에 관하여 위수 $n!$인 유한 비가환군이다. 특히, S_3은 연산 $\circ$에 관하여 위수 6인 유한 비가환군이다(예제 1.3.3 참조).

[예제 2.1.4] 정수의 집합 $\mathbb{Z}$ 위에서의 치환들의 집합을 S라고 하면, 예제 2.1.3과 같은 원리로 S는 무한 비가환군이다.

[예제 2.1.5] 정수의 집합 $\mathbb{Z}$는 정리 1.4.1에 의하여 덧셈에 관하여 군이다. 즉, $\mathbb{Z}$는 무한 덧셈군이다. 같은 방법으로 k의 배수들의 집합 $k\mathbb{Z}$(k는 양의 정수)는 무한 덧셈군이다. 또, $\mathbb{Q}$, $\mathbb{R}$, $\mathbb{C}$는 무한 덧셈군이다.

[예제 2.1.6] 실수를 성분으로 가지는 n조 순서쌍$(a_1, \cdots, a_n)$의 집합 $\mathbb{R}^n$, 즉,

$$\mathbb{R}^n = \{(a_1, \cdots, a_n) \mid a_1, \cdots, a_n \in \mathbb{R}\}$$

이라고 할 때, $\mathbb{R}^n$은 다음과 같이 정의된 덧셈에 관하여 무한 덧셈군이다.

$$(a_1, \cdots, a_n) + (b_1, \cdots, b_n) = (a_1 + b_1, \cdots, a_n + b_n)$$

여기에서 $(0, \cdots, 0)$은 항등원이고 $(a_1, \cdots, a_n)$의 역원은 아래와 같다.

$$-(a_1, \cdots, a_n) = (-a_1, \cdots, -a_n)$$

예제 2.1.6과 같은 방법으로 $\mathbb{Z}^n$, $\mathbb{Q}^n$, $\mathbb{C}^n$은 무한 덧셈군이다.

[예제 2.1.7] 실수를 성분으로 가지는 $m \times n$ 행렬의 집합을 $M_{m\times n}(\mathbb{R})$이라 할 때, $M_{m\times n}(\mathbb{R})$은 다음과 같이 정의된 덧셈에 관하여 무한 덧셈군이다.

$$\begin{pmatrix} a_{11} & \cdots & a_{1n} \\ \vdots & \cdots & \vdots \\ a_{m1} & \cdots & a_{mn} \end{pmatrix} + \begin{pmatrix} b_{11} & \cdots & b_{1n} \\ \vdots & \cdots & \vdots \\ b_{m1} & \cdots & b_{mn} \end{pmatrix} = \begin{pmatrix} a_{11}+b_{11} & \cdots & a_{1n}+b_{1n} \\ \vdots & \cdots & \vdots \\ a_{m1}+b_{m1} & \cdots & a_{mn}+b_{mn} \end{pmatrix}$$

여기에서 영행렬 $\begin{pmatrix} 0 & \cdots & 0 \\ \vdots & \cdots & \vdots \\ 0 & \cdots & 0 \end{pmatrix}$은 항등원이고 $\begin{pmatrix} a_{11} & \cdots & a_{1n} \\ \vdots & \cdots & \vdots \\ a_{m1} & \cdots & a_{mn} \end{pmatrix}$의 역원은

$$-\begin{pmatrix} a_{11} & \cdots & a_{1n} \\ \vdots & \cdots & \vdots \\ a_{m1} & \cdots & a_{mn} \end{pmatrix} = \begin{pmatrix} -a_{11} & \cdots & -a_{1n} \\ \vdots & \cdots & \vdots \\ -a_{m1} & \cdots & -a_{mn} \end{pmatrix}$$

이다. 특히, $m=n$일 때에 $M_{m\times n}(\mathbb{R})$을 $M_n(\mathbb{R})$로 나타내기로 한다.

[예제 2.1.8] 집합 $M_n(\mathbb{R})$ 위에서 다음과 같이 곱셈이 정의된다.

$$\begin{pmatrix} a_{11} & \cdots & a_{1n} \\ \vdots & \cdots & \vdots \\ a_{n1} & \cdots & a_{nn} \end{pmatrix} \cdot \begin{pmatrix} b_{11} & \cdots & b_{1n} \\ \vdots & \cdots & \vdots \\ b_{n1} & \cdots & b_{nn} \end{pmatrix} = \begin{pmatrix} c_{11} & \cdots & c_{1n} \\ \vdots & \cdots & \vdots \\ c_{n1} & \cdots & c_{nn} \end{pmatrix},$$

$$c_{ij} = a_{i1}b_{1j} + \cdots + a_{in}b_{nj} \ (i=1, \cdots, n, j=1, \cdots, n)$$

행렬 $\begin{pmatrix} 1 & \cdots & 0 \\ \vdots & \ddots & \vdots \\ 0 & \cdots & 1 \end{pmatrix}$을 I_n으로 나타내면, $M_n(\mathbb{R})$의 임의의 행렬 A에 대하여

$$I_n \cdot A = A \cdot I_n = A$$

이다. 즉, I_n은 곱셈에 관하여 항등원이다. 따라서 $M_n(\mathbb{R})$은 모노이드이다.

집합 $M_n(\mathbb{R})$의 원소인 행렬 A에 대하여 $M_n(\mathbb{R})$의 행렬 B가 존재하여 $A \cdot B = B \cdot A = I_n$일 때, A를 **정칙행렬**(nonsingular matrix)이라 하고 B를 A^{-1}로 나타낸다. 이제, $M_n(\mathbb{R})$의 원소 중에 정칙행렬들의 집합을 $GL_n(\mathbb{R})$이라 나타낸다. 즉,

$$GL_n(\mathbb{R}) = \{A \in M_n(\mathbb{R}) \mid A\text{는 정칙행렬}\} = \{A \in M_n(\mathbb{R}) \mid \det A \neq 0\}$$

이다.

[예제 2.1.9] 집합 $GL_n(\mathbb{R})$은 곱셈에 관하여 다음 성질이 성립한다.

집합 $GL_n(\mathbb{R})$의 임의의 행렬 A, B, C에 대하여

(1) $(A \cdot B)^{-1} = B^{-1} \cdot A^{-1}$ 즉, $GL_n(\mathbb{R})$은 곱셈에 관하여 닫혀 있다.

(2) $(A \cdot B) \cdot C = A \cdot (B \cdot C)$

(3) 행렬 I_n이 존재하여 $A \cdot I_n = I_n \cdot A = A$이다.

(4) $GL_n(\mathbb{R})$의 행렬 A^{-1}가 존재하여 $A \cdot A^{-1} = A^{-1} \cdot A = I_n$이다.

따라서, $GL_n(\mathbb{R})$은 곱셈에 관하여 가환이 아닌 군을 이룬다. 이 군을 n차 일반선형군(the general linear group of degree n)이라고 한다.

[예제 2.1.10] 유클리드 평면 위에 있는 직사각형에서 자신과 겹치는 이동을 생각해 보자. 먼저 정사각형이 아닌 경우에는 오른쪽 그림에서 다음과 같은 4가지 이동을 생각할 수 있다.

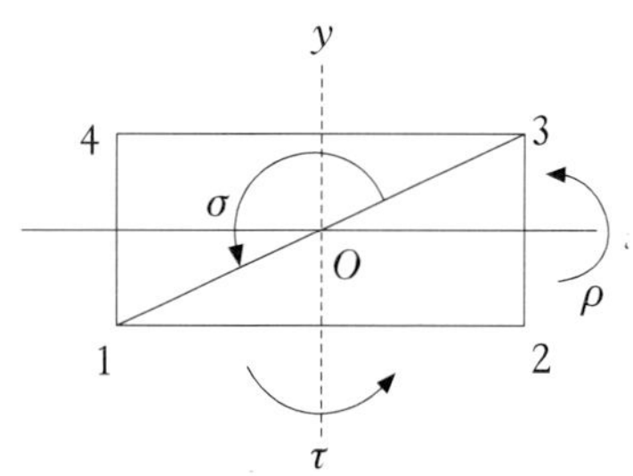

1 : 항등변환(자신을 움직이지 않은 상태)

σ : O를 중심으로 180도 회전이동

ρ : x축을 중심으로 대칭이동

τ : y축을 중심으로 대칭이동

이때 집합 $\{1, \sigma, \rho, \tau\}$는 합성연산에 의하여 위수 4인 가환군이다. 즉,

$$\sigma^2 = 1, \quad \rho^2 = 1, \quad \tau^2 = 1,$$

$$\sigma \circ \rho = \tau = \rho \circ \sigma, \qquad \sigma \circ \tau = \rho = \tau \circ \sigma, \qquad \rho \circ \tau = \sigma = \tau \circ \rho$$

이 군을 Klein의 4원군(Klein's four group)이라 하고 기호 V_4로 나타낸다.

앞 55쪽의 그림에서와 같이 군 V_4의 원소인 변환을 꼭지점이 이동한 결과로 집합 $\{1, 2, 3, 4\}$ 위의 치환으로 표현하면,

$$\sigma = \begin{pmatrix} 1 & 2 & 3 & 4 \\ 3 & 4 & 1 & 2 \end{pmatrix} = (1\ 3)(2\ 4), \quad \rho = \begin{pmatrix} 1 & 2 & 3 & 4 \\ 4 & 3 & 2 & 1 \end{pmatrix} = (1\ 4)(2\ 3),$$

$$\tau = \begin{pmatrix} 1 & 2 & 3 & 4 \\ 2 & 1 & 4 & 3 \end{pmatrix} = (1\ 2)(3\ 4)$$

이므로 $V_4 = \{1, \sigma = (1\ 3)(2\ 4), \rho = (1\ 4)(2\ 3), \tau = (1\ 2)(3\ 4)\}$이다. 실제로

$$\sigma \circ \rho = (1\ 3)(2\ 4)(1\ 4)(2\ 3) = (1\ 2)(3\ 4) = \tau$$

이고 다른 원소들의 연산 결과도 같다.

[예제 2.1.11] 이제 정사각형인 경우를 생각하면 그림에서와 같이 90도 회전이동과 4가지 대칭이동을 생각할 수 있다.

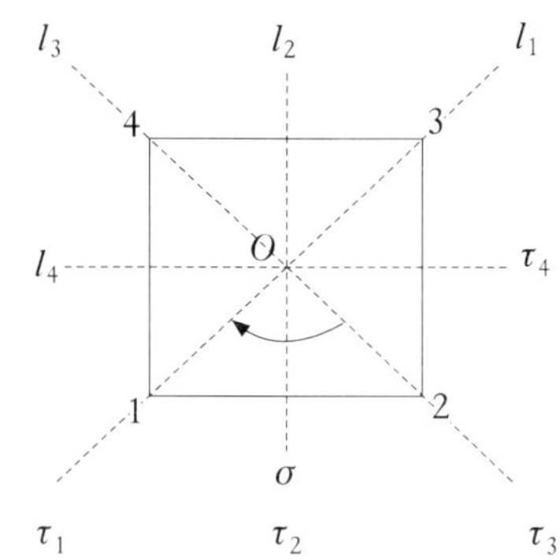

1 : 항등변환(자신을 움직이지 않은 상태)
σ : O를 중심으로 90도 회전 이동
τ_i : l_i를 축으로 대칭이동

회전이동 σ에 의하여 180° 회전, 270° 회전, 360° 회전인 σ^2, σ^3, 1을 생각할 수 있다. 따라서 집합 $\{1, \sigma, \sigma^2, \sigma^3, \tau_1, \tau_2, \tau_3, \tau_4\}$은 위수가 8인 비가환군이다. 이 군을 **차수가 4인 정이면체군**(dihedral group of degree 4)이라 하고 기호 D_4로 나타낸다.

이를 오른편 위의 그림에서와 같이 군 D_4의 원소인 변환을 꼭지점이 이동한 결과로 집합 $\{1, 2, 3, 4\}$ 위의 치환으로 표현하면,

$$1, \qquad \sigma = \begin{pmatrix} 1 & 2 & 3 & 4 \\ 2 & 3 & 4 & 1 \end{pmatrix} = (1\ 2\ 3\ 4), \quad \sigma^2 = (1\ 3)(2\ 4), \quad \sigma^3 = (1\ 4\ 3\ 2),$$

$$\tau_1 = (24), \quad \tau_2 = (12)(34), \qquad \tau_3 = (13), \qquad \tau_4 = (14)(23)$$

즉, $D_4 = \{1, (1234), (13)(24), (1432), (24), (12)(34), (13), (14)(23)\}$이다.

참고 (1) 일반적으로, 원소들 사이에 연산들 $*$, $\circ$, $\cdot$ 등은 혼돈이 일어나지 않는 한 생략해도 좋다. 이 책에서는 특별히 의미가 통하지 않는 경우를 제외하고 덧셈 연산을 제외한 연산기호는 생략한다.

(2) 군의 예에 따라 항등원은 다양한 방법으로 표현된다. 이를테면, 수들의 집합에서 덧셈군의 항등원은 0, 곱셈군의 항등원은 1, 일반적인 군들의 항등원은 e, 행렬에서는 영행렬 O, 일반선형군의 항등원은 I_n 등으로 다양하지만, 특별한 경우를 제외하고 덧셈군의 항등원은 0으로 곱셈군의 항등원은 1 또는 e를 필요에 따라 사용하기로 약속한다.

연습문제 2.1

1. 자연수의 집합 $\mathbb{N}$에 대하여 다음 물음에 답하여라.

(1) 집합 $\mathbb{N}$은 덧셈에 관하여 어떤 대수적 구조를 가지는가?

(2) 집합 $\mathbb{N}$은 곱셈에 관하여 어떤 대수적 구조를 가지는가?

2. 정수의 집합 $\mathbb{Z}$에 대하여 다음 물음에 답하여라.

(1) 집합 $\mathbb{Z}$는 덧셈에 관하여 어떤 대수적 구조를 가지는가?

(2) 집합 $\mathbb{Z}$의 진부분집합 중에 덧셈에 관하여 군이 되는 것을 구하여라.

3. 차수 3인 대칭군 S_3의 원소들에 관한 표를 완성하여라.

$\circ$	1	(1 2 3)	(1 3 2)	(1 2)	(1 3)	(2 3)
1						
(1 2 3)						
(1 3 2)					x	
(1 2)						
(1 3)						
(2 3)						

단, $x=(1\ 3\ 2)(1\ 3)$이다. 이와 같은 표를 대칭군 S_3에서의 **곱셈표**라고 한다.

4. 차수 4인 대칭군 S_4의 원소들에 관하여 다음을 구하여라.

(1) $(1\ 2\ 3)(2\ 3\ 4)$ (2) $(2\ 3\ 4)(1\ 2\ 3)$

(3) $(1\ 2\ 3\ 4)^2$ (4) $(1\ 2\ 3\ 4)^3$

(5) $(1\ 2\ 3\ 4)^{-1}$ (6) $(1\ 2\ 3)(2\ 3\ 4)$의 역원

(7) 길이가 4인 순환치환은 몇 가지인가?

(8) 길이가 3인 순환치환은 몇 가지인가?

(9) 두 개의 서로소인 호환의 곱은 몇 가지인가?

(10) 호환은 모두 몇 가지인가?

5. 잉여군 $\mathbb{Z}_{11}{}^*$의 위수를 구하여라. 또, 각 원소의 역원을 구하여라.

6. 잉여군 $\mathbb{Z}_{10}{}^*$의 위수를 구하여라. 또, 곱셈표를 만들고 각 원소의 역원을 구하여라.

7. 양의 유리수의 집합을 $\mathbb{Q}^+$라 할 때, 다음 명제를 증명하여라.

(1) 집합 $\mathbb{Q}^+$는 곱셈에 관하여 가환군이다.

(2) 양의 유리수 a에 대하여 $\{a^n \mid n \in \mathbb{Z}\}$은 집합 $\mathbb{Q}^+$의 부분집합으로 군이다.

8. 폐구간 $[0, 1]$에서 연속인 함수들의 집합을 $C[0, 1]$이라고 하자. 즉,

$$C[0, 1] = \{f : [0, 1] \to \mathbb{R} \mid f\text{는 연속함수이다}\}$$

이다. 집합 $C[0, 1]$의 임의의 원소 f와 g에 대하여 f와 g의 합을

$$f+g : [0, 1] \to \mathbb{R}, \quad [f+g](a) = f(a)+g(a)$$

로 정의하면, $C[0, 1]$은 덧셈군임을 증명하여라.

9. 덧셈군 $\mathbb{Z}_2$의 원소로 구성된 2×2 행렬의 집합 $M_2(\mathbb{Z}_2)$의 원소의 개수는 몇 개인가? 또한 $GL_2(\mathbb{Z}_2)$의 원소를 모두 구하고 $GL_2(\mathbb{Z}_2)$는 비가환군임을 증명하여라.

10. 예제 2.1.10과 예제 2.1.11의 기호 아래 다음 곱셈표를 완성하여라.

(1)

	1	σ	ρ	τ
1				
σ				
ρ				
τ				

(2)

	1	σ	σ^2	σ^3	τ_1	τ_2	τ_3	τ_4
1								
σ								
σ^2								
σ^3								
τ_1								
τ_2								
τ_3								
τ_4								

11. 집합 $X_n=\{1, 2, \cdots, n\}$에 대하여 X_n의 부분집합들의 집합을 $\wp(X_n)$이라 할 때 다음 물음에 답하여라.

(1) 집합 $\wp(X_n)$의 원소의 개수를 구하여라.

(2) 집합 $\wp(X_n)$의 임의의 원소 A, B에 대하여 연산 ∇이

$$A\nabla B=A\cup B-A\cap B$$

로 정의될 때, 집합 $\wp(X_n)$이 연산 ∇에 관하여 군을 이루는 것을 증명하여라.

참고 군 $\wp(X_n)$의 원소 A를 길이 n인 이진수열 $a_1\, a_2 \cdots\, a_n$으로 다음 규칙

$$a_i=\begin{cases}0 : i\notin A\\ 1 : i\in A\end{cases}$$

을 이용하여 대응시키자. 이를테면, $\wp(X_8)$의 원소 $\{1, 2, 7\}$에 대응되는 이진수열은 11000010이다. 이와 같은 이진수열은 현대암호에서 자주 이용된다.

12. 집합 $Q_4=\{1, -1, i, -i, j, -j, k, -k\}$ 위에서 곱셈이

$$i^2=j^2=k^2=-1,\quad ij=k=-ji,\quad jk=i=-kj,\quad ki=j=-ik$$

와 같이 정의될 때, Q_4는 위수 8인 비가환군임을 증명하여라. 이 군을 **사원수군** (quaternion group)이라고 한다.

13. 집합 $\mathbb{H}=\{a+bi+cj+dk \mid a, b, c, d\in\mathbb{R}\}$ 위에서 덧셈과 곱셈을

$$\begin{aligned}&(a_1+b_1i+c_1j+d_1k)+(a_2+b_2i+c_2j+d_2k)\\&\quad=(a_1+a_2)+(b_1+b_2)i+(c_1+c_2)j+(d_1+d_2)k,\\&(a_1+b_1i+c_1j+d_1k)(a_2+b_2i+c_2j+d_2k)\\&\quad=(a_1a_2-b_1b_2-c_1c_2-d_1d_2)+(a_1b_2+b_1a_2+c_1d_2-d_1c_2)i\\&\qquad+(a_1c_2+c_1a_2-b_1d_2+d_1b_2)j+(a_1d_2+d_1a_2+b_1c_2-c_1b_2)k\end{aligned}$$

로 정의하였을 때 다음 물음에 답하여라.

(1) $2+3i-4j$와 $3-2j-3k$의 합과 차를 간단히 하여라.

(2) 집합 $\mathbb{H}$는 덧셈군을 이루는 것을 증명하여라.

(3) ii, jj, kk를 $\mathbb{H}$의 원소 꼴로 간단히 하여라.

(4) ij, ji, ik, ki, jk, kj를 $\mathbb{H}$의 원소 꼴로 간단히 하여라.

(5) $(2+3i-4j)(3-2j-3k)$와 $(3-2j-3k)(2+3i-4j)$을 간단히 하여라.

(6) 집합 $\mathbb{H}$는 곱셈에 관하여 교환법칙이 성립하지 않음을 예를 들어 설명하여라.

(7) 집합 $\mathbb{H}$는 곱셈에 관하여 모노이드가 되는 것을 증명하여라.

(8) 집합 $\mathbb{H}^*=\mathbb{H}-\{0\}$은 곱셈에 관하여 비가환군이 되는 것을 증명하여라.

2.2 군의 기본 성질

이 절에서는 군에서 성립되는 기본적인 성질에 관하여 설명한다.

이 절에서부터는 연산에 관하여 특별히 혼돈이 일어나지 않을 때에는 군 $(G, *)$ 또는 $(G, \circ)$이라고 쓰는 대신에 간단하게 군 G라고 쓰고 특별한 경우를 제외하고 연산 기호를 생략한다.

> **정리 2.2.1** 군 G에 대하여
> (1) 항등원 e는 유일하다.
> (2) 각 원소 a에 대하여 a의 역원은 유일하다.
> (3) 항등원 e에 대하여 $e^{-1}=e$이다.
> (4) 각 원소 a에 대하여 $(a^{-1})^{-1}=a$이다.
> (5) 임의의 원소 a, b에 대하여 $(ab)^{-1}=b^{-1}a^{-1}$이다.

증명 (1) 군 G의 항등원을 e와 f라고 하면, 임의의 원소 a에 대하여

$$ea=ae=a \text{이고} \quad fa=af=a$$

이다. 앞 식에 $a=f$를 대입하고 뒤 식에 $a=e$를 대입하면,

$$ef=fe=f \text{이고} \quad fe=ef=e$$

이다. 따라서 $f=ef=e$이다. 그러므로 항등원은 유일하다.

(2) 원소 a의 역원을 b와 c라고 하면,

$$ab=ba=e \text{이고} \quad ac=ca=e$$

이다. 따라서 $b=be=b(ac)=(ba)c=ec=c$이므로 a의 역원은 유일하다.

(3) $ee=e$, $ee^{-1}=e$와 역원의 유일성에 의하여 $e^{-1}=e$이다.

(4) 각 원소 a에 대하여

$$aa^{-1}=a^{-1}a=e \text{이고} \quad a^{-1}(a^{-1})^{-1}=(a^{-1})^{-1}a^{-1}=e$$

이다. 따라서 원소 a^{-1}의 역원의 유일성에 의하여 $(a^{-1})^{-1}=a$이다.

(5) 임의의 원소 a, b에 대하여 $(ab)(ab)^{-1} = (ab)^{-1}(ab) = e$이다. 한편,

$$(ab)(b^{-1}a^{-1}) = a(bb^{-1})a^{-1} = aea^{-1} = e$$
$$(b^{-1}a^{-1})(ab) = b^{-1}(a^{-1}a)b = b^{-1}eb = e$$

이다. 따라서 ab의 역원의 유일성에 의하여 $(ab)^{-1} = b^{-1}a^{-1}$이다. ▩

실제로 군 G에서 항등원이 유일하므로 하나의 문자 e를 사용하며, 각 원소 a의 역원이 유일하므로 기호 a^{-1}를 사용한다.

다음 정리는 역원의 유일성에 의하여 쉽게 증명되므로 연습문제로 독자에게 남기고 증명을 생략한다.

정리 2.2.2 군 G의 항등원 e와 임의의 원소 a, b, c에 대하여

(1) $ab = ac \Rightarrow b = c$, $\quad ba = ca \Rightarrow b = c$ [소약법칙]

(2) $aa = a \Rightarrow a = e$

(3) $xa = b \Rightarrow x = ba^{-1}$, $\quad ax = b \Rightarrow x = a^{-1}b$

(4) $xa = a \Rightarrow x = e$, $\quad ax = a \Rightarrow x = e$

$xa = e \Rightarrow x = a^{-1}$, $\quad ax = e \Rightarrow x = a^{-1}$

군 G의 임의의 세 원소 a, b, c에 대한 결합법칙 $(ab)c = a(bc)$는 a, b, c 세 원소를 모두 곱할 때, 순서대로 어느 두 원소를 먼저 곱한 결과와 다른 원소를 순서대로 곱해도 같은 결과를 얻는다는 의미이다. 따라서 이 식에서 괄호를 생략하고 $(ab)c = a(bc) = abc$와 같이 나타내기도 한다. 이를 확장하면, 군 G의 n개의 원소 a_1, a_2, $\cdots$, a_n을 순서대로 결합하여 곱한 결과와 괄호를 다른 방법으로 묶은 결과는 같다. 이러한 의미에서 $a_1a_2\cdots a_n$으로 나타낸다.

정리 2.2.3 군 G의 n $(n \geq 2)$개의 원소 a_1, a_2, $\cdots$, a_n에 대하여

$$(a_1a_2\cdots a_n)^{-1} = a_n^{-1}\cdots a_2^{-1}a_1^{-1}$$

증명 먼저 $n=2$인 경우는 정리 2.2.1에 의하여 성립한다. 이제, $n=k$일 때

$$(a_1a_2\cdots a_k)^{-1}=a_k^{-1}\cdots a_2^{-1}a_1^{-1}$$

이 성립한다면, $n=k+1$일 때

$$\begin{aligned}(a_1a_2\cdots a_ka_{k+1})^{-1}&=\{(a_1a_2\cdots a_k)a_{k+1}\}^{-1}\\&=a_{k+1}{}^{-1}(a_1a_2\cdots a_k)^{-1}\\&=a_{k+1}^{-1}a_k^{-1}\cdots a_2^{-1}a_1^{-1}\end{aligned}$$

이다. 따라서 모든 자연수 n에 대하여 $(a_1a_2\cdots a_n)^{-1}=a_n^{-1}\cdots a_2^{-1}a_1^{-1}$이다. ■

군 G의 원소 a를 연속하여 곱하는 경우를 간단하게 표현하기 위하여 다음을 정의한다.

정의 2.2.4 군 G의 원소 a와 정수 n에 대하여

$$a^n=\begin{cases}e & : n=0\\ a & : n=1\\ a^{n-1}a & : n>1\\ (a^{-1})^t & : n=-t<0\end{cases}$$

으로 정의한다.

수학적 귀납법을 이용하면, 위의 정의로부터 다음 성질을 쉽게 증명할 수 있다.

정리 2.2.5 군 G의 임의의 원소 a, b와 양의 정수 m, n에 대하여

(1) $a^ma^n=a^{m+n}$ (2) $(a^m)^n=a^{mn}$

(3) $a^{-n}=(a^{-1})^n=(a^n)^{-1}$ (4) $ab=ba \Rightarrow (ab)^n=a^nb^n$

이 정리는 실제로 n이 음이 아닌 정수일 때 $a^{-n}=(a^{-1})^n$을 이용하면 다음과 같이 정수 m, n에 대한 경우로 확장된다.

정리 2.2.6 군 G의 임의의 원소 a, b와 정수 m, n에 대하여

(1) $a^m a^n = a^{m+n}$ (2) $(a^m)^n = a^{mn}$

(3) $a^{-n} = (a^{-1})^n = (a^n)^{-1}$ (4) $ab = ba \Rightarrow (ab)^n = a^n b^n$

지금까지 곱셈군의 성질에 관하여 설명하였다. 이들 성질들을 덧셈군의 성질에 관하여 고쳐 쓰면 다음과 같다.

정리 2.2.1′ 덧셈군 G에 대하여

(1) 항등원 0은 유일하다.

(2) 각 원소 a에 대하여 $-a$는 유일하다.

(3) 항등원 0에 대하여 $-0=0$이다.

(4) 각 원소 a에 대하여 $-(-a)=a$이다.

(5) 임의의 원소 a, b에 대하여 $-(a+b)=(-a)+(-b)$

정리 2.2.2′ 덧셈군 G의 항등원 0과 임의의 원소 a, b, c에 대하여

(1) $a+b=a+c \Rightarrow b=c$, $a+a=a \Rightarrow a=0$

(2) $x+a=b \Rightarrow x=b-a$, $x+a=a \Rightarrow x=0$, $x+a=0 \Rightarrow x=-a$

덧셈군 G의 임의의 세 원소 a, b, c에 대하여 곱셈군에서와 같이

$$(a+b)+c=a+(b+c)=a+b+c$$

와 같이 나타낸다. 이를 확장하면, 덧셈군 G의 n개의 원소 $a_1, a_2, \cdots, a_n$의 합을 $a_1+a_2+\cdots+a_n$으로 나타낸다.

정리 2.2.3′ 덧셈군 G의 n $(n \geq 2)$개의 원소 $a_1, a_2, \cdots, a_n$에 대하여

$$-(a_1+a_2+\cdots+a_n)=(-a_1)+(-a_2)+\cdots+(-a_n)$$

덧셈군 G의 원소 a를 연속하여 더하는 경우에 다음 정의를 이용한다.

정의 2.2.4′ 덧셈군 G의 원소 a와 정수 n에 대하여

$$na = \begin{cases} 0 & : n=0 \\ a & : n=1 \\ (n-1)a+a & : n>1 \\ t(-a) & : n=-t<0 \end{cases}$$

로 정의한다.

수학적 귀납법을 이용하면, 위의 정의로부터 다음 성질을 쉽게 증명할 수 있다.

정리 2.2.5′ 덧셈군 G의 임의의 원소 a, b와 양의 정수 m, n에 대하여

(1) $ma+na=(m+n)a$ (2) $m(na)=(mn)a$

(3) $(-n)a=n(-a)=-(na)$ (4) $n(a+b)=na+nb$

이 정리는 실제로 다음과 같이 정수 m, n에 대한 경우로 확장된다.

정리 2.2.6′ 덧셈군 G의 임의의 원소 a, b와 정수 m, n에 대하여

(1) $ma+na=(m+n)a$ (2) $m(na)=(mn)a$

(3) $(-n)a=n(-a)=-(na)$ (4) $n(a+b)=na+nb$

군 G의 원소가 다음과 같은 특수한 조건을 만족하는 경우를 알아본다.

정리 2.2.7 군 G의 모든 원소 x에 대하여

$$x^2=e \quad \text{즉}, \quad x^{-1}=x$$

이면 G는 가환군이다.

증명 가정과 정리 2.2.1에 의하여

$$ab=(ab)^{-1}=b^{-1}a^{-1}=ba$$

이므로 G는 가환군이다. ▒

이를테면, 집합 $X_n=\{1, 2, \cdots, n\}$에 대하여 X_n의 부분집합들의 집합을 $\wp(X_n)$이라 하면 $\wp(X_n)$은 2^n개의 원소를 가진다. 이제, $\wp(X_n)$의 임의의 원소 A, B에 대하여 연산 ∇을

$$A\nabla B=A\cup B-A\cap B$$

로 정의하면, $\wp(X_n)$은 군이다(연습문제 2.1.11). 이때, 실제로 군 $\wp(X_n)$의 모든 원소 A에 대하여

$$\phi\nabla A=A\nabla\phi=A\cup\phi-A\cap\phi=A,$$
$$A\nabla A=A\cup A-A\cap A=A-A=\phi$$

이므로 $A^{-1}=A$이다. 따라서 $\wp(X_n)$은 위수 2^n인 가환군이다.

이제 정리 2.2.2의 (1)에서 다룬 소약법칙의 대우명제를 생각하여 보자. 즉

$$‘ab=ac \Rightarrow b=c’\text{와 } ‘b\neq c \Rightarrow ab\neq ac’$$

는 동치명제이다. 유한군 $G=\{a_1=e, a_2, \cdots, a_n\}$와 G의 임의의 원소 a_i에 대하여 집합 a_iG를

$$a_iG=\{a_ig \mid g\in G\}$$

와 같이 정의하면, $a_iG=\{a_ia_1, a_ia_2, \cdots, a_ia_n\}$이다. 임의의 j와 k에 대하여

$$j\neq k \Rightarrow a_j\neq a_k \Rightarrow a_ia_j\neq a_ia_k,\quad 1\leq j,\ k\leq n$$

이므로 $|a_iG|=|G|$이다. 또 $a_iG\subseteq G$이므로 $a_iG=G$이다. 한편, 유한군 G의 곱셈표를 만들면 다음 표와 같다.

	$a_1 = e$	a_2	$\cdots$	a_k	$\cdots$	a_n
$a_1 = e$	a_1	a_2	$\cdots$	a_k	$\cdots$	a_n
a_2	a_2	$a_2 a_2$	$\cdots$	$a_2 a_k$	$\cdots$	$a_2 a_n$
$\vdots$	$\vdots$	$\vdots$	$\vdots$	$\vdots$	$\vdots$	$\vdots$
a_k	a_k	$a_k a_2$	$\cdots$	$a_k a_k$	$\cdots$	$a_k a_n$
$\vdots$	$\vdots$	$\vdots$	$\vdots$	$\vdots$	$\vdots$	$\vdots$
a_n	a_n	$a_n a_2$	$\cdots$	$a_n a_k$	$\cdots$	$a_n a_n$

이 표에서 임의의 고정된 한 행의 2열부터 $n+1$열까지 나열된 모든 원소는 서로 다르므로, 임의의 행에는 G의 모든 원소가 나열된다. 같은 원리로 임의의 고정된 한 열의 2행부터 $n+1$행까지 나열된 모든 원소는 서로 다르므로 임의의 열에는 G의 모든 원소가 나열된다. 이제, 세 원소를 가지는 군의 구조를 살펴보면 예제 2.2.1과 같다.

[예제 2.2.1] 세 원소를 가지는 군을 G라고 하면, G는 항등원 e를 가지므로 항등원 이외에 2개의 원소를 가진다. 이때 집합 G를 $G=\{e, a, b\}$라고 하면, 군 G는 다음과 같은 곱셈표를 가진다.

	e	a	b
e	e	a	b
a	a	$\boldsymbol{b}$	$\boldsymbol{e}$
b	b	$\boldsymbol{e}$	$\boldsymbol{a}$

(i) 항등원 e의 성질에 의하여 제2행과 제2열이 결정된다.

(ii) 제3행의 원소들은 각각 다른 원소이므로 제3행 3열과 제3행 4열의 원소들은 각각 e, b 또는 b, e이다. 그러나 제2행 4열의 원소가 b이므로 e, b는 될 수 없다. 즉, 차례로 b, e이다.

(iii) 같은 방법으로 제4행 3열과 제4행 4열의 원소들은 각각 e, a이다.

한편, 또 다른 관점에서 제3행을 채우기 위하여 곱 ab를 생각해 보면, a와 b는 항등원이 아니므로 ab는 a가 될 수 없고 같은 논리로 b가 될 수 없으므로 ab는 e일 수밖에 없다. 따라서 위 표를 얻을 수 있다.

참고 곱셈표에서 대각선을 기준으로 대칭인 원소는 두 원소의 곱과 그들의 순서를 교환한 원소의 곱이다. 즉, 곱셈표에서 대각선을 기준으로 대칭인 모든 원소의 쌍이 같으면 G에서 교환법칙이 성립하는 것을 알 수 있다. 즉, G는 가환군이다.

연습문제 2.2

1. 정리 2.2.2를 증명하여라.

2. 정리 2.2.5와 정리 2.2.6을 증명하여라.

3. 군 G에서 원소 a, b, c에 대하여 다음을 증명하여라.
   (1) $ab=e \Leftrightarrow ba=e$
   (2) $cab=e \Leftrightarrow abc=e \Leftrightarrow bca=e$

4. 군 G에서 임의의 원소 a, g와 정수 n에 대하여 다음을 증명하여라.
   (1) $(gag^{-1})^{-1}=ga^{-1}g^{-1}$ $\qquad$ $(g^{-1}ag)^{-1}=g^{-1}a^{-1}g$
   (2) $(gag^{-1})^n=ga^ng^{-1}$ $\qquad$ $(g^{-1}ag)^n=g^{-1}a^ng$
   (3) $g(ab)g^{-1}=(gag^{-1})(gbg^{-1})$ $\qquad$ $g^{-1}(ab)g=(g^{-1}ag)(g^{-1}bg)$

5. 군 G에 대하여 다음 네 명제들이 동치임을 증명하여라.
   (1) G는 가환군이다.
   (2) 군 G의 임의의 원소 a, b에 대하여 $(ab)^2=a^2b^2$이다.
   (3) 군 G의 임의의 원소 a, b에 대하여 $(ab)^{-1}=a^{-1}b^{-1}$이다.
   (4) 군 G의 임의의 원소 a, b와 임의의 정수 n에 대하여 $(ab)^n=a^nb^n$이다.

6. 반군 G에 대하여 다음 세 명제들이 동치임을 증명하여라.
   (1) G는 군이다.
   (2) (i) G의 특정한 원소 e가 존재하여, G의 모든 원소 a에 대하여 $ae=a$이다.
   (ii) G의 각 원소 a에 대하여 $aa_r=e$인 G의 원소 a_r이 존재한다.
   (3) (i) G의 특정한 원소 e가 존재하여, G의 모든 원소 a에 대하여 $ea=a$이다.
   (ii) G의 각 원소 a에 대하여 $a_la=e$인 G의 원소 a_l이 존재한다.

참고 실제로 명제 (2)와 명제 (3)은 각각 군 G의 조건보다 약한 조건임에 유의하자.

7. 유한군 G의 위수가 짝수일 때, G에는 $a^2=e$인 원소 $a(\neq e)$가 적어도 하나 존재

함을 증명하여라.

8. 반군 G에 대하여 다음 두 명제가 동시에 성립하여도 군이 되지 않는 예를 찾아라.
   (1) G의 특정한 원소 e가 존재하여, G의 모든 원소 a에 대하여 $ae=a$이다.
   (2) G의 각 원소 a에 대하여 $a_l a=e$인 G의 원소 a_l이 존재한다.

9. 군 G의 임의의 원소 a_i에 대하여 집합

$$a_iG=\{a_ig \mid g\in G\}$$

를 정의하면, $a_iG=G$임을 증명하여라.

10. 항등원 e를 포함하여 4개의 원소를 가지는 군 $G=\{e, a, b, c\}$의 곱셈표를 다음 과정을 통하여 완성하여라.
    (1) 제2행과 제2열의 표를 완성하여라.
    (2) $aa=b$라고 할 때, 제3행과 제3열을 완성하여라. 이때 표의 나머지 부분을 완성하여라.
    (3) $aa=e$라고 할 때, 제3행과 제3열을 완성하여라. $aa=e$이고 $bb=e$라고 할 때, 표의 나머지 부분을 완성하여라.
    (4) (2)와 (3)의 어느 경우도 G는 가환군임을 보여라.

	e	a	b	c
e				
a				
b				
c				

11. 군 G의 임의의 두 원소 a, b에 대하여 두 조건

$$a^{-1}ba=b^{-1},\quad b^{-1}ab=a^{-1}$$

을 만족하면 $a^4=e=b^4$이 되는 것을 증명하여라.

2.3 부분군

군의 예에서 $(\mathbb{Z}, +)$, $(\mathbb{Q}, +)$, $(\mathbb{R}, +)$ 등이 군이 되는 것을 알고 있다. 집합 $\mathbb{Z}$의 임의의 두 원소 a, b는 집합 $\mathbb{Q}$ 또는 집합 $\mathbb{R}$에서의 두 원소 a, b로 생각할 수 있고, 집합 $\mathbb{Z}$에서 두 원소의 합 $a+b$는 집합 $\mathbb{Q}$ 또는 집합 $\mathbb{R}$에서 두 원소의 합 $a+b$로 생각할 수 있다. 다시 말하면, 집합에 관한 측면에서 부분집합 $\mathbb{Z}$가 집합 $\mathbb{Q}$ 또는 집합 $\mathbb{R}$에서와 같은 연산 아래서 군을 이룬다.

정의 2.3.1 군 $(G, *)$에서 G의 공집합이 아닌 부분집합 H가 군 G의 연산 $*$에 관하여 군일 때, 즉, $(H, *)$가 군일 때, H를 G의 **부분군**(subgroup)이라 하고

$$\text{기호 } (H, *) \leq (G, *),\ H \leq G \text{ 또는 격자도 } \begin{array}{c} G \\ | \\ H \end{array}$$

로 나타낸다.

앞 절에서 특별히 혼돈되는 일이 없으면 연산기호를 생략하기로 약속한 것처럼 지금부터는 특별히 혼돈되는 일이 없으면 곱셈에 관한 항등원을 1 또는 e로 그리고 덧셈에 관한 항등원을 0으로 사용한다.

[예제 2.3.1] (1) $(\mathbb{Z}, +) \leq (\mathbb{Q}, +) \leq (\mathbb{R}, +) \leq (\mathbb{C}, +)$

(2) 기호 $\mathbb{Q}^+ = \{a \in \mathbb{Q} \mid a > 0\}$, $\mathbb{Q}^* = \mathbb{Q} - \{0\}$, $\mathbb{R}^+ = \{a \in \mathbb{R} \mid a > 0\}$, $\mathbb{R}^* = \mathbb{R} - \{0\}$, $\mathbb{C}^* = \mathbb{C} - \{0\}$을 약속할 때, $(\mathbb{Q}^+, \cdot) \leq (\mathbb{Q}^*, \cdot) \leq (\mathbb{R}^*, \cdot) \leq (\mathbb{C}^*, \cdot)$이고 $(\mathbb{Q}^+, \cdot) \leq (\mathbb{R}^+, \cdot) \leq (\mathbb{R}^*, \cdot)$이다.

(3) $\mathbb{Q}^+ \subseteq \mathbb{Q}$이고 $(\mathbb{Q}^+, \cdot)$와 $(\mathbb{Q}, +)$는 군이지만 두 군의 연산이 다르므로 $\mathbb{Q}^+$는 $\mathbb{Q}$의 부분군이 아니다.

예제 2.3.1에서 다룬 부분군들을 격자도로 나타내면 다음과 같다.

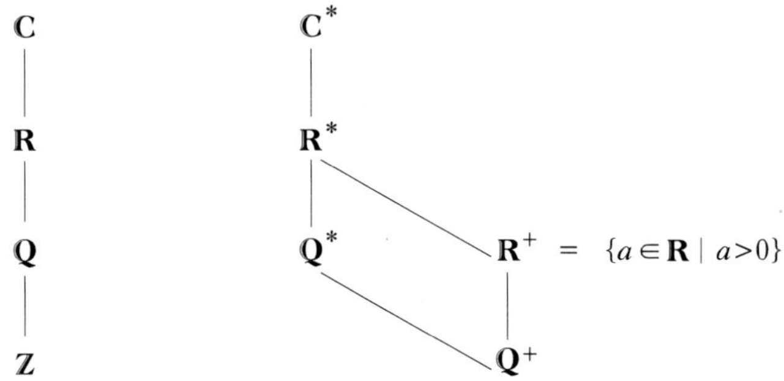

군 G에서 항등원 e만으로 된 집합 $\{e\}$는 군이므로 G와 $\{e\}$는 군 G의 부분군이다. 이와 같은 부분군을 **자명한 부분군**(trivial subgroup)이라 한다. 또 자명한 부분군을 제외한 부분군을 **자명하지 않은 부분군**(nontrivial subgroup)이라 한다. 한편, G 자신을 제외한 부분군을 **진부분군**(proper subgroup)이라 한다.

부분군의 정의에 의하여 다음 성질이 만족함을 쉽게 알 수 있다.

(1) $H \leq G$, $K \leq G$이고 $H \subseteq K$이면 $H \leq K$이다.

(2) $H \leq K$, $K \leq G$이면 $H \leq G$이다.

점선을 부분집합으로 표현하면 위 성질은 격자도로 다음과 같이 나타낼 수 있다.

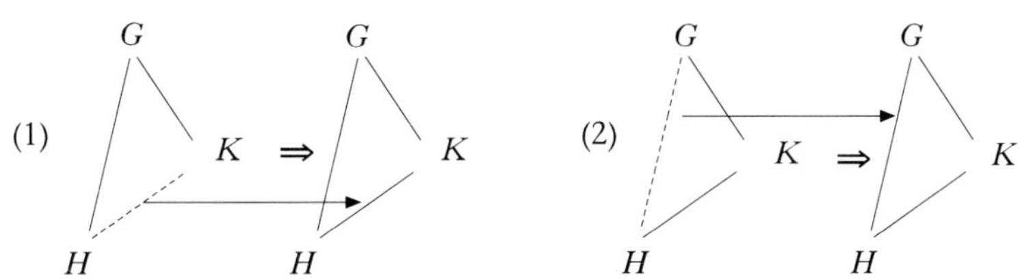

[예제 2.3.2] 대칭군 $S_3 = \{1, (1\ 2\ 3), (1\ 3\ 2), (1\ 2), (2\ 3), (1\ 3)\}$의 부분군은 6가지이고 이들 부분군에 관한 격자도는 다음과 같다.

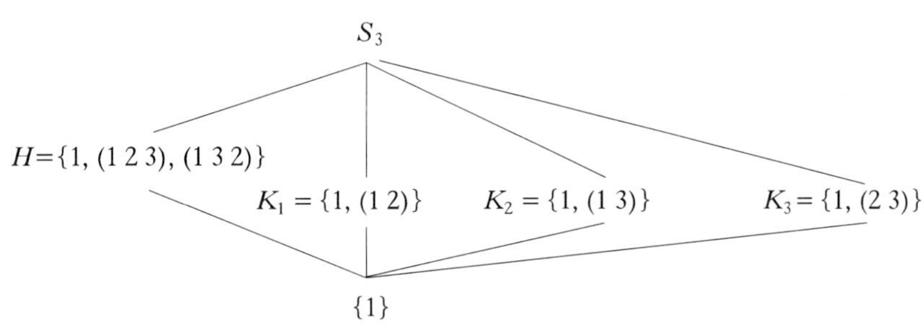

따라서 자명한 부분군은 S_3와 $\{1\}$이고, 자명하지 않은 부분군은 4가지이며 진부분군은 5가지이다.

> **정리 2.3.2** 군 G의 부분군 H에 대하여 다음 성질들이 성립한다.
> (1) 군 H의 항등원과 군 G의 항등원은 항상 같다.
> (2) 군 H의 임의의 원소 a에 대하여 H에서의 a의 역원은 군 G에서의 원소 a의 역원과 같다.

증명 (1) 군 H의 항등원과 군 G의 항등원을 각각 e_H와 e_G라고 할 때, $e_H \in H \subseteq G$이므로 $e_He_H = e_H$이다. 양변에 군 G에서의 역원 ${e_H}^{-1}$을 곱하면,

$$(\text{좌변}) = {e_H}^{-1}(e_He_H) = ({e_H}^{-1}e_H)e_H = e_Ge_H = e_H \quad (\because\ e_H \in H \subseteq G).$$
$$(\text{우변}) = {e_H}^{-1}e_H = e_G \ (\text{군 } G\text{의 관점에서})$$

따라서 $e_H = e_G$이다.

(2) 군 H에서의 a의 역원과 군 G에서 a의 역원을 각각 b와 c라면, (1)에 의하여 군 H의 항등원과 군 G의 항등원은 항상 같으므로

$$ab = ba = e \text{이고} \quad ac = ca = e$$

이다. 따라서 $b = be = b(ac) = (ba)c = c$이므로 (2)가 성립한다. ■

다음 정리는 군 G의 부분집합이 부분군이 되는 조건을 설명한다.

> **정리 2.3.3** 군 G에서 G의 공집합이 아닌 부분집합 H에 대하여 다음 명제들은 동치이다.
> (1) $H \leq G$이다. 즉, H는 G의 부분군이다.
> (2) H의 임의의 원소 a, b에 대하여 $ab \in H$이고 $a^{-1} \in H$이다.
> (3) H의 임의의 원소 a, b에 대하여 $ab^{-1} \in H$이다.
> 특히, H가 유한집합이면,
> (4) H의 임의의 원소 a, b에 대하여 $ab \in H$이다.

증명 (1)⇒(2) H가 G의 부분군이라 하면 H는 군이므로 군의 공리계에 의하여 (2)가 분명하게 성립한다.

(2)⇒(3) H의 임의의 원소 a, b에 대하여 $a, b^{-1} \in H$이므로 $ab^{-1} \in H$이다.

(3)⇒(1) H의 임의의 원소 a, b, c에 대하여 a, b, c는 G의 원소이므로 $(ab)c = a(bc)$이다. 또, $a=b$인 경우 즉, $ab^{-1}=aa^{-1}=e$가 H의 원소이다. 한편, $a=e$라 놓으면 H의 임의의 원소 b에 대하여 b^{-1}는 H의 원소이다. 따라서 H는 군이므로 G의 부분군이다.

특히, H가 유한집합일 때,

(1)⇒(4) H가 G의 부분군이라 하면 군의 공리계에 의하여 (4)인 것은 분명하다.

(4)⇒(1) H의 임의의 원소 a, b에 대하여 $ab \in H$라고 가정하자. 그러면 H가 유한집합이므로 $H=\{a_1, a_2, \cdots, a_n\}$이라 놓고 H의 임의의 원소 a_i를 선택하여 집합 $a_iH=\{a_ia_1, a_ia_2, \cdots, a_ia_n\}$을 생각한다. 집합 H는 연산에 관하여 닫혀있으므로 $a_ia_j \in H$ $(1 \le j \le n)$이고 $a_iH \subseteq H$이다. 또한 소약법칙에 의하여 $|a_iH|=|H|$이므로 $a_iH=H$이다. 한편, $a_i \in a_iH$이므로 $a_i=a_ia_j$인 a_j가 H에 존재하고, 군 G의 관점에서 a_i의 역원 a_i^{-1}를 이 식 양변의 왼쪽에 곱하면 $a_j=e \in H$ 원소이다. 또, H의 임의의 원소 a_i에 대하여 $e \in H=a_iH$이므로 a_i^{-1}이 H의 원소이다. 따라서 군의 공리계를 만족하므로 H는 군이다. 따라서 G의 부분군이다. ■

[예제 2.3.3] 곱셈군 $(\mathbb{C}^*, \cdot)$에 대하여 $\mathbb{C}^*$의 부분집합

$$U=\{a \in \mathbb{C}^* \mid |a|=1\}$$

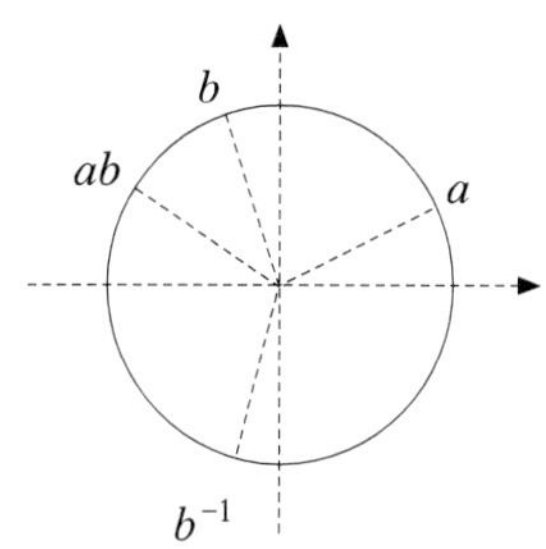

를 생각하면 U는 오른쪽 그림과 같이 반지름이 1인 원 위의 점들의 집합이다. 집합 U의 임의의 점 a, b에 대하여 ab^{-1}의 절대값을 구하면

$$|ab^{-1}|=|a|\,|b^{-1}|=\frac{1}{|b|}=1$$

이므로 $ab^{-1} \in U$이다.

따라서 U는 $\mathbb{C}^*$의 부분군이다.

[예제 2.3.4] 이차 일반 선형군 $GL_2(\mathbb{R})$의 부분집합 $SL_2(\mathbb{R})=\{A \mid \det A=1\}$의 임의의 원소 A, B에 대하여

$$\det(AB^{-1})=\det(A)\det(B^{-1})=\frac{\det(A)}{\det(B)}=1$$

이므로 $AB^{-1}\in SL_2(\mathbb{R})$이다. 따라서 집합 $SL_2(\mathbb{R})$은 $GL_2(\mathbb{R})$의 부분군이다. 이 군을 이차 **특수 선형군**(special linear group)이라고 한다.

[예제 2.3.5] 대칭군 S_n의 원소들 중에 짝수개의 호환의 곱인 짝수치환 전체의 집합을 A_n 즉, $A_n=\{\sigma\in S_n \mid \sigma$는 짝수치환이다$\}$이라 하자. 집합 A_n의 임의의 원소 σ, τ에 대하여 $\sigma\tau$는 짝수치환과 짝수치환의 곱이므로 짝수치환이다. 즉, $\sigma\tau\in A_n$이다. 한편, A_n은 유한집합이므로 A_n은 S_n의 부분군이다. 이와 같은 부분군을 교대군(alternating group)이라 한다. 일반적으로 대칭군 S_n의 부분군을 치환군(permutation group)이라 한다. 교대군은 치환군의 특수한 예이다.
이를테면, 치환군 $A_3=\{1, (123), (132)\}$은 교대군이다.

정리 2.3.3′ 덧셈군 $(G, +)$에서 G의 공집합이 아닌 부분집합 H에 대하여 다음 명제들은 동치이다.

(1) $H\le G$이다. 즉, H는 G의 부분군이다.
(2) H의 임의의 원소 a, b에 대하여 $a+b\in H$이고 $-a\in H$이다.
(3) H의 임의의 원소 a, b에 대하여 $a-b\in H$이다.
특히, H가 유한집합이면,
(4) H의 임의의 원소 a, b에 대하여 $a+b\in H$이다.

[예제 2.3.6] 덧셈군 $\mathbb{Z}$의 부분군은 $\mathbb{Z}$의 공집합이 아닌 부분집합으로 뺄셈에 관하여 닫혀있어야 한다. 덧셈군 $\mathbb{Z}$의 부분집합 S가 뺄셈에 관하여 닫혀있으면 정리 1.4.8에 의하여 음이 아닌 정수 m이 존재하여 $S=m\mathbb{Z}$이다. 한편, $m\mathbb{Z}$는 덧셈군 $\mathbb{Z}$의 부분군이므로, 덧셈군 $\mathbb{Z}$의 부분군은 $m\mathbb{Z}$의 꼴 뿐이다.

정리 2.3.4 군 G에서 H, K가 부분군이면 $H \cap K$도 부분군이다.

증명 먼저 H, K가 부분군이므로 각 군의 항등원은 군 G의 항등원과 같으므로 $e \in H \cap K$이다. 부분집합 $H \cap K$의 임의의 원소 a, b에 대하여 $a, b \in H$이고 $a, b \in K$이다. 한편, H, K가 부분군이므로 $ab^{-1} \in H$이고 $ab^{-1} \in K$이다.
따라서 $ab^{-1} \in H \cap K$이므로 $H \cap K$도 부분군이다. ■

군 G에서 H, K가 부분군이면 $H \cap K$는 H와 K에 포함되는 부분군이다. 그러나 $H \cup K$는 H와 K를 포함하지만, 일반적으로 군이 되지 않는다.

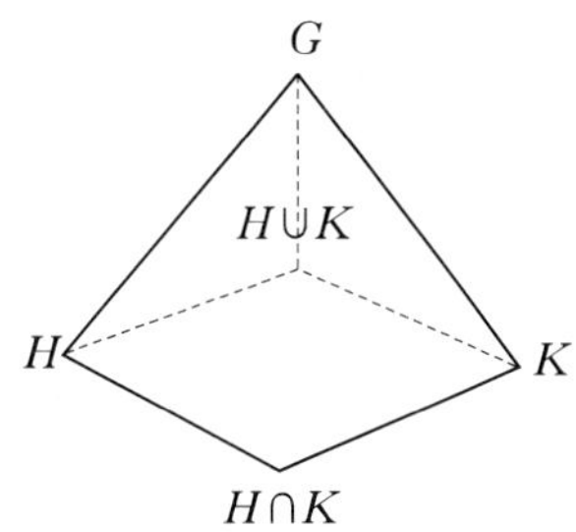

이를테면, 예제 2.3.2에서

$$K_1 \cup K_2 = \{1, (12), (13)\}$$

는 S_3의 부분군이 아니다.

군 G의 공집합이 아닌 부분집합 A, B에 대하여 다음과 같은 부분집합

$$AB = \{ab \mid a \in A,\ b \in B\},\ A^{-1} = \{a^{-1} \mid a \in A\}$$

를 정의한다. 그러면 다음과 같은 성질이 만족하는 것을 쉽게 알 수 있다.

정리 2.3.5 군 G의 공집합이 아닌 부분집합 A, B, C에 대하여
(1) $(A\ B)C = A(B\ C) = A\ B\ C$
(2) $(A^{-1})^{-1} = A$
(3) $(A\ B)^{-1} = B^{-1}A^{-1}$

증명 (1) 임의의 원소 $a \in A$, $b \in B$, $c \in C$에 대하여 $a, b, c \in G$이다. 따라서 $(ab)c = a(bc) = abc$이므로 성립한다.
(2) 임의의 원소 $a \in A \subseteq G$에 대하여 $(a^{-1})^{-1} = a$이므로 성립한다.
(3) (2)와 같은 방법으로 성립한다. ■

정리 2.3.6 군 G에서 G의 공집합이 아닌 부분집합 H에 대하여 다음 명제들은 동치이다.

(1) $H \leq G$이다. 즉, H는 G의 부분군이다.

(2) $HH=H$이고 $H^{-1}=H$이다.

(3) $HH^{-1}=H$이다.

특히, H가 유한집합이면,

(4) $HH=H$이다.

증명 정리 2.3.3으로부터 분명하다. 독자에게 맡긴다. ▩

대칭군 S_3의 두 부분군 $H=\{1, (1\ 2)\}$와 $K=\{1, (1\ 3)\}$에 대하여 두 부분집합

$$\begin{aligned} HK &= \{1, (1\ 2), (1\ 3), (1\ 2)(1\ 3)\} = \{1, (1\ 2), (1\ 3), (1\ 3\ 2)\}, \\ KH &= \{1, (1\ 2), (1\ 3), (1\ 3)(1\ 2)\} = \{1, (1\ 2), (1\ 3), (1\ 2\ 3)\} \end{aligned}$$

은 서로 같지 않고 또한 S_3의 부분군도 아니다.

일반적으로 군 G의 두 부분군 H와 K에 대하여 HK가 부분군이 되는 경우는 다음과 같다.

정리 2.3.7 군 G의 두 부분군 H와 K에 대하여 HK가 부분군이기 위한 필요충분조건은 $HK=KH$이다.

증명 먼저, HK가 부분군이라면 정리 2.3.6에 의하여

$$HK=(HK)^{-1}=K^{-1}H^{-1}=KH$$

이다. 역으로, $HK=KH$이라고 하면

$$\begin{aligned} (HK)(HK)^{-1} &= (HK)(K^{-1}H^{-1}) = H((KK^{-1})H^{-1}) = H(KH) \\ &= H(HK) = (HH)K = HK \\ (HK)^{-1} &= (KH)^{-1} = H^{-1}K^{-1} = HK \end{aligned}$$

이므로 HK가 부분군이다. ▩

정리 2.3.7로부터 다음 성질을 쉽게 얻을 수 있다.

따름정리 2.3.8 가환군 G의 두 부분군 H와 K에 대하여 $HK=KH$이다. 따라서 HK는 G의 부분군이다.

따름정리 2.3.8′ 덧셈군 G의 두 부분군 H와 K에 대하여 $H+K=K+H$이다. 따라서 $H+K$는 G의 부분군이다.

[예제 2.3.7] 덧셈군 $\mathbb{Z}$의 두 양의 정수 a, b에 대하여 그들의 최대공약수와 최소공배수를 각각 d와 l이라고 하면 정리 1.4.9와 정리 1.4.14에 의하여

$$a\mathbb{Z}+b\mathbb{Z}=\{ax+by \mid x,\ y\in\mathbb{Z}\}=d\mathbb{Z}$$
$$a\mathbb{Z}\cap b\mathbb{Z}=\{x \mid x\in a\mathbb{Z},\ x\in b\mathbb{Z}\}=l\mathbb{Z}$$

이다. 특히, a와 b가 서로소이면,

$$a\mathbb{Z}+b\mathbb{Z}=\mathbb{Z}\text{이고}\quad a\mathbb{Z}\cap b\mathbb{Z}=ab\mathbb{Z}$$

이다.

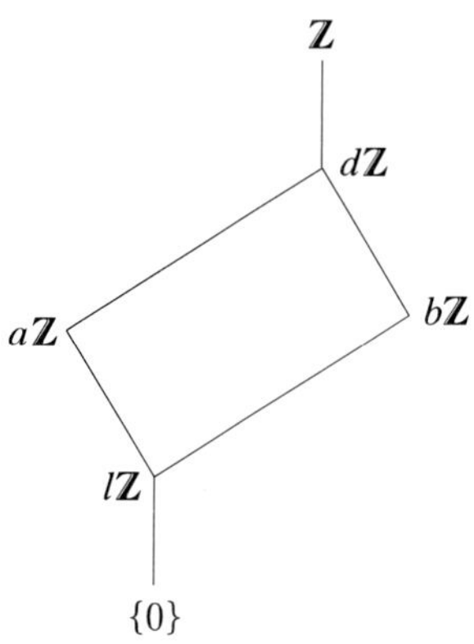

연습문제 2.3

1. 다음 명제가 참이면 증명하고 거짓이면 예를 들어 설명하여라.
   (1) 군 $\mathbb{R}^*$는 군 $\mathbb{C}$의 부분군이다.
   (2) 집합 $\mathbb{N}$은 군 $\mathbb{Q}^+$의 부분군이다.

2. 일반선형군 $GL_2(\mathbb{R})$의 부분집합이 군을 이루는지 판정하여라.
   (1) $H=\left\{\begin{pmatrix}1 & a\\ 0 & 1\end{pmatrix} \middle|\, a\in\mathbb{R}\right\}$ (2) $H=\left\{\begin{pmatrix}1 & a\\ a & 1\end{pmatrix} \middle|\, a\in\mathbb{R}-\{1,\ -1\}\right\}$

(3) $H=\left\{\begin{pmatrix} a & b \\ 0 & 1 \end{pmatrix} \middle| a\in\mathbb{R}^*,\ b\in\mathbb{R}\right\}$ (4) $H=\left\{\begin{pmatrix} 1 & a \\ 0 & 1 \end{pmatrix} \middle| a\in\mathbb{Z}\right\}$

3. 예제 2.1.10에서 설명한 Klein의 사원군 V_4의 부분군을 모두 구하여라.

4. 기약잉여군 $\mathbb{Z}_8{}^*$와 $\mathbb{Z}_{10}{}^*$의 부분군을 모두 구하여라.

5. 다음 명제를 증명하여라.
   (1) $H\le G$, $K\le G$이고 $H\subseteq K$이면 $H\le K$이다.
   (2) $H\le K$, $K\le G$이면 $H\le G$이다.

6. 군 G의 공집합이 아닌 부분집합 H에 대하여 다음 명제가 참이면 증명하고 거짓이면 예를 들어 설명하여라.
   (1) H의 임의의 원소 a, b에 대하여 $ab\in H$이면 H는 부분군이다.
   (2) H의 임의의 원소 a에 대하여 $a^{-1}\in H$이면 H는 부분군이다.

7. 정리 2.3.6을 증명하여라.

8. 군 G에서 두 부분군 H, K에 대하여 $G=HK$이면, $KH=G$임을 증명하여라.

9. 군 G에서 두 부분군 H, K에 대하여 $H\cup K$가 G의 부분군이면 $H\subseteq K$ 또는 $K\subseteq H$임을 증명하여라.

10. 군 G에서 다음 조건을 만족시키는 두 부분군 H와 K는 존재하지 않음을 증명하여라.

$$G=H\cup K,\ H\cap K=\{e\},\quad H\neq\{e\},\quad K\neq\{e\}$$

2.4 순환군

이 절에서는 군 G의 부분집합에 의하여 만들어지는 부분군에 관하여 다룬다. 특히, 하나의 원소에 의하여 만들어지는 특수한 유형의 군을 중점적으로 살펴본다.

정리 2.4.1 군 G의 원소 a에 대하여 집합

$$\langle a \rangle = \{a^i \mid i \in \mathbb{Z}\} = \{1, a^{\pm 1}, a^{\pm 2}, \cdots, a^{\pm i}, \cdots\}$$

는 원소 a를 품는 G의 가환인 부분군이다. 이 부분군 $\langle a \rangle$를 a에 의하여 생성된 순환부분군(cyclic subgroup generated by a)이라 한다. 실제로 $\langle a \rangle$는 a를 품는 최소의 부분군이다. 즉,

$$H \leq G\text{이고 } a \in H\text{이면, } \langle a \rangle \leq H$$

이다.

증명 분명하게 $a = a^1 \in \langle a \rangle$이다. 이제, 부분군 $\langle a \rangle$의 임의의 원소를 x, y라고 하면, 적당한 정수 m, n이 존재하여 $x = a^m$이고 $y = a^n$이다. 그러면

$$xy^{-1} = (a^m)(a^n)^{-1} = a^m a^{-n} = a^{m-n}$$

이므로 $xy^{-1} \in \langle a \rangle$이다. 또, $xy = a^m a^n = a^{m+n} = a^{n+m} = a^n a^m = yx$이다. 그러므로 $\langle a \rangle$는 원소 a를 품는 G의 가환부분군이다.

또한, $a \in H$이고 $H \leq G$이면, 모든 정수 m에 대하여 $a^m \in H$이다. 따라서 $\langle a \rangle \subseteq H$이므로 $\langle a \rangle \leq H$이다. ■

[예제 2.4.1] 예제 2.1.10에서 설명한 Klein의 사원군 $V_4 = \{1, \sigma, \rho, \tau\}$에서 순환부분군을 살펴보면,

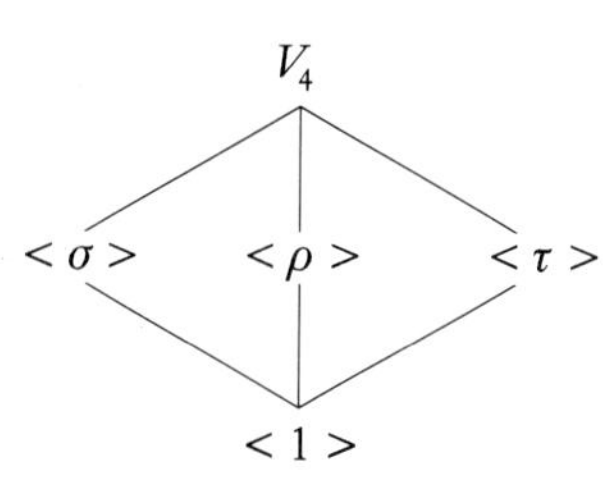

$$\langle 1 \rangle = \{1\},\ \langle \sigma \rangle = \{1, \sigma\},$$
$$\langle \rho \rangle = \{1, \rho\},\ \langle \tau \rangle = \{1, \tau\}$$

이다. 실제로 V_4의 모든 진부분군은 순환부분군이다.

[예제 2.4.2] 대칭군 S_3에서 순환부분군을 살펴보면,

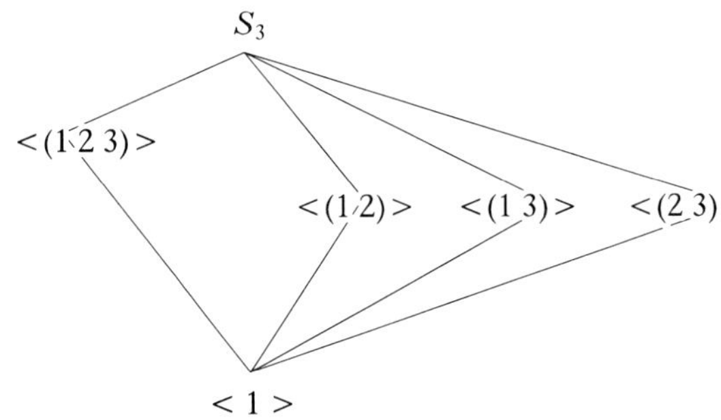

$$\langle 1\rangle=\{1\},$$
$$\langle(1\ 2)\rangle=\{1,\ (1\ 2)\},$$
$$\langle(1\ 3)\rangle=\{1,\ (1\ 3)\},$$
$$\langle(2\ 3)\rangle=\{1,\ (2\ 3)\},$$
$$\langle(1\ 2\ 3)\rangle=\{1,\ (1\ 2\ 3),\ (1\ 3\ 2)\}=\langle(1\ 3\ 2)\rangle$$

으로 S_3의 모든 진부분군은 순환부분군이다(예제 2.3.2 참조).

> **정의 2.4.2** 군 G의 적당한 원소 a가 존재하여 $G=\langle a\rangle$일 때, G를 **순환군**(cyclic group)이라 하고 a를 군 G의 **생성원**(generator)이라 한다.

[예제 2.4.3] (1) 군 $\mathbb{Z}_{10}^*=\{1, 3, 7, 9\}$에서 순환부분군을 살펴보면,

$$\langle 1\rangle=\{1\},\quad \langle 3\rangle=\{1, 3, 7, 9\}=\langle 7\rangle,\quad \langle 9\rangle=\{1, 9\}$$

이다. 따라서 $\mathbb{Z}_{10}^*$는 순환군이고 생성원은 3과 7이다.

(2) 군 $\mathbb{Z}_8^*=\{1, 3, 5, 7\}$에서 순환부분군을 살펴보면,

$$\langle 1\rangle=\{1\},\quad \langle 3\rangle=\{1, 3\},\quad \langle 5\rangle=\{1, 5\},\quad \langle 7\rangle=\{1, 7\}$$

이므로 $\mathbb{Z}_8^*$는 순환군이 아니다.

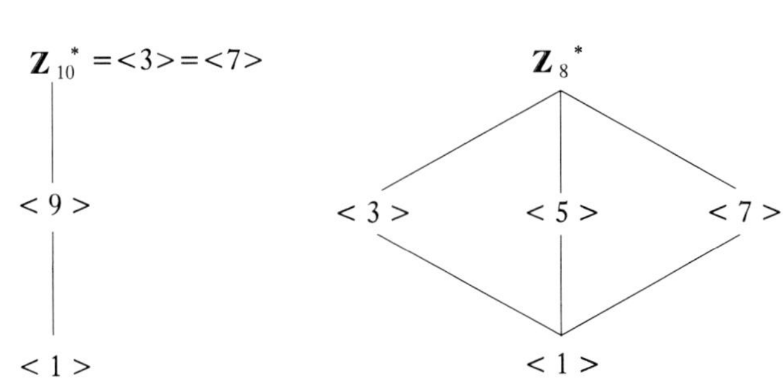

정리 2.4.1로부터 순환군은 가환군이므로 군을 다음과 같이 분류할 수 있다.

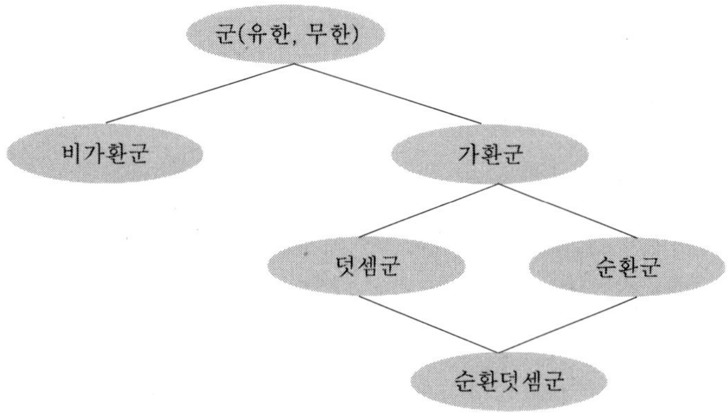

정리 2.4.3 순환군 G의 모든 부분군은 순환군이다.

증명 순환군 G의 생성원을 a라고 하고 G의 임의의 부분군을 H라고 하자.
먼저, $H=\{1\}$이면 $H=\langle 1\rangle$이므로 H는 순환군이다.

이제 $H\neq\{1\}$이라고 가정하면, $H\subseteq\langle a\rangle=\{1, a^{\pm 1}, a^{\pm 2}, \cdots\}$이므로 $H=\{1, a^{\pm i_1}, a^{\pm i_2}, \cdots\}$이다. 정수의 정렬성에 의하여 $a^k\in H$인 최소의 자연수 k가 존재한다. 즉, $k=\min\{|i_t| \mid t\in\mathbb{N}\}$이다. 부분군 H는 원소 a^k을 가지므로 $\langle a^k\rangle=\{a^{ki} \mid i\in\mathbb{Z}\}$는 H의 부분군이다. 이제 H의 임의의 원소 a^{i_t}에 대하여, 정수 i_t와 k에 대한 나눗셈 정리에 의하여

$$i_t=qk+r\,(0\leq r<k)\text{이고}\quad r=i_t-qk$$

이다. 따라서 $a^r=a^{i_t}(a^k)^{-q}\in H$이고 k의 최소성에 의하여 $r=0$이다. 즉, $a^{i_t}=(a^k)^q\in\langle a^k\rangle$이다. 그러므로 $H\subseteq\langle a^k\rangle$이다. 따라서 $H=\langle a^k\rangle$이다. ■

정의 2.4.4 군 G의 원소 a에 대하여 $\langle a\rangle$가 유한군일 때 a는 유한 위수(finite order)를 가진 원소라 하고, $\langle a\rangle$가 무한군일 때 a는 무한 위수(infinite order)를 가진 원소라고 한다. 특히, a가 유한 위수를 가진 원소일 때, $|\langle a\rangle|$를 a의 위수(order)라고 하고 기호 $\text{ord}_G(a)$ 또는 $|a|$로 나타낸다.

대칭군 S_3에서 $|1|=1$, $|(1\ 2)|=|(1\ 3)|=|(2\ 3)|=2$, $|(1\ 2\ 3)|=|(1\ 3\ 2)|=3$이고 Klein의 사원군에서, $|1|=1$, $|\sigma|=|\rho|=|\tau|=2$이다.

정리 2.4.5 군 G의 원소 a에 대하여 $|a|=n$이라면, n은 $a^k=1$이 되는 최소 자연수이다. 즉, $a^n=1$이고 $l<n$인 모든 자연수 l에 대하여 $a^l \neq 1$이다.

또, a가 무한 위수를 가진다면, $l \neq 0$인 모든 정수 l에 대하여 $a^l \neq 1$이다. 다시 말하면, 서로 다른 임의의 정수 i와 j에 대하여 $a^i \neq a^j$이다.

증명 정의 2.4.4에 의하여 $|\langle a \rangle| = |a| = n$이고 $\langle a \rangle = \{a^i \mid i \in \mathbb{Z}\}$이다. 만일 $0<l<n$이고 $a^l=1$이면, $\langle a \rangle = \{a^i \mid i \in \mathbb{Z}\} \subseteq \{1, a, a^2, \cdots, a^{l-1}\}$이므로 $|\langle a \rangle| \leq l < n$이므로 모순이다. 같은 방법으로 n 이하의 모든 자연수 l에 대하여 $a^l \neq 1$이라면 $\langle a \rangle = \{a^i \mid i \in \mathbb{Z}\} \subseteq \{1, a, a^2, \cdots, a^{n-1}, a^n, \cdots\}$이므로 $|\langle a \rangle| > n$이므로 모순이다. 따라서 n은 $a^k=1$이 되는 최소 자연수이다.

또, $l \neq 0$인 어떤 자연수 l에 대하여 $a^l=1$이면 $|\langle a \rangle| \leq l$이므로 유한군이 되어 모순이다. 따라서 $l \neq 0$인 모든 정수 l에 대하여 $a^l \neq 1$이다. ■

이를테면, $\mathbb{Z}_{10}^*$에서 4는 $3^4=1$이 되는 최소의 자연수이고 2는 $9^2=1$이 되는 최소의 자연수이다. 즉, $|3|=4$이고 $|9|=2$이다. 정리 2.4.5를 덧셈군에 관하여 표현하면 다음과 같다.

정리 2.4.5′ 덧셈군 G의 원소 a에 대하여 $|a|=n$이라면, n은 $ka=0$이 되는 최소 자연수이다. 즉, $na=0$이고 $l<n$인 모든 자연수 l에 대하여 $la \neq 0$이다.

또, a가 무한 위수를 가진다면, $l \neq 0$인 모든 정수 l에 대하여 $la \neq 0$이다. 다시 말하면, 서로 다른 임의의 정수 i와 j에 대하여 $ia \neq ja$이다.

원소 a의 위수를 알 때, a에 의하여 생성된 원소의 위수에 관한 성질들을 정리하면 다음과 같다.

정리 2.4.6 군 G의 원소 a의 위수를 n 즉, $|a|=n$이라 하자. 정수 k, i, j, t에 대하여 다음이 성립한다.

(1) $a^k=1 \Leftrightarrow n\,|\,k$

(2) $a^i=a^j \Leftrightarrow n\,|\,(i-j) \Leftrightarrow i\equiv j \bmod n$

(3) $|a^k|=\dfrac{n}{(n,\ k)}$이고 특히, $|a^k|=n \Leftrightarrow (n,\ k)=1$이다.

따라서 $t\,|\,n$이면, $|a^t|=\dfrac{n}{t}$이고 $|a^{\frac{n}{t}}|=t$이다.

(4) $|\langle a\rangle|=|a|$이고 $|\langle a^k\rangle|=|a^k|$이다.

증명 (1) 정수 k에 대하여 $a^k=1$이라고 하자. 나눗셈 정리에 의하여 정수 q와 r이 유일하게 존재하여 $k=qn+r\ (0\le r<n)$이다. 따라서 $r=k-qn$이고 $a^r=a^{k-qn}=a^k(a^n)^{-q}=1$이다. 한편, n의 최소성에 의하여 $r=0$이다. 즉, $n\,|\,k$이다. 역으로, $n\,|\,k$이면 적당한 정수 q가 존재하여 $k=qn$이다. 따라서 $a^k=(a^n)^q=1$이다.

(2) 정수 i, j에 대하여 $a^i=a^j$이라고 하자. 양변에 a^{-j}을 곱하면, $a^{i-j}=1$이다. 따라서 (1)에 의하여 $a^i=a^j \Leftrightarrow a^{i-j}=1 \Leftrightarrow n\,|\,(i-j) \Leftrightarrow i\equiv j \bmod n$이다.

(3) 먼저, $(n,\ k)=d$라고 하면, $n=dn_1,\ k=dk_1,\ (n_1,\ k_1)=1$이고 $\dfrac{n}{(n,\ k)}=n_1$이다. 이제, $(a^k)^{n_1}=(a^{dk_1})^{n_1}=a^{(dk_1)n_1}=a^{(dn_1)k_1}=(a^n)^{k_1}=1$이므로 $|a^k|\,|\,n_1$이다.

또, $1=(a^k)^{|a^k|}=a^{k|a^k|}$이므로 (1)에 의하여 $n\,|\,(k|a^k|)$이고 $n_1\,|\,(k_1|a^k|)$이다.

한편, $(n_1,\ k_1)=1$이므로 $n_1\,|\,|a^k|$이다. 따라서 $|a^k|=n_1=\dfrac{n}{(n,\ k)}$이다.

또한, $t\,|\,n$이면, $|a^t|=\dfrac{n}{(t,\ n)}=\dfrac{n}{t}$이고 $|a^{\frac{n}{t}}|=\dfrac{n}{\left(\frac{n}{t},\ n\right)}=t$이다.

(4) 정의 2.4.4에 의하여 분명하다. ■

[예제 2.4.4] 군 $\mathbb{Z}_{19}{}^*$는 2에 의하여 생성되는 순환군이다. 즉, $|2|=18$이다.

정리 2.4.4에 의하여 $|2^3|=\dfrac{18}{(3,\ 18)}=6$이고 $|2^8|=\dfrac{18}{(8,\ 18)}=9$이다.

특히, $|2^5|=\dfrac{18}{(5,\ 18)}=18$이므로 $2^5=13$은 군 $\mathbb{Z}_{19}{}^*$의 생성원이다.

정리 2.4.7 순환군 $G=\langle a\rangle$의 위수를 n이라 할 때, 정수 d, k, m에 대하여 다음이 성립한다.

(1) 각 정수 k에 대하여 $\langle a^k\rangle \le G=\langle a\rangle$이고 $|\langle a^k\rangle| = \dfrac{n}{(n, k)}$이다.

특히, $\langle a^k\rangle = G \Leftrightarrow (k, n)=1$이다. 즉, 군 G의 생성원소는 $\varphi(n)$개이다.

(2) $d\,|\,n$이면, $\langle a^d\rangle = \left\{1, a^d, \cdots, a^{d\left(\frac{n}{d}-1\right)}\right\}$이고 $|\langle a^d\rangle| = \dfrac{n}{d}$이다.

(3) $k\,|\,m \Rightarrow \langle a^m\rangle \le \langle a^k\rangle$

(4) $(m, n)=(k, n) \Leftrightarrow \langle a^m\rangle = \langle a^k\rangle$

증명 (1) 각 정수 k에 대하여 $\langle a^k\rangle \le G=\langle a\rangle$이고 정리 2.4.6의 (3)과 (4)에 의하여 $|\langle a^k\rangle| = \dfrac{n}{(n, k)}$이다. 따라서

$$\langle a^k\rangle = G \Leftrightarrow |\langle a^k\rangle| = n \Leftrightarrow (n, k)=1$$

이다. 그러므로 군 G의 생성원소는 $\varphi(n)$개이다.

(2) $d\,|\,n$이면, (1)에 의하여 $|\langle a^d\rangle| = \dfrac{n}{(n, d)} = \dfrac{n}{d}$이므로

$$\langle a^d\rangle = \{a^{di} \mid i \in \mathbb{Z}\} = \left\{1, a^d, \cdots, a^{d\left(\frac{n}{d}-1\right)}\right\}$$

이다.

(3) $k\,|\,m \Leftrightarrow$ 적당한 t가 존재하여 $m=kt$이므로 $a^m=(a^k)^t$이므로 순환부분군의 정의에 의하여 $\langle a^m\rangle \le \langle a^k\rangle$이다.

(4) $\langle a^m\rangle = \langle a^k\rangle$을 가정하면, $|\langle a^m\rangle| = |\langle a^k\rangle|$이다. 따라서 (1)에 의하여 $\dfrac{n}{(n, m)} = \dfrac{n}{(n, k)}$이고 $(n, m)=(n, k)$이다. 역으로, $(n, m)=(n, k)=d$라고 하면 $|\langle a^m\rangle| = |\langle a^k\rangle|$이다. 이제, $\langle a^m\rangle = \langle a^d\rangle = \langle a^k\rangle$을 증명한다. 즉, $\langle a^m\rangle = \langle a^d\rangle$을 보이면 충분하다. 먼저 $d\,|\,m$이므로 $\langle a^m\rangle \subseteq \langle a^d\rangle$이다. 또, $|\langle a^m\rangle| = |\langle a^d\rangle|$이므로 $\langle a^m\rangle = \langle a^d\rangle$이다. 그러므로 $\langle a^m\rangle = \langle a^k\rangle$이다. ■

[예제 2.4.5] 덧셈군 $\mathbb{Z}_{15}$에서 1의 위수는 15이다. 즉, $\mathbb{Z}_{15}$는 1에 의하여 생성된 순환군이다. 정리 2.4.7에 의하여 위수가 3인 군은 $\{0, 5, 10\}$이고, 군 $\mathbb{Z}_{15}$는

$\varphi(15)=8$개의 생성원소를 가진다. 이때 생성원은 1, 2, 4, 7, 8, 11, 13, 14이다. 또 $\langle 6\rangle=\langle 3\rangle=\langle 9\rangle$이다.

[예제 2.4.6] 곱셈군 $(\mathbb{C}^*, \cdot)$에 대하여 $\mathbb{C}^*$의 부분집합

$$U=\{a\in\mathbb{C}^* \mid |a|=1\}$$

는 아래 그림과 같이 반지름이 1인 원 위의 점들의 집합으로 $\mathbb{C}^*$의 부분군이다. 또 U의 부분집합 $U_n=\{x\in U \mid x^n=1\}$은 U의 순환 부분군이다. 특히, 위수 3과 위수 4인 U의 순환 부분군은 각각 $U_3=\left\{1, \dfrac{-1+i\sqrt{3}}{2}, \dfrac{-1-i\sqrt{3}}{2}\right\}$이고 $U_4=\{1, -1, i, -i\}$이다.

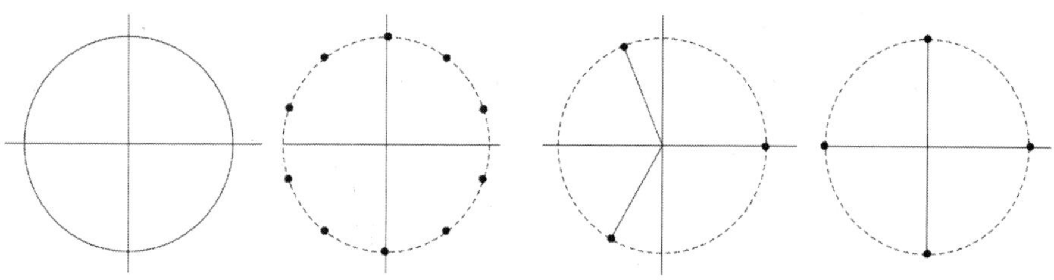

U U_n U_3 U_4

이들 부분군에 대한 격자도는 독자들이 그려보기 바란다.

> **정리 2.4.8** 군 G의 원소 a가 무한 위수를 가지면, G의 원소
>
> $$\cdots, a^{-2}, a^{-1}, 1, a, a^2, \cdots$$
>
> 은 모두 서로 다른 원소이고 $\langle a\rangle=\{a^i \mid i=0, \pm1, \pm2, \cdots\}$는 무한 순환군이다.

증명 서로 다른 적당한 정수 i와 j가 존재하여 $a^i=a^j$이라면 $a^{i-j}=1$이므로 a가 무한 위수를 가진다는 사실에 모순이다. 따라서 $\cdots, a^{-2}, a^{-1}, 1, a, a^2, \cdots$은 모두 서로 다른 원소이다. 그러므로 $\langle a\rangle$는 무한 순환군이다. ■

정리 2.4.9 무한 순환군 $G=\langle a\rangle=\{\cdots, a^{-2}, a^{-1}, 1, a, a^2, \cdots\}$와 0이 아닌 정수 k에 대하여 다음이 성립한다.

(1) 순환군 $\langle a^k\rangle=\{a^{ki} \mid i\in\mathbb{Z}\}$은 G의 무한 순환부분군이다.
따라서 $\langle 1\rangle$을 제외한 모든 G의 순환부분군은 무한군이다.

(2) 두 정수 m, k에 대하여

$$k \mid m \Leftrightarrow \langle a^m\rangle \le \langle a^k\rangle,\quad m=\pm k \Leftrightarrow \langle a^m\rangle=\langle a^k\rangle$$

이다. 특히, $k=\pm 1 \Leftrightarrow \langle a^k\rangle=G$이다.

증명 (1) 정리 2.4.8의 증명과 유사하다.

(2) $k \mid m$이면 적당한 t가 존재하여 $m=kt$이므로 $a^m=(a^k)^t$이므로 순환부분군의 정의에 의하여 $\langle a^m\rangle \le \langle a^k\rangle$이다. 역으로, $\langle a^m\rangle \le \langle a^k\rangle$이면, $a^m\in\langle a^m\rangle\subseteq\langle a^k\rangle$이므로 적당한 정수 t가 존재하여 $a^m=(a^k)^t$이고 $k \mid m$이다. 특히, $m=\pm k \Rightarrow \langle a^m\rangle=\langle a^k\rangle$은 분명하다. 역으로, $\langle a^m\rangle=\langle a^k\rangle$이면, $a^m\in\langle a^k\rangle$이고 $a^k\in\langle a^m\rangle$이다. 따라서 $k \mid m$이고 $m \mid k$이다. 그러므로 $m=\pm k$이다. ■

정리 2.4.9′ 무한 순환 덧셈군 $G=\langle a\rangle=\{\cdots, -2a, -a, 0, a, 2a, \cdots\}$와 0이 아닌 정수 k에 대하여 다음이 성립한다.

(1) 순환군 $\langle ka\rangle=\{ika \mid i\in\mathbb{Z}\}$는 G의 무한 순환부분군이다.
따라서 $\langle 0\rangle$을 제외한 모든 G의 순환부분군은 무한군이다.

(2) 두 정수 m, k에 대하여

$$k \mid m \Leftrightarrow \langle ma\rangle \le \langle ka\rangle,\ m=\pm k \Leftrightarrow \langle ma\rangle=\langle ka\rangle$$

이다. 특히, $k=\pm 1 \Leftrightarrow \langle ka\rangle=G$이다.

지금까지 군 G의 한 원소에 의하여 생성되는 순환부분군에 관하여 살펴보았다. 이제 이를 확장하여 군 G의 2개 이상의 원소에 의하여 생성되는 부분군에 관하여 설명한다. 이에 관한 정의는 다음과 같다.

> **정리 2.4.10** 군 G의 공집합이 아닌 부분집합 X에 대하여 집합
>
> $$\{a_1^{n_1}a_2^{n_2}\cdots a_k^{n_k} \mid a_i \in X\text{이고 } n_i \in \mathbb{Z}\}$$
>
> 은 G의 부분군이다. 이 군을 X에 의하여 생성된 G의 부분군(subgroup generated by X)이라 하고 $\langle X \rangle$로 나타낸다.

증명 집합 $\langle X \rangle$의 임의의 두 원소 $a_1^{n_1}a_2^{n_2}\cdots a_k^{n_k}$와 $b_1^{m_1}b_2^{m_2}\cdots b_l^{m_l}$에 대하여 $(a_1^{n_1}a_2^{n_2}\cdots a_k^{n_k})(b_1^{m_1}b_2^{m_2}\cdots b_l^{m_l})$은 정의에 의하여 $\langle X \rangle$의 원소이다. 집합 $\langle X \rangle$의 원소는 군 G의 원소이므로 결합법칙이 성립한다. 한편, X의 적당한 원소 a_1에 대하여 $1 = a_1^0$은 $\langle X \rangle$의 원소이므로 항등원이 존재한다. 또한, 임의의 원소 $a_1^{n_1}a_2^{n_2}\cdots a_k^{n_k}$에 대하여 $(a_1^{n_1}a_2^{n_2}\cdots a_k^{n_k})^{-1} = a_k^{-n_k}\cdots a_2^{-n_2}a_1^{-n_1}$이므로 $\langle X \rangle$는 역원을 가진다. 따라서 $\langle X \rangle$는 G의 부분군이다. ■

실제로 $|X| = 1$일 때, $\langle X \rangle$는 G의 순환부분군이다. 편의상 $X = \phi$일 때, $\langle X \rangle = \{1\} = \langle 1 \rangle$로 약속한다. 또한 G의 부분집합 X와 Y에 대하여 $X \subseteq Y$이면 $\langle X \rangle \leq \langle Y \rangle$인 것은 정의에 의하여 분명하다(연습문제). 그러나 역은 일반적으로 성립하지 않는다(연습문제). 또한, 일반적으로

$$\langle X \rangle = \{a_1^{n_1}a_2^{n_2}\cdots a_k^{n_k} \mid a_i \in X\text{이고 } n_i \in \mathbb{Z}\}$$

에서 각 원소 a_i는 군 G의 원소이므로 a_i가 만족하는 조건으로 바꾸어 쓸 수 있다. 깊은 이론은 설명하기 어렵지만 예들을 통하여 설명한다.

[예제 2.4.7] 집합 $X = \{\sigma = (123),\ \tau = (12)\}$를 3차 대칭군 S_3의 부분집합이라 할 때, X에 의하여 생성된 S_3의 부분군 $\langle X \rangle$를 알아보자.

정의에 의하여

$$\langle X \rangle = \{a_1^{n_1}a_2^{n_2}\cdots a_k^{n_k} \mid a_i = \sigma \text{ 또는 } a_i = \tau\text{이고 } n_i \in \mathbb{Z}\}$$

이다. 한편, $\sigma^3 = 1$이고 $\tau^2 = 1$이므로, n_i는 0, 1 또는 2이다. 따라서

$$\langle X\rangle=\{1,\ \sigma,\ \sigma^2,\ \tau,\ \sigma\tau,\ \sigma^2\tau,\ \cdots\}$$

이다. 나열한 6개의 원소는 서로 다른 원소이므로 $|\langle X\rangle|\geq 6$이다. 한편 $\langle X\rangle$는 S_3의 부분군이므로 $|\langle X\rangle|\leq 6$이다. 따라서 $|\langle X\rangle|=6=|S_3|$이므로 $\langle X\rangle=\langle(1\ 2\ 3),\ (1\ 2)\rangle=S_3$이다.

이제, $\tau\sigma$를 계산하면 $\tau\sigma=(12)(123)=(23)=(132)(12)=\sigma^{-1}\tau$이므로

$$\tau\sigma^2=(\tau\sigma)\sigma=(\sigma^{-1}\tau)\sigma=\sigma^{-1}(\tau\sigma)=\sigma^{-1}(\sigma^{-1}\tau)=\sigma^{-2}\tau=(\sigma^2)^{-1}\tau$$

이다. 따라서 $\langle X\rangle$의 어떤 원소도 $\sigma^i\tau^j\,(i=0,\ 1,\ 2$이고 $j=0,\ 1)$꼴로 표현된다. 따라서 $\langle X\rangle$의 원소 중에 $\tau\sigma^i\,(i=1,\ 2)$의 꼴을 $\sigma^j\tau\,(j=1,\ 2)$의 꼴로 변환시키는 규칙을 넣어주면 된다. 즉, σ와 τ가 만족하는 조건과 두 원소 사이의 연산에 관하여 만족하는 조건을 포함하면,

$$\begin{aligned}\langle X\rangle&=\langle\sigma,\ \tau\mid|\sigma|=3,\ |\tau|=2\text{이고 }\ \tau\sigma=\sigma^{-1}\tau\rangle\\&=\{1,\ \sigma,\ \sigma^2,\ \tau,\ \sigma\tau,\ \sigma^2\tau\}\end{aligned}$$

이다. 이를 다른 방법으로 표현하면,

$$\begin{aligned}\langle X\rangle&=\langle\sigma,\ \tau\mid|\sigma|=3,\ |\tau|=2\text{이고 }\tau\sigma=\sigma^{-1}\tau\rangle\\&=\langle\sigma,\ \tau\mid|\sigma|=3,\ |\tau|=2\text{이고 }\tau\sigma\tau^{-1}=\sigma^{-1}\rangle\\&=\langle\sigma,\ \tau\mid|\sigma|=3,\ |\tau|=2\text{이고 }\tau\sigma\tau=\sigma^{-1}\rangle\end{aligned}$$

으로 나타낼 수 있다.

[예제 2.4.8] 위의 관점에서 연습문제 2.1.12에서 정의된 사원수군 $Q_4=\{1,\ -1,\ i,\ -i,\ j,\ -j,\ k,\ -k\}$를 나타내보자. 먼저, Q_4는 비가환군이므로 순환군이 아니다. 따라서 Q_4를 생성하는 원소들의 집합은 적어도 2개 이상의 원소를 가진다. 먼저 $\langle i\rangle=\{1,\ i,\ -1,\ -i\}$이므로 $Q_4-\langle i\rangle$로부터 원소 j를 선택하고 $\langle i,\ j\rangle$를 생각하여 보자. 분명하게 $|i|=4$이고 $|j|=4$이다. 한편, $ij=k$이고 $ji=-k$이므로 $Q_4=\langle i,\ j\mid|i|=4,\ |j|=4\text{이고 }ji=-ij\rangle$이다.

연습문제 2.4

1. 예제 2.1.11에서 정의된 정이면체군 $D_4=\{1, \sigma, \sigma^2, \sigma^3, \tau_1, \tau_2, \tau_3, \tau_4\}$의 순환부분군을 모두 구하여라.

2. 연습문제 2.1.12에서 정의된 사원수군 $Q_4=\{1, -1, i, -i, j, -j, k, -k\}$의 순환부분군을 모두 구하여라.

3. 군 $\mathbb{Q}^+$는 순환군이 아님을 보여라.

4. 군 $\mathbb{Z}_{12}{}^*$는 순환군이 아님을 보여라.

5. 군 $\mathbb{Z}_{13}{}^*$는 순환군임을 보이고 생성원소를 구하여라.

6. 다음 명제 중에 맞는 것은 증명하고 틀린 것은 반례를 들어 설명하여라.
   (1) 가환군의 모든 부분군은 가환군이다.
   (2) 모든 진부분군이 가환군이면 원래의 군은 가환군이다.
   (3) 순환군의 모든 부분군은 순환군이다.
   (4) 모든 진부분군이 순환군이면 원래의 군은 순환군이다.
   (5) 모든 진부분군이 순환군이면 원래의 군은 가환군이다.

7. 순환군 $G=\langle a\rangle$의 위수를 n이라 할 때, n의 임의의 약수 d에 대하여 위수 d인 부분군이 유일하게 존재하는 것을 증명하여라.

8. 군 G의 원소 a, b에 대하여 $ab=ba$이고 $|a|=m, |b|=n$일 때, 다음을 증명하여라.
   (1) ab의 위수는 $[m, n]$의 약수이다.
   (2) $(m, n)=1$이면, ab의 위수는 mn이다.

9. 군 G의 원소 a, b에 대하여 $|a|=n$ (n은 자연수)일 때 다음을 증명하여라.

(1) $|a^{-1}|=n$ (2) $|ab|=|ba|$

(3) $|bab^{-1}|=n$ (4) $|b^{-1}ab|=n$

(5) n이 짝수일 때, $|a^2|=\frac{n}{2}$ (6) n이 홀수일 때, $|a^2|=n$

10. 위수 n인 순환군 $G=\langle a\rangle$에서 n이 짝수이면 위수 2인 원소는 $a^{\frac{n}{2}}$뿐임을 증명하여라.

11. 군 $\mathbb{Z}_{30}$의 부분군을 모두 나열하고 격자도를 그려라.

12. 예제 2.4.6의 군 U, U_2, U_3, U_4, U_6, U_{12}의 격자도를 그려라.

13. 군 $\mathbb{Z}_{p^2}$의 부분군을 모두 나열하고 격자도를 그려라. 또 군 $\mathbb{Z}_{p^2}$의 원소 중에 위수가 p인 원소의 개수와 위수가 p^2인 원소의 개수를 구하여라.

14. 군 G에 대하여, G가 유한군일 필요충분조건은 G의 부분군이 유한개임을 증명하여라.

15. 군 G에 대하여 X와 Y가 G의 부분집합일 때 다음을 증명하여라.

(1) $X\subseteq Y \Rightarrow \langle X\rangle \leq \langle Y\rangle$

(2) $\langle X\cup Y\rangle = \langle \langle X\rangle \cup \langle Y\rangle\rangle$

(3) $\langle X\cap Y\rangle \subseteq \langle X\rangle \cap \langle Y\rangle$

(4) $\langle\langle X\rangle\rangle = \langle X\rangle$

16. 군 G에 대하여 X와 Y가 G의 부분집합일 때 $\langle X\rangle \leq \langle Y\rangle$이지만 $X\subseteq Y$가 아닌 예를 들어 설명하여라.

2.5 Lagrange 정리

예제 2.3.2에서 대칭군 S_3의 위수는 6이고 그의 모든 부분군의 위수는 6의 약수인 1, 2, 3, 6이 되는 것을 보았다. 이 절에서는 유한군의 위수와 그의 부분군의 위수 사이의 관계에 관하여 알아본다.

정의 2.5.1 군 G에서 H가 G의 부분군이고 a가 G의 임의의 원소일 때, 집합

$$aH=\{ah \mid h\in H\}, \quad Ha=\{ha \mid h\in H\}$$

를 각각 G에서의 H의 **좌잉여류**(left coset), **우잉여류**(right coset)라 하고 a를 그의 **대표원**(representative)이라고 한다. 특히, 특정한 원소 a에 대하여 $aH=Ha$일 때, 간단히 **잉여류**(coset)라고 한다.

군 G의 특수한 부분군 H에 대해서는 군 G의 임의의 원소 a에 대하여 $aH=Ha$이지만, 일반적으로 임의의 부분군 H에 대하여 $aH=Ha$가 성립하는 것은 아니다.

정리 2.5.2 임의의 군 G에 대하여 부분군 H가 $H=G$이거나 $H=\{1\}$이면, 군 G의 임의의 원소 a가 존재하여 $aH=Ha$이다. 특히, 군 G가 가환군이면 군 G의 임의의 부분군 H와 군 G의 임의의 원소 a에 대하여 $aH=Ha$이다.

증명 먼저 $H=G$이면, $aH=aG=\{ag \mid g\in G\}\subseteq G$이다. 역으로, G의 임의의 원소 g에 대하여 $g=a(a^{-1}g)\in aG$이므로 $G\subseteq aG$이다. 따라서 $aG=G$이다. 같은 방법으로 $G=Ga$이므로 $aH=aG=G=Ga=Ha$이다. 또, $H=\{1\}$이면 $aH=\{a\}=Ha$이다. 특히, 군 G가 가환군이면, 군 G의 임의의 부분군 H와 군 G의 임의의 원소 a에 대하여 $aH=\{ah \mid h\in H\}=\{ha \mid h\in H\}=Ha$이다. ■

군 G의 부분군 H와 군 G의 적당한 원소 a에 대하여 $aH\neq Ha$인 예를 들어 보자.

[예제 2.5.1] 대칭군 S_3과 그의 부분군 $H=\{1, (1\ 2)\}$에 대하여 좌잉여류와 우잉여류를 구하여 보면, 다음과 같다.

$$1H=\{1, (1\ 2)\} \quad (1\ 2\ 3)H=\{(1\ 2\ 3), (1\ 3)\} \quad (1\ 3\ 2)H=\{(1\ 3\ 2), (2\ 3)\}$$
$$(1\ 2)H=\{1, (1\ 2)\} \quad (1\ 3)H=\{(1\ 3), (1\ 2\ 3)\} \quad (2\ 3)H=\{(2\ 3), (1\ 3\ 2)\}$$
$$H1=\{1, (1\ 2)\} \quad H(1\ 2\ 3)=\{(1\ 2\ 3), (2\ 3)\} \quad H(1\ 3\ 2)=\{(1\ 3\ 2), (1\ 3)\}$$
$$H(12)=\{1, (1\ 2)\} \quad H(1\ 3)=\{(1\ 3), (1\ 3\ 2)\} \quad H(2\ 3)=\{(2\ 3), (1\ 2\ 3)\}$$

따라서 부분군 H에 속하지 않는 모든 원소에 대한 좌잉여류와 우잉여류는 같지 않다. 즉,

$$(1\ 2\ 3)H \neq H(1\ 2\ 3),\ (1\ 3\ 2)H \neq H(1\ 3\ 2),\ (1\ 3)H \neq H(1\ 3),\ (2\ 3)H \neq H(2\ 3)$$

정리 2.5.3 군 G의 부분군 H와 G의 임의의 원소 a, b에 대하여 aH, H, Hb의 농도는 같다. 즉, $|aH| = |H| = |Hb|$이다.

증명 집합 H로부터 집합 aH로의 함수 φ를

$$\varphi : H \to aH, \quad \varphi(h)=ah$$

와 같이 정의하자. 먼저 $\varphi(h_1)=\varphi(h_2)$이면 $ah_1=ah_2$이고 소약법칙에 의하여 $h_1=h_2$이다. 즉, φ는 일대일 함수이다. 이제, 임의의 원소 $x \in aH$에 대하여 적당한 원소 $h \in H$가 존재하여 $x=ah$이다. 따라서 $\varphi(h)=ah=x$이므로 φ는 위로의 함수이다. 그러므로 φ는 일대일대응 함수이다. 즉, $|aH| = |H|$이다.

같은 방법으로 $|H| = |Hb|$이다. ■

실제로, 예제 2.5.1에서 모든 좌잉여류와 우잉여류는 똑같이 2개의 원소를 가진다.

정리 2.5.4 군 G의 부분군 H와 G의 임의의 원소 a, b에 대하여 군 G 위에서 다음과 같이 정의된 관계 ~는 동치관계이다.

$$a \sim b \Leftrightarrow a^{-1}b \in H$$

또, ~에 관하여 a를 포함하는 동치류 $\bar{a}$는

$$\bar{a} = aH = \{ah \mid h \in H\}$$

이다. 더욱이 다음 성질들이 성립한다.

(1) $aH = bH \Leftrightarrow a^{-1}b \in H \Leftrightarrow b^{-1}a \in H$

(2) $aH = bH \Leftrightarrow b \in aH \Leftrightarrow$ 적당한 $h \in H$에 대하여 $b = ah$이다.

$aH = bH \Leftrightarrow a \in bH \Leftrightarrow$ 적당한 $h \in H$에 대하여 $a = bh$이다.

특히, $aH = H \Leftrightarrow a \in H$이다.

(3) $aH \cap bH = \phi$이거나 $aH = bH$ 중에서 꼭 하나만 성립한다.

(4) $a \in aH$이고 $G = \cup\{aH \mid a \in G\}$ 이다.

증명 먼저, G의 임의의 원소 a에 대하여 $a^{-1}a = 1 \in H$이므로 $a \sim a$이다. 또, G의 임의의 원소 a, b에 대하여 $a \sim b$이면 $a^{-1}b \in H$이고 H가 군이므로 $b^{-1}a = (a^{-1}b)^{-1} \in H$이고 따라서 $b \sim a$이다. 마지막으로 $a \sim b$이고 $b \sim c$이면 $a^{-1}b \in H$이고 $b^{-1}c \in H$이다. 따라서 $a^{-1}c = (a^{-1}b)(b^{-1}c) \in H$이고 $a \sim c$이다. 그러므로 $\sim$는 동치관계이다. 또, $x \in \bar{a} \Leftrightarrow x \sim a \Leftrightarrow a \sim x \Leftrightarrow a^{-1}x \in H \Leftrightarrow x \in aH$이므로 $\bar{a} = aH$이다.

(1) $aH = bH$이면 $b \in bH = aH \Rightarrow b = ah$(적당한 $h \in H$에 대하여)이므로 $a^{-1}b = h \in H$이다. 역으로, $a^{-1}b \in H$이면 적당한 h가 존재하여 $a^{-1}b = h$이다. 따라서 $b = ah$이고 $a = bh^{-1}$이다. 먼저, $x \in aH$이면 $x = ah^*$인 h^*가 존재한다. 그러므로 $x = ah^* = (bh^{-1})h^* = b(h^{-1}h^*) \in bH$이고 $aH \subseteq bH$이다. 또, $y \in bH$이면 $y = bh'$인 h'이 존재하므로 $y = bh' = (ah)h' = a(hh') \in aH$이고 $bH \subseteq aH$이다. 따라서 $aH = bH$이다. 즉, $aH = bH \Leftrightarrow a^{-1}b \in H$이다.

같은 방법으로 $aH = bH \Leftrightarrow b^{-1}a \in H$이다. 따라서 (1)이 성립한다.

(2) 먼저, $a^{-1}b \in H$이면 H의 적당한 원소 h가 존재하여 $a^{-1}b = h$이다. 따라서 $b = ah \in aH$이다. 역으로, $b \in aH$이면, H의 적당한 원소 h가 존재하여 $b = ah$이다. 따라서 $a^{-1}b \in H$이다. 즉, $a^{-1}b \in H \Leftrightarrow$ 적당한 원소 h가 존재하여 $b = ah \in aH$이다. (1)에 의하여 $aH = bH \Leftrightarrow a^{-1}b \in H$이므로 $aH = bH \Leftrightarrow b \in aH \Leftrightarrow$ 적당한 $h \in H$에 대하여 $b = ah$이다.

같은 방법으로 $aH = bH \Leftrightarrow a \in bH \Leftrightarrow$ 적당한 $h \in H$에 대하여 $a = bh$이다.

특히, $b = 1$인 경우에 $aH = H \Leftrightarrow a \in H$이다.

(3) $aH \cap bH \neq \phi$이라면, 군 G의 적당한 원소 x가 존재하여 $x \in aH \cap bH$이다.

따라서 $x \in aH$이고 $x \in bH$이다. (2)에 의하여 $xH = aH$이고 $xH = bH$이다. 따

라서 $aH = bH$이다.

(4) 부분군 H는 항등원을 가지므로 $a = a1 \in aH$이다. 군 G의 임의의 원소 g에 대하여 $g \in gH \subseteq \cup\{aH \mid a \in G\}$ 이므로 $G \subseteq \cup\{aH \mid a \in G\}$ 이다.
역으로, 군 G의 임의의 원소 g에 대하여 $gH \subseteq G$이므로 $\cup\{aH \mid a \in G\} \subseteq G$이다. 따라서 (4)가 성립한다. ▨

정리 2.5.4와 같은 방법으로 다음 정리를 얻는다.

정리 2.5.4′ 군 G의 부분군 H와 G의 임의의 원소 a, b에 대하여 다음과 같이 정의된 관계 $\sim$는 동치관계이다.

$$a \sim b \Leftrightarrow ab^{-1} \in H$$

또, $\sim$에 관하여 a를 포함하는 동치류 $\bar{a}$는

$$\bar{a} = Ha = \{ha \mid h \in H\}$$

이다. 더욱이 다음 성질들이 성립한다.

(1) $Ha = Hb \Leftrightarrow ab^{-1} \in H \Leftrightarrow ba^{-1} \in H$

(2) $Ha = Hb \Leftrightarrow b \in Ha \Leftrightarrow$ 적당한 $h \in H$에 대하여 $b = ha$이다.
$Ha = Hb \Leftrightarrow a \in Hb \Leftrightarrow$ 적당한 $h \in H$에 대하여 $a = hb$이다.
특히, $Ha = H \Leftrightarrow a \in H$이다.

(3) $Ha \cap Hb = \phi$이거나 $Ha = Hb$ 중에서 꼭 하나만 성립한다.

(4) $a \in Ha$이고 $G = \cup\{Ha \mid a \in G\}$ 이다.

정리 2.5.4에서 두 좌잉여류는 같지 않으면 서로소이고 또한, 정리 2.5.4′에서 두 우잉여류도 같지 않으면 서로소인 것을 알 수 있다.

정리 2.5.5 군 G의 부분군 H에 대하여 다음이 성립한다.

(1) $x \in aH$일 필요충분조건은 $x^{-1} \in Ha^{-1}$이다.

(2) $aH \cap bH = \phi$일 필요충분조건은 $Ha^{-1} \cap Hb^{-1} = \phi$이다.

증명 (1) 먼저, $x \in aH$이면 H의 적당한 원소 h가 존재하여 $x = ah$이다. 한편, $x^{-1} = (ah)^{-1} = h^{-1}a^{-1}$이므로 $x^{-1} \in Ha^{-1}$이다. 이의 역도 같은 방법으로 증명된다.

(2) 먼저 $aH \cap bH = \phi$이라고 할 때, $Ha^{-1} \cap Hb^{-1} \neq \phi$이라고 가정하자. 그러면 정리 2.5.4′에 의하여 $Ha^{-1} = Hb^{-1}$이다. 따라서 $a^{-1} \in Ha^{-1} = Hb^{-1}$이므로 적당한 원소 $h \in H$가 존재하여 $a^{-1} = hb^{-1}$이다. 따라서 $a^{-1}b = h \in H$이다. 정리 2.5.4에 의하여 $aH = bH$이 되어 가정에 모순이다. 그러므로 $Ha^{-1} \cap Hb^{-1} = \phi$이다. 이의 역도 같은 방법으로 증명된다. ■

정리 2.5.5의 (2)에서 $aH \cap bH = \phi$이면 $Ha^{-1} \cap Hb^{-1} = \phi$이다. 그러나 $aH \cap bH = \phi$이라고 해서 $Ha \cap Hb = \phi$이 성립하지는 않는다. 이를테면,
$G = \{1, (1\ 2\ 3), (1\ 3\ 2), (1\ 2), (1\ 3), (2\ 3)\}$이고 $H = \{1, (1\ 2)\}$일 때,

$$(1\ 2\ 3)H \cap (2\ 3)H = \phi \text{이고 } H(1\ 2\ 3) \cap H(2\ 3) = \{(1\ 2\ 3), (2\ 3)\}$$

이다. 즉, $(1\ 2\ 3)H \cap (2\ 3)H = \phi$이지만 $H(1\ 2\ 3) = H(2\ 3)$이다.

정리 2.5.6 군 G에서 부분군 H에 대한 좌잉여류(또는 우잉여류)의 집합을 X (또는 Y), 즉,

$$X = \{aH \mid a \in G\} \quad (\text{또는 } Y = \{Ha \mid a \in G\})$$

로 나타낼 때, X (또는 Y)가 유한집합이면, $|X| = |Y|$이다. 또한 $|X| = m$이면, 적당한 원소 $a_1, a_2, \cdots, a_m$이 존재하여

$$G = a_1H \cup a_2H \cup \cdots \cup a_mH, \quad a_iH \cap a_jH = \phi \ (1 \leq i \neq j \leq m),$$

$$G = Ha_1^{-1} \cup Ha_2^{-1} \cup \cdots \cup Ha_m^{-1}, \quad Ha_i^{-1} \cap Ha_j^{-1} = \phi \ (1 \leq i \neq j \leq m)$$

이다.

증명 먼저 $|X| = m$이면 정리 2.5.4에 의하여 적당한 원소 $a_1, a_2, \cdots, a_m$이 존재하여 $G = a_1H \cup a_2H \cup \cdots \cup a_mH$, $a_iH \cap a_jH = \phi$ $(1 \leq i \neq j \leq m)$이다. 한편, 정리 2.5.5에 의하여 $a_iH \cap a_jH = \phi$이면 $Ha_i^{-1} \cap Ha_j^{-1} = \phi$이므로 $|Y| = m$를 증명하기 위하여 $G = Ha_1^{-1} \cup Ha_2^{-1} \cup \cdots \cup Ha_m^{-1}$을 보인다. 먼저, $G \supseteq Ha_1^{-1} \cup Ha_2^{-1} \cup \cdots \cup$

Ha_m^{-1}은 분명하다. 또, G의 임의의 원소 x를 선택하면, $G=a_1H\cup a_2H\cup\cdots\cup a_mH$이므로 적당한 a_i가 존재하여 $x^{-1}\in a_iH$이고 $x=(x^{-1})^{-1}\in(a_iH)^{-1}=Ha_i^{-1}$이다. 따라서 $G\subseteq Ha_1^{-1}\cup Ha_2^{-1}\cup\cdots\cup Ha_m^{-1}$이므로 $G=Ha_1^{-1}\cup Ha_2^{-1}\cup\cdots\cup Ha_m^{-1}$이다. 또, $Ha_i^{-1}\cap Ha_j^{-1}=\phi$이므로 정리가 성립한다. ■

정리 2.5.6에서 군 G는 서로소인 좌잉여류(또는 우잉여류)들의 합집합으로 표현된다. 즉, 이와 같은 분해를 군 G에서의 H의 **좌잉여류 분해**(또는 **우잉여류 분해**)라 하고, 각 잉여류에서 한 개씩 원소를 택하여 만든 집합을 군 G에서의 H의 **좌대표계**(또는 **우대표계**)라고 한다.

이를테면, 예제 2.5.1에서 $\{1, (1\,2\,3), (1\,3\,2)\}$는 좌대표계도 되고 동시에 우대표계도 된다. 그러나 $\{1, (1\,2\,3), (2\,3)\}$은 좌대표계는 되지만 우대표계는 아니다.

정의 2.5.7 군 G에서의 H의 좌잉여류가 유한개 존재할 때, H를 **유한지수**(finite index)를 가지는 부분군이라고 한다. 특히, 군 G에서의 H의 좌잉여류가 m개 존재할 때, m을 G에서의 H의 **지수**(index of H in G)라 하고 $|G:H|$로 나타낸다.

유한군 G에서 임의의 부분군 H의 좌잉여류는 기껏해야 $|G|$개 이므로 H는 유한지수를 가진다. 그러나 무한군 G에서 부분군 H의 지수는 유한 또는 무한이 될 수 있다.

[예제 2.5.2] (1) 덧셈군 $\mathbb{Z}$의 부분군 $5\mathbb{Z}$는 5개의 잉여류

$$5\mathbb{Z},\ 1+5\mathbb{Z},\ 2+5\mathbb{Z},\ 3+5\mathbb{Z},\ 4+5\mathbb{Z}$$

를 가지므로 유한지수를 가진다.

(2) 덧셈군 $\mathbb{Q}$의 부분군 $\mathbb{Z}$에 대한 잉여류는

$$r+\mathbb{Z}\quad(r\in\mathbb{Q})$$

꼴을 가지고 $r_1, r_2\in\mathbb{Q}$이고 $0\le r_1\ne r_2<1$인 임의의 서로 다른 r_1과 r_2에 대하여 $r_1+\mathbb{Z}\ne r_2+\mathbb{Z}$이므로 무한지수를 가진다.

유한군의 부분군을 파악하는데 다음 정리는 매우 유용하게 이용된다.

정리 2.5.8 (Lagrange 정리) 유한군 G에서 G의 부분군 H에 대하여 $|H|$와 $|G:H|$는 $|G|$의 약수이다. 실제로 $|G|=|G:H|\,|H|$이다. 특히 G의 각 원소 a에 대하여 a의 위수는 $|G|$의 약수이다.

증명 군 G가 유한군이므로 H는 유한지수를 가지는 부분군이다. 따라서 정리 2.5.6에 의하여 군 G의 적당한 m개의 원소 $a_1, a_2, \cdots, a_m$이 존재하여

$$G=a_1H\cup a_2H\cup\cdots\cup a_mH,\ a_iH\cap a_jH=\phi\ \ (1\le i\ne j\le m)$$

이다. 따라서 정리 2.5.3에 의하여

$$\begin{aligned}|G|&=|a_1H\cup a_2H\cup\cdots\cup a_mH|=|a_1H|+|a_2H|+\cdots+|a_mH|\\&=m|H|=|G:H|\,|H|\end{aligned}$$

이다. 특히, G의 각 원소 a에 대하여 $|a|=|\langle a\rangle|$이므로 a의 위수는 $|G|$의 약수이다. ■

[예제 2.5.3] 대칭군 S_3의 위수가 6이므로 Lagrange 정리에 의하여 S_3의 부분군의 위수는 1, 2, 3 또는 6이다. 실제로 예제 2.3.2에서처럼 위수가 1, 2, 3, 6인 부분군은 각각 $\{1\}$, $\{1, (1\,2)\}$, $\{1, (1\,2\,3), (1\,3\,2)\}$, S_3이다.

예제 2.5.3에서 군의 위수의 임의의 약수에 해당하는 위수를 가지는 부분군이 항상 존재함을 알 수 있었다. 그러나 임의의 유한군에서 군의 위수의 임의의 약수를 위수로 가지는 부분군이 항상 존재하는 것은 아니다(연습문제).

[예제 2.5.4] 군 G의 위수가 소수 p인 경우의 군에 대하여 살펴보자. 군 G의 항등원이 아닌 임의의 원소 a를 선택하고 G의 순환부분군 $\langle a\rangle$를 생각하자. Lagrange 정리에 의하여 부분군 $\langle a\rangle$의 위수는 p의 약수이고 $\langle a\rangle\ne\{1\}$이므로 $|\langle a\rangle|=p$이다. 따라서 $\langle a\rangle=G$이고 G는 순환군이다. 그러므로 소수 p인 위수를 가지는 군 G는 순환군이고 그의 부분군은 자명한 부분군 $\{1\}$과 G뿐이다.

[예제 2.5.5] 위수가 p^2(p는 소수)인 군 G에 대하여 살펴보자. 군 G의 항등원이 아닌 임의의 원소 a를 선택하고 순환부분군 $\langle a \rangle$를 생각하자. Lagrange 정리에 의하여 $\langle a \rangle \neq \{1\}$ 이므로 $|\langle a \rangle| = p$ 또는 $|\langle a \rangle| = p^2$이다.

이를테면, $\mathbb{Z}_8^*$의 항등원이 아닌 모든 원소는 위수가 2이고 $\mathbb{Z}_{10}^*$의 항등원이 아닌 모든 원소는 위수가 2인 경우와 4인 경우가 있으며 그들의 부분군은 80쪽 예제 2.4.3과 같다.

정리 2.5.9 군 G의 유한부분군 H, K에 대하여 다음 등식이 성립한다.

$$|HK| = \frac{|H|\,|K|}{|H \cap K|}$$

증명 편의상 $H \cap K$를 B라고 놓으면, 군 H, K가 유한부분군이므로 정리 2.3.4에 의하여 B는 군 G의 유한부분군이다. 또 B는 H의 부분집합이므로 B는 H의 유한부분군이다. 정리 2.5.5에 의하여 H의 적당한 원소 $h_1, h_2, \cdots, h_m$이 존재하여

$$H = h_1B \cup h_2B \cup \cdots \cup h_mB,\ h_iB \cap h_jB = \phi \ \ (1 \leq i \neq j \leq m)$$

이다. 따라서 $|H : B| = \dfrac{|H|}{|B|} = m$이다.

또한, $HK = \{hk \mid h \in H,\ k \in K\}$ 이므로 H의 임의의 원소 h_i에 대하여 $HK \supseteq h_iK$이다. 따라서 $HK \supseteq h_1K \cup h_2K \cup \cdots \cup h_mK$이다. 또, HK의 임의의 원소 x는 H의 원소 h와 K의 원소 k의 곱의 꼴 $x = hk$로 표현된다. 한편, $H = h_1B \cup h_2B \cup \cdots \cup h_mB$이므로 적당한 원소 $h_i \in H$와 $b \in B$가 존재하여 $h = h_ib$이다. 또 $B \subseteq K$이므로 $x = hk = (h_ib)k = h_i(bk) \in h_iK$이고

$$HK \subseteq h_1K \cup h_2K \cup \cdots \cup h_mK$$

이다. 그러므로 $HK = h_1K \cup h_2K \cup \cdots \cup h_mK$이다. 이제, $h_iK = h_jK$이면 $h_j^{-1}h_i \in K$이고 $h_j^{-1}h_i \in H$이므로 $h_j^{-1}h_i \in B$, $h_iB = h_jB$이고 $i = j$이다. 즉, $1 \leq i \neq j \leq m$인 경우에 $h_iK \neq h_jK$이므로 $h_iK \cap h_jK = \phi$이다. 따라서 $|HK| = m|K|$이다.

그러므로 $|HK| = m|K| = \dfrac{|H|}{|B|} \cdot |K| = \dfrac{|H|\,|K|}{|B|} = \dfrac{|H|\,|K|}{|H \cap K|}$이다. ■

연습문제 2.5

1. 군 S_3의 부분군 $A_3=\{1, (1\,2\,3), (1\,3\,2)\}$에 대한 좌잉여류와 우잉여류를 모두 구하여라. 또, $A_3=\{1, (1\,2\,3), (1\,3\,2)\}$의 좌대표계와 우대표계를 구하라.

2. 정리 2.5.4′을 증명하여라.

3. 군 G의 부분군이 G와 $\{e\}$뿐이면 G는 위수가 소수인 순환군임을 증명하여라.

4. 덧셈군 $\mathbb{Z}$의 자명하지 않은 부분군은 유한지수를 가지는 것을 증명하여라.

5. 덧셈군 $\mathbb{Q}$의 부분군 $\mathbb{Z}$에 대한 잉여류의 집합

$$\{a+\mathbb{Z} \mid a\in\mathbb{Q}\}$$

는 집합 $\{r\in\mathbb{Q} \mid 0\le r<1\}$과 일대일대응임을 증명하여라.

6. Lagrange 정리에 의하여 주어진 군의 부분군의 가능한 위수를 구하고 그 위수에 해당되는 부분군을 찾아라.
   (1) 사원수군 Q_4 (2) 정이면체군 D_4
   (3) 덧셈군 $\mathbb{Z}_{12}$

7. 유한군 G의 위수가 n일 때, 그의 임의의 약수 d에 관하여 다음 명제를 증명하거나 설명하여라.
   (1) 군 G가 순환군이면, 위수 d인 부분군은 유일하게 존재하고 순환군이다.
   (2) 군 G가 가환군일 때, 위수 d인 부분군은 적어도 하나 존재하고 가환군임을 덧셈군 $\mathbb{Z}_2\times\mathbb{Z}_2=\{(a, b) \mid a, b\in\mathbb{Z}_2\}$에서 설명하여라.
   (3) 군 G에 대하여 n의 적당한 약수 d인 부분군이 존재하지 않을 수 있음을 A_4에서 설명하여라.

$$A_4=\{1, (1\,2\,3), (1\,3\,2), (1\,2\,4), (1\,4\,2), (1\,3\,4), (1\,4\,3), (2\,3\,4), (2\,4\,3), (1\,2)(3\,4), (1\,3)(2\,4), (1\,4)(2\,3)\}$$

2.6 정규부분군과 잉여군

제5절에서 군 G에 대한 부분군 H의 좌잉여류와 우잉여류를 정의하고 일반적으로 그들이 같지 않음을 보였다(예제 2.5.1). 이 절에서는 군 G에 대한 부분군 H의 좌잉여류와 우잉여류가 같은 부분군에 관하여 알아본다.

[예제 2.6.1] 대칭군 S_3의 부분군 $A_3=\{1, (1\ 2\ 3), (1\ 3\ 2)\}$에 대한 좌잉여류와 우잉여류를 모두 구하면 다음과 같다.

$$1A_3=\{1, (1\ 2\ 3), (1\ 3\ 2)\} \qquad A_31=\{1, (1\ 2\ 3), (1\ 3\ 2)\}$$
$$(1\ 2\ 3)A_3=\{1, (1\ 2\ 3), (1\ 3\ 2)\} \qquad A_3(123)=\{1, (1\ 2\ 3), (1\ 3\ 2)\}$$
$$(1\ 3\ 2)A_3=\{1, (1\ 2\ 3), (1\ 3\ 2)\} \qquad A_3(132)=\{1, (1\ 2\ 3), (1\ 3\ 2)\}$$
$$(1\ 2)A_3=\{(1\ 2), (2\ 3), (1\ 3)\} \qquad A_3(1\ 2)=\{(1\ 2), (2\ 3), (1\ 3)\}$$
$$(2\ 3)A_3=\{(1\ 2), (2\ 3), (1\ 3)\} \qquad A_3(2\ 3)=\{(1\ 2), (2\ 3), (1\ 3)\}$$
$$(1\ 3)A_3=\{(1\ 2), (2\ 3), (1\ 3)\} \qquad A_3(1\ 3)=\{(1\ 2), (2\ 3), (1\ 3)\}$$

따라서 S_3의 모든 원소에 대하여 부분군 A_3의 좌잉여류와 우잉여류는 같다.

정의 2.6.1 군 G에서 N이 군 G의 부분군이고 군 G의 모든 원소 g에 대하여 $gN=Ng$(즉, 좌잉여류와 우잉여류가 같을 때)일 때, 이 부분군 N을 G의 **정규부분군**(normal subgroup)이라 하고 기호 $N \lhd G$ 또는 $G \rhd N$으로 나타낸다.

부분군 N이 G의 정규부분군이 아닐 때에는 기호 $N \not\lhd G$ 또는 $G \not\rhd N$을 사용하여 나타내기도 한다.

이를테면, $A_3 \lhd S_3$이지만 $\{1, (12)\} \not\lhd S_3$이다. 한편, 정규부분군의 정의로부터 $\{1\} \lhd G$와 $G \lhd G$는 분명하다. 이제, 정규부분군에 관한 구체적인 예와 성질들에 관하여 알아본다.

다음 예제는 정이면체군 D_4의 모든 부분군에 관하여 설명한다.

[예제 2.6.2] 정이면체군

$$D_4=\{1,\ (1\,2\,3\,4),\ (1\,3)(2\,4),\ (1\,4\,3\,2),\ (2\,4),\ (1\,2)(3\,4),\ (1\,3),\ (1\,4)(2\,3)\}$$

의 위수는 8이고, 8의 약수는 1, 2, 4 또는 8이다. 연습문제 2.4.1에서 구한 모든 순환부분군은

$$\begin{aligned}
&\langle 1\rangle=\{1\},\\
&\langle(1\ 3)(2\ 4)\rangle=\{1,\ (1\ 3)(2\ 4)\}, \qquad \langle(2\ 4)\rangle=\{1,\ (2\ 4)\},\\
&\langle(1\ 2)(3\ 4)\rangle=\{1,\ (1\ 2)(3\ 4)\}, \qquad \langle(1\ 3)\rangle=\{1,\ (1\ 3)\},\\
&\langle(1\ 4)(2\ 3)\rangle=\{1,\ (1\ 4)(2\ 3)\},\\
&\langle(1\ 2\ 3\ 4)\rangle=\{1,\ (1\ 2\ 3\ 4),\ (1\ 3)(2\ 4),\ (1\ 4\ 3\ 2)\}=N_1
\end{aligned}$$

이고 이외에 위수 4인 부분군

$$\begin{aligned}
&N_2=\{1,\ (1\ 2)(3\ 4),\ (1\ 3)(2\ 4),\ (1\ 4)(2\ 3)\},\\
&N_3=\{1,\ (1\ 3),\ (2\ 4),\ (1\ 3)(2\ 4)\}
\end{aligned}$$

과 위수 8인 자신 D_4가 존재한다. 정의로부터 이들 중에 D_4의 정규부분군은

$$\langle 1\rangle,\ \langle(1\ 3)(2\ 4)\rangle,\ N_1,\ N_2,\ N_3,\ D_4$$

이다(연습문제). 이들의 관계를 격자도로 나타내면 다음과 같다. 점선은 군 D_4의 부분군을 실선은 D_4의 정규부분군을 나타낸다.

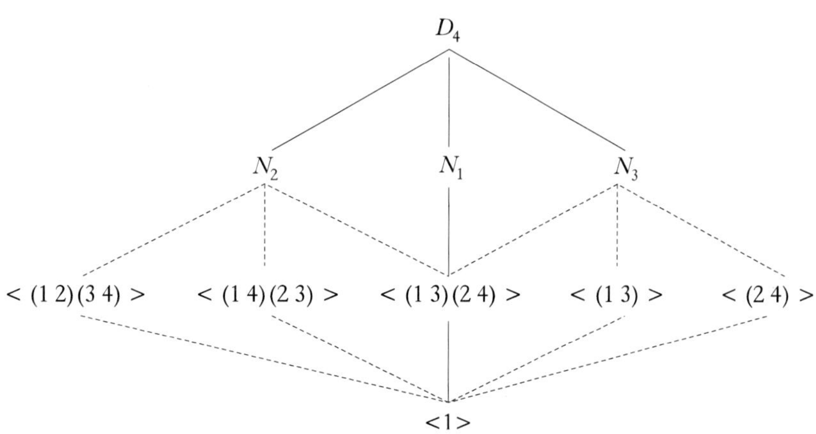

가환군의 정의로부터 가환군의 모든 부분군은 정규부분군인 것을 쉽게 알 수 있다(연습문제). 특히, 덧셈군의 모든 부분군은 정규부분군이다.

이를테면, 덧셈군 $\mathbb{Z}$의 부분군 $m\mathbb{Z}$ (m은 2보다 큰 양의 정수)와 임의의 정수 k에 대하여

$$k+m\mathbb{Z}=\{k+am \mid a\in\mathbb{Z}\}=\{am+k \mid a\in\mathbb{Z}\}=m\mathbb{Z}+k$$

이므로 $m\mathbb{Z}\lhd\mathbb{Z}$이다.

정리 2.6.2 군 G의 부분군 N에 대하여 $|G:N|=2$이면 $N\lhd G$이다.

증명 군 G의 임의의 원소 g에 대하여 $gN=Ng$를 증명한다.

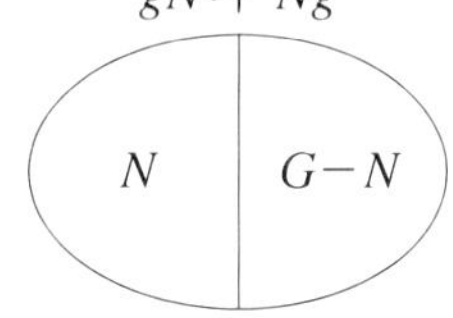

먼저, $g\in N$이면

$$gN=\{gn \mid n\in N\}=N,$$
$$Ng=\{ng \mid n\in N\}=N$$

이므로 $gN=Ng$이다.

한편, $g\notin N$이면 $gN\neq N$이므로 $gN\cap N=\phi$이다. 또, 좌잉여류의 집합은 2개의 원소를 가지므로 $N\cup gN=G$이다. 따라서 $gN=G-N$이다. 같은 방법으로 $Ng=G-N$이므로 $gN=G-N=Ng$이다.

그러므로 G의 임의의 원소 g에 대하여 $gN=Ng$이므로 $N\lhd G$이다. ■

예제 2.6.1에서 $|S_3:A_3|=2$이므로 $A_3\lhd S_3$이고 예제 2.6.2에서 $i=1, 2, 3$일 때, $|D_4:N_i|=2$이므로 $D_4\rhd N_i$인 것을 쉽게 알 수 있다.

정의 2.6.3 군 G에서 G의 모든 원소와 교환법칙이 성립하는 원소들의 집합을 G의 중심(center)이라 하고 $Z(G)$로 나타낸다. 즉,

$$Z(G)=\{a\in G \mid G\text{의 모든 원소 } g\text{에 대하여 } ag=ga\}$$

이를테면, 군 G의 임의의 원소 g에 대하여 $1g=g1$이므로 $1\in Z(G)$이다. 또, 위의 정의로부터 G가 가환군일 필요충분조건이 $Z(G)=G$임을 알 수 있다.

정리 2.6.4 군 G에서 G의 중심을 $Z(G)$라고 할 때, $Z(G) \lhd G$이다.

증명 군 G의 중심 $Z(G)$의 임의의 원소를 a, b라고 하면, G의 임의의 원소 g에 대하여

$$ag = ga \text{이고 } bg = gb$$

이다. 따라서 $(ab)g = a(bg) = a(gb) = (ag)b = (ga)b = g(ab)$이고 $gb^{-1} = b^{-1}g$이므로 $ab \in Z(G)$, $b^{-1} \in Z(G)$이다. 따라서 $Z(G)$는 G의 부분군이다.

이제, G의 임의의 원소 g에 대하여

$$gZ(G) = \{ga \mid a \in Z(G)\} = \{ag \mid a \in Z(G)\} = Z(G)g$$

이므로 $Z(G) \lhd G$이다. ■

다음 예제는 비가환군이지만 그의 모든 부분군이 정규부분군임을 보여준다.

[예제 2.6.3] 사원수군 $Q_4 = \{1, -1, i, -i, j, -j, k, -k\}$

$$i^2 = j^2 = k^2 = -1,\ ij = k = -ji,$$
$$jk = i = -kj,\ ki = j = -ik$$

의 부분군을 살펴보면,

$$\langle 1 \rangle,\ Q_4,\ \langle i \rangle,\ \langle j \rangle,\ \langle k \rangle,\ \langle -1 \rangle$$

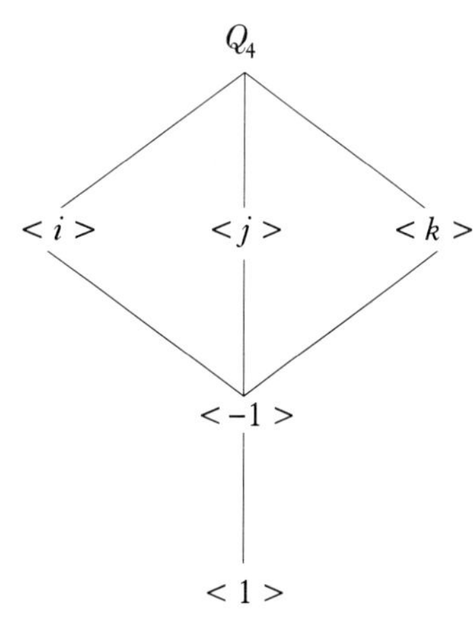

이다. 먼저, $\langle 1 \rangle \lhd Q_4$와 $Q_4 \lhd Q_4$는 분명하다. 또,

$$|Q_4 : \langle i \rangle| = 2,$$
$$|Q_4 : \langle j \rangle| = 2,$$
$$|Q_4 : \langle k \rangle| = 2$$

이므로 $\langle i \rangle \lhd Q_4$, $\langle j \rangle \lhd Q_4$, $\langle k \rangle \lhd Q_4$이다.

한편, $Z(Q_4) = \langle -1 \rangle$이므로 $\langle -1 \rangle \lhd Q_4$이다.

즉, Q_4는 비가환군이지만 그의 모든 부분군이 정규부분군이다.

군 G의 부분집합 S와 군 G의 원소 g에 대하여 집합 $g^{-1}Sg$와 gSg^{-1}을

$$g^{-1}Sg=\{g^{-1}sg \mid s\in S\} \text{ 와 } gSg^{-1}=\{gsg^{-1} \mid s\in S\}$$

로 정의한다.

정리 2.6.5 군 G의 부분군 N에 대하여 다음 명제들은 동치이다.

(1) $N\lhd G$이다.

(2) 군 G의 임의의 원소 g에 대하여 $gN=Ng$이다.

(3) 군 G의 임의의 원소 g에 대하여 $gNg^{-1}\subseteq N$이다.

(4) 군 G의 임의의 원소 g에 대하여 $N\subseteq g^{-1}Ng$이다.

(5) 군 G의 임의의 원소 g에 대하여 $g^{-1}Ng=N$이다.

(2)′ 군 G의 임의의 원소 g에 대하여 $g^{-1}N=Ng^{-1}$이다.

(3)′ 군 G의 임의의 원소 g에 대하여 $g^{-1}Ng\subseteq N$이다.

(4)′ 군 G의 임의의 원소 g에 대하여 $N\subseteq gNg^{-1}$이다.

(5)′ 군 G의 임의의 원소 g에 대하여 $gNg^{-1}=N$이다.

증명 (1)⇔(2) 정의에 의하여 분명하다.

(2)⇒(3) 임의의 원소 $x\in gNg^{-1}$에 대하여 적당한 원소 $n\in N$이 존재하여 $x=gng^{-1}$이다. 한편, $gn\in gN=Ng$이므로 적당한 원소 $n^*\in N$가 존재하여 $gn=n^*g$이다. 따라서 $x=gng^{-1}=(gn)g^{-1}=(n^*g)g^{-1}=n^*$이므로 $x\in N$이다. 그러므로, 임의의 원소 g에 대하여 $gNg^{-1}\subseteq N$이다.

(3)⇒(4) 군 G의 임의의 원소 g에 대하여 다음이 성립한다.

$$gNg^{-1}\subseteq N \;\Rightarrow\; g^{-1}(gNg^{-1})g\subseteq g^{-1}Ng \;\Rightarrow\; N\subseteq g^{-1}Ng$$

(4)⇒(5) 군 G의 임의의 원소 g에 대하여 $N\subseteq g^{-1}Ng$이므로 g 대신에 g^{-1}를 대입하여도 성립한다. 즉, $N\subseteq (g^{-1})^{-1}Ng^{-1}$이므로 $N\subseteq gNg^{-1}$이다. 따라서 $g^{-1}Ng\subseteq g^{-1}(gNg^{-1})g$이고 $g^{-1}Ng\subseteq N$이다. 가정에서 $N\subseteq g^{-1}Ng$이므로 $g^{-1}Ng=N$이다.

(5)⇔(2) 군 G의 임의의 원소 g에 대하여 다음이 성립한다.

$$g^{-1}Ng=N \;\Rightarrow\; g(g^{-1}Ng)=gN \;\Rightarrow\; gN=Ng$$

한편, $G^{-1}=G$이므로 어떤 명제가 군 G의 임의의 원소 g에 대하여 성립한다는 것은 군 G의 임의의 원소 g^{-1}에 대하여 성립한다는 것과 동치이다. 따라서 나머지 명제들도 동치명제이다. ■

정리 2.6.6 군 G의 부분군 N, K, H에 대하여 $N \lhd G$일 때, 다음이 성립한다.

(1) $N \subseteq K$이면 $N \lhd K$이다.

(2) HN은 G의 부분군이고 또, $N \lhd HN$이고 $H \cap N \lhd H$이다.

(3) $H \lhd G$일 때, $H \cap N \lhd G$이고 $HN \lhd G$이다.

이들을 그림으로 표현하면 다음과 같다.

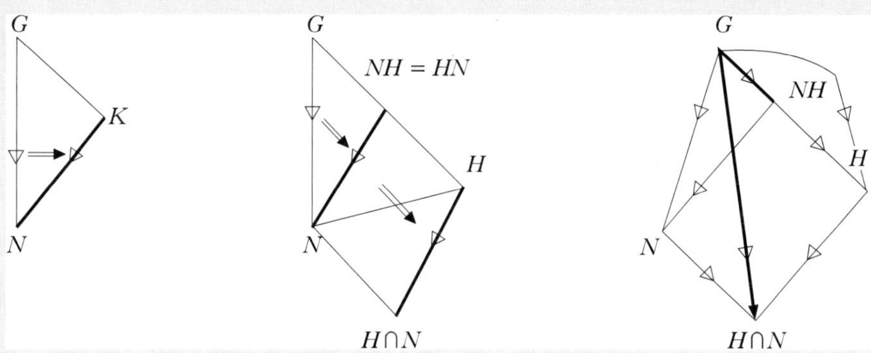

증명 (1) $N \lhd G \Leftrightarrow$ 군 G의 임의의 원소 g에 대하여 $gN=Ng$

$\Rightarrow$ 부분군 K의 임의의 원소 k는 군 G의 원소이므로 $kN=Nk$

$\Leftrightarrow N \lhd K$

(2) $N \lhd G$이므로 $NH=\cup\{Nh \mid h \in H\}=\cup\{hN \mid h \in H\}=HN$이므로 HN은 부분군이므로 (1)에 의하여 $N \lhd NH$이다. 또, 군 H에 속한 임의의 원소 h에 대하여 $h(H \cap N)h^{-1}=hHh^{-1} \cap hNh^{-1} \subseteq H \cap N$이므로 $H \cap N \lhd H$이다.

(3) 군 G의 임의의 원소 g에 대하여

$$g(H \cap N)g^{-1} \subseteq gHg^{-1} \cap gNg^{-1} \subseteq H \cap N$$

이므로 $H \cap N \lhd G$이다. 또한, 군 G의 임의의 원소 g에 대하여

$$g(HN)g^{-1} \subseteq g(Hg^{-1}gN)g^{-1} \subseteq (gHg^{-1})(gNg^{-1}) \subseteq HN$$

이므로 $HN \lhd G$이다. ■

군 G에는 자명한 정규부분군 G와 $\{1\}$이 항상 존재한다. 이와 같은 자명한 정규부분군 이외에 정규부분군을 갖지 않는 군을 **단순군**(simple group)이라 한다.

이를테면, $A_3 \lhd S_3$이므로 S_3는 단순군이 아니다. 그러나 A_3는 3개의 원소를 가지는 군으로 자명한 부분군만 가진다. 즉, A_3는 단순군이다.

다음 성질은 단순군이 될 필요충분조건에 관한 정리이다.

정리 2.6.7 군 G에 대한 다음 명제들은 동치이다.

(1) 군 G의 위수는 소수이다.

(2) 군 G는 순환단순군이다.

(3) 군 G는 가환단순군이다.

증명 Lagrange 정리를 이용하여 쉽게 증명할 수 있다(연습문제). ■

군 G의 정규부분군 N에 의하여 만들어지는 좌잉여류와 우잉여류는 같은 집합이므로 어느 쪽을 사용하여도 같다. 이런 경우에 **잉여류**라고 하며, 편의상 좌잉여류를 사용하기로 하고 잉여류의 집합을 기호 G/N으로 나타낸다. 즉,

$$G/N = \{aN \mid a \in G\}$$

이다. 집합 G/N의 원소 aN과 bN에 대하여

$$aN = bN \text{ 또는 } aN \cap bN = \phi$$

중에 꼭 하나만 성립한다. 또한,

$$aN = bN \Leftrightarrow a^{-1} \cdot b \in N$$

이므로 G/N의 원소는 일반적으로 유일한 표현을 갖지 않는다.

이제, 집합 G/N에 연산을 자연스럽게 정의하는 방법을 생각해 보자. 집합 G/N의 임의의 두 원소 aN과 bN에 대하여 연산 $*$를 $aN * bN$을 G/N의 원소가 되도록 정의하는 방법으로 군 G에서의 연산 $\cdot$을 이용하여

$$aN * bN = (a \cdot b)N$$

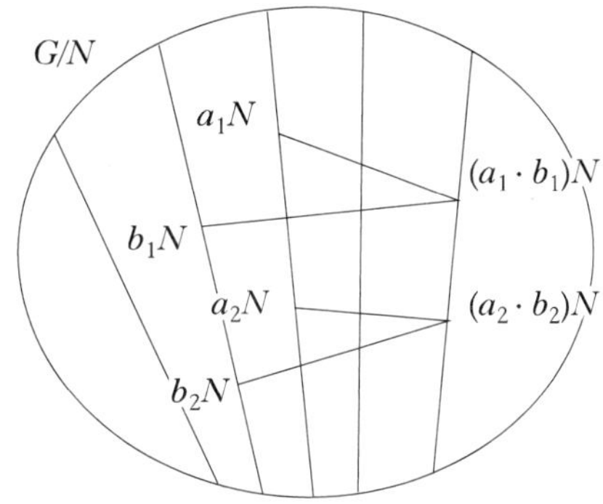

으로 하면, $(a \cdot b)N$은 G/N의 원소이다. 기호 $*$는 이항 연산이 되려면 $aN*bN$이 G/N의 유일한 원소가 되어야 한다. 다시 말하면, 오른편 그림과 같이 두 원소 aN과 bN의 표현은 유일하지 않지만 연산의 결과는 유일하여야 한다.

즉, $a_1N=a_2N$이고 $b_1N=b_2N$에 대하여

$$a_1N*b_1N=(a_1 \cdot b_1)N\text{과 } a_2N*b_2N=(a_2 \cdot b_2)N$$

이 G/N의 같은 원소가 되어야 한다. 즉,

$$(a_1 \cdot b_1)N=(a_2 \cdot b_2)N \Leftrightarrow (a_1 \cdot b_1)^{-1} \cdot (a_2 \cdot b_2) \in N$$

을 만족해야 한다.

> **정리 2.6.8** 군 G의 정규부분군 N에 대하여 집합 G/N 위에서 연산 $*$를 G/N의 임의의 두 원소 aN과 bN에 대하여
>
> $$aN*bN=(a \cdot b)N$$
>
> 으로 정의하면 $(G/N, *)$는 군이다. 이 군을 G에서의 N에 의한 **상군**(quotient group of G by N), **잉여군**(factor group) 또는 **인자군**이라 한다.

증명 위에서 설명했던 것처럼 연산이 잘 정의되는 것을 보여야 한다. 즉,

$$a_1N=a_2N\text{이고 } b_1N=b_2N\text{일 때, } (a_1 \cdot b_1)N=(a_2 \cdot b_2)N$$

이다. 가정 $a_1^{-1} \cdot a_2 \in N$과 $b_1^{-1} \cdot b_2 \in N$으로부터 적당한 n_1과 n_2가 N에 존재하여

$$a_1^{-1} \cdot a_2 = n_1\text{이고 } b_1^{-1} \cdot b_2 = n_2$$

이다. 따라서

$$\begin{aligned}(a_1 \cdot b_1)^{-1} \cdot (a_2 \cdot b_2) &= (b_1^{-1} \cdot a_1^{-1}) \cdot (a_2 \cdot b_2)\\ &= b_1^{-1} \cdot [(a_1^{-1} \cdot a_2) \cdot b_2]\\ &= b_1^{-1} \cdot (n_1 \cdot b_2)\end{aligned}$$

이다. 한편, $n_1 \cdot b_2 \in Nb_2 = b_2N$이므로 적당한 $n_1{}^*$가 N에 존재하여 $n_1 \cdot b_2 = b_2 \cdot n_1{}^*$이다. 따라서

$$(a_1 \cdot b_1)^{-1} \cdot (a_2 \cdot b_2) = b_1^{-1} \cdot (n_1 \cdot b_2) = b_1^{-1} \cdot (b_2 \cdot n_1{}^*) = n_2 \cdot n_1{}^* \in N$$

이다. 따라서 $a_1N * b_1N = a_2N * b_2N$이므로 연산에 대하여 잘 정의된다.

임의의 원소 aN, bN, cN에 대하여

$$(aN * bN) * cN = (a \cdot b) \cdot cN = a \cdot (b \cdot c)N = aN * (bN * cN)$$

이고 $1N$이 항등원이고 G/N의 각 원소 aN의 역원은 $(aN)^{-1} = a^{-1}N$이다.

그러므로 G/N은 군이다. ▩

지금까지 군 G에서의 연산은 $\cdot$으로 G/N에서의 연산은 $*$를 사용하였지만, 앞에서 연산을 생략하였던 것처럼 $\cdot$과 $*$를 생략하기로 한다.

정리 2.6.9 군 G에서의 N에 의한 상군 G/N에 대하여 다음이 성립한다.

(1) G가 가환군이면 G/N도 가환군이다. 특히, 덧셈군 G의 임의의 부분군 N에 대하여 G/N도 덧셈군이다.

(2) G가 순환군이면 G/N도 순환군이다.

(3) G가 유한군이면 G/N도 유한군이다.

(4) G의 원소 a의 위수가 n이면 aN의 위수는 n의 약수이다.

증명 (1) 군 G를 가환군이라고 가정하자. 그러면 군 G/N의 임의의 두 원소 aN과 bN에 대하여 $aNbN = abN = baN = bNaN$이므로 G/N은 가환군이다.

(2) 군 G를 순환군 $G = \langle a \rangle$라고 하자. 잉여군 G/N의 임의의 원소 gN에 대하여 적당한 정수 k가 존재하여 $g = a^k$이므로 $gN = a^kN = (aN)^k$이므로 $G/N = \langle aN \rangle$이므로 G/N은 순환군이다.

(3) Lagrange 정리에 의하여 $|G/N| = |G : N| = \dfrac{|G|}{|N|}$이므로 G/N은 유한군이다.

(4) $(aN)^n = a^nN = N$이므로 위수의 정의에 의하여 aN의 위수는 n의 약수이다. ▩

[예제 2.6.4] 덧셈군 $\mathbb{Z}$의 부분군 $5\mathbb{Z}$에 대하여 잉여군 $\mathbb{Z}/5\mathbb{Z}$는

$$\mathbb{Z}/5\mathbb{Z} = \{5\mathbb{Z},\ 1+5\mathbb{Z},\ 2+5\mathbb{Z},\ 3+5\mathbb{Z},\ 4+5\mathbb{Z}\}$$

이다. 실제로 $i+5\mathbb{Z} = \{i,\ i\pm 5,\ i\pm 10,\ \cdots\}$는 지금까지 $\bar{i}$로 표시하고 잉여군 $\mathbb{Z}/5\mathbb{Z}$는 기호 $\overline{\mathbb{Z}}_5$로 나타낸 것과 같다. 또, 이 책에서는 종종 바(bar)를 생략하고 $\mathbb{Z}/5\mathbb{Z}$를 $\mathbb{Z}_5 = \{0,\ 1,\ 2,\ 3,\ 4\}$로 표현해 왔다.

[예제 2.6.5] 덧셈군 $\mathbb{Z}_{15} = \{0,\ 1,\ 2,\ \cdots,\ 14\}$의 모든 부분군은

$$1\mathbb{Z}_{15} = \mathbb{Z}_{15},\ 3\mathbb{Z}_{15} = \{0,\ 3,\ 6,\ 9,\ 12\},\ 5\mathbb{Z}_{15} = \{0,\ 5,\ 10\},\ 0\mathbb{Z}_{15} = \{0\}$$

뿐이다. 따라서 이들 군에 의하여 만들어지는 잉여군은

$$\begin{aligned}
&\mathbb{Z}_{15}/\mathbb{Z}_{15} = \{0+\mathbb{Z}_{15}\}\\
&\mathbb{Z}_{15}/3\mathbb{Z}_{15} = \{0+3\mathbb{Z}_{15},\ 1+3\mathbb{Z}_{15},\ 2+3\mathbb{Z}_{15}\}\\
&\mathbb{Z}_{15}/5\mathbb{Z}_{15} = \{0+5\mathbb{Z}_{15},\ 1+5\mathbb{Z}_{15},\ 2+5\mathbb{Z}_{15},\ 3+5\mathbb{Z}_{15},\ 4+5\mathbb{Z}_{15}\}\\
&\mathbb{Z}_{15}/0\mathbb{Z}_{15} = \{0+0\mathbb{Z}_{15},\ 1+0\mathbb{Z}_{15},\ \cdots,\ 14+0\mathbb{Z}_{15}\}
\end{aligned}$$

이다.

연습문제 2.6

1. 가환군의 모든 부분군이 정규부분군인 것을 증명하여라.

2. 군 G의 중심을 $Z(G)$라 할 때, G가 가환군일 필요충분조건은 $Z(G)=G$인 것을 증명하여라.

3. 정이면체군 D_4의 중심을 구하여라. 또, D_4의 정규부분군을 모두 구하여라.

4. 다음과 같이 정의된 n차 정이면체군 D_n

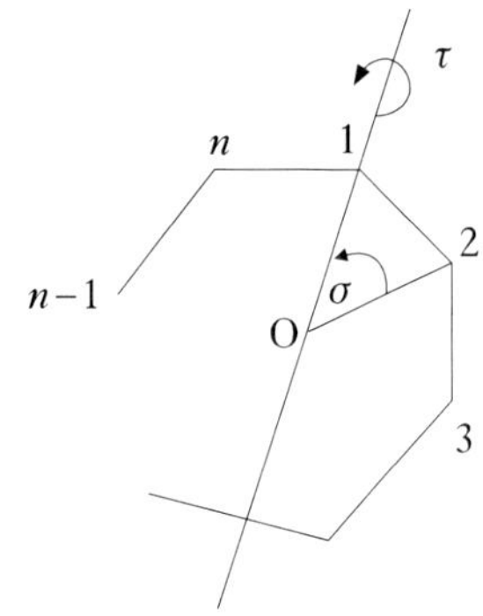

$$D_n = \langle \sigma,\ \tau \mid |\sigma| = n,\ |\tau| = 2,\ \tau\sigma\tau^{-1} = \sigma^{-1} \rangle$$

에 대하여 다음을 증명하여라(단, $n \geq 3$).

(1) D_n은 위수 $2n$인 군이다.

(2) $\langle \sigma \rangle \lhd D_n$이다.

(3) n이 홀수일 때, $Z(D_n) = \{1\}$이다.

(4) n이 짝수일 때, $Z(D_n) = \left\{1,\ \sigma^{\frac{n}{2}}\right\}$이다.

참고 오른쪽 그림과 같은 정n각형에서 σ를 O를 중심으로 하는 $\frac{2\pi}{n}$ 회전이동이라 하고 τ를 꼭지점 1과 중심 O를 지나는 직선을 축으로 하는 대칭이동이라 하면, $\sigma = (1\ 2\ 3 \cdots\ n)$이고 $\tau = (2\ n)(3\ n-1)\cdots$이다. 그러면 $|\sigma| = n$이고 $|\tau| = 2$이다. 또한,

$$\begin{aligned}\tau\sigma\tau^{-1} &= (2\ n)(3\ n-1)\cdots\ (1\ 2\ 3\cdots\ n)(2\ n)(3\ n-1)\cdots \\ &= (1\ n\ n-1\cdots\ 3\ 2) = \sigma^{-1}\end{aligned}$$

이므로 정n각형에서 회전이동 σ와 대칭이동 τ에 의하여 만들어지는 정이면체군은 $D_n = \langle \sigma,\ \tau \mid |\sigma| = n,\ |\tau| = 2,\ \tau\sigma\tau^{-1} = \sigma^{-1} \rangle$으로 표현된다.

5. 군 G에서 $M \lhd G$, $N \lhd G$, $M \cap N = \{1\}$일 때, 임의의 원소 $a \in M$과 $b \in N$에 대하여 $ab = ba$임을 증명하여라.

6. 교대군 A_4에는 위수가 6인 부분군이 존재하지 않음을 밝혀라.

7. 일반선형군 $GL_2(\mathbb{R})$의 중심 $Z(GL_2(\mathbb{R}))$을 구하는 과정이다. 다음을 증명하여라.

(1) $\left\{ \begin{pmatrix} k & 0 \\ 0 & k \end{pmatrix} \middle|\ k \in \mathbb{R} - \{0\} \right\} \subseteq Z(GL_2(\mathbb{R}))$이다.

(2) 군 $GL_2(\mathbb{R})$의 원소 $\begin{pmatrix} a & b \\ c & d \end{pmatrix}$가 $Z(GL_2(\mathbb{R}))$의 원소이면 $b = c = 0$이고 $a = d \neq 0$이다.

(3) $Z(GL_2(\mathbb{R}))=\left\{\begin{pmatrix} k & 0 \\ 0 & k \end{pmatrix} \middle| k \in \mathbb{R}-\{0\}\right\}$이다.

(4) $Z(GL_2(\mathbb{R})) \lhd GL_2(\mathbb{R})$이다.

(5) $SL_2(\mathbb{R}) \lhd GL_2(\mathbb{R})$이고 $SL_2(\mathbb{R}) \cap Z(GL_2(\mathbb{R}))=\{I_2, -I_2\}$이다.

8. 유한군 G에서 다음을 증명하여라.

(1) $N \lhd G$, $|N|=2$이면, $N \subseteq Z(G)$이다.

(2) $N \subseteq Z(G)$일 때, 지수 $|G:N|$이 소수이면 G는 가환군이다.

(3) 잉여군 $G/Z(G)$의 위수는 소수일 수 없다.

9. 군 G의 부분군 H에 대하여 다음을 증명하여라.

(1) 군 G의 임의의 원소 g에 대하여 gHg^{-1}과 $g^{-1}Hg$는 G의 부분군이다. 특히, H가 유한부분군이면, $|gHg^{-1}|=|g^{-1}Hg|=|H|$이다.

(2) 군 G의 부분군 중에서 위수가 m인 부분군이 H뿐이라면 $H \lhd G$이다.

(3) 집합 $N_G(H)=\{g \in G \mid gHg^{-1}=H\}$는 군 G의 부분군이다.

(4) $H \lhd N_G(H)$이고 $H \lhd G \Leftrightarrow N_G(H)=G$이다.

10. 인자군 $\mathbb{Q}/\mathbb{Z}$의 모든 원소는 유한 위수를 가짐을 증명하여라.

11. 정리 2.6.7을 증명하여라.

12. 군 G의 임의의 원소 a, b에 대하여 원소 $aba^{-1}b^{-1}$를 a와 b의 **교환자**(commutator)라고 하고 기호 $[a, b]$로 나타낸다. 또한, 군 G의 교환자들의 집합을 X 즉, $X=\{[a, b] \mid a, b \in G\}$라 할 때 X에 의하여 생성되는 부분군 $\langle X \rangle$를 군 G의 **교환자부분군**(commutator subgroup)이라 한다. 다음 명제를 증명하여라.

(1) 군 G의 임의의 원소 a, b에 대하여 $g[a, b]g^{-1}=[gag^{-1}, gbg^{-1}]$이다.

(2) 군 G가 가환군일 필요충분조건은 $\langle X \rangle=\{1\}$이다.

(3) $\langle X \rangle \lhd G$이다.

2.7 군 준동형함수와 예

위수가 같은 군들을 비교하는 일은 매우 흥미롭다. 이 절에서는 군들을 비교하는 도구인 군 준동형함수에 관하여 살펴본다.

먼저 위수 4인 군들에 관하여 살펴보자.

[예제 2.7.1] 위수가 4인 네 군 $\mathbb{Z}_5^*$, $\mathbb{Z}_8^*$, $\mathbb{Z}_{10}^*$, $\mathbb{Z}_{12}^*$의 각 원소의 위수와 부분군에 관한 격자도를 살펴보면 다음과 같다.

원소	1	2	3	4
위수	1	4	4	2

군 $\mathbb{Z}_5^*$

원소	1	3	5	7
위수	1	2	2	2

군 $\mathbb{Z}_8^*$

원소	1	3	7	9
위수	1	4	4	2

군 $\mathbb{Z}_{10}^*$

원소	1	5	7	11
위수	1	2	2	2

군 $\mathbb{Z}_{12}^*$

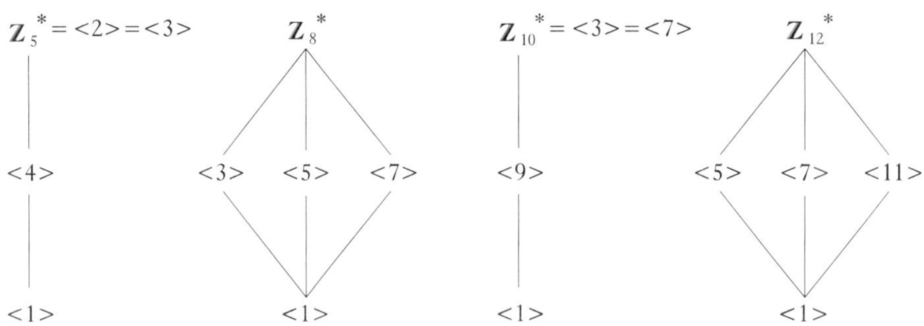

원소를 4개 가지는 각 군들의 격자도

위의 네 군은 각각 4개의 원소를 가지므로 집합들 사이에는 일대일대응 함수가 존재하여 같은 유형의 집합으로 분류할 수 있다. 그러나 군의 관점에서 보면, 두 가지로 분류되는 것을 알 수 있다. 즉, $\mathbb{Z}_5^*$와 $\mathbb{Z}_{10}^*$가 같은 구조를 갖고 $\mathbb{Z}_8^*$와 $\mathbb{Z}_{12}^*$가 같은 구조를 가진다.

위 예제에서와 같이 군들이 같은 구조를 가지는지 확인하는 것은 매우 중요하며, 군은 집합 위에 연산이 추가되어 있음을 고려하여 다음 정의가 유도된다.

정의 2.7.1 두 군 $(G, \cdot)$, $(\overline{G}, *)$에 대하여 함수 $f : G \to \overline{G}$가 군의 연산을 보존할 때, 즉, G의 임의의 원소 a, b에 대하여

$$f(a \cdot b) = f(a) * f(b)$$

일 때, f를 G에서 $\overline{G}$로의 **군 준동형함수**(group homomorphism)라고 한다. 특히, 군 준동형함수 $f : G \to \overline{G}$가 일대일대응일 때, f를 G에서 $\overline{G}$ 위로의 **군 동형함수**(group isomorphism)라고 한다. 또, 두 군 $(G, \cdot)$, $(\overline{G}, *)$ 사이에 군 동형함수 f가 존재할 때, 두 군 $(G, \cdot)$와 $(\overline{G}, *)$는 서로 **동형**(isomorphic)인 군이라 하고 기호 $G \cong \overline{G}$로 나타낸다. 특히, 군 준동형함수 $f : G \to G$를 군 G에서의 **준동형함수**(group homorphism on G) 또는 군 G에서의 **자기준동형함수**(group endomorphism on G)라고 한다. 또 군 G에서의 동형인 자기준동형함수를 군 G에서의 **자기동형함수**(group isomorphism on G)라고 한다.

[예제 2.7.2] 덧셈군 $\mathbb{Z}$에서 덧셈군 $\mathbb{Z}$로의 함수 f_1, f_2, f_3, f_4에 대한 함수가

$$f_1(x) = x,\ f_2(x) = x+3,\ f_3(x) = 3x,\ f_4(x) = x^2$$

과 같이 정의되었을 때, 군 준동형함수가 되는 예를 찾아보자. 즉, 덧셈 연산이 보존되는지 확인해보면, 임의의 두 정수 a, b에 대하여

$$f_1(a+b) = a+b = f_1(a) + f_1(b)$$
$$f_2(a+b) = a+b+3 \neq a+3+b+3 = f_2(a) + f_2(b)$$
$$f_3(a+b) = 3(a+b) = 3a+3b = f_3(a) + f_3(b)$$
$$f_4(a+b) = (a+b)^2 = a^2 + b^2 + 2ab \neq a^2 + b^2 = f_4(a) + f_4(b)$$

이므로 f_1, f_3는 군 준동형함수이고 f_2, f_4는 군 준동형함수가 아니다.
특히, f_1은 항등함수로 일대일 대응이고 위로의 함수이므로 군 동형함수이다.

군 준동형함수의 정의로부터 다음 성질이 쉽게 증명된다.

정리 2.7.2 두 군 $(G, \cdot)$, $(\overline{G}, *)$에 대하여 $f : G \to \overline{G}$를 군 준동형함수라면,

(1) 원소 1과 $\overline{1}$가 각각 군 G와 군 $\overline{G}$의 항등원이라면, $f(1)=\overline{1}$이다.

(2) 군 G의 각 원소 a에 대하여 $f(a^{-1})=f(a)^{-1}$이다.

(3) 군 G의 각 원소 a와 임의의 정수 k에 대하여 $f(a^k)=f(a)^k$이다.

증명 (1) $f(1)=f(1\cdot 1)=f(1)*f(1)$이므로 $f(1)=\overline{1}$이다(항등원의 유일성).

(2) 군 G의 각 원소 a에 대하여 $f(a)*f(a^{-1})=f(a\cdot a^{-1})=f(1)=\overline{1}$이므로 $f(a^{-1})=f(a)^{-1}$이다(역원의 유일성).

(3) 먼저 $k=0$이면, (1)에 의하여 성립된다. 또 $k=1$이면 분명하게 성립된다. 이제, 양의 정수 k에 대하여 $f(a^k)=f(a)^k$이 성립한다고 가정하면,

$$f(a^{k+1})=f(a^k\cdot a)=f(a^k)*f(a)=f(a)^k*f(a)=f(a)^{k+1}$$

이다. 따라서 임의의 양의 정수 k에 대하여 $f(a^k)=f(a)^k$이다.
또, $k=-n$이 음의 정수이면,

$$f(a^k)=f(a^{-n})=f((a^n)^{-1})=f(a^n)^{-1}=(f(a)^n)^{-1}=f(a)^{-n}=f(a)^k$$

이므로 임의의 정수 k에 대하여 $f(a^k)=f(a)^k$이다. ▩

이제, 특별한 제한이 없는 경우에 연산기호는 생략하기로 하고 정리 2.7.2를 이용하여 예제 2.7.1의 군들을 다시 살펴보자.

[예제 2.7.3] 군 $\mathbb{Z}_5{}^*$에서 $\mathbb{Z}_8{}^*$로의 함수는 모두 4^4가지이고 그들 중에 일대일대응 함수는 4!가지이다. 정리 2.7.2의 (1)에 의하여 군 $\mathbb{Z}_5{}^*$에서 $\mathbb{Z}_8{}^*$로의 군 준동형 함수 σ는 항등원을 항등원으로 보내므로 나머지 3원소에 대한 함수값에 의하여 결정된다. 또한 $3=2^3$이고 $4=2^2$이므로

$$\sigma(3)=\sigma(2^3)=\sigma(2)^3\text{이고 }\ \sigma(4)=\sigma(2)^2$$

이다. 실제로 $\sigma(2)$에 의하여 결정되므로 σ는 모두 4가지가 가능하다. 즉,

$$\sigma_1(2)=1,\quad \sigma_2(2)=3,\quad \sigma_3(2)=5,\quad \sigma_4(2)=7$$

이다. 따라서 4가지 준동형함수는

$$\sigma_1(2)=1 : \sigma_1(1)=\sigma_1(2)=\sigma_1(3)=\sigma_1(4)=1$$
$$\sigma_2(2)=3 : \sigma_2(1)=1,\quad \sigma_2(2)=3,\quad \sigma_2(3)=3,\quad \sigma_2(4)=1$$
$$\sigma_3(2)=5 : \sigma_3(1)=1,\quad \sigma_3(2)=5,\quad \sigma_3(3)=5,\quad \sigma_3(4)=1$$
$$\sigma_4(2)=7 : \sigma_4(1)=1,\quad \sigma_4(2)=7,\quad \sigma_4(3)=7,\quad \sigma_4(4)=1$$

이다. 그러므로 군 $\mathbb{Z}_5^*$에서 $\mathbb{Z}_8^*$로의 군 준동형함수는 모두 4가지가 존재하며, 어느 경우도 일대일대응 함수가 아니다. 즉, 군 $\mathbb{Z}_5^*$와 $\mathbb{Z}_8^*$는 동형이 아니다.

이제, 군 $\mathbb{Z}_5^*$에서 $\mathbb{Z}_{10}^*$로의 군 준동형함수를 살펴보면 같은 방법으로 4가지가 존재한다. 즉,

$$\rho_1(2)=1 : \rho_1(1)=\rho_1(2)=\rho_1(3)=\rho_1(4)=1$$
$$\rho_2(2)=3 : \rho_2(1)=1,\quad \rho_2(2)=3,\quad \rho_2(3)=7,\quad \rho_2(4)=9$$
$$\rho_3(2)=7 : \rho_3(1)=1,\quad \rho_3(2)=7,\quad \rho_3(3)=3,\quad \rho_3(4)=9$$
$$\rho_4(2)=9 : \rho_4(1)=1,\quad \rho_4(2)=9,\quad \rho_4(3)=9,\quad \rho_4(4)=1$$

이고 이들 중에 ρ_2와 ρ_3는 군 동형함수이다. 따라서 군 $\mathbb{Z}_5^*$와 $\mathbb{Z}_{10}^*$는 동형이다.

[예제 2.7.4] 곱셈군 $\mathbb{R}^+$에서 덧셈군 $\mathbb{R}$로의 함수 $f : \mathbb{R}^+ \to \mathbb{R}$가 $f(x)=\log x$로 정의되었다면,

$$f(ab)=\log ab=\log a+\log b=f(a)+f(b)$$

이므로 f는 군 준동형함수이다. 한편, 덧셈군 $\mathbb{R}$에서 곱셈군 $\mathbb{R}^+$로의 함수 $g : \mathbb{R} \to \mathbb{R}^+$가 $g(x)=a^x\ (a>0)$와 같이 정의되면 군 준동형함수이다.

특히, $a=e$인 경우에 $g(f(x))=e^{f(x)}=e^{\log x}=x$이고 $f(g(x))=\log e^x=x$이다. 따라서 $g\cdot f=1$이고 $f\cdot g=1$이다. 그러므로 f와 g는 군 동형함수이다. 즉, $(\mathbb{R}, +)\cong(\mathbb{R}^+, \cdot)$이다.

정리 2.7.3 임의의 군 G, H, K에 대하여

(1) 항등함수 $1_G : G \to G$, $1_G(x) = x$는 군 동형함수이다. 즉, $G \cong G$이다.

(2) 함수 $f : G \to H$가 군 동형함수이면, 그의 역함수 $f^{-1} : H \to G$도 군 동형함수이다. 즉, $G \cong H$이면, $H \cong G$이다.

(3) 두 함수 $f : G \to H$와 $g : H \to K$가 군 준동형함수이면, 그들의 합성함수 $g \circ f : G \to K$도 군 준동형함수이다. 특히 f와 g가 군 동형함수이면 $g \circ f$도 군 동형함수이다. 즉, $G \cong H$이고 $H \cong K$이면, $G \cong K$이다.

증명 (1) 항등함수 1_G는 일대일대응 함수이고, 군 G의 임의의 두 원소 a, b에 대하여 $1_G(ab) = ab = 1_G(a)1_G(b)$이므로 1_G는 군 동형함수이다.

(2) 함수 $f : G \to H$가 군 동형함수라 가정하고 군 H의 임의의 두 원소를 h_1, h_2라고 하자. 함수 f가 일대일대응이므로 적당한 G의 유일한 원소들 g_1, g_2가 존재하여 $f(g_1) = h_1$, $f(g_2) = h_2$이다. 따라서 $f^{-1}(h_1) = g_1$, $f^{-1}(h_2) = g_2$이다. 한편, 함수 $f : G \to H$가 군 동형함수이므로

$$f(g_1 g_2) = f(g_1) f(g_2) = h_1 h_2 \text{이고 } f^{-1}(h_1 h_2) = g_1 g_2$$

이다. 따라서 $f^{-1}(h_1 h_2) = g_1 g_2 = f^{-1}(h_1) f^{-1}(h_2)$이므로 f^{-1}는 일대일대응 군 준동형함수이다. 따라서 f^{-1}는 군 동형함수이다.

(3) 군 G의 임의의 두 원소 a, b에 대하여 f와 g가 군 준동형함수이므로

$$g \circ f(ab) = g(f(ab)) = g(f(a)f(b)) = g(f(a))g(f(b)) = g \circ f(a) g \circ f(b)$$

이므로 $g \circ f$도 군 준동형함수이다. 특히 일대일대응 함수의 합성함수는 일대일대응 함수이므로, f와 g가 군 동형함수이면 $g \circ f$도 군 동형함수이다. ■

정리 2.7.4 군 준동형함수 $f : G \to \overline{G}$에 대하여 다음 성질이 성립한다.

(1) 군 G의 원소 a의 위수가 n이면 $f(a)$의 위수는 n의 약수이다. 특히, f가 일대일 함수이면, a의 위수와 $f(a)$의 위수는 같다.

(2) 군 G가 원소 a에 의하여 생성되는 순환군이면, 군 준동형함수 f는 $f(a)$에 의하여 결정된다.

증명 (1) $1=f(1)=f(a^n)=f(a)^n$이므로 위수의 정의에 의하여 $f(a)$의 위수는 n의 약수이다. 이제, a의 위수가 n이고 $f: G \to \overline{G}$가 일대일 군 준동형함수라고 가정하자. 원소 $f(a)$의 위수를 k라고 하면, $k \mid n$이고 $f(1)=1=f(a)^k=f(a^k)$이다. 사상 f가 일대일 함수이므로 $a^k=1$이므로 a의 위수의 정의에 의하여 $n \mid k$이다. 따라서 $k=n$이다.

(2) 군 G가 원소 a에 의하여 생성되는 순환군이므로 G의 임의의 원소 x에 대하여 적당한 정수 k가 존재하여 $x=a^k$이 된다. 또 f는 연산을 보존하므로 정리 2.7.2에 의하여 $f(x)=f(a^k)=f(a)^k$이 되어 f는 $f(a)$에 의하여 결정된다. ■

[예제 2.7.5] 덧셈군 $\mathbb{Z}$에서 덧셈군 $\mathbb{Z}$로의 군 준동형함수는 $\mathbb{Z}=\langle 1 \rangle$이므로 1의 함수값에 의하여 결정된다. 따라서 각 정수 k에 대하여 $f_k(1)=k$가 되는 군 준동형함수 f_k는 임의의 정수 n에 대하여 $f_k(n)=kn$이다.

따라서 덧셈군 $\mathbb{Z}$에서 덧셈군 $\mathbb{Z}$로의 군 준동형함수는 정수만큼 많으며, 이들 중에 f_1과 f_{-1}이 군 동형함수이다. 실제로 f_1은 항등함수이고 f_{-1}은 각 원소를 그의 역원으로 대응시키는 함수이다.

예제 2.7.5와 유사하게 덧셈군 $\mathbb{Z}$에서 덧셈군 $\mathbb{Q}$로의 군 준동형함수 f는 $\mathbb{Z}=\langle 1 \rangle$이므로 $f(1)$에 의하여 결정된다. 따라서 각 유리수 r에 대하여 $f_r(1)=r$이 되는 군 준동형함수 f_r은 임의의 정수 n에 대하여 $f_r(n)=rn$이다. 따라서 덧셈군 $\mathbb{Z}$에서 덧셈군 $\mathbb{Q}$로의 군 준동형함수는 유리수만큼 많지만 군 동형함수는 존재하지 않는다(연습문제).

정리 2.7.5 덧셈군 $\mathbb{Z}_m$과 덧셈군 $\mathbb{Z}_n$에 대하여 $f: \mathbb{Z}_m \to \mathbb{Z}_n$이 군 준동형함수이면 $f(1)$의 위수는 m과 n의 공약수이다.

증명 덧셈군 $\mathbb{Z}_m$은 1에 의하여 생성되는 순환군이므로 정리 2.7.4에 의하여 군 준동형함수 f는 $f(1)$에 의하여 결정된다. 또, 정리 2.7.4에 의하여 $f(1)$의 위수는 m의 약수이다. 또한, $\langle f(1) \rangle$은 군 $\mathbb{Z}_n$의 부분군이므로 $f(1)$의 위수는 n의 약수이다. 따라서 $f(1)$의 위수는 m과 n의 공약수이다. ■

[예제 2.7.6] 덧셈군 $\mathbb{Z}_8$에서 덧셈군 $\mathbb{Z}_8$로의 군 준동형함수를 f라면, $f(1)$의 위수는 8의 약수이다. 따라서 다음과 같은 8가지의 군 준동형함수가 존재한다. 임의의 원소 $i \in \mathbb{Z}_8$에 대하여

$|f(1)|=1$: $f(1)=0$이므로 $f(i)=0$이다.

$|f(1)|=2$: $f(1)=4$이므로 $f(i)=\begin{cases} 0 : i=0,\ 2,\ 4,\ 6 \\ 4 : i=1,\ 3,\ 5,\ 7 \end{cases}$이다.

$|f(1)|=4$: $f(1)=2$일 때 $f(i)=\begin{cases} 0 : i=0,\ 4 \\ 2 : i=1,\ 5 \\ 4 : i=2,\ 6 \\ 6 : i=3,\ 7 \end{cases}$이다.

$f(1)=6$일 때 $f(i)=\begin{cases} 0 : i=0,\ 4 \\ 6 : i=1,\ 5 \\ 4 : i=2,\ 6 \\ 2 : i=3,\ 7 \end{cases}$이다.

따라서 2가지 군 준동형함수가 존재한다.

$|f(1)|=8$: $f(1)$이 1, 3, 5, 7이 될 때마다 군 동형함수가 존재한다. 즉, 이 경우에 4가지 군 준동형함수가 존재한다.

[예제 2.7.7] 덧셈군 $\mathbb{Z}_4$에서 덧셈군 $\mathbb{Z}_8$로의 군 준동형함수를 f라면, $f(1)$의 위수는 $(4,\ 8)=4$의 약수이다. 따라서 다음과 같은 4가지 군 준동형함수가 존재한다. 임의의 원소 $i \in \mathbb{Z}_4$에 대하여

$|f(1)|=1$: $f(1)=0$이므로 $f(i)=0$이다.

$|f(1)|=2$: $f(1)=4$이므로 $f(i)=\begin{cases} 0 : i=0,\ 2 \\ 4 : i=1,\ 3 \end{cases}$이다.

$|f(1)|=4$: $f(1)=2$일 때 $f(i)=2i$이다.

$f(1)=6$일 때 $f(i)=6i$이다.

역으로, 덧셈군 $\mathbb{Z}_8$에서 덧셈군 $\mathbb{Z}_4$로의 군 준동형함수를 f라면, 같은 방법으로 다음과 같은 4가지의 군 준동형함수가 존재한다. 임의의 원소 $i \in \mathbb{Z}_8$에 대하여

$|f(1)|=1$: $f(1)=0$이므로 $f(i)=0$이다.

$|f(1)|=2$: $f(1)=2$이므로 $f(i)=\begin{cases} 0 : i=0,\ 2,\ 4,\ 6 \\ 2 : i=1,\ 3,\ 5,\ 7 \end{cases}$이다.

$$|f(1)|=4 : f(1)=1\text{일 때 } f(i)=\begin{cases}0 : i=0,\ 4\\ 1 : i=1,\ 5\\ 2 : i=2,\ 6\\ 3 : i=3,\ 7\end{cases}\text{이다.}$$

$$f(1)=3\text{일 때 } f(i)=\begin{cases}0 : i=0,\ 4\\ 1 : i=3,\ 7\\ 2 : i=2,\ 6\\ 3 : i=1,\ 5\end{cases}\text{이다.}$$

정리 2.7.6 군 G를 원소 a에 의하여 생성된 순환군, 즉 $G=\langle a\rangle$라 할 때,

(1) G가 위수 n인 유한군이면 G와 $\mathbb{Z}_n$은 동형이다. 즉, $G\cong\mathbb{Z}_n$이다.

(2) G가 무한군이면 G와 $\mathbb{Z}$는 동형이다. 즉, $G\cong\mathbb{Z}$이다.

증명 군 G는 원소 a에 의하여 생성된 순환군이므로 정리 2.7.4에 의하여 $f(a)$에 의하여 결정된다. 따라서 군 G에서 덧셈군 $\mathbb{Z}_n$ 또는 $\mathbb{Z}$로의 함수 f를 $f(a)=1$로 정의하고 f가 동형임을 보인다.

(1) G의 임의의 원소는 $a^i(i=0,\ 1,\ 2,\ \cdots,\ n-1)$와 같이 표현되고 $f(a^i)=i$이다. 즉, 임의의 원소 $k\in\mathbb{Z}_n$에 대하여 $f(a^k)=k$이므로 f는 위로의 함수이다. 또, $f(a^i)=f(a^j)$이면, $i=j$이므로 일대일 함수이다. 한편, G의 임의의 두 원소 $x,\ y$에 대하여 $x=a^i,\ y=a^j\ (0\le i,\ j\le n-1)$이고

$$f(xy)=f(a^ia^j)=f(a^{i+j \bmod n})=i+j \bmod n=f(x)+f(y)$$

이다. 따라서 f는 군 동형함수이다.

(2) G의 임의의 원소는 $a^i\ (i\in\mathbb{Z})$와 같이 표현되고 $f(a^i)=i$이다. 즉, 임의의 원소 $k\in\mathbb{Z}$에 대하여 $f(a^k)=k$이므로 f는 위로의 함수이다. 또, $f(a^i)=f(a^j)$이면, $i=j$이므로 일대일 함수이다. 한편, G의 임의의 두 원소 $x,\ y$에 대하여 $x=a^i,\ y=a^j\ (0\le i,\ j\le n-1)$이고

$$f(xy)=f(a^ia^j)=f(a^{i+j})=i+j=f(x)+f(y)$$

이다. 따라서 f는 군 동형함수이다. ■

이제, 순환군이 아닌 군에서 군으로의 군 준동형함수에 관한 예제를 살펴보자.

[예제 2.7.8] 군 $\mathbb{Z}_8^*$에서 $\mathbb{Z}_8^*$로의 모든 군 준동형함수를 구하여 보자. 군 $\mathbb{Z}_8^*$는 순환군이 아니므로 한 원소의 함수값에 의하여 결정되지 않는다. 실제로 $\mathbb{Z}_8^*$를 생성하기 위해서는 두 원소가 필요하다. 즉,

$$\mathbb{Z}_8^* = \langle 3,\ 5 \rangle = \langle 3,\ 7 \rangle = \langle 5,\ 7 \rangle$$

이고 두 원소의 함수값에 의하여 결정된다. 이제 두 원소로 3과 5를 선택하면, 그들의 위수는 2이므로 함수값의 위수는 2의 약수가 된다. 따라서 군 준동함수를 f라고 하면 $f(3)$과 $f(5)$는 각각 1, 3, 5, 7의 4가지 값을 가질 수 있으므로 모두 16가지의 군 준동형함수가 존재한다. 이들을 나열하면 다음 표와 같으며 6개의 군 동형함수 f_7, f_8, f_{10}, f_{12}, f_{14}, f_{15}가 존재한다.

i	f_i	$f_i(1)$	$f_i(3)$	$f_i(5)$	$f_i(7)$	i	f_i	$f_i(1)$	$f_i(3)$	$f_i(5)$	$f_i(7)$
1	f_1	1	1	1	1	9	f_9	1	5	1	5
2	f_2	1	1	3	3	10	f_{10}	1	5	3	7
3	f_3	1	1	5	5	11	f_{11}	1	5	5	1
4	f_4	1	1	7	7	12	f_{12}	1	5	7	3
5	f_5	1	3	1	3	13	f_{13}	1	7	1	7
6	f_6	1	3	3	1	14	f_{14}	1	7	3	5
7	f_7	1	3	5	7	15	f_{15}	1	7	5	3
8	f_8	1	3	7	5	16	f_{16}	1	7	7	1

[예제 2.7.9] (1) 일반선형군 $GL_2(\mathbb{R})$과 곱셈군 $\mathbb{R}^*$에서

군 $GL_2(\mathbb{R})$의 임의의 원소 $A = \begin{pmatrix} a & b \\ c & d \end{pmatrix}$에 대하여 $f(A) = \det(A) = ad - bc$

와 같이 정의된 함수 $f : GL_2(\mathbb{R}) \to \mathbb{R}^*$는 군 준동형함수이다.

(2) 군 S_n의 임의의 원소 σ에 대하여 $f(\sigma) = \begin{cases} 1 : \sigma\text{는 짝수치환} \\ -1 : \sigma\text{는 홀수치환} \end{cases}$

과 같이 정의된 함수 $f : S_n \to \{1,\ -1\}$는 군 준동형함수이다.

연습문제 2.7

1. 군 $\mathbb{Z}_8$에서 군 $\mathbb{Z}_{15}{}^*$로의 군 준동형함수를 모두 구하여라.

2. 군 $\mathbb{Z}_8$에서 군 $\mathbb{Z}_6$로의 군 준동형함수를 모두 구하여라.

3. 군 $\mathbb{Z}_6$에서 군 $\mathbb{Z}_8$로의 군 준동형함수를 모두 구하여라.

4. 덧셈군 $\mathbb{Z}$와 덧셈군 $\mathbb{Q}$는 동형이 아님을 증명하여라.

5. 사원수군 Q_4에서 Q_4로의 군 준동형함수는 모두 몇 가지인가?

6. 대칭군 S_3에서 S_3로의 군 준동형함수는 모두 몇 가지인가?

7. 군 G의 각 원소 a에 대하여 함수

$$f : G \to G, \quad f(g) = aga^{-1}$$

가 군 동형함수임을 증명하여라. 또, f가 항등함수이기 위한 필요충분조건은 원소 a가 중심에 속함을 증명하여라.

8. 군 G에 대하여 함수

$$f : G \to G, \quad f(g) = g^{-1}$$

가 군 동형함수이기 위한 필요충분조건은 G가 가환군임을 증명하여라.

9. 군 G에 대하여 함수

$$f : G \to G, \quad f(g) = g^2$$

가 군 준동형함수이기 위한 필요충분조건은 G가 가환군임을 증명하여라.

2.8 군 준동형함수와 동형정리

앞 절에서는 군 준동형함수의 종류와 예들 그리고 정의역의 원소와 군 준동형함수에 의한 함수값 사이의 관계에 관하여 알아보았다. 이 절에서는 군 준동형함수에 의한 부분군의 함수값에 대하여 알아보고 3가지 동형정리를 다룬다.

정의 2.8.1 군 준동형함수 $f : G \to \overline{G}$와 G의 부분집합 X에 대하여 집합

$$\{f(x) \mid x \in X\}$$

를 f에 의한 X의 상(image)이라 하고 $f(X)$로 나타낸다. 특히, $f(G)$를 f의 상(image)이라 하고 $\mathrm{im} f$로 나타낸다. 또, $\overline{G}$의 부분집합 Y에 대하여 집합

$$\{x \in G \mid f(x) \in Y\}$$

를 f에 의한 Y의 원상(preimage)이라 하고 $f^{-1}(Y)$로 나타낸다. 특히, 군 $\overline{G}$의 항등원 $\overline{e}$에 대하여 $f^{-1}(\{\overline{e}\})$를 f의 핵(kernel)이라 하고 $\ker f$로 나타낸다. 즉

$$\ker f = \{g \in G \mid f(g) = \overline{e}\}$$

이다.

제7절에서 설명하였던 군 준동형함수의 상과 핵을 구하여 보면 다음과 같다.

[예제 2.8.1] (1) 덧셈군 $\mathbb{Z}$에서 덧셈군 $\mathbb{Z}$로

$$f_1(x) = x \text{와} \quad f_3(x) = 3x$$

와 같이 정의된 군 준동형함수 f_1과 f_3에 대한 상과 핵을 구하면 각각 다음과 같다.

$$\mathrm{im} f_1 = \mathbb{Z} \text{과 } \ker f_1 = \{0\}, \quad \mathrm{im} f_3 = 3\mathbb{Z} \text{과 } \ker f_3 = \{0\}$$

(2) 예제 2.7.3에서 정의된 ρ_i에 대한 상과 핵을 구하면 다음과 같다.

$$\operatorname{im}\rho_1 = \{1\}, \qquad \operatorname{im}\rho_2 = \{1,\ 3,\ 7,\ 9\},$$
$$\operatorname{im}\rho_3 = \{1,\ 3,\ 7,\ 9\}, \qquad \operatorname{im}\rho_4 = \{1,\ 9\}$$
$$\ker\rho_1 = \{1,\ 2,\ 3,\ 4\}, \qquad \ker\rho_2 = \{1\},$$
$$\ker\rho_3 = \{1\}, \qquad \ker\rho_4 = \{1,\ 4\}$$

(3) 일반선형군 $GL_2(\mathbb{R})$에서 $\mathbb{R}^*$로

$$f(A) = \det(A) = ad - bc$$

와 같이 정의된 군 준동형함수 $f : GL_2(\mathbb{R}) \to \mathbb{R}^*$의 상과 핵은 각각 $\operatorname{im} f = \mathbb{R}^*$이고 $\ker f = SL_2(\mathbb{R})$이다.

(4) 대칭군 S_n과 곱셈군 $\mathbb{R}^*$에 대하여 함수 $f : S_n \to \mathbb{R}^*$를 군 S_n의 임의의 원소 σ에 대하여

$$f(\sigma) = \begin{cases} 1 : \sigma\text{는 짝수치환} \\ -1 : \sigma\text{는 홀수치환} \end{cases}$$

과 같이 정의하면, f는 군 준동형함수이고, $\operatorname{im} f = \{1,\ -1\}$이고 $\ker f = A_n$이다.

정리 2.8.2 군 준동형함수 $f : G \to \overline{G}$에 대하여 다음이 성립한다.

(1) 군 G의 임의의 부분군 H에 대하여 $f(H)$는 $\overline{G}$의 부분군이다. 특히, $\operatorname{im} f$는 $\overline{G}$의 부분군이다. 또한, $f(H)$는 $\operatorname{im} f$의 부분군이다.

(2) 군 G의 임의의 정규부분군 N에 대하여 $f(N)$은 $f(G) = \operatorname{im} f$의 정규부분군이다. 특히, f가 위로의 함수일 때, $f(N)$은 $\overline{G}$의 정규부분군이다.

(3) $\ker f$는 군 G의 정규부분군이다.

(4) $\overline{G}$의 임의의 부분군 $\overline{H}$에 대하여 $f^{-1}(\overline{H})$는 G의 부분군이다.

(5) $\overline{G}$의 임의의 정규부분군 $\overline{N}$에 대하여 $f^{-1}(\overline{N})$은 G의 정규부분군이다.

증명 (1) 집합 $f(H)$의 임의의 두 원소 a', b'에 대하여 H의 원소 a, b가 존재하여 $f(a)=a'$, $f(b)=b'$이다. 따라서 $a'b'^{-1}=f(a)f(b)^{-1}=f(ab^{-1})\in f(H)$이므로 $f(H)$는 $\overline{G}$의 부분군이다. 특히, $\operatorname{im} f=f(G)$는 $\overline{G}$의 부분군이다.

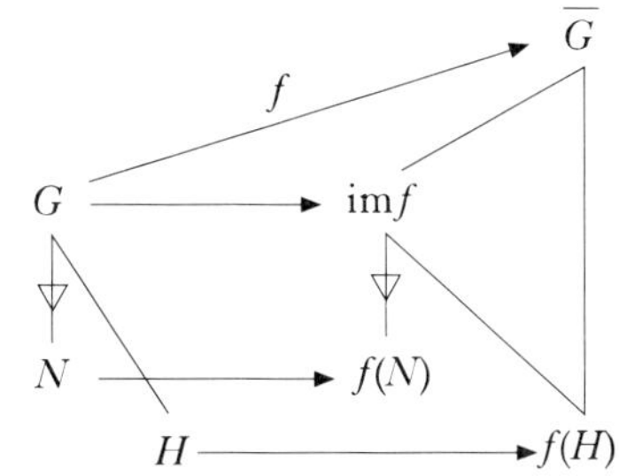

또한, $f(H)$는 $\operatorname{im} f$의 부분집합이고 $f(H)$와 $\operatorname{im} f$는 군이므로 $f(H)$는 $\operatorname{im} f$의 부분군이다.

(2) (1)에 의하여 $f(N)$은 $\operatorname{im} f$의 부분군이다. 이제 $f(N)$의 임의의 원소 n'과 $\operatorname{im} f$의 임의의 원소 g'에 대하여 $f(n)=n'$인 N의 원소 n과 $f(g)=g'$인 G의 원소 g가 존재한다. 한편, $N \lhd G$이기 때문에 $gng^{-1}\in N$이므로

$$g'n'g'^{-1}=f(g)f(n)f(g)^{-1}=f(gng^{-1})\in f(N)$$

이다. 따라서 $f(N)$은 $\overline{G}$의 정규부분군이다.

(3) 먼저 k_1, k_2가 $\ker f$의 원소라면, $f(k_1)=f(k_2)=1$이므로

$$f(k_1k_2^{-1})=f(k_1)f(k_2)^{-1}=1 \text{이고 } k_1k_2^{-1}\in \ker f$$

이다. 즉, $\ker f$는 G의 부분군이다. 임의의 원소 $k\in\ker f$와 $g\in G$에 대하여

$$f(gkg^{-1})=f(g)f(k)f(g)^{-1}=f(g)f(g)^{-1}=1$$

이므로 $\ker f$는 G의 정규부분군이다.

(4) 집합 $f^{-1}(\overline{H})$의 임의의 원소 h_1, h_2에 대하여 $f(h_1)\in\overline{H}$, $f(h_2)\in\overline{H}$이다. 따라서

$$f(h_1h_2^{-1})=f(h_1)f(h_2)^{-1}\in\overline{H}$$

이므로 $h_1h_2^{-1}\in f^{-1}(\overline{H})$이다.

그러므로 $f^{-1}(\overline{H})$는 G의 부분군이다.

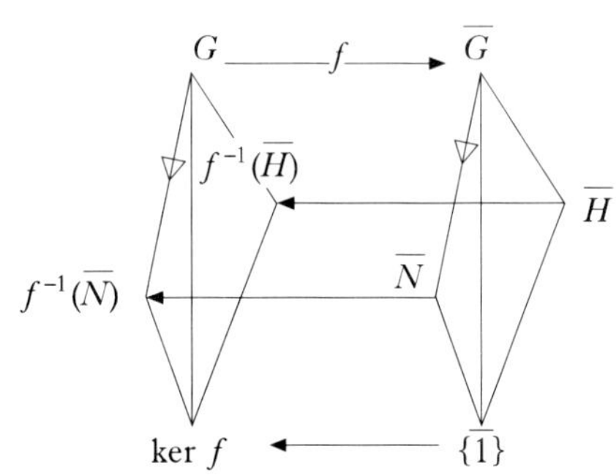

(5) 집합 $f^{-1}(\overline{N})$은 (4)에 의하여 G의 부분군이다. 군 G와 $f^{-1}(\overline{N})$의 임의의 원소 g와 n에 대하여 $f(g)\in\overline{G}$, $f(n)\in\overline{N}$이다.

따라서 $f(gng^{-1})=f(g)f(n)f(g)^{-1}\in\overline{N}$이고 $gng^{-1}\in f^{-1}(\overline{N})$이다. 그러므로 $f^{-1}(\overline{N})$는 G의 정규부분군이다. ■

[예제 2.8.2] (1) 예제 2.8.1에서 일반선형군 $GL_2(\mathbb{R})$에서 $\mathbb{R}^*$로의 군 준동형함수

$$f : GL_2(\mathbb{R}) \rightarrow \mathbb{R}^*,\ f(A) = \det(A) = ad - bc$$

의 핵은 $\ker f = SL_2(\mathbb{R})$이므로 정리 2.8.2에 의하여 $SL_2(\mathbb{R}) \lhd GL_2(\mathbb{R})$이다.

(2) 대칭군 S_n에서 곱셈군 $\mathbb{R}^*$로의 군 준동형함수 f가 예제 2.8.1에서와 같이 정의되면, f의 핵은 $\ker f = A_n$이므로 정리 2.8.2에 의하여 $A_n \lhd S_n$이다.

정리 2.8.3 군 준동형함수 $f : G \rightarrow \overline{G}$의 핵을 $\ker f = K$라 할 때, 임의의 원소 $a, b \in G$에 대하여

$$f(a) = f(b) \Leftrightarrow a^{-1}b \in K \Leftrightarrow aK = bK$$

이다. 특히, f가 일대일 함수일 필요충분조건은 $K = \{1\}$이다.

증명 임의의 원소 $a, b \in G$에 대하여

$$f(a) = f(b) \Leftrightarrow f(a)^{-1}f(b) = \overline{1} \Leftrightarrow f(a^{-1}b) = \overline{1} \Leftrightarrow a^{-1}b \in K \Leftrightarrow aK = bK$$

이다. 특히, f가 일대일 함수이면 $f(1) = \overline{1}$이고 $\overline{1}$에 대응되는 원소는 유일하게 결정되므로 $K = \{1\}$이다. 역으로, $K = \{1\}$일 때 $f(a) = f(b)$라고 가정하면, $\{a\} = aK = bK = \{b\}$이므로 $a = b$이다. ■

군 G에서 N이 정규부분군이면,

$$G/N = \{aN \mid a \in G\}$$

은 잉여군이다. 함수

$$\pi : G \rightarrow G/N, \quad \pi(a) = aN$$

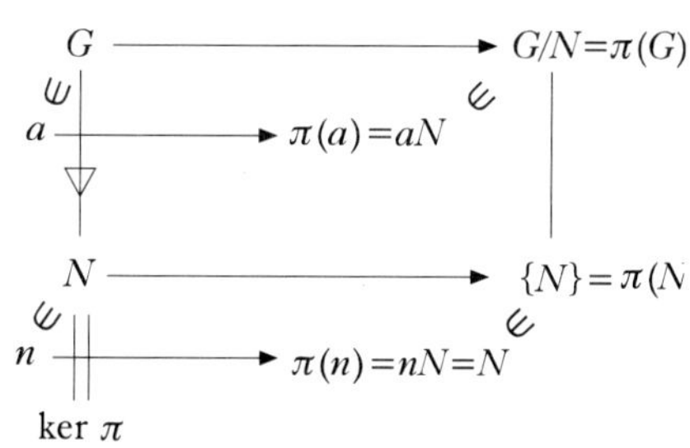

은 $\pi(ab) = abN = aNbN = \pi(a)\pi(b)$이므로 군 준동형함수이다. 특히, 상과 핵은 다음과 같다.

$$\operatorname{im}\pi = \{\pi(a) \mid a \in G\} = \{aN \mid a \in G\} = G/N$$
$$\ker \pi = \{a \in G \mid \pi(a) = N\} = \{a \in G \mid aN = N\} = N$$

정리 2.8.4 군 준동형함수 $f : G \to \overline{G}$는 일대일이고 H가 G의 부분군이면, $H \cong f(H)$이다. 특히, $G \cong \operatorname{im} f$이다.

증명 정리 2.8.2에 의하여 $f(H)$는 $\overline{G}$의 부분군이다. 함수 $g : H \to f(H)$를 $g(h) = f(h)$로 정의하면, g는 $f(H)$ 위로의 함수이고 f가 일대일 군 준동형함수이므로 g도 일대일 군 준동형함수이다. 따라서 g는 군 동형함수이므로 $H \cong f(H)$이다. 따라서 특수한 경우로 $G \cong \operatorname{im} f$이다. ▩

[예제 2.8.3] 덧셈군 $\mathbb{Z}$에서 덧셈군 $\mathbb{Z}$로의 함수 $f(x) = 3x$라고 하면, 예제 2.8.1에서 $\operatorname{im} f = 3\mathbb{Z}$이고 $\ker f = \{0\}$이다. 따라서 정리 2.8.3에 의하여 f는 일대일 군 준동형함수이다. 따라서 정리 2.8.4에 의하여 $\mathbb{Z}$의 각 부분군 $k\mathbb{Z}$(k는 음이 아닌 정수)에 대하여 $k\mathbb{Z} \cong f(k\mathbb{Z}) = 3k\mathbb{Z}$이다. 특히, $\mathbb{Z} \cong \operatorname{im} f \cong 3\mathbb{Z}$이다. 또 정리 2.8.2에 의하여 $\mathbb{Z}$의 부분군 $6\mathbb{Z}$와 $15\mathbb{Z}$에 대하여 다음을 얻는다.

$$f^{-1}(6\mathbb{Z}) = \{a \in \mathbb{Z} \mid f(a) = 3a \in 6\mathbb{Z}\} = 2\mathbb{Z}$$
$$f^{-1}(15\mathbb{Z}) = \{a \in \mathbb{Z} \mid f(a) = 3a \in 15\mathbb{Z}\} = 5\mathbb{Z}$$

정의 2.8.5 군 G의 정규부분군 N에 대하여 군 준동형함수 $\pi : G \to G/N$, $\pi(a) = aN$를 G에서 G/N 위로의 **군 표준(canonical)준동형함수** 또는 **군 자연(natural) 준동형함수**라고 한다.

정리 2.8.6 군 G의 정규부분군 N에 대하여 다음이 성립한다.

(1) H가 $N \subseteq H$인 군 G의 부분군이면 H/N은 G/N의 부분군이다.

(2) K가 $N \subseteq K$인 군 G의 정규부분군이면 K/N은 G/N의 정규부분군이다.

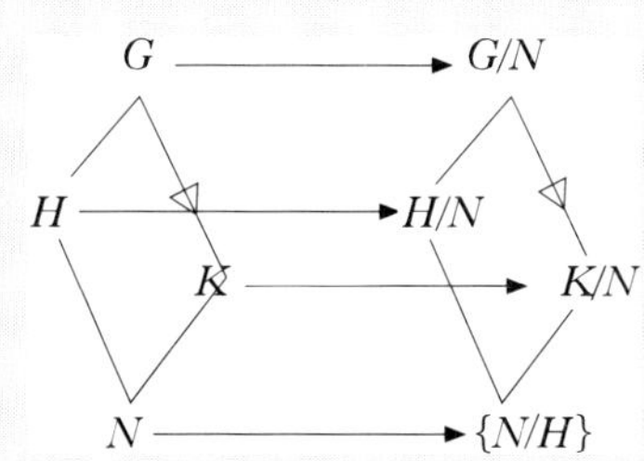

증명 (1) 임의의 원소 $h_1N,\ h_2N \in H/N$에 대하여

$$(h_1N)^{-1}h_2N = h_1^{-1}h_2N \in H/N$$

이므로 H/N은 G/N의 부분군이다.

(2) (1)에 의하여 $K/N \leq G/N$이고 임의의 원소 $kN \in K/N$, $gN \in G/N$에 대하여

$$(gN)^{-1}(kN)(gN) = (g^{-1}kg)N \in K/N$$

이므로 K/N은 G/N의 정규부분군이다. ■

[예제 2.8.4] 군 $24\mathbb{Z}$는 덧셈군 $\mathbb{Z}$의 부분군이므로 $\mathbb{Z}/24\mathbb{Z}$는 잉여군이다.

함수 $\pi : \mathbb{Z} \to \mathbb{Z}/24\mathbb{Z}$, $\pi(a) = a + 24\mathbb{Z}$를 정의하면 π는 군 준동형함수이다. 덧셈군 $\mathbb{Z}$의 부분군 $4\mathbb{Z}$와 $6\mathbb{Z}$에 대하여 오른편 그림이 성립한다.

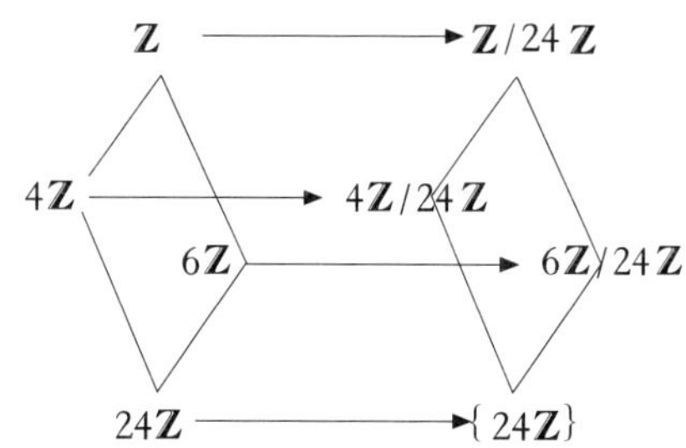

정리 2.8.7 (제1동형정리) 군 준동형함수 $f : G \to \overline{G}$의 핵을 $\ker f = K$라 할 때,

$$G/K \cong \operatorname{im} f = f(G)$$

이다. 더욱이, 유일한 군 동형함수

$$\phi : G/K \to f(G),\ \phi(aK) = f(a)$$

가 존재하여 $\phi \circ \pi = f$이다. 단, π는 군 표준 준동형함수이다.

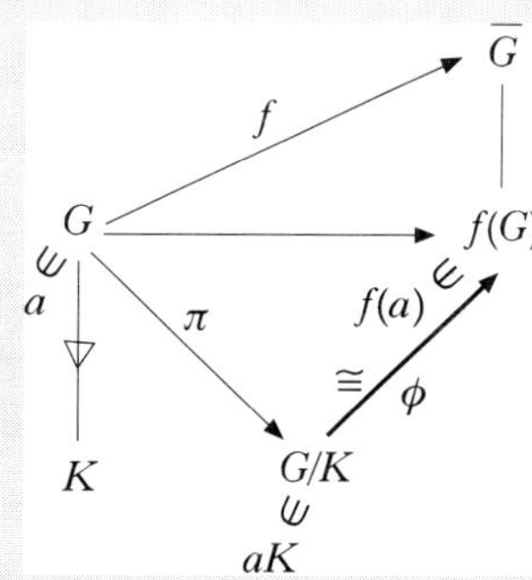

증명 정리 2.8.2에 의하여 $\ker f = K \lhd G$이므로 G/K는 잉여군이고 군 표준 준동형함수

$$\pi : G \to G/K,\ \pi(a) = aK$$

를 얻는다. 이제, 함수 ϕ를

$$\phi : G/K \to f(G),\ \phi(aK) = f(a)$$

로 정의하면, $aK = bK$이면 $a^{-1}b \in K$이므로 $f(a) = f(b)$이고 $\phi(aK) = \phi(bK)$이다.

따라서 ϕ는 잘 정의된 함수이다. 또한, 군 G의 임의의 원소 a에 대하여

$$\phi\circ\pi(a)=\phi(\pi(a))=\phi(aK)=f(a)$$

이므로 $\phi\circ\pi=f$이다. 먼저,

$$\phi(aK\cdot bK)=\phi(abK)=f(ab)=f(a)f(b)=\phi(aK)\phi(bK)$$

이므로 ϕ는 군 준동형함수이다. 또, $\phi(aK)=\phi(bK)$이면 $f(a)=f(b)$이고 $f(b^{-1}a)=\bar{1}$이므로 $b^{-1}a\in K$이고 $aK=bK$이다. 따라서 f는 일대일 함수이다.

또, $\phi\circ\pi=f$는 G에서 $f(G)$ 위로의 함수이므로 ϕ는 위로의 함수이다. 따라서 ϕ는 군 동형함수로 $\phi\circ\pi=f$를 만족한다. 마지막으로 ϕ가 유일함을 보이기 위하여 군 동형함수 $\psi: G/K\to f(G)$가 존재하여 $\psi\circ\pi=f$이라고 가정하자. 그러면 G/K의 임의의 원소 aK에 대하여

$$\psi(aK)=\psi(\pi(a))=\psi\circ\pi(a)=f(a)=\phi(aK)$$

이므로 $\psi=\phi$이다. 그러므로 ϕ는 유일하다. ▩

[예제 2.8.5] (1) 함수 $f:\mathbb{R}^*\to\mathbb{R}^*$를 $f(x)=x^2$과 같이 정의하면 f는 군 준동형함수이다. 이때 f의 상과 핵은 각각 $\text{im}f=\mathbb{R}^+=\{a\in\mathbb{R}\mid a>0\}$이고 $\ker f=\{-1,1\}$이다. 정리 2.8.7에 의하여 $\mathbb{R}^*/\{-1,1\}\cong\mathbb{R}^+$이다.

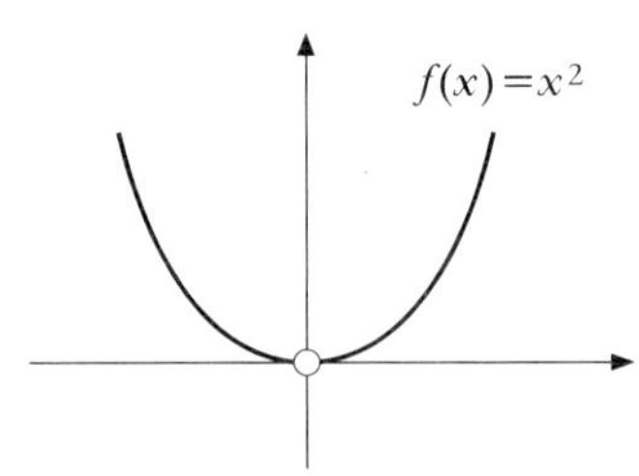

(2) 함수 $f:GL_2(\mathbb{R})\to\mathbb{R}^*$를 $f(A)=\det(A)=ad-bc$와 같이 정의하면 f는 군 준동형함수이다. 이때 f의 상과 핵은 각각 $\text{im}f=\mathbb{R}^*$이고 $\ker f=SL_2(\mathbb{R})$이다. 정리 2.8.7에 의하여 $GL_2(\mathbb{R})/SL_2(\mathbb{R})\cong\mathbb{R}^*$이다.

(3) 대칭군 S_n에서 곱셈군 $\mathbb{R}^*$로의 군 준동형함수 f가 예제 2.8.1에서와 같이 정의되면, f의 상과 핵은 각각 $\text{im}f=\{1,-1\}$이고 $\ker f=A_n$이다. 따라서 정리 2.8.7에 의하여 $S_n/A_n\cong\{-1,1\}$이다.

(4) 함수 $f:\mathbb{Z}\to\mathbb{Z}_{12}$를 $f(x)=3x$와 같이 정의하면 f는 군 준동형함수이다. 이때 f의 상과 핵은 각각 $\text{im}f=\{0,3,6,9\}=3\mathbb{Z}_{12}$이고 $\ker f=4\mathbb{Z}$이다. 따라서 정리 2.8.7에 의하여 $\mathbb{Z}/4\mathbb{Z}\cong3\mathbb{Z}_{12}$이다.

이제, 군 G의 부분군 H와 정규부분군 N에 대하여 성립하는 제2동형정리에 관하여 살펴본다.

> **정리 2.8.8 (제2동형정리)** 군 G의 부분군 H와 정규부분군 N에 대하여 다음이 성립한다.
> (1) $(H \cap N) \lhd H$ (2) $HN \leq G$이고 $N \lhd HN$
> (3) $H/(H \cap N) \cong HN/N$

증명 (1) 정리 2.3.4에 의하여 $(H \cap N) \leq H$이다. 또, 군 $H \cap N$의 임의의 원소 n과 군 H의 임의의 원소 h에 대하여 $h^{-1}nh \in (H \cap N)$이므로 $(H \cap N) \lhd H$이다.

(2) 정리 2.6.6에 의하여 $HN \leq G$이고 $N \lhd HN$이다.

(3) 자연 준동형함수 $\pi : G \to G/N$의 축소함수

$$\phi : H \to G/N, \quad \phi(h) = \pi(h) = hN$$

은 π가 준동형함수이므로 준동형함수이다. 여기서 상과 핵을 구하면,

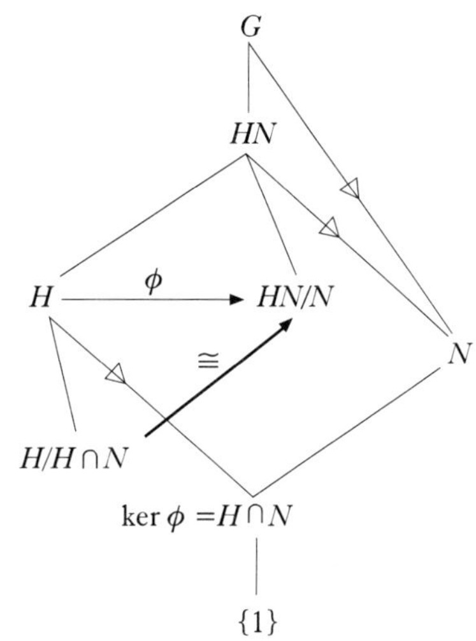

$$\text{im}\,\phi = \{\phi(h) \mid h \in H\} = \{hN \mid h \in H\},$$
$$\ker\phi = \{h \in H \mid \phi(h) = N\} = \{h \in H \mid hN = N\} = \{h \in H \mid h \in N\} = H \cap N$$

이다. 따라서 제1동형정리에 의하여 $H/(H \cap N) \cong \text{im}\,\phi$이다.

먼저, $H \subseteq HN$이므로

$$\text{im}\,\phi = \{hN \mid h \in H\} \subseteq \{xN \mid x \in HN\} = HN/N$$

이고 $x \in HN$에 대하여 적당한 $h \in H$와 $n \in N$이 존재하여,

$$x = hn\text{이고 } xN = (hn)N = h(nN) = hN$$

이므로

$$HN/N = \{xN \mid x \in HN\} \subseteq \{hN \mid h \in H\} = \text{im}\,\phi$$

이다. 즉, $\text{im}\,\phi = HN/N$이다. 그러므로 $H/(H \cap N) \cong HN/N$이다. ■

정리 2.8.9 (제3동형정리) 군 G의 정규 부분군 N과 H에 대하여 $N \subseteq H$이면, 다음이 성립한다.

(1) $N \lhd H$

(2) $H/N \lhd G/N$

(3) $\dfrac{G/N}{H/N} \cong G/H$

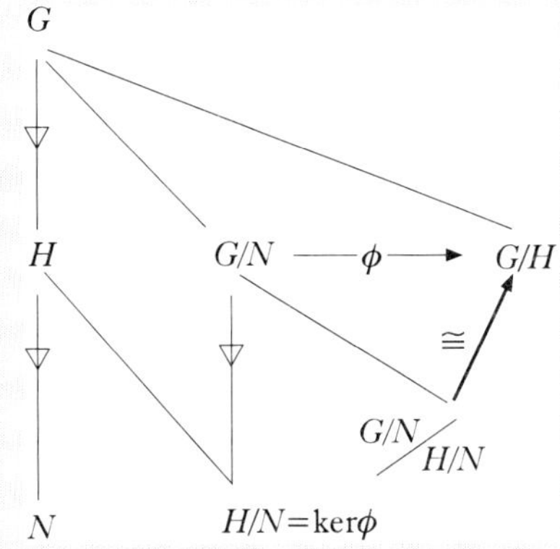

증명 (1) 정리 2.6.6에 의하여 성립한다.

(2) H/N과 G/N은 잉여군이고 $H/N \subseteq G/N$이므로 $H/N \leq G/N$이다. 이제, 임의의 원소 $hN \in H/N$과 임의의 원소 $gN \in G/N$에 대하여 $H \lhd G$이므로 $(gN)^{-1}(hN)(gN) = (g^{-1}hg)N \in H/N$이고 $H/N \lhd G/N$이다.

(3) 함수 $\phi : G/N \rightarrow G/H$를 $\phi(gN) = gH$로 정의하면, $g_1N = g_2N$이면, $g_1{}^{-1}g_2 \in N$이므로 $g_1{}^{-1}g_2 \in H$이고 $g_1H = g_2H$이다. 따라서 $g_1N = g_2N$이면 $\phi(g_1N) = \phi(g_2N)$이므로 ϕ는 잘 정의된 함수이다. 또한

$$\phi(aNbN) = \phi(abN) = abH = aHbH = \phi(aN)\phi(bN)$$

이므로 ϕ는 준동형함수이다. 한편,

$$\begin{aligned} \operatorname{im}\phi &= \{\phi(gN) \mid gN \in G/N\} = \{gH \mid g \in G\} = G/H, \\ \ker\phi &= \{gN \mid \phi(gN) = H\} = \{gN \mid gH = H\} = \{gN \mid g \in H\} = H/N \end{aligned}$$

이다. 따라서 제1동형정리에 의하여 (3)이 성립한다. ■

덧셈군 $G = \mathbb{Z}$, $H = 3\mathbb{Z}$, $N = 12\mathbb{Z}$에서

$$G/N = \{0+12\mathbb{Z},\ 1+12\mathbb{Z},\ \cdots,\ 11+12\mathbb{Z}\} = \mathbb{Z}/12\mathbb{Z} = \mathbb{Z}_{12},$$

$$H/N = \{0+12\mathbb{Z},\ 3+12\mathbb{Z},\ 6+12\mathbb{Z},\ 9+12\mathbb{Z}\} = 3\mathbb{Z}/12\mathbb{Z} = 3\mathbb{Z}_{12},$$

$$G/H = \{0+3\mathbb{Z},\ 1+3\mathbb{Z},\ 2+3\mathbb{Z}\} = \mathbb{Z}/3\mathbb{Z} = \mathbb{Z}_3$$

이고 정리 2.8.9에 의하여 $\mathbb{Z}_{12}/3\mathbb{Z}_{12} \cong \mathbb{Z}_3$이다.

정리 2.8.10 (대응정리) 군 G와 $\overline{G}$에 대하여, 함수 $f : G \to \overline{G}$가 위로의 준동형함수이고 $\ker f = K$라고 하면 다음이 성립한다.

(1) 군 G의 임의의 부분군 H에 대하여 $f(H)$는 $\overline{G}$의 부분군이다. 또, 군 G의 임의의 정규부분군 N에 대하여 $f(N)$은 $\overline{G}$의 정규부분군이다.

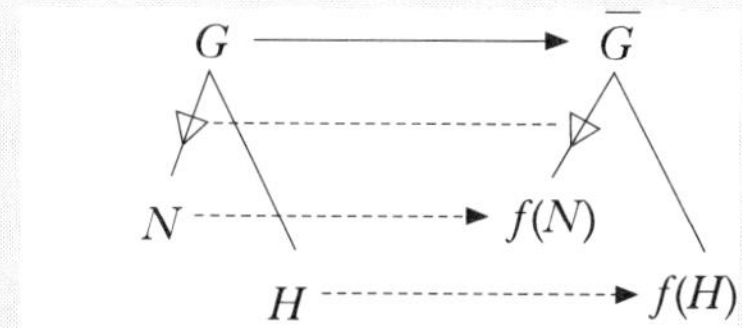

(2) 군 $\overline{G}$의 임의의 부분군 $\overline{H}$에 대하여

$$f^{-1}(\overline{H}) = \{x \in G \mid f(x) \in \overline{H}\}$$

는 K를 품는 G의 부분군이다.

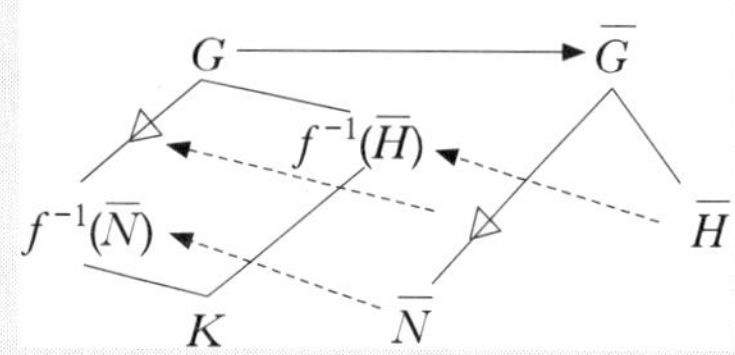

군 $\overline{G}$의 임의의 정규부분군 $\overline{N}$에 대하여

$$f^{-1}(\overline{N}) = \{x \in G \mid f(x) \in \overline{N}\}$$

는 K를 품는 G의 정규부분군이다.

(3) 군 G의 임의의 부분군 H에 대하여 $f^{-1}(f(H)) = HK$이고 특히, $K \subseteq H$이면 $f^{-1}(f(H)) = H$이다. 또 $\overline{G}$의 임의의 부분군 $\overline{H}$에 대하여 $f(f^{-1}(\overline{H})) = \overline{H}$이다.

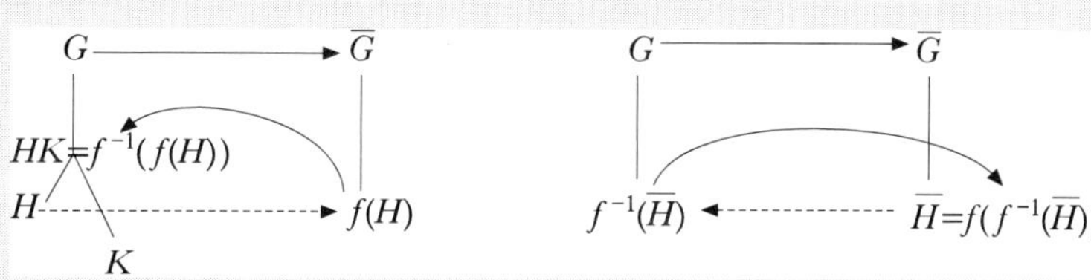

(4) 집합 $A = \{H \le G \mid K \le H\}$ 와 집합 $B = \{\overline{H} \mid \overline{H} \le \overline{G}\}$ 를 정의하면 집합 A와 B는 일대일대응이다. 즉, 다음과 같이 정의된 함수

$$\Phi : A \to B,\ \Phi(H) = f(H) \text{와 } \Psi : B \to A,\ \Psi(\overline{H}) = f^{-1}(\overline{H})$$

는 일대일대응 함수이다. 특히, 기호 '$\le$'를 기호 '$\triangleleft$'로 대체하여도 앞의 명제가 성립한다. 즉, 부분군 K를 품는 G의 (정규)부분군들의 집합과 $\overline{G}$의 (정규)부분군들의 집합은 일대일대응이다.

증명 (1)과 (2) 정리 2.8.2의 증명을 참조하기 바란다.

(3) (1)과 (2)에 의하여 $f^{-1}(f(H)) \le G$이다. 군 H의 임의의 원소 h에 대하여 $f(h) \in f(H)$이므로 $h \in f^{-1}(f(H))$이다. 따라서 $H \le f^{-1}(f(H))$이다.
또, $K = \ker f = f^{-1}(\{\bar{e}\}) \subseteq f^{-1}(f(H))$이므로 $HK \le f^{-1}(f(H))$이다.
역으로, $x \in f^{-1}(f(H))$이면, $f(x) \in f(H)$이므로 적당한 $h \in H$가 존재하여 $f(x) = f(h)$이므로 $h^{-1}x \in K$이고 $x \in hK \subseteq HK$이다. 따라서 $f^{-1}(f(H)) \le HK$이다.

그러므로 $f^{-1}(f(H)) = HK$이다.

군 $\overline{G}$의 부분군 $\overline{H}$에 대하여 $f(f^{-1}(\overline{H})) = \overline{H}$의 증명은 독자에게 남긴다. 따라서 $K \le H$인 경우에 $KH = H$이므로 $f^{-1}f(H) = H$이다.

(4) 먼저 함수 f가 잘 정의된 함수이므로 $\Phi : A \to B$는 잘 정의된 함수이다. 이제 $\Phi(H) = \Phi(L)$이면 $f(H) = f(L)$이고 $f^{-1}(f(H)) = f^{-1}(f(L))$이다. 따라서 $H = L$이고 Φ는 일대일 함수이다. 또, 임의의 부분군 $\overline{H} \le \overline{G}$에 대하여 $f(f^{-1}(\overline{H})) = \overline{H}$이고 $f^{-1}(H) \in A$이므로 Φ는 위로의 함수이다. 따라서 Φ는 일대일대응 함수이다. ▩

정리 2.8.11 군 G의 정규부분군 K에 대하여 K를 품는 G의 (정규)부분군들의 집합과 잉여군 G/K의 (정규)부분군들의 집합은 일대일대응이다.

증명 군 표준 준동형함수 $\pi : G \to G/K$는 $\ker \pi = K$위로의 함수이다. 함수 π를 함수 f로 놓으면 정리 2.8.10에 의하여 성립한다. ▩

연습문제 2.8

1. 예제 2.7.3에서 정의된 σ_i에 대한 상과 핵을 구하여라.

2. 예제 2.7.8에서 정의된 f_i에 대한 상과 핵을 구하여라.

3. 군 G의 각 원소 a에 대하여 다음과 같이 정의된 준동형함수

$$f_a : G \to G, \quad f(g) = aga^{-1}$$

의 상과 핵을 구하여라.

4. 함수 $f : \mathbb{Z}_8^* \to D_4$를 $f(1)=1$, $f(3)=\sigma^2$, $f(5)=\tau$, $f(7)=\sigma^2\tau$와 같이 정의하였을 때 다음 물음에 답하여라.
   (1) f는 군 준동형함수인 것을 증명하여라.
   (2) f의 상과 핵을 구하여라.
   (3) $\mathbb{Z}_8^*$의 모든 부분군 H에 대하여 $f(H)$를 구하여라.
   (4) $\mathbb{Z}_8^*$의 정규부분군 H에 대하여 $f(H)$가 정규부분군이 아닌 예를 찾아라.

5. 함수 $f : \mathbb{R} \to \mathbb{C}^*$를

$$f(x) = e^{ix} = \cos x + i \sin x$$

와 같이 정의하였을 때 다음 물음에 답하여라.
   (1) f는 군 준동형함수인 것을 증명하여라.
   (2) f의 상과 핵을 구하여라.
   (3) 제1동형정리를 이용하여 $[0, 2\pi)$와 반지름이 1인 원 위의 점들이 일대일대응임을 설명하여라.

6. 덧셈군 $\mathbb{Z}_{24}$에서 덧셈군 $\mathbb{Z}_{12}$로의 모든 준동형함수에 관하여 상과 핵을 구하고 제1동형정리를 적용하여 설명하여라.

7. 군 G에서 덧셈군 A로의 준동형함수 $f : G \to A$에서 G의 부분군 N에 대하여 $\ker f \subseteq N$이면 $N \lhd G$임을 증명하여라.

8. 정리 2.8.10의 (3)에서 군 $\overline{G}$의 부분군 $\overline{H}$에 대하여 $f(f^{-1}(\overline{H})) = \overline{H}$를 증명하여라.

2.9 군의 직적과 직합

이 절에서는 주어진 군들을 동형의 의미에서 포함하는 주어진 군들의 외적인 직적과 주어진 군을 작은 군들로 분해하는 내적인 직적에 관하여 다룬다.

정리 2.9.1 두 군 $(G_1, \circ)$과 $(G_2, *)$에 대하여 Cartesian 곱

$$G_1 \times G_2 = \{(g_1, g_2) \mid g_1 \in G_1, g_2 \in G_2\}$$

위에 연산 $\cdot$를

$$(a_1, a_2) \cdot (b_1, b_2) = (a_1 \circ b_1, a_2 * b_2)$$

와 같이 정의하면, $G_1 \times G_2$는 연산 $\cdot$에 관하여 군이 된다. 이 군을 G_1과 G_2의 외적인 직적(external direct product)이라 하고 $G_1 \times G_2$로 나타낸다.

증명 집합 $G_1 \times G_2$의 임의의 원소 $(a_1, a_2), (b_1, b_2), (c_1, c_2)$에 대하여

$$\begin{aligned}[(a_1, a_2) \cdot (b_1, b_2)] \cdot (c_1, c_2) &= (a_1 \circ b_1, a_2 * b_2) \cdot (c_1, c_2) \\ &= ((a_1 \circ b_1) \circ c_1, (a_2 * b_2) * c_2) \\ &= (a_1 \circ (b_1 \circ c_1), a_2 * (b_2 * c_2)) \\ &= (a_1, a_2) \cdot (b_1 \circ c_1, b_2 * c_2) \\ &= (a_1, a_2) \cdot [(b_1, b_2) \cdot (c_1, c_2)]\end{aligned}$$

$$(a_1, a_2) \cdot (e_1, e_2) = (a_1 \circ e_1, a_2 * e_2) = (a_1, a_2)$$

$$(e_1, e_2) \cdot (a_1, a_2) = (e_1 \circ a_1, e_2 * a_2) = (a_1, a_2)$$

$$(a_1, a_2) \cdot (a_1^{-1}, a_2^{-1}) = (a_1 \circ a_1^{-1}, a_2 * a_2^{-1}) = (e_1, e_2)$$

$$(a_1^{-1}, a_2^{-1}) \cdot (a_1, a_2) = (a_1^{-1} \circ a_1, a_2^{-1} * a_2) = (e_1, e_2)$$

이므로 $G_1 \times G_2$는 군이다. ■

정리 2.9.1을 덧셈군에 대하여 다음과 같이 다시 정리할 수 있다.

정리 2.9.1′ 두 덧셈군 G_1과 G_2에 대하여 Cartesian 곱

$$G_1 \times G_2 = \{(g_1, g_2) \mid g_1 \in G_1, g_2 \in G_2\}$$

위에 연산 $\oplus$를

$$(a_1, a_2) \oplus (b_1, b_2) = (a_1 + b_1, a_2 + b_2)$$

와 같이 정의하면, $G_1 \times G_2$는 연산 $\oplus$에 관하여 군이 된다. 이 군을 G_1과 G_2의 외적인 직합(external direct sum)이라 하고 $G_1 \oplus G_2$로 나타낸다.

두 군의 직적을 설명할 때에 두 군의 연산기호들은 혼돈이 일어나지 않는 한 생략하는 것으로 약속한다.

[예제 2.9.1] 두 군 D_4와 A_3의 직적

$$D_4 \times A_3 = \{(a, b) \mid a \in D_4, b \in A_3\}$$

은 8×3개의 원소를 가진다. 또 항등원은 $(1, 1)$이고 $(\sigma, (123))^{-1} = (\sigma^3, (132))$, $(\sigma\tau, (123))(\sigma^3, (123)) = ((\sigma\tau)\sigma^3, (123)(123)) = (\sigma(\tau\sigma^3), (132)) = (\sigma^2\tau, (132))$이다. 단, $D_4 = \{1, \sigma, \sigma^2, \sigma^3, \tau, \sigma\tau, \sigma^2\tau, \sigma^3\tau\}$이고 $\tau\sigma^i = \sigma^{-i}\tau$이다.

다음 정리들은 쉽게 증명된다.

정리 2.9.2 두 군 G_1과 G_2에 대하여 $G_1 \times G_2 \cong G_2 \times G_1$이다.

증명 함수 $f : G_1 \times G_2 \rightarrow G_2 \times G_1$를 $f(g_1, g_2) = (g_2, g_1)$로 정의하면, f는 잘 정의된다. 정의에 의하여 f는 일대일대응 함수임을 쉽게 알 수 있고

$$\begin{aligned} f((a_1, a_2)(b_1, b_2)) &= f(a_1b_1, a_2b_2) = (a_2b_2, a_1b_1) = (a_2, a_1)(b_2, b_1) \\ &= f(a_1, a_2)f(b_1, b_2) \end{aligned}$$

이므로 f는 동형함수이다. 그러므로 $G_1 \times G_2 \cong G_2 \times G_1$이다. ■

> **정리 2.9.3** 두 군 G_1과 G_2에 대하여 다음이 성립한다.
> (1) 두 군 G_1과 G_2가 유한군이면, $G_1 \times G_2$도 유한군이다. 더욱이,
> $$|G_1 \times G_2| = |G_1|\,|G_2|$$
> (2) 두 군 G_1과 G_2가 가환군이면, $G_1 \times G_2$도 가환군이다.

증명 독자에게 남긴다. ■

[예제 2.9.2] 위수가 n인 순환군을 $C_n = \{1, a, a^2, \cdots, a^{n-1}\}$이라고 할 때, p가 소수이면 직적 $C_p \times C_p = \{(x, y) \mid x, y \in C_p\}$와 $C_{p^2} = \{1, b, b^2, \cdots, b^{p^2-1}\}$은 모두 p^2개의 원소를 가지는 유한군이다. 군 $C_p \times C_p$의 $(1, 1)$이 아닌 임의의 원소 (x, y)에 대하여 $(x, y)^p = (x^p, y^p) = (1, 1)$이므로 군 $C_p \times C_p$의 항등원을 제외한 원소의 위수는 p이다. 한편, 정리 2.5.8에 의하여 C_{p^2}의 원소의 위수는 1, p 또는 p^2이다. 이때, 위수가 1, p 또는 p^2인 원소의 개수는 각각 1, $p-1$, p^2-p이다(연습문제).

군 C_{p^2}의 생성원을 b라고 하면 군 준동형함수 $f : C_{p^2} \to C_p \times C_p$는 $f(b)$에 의하여 결정된다. 먼저, $f(b) = (1, 1)$이라면 $\ker f = C_{p^2}$이므로 f는 일대일이 아니다. 이제 $f(b) = (x, y) \neq (1, 1)$이라면 $\ker f = \{1, b^p, b^{2p}, \cdots, b^{p^2-p}\}$이므로 f는 일대일이 아니다. 따라서 어느 경우이던 군 동형함수는 아니다.

그러므로 $C_p \times C_p$와 C_{p^2}은 위수는 같지만 동형이 아니다.

위 예제를 덧셈군으로 표현하면 $\mathbb{Z}_p \oplus \mathbb{Z}_p$와 $\mathbb{Z}_{p^2}$은 위수는 같지만 동형이 아니다.

> **정리 2.9.4** 두 군 G_1과 G_2의 외적인 직적 $G_1 \times G_2$에는 두 정규부분군 $\overline{G_1}$과 $\overline{G_2}$가 존재하여
> $$\overline{G_1} \cong G_1,\ \overline{G_2} \cong G_2,\ \overline{G_1}\,\overline{G_2} = G_1 \times G_2 = \overline{G_2}\,\overline{G_1},\ \overline{G_1} \cap \overline{G_2} = \{(1, 1)\}$$
> 이다. 실제로 $\overline{G_1} = \{(g_1, 1) \mid g_1 \in G_1\}$, $\overline{G_2} = \{(1, g_2) \mid g_2 \in G_2\}$이다.

증명 군 $G_1 \times G_2$의 두 부분군 $\overline{G_1}$과 $\overline{G_2}$를

$$\overline{G_1} = \{(g_1, 1) \mid g_1 \in G_1\} \text{과} \quad \overline{G_2} = \{(1, g_2) \mid g_2 \in G_2\}$$

로 정의하면 $\overline{G_1} \cap \overline{G_2} = \{(1, 1)\}$이다. 먼저, 함수 $f_1 : G_1 \to \overline{G_1}$을 $f(a) = (a, 1)$로 정의하면 f_1은 군 동형함수이다. 즉, $\overline{G_1} \cong G_1$이고 같은 방법으로 $\overline{G_2} \cong G_2$이다.

군 $\overline{G_1}$의 임의의 원소 $(a, 1)$과 군 $G_1 \times G_2$의 임의의 원소 (g_1, g_2)에 대하여

$$(g_1, g_2)^{-1}(a, 1)(g_1, g_2) = (g_1^{-1}ag_1, g_2^{-1}1g_2) = (g_1^{-1}ag_1, 1) \in \overline{G_1}$$

이므로 $\overline{G_1} \lhd G_1 \times G_2$이고 같은 방법으로 $\overline{G_2} \lhd G_1 \times G_2$이다.

또, $\overline{G_1} \lhd G_1 \times G_2$이고 $\overline{G_2} \lhd G_1 \times G_2$이므로 $\overline{G_1}\,\overline{G_2} \lhd G_1 \times G_2$이다. 역으로, $G_1 \times G_2$의 임의의 원소 (g_1, g_2)에 대하여 $(g_1, g_2) = (g_1, 1)(1, g_2) \in \overline{G_1}\,\overline{G_2}$이므로 $G_1 \times G_2 \subseteq \overline{G_1}\,\overline{G_2}$이다. 따라서 $G_1 \times G_2 = \overline{G_1}\,\overline{G_2}$이고 같은 방법으로 $G_1 \times G_2 = \overline{G_2}\,\overline{G_1}$이다.

그러므로 정리 2.9.4가 성립한다. ■

정리 2.9.4를 다시 표현하면, 임의의 두 군에 대하여 동형의 의미에서 두 군을 정규부분군으로 가지는 더 큰 군을 만들 수 있음을 의미한다. 그림으로 나타내보면 오른쪽 그림과 같다.

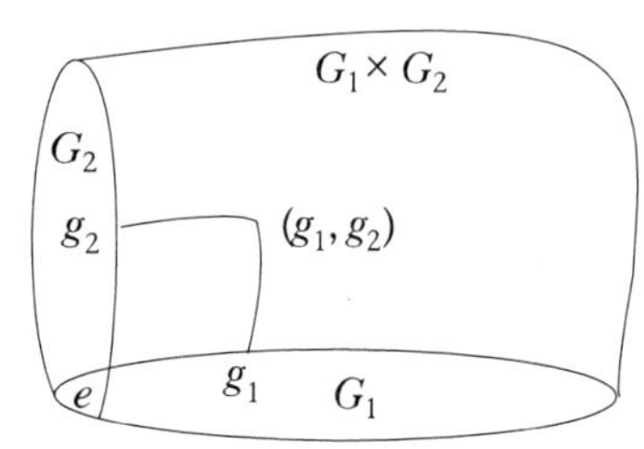

또한, 정리 2.9.4에서 두 군 G_1과 G_2를 덧셈군 $\mathbb{R}$로 생각하면, 그들의 직적은 $\mathbb{R} \oplus \mathbb{R}$으로 표현되고 이를 간단히 $\mathbb{R}^2$으로 나타내면, 실수평면좌표를 생각할 수 있다.

정리 2.9.5 군 G_1의 원소 a_1의 위수가 m이고 군 G_2의 원소 a_2의 위수가 n이라 할 때 다음이 성립한다.

(1) 군 $G_1 \times G_2$의 원소 (a_1, a_2)의 위수는 $[m, n]$이다.

(2) $(m, n) = 1$일 때, 군 $G_1 \times G_2$의 원소 (a_1, a_2)의 위수는 mn이다.

(3) $G_1 = \langle a_1 \rangle$, $G_2 = \langle a_2 \rangle$이고 $(m, n) = 1$이면 $G_1 \times G_2 = \langle (a_1, a_2) \rangle$이다. 즉, 위수가 서로소인 두 순환군의 직적은 순환군이다.

증명 (1) 원소 (a_1, a_2)의 위수를 l이라 하면 $(a_1, a_2)^l = (a_1{}^l, a_2{}^l) = (1, 1)$이므로 $a_1{}^l = 1$이고 $a_2{}^l = 1$이다. 따라서 $m \mid l$이고 $n \mid l$이므로 $[m, n] \mid l$이다. 역으로, $a_1{}^{[m,n]} = 1$이고 $a_2{}^{[m,n]} = 1$이므로 $(a_1, a_2)^{[m,n]} = (1, 1)$이다. 따라서 $l \mid [m, n]$이다. 따라서 (a_1, a_2)의 위수는 $[m, n]$이다.

(2) (1)의 특수한 경우로 분명하다.

(3) 정리 2.9.3에 의하여 $|G_1 \times G_2| = |G_1| \times |G_2| = mn$이고 (2)에 의하여 원소 (a_1, a_2)의 위수는 mn이므로 $G_1 \times G_2 = \langle (a_1, a_2) \rangle$이다. ■

위수 m인 순환군을 C_m으로 표현할 때, $(m, n) = 1$이면 $C_m \times C_n \cong C_{mn}$이다. 특히, $(m, n) = 1$일 때 $\mathbb{Z}_m \oplus \mathbb{Z}_n \cong \mathbb{Z}_{mn}$이다.

이를테면, 두 수 12와 35가 서로소이므로 덧셈군 $\mathbb{Z}_{12} \oplus \mathbb{Z}_{35}$의 원소 (1, 1)의 위수는 420이고 따라서 $\mathbb{Z}_{12} \oplus \mathbb{Z}_{35}$는 $\mathbb{Z}_{420}$과 동형이다. 그러나 덧셈군 $\mathbb{Z}_{12} \oplus \mathbb{Z}_{18}$의 원소 (1, 1)의 위수는 12와 18의 최소공배수로 36이다. 즉, $\mathbb{Z}_{12} \oplus \mathbb{Z}_{18}$의 모든 원소의 위수는 36의 약수이다. 따라서 $\mathbb{Z}_{12} \oplus \mathbb{Z}_{18}$는 $\mathbb{Z}_{216}$과 동형이 아니다.

두 군의 직적에 관한 개념은 일반적으로 n개의 군들의 직적으로 확장할 수 있다.

정리 2.9.6 n개의 군 $(G_1, *_1), (G_2, *_2), \cdots, (G_n, *_n)$의 Cartesian 곱

$$G_1 \times G_2 \times \cdots \times G_n = \{(g_1, g_2, \cdots, g_n) \mid g_1 \in G_1, g_2 \in G_2, \cdots, g_n \in G_n\}$$

위에 연산 ·를

$$(a_1, a_2, \cdots, a_n) \cdot (b_1, b_2, \cdots, b_n) = (a_1 *_1 b_1, a_2 *_2 b_2, \cdots, a_n *_n b_n)$$

과 같이 정의하면, $G_1 \times G_2 \times \cdots \times G_n$은 연산 ·에 관하여 군이 된다. 이 군을 $G_1, G_2, \cdots, G_n$의 **외적인 직적**이라 하고 $G_1 \times G_2 \times \cdots \times G_n$으로 나타낸다.

정리 2.9.6을 덧셈군에 대하여 다음과 같이 다시 정리할 수 있다.

정리 2.9.6′ 덧셈군 $G_1, G_2, \cdots, G_n$에 대하여 Cartesian 곱

$$G_1 \times G_2 \times \cdots \times G_n = \{(g_1, g_2, \cdots, g_n) \mid g_1 \in G_1, g_2 \in G_2, \cdots, g_n \in G_n\}$$

위에 연산 $\oplus$를

$$(a_1, a_2, \cdots, a_n) \oplus (b_1, b_2, \cdots, b_n) = (a_1 + b_1, a_2 + b_2, \cdots, a_n + b_n)$$

과 같이 정의하면, $G_1 \times G_2 \times \cdots \times G_n$은 연산 $\oplus$에 관하여 군이 된다. 이 군을 $G_1, G_2, \cdots, G_n$의 외적인 직합이라 하고 $G_1 \oplus G_2 \oplus \cdots \oplus G_n$으로 나타낸다.

[예제 2.9.3] 위수가 8인 세 군 $\mathbb{Z}_8$, $\mathbb{Z}_2 \oplus \mathbb{Z}_4$와 $\mathbb{Z}_2 \oplus \mathbb{Z}_2 \oplus \mathbb{Z}_2$를 살펴보면, 다음 표와 같다.

군	원 소	위수 n인 원소의 수				비 고
		1	2	4	8	
$\mathbb{Z}_8$	0, 1, 2, 3, 4, 5, 6, 7	1	1	2	4	순환군
$\mathbb{Z}_2 \oplus \mathbb{Z}_4$	(0, 0), (0, 1), (0, 2), (0, 3) (1, 0), (1, 1), (1, 2), (1, 3)	1	3	4	0	가환군
$\mathbb{Z}_2 \oplus \mathbb{Z}_2 \oplus \mathbb{Z}_2$	(0, 0, 0), (0, 0, 1), (0, 1, 0), (0, 1, 1) (1, 0, 0), (1, 0, 1), (1, 1, 0), (1, 1, 1)	1	7	0	0	가환군

여기에서 $\mathbb{Z}_8$과 $\mathbb{Z}_2 \oplus \mathbb{Z}_4$의 부분군의 격자도에 관하여 살펴보면,

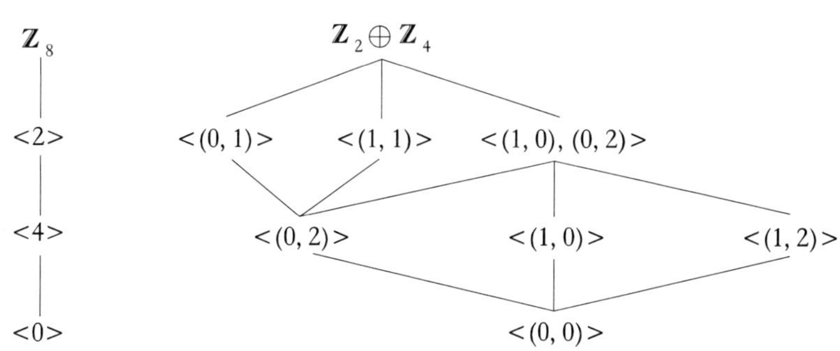

으로 $\mathbb{Z}_8$은 자명한 부분군 2개, 위수가 2인 부분군과 4인 부분군을 각각 1개 가지며 $\mathbb{Z}_2 \oplus \mathbb{Z}_4$는 자명한 부분군 2개, 위수가 2인 부분군과 4인 부분군을 각각 3

개 가진다. 한편, $\mathbb{Z}_2 \oplus \mathbb{Z}_2 \oplus \mathbb{Z}_2$의 부분군은 자명한 부분군 2개, 위수가 2인 부분군 7개와 위수가 4인 부분군 7개를 가진다(연습문제).

정리 2.9.7 군 G의 두 정규부분군 M과 N에 대하여 $M \cap N = \{1\}$이면, M의 임의의 원소 m과 N의 임의의 원소 n에 대하여 $mn = nm$이다.

증명 군 M과 N의 임의의 원소를 각각 m과 n이라고 할 때 원소

$$m^{-1}n^{-1}mn$$

을 생각한다. 먼저 $N \lhd G$이므로 $m^{-1}n^{-1}m \in N$이고 따라서 $m^{-1}n^{-1}mn \in N$이다.

같은 방법으로 $m^{-1}n^{-1}mn \in M$이다. 따라서 $m^{-1}n^{-1}mn \in M \cap N = \{1\}$이고 따라서, $m^{-1}n^{-1}mn = 1$이다. 그러므로 $mn = nm$이다. ■

정리 2.9.8 군 G의 두 정규부분군 G_1과 G_2에 대하여

$$G = G_1G_2\text{이고 } G_1 \cap G_2 = \{1\}$$

이면, 두 군 G_1과 G_2의 직적 $G_1 \times G_2$는 G와 동형이다. 즉, $G_1 \times G_2 \cong G$이다.

이러한 의미에서 G는 두 부분군 G_1과 G_2의 내적인 직적(internal direct product)이라 하고 기호 $G_1 \times G_2$ 또는 $G_1 \dot{\times} G_2$로 나타낸다. 이때, G는 두 부분군 G_1과 G_2의 직적으로 분해된다고 말하고, 두 군 G_1과 G_2를 G의 직적인자(direct factor)라고 한다.

증명 정리의 증명을 위하여 아래와 같이 정의된 함수

$$\phi : G_1 \times G_2 \to G, \ \phi(g_1, g_2) = g_1 g_2$$

가 군 동형함수인 것을 보인다. 먼저, 임의의 원소 $a_1, b_1 \in G_1$과 $a_2, b_2 \in G_2$에 대하여 정리 2.9.7에 의하여

$$b_1a_2 = a_2b_1 \text{이고 } (a_1b_1)(a_2b_2) = [a_1(b_1a_2)b_2] = [a_1(a_2b_1)b_2] = (a_1a_2)(b_1b_2)$$

이므로

$$\begin{aligned}\phi((a_1, a_2)(b_1, b_2)) &= \phi(a_1b_1, a_2b_2)\\ &= (a_1b_1)(a_2b_2)\\ &= (a_1a_2)(b_1b_2)\\ &= \phi(a_1, a_2)\phi(b_1, b_2)\end{aligned}$$

이다. 따라서 ϕ는 군 준동형함수이다. 군 G의 임의의 원소 g에 대하여 $G=G_1G_2$이므로 $g=g_1g_2$인 $g_1 \in G_1$과 $g_2 \in G_2$가 존재하여 $\phi(g_1, g_2)=g_1g_2=g$이다. 따라서 ϕ는 위로의 함수이다. 또, $(g_1, g_2) \in \ker \phi$이면 $\phi(g_1, g_2)=g_1g_2=1$이므로 $g_1 = g_2^{-1} \in G_1 \cap G_2 = \{1\}$ 이다. 따라서 $g_1=g_2=1$이고 $\ker \phi = \{(1, 1)\}$ 이다.

그러므로 ϕ는 일대일 함수이다. 즉, ϕ는 군 동형함수이다. ■

외적인 직적이 작은 군들을 동형의 의미에서 품는 더 큰 군을 만드는 개념인 것과 비교하여 내적인 직적은 주어진 군을 보다 작은 군들로 분해하는 개념임을 알 수 있다.

정리 2.9.8을 덧셈군에 대하여 설명하면 아래와 같다.

정리 2.9.8′ 덧셈군 G의 두 부분군 G_1과 G_2에 대하여

$$G=G_1+G_2\text{이고 } G_1 \cap G_2 = \{0\}$$

이면, 두 군 G_1과 G_2의 직적 $G_1 \times G_2$는 G와 동형이다. 즉, $G_1 \times G_2 \cong G$이다.

이러한 의미에서 G는 두 부분군 G_1과 G_2의 **내적인 직합**(internal direct sum)이라 하고 기호 $G_1 \dot{+} G_2$ 또는 $G_1 \oplus G_2$로 나타낸다. 이때, G는 두 부분군 G_1과 G_2의 **직합으로 분해된다**고 말하고, 두 군 G_1과 G_2를 G의 **직합인자**(direct summand)라고 한다.

이를테면, $\mathbb{Z}_{15}$의 두 부분군 $\langle 3\rangle=\{0, 3, 6, 9, 12\}$과 $\langle 5\rangle=\{0, 5, 10\}$는 정규부분군이고 $\langle 3\rangle \cap \langle 5\rangle=\{0\}$이다. 따라서 $\langle 3\rangle \oplus \langle 5\rangle = \mathbb{Z}_{15}$이다.

실제로, $\mathbb{Z}_5 \cong \langle 3\rangle$이고 $\mathbb{Z}_3 \cong \langle 5\rangle$이다. 그러므로 $\mathbb{Z}_{15} \cong \mathbb{Z}_5 \oplus \mathbb{Z}_3$이다.

정리 2.9.9 양의 정수 m과 n이 서로소이고 $C_{mn} = \langle a \rangle$이면

$$C_{mn} = \langle a^m \rangle \dot{\times} \langle a^n \rangle \cong C_m \times C_n$$

이다.

증명 정리 2.4.6에 의하여

$$|\langle a^m \rangle| = |a^m| = \frac{mn}{(mn,\ m)} = n \text{이고 } |\langle a^n \rangle| = |a^n| = \frac{mn}{(mn,\ n)} = m$$

이다. 따라서 $\langle a^m \rangle \cong C_n$이고 $\langle a^n \rangle \cong C_m$이다. 그러므로 정리 2.9.2에 의하여

$$\langle a^m \rangle \dot{\times} \langle a^n \rangle \cong C_n \times C_m \cong C_m \times C_n$$

이다. 또 $\langle a^m \rangle \langle a^n \rangle \subseteq C_{mn}$이고 $|\langle a^m \rangle \langle a^n \rangle| = \dfrac{|\langle a^m \rangle||\langle a^n \rangle|}{|\langle a^m \rangle \cap \langle a^n \rangle|} = mn$이므로 $\langle a^m \rangle \langle a^n \rangle = C_{mn}$이다. 한편, $\langle a^m \rangle \cap \langle a^n \rangle = \{1\}$이므로 정리 2.9.8에 의하여 $C_{mn} = \langle a^m \rangle \dot{\times} \langle a^n \rangle \cong C_m \times C_n$이다. ■

이 정리를 덧셈 순환군에 관하여 정리하면 다음과 같다.

정리 2.9.9′ 양의 정수 m과 n이 서로소이면,

$$\mathbb{Z}_{mn} = \langle m \rangle \oplus \langle n \rangle \cong \mathbb{Z}_n \oplus \mathbb{Z}_m$$

이다.

[예제 2.9.4] (1) $C_{35} \cong C_5 \dot{\times} C_7$

(2) $C_{30} \cong C_2 \dot{\times} C_{15} \cong C_3 \dot{\times} C_{10} \cong C_6 \dot{\times} C_5 \cong C_2 \dot{\times} C_3 \dot{\times} C_5$

(3) $\mathbb{Z}_{15} \cong \mathbb{Z}_3 \oplus \mathbb{Z}_5$

(4) $\mathbb{Z}_{36} \cong \mathbb{Z}_4 \oplus \mathbb{Z}_9$

[예제 2.9.5] 소수 p에 대하여 위수 p^2인 가환군 G의 구조를 살펴보자. 군 G의 임의의 원소의 위수는 Lagrange 정리에 의하여 p^2의 약수이므로 1, p 또는 p^2이다. 항등원을 제외한 원소의 위수는 p 또는 p^2이다.

먼저, 군 G에 위수 p^2인 원소 a가 존재한다면 $G=\langle a\rangle \cong C_{p^2}$이다.

한편, 군 G에 위수 p^2인 원소가 존재하지 않는다면 항등원을 제외한 모든 원소의 위수는 p이다. 즉, G의 항등원이 아닌 원소 a를 선택하면 $\langle a\rangle \cong C_p$는 G의 진부분군이다. 이제, b를 $G-\langle a\rangle$에서 선택하고 순환군 $\langle b\rangle$와 $\langle a\rangle$의 관계를 알아보자. 먼저, G가 가환군이므로 $\langle a\rangle$와 $\langle b\rangle$는 정규부분군이고, $\langle a\rangle \cap \langle b\rangle$는 $\langle a\rangle$와 $\langle b\rangle$의 진부분군이므로 $\langle a\rangle \cap \langle b\rangle = \{1\}$이다.
또 정리 2.5.9에 의하여, $|\langle a\rangle||\langle b\rangle| = p^2 = |G|$이므로 $\langle a\rangle\langle b\rangle = G$이다. 따라서 $G=\langle a\rangle \dot{\times} \langle b\rangle \cong C_p \times C_p$이다.

그러므로 $G\cong C_{p^2} \cong \mathbb{Z}_{p^2}$ 또는 $G\cong C_p\times C_p \cong \mathbb{Z}_p \oplus \mathbb{Z}_p$이다.

> **정리 2.9.10** 군 G의 두 정규부분군 G_1과 G_2가 $G=G_1G_2$를 만족할 때 다음 명제들은 동치이다.
> (1) $G=G_1 \dot{\times} G_2$이다.
> (2) $G_1 \cap G_2 = \{1\}$이다.
> (3) 군 G의 각 원소 g는 군 G_1과 G_2의 원소의 곱으로 유일하게 표현된다.
> (4) 원소 $g_1 \in G_1$과 $g_2 \in G_2$에 대하여 $g_1g_2=1$이면 $g_1=g_2=1$이다.

증명 (1)⇔(2) 정의 2.9.8에 의하여 분명하다.

(2)⇒(3) 가정 $G=G_1G_2$에서 군 G의 각 원소 g는 군 G_1과 G_2의 원소의 곱으로 표현된다. 이제 $a_1a_2 = g = b_1b_2$ ($a_1, b_1 \in G_1$이고 $a_2, b_2 \in G_2$)라고 하자. 그러면, $b_1^{-1}a_1 = b_2a_2^{-1} \in G_1 \cap G_2 = \{1\}$이므로 $b_1^{-1}a_1 = b_2a_2^{-1} = 1$이다. 따라서 $a_1 = b_1$이고 $a_2 = b_2$이다. 그러므로 (3)이 성립한다.

(3)⇒(4) $g_1g_2 = 1 = 1\cdot 1$이므로 가정에 의하여 $g_1 = g_2 = 1$이다.

(4)⇒(2) 군 $G_1 \cap G_2$의 임의의 원소를 x라고 하면, $xx^{-1} = 1\cdot 1$이므로 $x = x^{-1} = 1$이다. 따라서 $G_1 \cap G_2 = \{1\}$이다. ■

정리 2.9.10을 덧셈군으로 고쳐 쓰면 다음과 같다.

정리 2.9.10′ 덧셈군 G의 부분군 G_1과 G_2가 $G=G_1+G_2$를 만족할 때 다음 명제들은 동치이다.

(1) $G=G_1 \oplus G_2$이다.

(2) $G_1 \cap G_2=\{0\}$ 이다.

(3) 군 G의 각 원소 g는 군 G_1과 G_2의 원소의 합으로 유일하게 표현된다.

(4) 원소 $g_1 \in G_1$과 $g_2 \in G_2$에 대하여 $g_1+g_2=0$이면 $g_1=g_2=0$이다.

연습문제 2.9

1. 두 군 G_1과 G_2가 유한군이면, $G_1 \times G_2$도 유한군이고 $|G_1 \times G_2|=|G_1|\,|G_2|$임을 증명하여라.

2. 두 군 G_1과 G_2가 가환군일 필요충분조건은 $G_1 \times G_2$가 가환군임을 증명하여라.

3. 두 군 G_1과 G_2에 대하여 다음을 증명하여라.
   (1) $H_1 \leq G_1$이고 $H_2 \leq G_2$이면 $H_1 \times H_2 \leq G_1 \times G_2$이다.
   (2) $H_1 \lhd G_1$이고 $H_2 \lhd G_2$이면 $H_1 \times H_2 \lhd G_1 \times G_2$이다.
   (3) $H_1 \lhd G_1$이고 $H_2 \lhd G_2$이면 $G_1 \times G_2/H_1 \times H_2 \cong G_1/H_1 \times G_2/H_2$이다.

4. 순환군 C_{p^2}의 원소의 위수는 1, p 또는 p^2임을 증명하여라. 또, 위수가 1, p 또는 p^2인 원소의 개수는 각각 1, $p-1$, p^2-p임을 증명하여라.

5. 군 준동형함수 $f: C_{p^2} \to C_p \times C_p$에서 $f(b)=(x, y) \neq (1, 1)$이라고 정의될 때, $\ker f$와 $\mathrm{im} f$를 구하여라. 단, $\langle b \rangle = C_{p^2}$이다.

6. 군 $\mathbb{Z}_2 \oplus \mathbb{Z}_2 \oplus \mathbb{Z}_2$의 부분군을 모두 구하고 부분군의 격자도를 만들어라.

7. 정리 2.9.3과 정리 2.9.4의 일반화를 설명하여라.

8. 다음 명제 중 옳은 것은 증명을 하고 틀린 것은 이유를 설명하여라.

(1) $\mathbb{Z}_3 \oplus \mathbb{Z}_5 \cong \mathbb{Z}_{15}$ (2) $\mathbb{Z}_3 \oplus \mathbb{Z}_6 \cong \mathbb{Z}_{18}$

(3) $\mathbb{Z}_3 \oplus \mathbb{Z}_3 \oplus \mathbb{Z}_5 \cong \mathbb{Z}_3 \oplus \mathbb{Z}_{15}$ (4) $\mathbb{Z}_3 \oplus \mathbb{Z}_3 \oplus \mathbb{Z}_5 \cong \mathbb{Z}_9 \oplus \mathbb{Z}_5$

9. 군 $G = G_1 \dot{\times} G_2$에 대하여 $G/G_1 \cong G_2$이고 $G/G_2 \cong G_1$임을 증명하여라.

10. 군 G_1과 G_2에 대하여 아래와 같이 함수들을 정의할 때 다음을 증명하여라.

$$\pi_1 : G_1 \times G_2 \to G_1,\ \pi_1(g_1, g_2) = g_1$$
$$\pi_2 : G_1 \times G_2 \to G_2,\ \pi_2(g_1, g_2) = g_2$$
$$i_1 : G_1 \to G_1 \times G_2,\ i_1(g_1) = (g_1, 1)$$
$$i_2 : G_2 \to G_1 \times G_2,\ i_2(g_2) = (1, g_2)$$

(1) π_1과 π_2는 군 위로의 준동형함수이다.

(2) i_1과 i_2는 군 일대일 준동형함수이다.

(3) $\pi_1 \circ i_1 = 1_{G_1}$이고 $\pi_2 \circ i_2 = 1_{G_2}$이다.

(4) $\pi_1 \circ i_2 = o$이고 $\pi_2 \circ i_1 = o$이다.

(5) $\mathrm{im}\, i_1 = \overline{G_1}$이고 $\mathrm{im}\, i_2 = \overline{G_2}$라고 하면, $G_1 \cong \overline{G_1}$이고 $G_2 \cong \overline{G_2}$이다. 또, $\overline{G_1} \lhd G_1 \times G_2$, $\overline{G_2} \lhd G_1 \times G_2$, $\overline{G_1} \cap \overline{G_2} = \{(1, 1)\}$이고 $\overline{G_1}\,\overline{G_2} = G_1 \times G_2$이다.

2.10 Cayley의 정리와 군의 자기동형함수

공집합이 아닌 집합 X에 대하여 X에서 X로의 일대일대응 함수, 즉, X 위에서의 치환들의 집합 $S(X)$는 대칭군이 되는 것은 이미 설명하였다.

특히, $X=\{x_1, x_2, \cdots, x_n\}$일 때 $S(X)$를 살펴보자. 임의의 치환 $\sigma \in S(X)$는 X에서 X로의 일대일대응 함수로 다음과 같이 나타낼 수 있다.

$$\sigma = \begin{pmatrix} x_1 & x_2 & \cdots & x_n \\ x_{i_1} & x_{i_2} & \cdots & x_{i_n} \end{pmatrix}, \quad \text{단, } i_1, i_2, \cdots, i_n \text{은 } 1, 2, \cdots, n\text{의 치환이다.}$$

이때 $i_1, i_2, \cdots, i_n$은 σ에 의하여 결정된다. 즉, $i_k = \sigma(k)$, $k=1, 2, \cdots, n$이므로

$$\sigma = \begin{pmatrix} x_1 & x_2 & \cdots & x_n \\ x_{i_1} & x_{i_2} & \cdots & x_{i_n} \end{pmatrix} = \begin{pmatrix} x_1 & x_2 & \cdots & x_n \\ x_{\sigma(1)} & x_{\sigma(2)} & \cdots & x_{\sigma(n)} \end{pmatrix} = \begin{pmatrix} x_{i_1} & x_{i_2} & \cdots & x_{i_n} \\ x_{\sigma(i_1)} & x_{\sigma(i_2)} & \cdots & x_{\sigma(i_n)} \end{pmatrix}$$

으로 나타낼 수 있다. 이를테면,

$$\sigma = \begin{pmatrix} 1 & 2 & 3 \\ 2 & 3 & 1 \end{pmatrix} = \begin{pmatrix} 1 & 2 & 3 \\ \sigma(1) & \sigma(2) & \sigma(3) \end{pmatrix} = \begin{pmatrix} 3 & 1 & 2 \\ \sigma(3) & \sigma(1) & \sigma(2) \end{pmatrix}$$
$$= \begin{pmatrix} \tau(1) & \tau(2) & \tau(3) \\ \sigma(\tau(1)) & \sigma(\tau(2)) & \sigma(\tau(3)) \end{pmatrix}$$

이다. 이와 같은 기호 아래 다음 정리가 성립한다.

> **정리 2.10.1** 집합 $X=\{x_1, x_2, \cdots, x_n\}$에 대하여 $S(X)$는 S_n과 동형이다.

증명 함수 $\Phi : S(X) \to S_n$를 $\Phi\left(\begin{pmatrix} x_1 & x_2 & \cdots & x_n \\ x_{i_1} & x_{i_2} & \cdots & x_{i_n} \end{pmatrix}\right) = \begin{pmatrix} 1 & 2 & \cdots & n \\ i_1 & i_2 & \cdots & i_n \end{pmatrix}$으로 정의하면 임의의 치환 $\sigma \in S(X)$에 대응되는 $\Phi(\sigma)$가 유일하게 결정되며, S_n의 임의의 원소에 대응하는 $S(X)$의 원소가 존재하는 것을 쉽게 알 수 있다. 즉, Φ는 일대일대응 함수이다. 이제 $\sigma = \begin{pmatrix} x_1 & x_2 & \cdots & x_n \\ x_{\sigma(1)} & x_{\sigma(2)} & \cdots & x_{\sigma(n)} \end{pmatrix}$와 $\tau = \begin{pmatrix} x_1 & x_2 & \cdots & x_n \\ x_{\tau(1)} & x_{\tau(2)} & \cdots & x_{\tau(n)} \end{pmatrix}$에 대하여

$$\begin{aligned}\tau\sigma &= \begin{pmatrix} x_1 & x_2 & \cdots & x_n \\ x_{\tau(1)} & x_{\tau(2)} & \cdots & x_{\tau(n)} \end{pmatrix}\begin{pmatrix} x_1 & x_2 & \cdots & x_n \\ x_{\sigma(1)} & x_{\sigma(2)} & \cdots & x_{\sigma(n)} \end{pmatrix} \\ &= \begin{pmatrix} x_{\sigma(1)} & x_{\sigma(2)} & \cdots & x_{\sigma(n)} \\ x_{\tau(\sigma(1))} & x_{\tau(\sigma(2))} & \cdots & x_{\tau(\sigma(n))} \end{pmatrix}\begin{pmatrix} x_1 & x_2 & \cdots & x_n \\ x_{\sigma(1)} & x_{\sigma(2)} & \cdots & x_{\sigma(n)} \end{pmatrix} \\ &= \begin{pmatrix} x_1 & x_2 & \cdots & x_n \\ x_{\tau(\sigma(1))} & x_{\tau(\sigma(2))} & \cdots & x_{\tau(\sigma(n))} \end{pmatrix}\end{aligned}$$

이므로

$$\begin{aligned}\Phi(\tau\sigma) &= \begin{pmatrix} 1 & 2 & \cdots & n \\ \tau(\sigma(1)) & \tau(\sigma(2)) & \cdots & \tau(\sigma(n)) \end{pmatrix} \\ &= \begin{pmatrix} 1 & 2 & \cdots & n \\ \tau(1) & \tau(2) & \cdots & \tau(n) \end{pmatrix}\begin{pmatrix} 1 & 2 & \cdots & n \\ (\sigma(1) & \sigma(2) & \cdots & \sigma(n) \end{pmatrix} \\ &= \Phi(\tau)\Phi(\sigma)\end{aligned}$$

이다. 따라서 Φ는 동형함수이고 $S(X) \cong S_n$이다. ■

제3절에서 대칭군 S_n의 부분군을 치환군이라고 정의하였다. 다음 정리에 의하여 모든 군은 동형의 의미에서 치환군이다. 즉, 모든 군은 대칭군의 부분군으로 생각할 수 있다.

정리 2.10.2 (Cayley 정리) 임의의 군 G는 적당한 집합 X 위의 치환군과 동형이다. 특히, $|G|=n$이면, G는 S_n의 부분군과 동형이다.

증명 먼저 $G=X$라 놓고, 임의의 원소 $g \in G$에 대하여 함수 $\phi_g : X \to X$를 $\phi_g(x) = gx$라 정의하자. 먼저, $\phi_g(x) = \phi_g(y)$이면 $gx = gy$이고 $x = y$이다. 또, 임의의 원소 $x \in X$에 대하여 $g^{-1}x \in X$가 존재하여 $\phi_g(g^{-1}x) = g(g^{-1}x) = x$이다. 따라서 ϕ는 X 위에서 치환이다. 즉, $\phi_g \in S(X)$이다.

이제, 함수 $\Phi : G \to S(X)$를 $\Phi(g) = \phi_g$로 정의하고 Φ가 일대일 군 준동형함수임을 증명한다. 군 G의 임의의 원소 h, g에 대하여

$$\phi_h \circ \phi_g(x) = \phi_h(\phi_g(x)) = \phi_h(gx) = h(gx) = (hg)x = \phi_{hg}(x), \ x \in G$$

이므로 $\phi_h \circ \phi_g = \phi_{hg}$이고 $\Phi(hg) = \phi_{hg} = \phi_h \circ \phi_g = \Phi(h)\Phi(g)$이므로 Φ는 군 준동형함수이다. 또, $g \in \ker \Phi$이면 $\phi_g = 1_X$이고 임의의 $x \in X$에 대하여 $gx = x$이다. 따라

서 $g=1$이고 Φ는 일대일 함수이다.
그러므로 정리 2.8.4에 의하여 $G\cong\Phi(G)\le S(X)$이다. 특히, $|G|=n$이면 $|X|=n$이고 $G\cong\Phi(G)\le S(X)\cong S_n$이다. ▩

[예제 2.10.1] Cayley 정리를 이용하여 위수 8인 유한군에 대한 치환군을 구해보자.

(1) 덧셈군 $\mathbb{Z}_8=\{0, 1, 2, 3, 4, 5, 6, 7\}$에 대하여 $\phi_i(x)=x+i$를 적용하면, $\phi_0=\begin{pmatrix}0&1&2&3&4&5&6&7\\0&1&2&3&4&5&6&7\end{pmatrix}$이므로 $\phi_0=1$로 생각할 수 있다. 편의상 $\{0, 1, 2, 3, 4, 5, 6, 7\}$의 순서를 고려한 집합이라면, $\phi_1=\begin{pmatrix}0&1&2&3&4&5&6&7\\1&2&3&4&5&6&7&0\end{pmatrix}$이 되어 첫 번째 원소를 두 번째 원소로 보내고, 두 번째 원소를 세 번째 원소로 보내고, 세 번째 원소를 네 번째 원소로 보내는 등의 과정을 S_8의 원소로 표현하면, $\phi_1=\begin{pmatrix}1&2&3&4&5&6&7&8\\2&3&4&5&6&7&8&1\end{pmatrix}=(1\ 2\ 3\ 4\ 5\ 6\ 7\ 8)$이 된다. 같은 방법으로 $\phi_2=\begin{pmatrix}1&2&3&4&5&6&7&8\\3&4&5&6&7&8&1&2\end{pmatrix}=(1\ 3\ 5\ 7)(2\ 4\ 6\ 8)$이다.

이와 같은 방법을 계속하면, $\phi_3=(1\ 4\ 7\ 2\ 5\ 8\ 3\ 6)$, $\phi_4=(1\ 5)(2\ 6)(3\ 7)(4\ 8)$, $\phi_5=(1\ 6\ 3\ 8\ 5\ 2\ 7\ 4)$, $\phi_6=(1\ 7\ 5\ 3)(2\ 8\ 6\ 4)$, $\phi_7=(1\ 8\ 7\ 6\ 5\ 4\ 3\ 2)$이다. 그러므로 $\mathbb{Z}_8=\langle 1\rangle\cong\langle(1\ 2\ 3\ 4\ 5\ 6\ 7\ 8)\rangle\le S_8$이다.

(2) 사원수군 $Q_4=\{1, -1, i, -i, j, -j, k, -k\}$의 순서를 고려하여 적용하면, $\phi_1=1$, $\phi_{-1}=\begin{pmatrix}1&2&3&4&5&6&7&8\\2&1&4&3&6&5&8&7\end{pmatrix}=(1\ 2)(3\ 4)(5\ 6)(7\ 8)$이고 같은 방법으로

$$\phi_i=(1\ 3\ 2\ 4)(5\ 7\ 6\ 8),\quad \phi_{-i}=(1\ 4\ 2\ 3)(5\ 8\ 6\ 7),$$
$$\phi_j=(1\ 5\ 2\ 6)(3\ 8\ 4\ 7),\quad \phi_{-j}=(1\ 6\ 2\ 5)(3\ 7\ 4\ 8),$$
$$\phi_k=(1\ 7\ 2\ 8)(3\ 5\ 4\ 6),\quad \phi_{-k}=(1\ 8\ 2\ 7)(3\ 6\ 4\ 5)$$

이다. 그러므로 Q_4는 다음과 같다.

$$\begin{aligned}Q_4\cong\{&1, (1\ 2)(3\ 4)(5\ 6)(7\ 8), (1\ 3\ 2\ 4)(5\ 7\ 6\ 8), (1\ 4\ 2\ 3)(5\ 8\ 6\ 7),\\&(1\ 5\ 2\ 6)(3\ 8\ 4\ 7), (1\ 6\ 2\ 5)(3\ 7\ 4\ 8), (1\ 7\ 2\ 8)(3\ 5\ 4\ 6),\\&(1\ 8\ 2\ 7)(3\ 6\ 4\ 5)\}\\\le S_8&\end{aligned}$$

(3) 차수 4인 정이면체군 $D_4=\{1, \sigma, \sigma^2, \sigma^3, \tau, \sigma\tau, \sigma^2\tau, \sigma^3\tau\}$의 순서를 고려하여 적용하면, $\phi_1=1$, $\phi_\sigma=\begin{pmatrix}1&2&3&4&5&6&7&8\\2&3&4&1&6&7&8&5\end{pmatrix}=(1\ 2\ 3\ 4)(5\ 6\ 7\ 8)$이고 같은 방법으로

$$\begin{aligned}&\phi_{\sigma^2}=(1\ 3)(2\ 4)(5\ 7)(6\ 8), &&\phi_{\sigma^3}=(1\ 4\ 3\ 2)(5\ 8\ 7\ 6),\\ &\phi_\tau=(1\ 5)(2\ 8)(3\ 7)(4\ 6), &&\phi_{\sigma\tau}=(1\ 6)(2\ 5)(3\ 8)(4\ 7),\\ &\phi_{\sigma^2\tau}=(1\ 7)(2\ 6)(3\ 5)(4\ 8), &&\phi_{\sigma^3\tau}=(1\ 8)(2\ 7)(3\ 6)(4\ 5)\end{aligned}$$

이다. 그러므로

$$\begin{aligned}D_4\cong\{&1, (1\ 2\ 3\ 4)(5\ 6\ 7\ 8), (1\ 3)(2\ 4)(5\ 7)(6\ 8),\\ &(1\ 4\ 3\ 2)(5\ 8\ 7\ 6), (1\ 5)(2\ 8)(3\ 7)(4\ 6),\\ &(1\ 6)(2\ 5)(3\ 8)(4\ 7), (1\ 7)(2\ 6)(3\ 5)(4\ 8), (1\ 8)(2\ 7)(3\ 6)(4\ 5)\}\\ \le S_8&\end{aligned}$$

이다. 한편, 예제 2.1.11에 의하면,

$$\begin{aligned}D_4=\{&1, (1\ 2\ 3\ 4), (1\ 3)(2\ 4), (1\ 4\ 3\ 2), (2\ 4),\\ &(1\ 2)(3\ 4), (1\ 3), (1\ 4)(2\ 3)\}\\ \le S_4&\end{aligned}$$

이다. 일반적으로, D_4는 8차 치환군이지만 4차 치환군으로 생각할 수 있다. 이와 같이 차수를 줄이는 이론은 고급 군론에서 다룬다.

정리 2.10.3 군 G 위에서의 자기동형함수 전체의 집합을 $\mathrm{Aut}(G)$로 나타내면, 즉, $\mathrm{Aut}(G)=\{\sigma \mid \sigma: G\to G$는 군 동형함수이다$\}$, $\mathrm{Aut}(G)$는 대칭군 $S(G)$의 부분군이다. 이때, $\mathrm{Aut}(G)$를 G의 **자기동형군**(automorphism group)이라고 한다.

증명 먼저, $\mathrm{Aut}(G)$의 정의에 의하여 $\mathrm{Aut}(G)$는 $S(G)$의 부분집합이다. 또한, $\mathrm{Aut}(G)$의 임의의 원소 σ와 τ에 대하여 정리 2.7.3에 의하여 $\sigma\circ\tau$와 τ^{-1}은 $\mathrm{Aut}(G)$의 원소이다. 따라서 $\mathrm{Aut}(G)$는 $S(G)$의 부분군이다. ■

[예제 2.10.2] (1) 군 $\mathbb{Z}_5^* = \{1, 2, 3, 4\}$ 위에서의 자기동형함수 $\sigma : \mathbb{Z}_5^* \to \mathbb{Z}_5^*$는 $\mathbb{Z}_5^*$가 순환군이므로 생성원 2에 대한 함수값 $\sigma(2)$에 의하여 결정된다. 정리 2.7.4에 의하여 $\sigma(2)$의 위수는 4이므로 $\sigma(2)=2$ 또는 $\sigma(2)=3$이다. 즉, $\sigma(2)=2$이면 σ는 항등함수이고, $\sigma(2)=3$이면

$$\sigma(4)=\sigma(2^2)=\sigma(2)^2=4\text{이고 } \sigma(3)=\sigma(2^3)=\sigma(2)^3=2$$

이므로 $\sigma = \begin{pmatrix} 1 & 2 & 3 & 4 \\ 1 & 3 & 2 & 4 \end{pmatrix} = (2\ 3)$이다.

그러므로 $\text{Aut}(\mathbb{Z}_5^*) = \{1, \sigma = (2\ 3)\} \le S(\mathbb{Z}_5^*) \cong S_4$이다.

(2) 예제 2.7.8에 의하면 $\text{Aut}(\mathbb{Z}_8^*) = \{f_7, f_8, f_{10}, f_{12}, f_{14}, f_{15}\}$이다. 여기서

$$f_7 = 1,\ f_8 = \begin{pmatrix} 1 & 2 & 3 & 4 \\ 1 & 2 & 4 & 3 \end{pmatrix} = (3\ 4),\ f_{10} = \begin{pmatrix} 1 & 2 & 3 & 4 \\ 1 & 3 & 2 & 4 \end{pmatrix} = (2\ 3),$$

$$f_{12} = \begin{pmatrix} 1 & 2 & 3 & 4 \\ 1 & 3 & 4 & 2 \end{pmatrix} = (2\ 3\ 4), \qquad f_{14} = \begin{pmatrix} 1 & 2 & 3 & 4 \\ 1 & 4 & 2 & 3 \end{pmatrix} = (2\ 4\ 3),$$

$$f_{15} = \begin{pmatrix} 1 & 2 & 3 & 4 \\ 1 & 4 & 3 & 2 \end{pmatrix} = (2\ 4)$$

이다. 그러므로 $\text{Aut}(\mathbb{Z}_8^*) \le S_4$이고 실제로 $\text{Aut}(\mathbb{Z}_8^*) \cong S_3$이다.

정리 2.10.4 군 G의 임의의 원소 g에 대하여 함수

$$\alpha_g : G \to G,\ \alpha_g(x) = gxg^{-1}$$

는 자기동형함수이다. 이 함수를 **내부자기동형함수(inner automorphism)**라고 한다.

증명 군 G의 임의의 원소 g, a, b에 대하여

$$\alpha_g(ab) = g(ab)g^{-1} = g(ag^{-1}gb)g^{-1} = (gag^{-1})(gbg^{-1}) = \alpha_g(a)\alpha_g(b)$$

이므로 α_g는 자기준동형함수이고

$$\alpha_g(a) = \alpha_g(b) \Rightarrow gag^{-1} = gbg^{-1} \Rightarrow a = b$$

이므로 일대일 함수이다. 이제, 군 G의 임의의 원소 y에 대하여 $g^{-1}yg \in G$이고 $\alpha_g(g^{-1}yg) = g(g^{-1}yg)g^{-1} = y$이므로 위로의 함수이다. 그러므로 α_g는 자기동형함수이다. ■

[예제 2.10.3] (1) 군 G가 가환이면 임의의 원소 g에 대하여 $\alpha_g(x) = gxg^{-1} = x$이므로 $\alpha_g = 1_G$이다.

(2) 대칭군 $S_3 = \{1,\ \sigma = (123),\ \sigma^2 = (132),\ \tau_1 = (23),\ \tau_2 = (13),\ \tau_3 = (12)\}$에서 $\alpha_1 = 1_{S_3}$이고 $\alpha_\sigma = \begin{pmatrix} 1 & \sigma & \sigma^2 & \tau_1 & \tau_2 & \tau_3 \\ 1 & \sigma & \sigma^2 & \tau_2 & \tau_3 & \tau_1 \end{pmatrix}$이다.

정리 2.10.5 군 G의 내부동형함수들의 집합을 $\mathrm{Inn}(G)$ 즉,

$$\mathrm{Inn}(G) = \{\alpha_g \mid g \in G\}, \quad \alpha_g(x) = gxg^{-1}$$

라고 하면 다음이 성립한다.

(1) $\mathrm{Inn}(G)$는 $\mathrm{Aut}(G)$의 정규부분군이다.

(2) $\mathrm{Inn}(G) \cong G/Z(G)$

이때, $\mathrm{Inn}(G)$를 G의 내부자기동형군(inner automorphism group)이라 한다.

증명 (1) 함수 $\alpha : G \to \mathrm{Aut}(G)$를 $\alpha(g) = \alpha_g$라 정의하면 $\mathrm{im}\alpha = \mathrm{Inn}(G)$이다. 또, $\alpha_{gh}(x) = (gh)x(gh)^{-1} = g(hxh^{-1})g^{-1} = \alpha_g(\alpha_h(x)) = \alpha_g \circ \alpha_h(x)$이므로 $\alpha_{gh} = \alpha_g \circ \alpha_h$이고 $\alpha(gh) = \alpha_{gh} = \alpha_g \circ \alpha_h = \alpha(g) \circ \alpha(h)$이다. 따라서 α는 군 준동형함수이고 정리 2.8.2에 의하여 $\mathrm{Inn}(G) \leq \mathrm{Aut}(G)$이다. 이제 임의의 $\alpha_g \in \mathrm{Inn}(G)$와 $\sigma \in \mathrm{Aut}(G)$에 대하여

$$\begin{aligned}
\sigma\alpha_g\sigma^{-1}(x) &= \sigma(\alpha_g(\sigma^{-1}(x))) \\
&= \sigma(g\sigma^{-1}(x)g^{-1}) \\
&= \sigma(g)\sigma(\sigma^{-1}(x))\sigma(g^{-1}) \\
&= \sigma(g)x\sigma(g)^{-1} \\
&= \alpha_{\sigma(g)}(x)
\end{aligned}$$

이므로 $\sigma\alpha_g\sigma^{-1} = \alpha_{\sigma(g)} \in \mathrm{Inn}\,(G)$이다. 따라서 $\mathrm{Inn}(G) \lhd \mathrm{Aut}(G)$이다.

(2) 준동형함수 α의 핵을 구하기 위하여 $g \in \ker\alpha$라면 $\alpha(g) = \alpha_g = 1_G$이다. 즉, 군 G의 임의의 원소 x에 대하여 $\alpha_g(x) = 1_G(x) = x$이므로 $gxg^{-1} = x$이다. 즉, $g \in Z(G)$이고 $\ker\alpha \subseteq Z(G)$이다. 역으로, $g \in Z(G)$이면 $\alpha_g = 1_G$이므로 $Z(G) \subseteq \ker\alpha$이다. 따라서 $\ker\alpha = Z(G)$이다.

그러므로 제1동형정리에 의하여 $G/Z(G) = G/\ker\alpha \cong \mathrm{im}\,\alpha = \mathrm{Inn}(G)$이다. ▩

[예제 2.10.4] 정리 2.10.5에서 $G = S_3$라 놓으면, $Z(S_3) = \{1\}$이므로 $S_3 \cong S_3/\{1\} \cong \mathrm{Inn}(S_3)$이다. 또, $\sigma \in \mathrm{Aut}(S_3)$라고 하면, $S_3 = \langle (1\ 2\ 3), (1\ 2) \rangle$이므로 σ는 $(1\ 2\ 3)$과 $(1\ 2)$의 함수값에 의하여 결정된다. 즉,

$$\sigma(x) = \begin{cases} 1 & : x = 1 \\ (1\ 2\ 3)^i & : x = (1\ 2\ 3),\ (\text{단, } i = 1 \text{ 또는 } i = 2\text{이다.}) \\ a & : x = (12),\quad (\text{단, } a = (12), (13) \text{ 또는 } (23)\text{이다}) \end{cases}$$

한편, $\mathrm{Inn}(S_3) \le \mathrm{Aut}(S_3)$이고 $|\mathrm{Inn}(S_3)| = |\mathrm{Aut}(S_3)|$이므로 $\mathrm{Aut}(S_3) = \mathrm{Inn}(S_3)$이다. 그러므로 $\mathrm{Inn}(G) = \mathrm{Aut}(S_3) \cong S_3$이다.

연습문제 2.10

1. 덧셈군 $\mathbb{Z}_{12}$의 자기동형군 $\mathrm{Aut}(\mathbb{Z}_{12})$를 구하여라.

2. 무한순환군 G에 대하여 $\mathrm{Aut}(G)$를 구하여라.

3. 군 G에서 각 원소 g에 대하여 함수

$$\beta_g : G \to G,\quad \beta_g(x) = g^{-1}xg$$

는 군 자기동형함수이고 임의의 $g, h \in G$에 대하여 $\beta_{gh} = \beta_h \circ \beta_g$임을 증명하여라. 또한 $\{\beta_g \mid g \in G\} = \mathrm{Inn}(G)$임을 증명하여라.

4. Klein의 사원군 $V_4 = \{1, a, b, c\}$에 대하여 $\mathrm{Aut}(V_4) \cong S_3$임을 증명하여라.

2.11 켤레원소와 켤레류

군 G의 두 원소 x와 y에 대하여 $y=g^{-1}xg$인 원소 $g\in G$가 존재할 때 x와 y는 켤레원 또는 켤레원소(conjugate element)라고 한다.

정리 2.11.1 군 G 위에서 관계 ~를

$$x\sim y \Leftrightarrow x\text{와 } y\text{는 켤레원}$$

이라고 정의하면, 관계 ~는 동치관계이다. 이때, x를 품는 동치류 C_x 즉,

$$C_x=\{y\in G \mid x\sim y\}=\{g^{-1}xg \mid g\in G\}$$

를 켤레류(conjugate class)라고 한다. 또한 다음이 성립한다.

(1) $x\sim y \Leftrightarrow C_x=C_y \Leftrightarrow x\in C_y \Leftrightarrow y\in C_x$

(2) $C_x\cap C_y=\phi$ 또는 $C_x=C_y$

(3) $x\in C_x$이고 $G=\cup\{C_x \mid x\in G\}$

증명 군 G의 임의의 원소 x에 대하여 $x=1x1^{-1}$이므로 $x\sim x$이다. 또 G의 임의의 원소 x와 y에 대하여 $x\sim y$이면 적당한 원소 $g\in G$에 대하여 $y=g^{-1}xg$이다. 따라서 $x=(g^{-1})^{-1}yg^{-1}$이므로 $y\sim x$이다. 또한, G의 임의의 원소 x, y, z에 대하여 $x\sim y$이고 $y\sim z$이면 G의 적당한 원소 g와 h가 존재하여 $y=g^{-1}xg$이고 $z=h^{-1}yh$이다. 따라서

$$z=h^{-1}yh=h^{-1}(g^{-1}xg)h=(gh)^{-1}x(gh)$$

이므로 $x\sim z$이다. 그러므로 관계 ~는 동치관계이다.

켤레류는 동치류이므로 정리 1.1.6에 의하여 (1)~(3)이 쉽게 증명된다. ■

[예제 2.11.1] 대칭군 S_3에서 켤레류를 구하면 다음과 같다.

$$C_1=\{g^{-1}1g \mid g\in S_3\}=\{1\}$$

$$C_{(1\ 2\ 3)}=\{g^{-1}(1\ 2\ 3)g \mid g\in S_3\}=\{(1\ 2\ 3),\ (1\ 3\ 2)\}$$

$$C_{(1\ 2)}=\{g^{-1}(1\ 2)g \mid g\in S_3\}=\{(1\ 2),\ (1\ 3),\ (2\ 3)\}$$

정리 2.11.2 군 G의 원소 x와 교환법칙이 성립하는 원소들의 집합 $C_G(x)$ 즉,

$$C_G(x)=\{g\in G\mid xg=gx\}=\{g\in G\mid g^{-1}xg=x\}$$

는 x를 품는 G의 부분군이다. 이때, $C_G(x)$를 G에서 x의 **중심화부분군**(centralizer)이라 한다. 또한, $C_G(x)$에 대하여 다음이 성립한다.

(1) $|C_x|=|G:C_G(x)|=\dfrac{|G|}{|C_G(x)|}$, $|C_x|\mid|G|$

(2) $|C_x|=1 \Leftrightarrow C_x=\{x\} \Leftrightarrow C_G(x)=G \Leftrightarrow x\in Z(G)$

(3) $x\sim y \Rightarrow |x|=|y|$

증명 군 G의 원소 x는 x와 교환법칙이 성립하므로 $x\in C_G(x)$이고 항등원은 모든 원소와 교환법칙이 성립하므로 $1\in C_G(x)$이다. 집합 $C_G(x)$의 임의의 원소 g, h에 대하여 $xg=gx$이고 $xh=hx$이다. 먼저 $x(gh)=(xg)h=(gx)h=g(xh)=g(hx)=(gh)x$이므로 $gh\in C_G(x)$이고 $g^{-1}x=xg^{-1}$이므로 $g^{-1}\in C_G(x)$이다. 따라서 $C_G(x)\le G$이다.

(1) 군 G에서 $C_G(x)$의 우잉여류의 집합을 X 즉, $X=\{C_G(x)g\mid g\in G\}$라고 하면, $|X|=|G:C_G(x)|$이므로 $|C_x|=|X|$를 증명한다. 즉,

$$C_G(x)g=C_G(x)h \Leftrightarrow gh^{-1}\in C_G(x) \Leftrightarrow (gh^{-1})^{-1}x(gh^{-1})=x \Leftrightarrow g^{-1}xg=h^{-1}xh$$

이므로 함수 $\phi: C_x\to X$, $\phi(g^{-1}xg)=C_G(x)g$는 일대일대응 함수이다.

그러므로 $|C_x|=|X|=|G:C_G(G)|$이고 따라서 $|C_x|\mid|G|$이다.

(2) 집합 $C_x=\{g^{-1}xg\mid g\in G\}$와 $C_G(x)=\{g\in G\mid xg=gx\}$의 정의에 의하여

$$\begin{aligned}|C_x|=1 &\Leftrightarrow C_x=\{x\}\\ &\Leftrightarrow \text{임의의 } g\in G\text{에 대하여 } g^{-1}xg=x\\ &\Leftrightarrow \text{임의의 } g\in G\text{에 대하여 } gx=xg\\ &\Leftrightarrow C_G(x)=G \Leftrightarrow x\in Z(G)\end{aligned}$$

(3) 군 G의 두 원소 x, y에 대하여 $x\sim y$이면, 적당한 원소 $g\in G$가 존재하여 $y=gxg^{-1}$이다. 연습문제 2.4.9에 의하여 $|y|=|gxg^{-1}|=|x|$이다. ■

유한군 G의 켤레원들을 적당히 첨자를 사용하여 나열하면, 위 두 정리를 종합하여 다음을 얻을 수 있다.

정리 2.11.3 유한군 G에서 $C_1, C_2, \cdots, C_r$을 서로 다른 켤레류 전체의 집합이라고 하면 다음이 성립한다.

(1) $$G=C_1 \cup C_2 \cup \cdots \cup C_r \text{이고 } |G|=|C_1|+|C_2|+\cdots+|C_r| \qquad \cdots\cdots (*)$$

단, $x_i \in C_i$일 때, $|C_i|=|G:C_G(x_i)|$이고 $|C_i| \mid |G|$이다.

(2) 군 G가 가환이 아니면, $C_1, C_2, \cdots, C_r$의 순서를 재조정하면,

$$|G|=|Z(G)|+|C_{k+1}|+\cdots+|C_r| \qquad \cdots\cdots (**)$$

이다. 단, $|C_1|=|C_2|=\cdots=|C_k|=1$이고 $|C_{k+1}|\geq \cdots \geq |C_r| \geq 2$이다.

여기에서 식 (*)와 (**)를 **류등식**(class equation)이라고 한다.

증명 (1) 정리 2.11.1의 (2)와 (3)에 의하여 $G=C_1 \cup C_2 \cup \cdots \cup C_r$이다. 또 정리 2.11.1의 (2)에 의하여 $|G|=|C_1|+|C_2|+\cdots+|C_r|$이다.

(2) 중심 $Z(G)$에 속하는 모든 원소 x에 대하여 $C_x=\{x\}$이므로 $|Z(G)|=k$라 하고, $C_1, C_2, \cdots, C_r$의 순서를 재조정하면

$$|C_1|=|C_2|=\cdots=|C_k|=1 \text{이고 } |C_{k+1}|\geq \cdots \geq |C_r| \geq 2$$

이므로 (*)는 (**)이 된다. ■

군 G가 위수 r인 유한가환군이면, G의 모든 원소 x에 대하여 $C_x=\{x\}$이므로 $|C_1|=|C_2|=\cdots=|C_r|=1$이다. 또, 대칭군 S_3의 류등식은 예제 2.11.1에 의하여 $|S_3|=|C_1|+|C_{(12)}|+|C_{(123)}|=1+3+2$이다.

[예제 2.11.2] 위수 8인 사원수군 Q_4의 켤레류는 아래와 같다.

$$C_1=\{1\},\ C_{-1}=\{-1\},\ C_i=\{i, -i\},\ C_j=\{j, -j\},\ C_k=\{k, -k\}$$

정리 2.11.4 대칭군 S_n의 r-순환치환 $\sigma=(i_1\ i_2 \cdots\ i_r)$와 모든 치환 γ에 대하여

$$\gamma(i_1\ i_2 \cdots\ i_r)\gamma^{-1}=(\gamma(i_1)\ \gamma(i_2) \cdots\ \gamma(i_r))$$

이다. 즉, r-순환치환의 켤레류의 모든 원소는 r-순환치환이다.

증명 치환 γ를 $\gamma=\begin{pmatrix} 1 & 2 & \cdots & n \\ \gamma(1) & \gamma(2) & \cdots & \gamma(n)\end{pmatrix}$라 놓고, 다음과 같은 계산으로 증명한다.

$$\begin{aligned}
&\gamma(i_1\ i_2 \cdots\ i_r)\gamma^{-1}\\
&=\begin{pmatrix} 1 & 2 & \cdots & n \\ \gamma(1) & \gamma(2) & \cdots & \gamma(n)\end{pmatrix}(i_1\ i_2 \cdots\ i_r)\begin{pmatrix} 1 & 2 & \cdots & n \\ \gamma(1) & \gamma(2) & \cdots & \gamma(n)\end{pmatrix}^{-1}\\
&=\begin{pmatrix} i_1 & i_2 & \cdots & i_r & \cdots \\ \gamma(i_1) & \gamma(i_2) & \cdots & \gamma(i_r) & \cdots\end{pmatrix}(i_1\ i_2 \cdots\ i_r)\begin{pmatrix} \gamma(1) & \gamma(2) & \cdots & \gamma(n) \\ 1 & 2 & \cdots & n\end{pmatrix}\\
&=\begin{pmatrix} i_1 & i_2 & \cdots & i_r & \cdots \\ \gamma(i_1) & \gamma(i_2) & \cdots & \gamma(i_r) & \cdots\end{pmatrix}(i_1\ i_2 \cdots\ i_r)\begin{pmatrix} \gamma(i_1) & \gamma(i_2) & \cdots & \gamma(i_r) & \cdots \\ i_1 & i_2 & \cdots & i_r & \cdots\end{pmatrix}\\
&=(\gamma(i_1)\ \gamma(i_2) \cdots\ \gamma(i_r))
\end{aligned}$$

■

대칭군 S_n의 임의의 원소 σ는 정리 1.3.4에 의해 서로소인 순환치환들의 곱

$$\sigma=\sigma_1\sigma_2\cdots\sigma_r,\quad 1\le|\sigma_1|\le|\sigma_2|\le\cdots\le|\sigma_r|\le n,\quad |\sigma_1|+|\sigma_2|+\cdots+|\sigma_r|=n$$

으로 표현된다. 이때, σ를 $(|\boldsymbol{\sigma_1}|, |\boldsymbol{\sigma_2}|, \cdots, |\boldsymbol{\sigma_r}|)$-형 치환이라 한다.

이를테면, S_4에서 1은 (1, 1, 1, 1)-형 치환, (1 2)는 (1, 1, 2)-형 치환이다.

정리 2.11.4에 의하여 $(i_1, i_2, \cdots, i_r)$-형 치환의 켤레원은 $(i_1, i_2, \cdots, i_r)$-형 치환임을 쉽게 알 수 있다. 이제 정리 2.11.4를 이용하여 치환군의 켤레류를 구체적으로 구하여 보자. 다음 예는 대칭군 S_4와 교대군 A_4의 켤레류이다.

[예제 2.11.3] 대칭군 S_4의 치환은 (1, 1, 1, 1)-형, (1, 1, 2)-형, (1, 3)-형, (2, 2)-형과 (4)-형의 5가지로 분류할 수 있으며 켤레류로 분류하면 다음과 같다.

켤레류	형	원소	개수
C_1	(1, 1, 1, 1)	1	1
$C_{(12)}$	(1, 1, 2)	(1 2), (1 3), (1, 4), (2 3), (2 4), (3 4)	6
$C_{(123)}$	(1, 3)	(1 2 3), (1 3 2), (1 2 4), (1 4 2), (1 3 4), (1 4 3), (2 3 4), (2 4 3)	8
$C_{(12)(34)}$	(2, 2)	(1 2)(3 4), (1 3)(2 4), (1 4)(2 3)	3
$C_{(1234)}$	(4)	(1 2 3 4), (1 2 4 3), (1 3 2 4), (1 3 4 2), (1 4 2 3), (1 4 3 2)	6

한편, 교대군 A_4를 켤레류로 분류하면 아래와 같다.

켤레류	형	원소	개수
C_1	(1, 1, 1, 1)	1	1
$C_{(123)}$	(1, 3)	(123), (134), (142), (243)	4
$C_{(132)}$	(1, 3)	(132), (143), (124), (234)	4
$C_{(12)(34)}$	(2, 2)	(12)(34), (13)(24), (14)(23)	3

한편, 교대군 A_4의 부분군을 살펴보면 위수 1, 2, 3, 4인 군과 12인 자기 자신이 있다. 여기에서 12의 약수인 위수 6인 부분군이 존재하지 않음을 알 수 있다.

정리 2.11.5 군 G에서 G의 부분집합 $S(\neq\phi)$에 대하여 집합

$$N_G(S)=\{g\in G \mid gSg^{-1}=S\}$$

는 G의 부분군이다. 이때, $N_G(S)$를 군 G에서 S의 **정규화부분군**(normalizer)이라고 한다. 또한, 다음이 성립한다.

(1) $H\leq G$이면 $H\lhd N_G(H)$이다.

(2) $N\lhd G \Leftrightarrow N_G(N)=G$

증명 항등원 e에 대하여 $eSe^{-1}=S$이므로 $N_G(S)\neq\phi$이다. 집합 $N_G(S)$의 임의의 원소 a, b에 대하여 $(ab)S(ab)^{-1}=a(bSb^{-1})a^{-1}=aSa^{-1}=S$이므로 $ab\in N_G(S)$이다. 또, $a\in N_G(S) \Leftrightarrow aSa^{-1}=S \Leftrightarrow S=a^{-1}Sa \Leftrightarrow a^{-1}\in N_G(S)$이다. 따라서 $N_G(S)$는 G의 부분군이다.

(1) 군 H의 임의의 원소 a에 대하여 $aHa^{-1}=H$이므로 $a\in N_G(H)$이고 따라서 H는 $N_G(H)$의 부분군이다. 또 임의의 $g\in N_G(H)$에 대하여 $gHg^{-1}=H$이므로

$H \lhd N_G(H)$이다.

(2) 정규부분군의 정의에 의하여 $N \lhd G \Leftrightarrow N_G(N) = G$이다. ■

군 G에서 G의 부분집합[또는 부분군] S, $T(\neq \phi)$에 대하여 $T = gSg^{-1}$인 g가 존재할 때, S와 T를 **결레부분집합**(conjugate subset)[**결레부분군**(conjugate subgroup)]이라고 한다.

정리 2.11.6 유한군 G에서 G의 부분집합[부분군] $S(\neq \phi)$에 대하여 S의 결레부분집합[결레부분군]전체의 개수는 $|G : N_G(S)|$이다.

증명 집합 $C = \{gSg^{-1} \mid g \in G\}$로부터 $X = \{gN_G(S) \mid g \in G\}$로의 함수

$$\phi : C \to X, \quad \phi(gSg^{-1}) = gN_G(S)$$

로 정의하면,

$$aSa^{-1} = bSb^{-1} \Leftrightarrow b^{-1}aSa^{-1}b = S \Leftrightarrow b^{-1}a \in N_G(S) \Leftrightarrow aN_G(S) = bN_G(S)$$

이므로 ϕ는 잘 정의된 일대일 함수이다. 또 임의의 $gN_G(S) \in X$에 대하여 $\phi(gSg^{-1}) = gN_G(S)$이므로 ϕ는 위로의 함수이다. 따라서 ϕ는 일대일대응 함수이고 $|C| = |X| = |G : N_G(S)|$이다. ■

정리 2.11.7 유한가환군 G에서 소수 p에 대하여 $p \mid |G|$이면 군 G에 위수 p인 원소가 존재한다.

증명 이제 $p \mid |G|$이면, 적당한 양의 정수 n이 존재하여 $|G| = np$이다. 특히, $n = 1$인 경우에 Lagrange의 정리에 의하여 항등원을 제외한 모든 원소의 위수는 p이므로 성립한다. 이제 $n > 1$인 경우에 수학적 귀납법을 이용하기 위하여 $|G| < np$인 경우에 성립한다고 가정하자. 원소 $a \in G - \{e\}$에 대하여 $(|a|, p) = p$ 또는 $(|a|, p) = 1$이다.

먼저 $(|a|, p) = p$이라고 하면 $|a| = kp(1 \le k \le n)$이고 $|a^k| = p$이므로 성립한다. 이제 $(|a|, p) = 1$이라고 하면 $p \nmid |\langle a \rangle|$이다. 잉여군 $G/\langle a \rangle$를 생각하면, $|G/\langle a \rangle| < |G|$이고 $p \mid |G/\langle a \rangle|$이다. 귀납법에 의하여 $G/\langle a \rangle$에는 위수 p인 원소

$b\langle a \rangle$가 존재한다. 한편 b의 위수를 r이라고 하면,

$$(b\langle a \rangle)^r = b^r\langle a \rangle = e\langle a \rangle = \langle a \rangle$$

이므로 $p \mid r$이다. 이제 $r = ps$이라면 b^s은 위수가 p이다.

그러므로 군 G에는 위수 p인 원소가 존재한다. ■

다음 정리는 부분군의 존재성에 관한 기본성질로 자주 이용된다. 특히, (1)이면 (2)가 성립하는 성질은 Cauchy 정리로 잘 알려져 있다.

정리 2.11.8 유한군 G에서 소수 p에 대하여 다음은 동치이다.

(1) $p \mid |G|$이다.

(2) 군 G에 위수 p인 원소가 존재한다.

(3) 군 G에 위수 p인 부분군이 존재한다.

증명 (1)⇒(2) 가환군 G인 경우에는 정리 2.11.7에 의하여 성립한다.

이제, $|G| = np$ $(n > 1)$라고 하고 수학적 귀납법을 이용하기 위하여 $|G| < np$인 경우에 성립한다면, 군 G가 가환이 아니므로 류등식의 순서를 재조정하면,

$$|G| = |Z(G)| + |C_{k+1}| + \cdots + |C_r| \qquad \cdots\cdots \ (**)$$

이다. 단, $|Z(G)| < |G|$이고 $|C_{k+1}| \geq \cdots \geq |C_r| \geq 2$이다.

먼저 $p \mid |Z(G)|$이면 $Z(G)$는 가환군이므로 $Z(G)$에 위수 p인 원소가 존재하므로 군 G에 위수 p인 원소가 존재한다.

한편 $p \nmid |Z(G)|$인 경우에 (**)의 좌변과 우변이 p의 배수이므로 적당한 t $(k+1 \leq t \leq r)$에 대하여 $p \nmid |C_t|$이다. 정리 2.11.2에 의하여 적당한 $x_t \in G$에 대하여 $|G| = |C_G(x_t)|\,|C_t|$이다. 따라서 $p \mid |C_G(x_t)|$이고 수학적 귀납법에 의하여 $C_G(x_t)$에 위수 p인 원소가 존재한다.

그러므로 유한군 G에 위수 p인 원소가 존재한다.

(2)⇒(3) 군 G에 위수 p인 원소를 a라고 하면 $\langle a \rangle$가 위수 p인 G의 부분군이다.

(3)⇒(1) Lagrange 정리에 의하여 성립한다. ■

소수 p에 대하여 위수 p^n $(n \geq 0)$인 유한군 G를 유한 p-군(finite p-group)이라고 한다.

군 G가 유한 p-군이면 Lagrange 정리에 의하여 G의 모든 부분군은 유한 p-군이다. 또 G의 모든 원소의 위수는 p의 거듭제곱이다.

정리 2.11.9 군 G가 유한 p-군이고 $|G| \geq p$이면 다음이 성립한다.

(1) $|Z(G)| \geq p$이다.

(2) G가 가환군이 아니면 $|G : Z(G)| \geq p^2$이다.

(3) $|G| = p^2$이면 G는 가환군이다. 즉, $G \cong C_{p^2}$ 또는 $G \cong C_p \times C_p$이다.

증명 독자에게 남긴다. ■

연습문제 2.11

1. 군 G의 부분군 N에 대하여 다음을 증명하여라.

   (1) N이 정규부분군일 때, $x \in N$이면 $C_x \subseteq N$이다.

   (2) N이 정규부분군일 필요충분조건은 $N = \cup \{C_x \mid x \in N\}$이다.

2. 정이면체군 D_4와 D_5를 켤레류로 분류하여라.

3. 대칭군 S_5와 교대군 A_5를 켤레류로 분류하여라.

4. 군 G가 유한 p-군이고 $|G| \geq p$이면 다음이 성립하는 것을 증명하여라.

   (1) $|Z(G)| \geq p$이다.

   (2) G가 가환군이 아니면 $|G : Z(G)| \geq p^2$이다.

   (3) $|G| = p^2$이면 G는 가환군이다. 즉, $G \cong C_{p^2}$ 또는 $G \cong C_p \times C_p$이다.

2.12 군의 작용

이 절에서는 집합 $X(\neq\phi)$ 위의 대칭군 $S(X)$의 원소 $\sigma : X \to X$에 의한 $x \in X$의 상 $\sigma(x)$ 대신에 $x\sigma$로 나타내기로 한다. 이와 같이 표현하는 경우에 $S(X)$의 임의의 두 원소 σ와 τ에 대한 합성함수 $\sigma\tau : X \to X$에서 $x \in X$의 함수값 $x\sigma\tau = (x\sigma)\tau$는 $x\sigma = \sigma(x)$이므로 $x(\sigma\tau) = (x\sigma)\tau = \sigma(x)\tau = \tau(\sigma(x)) = \tau\circ\sigma(x)$와 같다. 이러한 표현법을 원소 x의 함수값을 왼쪽에서부터 오른쪽으로 구한다는 의미에서 **오른쪽 표기법**이라 한다.

이를테면, $\begin{pmatrix}1&2&3\\2&1&3\end{pmatrix}\begin{pmatrix}1&2&3\\1&3&2\end{pmatrix} = \begin{pmatrix}1&2&3\\1&3&2\end{pmatrix}\circ\begin{pmatrix}1&2&3\\2&1&3\end{pmatrix} = \begin{pmatrix}1&2&3\\3&1&2\end{pmatrix}$이다. 이 표기법은 이전에 사용하던 방법과 혼돈되지만, 이를 사용할 경우에 왼쪽에서부터 계산할 수 있다는 장점이 있다. 위 예에서 왼쪽에서부터 시작하여 $1 \to 2 \to 3$, $2 \to 1 \to 1$, $3 \to 3 \to 2$이므로 직접 $\begin{pmatrix}1&2&3\\2&1&3\end{pmatrix}\begin{pmatrix}1&2&3\\1&3&2\end{pmatrix} = \begin{pmatrix}1&2&3\\3&1&2\end{pmatrix}$을 구할 수 있다.

이 절에서 다루는 정의와 이론은 다음 절 이후 설명되는 유한 비가환군의 구조를 결정하는 이론에 중요하게 응용된다.

정의 2.12.1 군 G와 집합 $X(\neq\phi)$에 대하여 함수

$$\cdot : G\times X \to X, \quad \cdot(g, x) = g\cdot x$$

가 다음 두 조건

(i) $e\cdot x = x$ (e는 G의 항등원이고 x는 X의 임의의 원소),

(ii) $(gh)\cdot x = g\cdot(h\cdot x)$ (임의의 원소 $g, h \in G$와 $x \in X$)

을 만족할 때, 이 함수 $\cdot$를 X 위에서의 G의 **작용**(action) 또는 G-**작용**이라 하고 X를 G-**집합**(G-set)이라고 한다.

이때, 군 G는 이 작용을 통하여 왼쪽에서 X에 **작용한다**고 한다.

이 정의를 다른 방향에서 생각하면 다음과 같다.

정의 2.12.1′ 군 G와 집합 $X(\neq\phi)$에 대하여 함수

$$\cdot : X\times G \to X, \quad \cdot(x, g) = x\cdot g$$

가 다음 두 조건

(i) $x\cdot e = x$ (e는 G의 항등원이고 x는 X의 임의의 원소),
(ii) $x\cdot(gh) = (x\cdot g)\cdot h$ (임의의 원소 $g, h\in G$와 $x\in X$)

을 만족할 때, 이 함수 $\cdot$을 X 위에서의 G의 작용(action) 또는 G-작용이라 하고 X를 G-집합(G-set)이라고 한다.

이때, 군 G는 이 작용을 통하여 오른쪽에서 X에 작용한다고 한다.

[예제 2.12.1] 군 G에 대하여 $X=G$라고 할 때, G는 작용

$$\cdot : G\times X \to X, \quad \cdot(g, x) = g\cdot x,$$
$$\cdot : X\times G \to X, \quad \cdot(x, g) = x\cdot g$$

을 통하여 왼쪽과 오른쪽에서 작용한다. 실제로 임의의 원소 $g, h\in G$와 $x\in X$에 대하여 다음이 성립한다.

$$e\cdot x = x, \qquad (gh)\cdot x = g\cdot(h\cdot x)$$
$$x\cdot e = x, \qquad x\cdot(gh) = (x\cdot g)\cdot h$$

정리 2.12.2 군 G에 대하여 $X=G$라고 할 때, G는 작용

$$\cdot : G\times X \to X, \quad \cdot(g, x) = g\cdot x = gxg^{-1},$$
$$\cdot : X\times G \to X, \quad \cdot(x, g) = x\cdot g = g^{-1}xg$$

을 통하여 왼쪽과 오른쪽에서 작용한다.

증명 임의의 원소 $g, h\in G$와 $x\in X$에 대하여 다음이 성립한다. 즉,

$$e\cdot x = exe^{-1} = x,\ (gh)\cdot x = (gh)x(gh)^{-1} = g(hxh^{-1})g^{-1} = g\cdot(h\cdot x)$$

이므로 G는 작용

$$\cdot : G\times X \to X, \quad \cdot(g, x) = g\cdot x = gxg^{-1}$$

을 통하여 왼쪽에서 작용한다. 유사하게 G는 작용

$$\cdot : X\times G \to X, \quad \cdot(x, g) = x\cdot g = g^{-1}xg$$

을 통하여 오른쪽에서 작용한다. ■

정리 2.12.3 군 G와 X에 대하여 G는 작용

$$\cdot : G\times X \to X, \quad \cdot(g, x) = g\cdot x$$

을 통하여 집합 X의 왼쪽에서 작용할 때 다음이 성립한다.

(1) 군 G의 부분군 H에 대하여 H는 작용

$$\cdot : H\times X \to X, \quad \cdot(h, x) = h\cdot x$$

를 통하여 집합 X의 왼쪽에서 작용한다.

(2) 집합 X의 부분집합 $Y(\neq\phi)$에서, 임의의 원소 $g\in G$와 $y\in Y$에 대하여 $g\cdot y\in Y$이면, G는 작용

$$\cdot : G\times Y \to Y, \quad \cdot(g, y) = g\cdot y$$

를 통하여 집합 Y의 왼쪽에서 작용한다.

증명 (1) 군 H의 원소는 군 G의 원소이므로 (1)이 성립한다.

(2) 같은 방법으로 증명된다. ■

정리 2.12.4 군 G가 왼쪽에서 집합 X에 작용할 때, 다음과 같이 정의된 X 위의 관계 ~는 동치관계이다.

$$x\sim y \Leftrightarrow \text{적당한 원소 } g\in G\text{에 대하여 } y = g\cdot x$$

이때, x를 품는 동치류 즉, $O_x = \{g\cdot x \mid g\in G\}$를 G-궤도(G-orbit) 또는 간단히 궤도라 하고 $|O_x|$를 이 궤도의 크기라고 한다.

증명 집합 X의 임의의 원소 x와 G의 항등원 e에 대하여 $x=e\cdot x$이므로 $x\sim x$이다. 집합 X의 임의의 원소 x, y에 대하여 $x\sim y$이면 적당한 $g\in G$에 대하여 $y=g\cdot x$이다. 따라서 $g^{-1}\cdot y=g^{-1}\cdot(g\cdot x)=x$이므로 $y\sim x$이다. 이제, 집합 X의 임의의 원소 x, y, z에 대하여 $x\sim y$이고 $y\sim z$이면 적당한 $g, h\in G$에 대하여 $y=g\cdot x$이고 $z=h\cdot y$이다. 따라서 $z=h\cdot y=h\cdot(g\cdot x)=(hg)\cdot x$이므로 $x\sim z$이다. 그러므로 동치관계이다. ■

정리 1.1.6과 정리 2.12.4에 의하여 다음 정리를 얻는다.

정리 2.12.5 군 G가 왼쪽에서 집합 X에 작용할 때 다음이 성립한다.

(1) $O_x=O_y \Leftrightarrow$ 적당한 원소 $g\in G$에 대하여 $y=g\cdot x$이다.

(2) $x\in O_y \Leftrightarrow O_x=O_y \Leftrightarrow y\in O_x$

(3) 각 $x\in X$에 대하여 $x\in O_x$이고, 임의의 원소 $x, y\in X$에 대하여 $O_x\cap O_y=\phi$ 또는 $O_x=O_y$ 중에 꼭 하나만 성립한다.

정리 2.12.6 군 G가 왼쪽에서 집합 X에 작용할 때, 각 원소 $x\in X$에 대하여 x를 고정시키는 G의 원소들의 집합을 기호 $\mathrm{Stab}_G(x)$ 즉,

$$\mathrm{Stab}_G(x)=\{g\in G \mid g\cdot x=x\}$$

로 나타내면, $\mathrm{Stab}_G(x)$는 군 G의 부분군이다. 이 부분군을 G에서 x의 **안정화부분군**(stabilizer)이라고 하고 간단히 G_x로 나타낸다.

이때, 다음이 성립한다.

(1) $|O_x|=|G:G_x|=\dfrac{|G|}{|G_x|}$, $\quad |O_x|\,\big|\,|G|$

(2) $G_{g\cdot x}=gG_xg^{-1}$

증명 먼저 $e\cdot x=x$이므로 $e\in G_x$이다. 임의의 원소 $a, b\in G_x$에 대하여 $a\cdot x=x$이고 $b\cdot x=x$이다. 따라서 $(ab)\cdot x=a\cdot(b\cdot x)=a\cdot x=x$이므로 $ab\in G_x$이고 $a^{-1}\cdot x=a^{-1}\cdot(a\cdot x)=e\cdot x=x$이므로 $a^{-1}\in G_x$이다. 따라서 G_x는 군 G의 부분군이다.

(1) 부분군 G_x의 좌잉여류들의 집합을 Y라고 하자. 즉, $Y=\{gG_x \mid g\in G\}$이다. 함수 $\phi: O_x \to Y$를 $\phi(g\cdot x)=gG_x$로 정의하면, $a\cdot x=b\cdot x$이면

$$(a^{-1}b)\cdot x=x \Rightarrow a^{-1}b\in G_x \Rightarrow aG_x=bG_x \Rightarrow \phi(a\cdot x)=\phi(b\cdot x)$$

이므로 ϕ는 잘 정의된 함수이다. 집합 Y의 임의의 원소 gG_x에 대하여 $g\cdot x\in O_x$가 존재하여 $\phi(g\cdot x)=gG_x$이므로 ϕ는 위로의 함수이다. 또 $\phi(a\cdot x)=\phi(b\cdot x)$이면,

$$aG_x=bG_x \Rightarrow a^{-1}b\in G_x \Rightarrow (a^{-1}b)\cdot x=x \Rightarrow a\cdot x=b\cdot x$$

이므로 ϕ는 일대일 함수이다. 따라서 ϕ는 일대일대응 함수이다.

그러므로 $|O_x|=|G:G_x|=\dfrac{|G|}{|G_x|}$이고 $|O_x|\mid|G|$이다.

(2) 임의의 원소 $a\in G_{g\cdot x}$이면 $a\cdot(g\cdot x)=g\cdot x$이고 $(g^{-1}ag)\cdot x=x$이므로 $g^{-1}ag\in G_x$이고 $a\in gG_xg^{-1}$이다. 따라서 $G_{g\cdot x}\subseteq gG_xg^{-1}$이다.

역으로, 임의의 원소 $a\in gG_xg^{-1}$이면 $g^{-1}ag\in G_x$이고 $(g^{-1}ag)\cdot x=x$이다. 따라서 $a\cdot(g\cdot x)=g\cdot x$이고 $a\in G_{g\cdot x}$이다. 즉, $gG_xg^{-1}\subseteq G_{g\cdot x}$이다.

그러므로 $G_{g\cdot x}=gG_xg^{-1}$이다. ■

정리 2.12.5와 정리 2.12.6을 종합하면 다음과 같다.

정리 2.12.7 유한군 G가 유한집합 X에 작용할 때, $O_1, O_2, \cdots, O_r$을 X의 서로 다른 G-궤도 전체라고 하면 다음이 성립한다.

(1) $X=O_1\cup O_2\cup\cdots\cup O_r$, $O_i\cap O_j=\phi$ $(1\le i\ne j\le r)$

(2) $|X|=|O_1|+|O_2|+\cdots+|O_r|$

(3) 각 정수 i $(1\le i\le r)$에 대하여 $x_i\in O_i$라고 하면 $O_{x_i}=O_i$이다.

또 $|O_i|=|G:G_{x_i}|$이고 $|O_i|\mid|G|$이다.

이제 작용에 관한 구체적인 응용 예를 살펴본다.

[예제 2.12.2] 군 G에 대하여 $X=G$라고 할 때, G는 작용

$$\cdot : G \times X \to X, \quad \cdot(g, x) = g \cdot x = gxg^{-1}$$

를 통하여 왼쪽에서 작용할 때, 원소 $x \in G$를 품는 G-궤도 O_x와 군 G에서 x의 안정화부분군 $G_x = \mathrm{Stab}_G(x)$는 다음과 같다.

$$O_x = \{g \cdot x \mid g \in G\} = \{gxg^{-1} \mid g \in G\},$$
$$\mathrm{Stab}_G(x) = \{g \in G \mid g \cdot x = x\} = \{g \in G \mid gxg^{-1} = x\}$$

실제로 원소 $x \in G$를 품는 G-궤도 O_x는 x를 품는 켤레류 C_x이고 군 G에서 x의 안정화부분군 $\mathrm{Stab}_G(x)$은 x의 중심화부분군 $C_G(x)$이다.

또, $|C_x| = |G : C_G(x)| = |G : G_x| = |O_x|$이다.

[예제 2.12.3] 군 G에 대하여 집합 X를 $X = \wp(G) = \{S \mid S \subseteq G\}$라고 할 때, G는 작용

$$\cdot : G \times X \to X, \quad \cdot(g, S) = g \cdot S = gSg^{-1}$$

를 통하여 왼쪽에서 작용할 때, 원소 $S \in \wp(G)$를 품는 G-궤도 O_S와 군 G에서 S의 안정화부분군 $\mathrm{Stab}_G(S)$은 다음과 같다.

$$O_S = \{g \cdot S \mid g \in G\} = \{gSg^{-1} \mid g \in G\},$$
$$\mathrm{Stab}_G(S) = \{g \in G \mid g \cdot S = S\} = \{g \in G \mid gSg^{-1} = S\}$$

실제로 원소 S를 품는 G-궤도 O_S는 S를 품는 켤레부분집합 전체로 이루어진 집합이고 군 G에서 S의 안정화부분군 $\mathrm{Stab}_G(S)$는 S의 정규화부분군 $N_G(S)$이다. 또 S의 켤레부분집합 전체의 개수는 다음과 같다(정리 2.11.6 참조).

$$|G : N_G(S)| = |G : G_S| = |O_S|$$

군 G가 집합 X에 왼쪽에서 작용할 때, 원소 $x \in X$를 품는 G-궤도가 $\{x\}$일 때, 즉 모든 원소 $g \in G$에 대하여 $g \cdot x = x$일 때, x를 이 작용의 **부동점**(fixed point)이라고 한다.

이를테면, 예제 2.12.2에서 원소 $x \in G$가 부동점이면 모든 원소 $g \in G$에 대하여 $g \cdot x = gxg^{-1} = x$이다. 다시 말하면, 모든 $g \in G$와 교환법칙이 성립하는 원소이다. 따라서 $x \in Z(G)$이다. 그러므로 부동점의 집합은 중심 $Z(G)$이다.

정리 2.12.8 유한 p-군 $H \neq \{e\}$가 유한집합 X에 작용할 때, X_0를 이 작용의 부동점 전체의 집합이라고 하면 $|X| \equiv |X_0| \bmod p$이다. 특히, $p \nmid |X|$이면 이 작용의 부동점이 적어도 하나 존재한다.

증명 먼저 $|H| = p^n$ $(n \geq 1)$이라 가정하자. 또 $O_1, O_2, \cdots, O_r$을 X의 서로 다른 H-궤도 전체라고 하고

$$|O_1| = |O_2| = \cdots = |O_k| = 1 \text{이고} \quad |O_{k+1}| \geq |O_{k+2}| \geq \cdots \geq |O_r| \geq 2$$

이라고 하자. 정리 2.12.7에 의하여

$$|X| = |X_0| + |O_{k+1}| + \cdots + |O_r|, \quad |O_i| \mid p^n, \quad |X_0| = k$$

이다. 따라서 $p \mid |O_{k+1}|, \cdots, p \mid |O_r|$이므로 $|X| \equiv |X_0| \bmod p$이다.

특히, $p \nmid |X|$이면 $p \nmid |X_0|$이므로 $|X_0| \neq 0$이다. 따라서 부동점이 적어도 하나 존재한다. ■

이제 제 11절에서 증명하였던 Cauchy 정리를 군의 작용 이론을 이용하여 다른 관점에서 증명하여 보자.

정리 2.12.9 (Cauchy 정리) 유한군 G에 대하여 $p \mid |G|$인 모든 소인수 p에 대하여 G에는 위수 p인 원소가 존재하다.

증명 위수 p인 순환군 $H = \{1 = a^0, a, \cdots, a^{p-1}\}$와 집합

$$X = \{(x_1, x_2, \cdots, x_p) \in G^p \mid x_1 x_2 \cdots x_p = 1\}$$

을 생각해보자. 먼저, 군 G에서

$$x_1 x_2 \cdots x_p = 1 \Rightarrow x_p = (x_1 x_2 \cdots x_{p-1})^{-1}$$

이므로 집합 X의 원소는 $(p-1)$개의 성분에 의존되므로 $|X|=|G|^{p-1}$이고 $p \mid |X|$이다. 또한, G의 임의의 두 원소 a, b에 대하여 $ab=1$이면 $ba=1$이므로(연습문제 2.2.3) 임의의 정수 i $(1 \le i \le p-1)$에 대하여

$$\begin{aligned}(x_1, x_2, \cdots, x_p) \in X &\Leftrightarrow x_1x_2\cdots x_p = 1\\ &\Leftrightarrow x_{i+1}\cdots x_px_1\cdots x_i = 1\\ &\Leftrightarrow (x_{i+1}, \cdots, x_p, x_1, \cdots, x_i) \in X\end{aligned}$$

이다. 함수 $\cdot : H \times X \to X$를

$$a^i \cdot (x_1, x_2, \cdots, x_p) = \begin{cases}(x_1, x_2, \cdots, x_p) & : i=0\\ (x_{i+1}, \cdots, x_p, x_1, \cdots, x_i) & : 1 \le i \le p-1\end{cases}$$

와 같이 정의하면 H는 함수 $\cdot$를 통하여 왼쪽에서 X에 작용한다(연습문제).

부동점의 집합을 X_0라고 하고, $(x_1, x_2, \cdots, x_p) \in X_0$이면 임의의 정수 i $(0 \le i \le p-1)$에 대하여

$$a^i \cdot (x_1, x_2, \cdots, x_p) = (x_1, x_2, \cdots, x_p)$$

이므로 $x_1 = x_2 = \cdots = x_p$이다. 한편, $(1, 1, \cdots, 1) \in X_0$이고 $|X| \equiv |X_0| \bmod p$이므로 $p \mid |X|$로부터 $p \mid |X_0|$이다. 또한, $(x_1, x_2, \cdots, x_p) \in X_0$이면 $x_1 = x_2 = \cdots = x_p$이므로 ${x_1}^p = 1$이다. 따라서 $|X_0| \ge p$이므로 X_0은 $(1, 1, \cdots, 1)$과 다른 원소 $(x, x, \cdots, x)$를 가진다. 즉, 군 G에는 위수 p인 원소 x가 존재한다. ▩

정리 2.12.10 유한 p-군 $G \neq \{e\}$의 정규부분군 $N \neq \{e\}$에 대하여 $N \cap Z(G) \neq \{e\}$이다. 따라서 $Z(G) \neq \{e\}$이다.

증명 집합 X를 $X = N - \{e\}$라 놓으면 $p \mid |N|$이므로 $p \nmid |X|$이다.

함수 $\cdot : G \times X \to X$를 $\cdot(g, x) = g \cdot x = gxg^{-1}$라 정의하면 G는 함수 $\cdot$을 통하여 왼쪽에서 X에 작용한다. 부동점의 집합을 X_0라고 할 때, 정리 2.12.8에 의하여 $|X| \equiv |X_0| \bmod p$이므로 $|X_0| \neq 0$이다. 즉, G-작용에 관한 부동점 x가 존재한다. 한편, $x \in Z(G)$이므로 $N \cap Z(G) \ge \{e, x\}$이고, 따라서 정리가 성립한다. ▩

군 G의 집합 X 위에서의 작용 $\cdot : G \times X \to X$, $\cdot(g, x) = g \cdot x$에 대하여 적당한 원소 $a \in X$에 대하여 $O_a = \{g \cdot a \mid g \in G\} = X$일 때, 이 작용을 **추이적 작용**(transitive action)이라고 한다.

연습문제 2.12

1. 정리 2.12.3을 증명하고 또, 군 G가 오른쪽에서 작용할 때의 정리로 바꾸어라.

2. 정리 2.12.5를 증명하여라.

3. 정리 2.12.7을 증명하여라.

4. 정리 2.12.9의 군 H와 집합 X에 대하여 함수 $\cdot : H \times X \to X$를

$$a^i \cdot (x_1, x_2, \cdots, x_p) = \begin{cases} (x_1, x_2, \cdots, x_p) & : i = 0 \\ (x_{i+1}, \cdots, x_p, x_1, \cdots, x_i) & : 1 \le i \le p-1 \end{cases}$$

와 같이 정의하면 H는 함수 $\cdot$를 통하여 왼쪽에서 X에 작용하는 것을 증명하여라.

5. 군 G의 집합 X 위에서의 작용 $\cdot : G \times X \to X$이 $\cdot(g, x) = g \cdot x$와 같이 정의되었을 때, 다음 명제들이 동치임을 증명하여라.
   (1) X 자신이 G-궤도이다. 즉, 적당한 원소 $a \in X$에 대하여 $O_a = X$이다.
   (2) 임의의 원소 $x \in X$에 대하여 $O_x = X$이다.
   (3) 임의의 원소 $x, y \in X$에 대하여 적당한 원소 $g \in G$가 존재하여 $g \cdot x = y$이다.

6. 집합 $X = \{1, 2, 3, 4\}$에 대하여 다음 치환군이 추이적으로 작용하는지 확인하여라.
   (1) $G_1 = \langle (1\ 2\ 3\ 4) \rangle = \{1, (1\ 2\ 3\ 4), (1\ 3)(2\ 4), (1\ 4\ 3\ 2)\}$
   (2) $G_2 = \{1, (1\ 2)(3\ 4)\}$
   (3) $V_4 = \{1, (1\ 2)(3\ 4), (1\ 3)(2\ 4), (1\ 4)(2\ 3)\}$

2.13 Sylow 정리

Lagrange 정리는 유한군에서 부분군의 위수가 유한군의 위수의 약수임을 설명하고 있다. 역으로, 유한군의 위수의 임의의 약수를 위수로 가지는 부분군이 예제 2.11.3에서 존재하지 않을 수 있음을 알았다. 유한 가환군인 경우에는 그의 위수의 임의의 약수를 위수로 가지는 부분군이 항상 존재함을 보일 수 있다(연습문제 2.13.2). 실제로 유한 순환군인 경우에는 그의 위수의 임의의 약수를 위수로 가지는 부분군이 유일하게 존재하고(연습문제 2.4.7) 순환군이 아닌 가환군인 경우에는 하나 이상의 부분군이 존재한다(연습문제 2.13.1).

일반적인 유한군에 관하여는 Cauchy 정리에서 유한군의 위수의 임의의 소인수를 위수로 가지는 부분군이 존재하는 것을 증명하였다. 이 절에서는 Cauchy 정리보다 일반화 된 Sylow 정리를 다룬다. 다음 정리는 유한군의 위수의 약수인 임의의 소인수의 멱을 위수로 가지는 부분군의 존재성을 설명한다.

정리 2.13.1 (Sylow 정리 I) 유한군 G가

$$|G| = p^n m,\ p\text{는 소수},\ n\ (n \geq 0)\text{은 정수이고 } m\text{은 } (p, m) = 1\text{인 자연수}$$

일 때, 각 정수 s $(0 \leq s \leq n)$에 대하여 위수가 p^s인 G의 부분군이 존재한다.

증명 먼저 위수 1인 부분군 $\{e\}$는 항상 존재하므로 $s=0$일 때 성립한다. 이제 $n \geq 1$일 때, $1 \leq s \leq n$이라 가정하면 자명하지 않은 위수가 p^s인 부분군 H가 존재(실제로 Cauchy 정리에 의하여 위수 p인 부분군이 최소한 존재)하므로 H의 다음 두 경우에 대하여 $|G|$에 관한 귀납법으로 증명한다.

(1) $(|G : H|, p) = 1$인 진부분군 H가 존재하는 경우 : 이 경우에 $|H| \leq |G|$이고 $|H| \mid |G|$이므로 $|H| = p^n t$이라면 $(t, p) = 1$이고 $t < m$이다. 수학적 귀납법에 의하여 각 정수 s $(0 \leq s \leq n)$에 대하여 H에는 위수 p^s인 부분군 P가 존재한다. 한편, H의 부분군은 G의 부분군이므로 P는 G의 부분군이다. 따라서 각 정수 s $(0 \leq s \leq n)$에 대하여 G에는 위수 p^s인 부분군 P가 존재한다.

(2) G의 모든 진부분군 H에 대하여 $p \mid |G : H|$인 경우 : 이 경우에 류등식

$$|G| = |Z(G)| + |C_{k+1}| + \cdots + |C_r|, \quad |C_{k+1}| \geq \cdots \geq |C_r| \geq 2$$

을 살펴보면, $p \mid |G|$이고 각 $i\ (k+1 \le i \le r)$에 대하여 $x_i \in C_i$라고 하면, $C_G(x_i)$는 G의 진부분군이고 $|C_i| = |G : C_G(x_i)|$이므로 $p \mid |C_i|$이다. 따라서 $p \mid |Z(G)|$이다. Cauchy 정리에 의하여 $Z(G)$에는 위수 p인 부분군 N이 존재한다. 또, $N \subseteq Z(G)$이므로 $N \lhd G$이므로 잉여군 G/N을 생각할 수 있다.

그런데 $|G/N| = p^{n-1}m < |G|$이므로 각 정수 $s\ (1 \le s \le n)$에 대하여 G/N에는 위수 p^{s-1}인 부분군 P/N이 존재하고, 이때 P는 정리 2.8.11에 의하여 위수 p^s인 G의 부분군이다. 그러므로 G에는 위수 p^s인 부분군이 존재한다. ▩

[예제 2.13.1] (1) 위수가 12인 유한군 G는 Sylow 정리 I 에 의하여 적어도 위수 1, 2, 2^2, 3인 부분군을 가진다. 또, 자기 자신을 부분군으로 가진다. 그러나 12의 약수 중에 6인 경우를 위수로 가지는 부분군의 존재는 알 수 없다. 실제로 교대군 A_4는 위수 1, 2, 2^2, 3, 12인 부분군을 가지지만 위수 6인 부분군을 갖지 않는다.

(2) 위수 12인 순환군 $G = \langle a \rangle$의 경우에는 정리 2.4.3에 의하여 $\langle 1 \rangle$, $\langle a^6 \rangle$, $\langle a^4 \rangle$, $\langle a^3 \rangle$, $\langle a^2 \rangle$, $\langle a \rangle$이 각각 위수 1, 2, 3, 4, 6, 12인 유일한 부분군이다.

(3) 위수 12인 순환군이 아닌 가환군 G를 살펴보면, Sylow 정리 I 에 의하여 위수 3인 부분군과 위수 4인 부분군이 존재한다. 여기서 위수 3인 군은 $\mathbb{Z}_3$와 동형이고, 위수 4인 군은 $\mathbb{Z}_4$ 또는 $\mathbb{Z}_2 \oplus \mathbb{Z}_2$와 동형이다. 또, G의 모든 군은 정규부분군이므로 정리 2.9.8에 의하여 G는 위수 4인 부분군과 위수 3인 부분군의 직적으로 표현된다. 그러므로 $G \cong \mathbb{Z}_4 \oplus \mathbb{Z}_3$ 또는 $G \cong \mathbb{Z}_2 \oplus \mathbb{Z}_2 \oplus \mathbb{Z}_3$이다. 한편, $\mathbb{Z}_4 \oplus \mathbb{Z}_3$ 순환군이므로 $G \cong \mathbb{Z}_2 \oplus \mathbb{Z}_2 \oplus \mathbb{Z}_3$이다. 이때, 위수가 각각 2와 6인 G의 부분군은 유일하지 않다(연습문제).

유한군 G가

$$|G| = p^n m,\ p\text{는 소수},\ n\ (n \ge 0)\text{은 정수이고 } m\text{은 } (p, m) = 1\text{인 자연수}$$

일 때, 각 정수 $s\ (0 \le S \le n)$에 대하여 위수가 p^s인 G의 부분군을 G의 p-부분군(p-subgroup)이라 하고, 특히 위수가 p^n인 G의 부분군을 G의 Sylow p-부분군(Sylow p-subgroup) 또는 G의 Sylow p-군이라 한다.

위 정리의 특수한 경우로 위수 p^n인 유한 p-군 G에는 위수가 $1, p, \cdots, p^n$인 부분군이 존재한다.

정리 2.13.2 (Sylow 정리 II) 유한군 G에서 S가 G의 Sylow p-부분군이라고 하면 다음이 성립한다.

(1) 임의의 원소 $x \in G$에 대하여 xSx^{-1}는 G의 Sylow p-부분군이다.

(2) G의 임의의 p-부분군 H에 대하여 H를 품는 G의 Sylow p-부분군이 존재한다. 실제로 $H \leq xSx^{-1}$인 원소 $x \in G$가 존재한다.

특히, G의 Sylow p-부분군은 모두 S의 켤레부분군이다.

증명 (1) 임의의 원소 $x \in G$에 대하여 $S \cong xSx^{-1}$이고 $|xSx^{-1}| = |S|$이므로 xSx^{-1}는 G의 Sylow p-부분군이다.

(2) 집합 X를 $X = \{xS \mid x \in G\}$라고 하면, 함수

$$\cdot : H \times X \to X, \quad \cdot(h, xS) = h \cdot xS = hxS$$

를 통하여 p-부분군 H는 X의 왼쪽에서 작용한다(연습문제). 이때,

$$|X| = |G : S|, \ (|X|, p) = 1, \ p \nmid |X|$$

이다. 정리 2.12.8에 의하여 $|X| \equiv |X_0| \bmod p$이므로 $|X_0| \geq 1$이다. 따라서 X에는 부동점 xS가 존재한다. 즉, 임의의 $h \in H$에 대하여 $h \cdot xS = xS$이다. 따라서 $x^{-1}hx \in S$이고 $h \in xSx^{-1}$이므로 $H \subseteq xSx^{-1}$이고 $H \leq xSx^{-1}$이다.

특히, H가 G의 Sylow p-부분군이면 적당한 원소 $x \in G$가 존재하여 $H \subseteq xSx^{-1}$이므로 $H = xSx^{-1}$이다. 따라서 H와 S는 켤레부분군이다. ■

정리 2.13.3 유한군 G에서 S를 G의 Sylow p-부분군이라고 하고 $Syl_p(G)$를 G의 Sylow p-부분군 전체의 집합이라고 하면 다음이 성립한다.

(1) $Syl_p(G) = \{xSx^{-1} \mid x \in G\} = \{x^{-1}Sx \mid x \in G\}$

(2) $S \lhd G \Leftrightarrow Syl_p(G) = \{S\} \Leftrightarrow G$는 유일한 Sylow p-부분군을 가진다.

(3) 군 G의 임의의 p-부분군 H에 대하여 $H \subseteq N_G(S)$이면 $H \subseteq S$이다.

증명 (1) 먼저, 임의의 $x \in G$에 대하여 xSx^{-1}는 정리 2.13.2의 (1)에 의하여 G의 Sylow p-부분군이므로 $\{xSx^{-1} \mid x \in G\} \subseteq Syl_p(G)$이다. 한편, G의 임의의 Sylow p-부분군은 정리 2.13.2의 (2)에 의하여 S와 켤레부분군이므로 $Syl_p(G) \subseteq \{xSx^{-1} \mid x \in G\}$이다. 그러므로 (1)이 성립한다.

(2) (1)에 의하여 분명하다(연습문제).

(3) 군 G의 임의의 p-부분군 H에 대하여 $H \subseteq N_G(S)$이므로 정리 2.13.2의 (2)에 의하여 H는 $N_G(S)$의 한 Sylow p-부분군 P의 부분군이다. 한편 $S \lhd N_G(S)$이므로 (2)에 의하여 S는 $N_G(S)$의 유일한 Sylow p-부분군이다.

따라서 $P = S$이므로 $H \subseteq S$이다. ■

정리 2.13.4 (Sylow 정리 Ⅲ) 유한군 G에서 G의 Sylow p-부분군 전체의 개수를 n_p라 하고 S를 G의 한 Sylow p-부분군이라고 하면 다음이 성립한다.

$$n_p = |G : N_G(S)|, \quad n_p \mid |G : S|, \quad n_p \equiv 1 \bmod p$$

증명 군 G의 Sylow p-부분군 전체의 집합을 X 즉,

$$X = Syl_p(G) = \{xSx^{-1} \mid x \in G\}$$

라고 하면, n_p는 정리 2.13.3에 의하여 S와 켤레부분군이 되는 부분군의 개수이고 정리 2.11.6에 의하여 $|G : N_G(S)|$이다. 즉, $n_p = |X| = |G : N_G(S)|$이다.

또, 정의에 의하여 $N_G(S) = \{g \in G \mid gSg^{-1} = S\} \supseteq S$이므로 $S \leq N_G(S)$이다.

따라서 $|G : S| = |G : N_G(S)|\,|N_G(S) : S|$이므로 $n_p \mid |G : S|$이다.

한편, 함수 $\cdot : S \times X \to X$, $\cdot(s, P) = s \cdot P = sPs^{-1}$는 유한 p-군 S의 작용이다. 집합 X_0를 이 작용의 부동점 전체의 집합이라고 하면 정리 2.12.8에 의하여 $|X| \equiv |X_0| \bmod p$이다. 한편,

$$P \in X_0 \iff \text{모든 } s \in S\text{에 대하여 } sPs^{-1} = P \iff S \subseteq N_G(P)$$

이고 S와 P는 $N_G(P)$의 Sylow p-부분군이고 $P \lhd N_G(P)$이므로 $P = S$이다.

따라서 $X_0 = \{S\}$이고 $|X_0| = 1$이다. 그러므로 $n_p = |X| \equiv |X_0| = 1 \bmod p$이다. ■

지금까지 몇 가지 정리들을 살펴보았다. 이제 이들 정리의 응용 예들을 설명한다.

[예제 2.13.2] 대칭군 S_3의 위수는 6이므로 S_3는 Sylow 2-부분군과 Sylow 3-부분군을 가진다.

먼저 Sylow 2-부분군은

$$H_1 = \langle (2\ 3) \rangle, \quad H_2 = \langle (1\ 3) \rangle, \quad H_3 = \langle (1\ 2) \rangle$$

로 3가지이므로 $n_2 = 3$이고 $n_2 \equiv 1 \bmod 2$를 만족한다. 또

$$H_2 = (12)H_1(12)^{-1} \text{이고} \quad H_3 = (13)H_1(13)^{-1}$$

이므로 Sylow 2-부분군 H_1, H_2와 H_3는 켤레부분군이다.

Sylow 3-부분군은 $K = \langle (1\ 2\ 3) \rangle$으로 1가지뿐이므로 $n_3 = 1$이고 $n_3 \equiv 1 \bmod 3$를 만족한다. 정리 2.13.3에 의하여 $K \lhd S_3$이다.

[예제 2.13.3] 위수 77인 군 G는 Sylow 7-부분군과 Sylow 11-부분군을 가진다. 한편, $n_7 \equiv 1 \bmod 7$이고 $n_7 \mid 77$이다. 또 $(n_7, 7) = 1$이므로 $n_7 \mid 11$이고 $n_7 = 1$이다. 따라서 P_7을 Sylow 7-부분군이라 하면, $P_7 \lhd G$이다. 같은 방법으로 $n_{11} = 1$이므로 P_{11}을 Sylow 11-부분군이라 하면, $P_{11} \lhd G$이다. 한편, $(7, 11) = 1$이므로 $P_7 \cap P_{11} = \{1\}$이고 따라서 $|P_7P_{11}| = \dfrac{|P_7||P_{11}|}{|P_7 \cap P_{11}|} = 77 = |G|$이고 $G = P_7P_{11}$이다.

또 P_7과 P_{11}의 위수가 소수이므로 P_7과 P_{11}은 모두 순환군이다. 또한 $P_7 \lhd G$, $P_{11} \lhd G$이고 $P_7 \cap P_{11} = \{1\}$이므로 P_7의 임의의 원소와 P_{11}의 임의의 원소의 곱은 정리 2.9.7에 의하여 교환가능하다. 따라서 G는 가환군이다.

이제 P_7과 P_{11}에서 항등원이 아닌 원소를 선택하여 각각 a와 b라고 하면 각각의 위수는 7과 11이다. 원소 $x = ab$라 놓으면 $x^n = a^n b^n$이다. 따라서 $x^n = 1$이면 $a^n = (b^{-1})^n \in P_7 \cap P_{11} = \{1\}$이고 $a^n = b^n = 1$이다. 따라서 n은 7의 배수이고 11의 배수이므로 77의 배수이다. 또한 $x^{77} = 1$이므로 n은 77의 약수이다. 따라서 $|\langle x \rangle| = |x| = 77$이다. 그러므로 G는 순환군이다.

[예제 2.13.4] 위수 56인 군 G가 단순군인지 확인해보자. 군 G는 Sylow 2-부분군과 Sylow 7-부분군을 가진다. 군 G의 Sylow 2-부분군과 Sylow 7-부분군을 각각 P와 Q라고 하면 $|P|=8$이고 $|Q|=7$이다. 먼저, $n_7 \equiv 1 \bmod 7$이고 $n_7 \mid 56$이므로 $(n_7, 7)=1$이기 때문에 $n_7 \mid 8$이다. 따라서 $n_7=1$ 또는 $n_7=8$이다.

먼저, $n_7=1$이면 $Q \lhd G$이므로 G는 단순군이 아니다.

또한, $n_7=8$인 경우에 $Q_1=Q, Q_2, \cdots, Q_8$을 서로 다른 Sylow 7-부분군이라고 하자. 그러면 임의의 서로 다른 i와 j에 대하여$(1 \le i, j \le 8)$ $Q_i \cap Q_j = \{1\}$이다. 따라서 $|Q_1 \cup Q_2 \cup \cdots \cup Q_8| = 8 \times (7-1)+1=49$이다. 군 G에 위수가 7인 원소는 48개이고 나머지 8개의 원소의 위수는 8의 약수이다. 한편, Sylow 2-부분군 P는 8개의 원소를 가지며 P의 원소의 위수는 8의 약수이므로 P는 이들 8개의 원소로 구성된다. 즉, Sylow 2-부분군이 유일하다. 따라서 $P \lhd G$이고 G는 단순군이 아니다.

그러므로 군 G는 단순군이 아니다.

정리 2.13.5 유한군 G에서 $N \lhd G$일 때, G의 임의의 Sylow p-부분군 S에 대하여 다음이 성립한다.
(1) $S \cap N$은 N의 Sylow p-부분군이다.
(2) SN/N은 잉여군 G/N의 Syow p-부분군이다.
오른쪽 그림에서 점선은 잉여군, 실선은 부분군, 굵은 실선은 Sylow p-부분군이다.

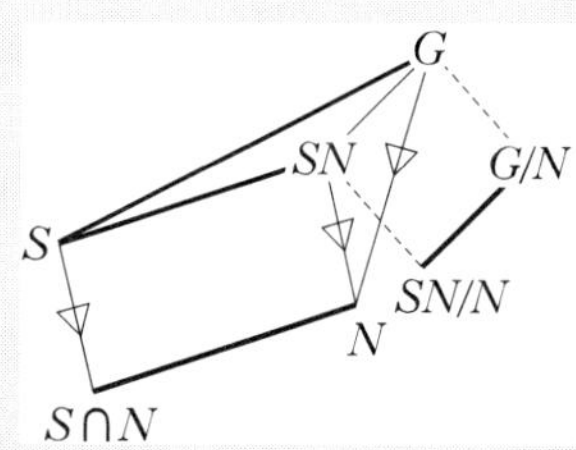

증명 제2동형정리(정리 2.8.8)에 의하여 $S \cap N$은 N의 부분군이고 SN/N은 잉여군 G/N의 부분군이다.

(1) 군 $S \cap N$의 위수는 S의 위수의 약수이므로 p의 멱이다. 따라서 $S \cap N$은 N의 p-부분군이다. 정리 2.8.8에 의하여 $|N : S \cap N| = |SN : S|$이고 $|SN| \mid |G|$이므로 $|SN : S| \mid |G : S|$이다.
한편, $(|G : S|, p)=1$이므로 $(|N : S \cap N|, p) = (|SN : S|, p)=1$이다.
그러므로 $S \cap N$은 N의 Sylow p-부분군이다.

(2) 제2동형정리에 의하여 $SN/N \cong S/S \cap N$이므로 $|SN/N| = |S|/|S \cap N|$이다. 따라서 SN/N은 G/N의 p-부분군이다. 이제,

$$|G/N : SN/N| = \frac{|G/N|}{|SN/N|} = \frac{|G|/|N|}{|S|/|S\cap N|} = \frac{|G|/|S|}{|N|/|S\cap N|} = \frac{|G : S|}{|N : S\cap N|}$$

이다. 그러므로 $(|G : S|, p) = 1$이고 $(|N : S\cap N|, p) = 1$이므로 SN/N은 잉여군 G/N의 Syow p-부분군이다. ■

연습문제 2.13

1. 예제 2.13.1의 (3)에서 위수 2인 부분군과 위수 6인 부분군이 유일하지 않음을 보여라.

2. Sylow 정리 I 을 이용하여 유한 가환군의 위수의 임의의 약수를 위수로 가지는 부분군이 존재하는 것을 증명하여라.

3. 예제 2.13.4를 Sylow 2-부분군 P의 개수 n_2의 관점에서 G가 단순군이 아님을 증명하여라. 즉, $n_2 \equiv 1 \bmod 2$이므로 $n_2 = 1$ 또는 $n_2 = 7$임을 이용하여 증명하여라.

4. 위수가 12, 28, 200인 유한군은 단순군이 아님을 증명하여라.

5. 위수가 15, 35인 유한군은 순환군임을 증명하여라.

6. 위수가 $p^n q$ (p와 q는 $p > q$인 소수)인 군 G는 유일한 Sylow p-부분군을 가지는 것을 증명하여라.

7. 위수가 pq (p와 q는 $p > q$인 소수)인 군 G는 $q \nmid (p-1)$이면 순환군임을 증명하여라.

8. 유한군 G에서 $N \lhd G$이고 S를 N의 Sylow p-부분군이라 할 때, 다음의 과정을 통하여 $G = N_G(S)N$임을 증명하여라. 이는 Frattini의 **논법**으로 알려져 있다.

   (1) 군 G의 임의의 원소 g에 대하여 $S^g = gSg^{-1}$는 N의 Sylow p-부분군임을 보여라.

(2) 군 N의 임의의 원소 x가 존재하여 $S^g=S^x$임을 이용하여 $G=N_G(S)N$임을 증명하여라.

9. 유한군 G에서 S를 G의 Sylow p-부분군이라 할 때,
   (1) G의 부분군 H에 대하여 $N_G(S)\subseteq H$이면 $H=N_G(H)$임을 증명하여라.
   (2) $N_G(N_G(S))=N_G(S)$임을 증명하여라.

10. 대칭군 S_4에 대하여 다음 물음에 답하여라.
   (1) Sylow 2-부분군을 모두 구하여라.
   (2) Sylow 3-부분군을 모두 구하여라.
   (3) (1)을 이용하여 위수 2인 부분군과 4인 부분군을 모두 구하여라.
   (4) 위수 6인 부분군을 모두 구하여라.
   (5) 위수 12인 군을 모두 구하여라.

11. 교대군 A_4에 대하여 다음 물음에 답하여라.
   (1) Sylow 2-부분군을 모두 구하여라.
   (2) Sylow 3-부분군을 모두 구하여라.
   (3) (1)을 이용하여 위수 2인 부분군을 모두 구하여라.
   (4) 위수 6인 부분군이 존재하는지 확인하여라.

12. 정리 2.13.2의 (2) 증명과정에서 H는 X의 왼쪽에서 작용하는 것을 증명하여라.

13. 소수 p에 대하여 군 G의 위수가 $2p$이면, 군 G는 위수 p인 정규부분군을 가지는 것을 증명하여라.

2.14 교환자군과 가해군

이 절에서는 주어진 군의 교환자군에 관하여 다루고 이를 이용하여 가해군에 관하여 설명한다.

군 G의 두 원소 a, b에 관하여 원소 $a^{-1}b^{-1}ab$를 a, b의 **교환자**(commutator)라고 하고 기호 $[a, b]$로 나타낸다. 또, 원소 $b^{-1}ab$를 간단히 a^b으로 나타내기로 한다. 이 기호를 사용하면, 두 원소 a, b의 교환자는

$$[a, b]=a^{-1}b^{-1}ab=a^{-1}a^b$$

와 같이 나타낼 수 있다.

> **정리 2.14.1** 군 G의 임의의 원소 a, b, g에 대하여 다음이 성립한다.
> (1) $[a, b]=e \Leftrightarrow ab=ba$
> (2) $[a, b]^{-1}=[b, a]$이고 $[a, b]^g=[a^g, b^g]$이다.
> (3) 군 $\overline{G}$에 대하여 $f: G \to \overline{G}$가 준동형함수이면, $f([a, b])=[f(a), f(b)]$이다.

증명 (1) $[a, b]=e \Leftrightarrow a^{-1}b^{-1}ab=e \Leftrightarrow ab=ba$

(2) $[a, b]^{-1}=(a^{-1}b^{-1}ab)^{-1}=b^{-1}a^{-1}ba=[b, a]$

$$\begin{aligned}[a, b]^g &= g^{-1}(a^{-1}b^{-1}ab)g \\ &= (g^{-1}a^{-1}g)(g^{-1}b^{-1}g)(g^{-1}ag)(g^{-1}bg) \\ &= (a^{-1})^g(b^{-1})^g a^g b^g = (a^g)^{-1}(b^g)^{-1}a^g b^g = [a^g, b^g]\end{aligned}$$

(3) $f([a, b])=f(a^{-1}b^{-1}ab)=f(a)^{-1}f(b)^{-1}f(a)f(b)=[f(a), f(b)]$ ■

군 G에서 교환자의 집합에 의하여 생성된 부분군을 G의 **교환자부분군**(commutator subgroup) 또는 간단히 **교환자군**이라 하고 기호 G' 또는 $[G, G]$로 나타낸다. 즉,

$$\begin{aligned}[G, G] &= \langle [a, b] \mid a, b \in G \rangle \\ &= \{[a_1, b_1][a_2, b_2]\cdots[a_n, b_n] \mid a_i, b_i \in G\}\end{aligned}$$

군 G의 두 원소 a와 b에 대하여 교환법칙이 성립한다면 $[a, b]=e$이다. 따라서 군 G가 가환군이라면 $[G, G]=\{e\}$이다. 일반적으로 군 G의 교환자군을 구하는데 교환법칙이 성립하는 원소들의 교환자는 계산할 필요가 없다.

[예제 2.14.1] (1) 대칭군 $S_3=\{1, (1\ 2\ 3), (1\ 3\ 2), (1\ 2), (1\ 3), (2\ 3)\}$의 교환자군을 구하여 보자. 교환법칙이 성립하지 않는 원소들의 교환자를 구하면,

$$[(1\ 2\ 3), (1\ 2)]=(1\ 3\ 2)(1\ 2)(1\ 2\ 3)(1\ 2)=(1\ 2\ 3)$$
$$[(1\ 3\ 2), (1\ 2)]=(1\ 2\ 3)(1\ 2)(1\ 3\ 2)(1\ 2)=(1\ 3\ 2)$$
$$[(1\ 2), (1\ 3)]=(1\ 2)(1\ 3)(1\ 2)(1\ 3)=(1\ 2\ 3)$$
$$\vdots$$

등이고 임의의 두 원소의 교환자는 짝수치환이므로

$$[S_3, S_3]=\langle(1\ 2\ 3), (1\ 3\ 2)\rangle=\{1, (1\ 2\ 3), (1\ 3\ 2)\}=A_3$$

이다.

(2) 사원수군 $Q_4=\{1, -1, i, -i, j, -j, k, -k\}$에 대하여

$$[i, j]=(-i)(-j)ij=-1,\ \ [i, k]=(-i)(-k)ik=-1,\ \cdots$$

등으로부터 $[Q_4, Q_4]=\{1, -1\}$이다.

(3) 정이면체군 $D_4=\{1, \sigma, \sigma^2, \sigma^3, \tau, \sigma\tau, \sigma^2\tau, \sigma^3\tau\}$에서

$$[\sigma^i, \tau]=\sigma^{-i}\tau\sigma^i\tau=\sigma^{-2i}, \qquad [\tau, \sigma^i]=\tau\sigma^{-i}\tau\sigma^i=\sigma^{2i},$$
$$[\sigma^i, \sigma^j\tau]=\sigma^{-i}(\tau\sigma^{-j})\sigma^i(\sigma^j\tau)=\sigma^{-i}(\tau\sigma^{-j}\tau)\tau\sigma^i\tau(\tau\sigma^j\tau)=\sigma^{-i}\sigma^j\sigma^{-i}\sigma^{-j}=\sigma^{-2i}$$

등에서 $[D_4, D_4]=\{1, \sigma^2\}$이다.

정리 2.14.2 군 G의 교환자군 G'에 대하여 다음이 성립한다.

(1) 군 G가 가환군일 필요충분조건은 $G'=\{1\}$이다.

(2) $G'\lhd G$이고 G/G'은 가환군이다.

(3) $N\lhd G$이고 G/N이 가환군이면 $G'\subseteq N$이다.

(4) 군 G의 부분군 N에 대하여 $G'\subseteq N$이면, $N\lhd G$이고 G/N이 가환군이다.

증명 (1) 군 G가 가환군이면 $G'=\{1\}$이다. 역으로, $G'=\{1\}$이면 임의의 원소 $a, b\in G$에 대하여 $[a, b]=1$이므로 $ab=ba$이다. 즉, 군 G는 가환군이다.

(2) 정리 2.14.1에 의하여 군 G의 임의의 원소 a, b, g에 대하여

$$[a, b]^g=[a^g, b^g]$$

이므로

$$\begin{aligned} g^{-1}[a_1, b_1]\cdots [a_n, b_n]g &= g^{-1}[a_1, b_1]gg^{-1}\cdots gg^{-1}[a_n, b_n]g \\ &= [a_1^g, b_1^g]\cdots [a_n^g, b_n^g]\in G' \end{aligned}$$

이므로 $G'\lhd G$이다. 또한, 임의의 원소 $aG', bG'\in G/G'$에 대하여

$$(aG')^{-1}(bG')^{-1}aG'bG'=a^{-1}b^{-1}abG'=[a, b]G'=G'$$

이므로 $aG'bG'=bG'aG'$이다. 그러므로 G/G'은 가환군이다.

(3) 임의의 원소 $a, b\in G$에 대하여 G/N이 가환군이므로

$$[a, b]N=a^{-1}b^{-1}abN=(aN)^{-1}(bN)^{-1}(aN)(bN)=N$$

이므로 $[a, b]\in N$이다. 그러므로 $G'\subseteq N$이다.

(4) 군 G의 임의의 원소 g와 N의 임의의 원소 n에 대하여

$$g^{-1}n^{-1}gn\in G'\subseteq N\text{이고 } g^{-1}n^{-1}g\in N$$

이므로 $N\lhd G$이다. 또 임의의 원소 $a, b\in G$에 대하여 $a^{-1}b^{-1}ab\in G'\subseteq N$이므로 $a^{-1}b^{-1}abN=N$이고 $aNbN=bNaN$이다. 따라서 G/N이 가환군이다. ▒

[예제 2.14.2] 정이면체군 $D_n=\{1, \sigma, \sigma^2, \cdots, \sigma^{n-1}, \tau, \sigma\tau, \sigma^2\tau, \cdots, \sigma^{n-1}\tau\}$에서

$$[\sigma^i, \tau]=\sigma^{-i}\tau\sigma^i\tau=\sigma^{-2i}, \qquad [\tau, \sigma^i]=\tau\sigma^{-i}\tau\sigma^i=\sigma^{2i},\ [\sigma^i, \tau]=\sigma^{-2i},$$
$$[\sigma^i, \sigma^j\tau]=\sigma^{-i}(\tau\sigma^{-j})\sigma^i(\sigma^j\tau)=\sigma^{-i}(\tau\sigma^{-j}\tau)\tau\sigma^i\tau(\tau\sigma^j\tau)=\sigma^{-i}\sigma^j\sigma^{-i}\sigma^{-j}=\sigma^{-2i}$$

등에서 $[D_n, D_n]=\langle\sigma^2\rangle$이다. 따라서

$$D_n'=\begin{cases}\langle\sigma\rangle & : n\text{이 홀수}\\ \langle\sigma^2\rangle & : n\text{이 짝수}\end{cases}$$

이다.

군 G에서 G의 부분군 H에 대하여 H의 교환자군 H'을

$$H' = [H, H] = \langle [a, b] \mid a, b \in H \rangle$$

와 같이 정의하면 다음 정리가 성립한다.

> **정리 2.14.3** 군 G에서 G의 부분군 H, K에 대하여 다음이 성립한다.
> (1) $H \le K$이면 $H' \le K'$이다. 특히, $H' \le G' \le G$이다.
> (2) $f : G \to \overline{G}$가 군 준동형함수이면, $f(H') = f(H)'$이다. 특히, $f(G') = f(G)'$이다.
> (3) 임의의 원소 $g \in G$에 대하여 $[H, H]^g = [H^g, H^g]$이다.

증명 (1) 임의의 원소 $x \in H'$에 대하여 $x = [a_1, b_1][a_2, b_2] \cdots [a_m, b_m]$인 $a_i, b_i \in H$ $(i = 1, 2, \cdots, m)$가 존재한다. 한편, $H \le K$이므로 $a_i, b_i \in K$이므로 $x \in K'$이다. 따라서 $H' \le K'$이다. 그러므로 $H' \le G' \le G$이다.

(2) 임의의 원소 $z \in f(H')$에 대하여 $z = f(h)$인 $h \in H'$가 존재한다. 한편, H'의 정의에 의하여 $a_i, b_i \in H$ $(i = 1, 2, \cdots, m)$가 존재하여 $h = [a_1, b_1][a_2, b_2] \cdots [a_m, b_m]$이다. 따라서 정리 2.14.1에 의하여

$$\begin{aligned} z = f(h) &= f([a_1, b_1][a_2, b_2] \cdots [a_m, b_m]) \\ &= f([a_1, b_1]) f([a_2, b_2]) \cdots f([a_m, b_m]) \\ &= [f(a_1), f(b_1)][f(a_2), f(b_2)] \cdots [f(a_m), f(b_m)] \end{aligned}$$

이므로 $z \in f(H)'$이다. 따라서 $f(H') \subseteq f(H)'$이다. 역으로, 임의의 원소 $z \in f(H)'$에 대하여 $f(a_i), f(b_i) \in f(H)$ $(i = 1, 2, \cdots, m)$가 존재하여

$$\begin{aligned} z &= [f(a_1), f(b_1)][f(a_2), f(b_2)] \cdots [f(a_m), f(b_m)] \\ &= f([a_1, b_1]) f([a_2, b_2]) \cdots f([a_m, b_m]) \\ &= f([a_1, b_1][a_2, b_2] \cdots [a_m, b_m]) \end{aligned}$$

이므로 $z \in f(H')$이다. 따라서 $f(H)' \subseteq f(H')$이다.

그러므로 $f(H') = f(H)'$이다.

(3) 군 G의 임의의 원소 a, b, g에 대하여 정리 2.14.1에서 $[a, b]^g = [a^g, b^g]$을 증명하였다. 임의의 원소 $z \in [H, H]^g$에 대하여 $a_i, b_i \in H$ $(i = 1, 2, \cdots, m)$가 존재하여

$$\begin{aligned} z &= ([a_1, b_1][a_2, b_2]\cdots [a_m, b_m])^g \\ &= [a_1, b_1]^g [a_2, b_2]^g \cdots [a_m, b_m]^g \\ &= [a_1{}^g, b_1{}^g][a_2{}^g, b_2{}^g]\cdots [a_m{}^g, b_m{}^g] \end{aligned}$$

이다. 따라서 $z \in [H^g, H^g]$이므로 $[H, H]^g \subseteq [H^g, H^g]$이다. 역으로, 임의의 원소 $z \in [H^g, H^g]$에 대하여 $a_i, b_i \in H$ $(i = 1, 2, \cdots, m)$가 존재하여

$$\begin{aligned} z &= [a_1{}^g, b_1{}^g][a_2{}^g, b_2{}^g]\cdots [a_m{}^g, b_m{}^g] \\ &= [a_1, b_1]^g [a_2, b_2]^g \cdots [a_m, b_m]^g \\ &= ([a_1, b_1][a_2, b_2]\cdots [a_m, b_m])^g \end{aligned}$$

이다. 따라서 $z \in [H, H]^g$이므로 $[H^g, H^g] \subseteq [H, H]^g$이다.

그러므로 $[H, H]^g = [H^g, H^g]$이다. ▩

정리 2.14.4 군 G에서 $N \lhd G$이면, $N' \lhd G$이고 $(G/N)' = G'N/N$이다.

증명 임의의 원소 $n' \in N'$과 $g \in G$에 대하여 $a_i, b_i \in N$ $(i = 1, 2, \cdots, m)$가 존재하여

$$n' = [a_1, b_1][a_2, b_2]\cdots [a_m, b_m]$$

이다. 또, $N \lhd G$이므로 임의의 원소 $n \in N$과 $g \in G$에 대하여 $g^{-1}ng \in N$이고

$$\begin{aligned} g^{-1}n'g &= g^{-1}[a_1, b_1]gg^{-1}[a_2, b_2]gg^{-1}\cdots gg^{-1}[a_m, b_m]g \\ &= [g^{-1}a_1g, g^{-1}b_1g][g^{-1}a_2g, g^{-1}b_2g]\cdots [g^{-1}a_mg, g^{-1}b_mg] \end{aligned}$$

이므로 $g^{-1}n'g \in [N, N] = N'$이다. 따라서 $N' \lhd G$이다.

군 표준 준동형함수 $\pi : G \to G/N$는 위로의 함수이다. 즉, $\pi(G) = G/N$이므로

$$\pi(G') = \pi([G, G]) = [\pi(G), \pi(G)] = [G/N, G/N] = (G/N)'$$
$$\pi(G') = \{xN \in G/N \mid x \in G'\} = \{xnN \in G/N \mid x \in G', n \in N\} = G'N/N$$

이다. 따라서 $(G/N)' = G'N/N$이다. ▩

이제, 주어진 군의 부분정규열에 관하여 알아본다.

정의 2.14.5 군 G의 부분정규열

$$G=G_0 \triangleright G_1 \triangleright G_2 \triangleright \cdots \triangleright G_{n-1} \triangleright G_n=\{e\}$$

에서, 잉여군 $G_i/G_{i+1}(0 \leq i \leq n-1)$이 모두 가환군일 때 이 열을 **가환 부분정규열**(abelian subnormal series)이라고 한다. 특히, G가 적어도 한 개의 가환 부분정규열을 가질 때 G를 **가해군**(solvable group)이라 한다.

이를테면, 모든 가환군 G는 $G=G_0 \triangleright G_1=\{e\}$이므로 가해군이다. 또 대칭군 S_3는 가환 부분정규열 $S_3 \triangleright A_3 \triangleright \{1\}$을 가지므로 가해군이고 S_4는 가환 부분정규열 $S_4 \triangleright A_4 \triangleright V_4 \triangleright \{1\}$ 또는 $S_4 \triangleright A_4 \triangleright V_4 \triangleright \{1, (12)(34)\} \triangleright \{1\}$을 가지므로 가해군이다.

정의 2.14.6 군 G에서 정수 i $(i \geq 0)$에 대하여 G의 부분군 $G^{(i)}$를

$$G^{(0)}=G,\ G^{(1)}=G'=[G, G],\ \cdots,\ G^{(i+1)}=(G^{(i)})'=[G^{(i)}, G^{(i)}]$$

으로 정의할 때, $G^{(i)}$를 G의 **제 i 차 교환자군**(the ith commutator subgroup) 또는 **제 i 차 유도군**(the ith derived group)이라고 한다.

정리 2.14.4에 의하여 임의의 i $(i \geq 0)$에 대하여 $G^{(i+1)} \triangleleft G^{(i)}$이므로 $(G^{(i)})'$들의 열

$$G=G^{(0)} \triangleright G^{(1)} \triangleright G^{(2)} \triangleright \cdots \triangleright G^{(i)} \triangleright G^{(i+1)} \triangleright \cdots$$

를 군 G의 **유도열**(derived series) 또는 **교환자군열**이라고 한다.

정리 2.14.7 군 G에서 모든 정수 i $(i \geq 0)$에 대하여 $G^{(i)} \triangleleft G$이고 또 잉여군 $G^{(i)}/G^{(i+1)}$은 가환군이다.

증명 먼저 $G^{(0)}=G \triangleleft G$이다. 이제 i $(i \geq 0)$에 대하여 $G^{(i)} \triangleleft G$라고 가정하면 정리 2.14.4에 의하여 $G^{(i+1)}=[G^{(i)}, G^{(i)}] \triangleleft G$이므로 수학적 귀납법에 의하여 모든 정수 i에 대하여 $G^{(i)} \triangleleft G$이다. 또, 정리 2.14.2에 의하여 $G^{(i)}/G^{(i+1)}$은 가환군이다. ■

정리 2.14.8 군 G가 가해군일 필요충분조건은 적당한 정수 n $(n \geq 0)$에 대하여 $G^{(n)} = \{e\}$이다.

증명 먼저 $G^{(n)} = \{e\}$이라고 하면 정리 2.14.2에 의하여 G의 유도열

$$G = G^{(0)} \triangleright G^{(1)} \triangleright G^{(2)} \triangleright \cdots \triangleright G^{(i)} \triangleright \cdots \triangleright G^{(n)} = \{e\}$$

은 G의 가환 부분정규열이다. 따라서 정의 2.14.5에 의하여 군 G는 가해군이다.

역으로 군 G가 가해군이라고 하면 정의에 의하여 가환 부분정규열

$$G = G_0 \triangleright G_1 \triangleright G_2 \triangleright \cdots \triangleright G_{n-1} \triangleright G_n = \{e\}$$

를 가진다. 적당한 정수 n $(n \geq 0)$에 대하여 $G^{(n)} = \{e\}$를 보이기 위하여 임의의 i $(i \geq 0)$에 대하여 $G^{(i)} \subseteq G_i$를 보인다. 먼저 $G^{(0)} = G = G_0$이므로 $G^{(0)} \subseteq G_0$이다. 이제 i $(i \geq 0)$에 대하여 $G^{(i)} \subseteq G_i$이라고 가정하면,

$$G^{(i+1)} = [G^{(i)}, G^{(i)}] \subseteq [G_i, G_i] = G_i' \text{이고 } G_i/G_{i+1}\text{은 가환군}$$

이다. 정리 2.14.2에 의하여 $G_i' \subseteq G_{i+1}$이므로 $G^{(i+1)} \subseteq G_i' \subseteq G_{i+1}$이다. 따라서 임의의 i $(i \geq 0)$에 대하여 $G^{(i)} \subseteq G_i$이므로 $G^{(n)} \subseteq G_n = \{e\}$이다. ▩

이를테면, $D_n^{(2)} = \{1\}$이고 $S_4^{(3)} = \{1\}$이므로 D_n과 S_4는 가해군이다.

정리 2.14.9 군 G에서 모든 i $(i \geq 0)$에 대하여 다음이 성립한다.

(1) H가 G의 부분군이면, $H^{(i)} \subseteq G^{(i)}$이다.

(2) 함수 $f : G \to \overline{G}$가 군 준동형함수이면 $f(G)^{(i)} \subseteq f(G^{(i)})$이다.

(3) $N \triangleleft G$일 때, $N^{(i)} \triangleleft G$이고 또 $(G/N)^{(i)} = G^{(i)}N/N$이다.

증명 (1) 먼저 $H^{(0)} = H \subseteq G = G^{(0)}$이다. 정수 i $(i \geq 0)$에 대하여 $H^{(i)} \subseteq G^{(i)}$이라고 가정하면, $H^{(i+1)} = [H^{(i)}, H^{(i)}] \subseteq [G^{(i)}, G^{(i)}] = G^{(i+1)}$이다. 따라서, 모든 i $(i \geq 0)$에 대하여 $H^{(i)} \subseteq G^{(i)}$이다.

(2) 먼저 $f(G)^{(0)} = f(G) = f(G^{(0)})$이므로 $f(G)^{(0)} \subseteq f(G^{(0)})$이다. 정수 i $(i \geq 0)$에

대하여 $f(G)^{(i)} \subseteq f(G^{(i)})$이라고 가정하면,

$$f(G)^{(i+1)} = [f(G)^{(i)}, f(G)^{(i)}] \subseteq [f(G^{(i)}), f(G^{(i)})] = f([G^{(i)}, G^{(i)}]) = f(G^{(i+1)})$$

이다. 따라서 모든 i $(i \geq 0)$에 대하여 $f(G)^{(i)} \subseteq f(G^{(i)})$이다.

(3) 먼저 $N^{(0)} = N \lhd G$이므로 $N^{(0)} \lhd G$이다. 정수 i $(i \geq 0)$에 대하여 $N^{(i)} \lhd G$이라고 가정하면, 정리 2.14.4에 의하여 $N^{(i+1)} \lhd G$이다. 따라서 모든 i $(i \geq 0)$에 대하여 $N^{(i)} \lhd G$이다.

또, $(G/N)^{(0)} = G/N = G^{(0)}/N = G^{(0)}N/N$이다. 정수 i $(i \geq 0)$에 대하여 $(G/N)^{(i)} = G^{(i)}N/N$이라고 가정하면, 귀납법 가정과 정리 2.14.4에 의하여

$$\begin{aligned}(G/N)^{(i+1)} &= [(G/N)^{(i)}, (G/N)^{(i)}] \\ &= [G^{(i)}N/N, G^{(i)}N/N] \\ &= [G^{(i)}, G^{(i)}]N/N \\ &= G^{(i+1)}N/N\end{aligned}$$

이다. 따라서 모든 i $(i \geq 0)$에 대하여 $(G/N)^{(i)} = G^{(i)}N/N$이다. ■

정리 2.14.10 군 G가 가해군이면, 다음이 성립한다.

(1) G의 모든 부분군은 가해군이다.

(2) G의 모든 군 준동형상은 가해군이다.

(3) 군 G의 모든 정규부분군 N에 대하여 N과 G/N은 가해군이다.

증명 군 G가 가해군이므로 적당한 정수 n $(n \geq 0)$이 존재하여 $G^{(n)} = \{e\}$이다.

(1) 정리 2.14.9에 의하여 G의 임의의 부분군 H에 대하여 $H^{(n)} \subseteq G^{(n)} = \{e\}$이므로 적당한 정수 k $(\leq n)$가 존재하여 $H^{(k)} = \{e\}$이다. 따라서 군 H는 가해군이다.

(2) 함수 $f : G \to \overline{G}$를 군 준동형함수라고 하면, 정리 2.14.9에 의하여 $f(G)^{(n)} = f(G^{(n)}) = f(\{e\}) = \{\overline{e}\}$이다. 따라서 G의 모든 군 준동형상은 가해군이다.

(3) 모든 정규부분군은 부분군이므로 (1)에 의하여 가해군이다. 정규부분군 N에 대하여 군 자연 준동형함수 $\pi : G \to G/N$에서 G/N은 군 준동형상이므로 (2)에 의하여 가해군이다. ■

정리 2.14.11 군 G의 한 정규부분군 N에 대하여 N과 G/N이 가해군이면, G는 가해군이다.

증명 정규부분군 N과 G/N이 가해군이므로 적당한 m $(m \geq 0)$과 n $(n \geq 0)$에 대하여 $N^{(m)} = \{e\}$이고 $(G/N)^{(n)} = \{N\}$이다. 정리 2.14.9에 의하여 $G^{(n)}N/N = (G/N)^{(n)} = \{N\}$이므로 $G^{(n)} \subseteq N$이다. 따라서 $G^{(n+m)} = (G^{(n)})^{(m)} \subseteq N^{(m)} = \{e\}$이다. 그러므로 군 G는 가해군이다. ▩

정리 2.14.12 군 G가 유한 p-군이면 G는 가해군이다.

증명 먼저 $|G| \leq p$이면 G는 가환군이므로 가해군이다. 이제 $|G| \geq p^2$이고 $|G|$보다 작은 유한 p-군에 대하여 정리가 성립한다고 가정하자.

정리 2.12.10에 의하여 $p \leq |Z(G)| \leq G$이다. 먼저 $|Z(G)| = G$이면 G는 가환군이므로 가해군이다. 또, $|Z(G)| \neq G$이면 $Z(G)$은 가해군이고 가정에 의하여 $G/Z(G)$는 가해군이다. 따라서 정리 2.14.11에 의하여 G는 가해군이다. ▩

연습문제 2.14

1. 정이면체군 $D_n = \{1, \sigma, \sigma^2, \cdots, \sigma^{n-1}, \tau, \sigma\tau, \sigma^2\tau, \cdots, \sigma^{n-1}\tau\}$이 가해군임을 증명하여라.

2. Sylow 정리를 이용하여 위수가 20인 유한군은 가해군임을 증명하여라.

3. $n \geq 5$일 때, S_n과 A_n이 가해군이 아님을 다음 과정을 통하여 증명하여라.
   (1) $S_n' \subseteq A_n$을 증명하여라.
   (2) $[(i\ j), (i\ k)] = (i\ j\ k)$를 보이고 이를 이용하여 $A_n \subseteq S_n'$을 증명하여라.
   (3) $[(i\ s\ j), (i\ r\ k)] = (i\ j\ k)$를 보이고 $A_n' = A_n$임을 증명하라.
   (4) S_n과 A_n이 가해군이 아님을 증명하여라.

제 3 장

환 론

3.1 환의 정의와 예

제2장에서는 공집합이 아닌 집합 위에 주어진 하나의 연산에 관하여 만족하는 성질에 따른 대수적 구조인 군의 이론을 다루었다. 이 장에서는 공집합이 아닌 집합 위에 두 연산이 정의되는 대수적 체계에 대하여 다룬다. 특히, 이 절에서는 두 연산에 관하여 만족하는 성질에 따라 분류되는 대수적 구조를 정의하고 예를 다룬다. 이들 대수적 구조 중에 기본적인 구조가 다음에 정의하는 환이다.

정의 3.1.1 공집합이 아닌 집합 R 위에 정의된 두 이항연산 $+$과 $\cdot$에 대하여 다음 성질들이 만족할 때 $(R, +, \cdot)$를 **환**(ring)이라고 한다.

A.1 : R의 임의의 원소 a, b, c에 대하여 $(a+b)+c=a+(b+c)$이다.

A.2 : R의 임의의 원소 a, b에 대하여 $a+b=b+a$이다.

A.3 : R의 특정한 원소 0_R이 존재하여 R의 모든 원소 a에 대하여 등식

$$a+0_R=0_R+a=a$$

를 만족한다. 원소 0_R을 연산 $+$에 관한 R의 **영원**(zero element) 또는 **영**(zero)이라고 한다.

A.4 : R의 각 원소 a에 대하여 $a+b=b+a=0_R$인 원소 b가 R에 존재한다. 원소 b를 연산 $+$에 관한 a의 **역원**(inverse)이라 하고 $-a$로 나타낸다. 즉, $a+(-a)=(-a)+a=0_R$이다.

M.1 : R의 임의의 원소 a, b, c에 대하여 $(a\cdot b)\cdot c=a\cdot(b\cdot c)$이다.

D : R의 임의의 원소 a, b, c에 대하여

$$a\cdot(b+c)=a\cdot b+a\cdot c,\ (a+b)\cdot c=a\cdot c+b\cdot c$$

이다. 이를 **배분법칙**(distributive law)이라 한다.

위의 정의에서, $(R, +, \cdot)$이 환일 때에, 간단히 R은 **환**이라고 한다. 또, A.1~A.4, M.1과 D를 환에 관한 **공리계**(system of axioms)라고 한다. 간단히 설명하면, 환은 덧셈군으로 곱셈 연산과 더불어 M.1과 D를 만족하는 대수적 구조이다.

환 R이 곱셈에 관하여 교환법칙과 항등원의 존재 등 추가로 만족하는 성질들에 따라 다음과 같은 용어들이 정의된다.

정의 3.1.2 환 R이 M.2를 만족할 때, R을 **가환환**(commutative ring)이라고 한다. 가환환이 아닌 환을 **비가환환**(noncommutative ring)이라 한다.
M.2 : R의 임의의 원소 a, b에 대하여 $a \cdot b = b \cdot a$이다.

정의 3.1.3 환 R이 M.3를 만족할 때, R을 **항등원 $\mathbf{1}_R$을 가진 환**(ring with identity)이라고 한다.
M.3 : 원소 $1_R \in R$이 존재하여 임의의 원소 $a \in R$에 대하여 $a \cdot 1_R = 1_R \cdot a = a$이다.
이때, 1_R을 환 R의 **항등원**(identity) 또는 **단위원**이라 한다.

환 R이 유한집합 또는 무한집합인가에 따라 환을 다음과 같이 분류한다.

정의 3.1.4 환 R에서 R이 무한집합일 때, 이 환을 **무한환**(infinite ring)이라고 한다. 또, 환 R에서 R이 유한집합일 때, 이 환을 **유한환**(finite ring)이라 하고 $|R|$을 이 환의 **위수**(order)라고 한다.

이제 지금까지 정의한 용어들에 관한 구체적인 예를 들어보자.

[예제 3.1.1] (1) 정수의 집합 $\mathbb{Z}$는 덧셈과 곱셈에 관하여 항등원을 가진 무한 가환환이다. 무한 가환환 $\mathbb{Z}$를 **정수환**이라 한다. 여기에서 임의의 정수 a의 덧셈에 관한 역원은 $-a$이고 0은 영원, 1은 항등원이다. 유사하게 집합 $\mathbb{Q}$, $\mathbb{R}$, $\mathbb{C}$는 덧셈과 곱셈에 관하여 항등원을 가진 무한 가환환이다.

(2) 집합 $2\mathbb{Z}$는 $1 \notin 2\mathbb{Z}$이므로 항등원을 가지지 않는 무한 가환환이다.

(3) 제1장 제5절에서 정의한 n을 법으로 한 잉여류 집합 $\overline{\mathbb{Z}}_n$은 정리 1.5.6에 의하여 환의 조건을 만족한다. 즉, 집합 $\overline{\mathbb{Z}}_n$은 위수 n인 항등원을 가진 유한

가환환이다. 이 환 $\overline{\mathbb{Z}}_n$을 잉여류환(residue class ring)이라 한다[제5절에서 자세하게 설명한다]. 구체적으로 $\overline{\mathbb{Z}}_4$는 위수 4인 유한 가환환으로 그의 덧셈표와 곱셈표는 다음과 같다.

$\overline{\mathbb{Z}}_4$의 덧셈표

$+$	$\overline{0}$	$\overline{1}$	$\overline{2}$	$\overline{3}$
$\overline{0}$	$\overline{0}$	$\overline{1}$	$\overline{2}$	$\overline{3}$
$\overline{1}$	$\overline{1}$	$\overline{2}$	$\overline{3}$	$\overline{0}$
$\overline{2}$	$\overline{2}$	$\overline{3}$	$\overline{0}$	$\overline{1}$
$\overline{3}$	$\overline{3}$	$\overline{0}$	$\overline{1}$	$\overline{2}$

$\overline{\mathbb{Z}}_4$의 곱셈표

$\cdot$	$\overline{0}$	$\overline{1}$	$\overline{2}$	$\overline{3}$
$\overline{0}$	$\overline{0}$	$\overline{0}$	$\overline{0}$	$\overline{0}$
$\overline{1}$	$\overline{0}$	$\overline{1}$	$\overline{2}$	$\overline{3}$
$\overline{2}$	$\overline{0}$	$\overline{2}$	$\overline{0}$	$\overline{2}$
$\overline{3}$	$\overline{0}$	$\overline{3}$	$\overline{2}$	$\overline{1}$

여기에서 임의의 원소 $\overline{a}$의 덧셈에 관한 역원은 $\overline{-a}$ (또는 $-\overline{a}$)이고 $\overline{0}$은 영원, $\overline{1}$은 항등원이다.

[예제 3.1.2] 실수를 성분으로 가지는 순서 n조 $(a_1, \cdots, a_n)$의 집합을 $\mathbb{R}^n$, 즉,

$$\mathbb{R}^n = \{(a_1, \cdots, a_n) \mid a_1, \cdots, a_n \in \mathbb{R}\},$$

이라고 할 때, $\mathbb{R}^n$은 다음과 같이 정의된 덧셈과 곱셈에 관하여 항등원을 가진 무한 가환환이다.

$$(a_1, \cdots, a_n) + (b_1, \cdots, b_n) = (a_1 + b_1, \cdots, a_n + b_n)$$
$$(a_1, \cdots, a_n) \cdot (b_1, \cdots, b_n) = (a_1 \cdot b_1, \cdots, a_n \cdot b_n)$$

여기에서 $(0, \cdots, 0)$은 영원이고 $(a_1, \cdots, a_n)$의 덧셈에 관한 역원은

$$-(a_1, \cdots, a_n) = (-a_1, \cdots, -a_n)$$

이고 곱셈에 관한 항등원은 $(1, \cdots, 1)$이다.

집합 $\mathbb{Z}^n$, $\mathbb{Q}^n$, $\mathbb{C}^n$ 위에 덧셈과 곱셈을 $\mathbb{R}^n$에서와 같은 방법으로 정의하면, 이들은 항등원을 가진 무한 가환환이다.

[예제 3.1.3] 실수를 성분으로 가지는 $n \times n$ 행렬의 집합을 $M_n(\mathbb{R})$이라 할 때, $M_n(\mathbb{R})$은 다음과 같이 정의된 덧셈에 관하여 무한 덧셈군이다.

$$\begin{pmatrix} a_{11} & \cdots & a_{1n} \\ \vdots & \cdots & \vdots \\ a_{n1} & \cdots & a_{nn} \end{pmatrix} + \begin{pmatrix} b_{11} & \cdots & b_{1n} \\ \vdots & \cdots & \vdots \\ b_{n1} & \cdots & b_{nn} \end{pmatrix} = \begin{pmatrix} a_{11}+b_{11} & \cdots & a_{1n}+b_{1n} \\ \vdots & \cdots & \vdots \\ a_{n1}+b_{n1} & \cdots & a_{nn}+b_{nn} \end{pmatrix}$$

여기에서 $\begin{pmatrix} 0 & \cdots & 0 \\ \vdots & \cdots & \vdots \\ 0 & \cdots & 0 \end{pmatrix}$은 영원이고 $\begin{pmatrix} a_{11} & \cdots & a_{1n} \\ \vdots & \cdots & \vdots \\ a_{n1} & \cdots & a_{nn} \end{pmatrix}$의 역원은

$$-\begin{pmatrix} a_{11} & \cdots & a_{1n} \\ \vdots & \cdots & \vdots \\ a_{n1} & \cdots & a_{nn} \end{pmatrix} = \begin{pmatrix} -a_{11} & \cdots & -a_{1n} \\ \vdots & \cdots & \vdots \\ -a_{n1} & \cdots & -a_{nn} \end{pmatrix}$$

이다. 한편, $M_n(\mathbb{R})$ 위에서 곱셈을

$$\begin{pmatrix} a_{11} & \cdots & a_{1n} \\ \vdots & \cdots & \vdots \\ a_{n1} & \cdots & a_{nn} \end{pmatrix} \cdot \begin{pmatrix} b_{11} & \cdots & b_{1n} \\ \vdots & \cdots & \vdots \\ b_{n1} & \cdots & b_{nn} \end{pmatrix} = \begin{pmatrix} c_{11} & \cdots & c_{1n} \\ \vdots & \cdots & \vdots \\ c_{n1} & \cdots & c_{nn} \end{pmatrix},$$
$$c_{ij} = a_{i1}b_{1j} + a_{i2}b_{2j} + \cdots + a_{in}b_{nj} \ (i=1, \cdots, n, j=1, \cdots, n)$$

와 같이 정의하면, 항등행렬 I_n은 항등원이 되고, 덧셈과 곱셈에 관하여 배분법칙은 성립하지만, 일반적으로 곱셈에 관한 교환법칙은 성립하지 않는다. 따라서 $M_n(\mathbb{R})$은 항등원을 가진 무한 비가환환이다.

집합 $M_n(\mathbb{Z})$, $M_n(\mathbb{Q})$, $M_n(\mathbb{C})$는 예제 3.1.3과 같이 항등원을 가진 무한 비가환환이다. 한편, 집합 $M_n(2\mathbb{Z})$는 항등원을 갖지 않는 무한 비가환환이다.

지금까지 설명된 예에 따르면 덧셈에 관한 영원과 곱셈에 관한 항등원은 환에 따라 다를 수 있다. 이를테면, $\mathbb{Z}$의 영원은 0, $\overline{\mathbb{Z}}_n$의 영원은 $\bar{0}$, 그리고 $M_n(\mathbb{Z})$의 영원은 영행렬 O_n이다. $\mathbb{Z}$의 항등원은 1, $\overline{\mathbb{Z}}_n$의 항등원은 $\bar{1}$, 그리고 $M_n(\mathbb{Z})$의 항등원은 항등행렬 I_n이다. 따라서 환 R의 영원은 0_R로 항등원은 1_R로 표현되어야 하지만, 특별하게 구별할 필요가 없을 때에는 영원을 0으로 그리고 항등원을 1로 나타낸다. 또한, 제2장에서와 같이 특별히 의미가 통하지 않는 경우를 제외하고 곱셈 연산은 생략한다.

정의 3.1.5 항등원 $1(\neq 0)$을 가진 가환환 R이 M.4′을 만족할 때, R을 정역(integral domain)이라고 한다.

M.4′ : $a \cdot b = 0$이면 $a = 0$ 또는 $b = 0$이다.

[예제 3.1.4] 정수환 $\mathbb{Z}$에서 M.4′이 성립하는 것은 어렵지 않게 알 수 있다. 즉, 정수환 $\mathbb{Z}$는 정역이다. 그러나 잉여환 $\overline{\mathbb{Z}}_4$에서 $\bar{2} \neq \bar{0}$이지만 $\bar{2} \cdot \bar{2} = \bar{0}$이다. 즉, $\overline{\mathbb{Z}}_4$는 항등원을 가진 가환환이지만 정역은 아니다.

정의 3.1.6 항등원 $1(\neq 0)$을 가진 환 R이 M.4를 만족할 때, R을 나눗셈환(division ring)이라고 한다.

M.4 : 환 R의 영원이 아닌 각 원소 a에 대하여 $a \cdot b = 1 = b \cdot a$인 원소 b가 존재한다. 이러한 원소 b를 곱셈에 관한 a의 **역원**이라고 하고 b를 a^{-1}로 나타낸다. 즉, $a \cdot a^{-1} = 1 = a^{-1} \cdot a$이다.

특히, 가환환인 나눗셈환을 **체**(field)라 하고 가환환이 아닌 나눗셈환을 **사체**(skew field)라고 한다.

체의 임의의 원소 a, b에 대하여 덧셈과 곱셈의 역원을 이용하여 각각 뺄셈과 나눗셈을 다음과 같이 정의한다.

$$a - b = a + (-b), \quad a \div b = a \cdot b^{-1} \quad (b \neq 0)$$

[예제 3.1.5] 유리수의 집합 $\mathbb{Q}$는 예제 3.1.1에 의하여 항등원을 가진 가환환이다. 또한, $\mathbb{Q}$에서 0이 아닌 원소 a의 곱셈에 관한 역원은 $a^{-1} = \dfrac{1}{a}$이므로 M.4가 성립하는 것은 어렵지 않게 알 수 있으므로 $\mathbb{Q}$는 체이다. 이러한 의미에서 $\mathbb{Q}$를 **유리수체**(rational number field)라고 한다. 유사한 방법으로 $\mathbb{R}$과 $\mathbb{C}$가 체임을 보일 수 있다. 이러한 의미에서 $\mathbb{R}$을 **실수체**(real number field)라고 하고 $\mathbb{C}$를 **복소수체**(complex number field)라고 한다.

지금까지 정의한 환의 구조에 관한 용어를 정리하면 다음 그림과 같다.

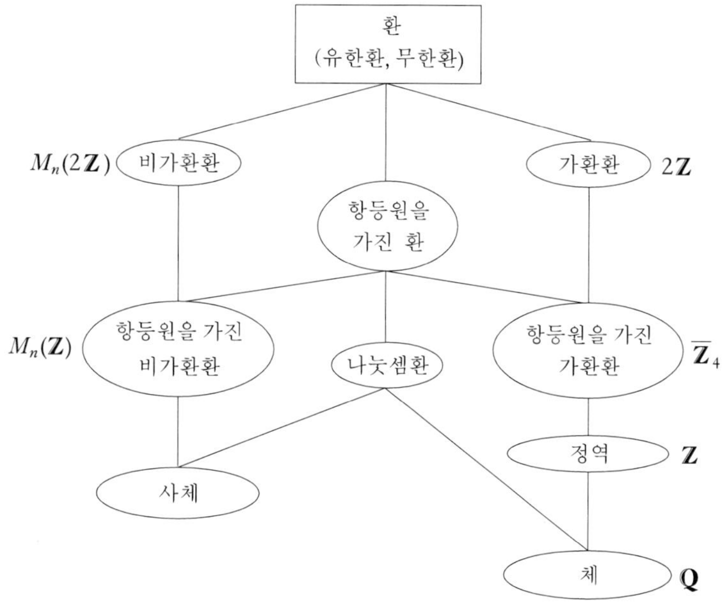

[예제 3.1.6] 집합 $\mathbb{Q}[\sqrt{2}]=\{a+b\sqrt{2} \mid a,\ b\in\mathbb{Q}\}$ 위에서 덧셈과 곱셈을

$$(a_1+b_1\sqrt{2})+(a_2+b_2\sqrt{2})=(a_1+a_2)+(b_1+b_2)\sqrt{2},$$
$$(a_1+b_1\sqrt{2})(a_2+b_2\sqrt{2})=(a_1a_2+2b_1b_2)+(a_1b_2+b_1a_2)\sqrt{2}$$

와 같이 정의하면, $(\mathbb{Q}[\sqrt{2}],\ +)$은 덧셈군이다. 곱셈에 관하여 결합법칙과 교환법칙이 성립한다. 또 덧셈과 곱셈에 관하여 배분법칙이 성립한다. 따라서 $\mathbb{Q}[\sqrt{2}]$는 가환환이다. 더욱이 $1=1+0\sqrt{2}$은 곱셈에 관한 항등원이고

$$(a_1+b_1\sqrt{2})(a_1-b_1\sqrt{2})=a_1^2-2b_1^2\in\mathbb{Q}$$

이므로 $(a_1+b_1\sqrt{2})^{-1}=\dfrac{(a_1-b_1\sqrt{2})}{a_1^2-2b_1^2}=\dfrac{a_1}{a_1^2-2b_1^2}+\dfrac{-b_1}{a_1^2-2b_1^2}\sqrt{2}$이다. 따라서 $\mathbb{Q}[\sqrt{2}]$의 영이 아닌 원소는 곱셈에 관한 역원을 가지므로 $\mathbb{Q}[\sqrt{2}]$는 체이다. 이 체를 유리수체 $\mathbb{Q}$ 위의 **이차체**(quadratic field)라고 한다.

위 예를 일반화하기 위하여 m이 완전제곱수가 아닌 정수일 때 집합

$$\mathbb{Q}[\sqrt{m}]=\{a+b\sqrt{m} \mid a,\ b\in\mathbb{Q}\}$$

을 정의하면 $\mathbb{Q}[\sqrt{m}]$은 다음을 만족한다.

즉, 집합 $\mathbb{Q}[\sqrt{m}]$의 임의의 원소 $\xi=a_1+b_1\sqrt{m}$와 $\eta=a_2+b_2\sqrt{m}$에 대하여 다음이 성립한다(연습문제).

(1) $\xi=a_1+b_1\sqrt{m}=0 \Leftrightarrow a_1=b_1=0$,

(2) $\xi+\eta=(a_1+b_1\sqrt{m})+(a_2+b_2\sqrt{m})=(a_1+a_2)+(b_1+b_2)\sqrt{m}$,

(3) $\xi\eta=(a_1a_2+b_1b_2m)+(a_1b_2+a_2b_1)\sqrt{m}$

위의 성질로부터 $\mathbb{Q}[\sqrt{m}]$은 항등원 $1=1+0\sqrt{m}$을 가지는 가환환이다.

이제, $\mathbb{Q}[\sqrt{m}]$의 임의의 원소 $\xi=a_1+b_1\sqrt{m}$에 대하여

$$a_1-b_1\sqrt{m} \text{ 과 } \quad a_1^2-b_1^2m$$

을 각각 ξ의 **켤레원소**(conjugate element)와 **노름**(norm)이라 하고 기호 $\overline{\xi}$와 $N(\xi)$로 나타낸다. 집합 $\mathbb{Q}[\sqrt{m}]$의 원소 $\xi=a_1+b_1\sqrt{m}$과 $\eta=a_2+b_2\sqrt{m}$에 대하여 다음이 성립한다(연습문제).

(1) $\overline{\xi+\eta}=\overline{\xi}+\overline{\eta}$이고 $\overline{\xi\eta}=\overline{\xi}\,\overline{\eta}$이다.

(2) $N(\xi)=\xi\overline{\xi}$이고 $N(\xi\eta)=N(\xi)N(\eta)$이다.

(3) $\xi^{-1}=\dfrac{\overline{\xi}}{N(\xi)}$이다.

따라서 $\mathbb{Q}[\sqrt{m}]$은 체이다. 이 체를 유리수체 $\mathbb{Q}$ 위의 **이차체**(quadratic field)라고 한다. 집합 $\mathbb{Q}[\sqrt{m}]$은 체라는 의미에서 앞으로 $\mathbb{Q}(\sqrt{m})$으로 나타낸다.

[예제 3.1.7] 집합 $\mathbb{H}=\{a+bi+cj+dk \mid a, b, c, d\in\mathbb{R}\}$ 위에서 $\mathbb{H}$의 임의의 두 원소 $\xi=a_1+b_1i+c_1j+d_1k$와 $\eta=a_2+b_2i+c_2j+d_2k$에 대하여

$$\xi=\eta \Leftrightarrow a_1=a_2,\ b_1=b_2,\ c_1=c_2,\ d_1=d_2,$$
$$\xi+\eta=(a_1+a_2)+(b_1+b_2)i+(c_1+c_2)j+(d_1+d_2)k,$$
$$\xi\eta=(a_1a_2-b_1b_2-c_1c_2-d_1d_2)+(a_1b_2+b_1a_2+c_1d_2-d_1c_2)i$$
$$+(a_1c_2+c_1a_2-b_1d_2+d_1b_2)j+(a_1d_2+d_1a_2+b_1c_2-c_1b_2)k$$

를 정의하면 $(\mathbb{H}, +, \cdot)$는 항등원 $1=1+0i+0j+0k$을 가지는 비가환환이다. 실제로 위 정의로부터 $a\in\mathbb{R}$에 대하여

(1) $ai=ia,\ aj=ja,\ ak=ka$

(2) $i^2=j^2=k^2=-1$이고 $ij=k=-ji,\ jk=i=-kj,\ ki=j=-ik$

이다. 이제, $\mathbb{H}$의 원소 $\xi=a_1+b_1i+c_1j+d_1k$에 대하여

$$a_1-b_1i-c_1j-d_1k\text{와 } a_1^2+b_1^2+c_1^2+d_1^2$$

을 각각 ξ의 **켤레원소**(conjugate element)와 **노름**(norm)이라 하고 기호 $\overline{\xi}$와 $N(\xi)$로 나타낸다. 집합 $\xi=a_1+b_1i+c_1j+d_1k$와 $\eta=a_2+b_2i+c_2j+d_2k$에 대하여 다음이 성립한다.

(1) $\overline{\xi+\eta}=\overline{\xi}+\overline{\eta}$이고 $\overline{\xi\eta}=\overline{\xi}\,\overline{\eta}$이다.

(2) $N(\xi)=\xi\overline{\xi}$이고 $N(\xi\eta)=N(\xi)N(\eta)$이다.

(3) $N(\xi)=0 \Leftrightarrow \xi=0 \Leftrightarrow \overline{\xi}=0$

(4) $\xi^{-1}=\dfrac{\overline{\xi}}{N(\xi)}$이다.

이들 성질로부터 $\mathbb{H}$는 사체가 된다. 이 사체를 Hamilton의 **사원수환**이라고 한다.

환은 군과 비교하여 많은 조건을 가진 대수적 구조이다. 즉, 집합이 덧셈군이 되어야 하는 조건 자체만 해도 군보다 강한 조건이다. 따라서 일반적으로 위수가 같은 환들을 비교하는 일은 위수가 같은 군들을 비교하는 일보다는 덧셈의 구조의 관점에서 수월하다. 그러나 덧셈이 정의된 상황에서 곱셈을 정의하는 방법에 따라 다양한 환이 만들어지므로 다소 복잡하다. 위수 3인 환에 관한 다음 예제를 살펴보자.

[예제 3.1.8] 위수 3인 군은 제2장에서 순환군 뿐임을 보였다. 이 순환군을 $A=\{0, a, b\}$라고 하고 A 위에서 덧셈군으로 생각하면 덧셈표는 덧셈군의 조건으로부터 다음 쪽에서 보여주는 표와 같이 유일하다. 한편, 환 A에서의 곱셈을 살펴보면, 영이 아닌 원소 a에 대하여 $a\cdot a$는 $0, a, b$ 중에 하나이다.

(1) $a\cdot a=0$인 경우 : 덧셈에서 $a+b=0$이고 이 식의 양변에 a를 곱하고 배분법칙을 적용하면, $a\cdot a+a\cdot b=a\cdot(a+b)=0$이므로 $a\cdot b=0$이고 같은 방법

으로 $b \cdot b=0$이다. 따라서 환 A의 임의의 원소의 곱은 0이다.

(2) $a \cdot a=a$인 경우 : 덧셈에서 $a+b=0$이고 이 식의 양변에 a를 곱하고 배분법칙을 적용하면, $a \cdot a+a \cdot b=a \cdot (a+b)=0$이므로 $a+a \cdot b=0$이다. 따라서 $a \cdot b=b$이고 같은 방법으로 $b \cdot b=a$이다.

(3) $a \cdot a=b$인 경우 : 덧셈에서 $a+b=0$이고 이 식의 양변에 a를 곱하고 배분법칙을 적용하면, $a \cdot a+a \cdot b=a \cdot (a+b)=0$이므로 $a \cdot b=a$이고 같은 방법으로 $b \cdot b=b$이다. 그러나 이 경우는 a와 b를 바꾸어 생각하면 (2)의 경우와 같은 연산임을 알 수 있다.

따라서 원소가 3개인 환은 두 가지 경우를 생각할 수 있다. 즉,

환 A의 덧셈표

$+$	0	a	b
0	0	a	b
a	a	b	0
b	b	0	a

환 A의 곱셈표

$\cdot$	0	a	b
0	0	0	0
a	0	0	0
b	0	0	0

$\cdot$	0	a	b
0	0	0	0
a	0	a	b
b	0	b	a

일반적으로 위 예에서처럼 덧셈군 A가 주어져 있을 때 A의 임의의 두 원소 a, b의 곱을 0으로 정의하면, A의 임의의 세 원소 a, b, c에 대하여

$$(ab)c=0=a(bc),\ a(b+c)=0=0+0=ab+ac,\ ab=0=ba,$$

이므로 $(A, +, \cdot)$는 가환환이다. 이와 같은 환을 **자명한 환**(trivial ring)이라 한다.

그러나 이와 같은 환은 특별한 의미가 없으므로 앞으로 우리가 다루는 환은 이와 같은 자명한 환을 제외한다.

연습문제 3.1

1. 가환환 $\mathbb{R}^2=\{(a, b) \mid a, b \in \mathbb{R}\}$에서 다음을 구하여라.

(1) $(2, 3)+(-1, 2)$ (2) $(2, 3) \cdot (3, -2)$

(3) $(1, 0) \cdot (0, -2)$ (4) $\mathbb{R}^2$은 정역이 아님을 설명하여라.

2. 정수 m이 완전제곱수가 아닐 때, 집합 $\mathbb{Q}(\sqrt{m})$의 원소 $\xi=a_1+b_1\sqrt{m}$와 $\eta=a_2+b_2\sqrt{m}$에 대하여 다음을 증명하여라.

(1) $\xi=a_1+b_1\sqrt{m}=0 \Leftrightarrow a_1=b_1=0$

(2) $\xi+\eta=(a_1+b_1\sqrt{m})+(a_2+b_2\sqrt{m})=(a_1+a_2)+(b_1+b_2)\sqrt{m}$

(3) $\xi\eta=(a_1a_2+b_1b_2m)+(a_1b_2+b_1a_2)\sqrt{m}$

3. 정수 m이 완전제곱수가 아닐 때, 집합 $\mathbb{Q}(\sqrt{m})$의 임의의 원소 ξ와 η에 대하여 다음을 증명하여라.

(1) $\overline{\xi+\eta}=\overline{\xi}+\overline{\eta}$이고 $\overline{\xi\eta}=\overline{\xi}\,\overline{\eta}$이다.

(2) $N(\xi)=\xi\overline{\xi}$이고 $N(\xi\eta)=N(\xi)N(\eta)$이다.

(3) $\xi^{-1}=\dfrac{\overline{\xi}}{N(\xi)}$이다.

(4) $\xi\eta=0$이면 $\xi=0$ 또는 $\eta=0$임을 증명하여라.

4. 정수 m이 완전제곱수가 아닐 때 집합 $\mathbb{Z}[\sqrt{m}]=\{a+b\sqrt{m} \mid a, b\in\mathbb{Z}\}$을 정의한다. 다음 명제 중에 참인 것은 증명하고 거짓인 것은 이유를 설명하여라.

(1) $\mathbb{Q}(\sqrt{12})=\mathbb{Q}(\sqrt{3})$

(2) $\mathbb{Z}[\sqrt{12}]=\mathbb{Z}[\sqrt{3}]$

(3) $\mathbb{Z}[\sqrt{3}]$은 체이다.

(4) $\mathbb{Q}(\sqrt{3})$은 체이다.

5. 폐구간 $I=[0, 1]$에서 연속인 함수들의 집합을 $C(I)$이라고 하자. 즉,

$$C(I)=\{f: I\rightarrow\mathbb{R} \mid f\text{는 연속함수이다.}\}$$

이다. 집합 $C(I)$의 임의의 원소 f와 g에 대하여 f와 g의 합과 곱을

$$f+g: I\rightarrow\mathbb{R},\ [f+g](a)=f(a)+g(a),$$
$$f\cdot g: I\rightarrow\mathbb{R},\ [f\cdot g](a)=f(a)\cdot g(a)$$

로 정의하면, $C(I)$는 항등원을 가지는 가환환임을 보여라.

6. 집합 $\mathbb{H}=\{a+bi+cj+dk \mid a, b, c, d\in\mathbb{R}\}$ 위에서 덧셈과 곱셈을

$$(a_1+b_1i+c_1j+d_1k)+(a_2+b_2i+c_2j+d_2k)$$
$$=(a_1+a_2)+(b_1+b_2)i+(c_1+c_2)j+(d_1+d_2)k,$$
$$(a_1+b_1i+c_1j+d_1k)(a_2+b_2i+c_2j+d_2k)$$
$$=(a_1a_2-b_1b_2-c_1c_2-d_1d_2)+(a_1b_2+b_1a_2+c_1d_2-d_1c_2)i$$
$$+(a_1c_2+c_1a_2-b_1d_2+d_1b_2)j+(a_1d_2+d_1a_2+b_1c_2-c_1b_2)k$$

로 정의하였을 때 다음 물음에 답하여라.

(1) $2+3i-4j$와 $3-2j-3k$의 합과 차를 간단히 하여라.

(2) 집합 $\mathbb{H}$는 덧셈군임을 증명하여라.

(3) $a\in\mathbb{R}$에 대하여 $ai=ia,\ aj=ja,\ ak=ka$를 증명하여라.

(4) $i^2=j^2=k^2=-1$이고 $ij=k=-ji,\ jk=i=-ki,\ ki=j=-ik$

(5) $(2+3i-4j)(3-2j-3k)$와 $(3-2j-3k)(2+3i-4j)$를 간단히 하여라.

(6) 집합 $\mathbb{H}$는 곱셈에 관하여 교환법칙이 성립하지 않음을 예를 들어 설명하여라.

7. 집합 $\mathbb{H}$의 원소 $\xi=a_1+b_1i+c_1j+d_1k$와 $\eta=a_2+b_2i+c_2j+d_2k$에 대하여 다음을 증명하거나 물음에 답하여라.

(1) $\overline{\xi+\eta}=\overline{\xi}+\overline{\eta}$이고 $\overline{\xi\eta}=\overline{\eta}\,\overline{\xi}$이다.

(2) $N(\xi)=\xi\overline{\xi}$이고 $N(\xi\eta)=N(\xi)N(\eta)$이다.

(3) $N(\xi)=0 \Leftrightarrow \xi=0 \Leftrightarrow \overline{\xi}=0$

(4) $\xi\neq 0$일 때, $\xi^{-1}=\dfrac{\overline{\xi}}{N(\xi)}$이다. 이를 이용하여 $2+3i-4j$의 역원을 구하여라.

(5) 집합 $\mathbb{H}$는 사체가 되는 것을 증명하여라.

(6) 사원수환 $\mathbb{H}$의 부분집합 $\mathbb{H}_0=\{a+bi+0j+0k\mid a,\ b\in\mathbb{R}\}$는 체를 이루고 복소수체와 유사함을 확인하여라.

8. 집합 $C=\{(a,\ b)\mid a,\ b\in\mathbb{R}\}$ 위에 덧셈과 곱셈을

$$(a_1,\ a_2)+(b_1,\ b_2)=(a_1+b_1,\ a_2+b_2),\ \ (a_1,\ a_2)\cdot(b_1,\ b_2)=(a_1b_1-a_2b_2,\ a_1b_2+a_2b_1)$$

와 같이 정의할 때 다음 물음에 답하여라.

(1) $(2,\ 3)+(3,\ 4)$와 $(2,\ -3)+(2,\ 3)$을 간단히 하여라.

(2) $(2, 3)(3, 4)$와 $(2, -3)(2, 3)$을 간단히 하여라.

(3) 집합 C는 영원 $(0, 0)$과 항등원 $(1, 0)$을 가지는 가환환이다.

(4) $(0, 1)^{-1}$과 $(2, 3)^{-1}$을 구하여라.

(5) 가환환 C는 체를 이루는 것을 증명하고 복소수체와 비교하여라.

9. 집합 $\overline{\mathbb{Z}}_2 \times \overline{\mathbb{Z}}_2 = \{(a, b) \mid a, b \in \overline{\mathbb{Z}}_2\}$에 대하여 연산을 다음과 같이 정의할 때 환이 되는 것을 증명하여라.

(1) $(a_1, a_2)+(b_1, b_2)=(a_1+b_1, a_2+b_2)$, $(a_1, a_2)(b_1, b_2)=(a_1b_1, a_2b_2)$

(2) $(a_1, a_2)+(b_1, b_2)=(a_1+b_1, a_2+b_2)$,

$(a_1, a_2)(b_1, b_2)=(a_1b_1+a_2b_2, a_1b_2+b_1a_2)$

10. 실수체 $\mathbb{R}$에서 $\mathbb{R}$로의 모든 연속함수들의 집합을 $C(\mathbb{R})$이라고 하자. 즉,

$$C(\mathbb{R})=\{f : \mathbb{R} \to \mathbb{R} \mid f\text{는 연속함수이다.}\}$$

이다. 집합 $C(\mathbb{R})$의 임의의 원소 f와 g에 대하여 f와 g의 합을

$$f+g : \mathbb{R} \to \mathbb{R}, \quad [f+g](a)=f(a)+g(a)$$

로 정의한다. 이 때 곱셈을 다음과 같이 정의할 때 다음을 증명하여라.

(1) 곱셈 $f \cdot g : \mathbb{R} \to \mathbb{R}$를 $[f \cdot g](a)=f(a) \cdot g(a)$로 정의하면, $C(\mathbb{R})$은 항등원을 가지는 가환환이다.

(2) 곱셈 $f \cdot g : \mathbb{R} \to \mathbb{R}$를 $[f \cdot g](a)=f(g(a))$로 정의하면, $C(\mathbb{R})$에서 배분법칙이 성립하지 않는다.

(3) 곱셈 $f \cdot g : \mathbb{R} \to \mathbb{R}$를 $[f \cdot g](a)=0$으로 정의하면, $C(\mathbb{R})$은 가환환이다.

11. 예제 3.1.8의 (1)에서 $a \cdot a=0$이면 $b \cdot b=0$임을 증명하여라.

12. 예제 3.1.8의 (2)에서 $a \cdot a=a$이면 $b \cdot b=a$임을 증명하여라.

3.2 환의 기본 성질

이 절에서는 환에서 성립되는 기본적인 성질에 관하여 설명한다.

집합 R이 환이라면 $(R, +)$은 덧셈군이고 $(R, \cdot)$은 반군이다. 따라서 R에서의 기본 성질에 관하여 알아보기 위하여 덧셈군에서 성립했던 성질들과 곱셈군에서 성립했던 성질들 중의 일부와 두 연산의 결합에 의하여 만들어지는 성질들을 알아본다. 군에서와 마찬가지로 특별히 혼돈이 일어나지 않을 때에 곱셈기호는 생략하는 것으로 한다. 즉, $a \cdot b$를 ab로 쓴다.

환 R의 임의의 세 원소 a, b, c에 대한 결합법칙 $(ab)c = a(bc)$는 a, b, c 세 원소를 모두 곱할 때, 순서대로 두 원소를 먼저 곱한 결과에 다른 원소를 곱한 결과는 한 원소와 순서대로 다른 두 원소를 곱한 결과를 곱한 결과와 같다는 의미이다. 따라서 이들의 곱에서 괄호를 떼고 $(ab)c = a(bc) = abc$와 같이 나타낸다. 이를 확장하면, 환 R의 n개의 원소 a_1, a_2, $\cdots$, a_n을 순서대로 결합하여 곱한 결과와 괄호를 다른 방법으로 묶은 결과는 같다. 이러한 의미에서 $a_1 a_2 \cdots a_n$으로 나타낸다. 이를테면, $((ab)c)d = (ab)(cd) = (a(bc))d = a((bc)d) = a(b(cd))$이다.

또, 환 R의 원소 a를 연속하여 곱하는 경우를 간단하게 표현하기 위하여 다음을 정의한다.

환 R의 원소 a와 양의 정수 n에 대하여

$$a^n = \begin{cases} a & : n = 1 \\ a^{n-1}a & : n > 1 \end{cases}$$

으로 정의한다.

위의 정의로부터 다음 성질을 쉽게 얻는다.

정리 3.2.1 환 R의 임의의 원소 a, b와 양의 정수 m, n에 대하여

(1) $a^m a^n = a^{m+n}$ (2) $(a^m)^n = a^{mn}$

(3) $ab = ba$이면 $(ab)^n = a^n b^n$

지금까지 곱셈에 관하여 설명하였다. 이들 성질들을 덧셈군에 관하여 고쳐 쓰면 다음과 같다.

환 R의 임의의 세 원소 a, b, c에 대하여 곱셈에서와 같이

$$(a+b)+c=a+(b+c)=a+b+c$$

로 나타낸다. 이를 확장하면, R의 n개의 원소 $a_1, a_2, \cdots, a_n$의 합을 $a_1+a_2+\cdots+a_n$으로 나타낸다.

정리 3.2.2 환 R의 원소에 대하여

(1) 영원 0은 유일하다.

(2) 각 원소 a에 대하여 a의 역원 $-a$는 유일하다.

(3) 영원 0에 대하여 $-0=0$이다.

(4) 각 원소 a에 대하여 $-(-a)=a$이다.

(5) 임의의 원소 a, b에 대하여 $-(a+b)=(-a)+(-b)$이다. 일반적으로, 원소 $a_1, a_2, \cdots, a_n$에 대하여

$$-(a_1+a_2+\cdots+a_n)=(-a_1)+(-a_2)+\cdots+(-a_n)$$

이다.

(6) 임의의 원소 a, b, c에 대하여 $a+b=a+c$이면 $b=c$이다. 특히, $a+a=a$이면 $a=0$이다.

(7) $x+a=b$이면 $x=b-a$, $x+a=a$이면 $x=0$, $x+a=0$이면 $x=-a$이다.

증명 (1) 정리 2.2.1에서 항등원은 유일하므로 성립한다.

(2) 정리 2.2.1에서 역원은 유일하므로 성립한다.

(3) 정리 2.2.1에서 항등원의 역원은 항등원이다.

(4) 정리 2.2.1에서 역원의 역원은 자기 자신이므로 성립한다.

(5) $(a+b)$의 역원의 유일성에 의하여 $-(a+b)=(-a)+(-b)$이다. 또 귀납적으로 $-(a_1+a_2+\cdots+a_n)=(-a_1)+(-a_2)+\cdots+(-a_n)$이 증명된다.

(6) $a+b=a+c$의 양변의 왼쪽에 a의 역원 $(-a)$를 더하면 $b=c$가 된다. 특히, 이 식에 $b=a$이고 $c=0$을 대입하면 $a=b=c=0$이다.

(7) 식 $x+a=b$의 양변의 오른쪽에 a의 역원 $(-a)$를 더하면 $x=b-a$이다.
첫 식에 $b=a$라 놓으면 $x=b-a=0$이다. 또, 첫 식에 $b=0$이라 놓으면 $x=-a$이다. ▩

환 R의 원소 a와 정수 n에 대하여

$$na=\begin{cases} 0 & : n=0 \\ a & : n=1 \\ (n-1)a+a & : n>1 \\ t(-a) & : n=-t<0 \end{cases}$$

으로 정의한다.

위의 정의로부터 다음 성질을 쉽게 얻는다.

정리 3.2.3 환 R의 임의의 원소 a, b와 정수 m, n에 대하여

(1) $ma+na=(m+n)a$ (2) $m(na)=(mn)a$

(3) $(-n)a=n(-a)=-(na)$ (4) $n(a+b)=na+nb$

(5) $ab=ba$이고 $n>0$이면, $(a+b)^n=\sum_{r=0}^{n}\binom{n}{r}a^{n-r}b^r$이다. 단, $\binom{n}{r}=\frac{n!}{r!(n-r)!}$.

증명 m과 n이 음이 아닌 정수인 경우에만 증명하고 나머지는 연습문제로 남긴다.

(1) $m=0$ 또는 $n=0$이면 분명하다. 이제 m과 n보다 작은 정수일 때 성립한다고 가정하면,

$$\begin{aligned} ma+na &= (m-1)a+a+(n-1)a+a && (ma\text{와 } na\text{의 정의에 의하여}) \\ &= (m-1)a+(n-1)a+a+a && (\text{교환법칙}) \\ &= (m-1+n-1)a+a+a && (\text{귀납적 가정}) \\ &= (m+n-2+1)a+a && (\text{정의}) \\ &= (m+n-1+1)a && (\text{정의}) \\ &= (m+n)a \end{aligned}$$

이므로 m과 n이 음이 아닌 정수인 경우에 성립한다.

(2) $m=0$ 또는 $n=0$이면 분명하다. 이제 m과 n보다 작은 정수일 때 성립한다고 가정하면,

$$\begin{aligned} m(na) &= (m-1+1)[(n-1+1)a] \\ &= (m-1+1)[(n-1)a+a] \\ &= (m-1)[(n-1)a+a]+[(n-1)a+a] \\ &= (m-1)[(n-1)a]+(m-1)a+[(n-1)a+a] \\ &= [(m-1)(n-1)]a+(m-1)a+na \\ &= [(m-1)(n-1)+m-1+n]a \\ &= (mn)a \end{aligned}$$

이므로 m과 n이 음이 아닌 정수인 경우에 성립한다.

(3) $n=0$인 경우는 분명하고 각 항이 na의 역원임을 보이면 증명된다.

(4) $n=0$인 경우는 분명하고 수학적 귀납법으로 증명된다.

(5) $n=1$인 경우는 분명하고 수학적 귀납법으로 증명한다. 즉,

$$(a+b)^{n-1} = \sum_{r=0}^{n-1} \binom{n-1}{r} a^{n-r-1} b^r$$

이라 할 때 $(a+b)^n$에서 $a^{n-r}b^r$의 계수는

$$(a+b)^n = (a+b)^{n-1}(a+b) = (a+b)^{n-1}a + (a+b)^{n-1}b$$

에서 $a^{n-r}b^r$의 계수이므로

$$\binom{n-1}{r-1} + \binom{n-1}{r} = \binom{n}{r}$$

이다. 따라서 모든 음이 아닌 정수에 관하여 성립한다. ■

정리 3.2.4 환 R의 임의의 원소 a, b에 대하여 다음이 성립한다.

(1) $a0=0=0a$

(2) $a(-b)=-ab=(-a)b$이고 $(-a)(-b)=ab$이다.

특히, $1\in R$일 때, $a(-1)=-a=(-1)a$이고 $(-1)(-1)=1$이다.

(3) $1\in R$일 때, 항등원은 유일하다.

증명 (1) 덧셈에 관한 항등원의 유일성에 의하여 증명된다.

(2) 덧셈에 관한 역원의 유일성에 의하여 증명된다.

(3) 곱셈에 관한 항등원의 유일성에 의하여 증명된다. ■

환 R이 항등원 1을 가질 때, $1=0$이면 임의의 원소 $a\in R$에 대하여 $a=a1=a0=0$이므로 $R=\{0\}$이다. 즉, 환 R은 자명한 환이 된다. 그러므로 앞으로 항등원 1을 가지는 환을 서술할 때에는, $1\neq 0$인 경우로 생각한다.

항등원 1을 가진 환 R에서 $a\in R$, $a\neq 0$에 대하여 $ab=ba=1$인 원소 $b\in R$가 존재할 때, a를 R의 **단원**(unit element)이라 하고 b를 기호 a^{-1}로 나타낸다.

이를테면, 정수의 집합에서 1과 -1은 단원이고 2는 단원이 아니다.

> **정리 3.2.5** 항등원 1을 가진 환 R에서 단원 전체의 집합을 $U(R)$로 나타내면, 즉, $U(R)=\{a\in R\mid a\text{는 단원}\}$, $U(R)$은 곱셈에 관한 군이다. 이 군 $U(R)$을 환 R의 **단원군**(group of units)이라고 한다.

증명 먼저, $1\cdot 1=1$이므로 $1\in U(R)$이고 $a\in U(R)$이면 정의에 의하여 $a^{-1}\in U(R)$이다. 이제, 집합 $U(R)$의 임의의 원소 a, b에 대하여 a^{-1}, $b^{-1}\in R$이 존재하여

$$aa^{-1}=1=a^{-1}a \text{ 이고 } bb^{-1}=1=b^{-1}b$$

이다. 따라서

$$(ab)(b^{-1}a^{-1})=a(bb^{-1})a^{-1}=a1a^{-1}=1,$$
$$(b^{-1}a^{-1})(ab)=b^{-1}(a^{-1}a)b=b^{-1}1b=1$$

이므로 $ab\in U(R)$이다. 한편, 집합 $U(R)$의 원소는 환 R의 원소이므로 $U(R)$의 원소들은 결합법칙이 성립한다. 그러므로 $U(R)$은 곱셈군이다. ∎

이를테면, $U(\mathbb{Z})=\{1,-1\}$이고 $U(\mathbb{Q})=\mathbb{Q}-\{0\}$이다.

> **정리 3.2.6** 항등원 1을 가진 환 R에서 R이 나눗셈환이기 위한 필요충분조건은 $U(R)=R-\{0\}$이다. 따라서 R이 체이기 위한 필요충분조건은 $U(R)=R-\{0\}$이 가환군이다.

증명 환 R이 나눗셈환이면 R의 0이 아닌 모든 원소가 역원을 가지므로 $U(R)=R-\{0\}$이다. 역으로, $U(R)=R-\{0\}$이면, R의 0이 아닌 모든 원소가 역원을 가지므로 R은

나눗셈환이다. 같은 방법으로 R이 체이기 위한 필요충분조건은 $U(R)=R-\{0\}$이 가환군이다. ■

실제로 사원수환 $\mathbb{H}$에서 $U(\mathbb{H})=\mathbb{H}-\{0\}$이므로 $\mathbb{H}$는 사체이다. 유리수환 $\mathbb{Q}$에서 $U(\mathbb{Q})=\mathbb{Q}-\{0\}$이므로 $\mathbb{Q}$는 체이다.

환 R에서 원소 $a\in R-\{0\}$에 대하여 $ab=0$ 또는 $ba=0$인 원소 $b\in R-\{0\}$가 존재할 때, a를 R의 **영인자**(zero divisor)라고 한다.

이를테면, 잉여환 $\overline{\mathbb{Z}}_6$에서 $\overline{2}\cdot\overline{3}=\overline{0}$이므로 $\overline{2}$와 $\overline{3}$은 영인자이다.

정리 3.2.7 항등원 1을 가진 가환환 R에서 다음 명제들은 동치이다.

(1) R은 정역이다. 즉, $ab=0$이면 $a=0$ 또는 $b=0$이다.

(2) R은 영인자를 갖지 않는다. 즉, $a\neq 0$이고 $b\neq 0$이면 $ab\neq 0$이다.

(3) $a\neq 0$일 때, $ab=ac$이면 $b=c$이다.

증명 (1)$\Leftrightarrow$(2) 대우명제로 분명하다.

(1)$\Rightarrow$(3) 명제 (1)이 성립하면, $a\neq 0$일 때 $ab=ac$이면 $a(b-c)=0$이고 따라서 $b=c$이다. 그러므로 (3)이 성립한다.

(3)$\Rightarrow$(1) 명제 (3)이 성립할 때, $ab=0$이 성립한다고 하자. 먼저 $a=0$이면 (1)이 성립하고, $a\neq 0$이면 $ab=0=a0$이다. 따라서 가정에 의하여 $b=0$이므로 (1)이 성립한다. ■

정리 3.2.8 항등원 1을 가진 환 R에서 단원은 영인자가 아니다. 따라서 체는 정역이다.

증명 환 R의 원소 a가 단원이라고 하면, $a\neq 0$이고 적당한 원소 a^{-1}이 존재하여 $a^{-1}a=1$이다. 이제 a가 영인자라고 하면 $ab=0$인 영이 아닌 원소 b가 존재한다. 그러나 $b=1\cdot b=(a^{-1}a)b=a^{-1}0=0$이므로 b가 0이 아닌 원소라는 사실에 모순이다. 따라서 a는 영인자가 아니다.

특히, 0이 아닌 체의 원소는 모두 단원이므로 영인자가 아니다. 그러므로 체에는 영인자가 없으므로 정역이다. ■

정리 3.2.8의 역은 성립하지 않는다. 이를테면, 정수환 $\mathbb{Z}$는 정역이지만 1과 -1 외에 영이 아닌 정수는 곱셈에 관한 역원이 존재하지 않으므로 체는 아니다. 그러나 정역이 유한집합이면, 체가 된다. 즉, 다음 정리가 성립한다.

정리 3.2.9 유한 정역은 체이다.

증명 유한 정역을 R이라 하고 $S=R-\{0\}$이라고 하면, $1\in S$이고 S는 영인자를 가지지 않는다. 이제, 임의의 원소 $a\in S$에 대하여 집합 $aS=\{as\mid s\in S\}$를 생각하면 $aS\subseteq S$이고 정리 3.2.7에 의하여 소약법칙이 성립하므로 $|aS|=|S|$이다. 따라서 $aS=S$이고 $1\in aS$이다. 즉, $1=ab$인 $b\in S\subseteq R$가 존재하므로 a는 단원이다. 따라서 R의 0이 아닌 임의의 원소는 단원이므로 R은 체이다. ■

[예제 3.2.1] 정수 $n\ (\geq 2)$에 대하여, 잉여환 $\overline{\mathbb{Z}}_n$의 단원과 영인자에 관하여 알아보자. 원소 $\bar{a}$가 단원이라면 $\bar{a}\bar{b}=\bar{1}$인 $\bar{b}$가 존재한다. 즉, $ab\equiv 1 \bmod n$이다.

다시 표현하면, 적당한 정수 k가 존재하여 $ab+kn=1$이다. 따라서 $(a,\ n)=1$이다. 그러므로 $U(\overline{\mathbb{Z}}_n)=\{\bar{a}\in\overline{\mathbb{Z}}_n\mid(a,\ n)=1\}$이다.

먼저, n이 소수라면, $U(\overline{\mathbb{Z}}_n)=\{\bar{a}\in\overline{\mathbb{Z}}_n\mid(a,\ n)=1\}=\overline{\mathbb{Z}}_n-\{\bar{0}\}$이므로 $\overline{\mathbb{Z}}_n$은 체이다. 따라서 $\overline{\mathbb{Z}}_n$은 정역이고 영인자는 존재하지 않는다. 또한, 정리 3.2.9에 의하여도 $\overline{\mathbb{Z}}_n$은 체임을 알 수 있다.

이제 n이 합성수라면, $U(\overline{\mathbb{Z}}_n)=\{\bar{a}\in\overline{\mathbb{Z}}_n\mid(a,\ n)=1\}=\overline{\mathbb{Z}}_n^{\ *}\neq\overline{\mathbb{Z}}_n-\{\bar{0}\}$이다. 원소 $\bar{c}\in\overline{\mathbb{Z}}_n-\{\bar{0}\}$에 대하여 $(c,\ n)=d>1$이다. 그러면 $c\cdot\dfrac{n}{d}$은 n의 배수이다. 정수 $\dfrac{n}{d}=t$라 놓으면 $\bar{t}\neq\bar{0}$이고 $\bar{c}\cdot\bar{t}=\bar{0}$이다. 따라서 $\bar{c}$는 영인자이다. 즉, n이 합성수이면 $\overline{\mathbb{Z}}_n$은 정역이 아니다.

위 예제에서 잉여환 $\overline{\mathbb{Z}}_n$의 영원이 아닌 원소 $\bar{a}$는 a와 n이 서로소이면 단원이고 서로소가 아니면 영인자이다. 즉, 잉여환 $\overline{\mathbb{Z}}_n$의 원소는 $\bar{0}$, 단원 또는 영인자 중에 꼭 하나이다.

[예제 3.2.2] 실수 구간 $I=[0, 1]$ 위에 정의된 실수값을 갖는 연속함수 전체의 집합을 $C(I)$라고 하자. 즉, $C(I)=\{f : I \to \mathbb{R} \mid f$는 I에서 연속$\}$이다. 연속함수 f와 g에 대하여 $f+g$와 $f \cdot g$를 각각

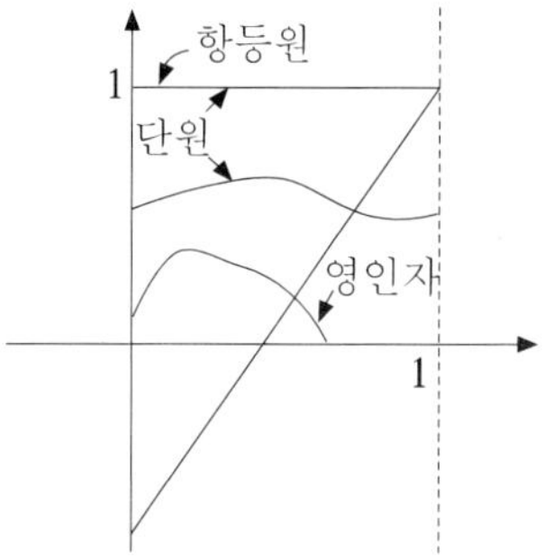

$$f+g : I \to \mathbb{R},\ [f+g](a)=f(a)+g(a),$$
$$f \cdot g : I \to \mathbb{R},\ [f \cdot g](a)=f(a)g(a)$$

로 정의하면 $C(I)$는 항등원을 가진 가환환이다.

이때 영원 o과 항등원 1은 각각 모든 $x \in I$에 대하여 $o(x)=0$이고 $1(x)=1$이다. 또, 원소 f의 역원 $-f$는 모든 $x \in I$에 대하여 $[-f](x)=-f(x)$이다. 이 환을 구간 I에서의 **연속함수환**이라고 한다.

이제 $f \in U(C(I))$이라고 하면 적당한 원소 $g \in C(I)$가 존재하여 $f \cdot g=1$이다. 즉, 모든 $x \in I$에 대하여 $[f \cdot g](x)=1(x)=1$이므로 $f(x)g(x)=1$이다. 따라서 모든 $x \in I$에 대하여 $f(x) \neq 0$이다. 이를테면 오른쪽 위 그림에서 모든 $x \in I$에 대하여 $f(x) \neq 0$인 함수는 단원이다.

한편, 전구간 I가 아닌 일부 구간에서 0을 함수값으로 가지는 연속함수 k는 영인자이다. 즉, 연속함수 $l : I \to \mathbb{R}$을 $l(x)=\begin{cases} 0 & : x \in \{x \in I \mid k(x) \neq 0\} \\ l(x) & : x \in \{x \in I \mid k(x)=0\} \end{cases}$로 정의하면, $k \cdot l=o$이다. 이때, l은 주어진 정의역에서 0이 아닌 함수값만 가지면 된다. 이를테면, a, b를

$$a(x)=\begin{cases} x-\dfrac{1}{2} & : x \in \left[0, \dfrac{1}{2}\right] \\ 0 & : x \in \left[\dfrac{1}{2}, 1\right], \end{cases} \quad b(x)=\begin{cases} 0 & : x \in \left[0, \dfrac{1}{2}\right] \\ x-\dfrac{1}{2} & : x \in \left[\dfrac{1}{2}, 1\right] \end{cases}$$

와 같이 정의하면 $a, b \in C(I)$이고 $a \cdot b=o$이다.

그러므로 $C(I)$는 항등원을 가지는 가환환이지만 정역은 아니다.

위 예제에서는 잉여환 $\overline{\mathbb{Z}}_n$에서와 다르게 영원도, 영인자도, 단원도 아닌 예가 존재한다. 이를테면 $c(x)=x-\dfrac{1}{2}$은 영원도 영인자도 단원도 아니다(연습문제).

연습문제 3.2

1. 정리 3.2.1을 증명하여라.

2. 정리 3.2.3에서

$$\binom{n-1}{r-1}+\binom{n-1}{r}=\binom{n}{r}$$

을 증명하여라.

3. 정리 3.2.4의 (2)를 증명하여라.

4. 환 R의 임의의 원소 a에 대하여 $(-a)^2=a^2$임을 증명하여라.

5. 다음 환에서 단원군과 영인자의 집합을 구하여라.

   (1) $\overline{\mathbb{Z}}_{12}$

   (2) $\mathbb{Z}^2=\{(a,\ b)\mid a,\ b\in\mathbb{Z}\}$

   (3) $\overline{\mathbb{Z}}_{12}{}^2=\{(\bar{a},\ \bar{b})\mid \bar{a},\ \bar{b}\in\overline{\mathbb{Z}}_{12}\}$

   (4) $\mathbb{R}^2=\{(a,\ b)\mid a,\ b\in\mathbb{R}\}$

6. 행렬환 $M_2(\mathbb{R})=\left\{\begin{pmatrix} a & b \\ c & d\end{pmatrix}\mid a,\ b,\ c,\ d\in\mathbb{R}\right\}$에 대하여 다음을 구하여라.

   (1) 단원군을 구하여라.

   (2) $\begin{pmatrix} 1 & 1 \\ 0 & 0\end{pmatrix}$이 영인자인 것을 증명하여라.

   (3) $\begin{pmatrix} 1 & 2 \\ 3 & 6\end{pmatrix}$이 영인자인 것을 증명하여라.

   (4) 영인자의 집합을 구하여라.

7. 원소의 개수가 6인 체가 존재하지 않는 것을 증명하여라.

8. 연습문제 3.1.10의 두 환에 대하여 단원군을 구하여라.

9. 폐구간 $I=[0,\ 1]$ 위의 연속함수환 $C(I)$에서 $c(x)=x-\dfrac{1}{2}$은 영원도, 영인자도, 단원도 아님을 증명하여라.

3.3 부분환

환의 예에서 $(\mathbb{Z}, +)$, $(\mathbb{Q}, +)$, $(\mathbb{R}, +)$ 등이 항등원을 가지는 가환환이 되는 것을 살펴보았다. 집합 $\mathbb{Z}$의 임의의 두 원소 a, b는 집합 $\mathbb{Q}$ 또는 집합 $\mathbb{R}$에서의 두 원소 a, b로 생각할 수 있고, 집합 $\mathbb{Z}$에서 그들의 합 $a+b$와 곱 ab는 집합 $\mathbb{Q}$ 또는 집합 $\mathbb{R}$에서 두 원소의 합 $a+b$와 곱 ab로 생각할 수 있다. 다시 말하면, 정수환 $\mathbb{Z}$는 집합에 관한 측면에서 집합 $\mathbb{Q}$ 또는 집합 $\mathbb{R}$의 부분집합으로서 집합 $\mathbb{Q}$ 또는 집합 $\mathbb{R}$에서와 같은 연산 아래서 환을 이룬다.

정의 3.3.1 환 $(R, +, \cdot)$에서 R의 공집합이 아닌 부분집합 S가 환 R의 두 연산에 관하여 환일 때, 즉 $(S, +, \cdot)$가 환일 때, S를 R의 **부분환**(subring)이라 한다. 그리고 체 R에서 R의 공집합이 아닌 부분집합 S가 체 R의 두 연산에 관하여 체일 때, S를 R의 **부분체**(subfield)라 한다. 또 환(또는 체)S가 환(또는 체) R의 부분환(또는 부분체)일 때 기호

$$S \leq R \quad \text{또는} \quad \begin{array}{c} R \\ | \\ S \end{array}$$

로 나타낸다.

군에서와 같이 부분환(부분체)의 정의로부터 다음 성질이 성립하는 것을 쉽게 알 수 있다.

(1) $T \leq S$이고 $S \leq R$이면 $T \leq R$이다.

(2) $S \leq R$, $T \leq R$이고 $S \subseteq T$이면 $S \leq T$이다.

여기서 $\leq$는 부분환(또는 부분체)이다. 또, 환 R은 R과 $\{0\}$을 부분환으로 가진다. 이때 환 R이 항등원을 가진 환일지라도 부분환 $\{0\}$은 항등원을 갖지 않는다. 즉, 군에서는 부분군의 항등원은 원래의 군의 항등원과 같았지만 환에서는 일반적으로 다르다. 다시 말하면 원래의 환이 항등원을 가진 환이라 하더라도 부분환은 항등원을 갖지 않거나 갖더라도 다른 경우도 있다.

[예제 3.3.1] (1) 집합 $2\mathbb{Z}$, $\mathbb{Z}$, $\mathbb{Q}$, $\mathbb{R}$은 환이다. 따라서 $2\mathbb{Z} \leq \mathbb{Z} \leq \mathbb{Q} \leq \mathbb{R}$이다. 여기에서 $\mathbb{Z}$, $\mathbb{Q}$, $\mathbb{R}$은 같은 항등원을 가지지만, 부분환 $2\mathbb{Z}$는 항등원을 가지지 않는다.

(2) 집합 $\mathbb{Q}$와 $\mathbb{R}$은 체이다. 따라서 $\mathbb{Q}$는 $\mathbb{R}$의 부분체 즉, $\mathbb{Q} \leq \mathbb{R}$이다.

(3) 환 $\mathbb{Z}^2 = \{(a, b) \mid a, b \in \mathbb{Z}\}$과 부분집합 $S = \{(a, 0) \mid a \in \mathbb{Z}\}$는 각각 항등원을 가진 가환환으로 S는 환 $\mathbb{Z}^2$의 부분환이다. 그러나 S의 항등원 $(1, 0)$과 $\mathbb{Z}^2$의 항등원 $(1, 1)$은 서로 다른 원소이다.

정리 3.3.2 환 $(R, +, \cdot)$에서 R의 공집합이 아닌 부분집합 S가 R의 부분환일 필요충분조건은 다음 두 조건을 만족할 때이다.

(i) S는 덧셈군 $(R, +)$의 부분군이다. 즉, $a, b \in S \Rightarrow a-b \in S$이다.

(ii) $a, b \in S \Rightarrow ab \in S$이다.

증명 환 R의 공집합이 아닌 부분집합 S가 부분환이면 환의 정의에 의하여 (i)과 (ii)가 성립한다.

역으로, (i)과 (ii)가 성립한다고 가정하자. 집합 S의 원소는 R의 원소이므로 A.1~A.4, M.1 그리고 D가 성립한다. 그러므로 S가 R의 부분환이다. ▒

정리 3.3.3 체 $(R, +, \cdot)$에서 R의 공집합이 아닌 부분집합 S가 부분체일 필요충분조건은 다음 세 조건을 만족할 때이다.

(i) S는 덧셈군 $(R, +)$의 부분군이다. 즉, $a, b \in S \Rightarrow a-b \in S$이다.

(ii) $a, b \in S \Rightarrow ab \in S$이다.

(iii) $1 \in S$이고 $a \in S-\{0\} \Rightarrow a^{-1} \in S$이다.

증명 체 R의 공집합이 아닌 부분집합 S가 부분체이면 체의 정의에 의하여 (i)~(iii)이 성립한다.

역으로, (i)~(iii)이 성립한다고 가정하자. 먼저 (i)에 의하여 A.1~A.4가 성립한다. 또한, (iii)에 의하여 M.3~M.4가 성립한다. 한편, 집합 S의 원소는 집합 R의 원소이므로 (ii)에 의하여 M.1~M.2와 D가 성립한다.

그러므로 S가 R의 부분체이다. ▒

환(또는 체)의 공집합이 아닌 부분집합이 부분환(또는 부분체)인 것을 증명하려면 환(또는 체)의 정의를 만족하는지 확인하여야 한다. 즉, A.1~A.4, M.1(또는 M.1~M.4), D가 성립하는지 확인하여야 하지만 정리 3.3.2(또는 정리 3.3.3)에 의하여 두 조건(또는 세 조건)을 증명함으로서 간단히 부분환(또는 부분체)임을 보일 수 있다.

이를테면, 예제 3.3.1에서 $2\mathbb{Z}$가 $\mathbb{Z}$의 부분환임을 보이는데 $2\mathbb{Z}$가 환임을 보이는 대신에 2의 배수의 차가 2의 배수이고 2의 배수의 곱이 2의 배수임을 보이는 것으로 충분하다. 또 $\mathbb{Q}$는 $\mathbb{R}$의 부분체임을 보이는데 두 유리수의 차와 두 유리수의 곱이 각각 유리수이고 0이 아닌 유리수가 곱셈에 관한 역원을 가짐을 보임으로 충분하다.

[예제 3.3.2] 환 $\mathbb{Z}^2=\{(a, b) \mid a, b\in\mathbb{Z}\}$의 부분환에 관하여 살펴보자.

(1) 집합 $S_1=\{(a, 0) \mid a\in\mathbb{Z}\}$는 항등원 (1, 0)을 가진 가환환이다. 실제로 S_1의 임의의 두 원소 x, y에 대하여 $x=(a, 0)$이고 $y=(b, 0)$인 $a, b\in\mathbb{Z}$가 존재하고, 두 원소의 차와 곱

$$x-y=(a, 0)-(b, 0)=(a-b, 0)\text{이고 } x\cdot y=(a, 0)\cdot(b, 0)=(ab, 0)$$

이 S_1의 원소이므로 S_1은 $\mathbb{Z}^2$의 부분환이다. 환 S_1을 $\mathbb{Z}\times 0\mathbb{Z}$로 나타내기도 한다.

(2) 집합 $S_2=\{(a_1, a_2) \mid a_1, a_2\in\mathbb{Z}\text{이고 } 2 \mid a_2\}$는 가환환이다. 실제로 S_2의 임의의 두 원소 $x=(a_1, a_2)$와 $y=(b_1, b_2)$에 대하여 $2 \mid (a_2-b_2)$와 $2 \mid a_2b_2$이다. 따라서 $x-y=(a_1-b_1, a_2-b_2)\in S_2$이고 $x\cdot y=(a_1b_1, a_2b_2)\in S_2$이므로 S_2는 $\mathbb{Z}^2$의 부분환이다. 환 S_2를 $\mathbb{Z}\times 2\mathbb{Z}$로 나타내기도 한다.

(3) 집합 $S_3=\{(a_1, a_2) \mid a_1, a_2\in\mathbb{Z}\text{이고 } 3 \mid a_1\}$도 (2)와 같은 방법으로 $\mathbb{Z}^2$의 부분환이다. 환 S_3를 $3\mathbb{Z}\times\mathbb{Z}$로 나타내기도 한다.

[예제 3.3.3] 환(또는 체) $\mathbb{R}$의 부분환에 관하여 살펴보자.

(1) 집합 $\mathbb{Q}(\sqrt{3})=\{a+b\sqrt{3} \mid a, b\in\mathbb{Q}\}$의 임의의 두 원소 $x=a_1+a_2\sqrt{3}$과 $y=b_1+b_2\sqrt{3}$에 대하여 $x-y=(a_1-b_1)+(a_2-b_2)\sqrt{3}\in\mathbb{Q}(\sqrt{3})$이고 $xy=$

$(a_1b_1+3a_2b_2)+(a_1b_2+b_1a_2)\sqrt{3} \in \mathbb{Q}(\sqrt{3})$이므로 $\mathbb{Q}(\sqrt{3})$은 환 $\mathbb{R}$의 부분환이다. 또 $x^{-1} = \dfrac{a_1}{a_1^2-3a_2^2} + \dfrac{-a_2}{a_1^2-3a_2^2}\sqrt{3} \in \mathbb{Q}(\sqrt{3})$이므로 $\mathbb{Q}(\sqrt{3})$은 체 $\mathbb{R}$의 부분체이다.

(2) 집합 $\mathbb{Z}[\sqrt{5}]=\{a+b\sqrt{5} \mid a, b \in \mathbb{Z}\}$의 임의의 두 원소 $x=a_1+a_2\sqrt{5}$와 $y=b_1+b_2\sqrt{5}$에 대하여 $x-y=(a_1-b_1)+(a_2-b_2)\sqrt{5} \in \mathbb{Z}[\sqrt{5}]$이고 $xy=(a_1b_1+5a_2b_2)+(a_1b_2+b_1a_2)\sqrt{5} \in \mathbb{Z}[\sqrt{5}]$이므로 $\mathbb{Z}[\sqrt{5}]$는 환 $\mathbb{R}$의 부분환이다. 그러나 $1+\sqrt{5}$는 환 $\mathbb{Z}[\sqrt{5}]$에서 단원이 아니다. 따라서 환 $\mathbb{Z}[\sqrt{5}]$는 정역이지만 체는 아니다.

정리 3.3.4 환 R에서 집합 $C(R)$을

$$C(R)=\{c \in R \mid \text{모든 } r \in R\text{에 대하여 } rc=cr\}$$

로 정의하면, $C(R)$은 부분환이다. 이 부분환을 환 R의 중심(center)이라고 한다. 또한 다음이 성립한다.

(1) $1 \in R$이면, $1 \in C(R)$이다.

(2) 환 R이 가환환일 필요충분조건은 $C(R)=R$이다.

증명 임의의 원소 $a, b \in C(R)$에 대하여

$$(a-b)r=(a+(-b))r=ar+(-b)r=ar-br=ra-rb=r(a-b),$$
$$(ab)r=a(br)=a(rb)=(ar)b=(ra)b=r(ab)$$

이므로 $a-b \in C(R)$이고 $ab \in C(R)$이다. 따라서 $C(R)$은 부분환이다.

(1) 항등원의 정의에 의하여 $1 \in C(R)$이다.

(2) R이 가환환이면 $C(R)=R$이고 역도 분명하다. ▒

[예제 3.3.4] Hamilton의 사원수환 $\mathbb{H}=\{a+bi+cj+dk \mid a, b, c, d \in \mathbb{R}\}$에서 중심 $C(\mathbb{H})$를 구하여 보자. 먼저, $a_1+b_1i+c_1j+d_1k \in C(\mathbb{H})$라면 $\mathbb{H}$의 임의의 원소 $a+bi+cj+dk$에 대하여 교환법칙이 성립함으로

$$(a_1+b_1i+c_1j+d_1k)(a+bi+cj+dk)$$
$$=(a_1a-b_1b-c_1c-d_1d)+(a_1b+ab_1+c_1d-d_1c)i$$
$$+(a_1c+ac_1-b_1d+d_1b)j+(a_1d+ad_1+b_1c-bc_1)k,$$
$$(a+bi+cj+dk)(a_1+b_1i+c_1j+d_1k)$$
$$=(aa_1-bb_1-cc_1-dd_1)+(ab_1+a_1b+cd_1-dc_1)i$$
$$+(ac_1+a_1c-bd_1+db_1)j+(ad_1+a_1d+bc_1-b_1c)k$$

이다. 즉, i의 계수가 같아야 하므로

$$c_1d-d_1c=cd_1-dc_1 \text{이고} \quad 2c_1d-2d_1c=0$$

이다. 한편 임의의 원소 c와 d에 대하여 성립하므로 $c_1=d_1=0$이다. 같은 방법으로 j의 계수를 비교하여 $b_1=d_1=0$이다. 따라서 $C(\mathbb{H})=\mathbb{R}$ 이다.

정리 3.3.5 환 R에서 S와 T가 R의 부분환이면 $S\cap T$도 R의 부분환이다. 또 체 R에서 S와 T가 R의 부분체이면 $S\cap T$도 R의 부분체이다.

증명 임의의 원소 $a, b\in S\cap T$이면 $a, b\in S$이고 $a, b\in T$이다. 가정에서 S와 T가 R의 부분환이므로 $a-b\in S$, $ab\in S$이고 $a-b\in T$, $ab\in T$이다. 따라서 $a-b\in S\cap T$, $ab\in S\cap T$이므로 $S\cap T$도 R의 부분환이다.

또, 체 R에서 S와 T가 R의 부분체이면 R의 부분환이므로 $S\cap T$도 R의 부분환이다. 이제 $a\in S\cap T$이면 $a\in S$이고 $a\in T$이다. 가정에서 S와 T가 R의 부분체이므로 $a^{-1}\in S$이고 $a^{-1}\in T$이다. 따라서 $a^{-1}\in S\cap T$이므로 $S\cap T$도 R의 부분체이다. ■

[예제 3.3.5] (1) 예제 3.3.2에서 S_1, S_2, S_3는 $\mathbb{Z}^2$의 부분환이다. 이들의 공통부분을 각각 구하여 보면,

$$S_1\cap S_2=S_1, \qquad S_1\cap S_3=3\mathbb{Z}\times 0\mathbb{Z},$$
$$S_2\cap S_3=3\mathbb{Z}\times 2\mathbb{Z}, \quad S_1\cap S_2\cap S_3=3\mathbb{Z}\times 0\mathbb{Z}$$

이다.

(2) $\mathbb{Q}(\sqrt{3})\cap\mathbb{Q}=\mathbb{Q}$, $\mathbb{Q}(\sqrt{3})\cap\mathbb{Q}(\sqrt{5})=\mathbb{Q}$, $\mathbb{Q}(\sqrt{3})\cap\mathbb{Z}[\sqrt{5}]=\mathbb{Z}$

연습문제 3.3

1. 집합 $R=\{(a, b) \mid a, b \in \mathbb{Q}\}$ 위에 덧셈과 곱셈을

$$(a_1, a_2)+(b_1, b_2)=(a_1+b_1, a_2+b_2),$$
$$(a_1, a_2)\cdot(b_1, b_2)=(a_1b_1-a_2b_2, a_1b_2+a_2b_1)$$

와 같이 정의할 때 다음을 증명하여라.

(1) 가환환 R은 체임을 증명하라.

(2) 집합 $S=\{(a, 0) \mid a \in \mathbb{Q}\}$는 R의 부분체임을 증명하여라.

2. 환 R이 정역 또는 체일 때, R의 부분환 S가 R의 항등원을 포함하면 S는 정역임을 증명하여라.

3. 양의 정수 m에 대하여 $m\mathbb{Z}$가 $\mathbb{Z}$의 부분환임을 증명하고 $6\mathbb{Z}\cap 8\mathbb{Z}$를 간단히 나타내어라.

4. 임의의 주어진 소수 p에 대하여

$$R_p=\left\{\frac{a}{p^n} \in \mathbb{Q} \mid a \in \mathbb{Z},\ n=0, 1, 2, \cdots\right\}$$

라고 할 때 R_p는 $\mathbb{Q}$의 부분환이고 $\mathbb{Z}\subsetneq R_p \subsetneq \mathbb{Q}$임을 증명하여라.

5. 행렬환 $R=M_2(\mathbb{R})$에 대하여 다음 물음에 답하여라.

(1) $S=\left\{\begin{pmatrix} a & b \\ 0 & c \end{pmatrix} \mid a, b, c \in \mathbb{R}\right\}$가 R의 부분환인 것을 증명하여라.

(2) $T=\left\{\begin{pmatrix} a & b \\ 0 & a \end{pmatrix} \mid a, b \in \mathbb{R}\right\}$가 R과 S의 부분환인 것을 증명하여라.

(3) 각 환의 중심 $C(R)$, $C(S)$, $C(T)$를 구하여라.

6. 연습문제 3.1.9의 환의 모든 부분환을 구하여라.

3.4 이데알과 잉여환

제2장에서 정규부분군과 잉여군에 관하여 다루었다. 이 절에서는 이와 유사한 개념으로 이데알과 잉여환에 관하여 다룬다.

정의 3.4.1 환 R에서 I가 환 R의 부분환이고 R의 임의의 원소 r과 I의 임의의 원소 a에 대하여 $ra \in I$ $[ar \in I]$일 때, I를 좌측이데알(left ideal) [우측이데알(right ideal)]이라 하고 기호 $I \triangleleft_l R$ 또는 $R \triangleright_l I$ $[I \triangleleft_r R$ 또는 $R \triangleright_r I]$로 나타낸다.

특히, 부분환 I가 환 R의 좌측이데알이고 동시에 우측이데알일 때 I는 환 R의 이데알(ideal)이라고 하고 기호 $I \triangleleft R$ 또는 $R \triangleright I$로 나타낸다.

[예제 3.4.1] 행렬환 $R = M_2(\mathbb{R})$에서 다음 부분환을 생각하여 보자.

(1) 자명한 부분환 R과 $O = \left\{\begin{pmatrix} 0 & 0 \\ 0 & 0 \end{pmatrix}\right\}$는 이데알이다.

(2) $I = \left\{\begin{pmatrix} a & b \\ 0 & 0 \end{pmatrix} \mid a, b \in \mathbb{R}\right\}$의 임의의 두 원소의 차와 곱

$$\begin{pmatrix} a_1 & b_1 \\ 0 & 0 \end{pmatrix} - \begin{pmatrix} a_2 & b_2 \\ 0 & 0 \end{pmatrix} = \begin{pmatrix} a_1 - a_2 & b_1 - b_2 \\ 0 & 0 \end{pmatrix},$$

$$\begin{pmatrix} a_1 & b_1 \\ 0 & 0 \end{pmatrix}\begin{pmatrix} a_2 & b_2 \\ 0 & 0 \end{pmatrix} = \begin{pmatrix} a_1a_2 & a_1b_2 \\ 0 & 0 \end{pmatrix}$$

이 I의 원소이므로 정리 3.3.2에 의하여 I는 부분환이다. 또,

$$\begin{pmatrix} a_1 & b_1 \\ 0 & 0 \end{pmatrix}\begin{pmatrix} a_2 & b_2 \\ c_2 & d_2 \end{pmatrix} = \begin{pmatrix} a_1a_2 + b_1c_2 & a_1b_2 + b_1d_2 \\ 0 & 0 \end{pmatrix} \in I$$

이므로 I는 우측이데알이다. 그러나

$$\begin{pmatrix} a_1 & b_1 \\ c_1 & d_1 \end{pmatrix}\begin{pmatrix} a_2 & b_2 \\ 0 & 0 \end{pmatrix} = \begin{pmatrix} a_1a_2 & a_1b_2 \\ c_1a_2 & c_1b_2 \end{pmatrix} \notin I$$

이므로 I는 좌측이데알은 아니다.

(3) (2)와 유사하게 $J=\left\{\begin{pmatrix} a & 0 \\ c & 0 \end{pmatrix} \mid a, c \in \mathbb{R}\right\}$는 좌측이데알이지만 우측이데알은 아니다(연습문제).

이데알에 관한 다음 정리는 책에 따라서는 이데알의 정의로 사용한다.

정리 3.4.2 환 R에서 I가 환 R의 부분집합이라 할 때, I가 좌측이데알[우측이데알]일 필요충분조건은 R의 임의의 원소 r과 I의 임의의 원소 a, b에 대하여

$$a-b \in I\text{이고 } ra \in I \ [a-b \in I\text{이고 } ar \in I]$$

이다. 특히, 환 R의 부분집합 I가 이데알일 필요충분조건은 R의 임의의 원소 r과 I의 임의의 원소 a, b에 대하여

$$a-b \in I\text{이고 } ra \in I,\ ar \in I$$

이다.

증명 환 R의 부분집합 I가 좌측이데알이라면, I는 부분환이고 R의 임의의 원소 r과 I의 임의의 원소 a에 대하여 $ra \in I$이다. 또, I는 부분환이므로 I의 임의의 원소 a, b에 대하여 $a-b \in I$이다. 즉, R의 임의의 원소 r과 I의 임의의 원소 a, b에 대하여

$$a-b \in I\text{이고 } ra \in I$$

이다.

역으로, R의 임의의 원소 r과 I의 임의의 원소 a, b에 대하여 $a-b \in I$이고 $ra \in I$이라 하자. 그러면 I의 임의의 원소 a, b에 대하여 $a \in R$로 생각하면 $ab \in I$이므로 I는 부분환이다. 따라서 I는 좌측이데알이다.

우측이데알과 이데알에 관한 증명은 같은 방법으로 할 수 있다(연습문제). ■

가환환인 경우에는 좌측[우측]이데알은 이데알과 동치개념이다. 즉, 다음 정리는 쉽게 증명된다.

정리 3.4.3 가환환 R에서 부분집합 I가 좌측[우측]이데알이면 이데알이다.

[예제 3.4.2] 정수환 $\mathbb{Z}$에서 음이 아닌 정수 n에 대하여 n의 배수의 차는 n의 배수이고, 임의의 정수와 n의 배수의 곱도 n의 배수이다. 즉, 임의의 원소 $x \in \mathbb{Z}$와 $a, b \in n\mathbb{Z} = \{na \mid a \in \mathbb{Z}\}$에 대하여 $ax, xa \in n\mathbb{Z}$이고 $a-b \in n\mathbb{Z}$이다. 따라서 $n\mathbb{Z}$는 이데알이다.

실제로 정수환 $\mathbb{Z}$의 이데알 I는 부분환이므로 $a, b \in I$에 대하여 $a-b \in I$이다. 정수전체의 집합 $\mathbb{Z}$의 부분집합이 뺄셈에 관하여 닫혀있으면 정리 1.4.8에 의하여 적당한 음이 아닌 정수 n이 존재하여 $n\mathbb{Z} = \{na \mid a \in \mathbb{Z}\}$이다.

그러므로 정수환 $\mathbb{Z}$의 모든 이데알은 음이 아닌 정수 n이 존재하여

$$n\mathbb{Z} = \{na \mid a \in \mathbb{Z}\}$$

의 꼴이다.

정리 3.4.4 항등원 1을 가진 환 R에서 I가 R의 이데알일 때,

(1) $1 \in I$이면, $I = R$이다.

(2) I가 환 R의 단원 u를 포함하면, $I = R$이다.

증명 (1) 이데알 I가 1을 포함하면, 환 R의 임의의 원소 r에 대하여 $r = 1 \cdot r \in I$이므로 $R \subseteq I$이다. 따라서 $I = R$이다.

(2) 이데알 I가 환 R의 단원 u를 포함하면, 환 R의 적당한 원소 v가 존재하여 $1 = uv \in I$이다. 따라서 (1)에 의하여 $I = R$이다. ■

정리 3.4.5 환 R이 나눗셈환이면 R의 이데알은 $\{0\}$ 또는 R이다.

증명 나눗셈환 R의 이데알 I가 $I \neq \{0\}$이라고 가정하면 $a \neq 0$인 원소 $a \in I$가 존재한다. 가정에 의하여 이데알 I는 단원을 가지며 정리 3.4.4에 의하여 $I = R$이다. ■

이를테면, 유리수체 $\mathbb{Q}$에는 이데알이 $\{0\}$ 또는 $\mathbb{Q}$뿐이다. 그러나, 정수환 $\mathbb{Z}$는 유리수체 $\mathbb{Q}$의 부분환이지만 $n\mathbb{Z}$(음이 아닌 정수 n)꼴의 이데알을 가진다.

즉, $n\mathbb{Z}$는 $\mathbb{Q}$와 $\mathbb{Z}$의 부분환이고 $\mathbb{Z}$의 이데알이지만 $\mathbb{Q}$의 이데알은 아니다.

정리 3.4.6 환 R에서 R의 두 이데알 I와 J에 대하여 다음이 성립한다.

(1) 집합 $I \cap J = \{a \mid a \in I,\ a \in J\}$는 I와 J에 품기는 R의 이데알이다.

(2) 집합 $I + J = \{a + b \mid a \in I,\ b \in J\}$는 I와 J를 품는 R의 이데알이다.

(3) 집합

$$I \cdot J = \{a_1b_1 + a_2b_2 + \cdots + a_nb_n \mid a_i \in I,\ b_i \in J\}$$

는 I와 J에 품기는 R의 이데알이다.

더욱이 다음이 성립한다.

$$I \cdot J \subseteq I \cap J \subseteq I \subseteq I + J,$$
$$I \cdot J \subseteq I \cap J \subseteq J \subseteq I + J$$

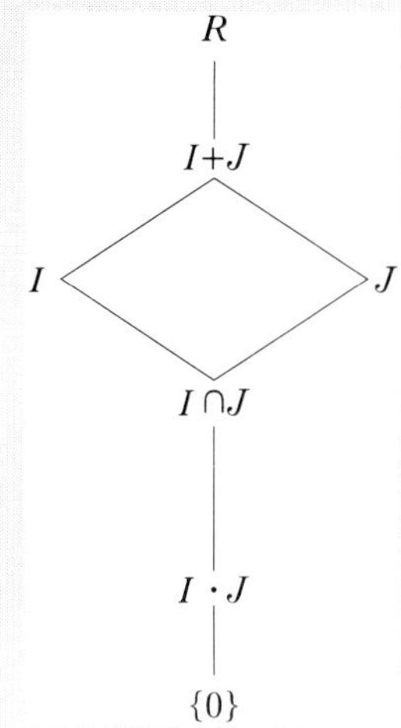

증명 (1) 환 R의 임의의 원소 r과 $I \cap J$의 임의의 원소 a, b에 대하여 $a, b \in I$이고 $a, b \in J$이다. 가정에서 I와 J는 R의 이데알이므로

$$a - b \in I\text{이고 } ra,\ ar \in I,\ a - b \in J\text{이고 } ra,\ ar \in J$$

이다. 따라서 $a - b \in I \cap J$이고 $ra, ar \in I \cap J$이다.
그러므로 $I \cap J$는 I와 J에 품기는 R의 이데알이다.

(2) $I + J$의 임의의 원소 x, y에 대하여 $x = a_1 + b_1$이고 $y = a_2 + b_2$인 $a_1, a_2 \in I$와 $b_1, b_2 \in J$가 존재한다. 따라서 환 R의 임의의 원소 r과 $x, y \in I + J$에 대하여

$$x - y = (a_1 + b_1) - (a_2 + b_2) = (a_1 - a_2) + (b_1 - b_2) \in I + J,$$
$$xr = (a_1 + b_1)r = a_1r + b_1r \in I + J,\ rx = r(a_1 + b_1) = ra_1 + rb_1 \in I + J$$

I와 J의 임의의 원소 a와 b에 대하여 $a = a + 0 \in I + J$, $b = 0 + b \in I + J$이므로 $I + J$는 I와 J를 품는 R의 이데알이다.

(3) $I \cdot J$의 임의의 원소 x, y에 대하여

$$x = a_1b_1 + a_2b_2 + \cdots + a_nb_n\text{이고 } y = a'_1b'_1 + a'_2b'_2 + \cdots + a'_mb'_m$$

인 $a_i, a_j' \in I$, $b_i, b_j' \in J$가 존재한다. 따라서 환 R의 임의의 원소 r과 $x, y \in I \circ J$에 대하여

$$x-y=a_1b_1+a_2b_2+\cdots+a_nb_n+a'_1(-b'_1)+a'_2(-b'_2)+\cdots+a'_m(-b'_m)\in I\cdot J,$$
$$rx=(ra_1)b_1+(ra_2)b_2+\cdots+(ra_n)b_n\in I\cdot J,$$
$$xr=a_1(b_1r)+a_2(b_2r)+\cdots+a_n(b_nr)\in I\cdot J$$

이므로 이데알이다. 또 임의의 i에 대하여 $a_ib_i\in I$이고 $a_ib_i\in J$이므로 $a_ib_i\in I\cap J$이고 $a_1b_1+a_2b_2+\cdots+a_nb_n\in I\cap J$이다. 따라서 $I\cdot J\subseteq I\cap J$이다.
그러므로 (3)이 성립한다. ■

이를테면, 정수환 $\mathbb{Z}$에서 두 이데알 $I=4\mathbb{Z}$와 $J=6\mathbb{Z}$에 대하여 $I\cap J=12\mathbb{Z}$, $I+J=2\mathbb{Z}$, $I\cdot J=24\mathbb{Z}$이다. 일반적으로 다음 예제가 성립한다.

[예제 3.4.3] 정수환 $\mathbb{Z}$에서 두 이데알 $I=a\mathbb{Z}$와 $J=b\mathbb{Z}$에 대하여 $I\cap J=[a, b]\mathbb{Z}$, $I+J=(a, b)\mathbb{Z}$, $I\cdot J=ab\mathbb{Z}$이다. 특히, $(a, b)=1$이면 $I\cap J=I\cdot J$이고 $I+J=\mathbb{Z}$이다.

환 R에서 R의 이데알 I, J, K에 대하여

$$(I+J)+K=I+(J+K)=I+J+K,\quad (I\cdot J)\cdot K=I\cdot(J\cdot K)=I\cdot J\cdot K$$

를 쉽게 알 수 있다. 정리 3.4.5를 일반화하면 다음을 얻는다.

정리 3.4.7 환 R에서 R의 이데알 $I_1, \cdots, I_n$에 대하여

$$I_1\cap\cdots\cap I_n=\{a\in R\mid a\in I_1, \cdots, a\in I_n\},$$
$$I_1+\cdots+I_n=\{a_1+\cdots+a_n\in R\mid a_1\in I_1, \cdots, a_n\in I_n\},$$
$$I_1\cdot\cdots\cdot I_n=\left\{\sum_{i=1}^{k}a_{1i}\cdots a_{ni}\in R\mid a_{1i}\in I_1, \cdots, a_{ni}\in I_n\right\}$$

은 모두 R의 이데알이다.

군론에서 순환부분군과 유사한 개념으로 단항 이데알이 있다.

정리 3.4.8 항등원 1을 가진 가환환 R의 임의의 원소 a에 대하여 집합

$$aR = \{ar \mid r \in R\}$$

은 a를 품는 R의 최소 이데알이다. 즉, R의 이데알 I가 a를 원소로 가진다면, $aR \subseteq I$이다. 이데알 aR을 a에 의하여 생성된 단항 이데알(principal ideal)이라 하고 (a)로 나타낸다.

증명 집합 aR의 임의의 원소 x, y에 대하여 $x = ar_1$, $y = ar_2$인 원소 r_1, $r_2 \in R$가 존재한다. 이때, 가환환 R의 임의의 원소 r과 $x, y \in aR$에 대하여

$$x - y = ar_1 - ar_2 = a(r_1 - r_2) \in aR,$$
$$xr = (ar_1)r = a(r_1 r) \in aR, \quad rx = r(ar_1) = (ra)r_1 = (ar)r_1 = a(rr_1) \in aR$$

이므로 aR은 R의 이데알이다. 이제 $a = a \cdot 1 \in aR$이고 또 $a \in I$이면, $ar \in I$이므로 $aR \subseteq I$이다. 그러므로 aR은 a를 품는 R의 최소 이데알이다. ▩

이를테면, 항등원 1을 가진 가환환 R에서 $(0) = \{0\}$이고 $(1) = R$이다.

한편, 일반적인 환 R의 원소 a에 대하여 a에 의하여 생성되는 R의 이데알 (a)에 관한 내용은 연습문제를 참고하기 바란다. 이제 단항 이데알의 일반화로 유한개의 원소에 의하여 생성되는 이데알에 관하여 알아본다.

정리 3.4.9 항등원 1을 가진 가환환 R에서 R의 원소 $a_1, \cdots, a_n$에 대하여 집합

$$a_1R + \cdots + a_nR = \{a_r r_1 + \cdots + a_n r_n \mid r_1, \cdots, r_n \in R\}$$

은 $a_1, \cdots, a_n$을 품는 R의 최소 이데알이다. 즉, R의 이데알 I가 $a_1, \cdots, a_n$을 원소로 가진다면, $a_1R + \cdots + a_nR \subseteq I$이다. 이데알 $a_1R + \cdots + a_nR$을 $a_1, \cdots, a_n$에 의하여 생성된 이데알이라 하고 $(a_1, \cdots, a_n)$로 나타낸다.

항등원 1을 가진 가환환 R에서 R의 이데알이 모두 단항 이데알일 때 R을 단항 이데알 환(principal ideal ring)이라고 한다. 특히, 단항 이데알환인 정역을 단항 이데알

정역(principal ideal domain)이라 한다.

이를테면, 정수환 $\mathbb{Z}$의 모든 이데알은 음이 아닌 정수 m에 대하여 $m\mathbb{Z}$이므로 (m)으로 나타낼 수 있다. 따라서 정수환 $\mathbb{Z}$는 단항 이데알 정역이다.

다음 예제에서 설명되는 다항식환은 제3장 제5절에서 엄밀하게 다룰 것이다.

[예제 3.4.4] 정수환 $\mathbb{Z}$ 위의 다항식환 $\mathbb{Z}[x]$에서 단항 이데알 (x)와 (2)는 각각

$$(x)=\{xf(x)\mid f(x)\in\mathbb{Z}[x]\},$$
$$(2)=\{2f(x)\mid f(x)\in\mathbb{Z}[x]\}$$

이다. 그러면 2와 x를 품는 이데알은 정리 3.4.9에 의하여

$$(2,\ x)=\{2f(x)+xg(x)\mid f(x),\ g(x)\in\mathbb{Z}[x]\}$$

와 같이 나타낼 수 있다. 즉, $2f(x)+xg(x)$로부터 $(2,\ x)$의 원소는 상수항은 2의 배수이고 다른 항의 계수는 제한이 없다. 이제, $(2,\ x)$가 단항 이데알이라면, $(2,\ x)=(h(x))$인 다항식 $h(x)$가 존재한다. 한편, $2\in(h(x))$이고 $x\in(h(x))$이므로 $2=h(x)k(x)$ 즉, $h(x)\mid 2$이고 $x=h(x)l(x)$ 즉, $h(x)\mid x$이다.

따라서 $h(x)=1$이다. 그러나 $(1)=\mathbb{Z}[x]\neq(2,\ x)$이므로 $(2,\ x)$는 단항 이데알이 아니다. 그러므로 $\mathbb{Z}[x]$는 단항 이데알 정역이 아니다.

정리 3.4.10 환 R에서 I가 R의 이데알일 때, 집합 $R/I=\{a+I\mid a\in R\}$의 임의의 두 원소 $a+I$와 $b+I$에 대하여

$$a+I=b+I \Leftrightarrow a-b\in I,$$
$$(a+I)+(b+I)=(a+b)+I,\ \ (a+I)\cdot(b+I)=ab+I$$

와 같이 정의된 연산 아래 R/I는 환을 이룬다. 이와 같이 정의된 환 R/I를 환 R의 I에 의한 잉여환 또는 인자환(factor ring) 또는 상환(quotient ring)이라 한다.

증명 먼저, 집합 R/I 위에 연산이 잘 정의되어 있는지 확인하여 보자. 즉, $a+I=b+I$이고 $c+I=d+I$이라면, $a-b\in I$이고 $c-d\in I$이므로 적당한 원소 $i_1,\ i_2\in I$가 존재

하여 $a-b=i_1$이고 $c-d=i_2$이다. 따라서

$$(a+c)-(b+d)=(a-b)+(c-d)=i_1+i_2\in I,\ \text{즉},\ (a+c)+I=(b+d)+I,$$
$$ac-bd=(b+i_1)(d+i_2)-bd=bi_2+i_1d+i_1i_2\in I,\ \text{즉},\ ac+I=bd+I$$

이다. 그러므로 $(a+I)+(c+I)=(a+c)+I=(b+d)+I=(b+I)+(d+I)$이고 $(a+I)(c+I)=ac+I=bd+I=(b+I)(d+I)$이다. 즉, 집합 R/I 위에서 두 연산이 잘 정의된다.

한편, R/I에서 덧셈에 관한 결합법칙과 교환법칙은 쉽게 증명되고 항등원은 $0+I$이다. 각 $a+I$의 덧셈에 관한 역원은 $(-a)+I$이므로 $(R/I,\ +)$는 덧셈군이다.

또, R/I에서 곱셈에 관한 결합법칙은 환 R의 곱셈에 관한 결합법칙으로부터 쉽게 증명된다. 즉, $(ab)c=a(bc)$이므로

$$[(a+I)(b+I)](c+I)=(ab+I)(c+I)=(ab)c+I,$$
$$(a+I)[(b+I)(c+I)]=(a+I)(bc+I)=a(bc)+I$$

이고 $[(a+I)(b+I)](c+I)=(ab)c+I=a(bc)+I=(a+I)[(b+I)(c+I)]$이다.

한편, R/I에서 배분법칙은 R에서 배분법칙 $(a+b)c=ac+bc$으로부터

$$\begin{aligned}[(a+I)+(b+I)](c+I)&=(a+b+I)(c+I)\\&=(a+b)c+I\\&=(ac+bc)+I\\&=ac+I+bc+I\\&=(a+I)(c+I)+(b+I)(c+I)\end{aligned}$$

이고 같은 방법으로 $(a+I)[(b+I)+(c+I)]=(a+I)(b+I)+(a+I)(c+I)$이다.

그러므로 R/I는 환이다. ▩

이를테면, 정수환 $\mathbb{Z}$에서 이데알 $5\mathbb{Z}$에 의한 잉여환

$$\mathbb{Z}/5\mathbb{Z}=\{a+5\mathbb{Z}\mid a\in\mathbb{Z}\}$$

는 군에서 다룬 것과 같은 집합이다. 즉,

$$\mathbb{Z}/5\mathbb{Z}=\{0+5\mathbb{Z},\ 1+5\mathbb{Z},\ 2+5\mathbb{Z},\ 3+5\mathbb{Z},\ 4+5\mathbb{Z}\}=\{\bar{0},\ \bar{1},\ \bar{2},\ \bar{3},\ \bar{4}\}=\overline{\mathbb{Z}}_5$$

이다.

정리 3.4.11 환 R에서 I가 R의 이데알이면 다음이 성립한다.
(1) R이 가환환이면 R/I도 가환환이다.
(2) R이 항등원 1을 가진 환이고 $I \neq R$이면, R/I도 항등원 $1+I$를 가진 환이다.

증명 먼저, 집합 R/I는 정리 3.4.10에 의하여 환이다.

(1) R이 가환환이므로 임의의 원소 $a, b \in R$에 대하여 $ab = ba$이다. 따라서

$$(a+I)(b+I) = ab+I = ba+I = (b+I)(a+I)$$

이므로 R/I는 가환환이다.

(2) R이 항등원 1을 가진 환이므로 $1 \neq 0$이고 $I \neq R$이므로 $1 \notin I$이다. 따라서 $1+I \neq 0+I$이고 $(1+I)(a+I) = a+I = (a+I)(1+I)$이다. 따라서 R/I도 항등원 $1+I$를 가진 환이다. ■

항등원을 가진 가환환 R에서의 이데알 P에 대하여 다음 조건

$$P \neq R\text{이고, 임의의 원소 } a, b \in R\text{에 대하여 } ab \in P\text{이면 } a \in P \text{ 또는 } b \in P$$

를 만족할 때, P를 소이데알(prime ideal)이라고 한다.

[예제 3.4.5] 정수환 $\mathbb{Z}$의 이데알을 살펴보면,

(1) 정수 a, b에 대하여 $ab = 0$이면 $a = 0$ 또는 $b = 0$이므로 $ab \in (0)$이면 $a \in (0)$이거나 $b \in (0)$이다. 따라서 (0)은 소이데알이다.

(2) 소수 p에 대하여 $p \mid ab$이면 $p \mid a$ 또는 $p \mid b$이다. 따라서 $ab \in (p)$이면 $a \in (p)$ 또는 $b \in (p)$이다. 따라서 (p)는 소이데알이다.

(3) 두 정수 3과 4에 대하여 $3 \cdot 4 \in (6)$이지만 $3 \notin (6)$이고 $4 \notin (6)$이다. 따라서 (6)은 소이데알이 아니다.

정리 3.4.12 항등원을 가진 가환환 R의 이데알 P에 대하여 P가 소이데알이기 위한 필요충분조건은 R/P가 정역이다.

증명 이데알 P가 항등원을 가진 가환환 R의 소이데알이라 하자. 그러면 $P \neq R$이므로 정리 3.4.11에 의하여 $1+P \neq 0+P$이고 R/P는 항등원을 가진 가환환이다. 이제

$(a+P)(b+P)=0+P$라고 가정하면, $ab+P=0+P$이고 $ab\in P$이다. 소이데알의 정의에 의하여 $a\in P$ 또는 $b\in P$이다. 즉 $a+P=0+P$ 또는 $b+P=0+P$이다. 따라서 R/P가 정역이다.

역으로 R/P가 정역이라 하면, $1+P\neq 0+P$이므로 $P\neq R$이다. 또, P가 소이데알임을 보이기 위하여 $ab\in P$라고 하면 $ab+P=0+P$이다. 따라서 $(a+P)(b+P)=0+P$이고 R/P가 정역이므로 $a+P=0+P$ 또는 $b+P=0+P$이다. 따라서 $a\in P$ 또는 $b\in P$이므로 P는 소이데알이다. ▩

이를테면, 예제 3.4.5에 의하여 (5)가 소이데알이므로 $\overline{\mathbb{Z}}_5$는 정역이다. 그러나 예제 3.4.5에서 (6)은 소이데알이 아니므로 $\overline{\mathbb{Z}}_6$은 정역이 아니다. 실제로 $\overline{\mathbb{Z}}_6$에서 $\bar{3}\cdot\bar{4}=\bar{0}$이므로 $\overline{\mathbb{Z}}_6$은 영인자를 가진다.

항등원을 가진 환 R에서의 이데알 M에 대하여 다음 조건

$$M\neq R\text{이고 } M\subseteq I\subseteq R\text{인 이데알 } I\text{가 존재하면 } I=M \text{ 또는 } I=R$$

을 만족할 때, M을 **극대이데알**(maximal ideal)이라고 한다.

[예제 3.4.6] 정수환 $\mathbb{Z}$의 이데알을 살펴보면,

(1) 정수 $m\neq 0$에 대하여 $(0)\subsetneq(m)$이므로 (0)은 극대이데알이 아니다.

(2) 소수 p에 대하여 이데알 I가 $(p)\subsetneq I$이라면 $x\in I$이고 $x\notin(p)$인 정수 x가 존재한다. 즉, $(x, p)=1$이다. 따라서 적당한 정수 s와 t가 존재하여 $1=ps+xt$이다. 한편, $p, x\in I$이고 $1\in I$이므로 $I=\mathbb{Z}$이다. 따라서 (p)는 극대이데알이다.

(3) 합성수 $6=2\cdot 3$에 대하여 $(6)\subsetneq(2)\subsetneq\mathbb{Z}$이고 $(6)\subsetneq(3)\subsetneq\mathbb{Z}$이다. 따라서 (6)은 극대이데알이 아니다.

정리 3.4.13 항등원을 가진 가환환 R의 이데알 M에 대하여 M이 극대이데알이기 위한 필요충분조건은 R/M이 체이다.

증명 이데알 M이 항등원을 가진 가환환 R의 극대이데알이라 하자. 그러면 $M\neq R$이므로 정리 3.4.11에 의하여 R/M은 항등원 $1+M$을 가진 가환환이다. 이제 $a+M\in R/M$

이고 $a+M \neq 0+M$이라 하면 $a \notin M$이다. 또한, 이데알 $(a)+M=\{ar+m \mid r \in R, m \in M\}$은 이데알이고 $M \subsetneq (a)+M$이다. 극대이데알의 정의에 의하여 $(a)+M=R$이다. 따라서, 적당한 원소 $b \in R$와 $m \in M$이 존재하여 $ab+m=1$이다. 따라서 $(a+M)(b+M)=ab+M=1+M$이다. 즉, $a+M$의 역원이 존재한다. 그러므로 R/M이 체이다.

역으로, R/M이 체라고 가정하자. 그러면 $1+M \neq 0+M$이므로 $M \neq R$이다.

이제 M이 극대이데알임을 보이기 위하여 R의 이데알 N에 대하여 $M \subsetneq N$이라 하면 $a \in N-M$인 원소 $a \in N$가 존재한다. 원소 $a+M \in R/M$에 대하여 $a+M \neq 0+M$이므로 $(a+M)(b+M)=1+M$인 원소 $b+M$이 존재한다. 따라서 $ab+M=1+M$이므로 $1-ab \in M \subseteq N$이고 $1+N=ab+N=N$이다. 그러므로 $1 \in N$이고 $N=R$이다. 즉, M은 극대이데알이다. ■

이를테면, 예제 3.4.6에 의하여 (5)가 극대이데알이므로 $\overline{\mathbb{Z}}_5$는 체이다. 그러나 예제 3.4.6에서 (6)은 극대이데알이 아니므로 $\overline{\mathbb{Z}}_6$은 체가 아니다.

정리 3.4.14 항등원을 가진 가환환 R에서 이데알 M이 극대이데알이면 M은 소이데알이다.

증명 항등원을 가진 가환환 R에서 이데알 M이 극대이데알이면 정리 3.4.13에 의하여 R/M이 체이다. 정리 3.2.8에 의하여 R/M이 정역이다. 따라서 정리 3.4.12에 의하여 M은 소이데알이다. ■

연습문제 3.4

1. 다음 가환환의 이데알을 모두 구하여라.

(1) $\overline{\mathbb{Z}}_{12}=\{\bar{0}, \bar{1}, \bar{2}, \cdots, \overline{11}\}$

(2) $\overline{\mathbb{Z}}_{60}=\{\bar{0}, \bar{1}, \bar{2}, \cdots, \overline{59}\}$

(3) $\overline{\mathbb{Z}}_{12} \times \overline{\mathbb{Z}}_6=\{(\bar{a}, \bar{b}) \mid \bar{a} \in \overline{\mathbb{Z}}_{12}, \bar{b} \in \overline{\mathbb{Z}}_6\}$

2. 행렬환 $R=M_2(\mathbb{R})$의 부분집합 $J=\left\{\begin{pmatrix} a & 0 \\ c & 0 \end{pmatrix} \mid a, c \in \mathbb{R}\right\}$는 좌측이데알이지만 우측이데알이 아닌 것을 증명하여라. 또 자명한 부분환 이외에는 이데알이 없음을 증명하여라. 이와 같이 자명한 이데알 이외에는 이데알이 없는 환을 **단순환**(simple ring)이라 한다.

3. 행렬환 $R=M_2(\mathbb{Z})=\left\{\begin{pmatrix} a & b \\ c & d \end{pmatrix} \mid a, b, c, d \in \mathbb{Z}\right\}$에 대하여 다음을 증명하여라.

   (1) 집합 $J=\left\{\begin{pmatrix} a & 0 \\ c & 0 \end{pmatrix} \mid a, c \in \mathbb{Z}\right\}$는 좌측이데알이다.

   (2) 집합 $I=\left\{\begin{pmatrix} a & b \\ 0 & 0 \end{pmatrix} \mid a, b \in \mathbb{Z}\right\}$는 우측이데알이다.

   (3) 집합 $K=\left\{\begin{pmatrix} a & b \\ c & d \end{pmatrix} \mid a, b, c, d \in 2\mathbb{Z}\right\}$는 이데알이다.

4. 소수 p에 대하여 $S=\mathbb{Z}-p\mathbb{Z}$라고 할 때, 다음을 증명하여라.

   (1) 집합 $\mathbb{Q}_p=\left\{\frac{a}{s} \mid a \in \mathbb{Z},\ s \in S\right\}$는 가환환이다.

   (2) 집합 $M=\left\{\frac{a}{s} \mid a \in p\mathbb{Z},\ s \in S\right\}$은 $\mathbb{Q}_p$의 극대이데알이다.

5. 정리 3.4.2를 우측이데알에 관하여 증명하여라.

6. 환 R에서 R의 원소 a에 대하여 a를 품는 R의 최소 이데알을 a에 의하여 **생성된 단항 이데알**(principal ideal)이라 하고 (a)로 나타낼 때, 다음을 증명하여라.

   (1) $(a)=\left\{ra+na+as+\sum_{i=1}^{m} r_i a s_i \mid r, s, r_i, s_i \in R,\ n \in \mathbb{Z},\ m\text{은 자연수}\right\}$이다(이데알 (a)가 ra, na, as, $ras(r, s \in R,\ n \in \mathbb{Z})$와 같은 원소를 가지는 것을 이용하여라).

   (2) 환 R이 항등원을 가지면 $(a)=\left\{\sum_{i=1}^{m} r_i a s_i \mid r_i, s_i \in R,\ m\text{은 자연수}\right\}$이다.

   (3) 원소 a가 중심 $C(R)$에 속하면, $(a)=\{ra+na \mid r \in R,\ n \in \mathbb{Z}\}$이다.

   (4) 환 R이 항등원을 가지고 $a \in C(R)$이면, $(a)=\{ra \mid r \in R\}=aR=Ra$이다.

7. 환 R에서 원소 a가 적당한 양의 정수 m에 대하여 $a^m=0$일 때, a를 R의 **멱영원**(nilpotent element)이라고 한다. 가환환 R의 멱영원 전체의 집합 $N(R)$은 이데알임을 증명하여라. 정역 R의 멱영원 전체의 집합은 $\{0\}$임을 증명하여라.

8. 다음 가환환 R에서 멱영원 전체의 집합 $N(R)$을 구하여라.

(1) $\overline{\mathbb{Z}}_{12}$ (2) $\overline{\mathbb{Z}}_{72}$

9. 항등원을 가진 환 R의 이데알 M에 대하여 R/M이 사체이면, M은 극대이데알임을 증명하여라.

10. 항등원을 가진 유한 가환환 R에서 이데알 M이 극대이데알이기 위한 필요충분조건은 M이 소이데알이다.

11. 가환환 $\mathbb{Z}^2=\{(a,\ b)\mid a,\ b\in\mathbb{Z}\}$에서 각 양의 정수 $m,\ n$에 대하여 다음 물음에 답하여라.

(1) $I=\{(ma,\ 0)\mid a\in\mathbb{Z}\}$는 이데알임을 증명하여라.

(2) $J=\{(0,\ nb)\mid b\in\mathbb{Z}\}$는 이데알임을 증명하여라.

(3) 이데알 $I+J$를 구하여라.

(4) $3\mathbb{Z}\times 5\mathbb{Z}$는 소이데알이 아님을 증명하여라.

(5) $3\mathbb{Z}\times 5\mathbb{Z}$는 극대이데알이 아님을 증명하여라.

(6) $3\mathbb{Z}\times\mathbb{Z}$는 소이데알임을 증명하여라.

(7) $3\mathbb{Z}\times\mathbb{Z}$는 극대이데알임을 증명하여라.

12. 예제 3.2.2에서 정의한 연속함수환 $C(I)$에 대하여 다음을 증명하여라.

(1) 집합 $N=\left\{f\in C(I)\mid f\left(\frac{1}{2}\right)=0,\ f(1)=0\right\}$은 이데알이다.

(2) 집합 $M=\left\{f\in C(I)\mid f\left(\frac{1}{2}\right)=0\right\}$은 극대이데알이다.

(3) 환 $C(I)$의 극대이데알은 무한이 많다.

3.5 특수한 환

이 절에서는 자주 이용되는 환들을 설명하고 응용되는 예를 살펴본다.

먼저, 정수환 $\mathbb{Z}$의 법 $m(m\geq 2)$에 관한 잉여류환 $\overline{\mathbb{Z}}_m$에 관하여 알아본다. 여기에서 다루는 정리들의 자세한 내용은 제1장 제5절을 참조하기 바란다.

양의 정수 $m(m\geq 2)$에 대하여 두 정수 a와 b에 관한 동치명제

$$a\equiv b \bmod m \Leftrightarrow m\mid(a-b) \Leftrightarrow a-b\in m\mathbb{Z}$$
$$\Leftrightarrow \text{적당한 정수 } k\text{가 존재하여 } a-b=km$$

은 이미 설명하였다. 이때, 정수환 $\mathbb{Z}$ 위에서 정의된 양의 정수 m에 관한 합동관계는 동치관계이다(정리 1.5.2). 따라서 임의의 정수 a를 품는 동치류 $\bar{a}$와 동치류들의 집합 $\overline{\mathbb{Z}}_m$은 각각 다음과 같다. 즉,

$$\bar{a}=\{x\in\mathbb{Z}\mid x\equiv a \bmod m\}\ ,\ \overline{\mathbb{Z}}_m=\{\bar{a}\mid a\in\mathbb{Z}\}=\{\bar{0},\ \bar{1},\ \cdots,\ \overline{m-1}\}$$

집합 $\overline{\mathbb{Z}}_m$ 위에서 두 원소 $\bar{a}$와 $\bar{b}$의 합과 곱을

$$\bar{a}+\bar{b}=\overline{a+b},\ \ \bar{a}\cdot\bar{b}=\overline{a\cdot b}$$

로 정의하면 덧셈 +과 곱셈 ·은 정리 1.5.5에 의하여 잘 정의된다. 또 정리 1.5.6에 의하여 집합 $\overline{\mathbb{Z}}_m$은 덧셈 +과 곱셈 ·에 관하여 항등원을 가진 가환환이다. 이 환을 정수환 $\mathbb{Z}$의 **법 m에 관한 잉여류환**(residue class ring)이라고 한다. 특히, $m=p$가 소수일 때, 정리 1.5.9에 의하여 잉여류환 $\overline{\mathbb{Z}}_p$는 체이다.

이제 $m\geq 2$인 정수일 때, 집합 $\mathbb{Z}_m=\{0,\ 1,\ \cdots,\ m-1\}$에서 덧셈과 곱셈을

$$a+b=c \Leftrightarrow a+b\equiv c \bmod m,\ 0\leq c<m,$$
$$a\cdot b=d \Leftrightarrow a\cdot b\equiv d \bmod m,\ 0\leq d<m$$

과 같이 정의하면 집합 $\mathbb{Z}_m$에서의 연산 결과 $a+b=c$와 $a\cdot b=d$는 잉여류환 $\overline{\mathbb{Z}}_m$에서의 연산 결과 $\bar{a}+\bar{b}=\bar{c}$와 $\bar{a}\cdot\bar{b}=\bar{d}$에서 바를 뗀 것과 일치한다. 집합 $\mathbb{Z}_m$은 이와 같이 정의된 덧셈 +과 곱셈 ·에 관하여 항등원을 가진 가환환이 된다. 이 환을 정수환 $\mathbb{Z}$의 **법 m에 관한 정수환**(ring of integers modulo m)이라고 한다. 특히, $m=p$가 소수일 때, $\mathbb{Z}_p$는 체이다.

이와 같은 정의 아래 법 m에 관한 잉여류환 $\overline{\mathbb{Z}}_m$에서 성립하던 모든 성질은 법 m에 관한 정수환 $\mathbb{Z}_m$에서 성립한다. 이 절 이후부터는 기호의 편리함을 이용하기 위하여 환 $\overline{\mathbb{Z}}_m$ 대신에 환 $\mathbb{Z}_m$을 사용한다.

정리 3.5.1 정수 $m\geq 2$에 대하여 법 m에 관한 정수환 $\mathbb{Z}_m$에서 다음이 성립한다.

(1) 0이 아닌 원소 $a\in\mathbb{Z}_m$에 대하여 $(a, m)=1$이면 a는 단원이고 $(a, m)>1$이면 a는 영인자이다. 따라서 $\mathbb{Z}_m$의 모든 원소는 0, 단원 또는 영인자 중에 꼭 하나이다.

(2) $U(\mathbb{Z}_m)=\{a\in\mathbb{Z}_m \mid (a, m)=1\}=\mathbb{Z}_m^*$이고 $|\mathbb{Z}_m^*|=\varphi(m)$이다.

(3) m이 소수이면, 0이 아닌 모든 원소는 단원이다. 즉, $\mathbb{Z}_m$은 체이다. 따라서 $\mathbb{Z}_m$은 정역이다.

(4) m이 소수일 때 임의의 원소 $a\in\mathbb{Z}_m$에 대하여 $(a, m)=1$이면, $a^m=a$이다.

(5) m이 합성수이면, $\mathbb{Z}_m$은 정역이 아니다. 따라서 $\mathbb{Z}_m$은 체가 아니다.

증명 (1) $(a, m)=1$이면 정리 1.4.11에 의하여 $as+mt=1$인 정수 s, t가 존재한다. 따라서 정수환 $\mathbb{Z}_m$에서 $as=1$이므로 a는 단원이다. 이제, $(a, m)=d>1$이면 $0<a<m$이고 $0<\dfrac{m}{d}<m$이다. 그러나 $a\cdot\dfrac{m}{d}=0$이므로 a는 영인자이다.

(2) (1)에 의하여 $U(\mathbb{Z}_m)=\{a\in\mathbb{Z}_m \mid (a, m)=1\}=\mathbb{Z}_m^*$이고 Euler 함수의 정의에 의하여 $|\mathbb{Z}_m^*|=\varphi(m)$이다.

(3) (1)에 의하여 0이 아닌 모든 원소는 역원을 가진다. 따라서 정리 3.2.6에 의하여 $\mathbb{Z}_m$은 체이다. 또한 정리 3.2.8에 의하여 $\mathbb{Z}_m$은 정역이다.

(4) 정리 1.5.12(Fermat 정리)에 의하여 분명하다.

(5) m이 합성수이면 $m=ab$이고 $1<a,\ b<m$인 $a,\ b$가 존재한다. 따라서 $a\neq 0$이고 $b\neq 0$이지만 $ab=0$이다. 따라서 a와 b는 영인자이다. 따라서 $\mathbb{Z}_m$은 정역이 아니고 또한 체도 아니다. ▩

[예제 3.5.1] (1) 환 $\mathbb{Z}_{12}$에서 단원군을 살펴보면, 12와 서로소인 원소들의 집합이므로 $U(\mathbb{Z}_{12})=\{1,\ 5,\ 7,\ 11\}$이고 영인자의 집합은

$$\mathbb{Z}_{12}-\{0\}-U(\mathbb{Z}_{12})=\{2,\ 3,\ 4,\ 6,\ 8,\ 9,\ 10\}$$

이다. 이를테면, $5^{-1}=5,\ 7^{-1}=7$이고 $2\cdot 6=3\cdot 4=0$이다.

(2) 체 $\mathbb{Z}_{11}$에서 단원군을 살펴보면, 11과 서로소인 원소들의 집합이므로 $U(\mathbb{Z}_{11})=\mathbb{Z}_{11}-\{0\}=\{1,\ 2,\ 3,\ \cdots,\ 10\}$이고 영인자의 집합은 공집합이다. 이를테면, $2^{-1}=6,\ 3^{-1}=4,\ 5^{-1}=9,\ 7^{-1}=8$이고 $10^{-1}=10$이다.

정의 3.5.2 환 R의 원소 $a\in R$가 등식 $a^2=a$를 만족할 때, a를 멱등원(idempotent element)이라고 한다. 특히, 항등원 1을 가진 환 R의 모든 원소가 멱등원일 때, R을 Boole 환(Boolean ring)이라고 한다.

항등원을 가지는 환 R에서 0과 1은 멱등원이다. 다음 예제에서 0과 1을 제외한 멱등원에 관하여 살펴보자.

[예제 3.5.2] (1) 환 $\mathbb{Z}_{10}$에서 멱등원들의 집합은 $\{0,\ 1,\ 5,\ 6\}$이다.

(2) 행렬환 $M_2(\mathbb{Z})$에서

$$\begin{pmatrix}0&0\\0&0\end{pmatrix},\ \begin{pmatrix}1&0\\0&1\end{pmatrix},\ \begin{pmatrix}1&1\\0&0\end{pmatrix},\ \begin{pmatrix}1&0\\1&0\end{pmatrix},\ \begin{pmatrix}0&1\\0&1\end{pmatrix},\ \begin{pmatrix}0&0\\1&1\end{pmatrix}$$

등은 멱등원이다.

(3) 환 $(\mathbb{Z}_2)^n=\{(a_1,\ a_2,\ \cdots,\ a_n)\mid a_i\in\mathbb{Z}_2\}$의 모든 원소는 멱등원이다. 따라서 $(\mathbb{Z}_2)^n$은 Boole 환이다.

정리 3.5.3 항등원 1을 가진 환 R이 Boole 환이면 다음이 성립한다.
(1) 임의의 원소 $a \in R$에 대하여 $a+a=0$, 즉, $-a=a$이다.
(2) R은 가환환이고, 또 R의 단원은 항등원뿐이다.

증명 (1) 임의의 원소 $a \in R$에 대하여 환의 기본 성질과 멱등원의 정의에 의하여

$$a=a^2=(-a)^2=-a$$

이다. 즉, $a+a=0$이다.

(2) 임의의 원소 $a, b \in R$에 대하여

$$a+b=(a+b)^2=(a+b)(a+b)=a^2+ab+ba+b^2=a+ab+ba+b$$

이므로 $ab+ba=0$이다. 따라서 $ab=-ba=ba$이다.

또 멱등원 $a \in R$가 단원이라면 $a^2=a$에서 양변에 a^{-1}을 곱하면 $a=1$이다. 따라서 R의 단원은 항등원뿐이다. ■

[예제 3.5.3] 공집합이 아닌 집합 X에 대하여 X의 부분집합들 전체의 집합

$$\wp(X)=\{A \mid A \subseteq X\}$$

위에 덧셈 $\oplus$과 곱셈 $\cdot$을 각각 임의의 원소 $A, B \in \wp(X)$에 대하여

$$A \oplus B = A \cup B - A \cap B, \ A \cdot B = A \cap B$$

로 정의하면 $(\wp(X), \oplus, \cdot)$은 항등원 X를 가진 가환환이다. 또, 임의의 원소 $A \in \wp(X)$에 대하여

$$A \cdot A = A \cap A = A$$

이므로 $\wp(X)$는 Boole 환이다. 한편, 임의의 원소 $A \in \wp(X)$에 대하여

$$A \oplus A = A \cup A - A \cap A = A - A = \varnothing$$

이므로 $-A=A$이다.

특히 집합 X가 n개의 원소를 가지는 유한집합이면, 환$(\wp(X), \oplus, \cdot)$은 $(\mathbb{Z}_2)^n$와 유사한 성질을 가진다(연습문제).

이제부터는 자주 쓰이는 다항식을 부정원을 도입하여 정의한다.

정의 3.5.4 가환환 R과 부정원 x에 대하여 형식적인 무한합

$$f(x)=a_0+a_1x+\cdots+a_nx^n+\cdots \quad (a_i\in R)$$

가 유한개를 제외한 모든 정수 i에 대하여 $a_i=0$일 때 $f(x)$를 x에 관한 **다항식**(polynomial)이라 한다. 이때, $a_0, a_1, \cdots, a_n, \cdots$을 다항식 $f(x)$의 **계수**(coefficient)라 하고, 특히 $a_n\neq 0$이고 n보다 큰 모든 정수 k에 대하여 $a_k=0$일 때 a_n을 **최고차항의 계수**(leading coefficient)라고 한다.

정의에 의하여 다항식 $f(x)=a_0+a_1x+\cdots+a_nx^n+\cdots$에서 적당한 n이 존재하여 모든 $i>n$에 대하여 $a_i=0$이다. 이때 다항식 $f(x)$를

$$f(x)=a_0+a_1x+\cdots+a_nx^n$$

으로 나타낸다. 여기에서 $a_0, a_1x, \cdots, a_nx^n$을 각각 $f(x)$의 **항**(term)이라 하고, 특히 a_0을 **상수항**(constant term)이라 한다. 또 $f(x)=a_0$를 **상수다항식**(constant polynomial)이라 하고, 특히 $f(x)=0$을 **영다항식**(zero polynomial)이라고 한다.

이제, 환 R 위의 x에 관한 다항식 전체의 집합을 $R[x]$로 나타내기로 하고 가환환 R의 원소 a를 $a+0\cdot x+0\cdot x^2+\cdots+0\cdot x^n+\cdots$과 동일시 하여 $R\subseteq R[x]$로 생각한다.

집합 $R[x]$의 임의의 두 다항식 $f(x)$와 $g(x)$에 대하여 필요한 경우 $0\cdot x^i$을 추가하여 두 다항식을

$$f(x)=a_0+a_1x+\cdots+a_nx^n\text{와}\quad g(x)=b_0+b_1x+\cdots+b_nx^n$$

로 표현할 수 있다. 이를테면, $f(x)=2+5x+x^4$이고 $g(x)=1-x^2+3x^3$인 두 다항식을

$$f(x)=2+5x+0\cdot x^2+0\cdot x^3+x^4,$$
$$g(x)=1+0\cdot x-x^2+3x^3+0\cdot x^4$$

와 같이 표현할 수 있다.

다항식 $f(x)=a_0+a_1x+\cdots+a_nx^n$와 $g(x)=b_0+b_1x+\cdots+b_nx^n$에 대하여

$$f(x)=g(x) \Leftrightarrow a_0=b_0,\ a_1=b_1,\ \cdots,\ a_n=b_n$$
$$f(x)+g(x)=(a_0+b_0)+(a_1+b_1)x+\cdots+(a_n+b_n)x^n$$

을 정의하면, $(R[x],\ +)$는 덧셈군이다. 즉, 환 $(R,\ +)$은 덧셈군이므로

$$f(x)+g(x)=g(x)+f(x)\text{이고 } [f(x)+g(x)]+h(x)=f(x)+[g(x)+h(x)]$$

를 쉽게 알 수 있다. 또 영원은 $o(x)=0+0\cdot x+\cdots+0\cdot x^n+\cdots$이고 $f(x)$의 덧셈에 관한 역원은 $(-f)(x)=-a_0-a_1x-\cdots-a_nx^n$이다.

두 다항식 $f(x)=a_0+a_1x+\cdots+a_nx^n$와 $g(x)=b_0+b_1x+\cdots+b_mx^m$의 곱을

$$f(x)g(x)=c_0+c_1x+\cdots+c_{m+n}x^{m+n}$$
$$\left(\text{단, } c_i=\sum_{k=0}^{i}a_kb_{i-k},\ k>n\text{이면 } a_k=0\text{이고 } i-k>m\text{이면 } b_{i-k}=0\text{이다.}\right)$$

과 같이 정의하고 특히, $g(x)=b$일 때 $f(x)g(x)=ba_0+ba_1x+\cdots+ba_nx^n$으로 정의하면 다음 정리가 성립한다.

정리 3.5.5 가환환 R 위의 x에 관한 다항식 전체의 집합 $R[x]$는 위에서 정의한 덧셈과 곱셈에 관하여 가환환이 된다. 가환환 $R[x]$를 환 R 위의 **다항식환**(polynomial ring)이라고 한다. 특히, R이 항등원을 가진 가환환이라면 $R[x]$도 항등원을 가진 가환환이다.

증명 먼저 $(R[x],\ +)$가 덧셈군임은 위에서 증명하였다. 집합 $R[x]$가 곱셈에 관하여 결합법칙과 교환법칙이 성립하는 것은 어렵지 않게 증명할 수 있으며 배분법칙이 성립하는 것도 같은 방법으로 증명할 수 있다. 따라서 $R[x]$는 가환환이다. 또한, $1\in R$이면 $1\in R[x]$로 $R[x]$는 항등원을 가진다. ■

가환환 S가 가환환 R의 부분환이면, 다항식환의 정의로부터 $S[x]$는 $R[x]$의 부분환이다.

[예제 3.5.4] 정수환 $\mathbb{Z}$, 유리수체 $\mathbb{Q}$, 실수체 $\mathbb{R}$ 그리고 복소수체 $\mathbb{C}$에 대하여 $2\mathbb{Z} \le \mathbb{Z} \le \mathbb{Q} \le \mathbb{R} \le \mathbb{C}$이고

$$2\mathbb{Z}[x] \le \mathbb{Z}[x] \le \mathbb{Q}[x] \le \mathbb{R}[x] \le \mathbb{C}[x]$$

이다. 또한 이들과 연관된 오른쪽 그림과 같은 격자도를 생각할 수 있다.

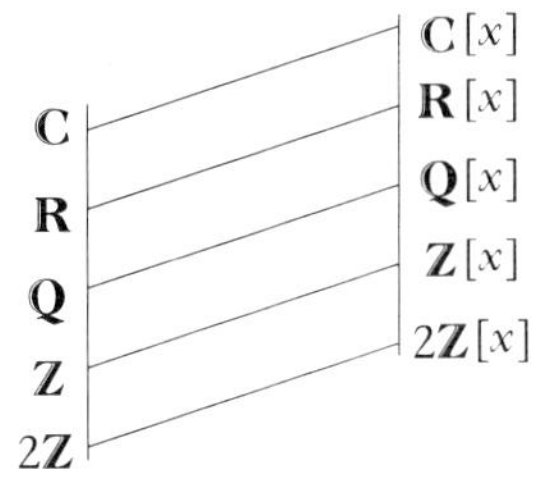

[예제 3.5.5] 환 $\mathbb{Z}_2 = \{0, 1\}$ 위의 다항식환 $\mathbb{Z}_2[x]$에서 다항식

$$f(x) = a_0 + a_1x + \cdots + a_nx^n$$

에 대하여

$$-f(x) = -a_0 - a_1x - \cdots - a_nx^n = a_0 + a_1x + \cdots + a_nx^n = f(x)$$

이다. 또한 몇 가지 연산 예는 다음과 같다.

$$(x^3+x+1)+(x^2+x) = x^3+x^2+1$$
$$(x^3+x+1)^2 = x^6+x^2+1$$
$$(x^3+x+1)(x^2+x) = x^5+x^4+x^3+x^2+x^2+x = x^5+x^4+x^3+x$$

[예제 3.5.6] 환 $\mathbb{Z}_3 = \{0, 1, 2\}$ 위의 다항식환 $\mathbb{Z}_3[x]$에서 다항식들에 관한 몇 가지 연산 예는 다음과 같다.

$$-(x^3+2x+1) = 2x^3+x+2$$
$$(x^3+2x^2+x+1)+(x^2+x) = x^3+2x+1$$
$$(x+1)^3 = x^3+1$$
$$(x+1)(x^2+2x) = x^3+2x^2+x^2+2x = x^3+2x$$

가환환 R 위의 다항식이

$$f(x) = a_0 + a_1x + \cdots + a_nx^n,\ a_n \ne 0$$

일 때, n을 $f(x)$의 차수(degree)라 하고 $\deg f(x)$로 나타낸다. 이와 같은 정의에 의하

여 영다항식이 아닌 상수다항식의 차수는 0이다.

영다항식의 차수는 위의 방법으로 정의할 수 없기 때문에 편의상 $-\infty$로 정하고 임의의 음이 아닌 정수 n에 대하여 덧셈 연산을 아래와 같이 약속한다.

$$n+(-\infty)=(-\infty)+n=-\infty,\quad (-\infty)+(-\infty)=-\infty,\quad -\infty<n$$

위와 같은 정의 아래서 다음 정리가 성립한다.

> **정리 3.5.6** 가환환 R이 정역이면, 다항식환 $R[x]$는 정역이다. 또 임의의 두 다항식 $f(x), g(x)\in R[x]$에 대하여 $\deg f(x)g(x)=\deg f(x)+\deg g(x)$이다.

증명 정리 3.5.5에 의하여 $R[x]$는 항등원을 가진 가환환이다. 먼저, $f(x)=0$ 또는 $g(x)=0$이면 $f(x)g(x)=0$이다. 따라서

$$\deg f(x)g(x)=-\infty=\deg f(x)+\deg g(x)$$

이다. 이제 $f(x)\neq 0$이고 $g(x)\neq 0$이면

$$f(x)=a_0+a_1x+\cdots+a_nx^n,\ a_n\neq 0\text{와 } g(x)=b_0+b_1x+\cdots+b_mx^m,\ b_m\neq 0$$

인 음이 아닌 정수 n과 m이 존재한다. 이때 그들의 곱

$$f(x)g(x)=c_0+c_1x+\cdots+c_{m+n}x^{m+n}$$

$$\left(\text{단, } c_i=\sum_{k=0}^{i}a_kb_{i-k},\ k>n\text{이면 } a_k=0\text{이고 } i-k>m\text{이면 } b_{i-k}=0\text{이다.}\right)$$

에서 $c_{n+m}=a_nb_m\neq 0$이므로 $\deg f(x)g(x)=n+m=\deg f(x)+\deg g(x)$이다.

그러므로 임의의 두 다항식 $f(x), g(x)\in R[x]$에 대하여

$$\deg f(x)g(x)=\deg f(x)+\deg g(x)$$

이다. 가환환 R이 항등원을 가지면 정리 3.5.5에 의하여 $R[x]$는 항등원을 가진 가환환이다. 이제 $f(x)g(x)=0$이라고 하고 $f(x)\neq 0$이고 $g(x)\neq 0$을 가정하면 $-\infty=\deg f(x)g(x)=\deg f(x)+\deg g(x)\geq 0$이므로 모순이다. 따라서 $f(x)=0$ 또는 $g(x)=0$이다. 그러므로 $R[x]$는 정역이다. ■

이를테면, $\mathbb{Z}[x]$, $\mathbb{Q}[x]$, $\mathbb{R}[x]$, $\mathbb{C}[x]$는 정역이다. 또 p가 소수일 때, $\mathbb{Z}_p[x]$는 정역이다. 그러나 n이 합성수인 경우에 $\mathbb{Z}_n[x]$는 정역이 아니다. 이를테면 $\mathbb{Z}_6[x]$에서 $2x \cdot 3x^2 = 0$이므로 $2x$와 $3x^2$은 영인자이다.

> **정리 3.5.7** 가환환 R이 정역일 때, 다항식환 $R[x]$의 단원군은 R의 단원군과 같다. 즉, $U(R[x]) = U(R)$이다. 특히, R이 체일 때, $U(R[x]) = R - \{0\}$이다.

증명 먼저, $R \subseteq R[x]$이므로 $U(R) \subseteq U(R[x])$이다. 이제, $f(x) \in U(R[x])$라고 하면 적당한 $g(x) \in R[x]$가 존재하여 $f(x)g(x) = 1$이다. 정리 3.5.6에 의하여

$$\deg f(x) + \deg g(x) = \deg f(x)g(x) = 0, \ \deg f(x) \geq 0, \ \deg g(x) \geq 0$$

이므로 $\deg f(x) = 0$, $\deg g(x) = 0$이다. 따라서 $f(x)$, $g(x) \in R$이고 $f(x)g(x) = 1$이므로 $f(x) \in U(R)$이다. 따라서 $U(R[x]) \subseteq U(R)$이다.

그러므로 $U(R[x]) = U(R)$이다.

특히, 환 R이 체일 때 $U(R) = R - \{0\}$이므로 $U(R[x]) = R - \{0\}$이다. ■

이를테면, $U(\mathbb{Z}[x]) = U(\mathbb{Z}) = \{1, -1\}$, $U(\mathbb{Q}[x]) = U(\mathbb{Q}) = \mathbb{Q} - \{0\} = \mathbb{Q}^*$이고 $U(\mathbb{Z}_5[x]) = U(\mathbb{Z}_5) = \{1, 2, 3, 4\}$, $U(\mathbb{Z}_{12}[x]) = U(\mathbb{Z}_{12}) = \{1, 5, 7, 11\}$이다.

지금까지 가환환 R 위의 부정원 x에 관한 다항식환 $R[x]$에 관하여 다루었다. 이제, 가환환 R 위의 부정원 x, y에 관한 집합 $R[x, y]$를 $R[x][y]$로 정의한다. 즉, $R[x]$가 가환환이므로 $R[x][y]$는 $R[x]$를 계수로 가지는 다항식환이 된다. 정리 3.5.5에 의하여 R이 항등원을 가진 가환환이면 $R[x, y]$도 항등원을 가진 가환환이 되고 정리 3.5.6에 의하여 R이 정역이면 $R[x, y]$도 정역이 된다. 또 두 개의 부정원에 대한 다항식환은 일반적으로 n개의 부정원 $x_1, \cdots, x_n$에 대한 다항식환 $R[x_1, \cdots, x_n]$으로 확장된다.

항등원을 가진 가환환 R과 부정원 x에 대하여 형식적인 무한 합

$$f(x) = a_0 + a_1x + \cdots + a_nx^n + \cdots = \sum_{i=0}^{\infty} a_ix^i \ \ (a_i \in R)$$

을 환 R 위의 x에 관한 **형식적 멱급수**(formal power series)라 하고 이러한 형식적 멱급수 전체의 집합을 $R[[x]]$로 나타낸다.

형식적 멱급수는 수렴성과 관계없이 형식적으로 정의된 원소이다. 이와 같은 정의에 의하면 다항식 $f(x)=a_0+a_1x+\cdots+a_nx^n$을

$$f(x)=a_0+a_1x+\cdots+a_nx^n+0\cdot x^{n+1}+0\cdot x^{n+2}+\cdots$$

으로 동일시하여 멱급수로 생각하면, $R[x]\subseteq R[[x]]$이다.

정리 3.5.8 항등원 1을 가진 가환환 R에 대하여 집합 $R[[x]]$ 위에서 연산 $+$과 $\cdot$을 아래와 같이 정의하면, $R[[x]]$는 항등원을 가진 가환환이다.

$$\sum_{i=0}^{\infty}a_ix^i=\sum_{i=0}^{\infty}b_ix^i \Leftrightarrow a_i=b_i\ (i=0,\ 1,\ 2,\ \cdots)$$

$$\sum_{i=0}^{\infty}a_ix^i+\sum_{i=0}^{\infty}b_ix^i=\sum_{i=0}^{\infty}(a_i+b_i)x^i$$

$$\left(\sum_{i=0}^{\infty}a_ix^i\right)\left(\sum_{i=0}^{\infty}b_ix^i\right)=\sum_{i=0}^{\infty}c_ix^i,\ c_i=\sum_{k=0}^{i}a_kb_{i-k}$$

이때 $R[[x]]$를 R 위의 **형식적 멱급수환**이라고 한다.

증명 독자에게 남긴다. ■

[예제 3.5.7] (1) 환 $\mathbb{Z}[[x]]$에서 다음이 성립한다.

$$(1-ax)(1+ax+a^2x^2+\cdots)=(1+ax+a^2x^2+\cdots)-ax(1+ax+a^2x^2+\cdots)=1$$

$$(1-x^r)(1+x^r+x^{2r}+\cdots)=(1+x^r+x^{2r}+\cdots)-x^r(1+x^r+x^{2r}+\cdots)=1$$

(2) 환 $\mathbb{Z}_2[[x]]$의 두 원소 $A(x)=1+x^2+x^4+x^6+\cdots$와 $B(x)=1+x+x^2+x^3$에 대하여 $A(x)+B(x)=x+x^3+x^4+x^6+\cdots$와 $A(x)B(x)=1+x$이다.

다항식환 $\mathbb{Z}[x]$에서 $1-ax$와 $1-x^r$은 단원이 아니지만, 예제 3.5.7의 (1)에서 보는 것처럼 $1-ax$와 $1-x^r$은 $\mathbb{Z}[[x]]$에서 단원이다. 즉, 다음 정리가 성립한다.

정리 3.5.9 가환환 R이 정역이면 집합 $R[[x]]$도 정역이다. 또, $A(x)=\sum_{i=0}^{\infty}a_ix^i$가 곱셈에 관한 역원을 가질 필요충분조건은 a_0가 단원이다.

증명 체 R 위의 두 형식적 멱급수 $A(x)=\sum_{i=0}^{\infty}a_ix^i$와 $B(x)=\sum_{i=0}^{\infty}b_ix^i$가 0이 아니라고 하면, $a_0, a_1, a_2, \cdots$ 중에서 0이 아닌 원소가 존재하고 $b_0, b_1, b_2, \cdots$ 중에서 0이 아닌 원소가 존재한다. 이때 각각에서 0이 아닌 최소 첨자를 r과 s라고 하면, $A(x)B(x)=a_rb_sx^{r+s}+(a_{r+1}b_s+a_rb_{s+1})x^{r+s+1}+\cdots$, $a_rb_s\neq 0$이다. 따라서 집합 $R[[x]]$도 정역이다. 이제, $A(x)=\sum_{i=0}^{\infty}a_ix^i$가 곱셈에 관한 역원을 가질 필요충분조건은 $A(x)B(x)=1$인 $B(x)$가 존재하는 것이다. 즉, 계수들에 관한 다음 관계식을 얻는다.

$$
\begin{aligned}
&a_0b_0=1 && \cdots(1)\\
&a_1b_0+a_0b_1=0 && \cdots(2)\\
&a_2b_0+a_1b_1+a_0b_2=0 && \cdots(3)\\
&\quad\vdots\\
&a_kb_0+a_{k-1}b_1+\cdots+a_1b_{k-1}+a_0b_k=0 && \cdots(k+1)\\
&\quad\vdots
\end{aligned}
$$

먼저 a_0가 단원이라고 가정하면, (1)에서 $b_0=a_0^{-1}$이고, 이를 (2)에 대입하여 $b_1=-a_0^{-1}a_1b_0$을 구한다. 귀납적으로 각 k에 대하여 b_k를 구할 수 있다. 따라서 $A(x)$는 단원이다.

역으로, $A(x)$가 단원이면 (1)에서 $a_0b_0=1$이므로 a_0는 단원이다.

그러므로 정리가 성립한다. ■

이를테면, $1-ax$의 역원을 정리 3.5.9의 증명과정을 이용하여 구하면,

$$a_0=1,\ a_1=-a,\ a_2=a_3=\cdots=a_n=\cdots=0(n\text{은 2이상의 모든 자연수})$$

이므로

$$b_0=1,\ b_1=-a_1b_0=a,\ b_2=-a_1b_1=a^2,\ \cdots,\ b_n=-a_1b_{n-1}=a^n,\ \cdots$$

이다. 따라서 $(1-ax)^{-1}=1+ax+a^2x^2+\cdots+a^nx^n+\cdots$ 이다.

연습문제 3.5

1. 다음 가환환의 이데알을 모두 구하여라.
   (1) $\mathbb{Z}_{12}=\{0, 1, 2, \cdots, 11\}$
   (2) $\mathbb{Z}_{60}=\{0, 1, 2, \cdots, 59\}$
   (3) $\mathbb{Z}_{12}\times\mathbb{Z}_{6}=\{(a, b) \mid a\in\mathbb{Z}_{12}, b\in\mathbb{Z}_{6}\}$

2. 72를 법으로 한 정수환 $\mathbb{Z}_{72}$에 대하여 다음 물음에 답하여라.
   (1) 모든 이데알을 구하고 이데알에 대한 격자도를 그려라.
   (2) 단원의 개수를 구하여라.
   (3) 영인자의 개수를 구하여라.
   (4) 멱등원과 멱영원을 모두 구하여라.

3. 집합 $X=\{1, 2, 3, 4, 5, 6, 7, 8\}$에 대하여 $\wp(X)$의 개수를 구하여라.

4. 집합 $X=\{1, 2, 3, 4, 5, 6, 7, 8\}$에 대하여 예제 3.5.3에서 정의한 환 $\wp(X)$로부터 $(\mathbb{Z}_2)^8$로의 함수 $f:\wp(X)\to(\mathbb{Z}_2)^8$를 $A\in\wp(X)$에 대하여

$$f(A)=(x_1\, x_2\, x_3\, x_4\, x_5\, x_6\, x_7\, x_8),\ \text{각 } i\text{에 대하여 } x_i=\begin{cases}0: i\notin A\\ 1: i\in A\end{cases}$$

   로 정의할 때 다음 물음에 답하여라.
   (1) 집합 $\{1, 3, 7, 8\}$에 대응되는 $(\mathbb{Z}_2)^8$의 원소를 구하여라.
   (2) $(\mathbb{Z}_2)^8$의 원소 $(1\,1\,1\,0\,0\,0\,0\,1)$에 대응되는 $\wp(X)$의 원소인 집합을 구하여라.
   (3) 함수 f는 일대일대응 함수임을 증명하여라.
   (4) 환 $\wp(X)$에서 덧셈연산과 $(\mathbb{Z}_2)^8$에서 덧셈연산을 비교하여 설명하여라.

5. 다항식환 $\mathbb{Z}_2[x]$에서 다음을 구하여라.
   (1) $(1+x)^4$
   (2) $(1+x+x^3)^2$
   (3) $(1+x)^3$
   (4) $(1+x)^3(1+x)^2$

6. 다항식환 $\mathbb{Z}_3[x]$에서 다음을 구하여라.

(1) $(1+x)^4$ (2) $(1+x+x^3)^3$

(3) $(1+x)^3$ (4) $(1+2x)^3(1+x)^2$

7. 다항식환 $\mathbb{Z}_6[x]$에서 다음을 구하여라.

(1) $(1+x)^4$ (2) $(3+2x+x^3)(3+2x+2x^2)$

(3) $(4+3x)^3$ (4) $(2+3x)(1+x)^4$

8. 환 $\mathbb{Z}_2[[x]]$의 두 원소

$$A(x)=1+x^2+x^4+x^6+\cdots \text{와 } B(x)=x+x^3+x^5+x^7+\cdots$$

에 대하여 $A(x)+B(x)$와 $A(x)B(x)$를 구하여라.

9. 환 $\mathbb{Z}_2[[x]]$에서 다음 원소들의 역원을 형식적 멱급수로 나타내어라.

(1) $1+x^2$ (2) $1+x+x^2$

10. 환 $\mathbb{Z}_3[[x]]$에서 다음 원소들의 역원을 형식적 멱급수로 나타내어라.

(1) $1+x^2$ (2) $1+x+x^2$

11. 집합 $A=\{a_0, a_1, \cdots, a_{n-1}\}$에 대하여 덧셈과 곱셈을 임의의 원소 a_i와 a_j에 대하여 다음과 같이 정의할 때 A는 가환환임을 증명하여라.

(1) $a_i+a_j=a_{i\oplus j}$, $a_i\cdot a_j=a_{i\otimes j}$ 여기서 $i\oplus j$는 $\mathbb{Z}_n$에서의 덧셈이고 $i\otimes j$는 $\mathbb{Z}_n$에서의 곱셈이다.

(2) $a_i+a_j=a_{i\oplus j}$, $a_i\cdot a_j=a_0$ 여기서 $i\oplus j$는 $\mathbb{Z}_n$에서의 덧셈이다.

12. 정리 3.5.8을 증명하여라.

3.6 환 준동형함수와 예

환은 군과 비교하여 많은 조건을 가진 대수적 구조이다. 즉, 집합이 덧셈군이 되어야 하는 조건 자체만 해도 군보다 강한 조건이고 또한 곱셈에 대한 성질을 만족해야 한다. 같은 위수를 가지는 군의 구조를 분류하는데 동형의 개념이 제2장에서 이용되었다. 이 절에서는 환의 구조를 분류하는 개념으로 환 준동형함수를 설명한다.

[예제 3.6.1] 위수 4인 환 R에 관하여 살펴보면, 덧셈군의 관점에서 $(R, +)\cong(\mathbb{Z}_4, +)$와 $(R, +)\cong(\mathbb{Z}_2\oplus\mathbb{Z}_2, +)$로 분류된다.

먼저 $(\mathbb{Z}_4, +)$인 경우에 R은 한 원소에 의하여 생성되므로 $R=\{0, a, 2a, 3a\}$이다(단, $4a=0$). 따라서 원소의 곱 aa가 결정되면 모든 곱셈이 결정된다. $aa=0$이면 임의의 두 원소의 곱은 0이므로 $aa\neq0$이다. 이제 $aa=a$이면, $2a2a=0$이고 $3a3a=a$ 등으로 모든 곱셈이 정의된다. 실제로 이 환은 $\mathbb{Z}_4$와 동일하다.

이제 $\mathbb{Z}_2\oplus\mathbb{Z}_2$인 경우에서 덧셈과 곱셈에 관한 다음과 같은 두 가지 연산표 I과 연산표 II로 주어진 환을 생각하여 보자.

연산 I

+	(0, 0)	(1, 0)	(0, 1)	(1, 1)
(0, 0)	(0, 0)	(1, 0)	(0, 1)	(1, 1)
(1, 0)	(1, 0)	(0, 0)	(1, 1)	(0, 1)
(0, 1)	(0, 1)	(1, 1)	(0, 0)	(1, 0)
(1, 1)	(1, 1)	(0, 1)	(1, 0)	(0, 0)

·	(0, 0)	(1, 0)	(0, 1)	(1, 1)
(0, 0)	(0, 0)	(0, 0)	(0, 0)	(0, 0)
(1, 0)	(0, 0)	(1, 0)	(0, 0)	(1, 0)
(0, 1)	(0, 0)	(0, 0)	(0, 1)	(0, 1)
(1, 1)	(0, 0)	(1, 0)	(0, 1)	(1, 1)

연산 II

+	(0, 0)	(1, 0)	(0, 1)	(1, 1)
(0, 0)	(0, 0)	(1, 0)	(0, 1)	(1, 1)
(1, 0)	(1, 0)	(0, 0)	(1, 1)	(0, 1)
(0, 1)	(0, 1)	(1, 1)	(0, 0)	(1, 0)
(1, 1)	(1, 1)	(0, 1)	(1, 0)	(0, 0)

·	(0, 0)	(1, 0)	(0, 1)	(1, 1)
(0, 0)	(0, 0)	(0, 0)	(0, 0)	(0, 0)
(1, 0)	(0, 0)	(1, 0)	(0, 1)	(1, 1)
(0, 1)	(0, 0)	(0, 1)	(1, 1)	(1, 0)
(1, 1)	(0, 0)	(1, 1)	(1, 0)	(0, 1)

연산표 I 을 만족하는 환은 항등원 (1, 1)을 가진 가환환이다. 이 환에서는

(1, 0)과 (0, 1)을 영인자로 가진다. 그러나 연산표 Ⅱ를 만족하는 환은 항등원 (1, 0)을 가진 가환환이고 영인자를 갖지 않는다. 즉, 위수 4인 정역이며 동시에 체이다. 이와 같은 유형의 체에 관한 이론은 제12절에서 자세하게 다룬다. 그러므로 위수 4인 환이 3가지 이상 존재한다.

위 예제에서와 같이 환은 집합 위에 두 연산이 추가되어 있음을 고려하여 다음 정의가 유도된다.

정의 3.6.1 두 환 $(R, +, \cdot)$, $(\bar{R}, +, *)$에 대하여 함수 $f: R \to \bar{R}$가 환의 연산을 보존할 때, 즉 R의 임의의 원소 a, b에 대하여

$$f(a+b)=f(a)+f(b) \text{이고 } f(a \cdot b)=f(a)*f(b)$$

일 때, f를 R에서 $\bar{R}$로의 **환 준동형함수**(ring homomorphism)라고 한다. 특히, 환 준동형함수 $f: R \to \bar{R}$가 일대일대응일 때, f를 R에서 $\bar{R}$ 위로의 **환 동형함수**(ring isomorphism)라고 한다. 또, 두 환 $(R, +, \cdot)$와 $(\bar{R}, +, *)$ 사이에 환 동형함수 f가 존재할 때 두 환 $(R, +, \cdot)$와 $(\bar{R}, +, *)$는 서로 **동형**(isomorphic)인 환이라 하고 기호 $R \cong \bar{R}$로 나타낸다.

특히, 환 준동형함수 $f: R \to R$를 환 R에서의 **준동형함수**(ring homorphism on R) 또는 환 R에서의 **자기준동형함수**(ring endomorphism on R)라고 한다.

[예제 3.6.2] 정수환 $\mathbb{Z}$에서 정수환 $\mathbb{Z}$로의 함수 f_1, f_2, f_3, f_4가

$$f_1(x)=x,\ f_2(x)=x+3,\ f_3(x)=3x,\ f_4(x)=x^2$$

와 같이 정의되었을 때, 환 준동형함수가 되는 예를 찾아보자. 먼저, 덧셈 연산이 보존되는지 확인해보면, 임의의 두 정수 a, b에 대하여

$$f_1(a+b)=a+b=f_1(a)+f_1(b),$$
$$f_2(a+b)=a+b+3 \neq a+3+b+3=f_2(a)+f_2(b),$$
$$f_3(a+b)=3(a+b)=3a+3b=f_3(a)+f_3(b),$$

$$f_4(a+b)=(a+b)^2=a^2+b^2+2ab \neq a^2+b^2=f_4(a)+f_4(b)$$

이므로 f_1과 f_3만 덧셈연산이 보존된다. 또 f_1은 $f_1(ab)=ab=f_1(a)f_1(b)$이므로 곱셈연산이 보존되지만 f_3은 $f_3(ab)=3(ab) \neq 3a3b=f_3(a)f_3(b)$이므로 곱셈연산이 보존되지 않는다. 그러므로 f_1은 환 준동형함수이고 f_2, f_3, f_4는 환 준동형함수가 아니다(예제 2.7.2 참조).

환 준동형함수의 정의로부터 다음 성질이 쉽게 증명된다.

정리 3.6.2 함수 $f: R \to \overline{R}$가 환 준동형함수라면, R의 임의의 원소 a, b에 대하여 다음이 성립한다.

(1) $f(0)=\overline{0}$, $f(-a)=-f(a)$, $f(a-b)=f(a)-f(b)$

(2) 모든 정수 n에 대하여 $f(na)=nf(a)$이다.

(3) 모든 양의 정수 m에 대하여 $f(a^m)=f(a)^m$이다.

(4) $1 \in R$이면 $f(1)^2=f(1)$이다. 특히, 두 환 R과 $\overline{R}$이 정역이면, $f(1)=\overline{0}$ 또는 $f(1)=\overline{1}$이다.

증명 (1) $f(0)=f(0+0)=f(0)+f(0)$이므로 $f(0)=\overline{0}$이다(영원의 유일성).

또 $f(-a)+f(a)=f(-a+a)=f(0)=\overline{0}$이므로 덧셈에 관한 역원의 유일성에 의하여 $f(-a)=-f(a)$이다. 또한,

$$f(a-b)=f(a+(-b))=f(a)+f(-b)=f(a)-f(b)$$

이다.

(2) $n=0$인 경우 $f(0 \cdot a)=f(0)=\overline{0}=0 \cdot f(a)$이므로 성립하고 $n=1$인 경우는 분명하다. 이제, 양의 정수 k에 대하여 $f(ka)=kf(a)$가 성립한다면

$$f((k+1)a)=f(ka+a)=f(ka)+f(a)=kf(a)+f(a)=(k+1)f(a)$$

이므로 모든 음이 아닌 정수 n에 대하여 $f(na)=nf(a)$이다. 한편, $n=-m$이 음의 정수인 경우에는

$$f(na)=f((-m)a)=f(-(ma))=-f(ma)=-mf(a)=nf(a)$$

이므로 성립한다.

그러므로 모든 정수 n에 대하여 $f(na) = nf(a)$이다.

(3) (2)와 같이 수학적 귀납법으로 증명할 수 있으나 독자에게 맡긴다.

(4) 환 R의 항등원 1에 대하여 $f(1)^2 = f(1)f(1) = f(1)$이고 $\overline{R}$이 정역이므로 $f(1) = \overline{0}$ 또는 $f(1) = \overline{1}$이다. ▩

이제, 기호를 편리하게 사용하기 위하여 특별한 제한이 없는 경우에 곱셈 기호는 생략하기로 하고 항등원은 1로 사용한다. 정리 3.6.2를 이용하여 환 위에서의 준동형함수를 생각하여 보자.

[예제 3.6.3] (1) 환 $\mathbb{Z}_8$에서 환 $\mathbb{Z}_8$로의 환 준동형함수 f를 생각하여 보자.

먼저, $\mathbb{Z}_8$은 1에 의하여 생성되므로 $f(1)$에 의하여 결정된다. 또한, 정리 3.6.2의 (4)에 의하여 $f(1)^2 = f(1)$이므로 $\mathbb{Z}_8$에서의 멱등원을 구하여야 하며, 실제로 $f(1) = 0$과 $f(1) = 1$인 두 경우만 존재한다. 따라서 환 $\mathbb{Z}_8$에서 환 $\mathbb{Z}_8$로의 환 준동형함수는 영 준동형함수 o과 항등 준동형함수 $1_{\mathbb{Z}_8}$ 두 가지 뿐이다(예제 2.7.6 참조).

(2) 환 $\mathbb{Z}_6$에서 환 $\mathbb{Z}_6$으로의 환 준동형함수 f를 생각하여 보자.

먼저, $\mathbb{Z}_6$은 1에 의하여 생성되므로 $f(1)$에 의하여 결정된다. 또한, 정리 3.6.2의 (4)에 의하여 $f(1)^2 = f(1)$이므로 $\mathbb{Z}_6$에서의 멱등원을 구하여야 하며, 실제로 $f(1) = 0$, $f(1) = 1$, $f(1) = 3$, $f(1) = 4$인 네 경우가 존재한다.

[예제 3.6.4] 환 $\mathbb{Z}_8$에서 환 $\mathbb{Z}_4$로의 환 준동형함수 f를 생각하여 보자.

먼저, $\mathbb{Z}_8$은 1에 의하여 생성되므로 $f(1)$에 의하여 결정된다. 또한, 정리 3.6.2의 (4)에 의하여 $f(1)^2 = f(1)$이므로 $\mathbb{Z}_4$에서의 멱등원을 구하여야 하며, 실제로 $f(1) = 0$과 $f(1) = 1$인 두 경우만 존재한다. 따라서, 환 $\mathbb{Z}_8$에서 환 $\mathbb{Z}_4$로의 환 준동형함수는 두 가지 o과 $f(1) = 1$인 f 뿐이다(예제 2.7.7 참조).

[예제 3.6.5] 정수환 $\mathbb{Z}$에서 정수환 $\mathbb{Z}$로의 환 준동형함수 f는 $\mathbb{Z} = \langle 1 \rangle$이므로 1의 함수값에 의하여 결정된다. 또한 $f(1)^2 = f(1)$이므로 $f(1) = 0$ 또는 $f(1) = 1$이

다. 따라서 정리 3.6.2의 (2)에 의하여 임의의 정수 n에 대하여 $f(n)=0$ 또는 $f(n)=n$이다. 그러므로 f는 영 준동형함수 o과 항등 동형함수 $1_{\mathbb{Z}}$뿐이다(예제 2.7.5 참조).

정리 3.6.3 환 R, $\overline{R}$가 각각 항등원 1, $\overline{1}$를 가질 때, 환 준동형함수 $f : R \to \overline{R}$에 대하여 다음이 성립한다.

(1) f가 위로의 함수이면, $f(1)=\overline{1}$이다.

(2) $f(1)=\overline{1}$일 때, R의 단원 a에 대하여 $f(a)$는 $\overline{R}$의 단원이고 $f(a^{-1})=f(a)^{-1}$이다.

증명 (1) 가정에 의하여 f가 위로의 함수이므로 임의의 원소 $\overline{a} \in \overline{R}$에 대하여 $f(a)=\overline{a}$인 $a \in R$가 존재하며

$$f(1)\cdot\overline{a}=f(1)\cdot f(a)=f(1\cdot a)=f(a)=\overline{a} \text{이고 } \overline{a}\cdot f(1)=\overline{a}$$

이므로 $f(1)=\overline{1}$이다.

(2) 환 R의 단원 a에 대하여 $a^{-1} \in R$이 존재하여 $a\cdot a^{-1}=1=a^{-1}\cdot a$이므로

$$f(a\cdot a^{-1})=f(1)=f(a^{-1}\cdot a) \text{이고 } f(a)\cdot f(a^{-1})=\overline{1}=f(a^{-1})\cdot f(a)$$

이다. 따라서 $f(a)^{-1}=f(a^{-1})$이다. ■

정리 3.6.4 임의의 환 R, S, T에 대하여

(1) 항등함수 $1_R : R \to R$, $1_R(x)=x$는 환 동형함수이다. 즉, $R \cong R$이다.

(2) 함수 $f : R \to S$가 환 동형함수이면, 그의 역함수 $f^{-1} : S \to R$도 환 동형함수이다. 즉, $R \cong S$이면, $S \cong R$이다.

(3) 두 함수 $f : R \to S$와 $g : S \to T$가 환 준동형함수이면, 그들의 합성함수 $g\circ f : R \to T$도 환 준동형함수이다. 특히 f와 g가 환 동형함수이면 $g\circ f$도 환 동형함수이다. 즉, $R \cong S$이고 $S \cong T$이면, $R \cong T$이다.

더욱이, 환들의 집합 위에서 동형 관계 $\cong$는 동치관계이다.

증명 (1) 항등함수 1_R은 일대일대응 함수이고, 환 R의 임의의 두 원소 a, b에 대하여

$1_R(a+b)=a+b=1_R(a)+1_R(b)$이고 $1_R(ab)=ab=1_R(a)1_R(b)$이므로 환 준동형함수이다. 따라서 1_R은 환 동형함수이다.

(2) 함수 $f: R \to S$가 환 동형함수라 가정하고 환 S의 임의의 두 원소를 s_1, s_2라고 하자. 함수 f가 일대일대응이므로 환 R의 유일한 원소들 r_1, r_2가 존재하여 $f(r_1)=s_1$, $f(r_2)=s_2$이다. 따라서 $f^{-1}(s_1)=r_1$, $f^{-1}(s_2)=r_2$이다. 한편, $f: R \to S$가 환 준동형함수이므로

$$f(r_1+r_2)=f(r_1)+f(r_2)=s_1+s_2 \text{이고 } f(r_1r_2)=f(r_1)f(r_2)=s_1s_2$$

이다. 또 $f: R \to S$가 일대일대응 함수이므로

$$f^{-1}(s_1+s_2)=r_1+r_2 \text{이고 } f^{-1}(s_1s_2)=r_1r_2$$

이다. 따라서

$$f^{-1}(s_1+s_2)=r_1+r_2=f^{-1}(s_1)+f^{-1}(s_2),$$
$$f^{-1}(s_1s_2)=r_1r_2=f^{-1}(s_1)f^{-1}(s_2)$$

이므로 f^{-1}는 환 일대일대응 준동형함수이다. 즉, f^{-1}는 환 동형함수이다.

(3) 환 R의 임의의 두 원소 a, b에 대하여 f와 g가 환 준동형함수이므로

$$\begin{aligned} g\circ f(a+b) &= g(f(a+b))=g(f(a)+f(b)) \\ &= g(f(a))+g(f(b))=g\circ f(a)+g\circ f(b) \end{aligned}$$
$$g\circ f(ab)=g(f(ab))=g(f(a)f(b))=g(f(a))g(f(b))=g\circ f(a)g\circ f(b)$$

이므로 $g\circ f$도 환 준동형함수이다. 특히 일대일대응 함수의 합성함수는 일대일대응 함수이므로, f와 g가 환 동형함수이면 $g\circ f$도 환 동형함수이다. ■

정리 3.6.5 항등원을 가진 두 환 R과 $\overline{R}$가 서로 동형이면, 이들 두 환의 단원군 $U(R)$과 $U(\overline{R})$는 서로 동형이다. 실제로 $f: R \to \overline{R}$가 환 동형함수이면,

$$U(R)\cong U(\overline{R})=\{f(a) \mid a\in U(R)\}$$

이다.

증명 정리 3.6.3에 의하여 $f(1)=\overline{1}$이고 단원 $a\in R$에 대하여 $f(a^{-1})=f(a)^{-1}$이므로

$f(a)$는 $\overline{R}$에서 단원이다. 역으로, $\overline{a} \in U(\overline{R})$이면 $f^{-1}(\overline{a})$는 R에서 단원이다. 따라서 함수 $\phi : U(R) \to U(\overline{R})$, $\phi(a) = f(a) = \overline{a}$로 정의하면 $\phi(a \cdot b) = f(a \cdot b) = f(a) \cdot f(b) = \phi(a) \cdot \phi(b)$이고 ϕ는 잘 정의된 함수이다. 또 f가 일대일대응 함수이므로 ϕ는 일대일대응 함수이다. 따라서 ϕ는 환 동형함수이다.

그러므로 $U(R) \cong U(\overline{R}) = \{f(a) \mid a \in U(R)\}$ 이다. ■

[예제 3.6.6] 유리수체 $\mathbb{Q}$에서 유리수체 $\mathbb{Q}$로의 환 준동형함수를 생각해 보자. 먼저 $f(1) = f(1)^2$이므로 $f(1) = 0$ 또는 $f(1) = 1$이다. 먼저, $f(1) = 0$이면 임의의 유리수 r에 대하여 $f(r) = f(r1) = f(r)f(1) = 0$이므로 f는 환에서 영 준동형함수이다. 이제, $f(1) = 1$이면, 정리 3.6.2의 (2)에 의하여 임의의 정수 n에 대하여 $f(n) = f(n \cdot 1) = nf(1) = n$이다. 또 $m \neq 0$인 정수 m에 대하여

$$1 = f(1) = f\left(m \cdot \frac{1}{m}\right) = f(m) \cdot f\left(\frac{1}{m}\right) = m \cdot f\left(\frac{1}{m}\right) \text{이므로 } f\left(\frac{1}{m}\right) = \frac{1}{m} \text{이다.}$$

임의의 유리수 $\frac{n}{m}$ (m과 n은 서로소, $m \neq 0$)에 대하여

$$f\left(\frac{n}{m}\right) = f\left(n \cdot \frac{1}{m}\right) = f(n) \cdot f\left(\frac{1}{m}\right) = \frac{n}{m}$$

이다. 따라서 f는 항등 동형함수이다.

그러므로 환 준동형함수는 영 준동형함수와 항등 동형함수뿐이다.

연습문제 3.6

1. 예제 3.6.1에서 연산표 Ⅰ과 연산표 Ⅱ를 만족하는 환을 각각 R_1과 R_2라고 할 때 R_1에서 R_2로의 환 준동형함수를 모두 구하여라.

2. 정리 3.6.2의 (3)을 증명하여라.

3. 환 $\mathbb{Z}_8$에서 환 $\mathbb{Z}_6$으로의 환 준동형함수를 모두 구하고 연습문제 2.7.2와 비교하

여라.

4. 환 $\mathbb{Z}_6$에서 환 $\mathbb{Z}_8$로의 환 준동형함수를 모두 구하고 연습문제 2.7.3과 비교하여라.

5. 예제 3.6.3의 (2)에서 4가지 함수가 환 준동형임을 증명하여라.

6. 환 $\mathbb{Z}_{10}$에서 환 $\mathbb{Z}_{10}$으로의 환 준동형함수를 모두 구하여라.

7. 복소수체 $\mathbb{C}=\{a+bi \mid a,\ b\in \mathbb{R}\}$에 대하여 함수

$$f : \mathbb{C} \to \mathbb{C}, \quad f(a+bi)=a-bi$$

는 환 동형함수임을 증명하여라. 또 실수체 $\mathbb{R}$에서 $\mathbb{R}$로의 환 준동형함수가 영 준동형함수와 항등 동형함수 뿐일 때, 복소수체 $\mathbb{C}$에서 $\mathbb{C}$로의 환 동형함수를 모두 구하여라.

힌트 $f(a+bi)=f(a)+f(bi)=a+f(b)f(i)=a+bf(i)$와 $f(i)^2=f(i^2)=f(-1)=-1$을 이용하여 $f(i)$의 값을 구하고 적용하여라.

8. 유리수의 이차체 $\mathbb{Q}(\sqrt{3})=\{a+b\sqrt{3} \mid a,\ b\in \mathbb{Q}\}$에 대하여 함수

$$f : \mathbb{Q}(\sqrt{3}) \to \mathbb{Q}(\sqrt{3})$$

가 환 준동형함수일 때 다음을 증명하여라.

(1) $f(1)=0$ 또는 $f(1)=1$이다.

(2) $f(1)=0$이면 f는 영 준동형함수이다.

(3) $f(1)=1$이면 $f(\sqrt{3})=\sqrt{3}$ 또는 $f(\sqrt{3})=-\sqrt{3}$이다.

(4) 환 준동형함수 f는 세 가지뿐이다.

3.7 환 준동형함수와 동형정리

앞 절에서는 환 준동형함수의 종류와 예들 그리고 정의역의 원소와 준동형함수에 의한 함수값 사이의 관계에 관하여 알아보았다. 이 절에서는 부분환에 대한 준동형함수에 의한 상에 대하여 알아보고 세 가지 동형정리를 다룬다.

정의 3.7.1 환 준동형함수 $f : R \to \overline{R}$와 R의 부분집합 X에 대하여 집합

$$\{f(x) \mid x \in X\}$$

를 f에 의한 X의 상(image)이라 하고 $f(X)$로 나타낸다. 특히, $f(R)$을 f의 상(image)이라 하고 $\operatorname{im} f$로 나타낸다. 또 $\overline{R}$의 부분집합 Y에 대하여 집합

$$\{x \in R \mid f(x) \in Y\}$$

를 f에 의한 Y의 원상(image)이라 하고 $f^{-1}(Y)$로 나타낸다. 특히, 환 $\overline{R}$의 영원 $\overline{0}$에 대하여 $f^{-1}(\{\overline{0}\})$을 f의 핵(kernel)이라 하고 $\ker f$로 나타낸다. 즉,

$$\ker f = \{r \in R \mid f(r) = \overline{0}\}$$

이다.

[예제 3.7.1] (1) 정수환 $\mathbb{Z}$에서 정수환 $\mathbb{Z}$로의 환 준동형함수는 예제 3.6.5에 의하여 영 준동형함수 o과 항등 동형함수 $1_{\mathbb{Z}}$ 뿐이고 각각의 상과 핵은 다음과 같다.

$$\operatorname{im} o = \{0\} \text{ 과 } \ker o = \mathbb{Z},\ \operatorname{im} 1_{\mathbb{Z}} = \mathbb{Z} \text{ 와 } \ker 1_{\mathbb{Z}} = \{0\}$$

(2) 정수환 $\mathbb{Z}_8$에서 정수환 $\mathbb{Z}_4$로의 환 준동형함수는 예제 3.6.4에 의하여 영 준동형함수 o과 f 뿐이고 상과 핵은 다음과 같다.

$$\operatorname{im} o = \{0\} \text{ 과 } \ker o = \mathbb{Z}_8,\ \operatorname{im} f = \mathbb{Z}_4 \text{ 와 } \ker f = \{0, 4\}$$

다음 정리는 정리 2.8.2와 유사하다.

정리 3.7.2 환 준동형함수 $f: R \to \overline{R}$에 대하여 다음이 성립한다.

(1) 환 R의 임의의 부분환 S에 대하여 $f(S)$는 $\overline{R}$의 부분환이다. 특히, $\mathrm{im} f$는 $\overline{R}$의 부분환이다. 또한, $f(S)$는 $\mathrm{im} f$의 부분환이다.

(2) 환 R의 임의의 이데알 I에 대하여 $f(I)$는 $f(R) = \mathrm{im} f$의 이데알이다. 특히, f가 위로의 함수일 때, $f(I)$는 $\overline{R}$의 이데알이다.

(3) 집합 $\ker f$는 환 R의 이데알이다.

(4) $\overline{R}$의 임의의 부분환 $\overline{S}$에 대하여 $f^{-1}(\overline{S})$는 R의 부분환이다.

(5) $\overline{R}$의 임의의 이데알 $\overline{I}$에 대하여 $f^{-1}(\overline{I})$는 R의 이데알이다.

증명 (1) 집합 $f(S)$의 임의의 두 원소 a', b'에 대하여 S의 원소 a, b가 존재하여 $f(a) = a'$, $f(b) = b'$이다. 따라서 $a' - b' = f(a) - f(b) = f(a-b) \in f(S)$이고 $a'b' = f(a)f(b) = f(ab) \in f(S)$이므로 $f(S)$는 $\overline{R}$의 부분환이다.

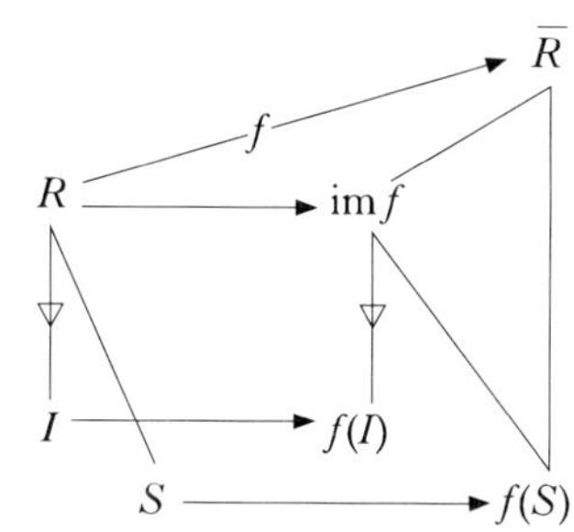

특히, $\mathrm{im} f = f(R)$은 $\overline{R}$의 부분환이다.

또한, $f(S)$는 $\mathrm{im} f$의 부분집합이고 $f(S)$와 $\mathrm{im} f$는 환이므로 $f(S)$는 $\mathrm{im} f$의 부분환이다

(2) (1)에 의하여 $f(I)$는 $\mathrm{im} f$의 부분환이다.

이제 $f(I)$의 임의의 원소 i'과 $\mathrm{im} f$의 임의의 원소 r'에 대하여 $f(i) = i'$인 I의 원소 i와 $f(r) = r'$인 R의 원소 r이 존재한다. 한편, $I \lhd R$이기 때문에 $ir, ri \in I$이므로 $i'r' = f(i)f(r) = f(ir) \in f(I)$이고 $r'i' = f(r)f(i) = f(ri) \in f(I)$이다. 따라서 $f(I) \lhd f(R) = \mathrm{im} f$이다. 특히, f가 위로의 함수일 때 $f(I) \lhd \mathrm{im} f = \overline{R}$이다.

(3) 먼저 $\ker f$의 임의의 원소 k, k_1, k_2에 대하여 $f(k) = f(k_1) = f(k_2) = \overline{0}$이므로

$$f(k_1 - k_2) = f(k_1) - f(k_2) = \overline{0} - \overline{0} = \overline{0},$$
$$f(rk) = f(r)f(k) = f(r) \cdot \overline{0} = \overline{0},$$
$$f(kr) = f(k)f(r) = \overline{0} \cdot f(r) = \overline{0}$$

이다. 따라서 $k_1 - k_2$, rk, $kr \in \ker f$이다. 즉, $\ker f$는 R의 이데알이다.

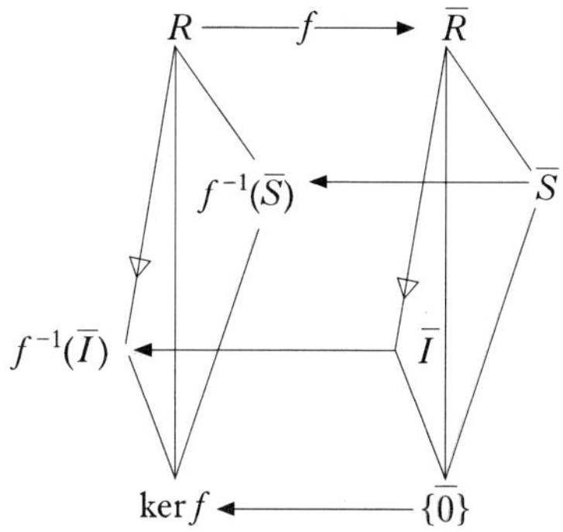

(4) 집합 $f^{-1}(\overline{S})$의 임의의 두 원소 s_1, s_2에 대하여 $f(s_1) \in \overline{S}$, $f(s_2) \in \overline{S}$이다. 따라서

$$f(s_1 - s_2) = f(s_1) - f(s_2) \in \overline{S}$$
$$f(s_1 s_2) = f(s_1) f(s_2) \in \overline{S}$$

이므로 $s_1 - s_2,\ s_1 s_2 \in f^{-1}(\overline{S})$이다.

따라서 $f^{-1}(\overline{S})$는 R의 부분환이다.

(5) $f^{-1}(\overline{I})$는 (4)에 의하여 R의 부분환이다. 환 R과 $f^{-1}(\overline{I})$의 임의의 원소 r과 i에 대하여 $f(r) \in \overline{R}$, $f(i) \in \overline{I}$이다. 또,

$$f(ri) = f(r)f(i) \in \overline{I} \text{이고 } f(ir) = f(i)f(r) \in \overline{I}$$

이므로 $ri,\ ir \in f^{-1}(\overline{I})$이다. 그러므로 $f^{-1}(\overline{I})$는 R의 이데알이다. ■

정리 3.7.3 환 준동형함수 $f : R \to \overline{R}$의 핵을 $\ker f = K$라고 할 때, 임의의 원소 $a, b \in R$에 대하여

$$f(a) = f(b) \iff a - b \in K \iff a + K = b + K$$

이다. 특히, f가 일대일 함수일 필요충분조건은 $K = \{0\}$이다.

증명 임의의 원소 $a, b \in R$에 대하여

$$f(a) = f(b) \iff f(a) - f(b) = \overline{0} \iff f(a - b) = \overline{0} \iff a - b \in K \iff a + K = b + K$$

이다. 특히, f가 일대일 함수이면 $f(0) = \overline{0}$이고 $\overline{0}$에 대응되는 원소는 유일하게 결정되므로 $K = \{0\}$이다. 역으로, $K = \{0\}$일 때 $f(a) = f(b)$라고 가정하면, $a - b \in K = \{0\}$이므로 $a = b$이다. ■

정리 3.7.4 환 준동형함수 $f : R \to \overline{R}$는 일대일이고 S가 R의 부분환이면, $S \cong f(S)$이다. 특히, $R \cong \operatorname{im} f$이다.

증명 정리 3.7.2에 의하여 $f(S)$는 $\overline{R}$의 부분환이다. 함수 $g : S \to f(S)$를 $g(s) = f(s)$로

정의하면, g는 $f(S)$ 위로의 함수이고 동시에 f의 정의에 의하여 g도 환 일대일 준동형함수이다. 따라서 g는 환 동형함수이므로 $S \cong f(S)$이다. 특히 $R \cong \operatorname{im} f$이다. ▩

[예제 3.7.2] 환 $\mathbb{Z}[\sqrt{3}]$에서 환 $\mathbb{Z}[\sqrt{3}]$으로의 함수 f를 $f(a+b\sqrt{3})=a-b\sqrt{3}$이라고 하자. 먼저 $a+b\sqrt{3} \in \ker f$이면, $f(a+b\sqrt{3})=a-b\sqrt{3}=0$이다. 따라서 $a=b=0$이고 $\ker f=\{0\}$이다. 따라서 정리 3.7.3에 의하여 f는 환 일대일 준동형함수이다. 따라서 정리 3.7.4에 의하여 $\mathbb{Z}[\sqrt{3}]$의 부분환 $\mathbb{Z}$에 대하여 $\mathbb{Z} \cong f(\mathbb{Z})=\mathbb{Z}$이다. 또, $S=\{a+b\sqrt{3} \mid a,\, b \in 2\mathbb{Z}\}$는 $\mathbb{Z}[\sqrt{3}]$의 부분환이다. 따라서 정리 3.7.4에 의하여 $S \cong f(S)=S$이다. 실제로

$$f(S)=\{f(a+b\sqrt{3}) \mid a+b\sqrt{3} \in S\}=\{a-b\sqrt{3} \mid a,\, b \in 2\mathbb{Z}\}=S$$

이다.

환 R에서 I가 이데알이면,

$$R/I=\{a+I \mid a \in R\}$$

는 잉여환이다. 함수

$$\pi : R \to R/I,\ \pi(a)=a+I$$

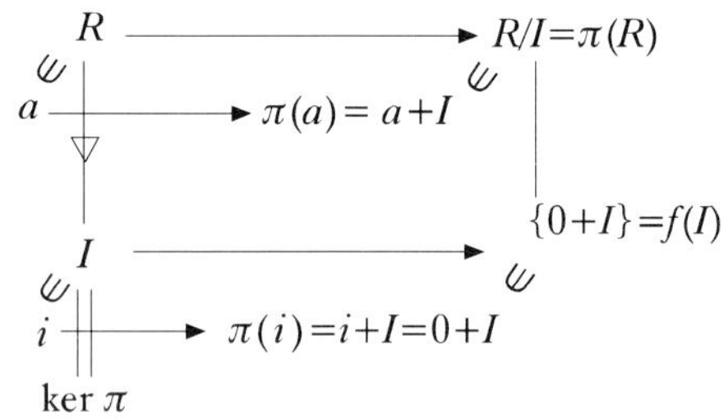

는

$$\pi(a+b)=a+b+I=(a+I)+(b+I)=\pi(a)+\pi(b),$$
$$\pi(ab)=ab+I=(a+I)(b+I)=\pi(a)\pi(b)$$

이므로 환 준동형함수이다. 특히,

$$\operatorname{im}\pi=\{\pi(a) \mid a \in R\}=\{a+I \mid a \in R\}=R/I,$$
$$\ker\pi=\{a \in R \mid \pi(a)=I\}=\{a \in R \mid a+I=0+I\}=I$$

이다. 이와 같이 정의한 함수 π를 R에서 R/I 위로의 환 표준(canonical)준동형함수 또는 환 자연(natural)준동형함수라고 한다.

다음 정리는 정리 2.8.6과 유사하다.

정리 3.7.5 환 R의 이데알 I에 대하여 다음이 성립한다.

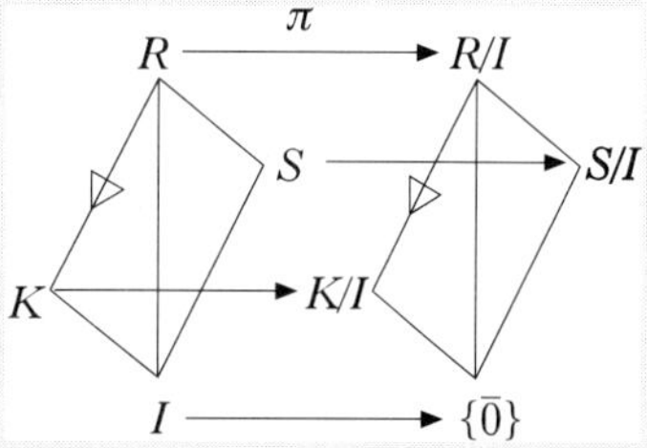

(1) S가 $I \subseteq S$인 환 R의 부분환이면 I는 S의 이데알이다.

(2) S가 $I \subseteq S$인 환 R의 부분환이면 S/I는 R/I의 부분환이다.

(3) K가 $I \subseteq K$인 환 R의 이데알이면 K/I는 R/I의 이데알이다.

증명 (1) I와 S는 환이고 $I \subseteq S$이므로 I는 S의 부분환이다. 또 임의의 원소 $i \in I$와 $s \in S$에 대하여 $is,\ si \in I$이므로 I는 S의 이데알이다.

(2) 임의의 원소 $s_1 + I,\ s_2 + I \in S/I$에 대하여

$$(s_1 + I) - (s_2 + I) = (s_1 - s_2) + I \in S/I,\ \ (s_1 + I)(s_2 + I) = s_1 s_2 + I \in S/I$$

이므로 S/I는 R/I의 부분환이다.

(3) (2)에 의하여 K/I는 R/I의 부분환이고 임의의 원소 $k + I \in K/I$와 $r + I \in R/I$에 대하여

$$(k + I)(r + I) = kr + I \in K/I,\ \ (r + I)(k + I) = rk + I \in K/I$$

이므로 K/I는 R/I의 이데알이다. ■

다음 예제는 정리 3.7.5(3)의 구체적인 예이다.

[예제 3.7.3] 환 $\mathbb{Z}$의 부분환 $24\mathbb{Z}$는 환 $\mathbb{Z}$의 이데알이므로 잉여환 $\mathbb{Z}/24\mathbb{Z}$가 존재한다. 함수

$$\pi : \mathbb{Z} \to \mathbb{Z}/24\mathbb{Z},\ \pi(a) = a + 24\mathbb{Z}$$

를 정의하면 π는 환 표준 준동형함수이다.

정수환 $\mathbb{Z}$의 이데알 $4\mathbb{Z}$와 $6\mathbb{Z}$에 대하여 오른편 그림이 성립한다.

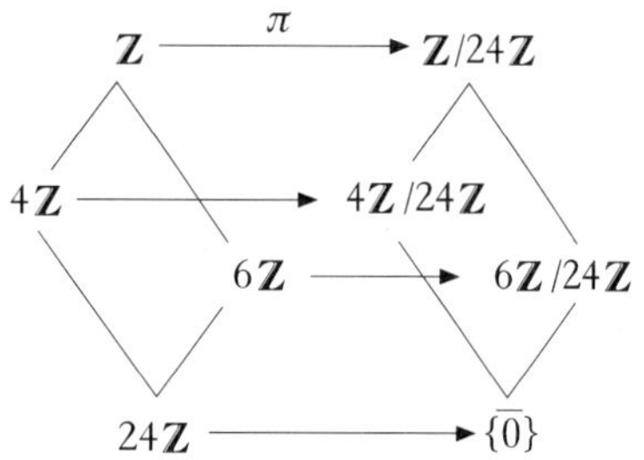

3.7.6 (제1동형정리) 환 준동형함수 $f : R \to \overline{R}$의 핵을 $\ker f = K$라 할 때,

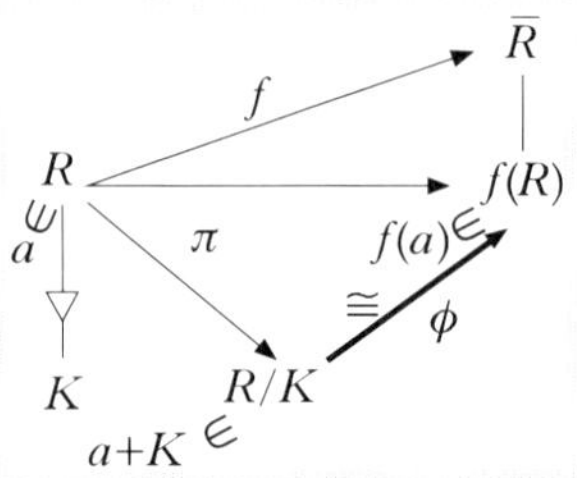

$$R/K \cong \operatorname{im} f = f(R)$$

이다. 더욱이, 유일한 환 동형함수

$$\phi : R/K \to f(R),\ \phi(a+K) = f(a)$$

가 존재하여 $\phi \circ \pi = f$이다. 단, π는 환 표준 준동형함수이다.

증명 정리 3.7.2에 의하여 $\ker f = K \lhd R$이므로 R/K는 잉여환이고 환 표준 준동형함수

$$\pi : R \to R/K,\ \pi(a) = a + K$$

를 얻는다. 이제, 함수 ϕ를

$$\phi : R/K \to f(R),\ \phi(a+K) = f(a)$$

로 정의하자. 먼저 $a+K = b+K$이면 $a-b \in K$이므로 $f(a-b) = 0$이고 $f(a) = f(b)$이다. 따라서 $\phi(a+K) = f(a) = f(b) = \phi(b+K)$이다. 따라서 ϕ는 잘 정의된 함수이다. 또한, 환 R의 임의의 원소 a에 대하여

$$\phi \circ \pi(a) = \phi(\pi(a)) = \phi(a+K) = f(a)$$

이므로 $\phi \circ \pi = f$ 이다. 먼저,

$$\phi(a+K+b+K) = \phi(a+b+K) = f(a+b) = f(a) + f(b) = \phi(a+K) + \phi(b+K)$$
$$\phi((a+K)\cdot(b+K)) = \phi(ab+K) = f(ab) = f(a)f(b) = \phi(a+K)\phi(b+K)$$

이므로 ϕ는 환 준동형함수이다. 또 $\phi(a+K) = \phi(b+K)$이면 $f(a) = f(b)$이고 $f(a-b) = \overline{0}$이므로 $a-b \in K$이고 $a+K = b+K$이다. 따라서 f는 일대일 함수이다. 또 $\phi \circ \pi = f$는 R에서 $f(R)$ 위로의 함수이므로 ϕ는 위로의 함수이다. 따라서 ϕ는 환 동형함수로 $\phi \circ \pi = f$를 만족한다. 마지막으로 환 동형함수 $\psi : R/K \to f(R)$가 존재하여 $\psi \circ \pi = f$라고 가정하면 G/K의 임의의 원소 $a+K$에 대하여

$$\psi(a+K) = \psi(\pi(a)) = \psi \circ \pi(a) = f(a) = \phi \circ \pi(a) = \phi(a+K)$$

이므로 $\psi = \phi$이다. 그러므로 ϕ는 유일하다. ■

[예제 3.7.4] 환 $\mathbb{Z}_{10}$에서의 환 준동형함수 $f:\mathbb{Z}_{10}\to\mathbb{Z}_{10}$를 살펴보자. 먼저 $f(1)^2=f(1)$이므로 $f(1)$은 멱등원으로 0, 1, 5 또는 6의 4가지이다.

(1) $f(1)=0$이면, $\mathbb{Z}_{10}$의 임의의 원소 x에 대하여 $f(x)=0$이다. 이때 $\ker f=\mathbb{Z}_{10}$이고 $\operatorname{im} f=\{0\}$이며 정리 3.7.6에 의하여 $\mathbb{Z}_{10}/\mathbb{Z}_{10}\cong\{0\}$이다.

(2) $f(1)=1$이면, $\mathbb{Z}_{10}$의 임의의 원소 x에 대하여 $f(x)=x$이다. 이때 $\ker f=\{0\}$이고 $\operatorname{im} f=\mathbb{Z}_{10}$이며 정리 3.7.6에 의하여 $\mathbb{Z}_{10}/\{0\}\cong\mathbb{Z}_{10}$이다.

(3) $f(1)=5$이면, $\mathbb{Z}_{10}$의 임의의 원소 x에 대하여 $f(x)=5x$이고

$$f(x+y)=5(x+y)=5x+5y=f(x)+f(y),$$
$$f(xy)=5(xy)=5^2xy=5x5y=f(x)f(y)$$

이므로 f는 환 준동형함수이다. 이때 f의 상과 핵은 각각 $\operatorname{im} f=\{0, 5\}=5\mathbb{Z}_{10}$이고 $\ker f=\{0, 2, 4, 6, 8\}=2\mathbb{Z}_{10}$이다. 따라서 정리 3.7.6에 의하여 $\mathbb{Z}_{10}/2\mathbb{Z}_{10}\cong\mathbb{Z}_{10}/\ker f\cong\operatorname{im} f\cong5\mathbb{Z}_{10}$이다.

(4) $f(1)=6$이면, $\mathbb{Z}_{10}$의 임의의 원소 x에 대하여, $f(x)=6x$이고

$$f(x+y)=6(x+y)=6x+6y=f(x)+f(y),$$
$$f(xy)=6(xy)=6^2xy=6x6y=f(x)f(y)$$

이므로 f는 환 준동형함수이다. 이때 f의 상과 핵은 각각 $\operatorname{im} f=\{0, 2, 4, 6, 8\}=2\mathbb{Z}_{10}$이고 $\ker f=\{0, 5\}=5\mathbb{Z}_{10}$이다.

따라서 정리 3.7.6에 의하여 $\mathbb{Z}_{10}/5\mathbb{Z}_{10}\cong\mathbb{Z}_{10}/\ker f\cong\operatorname{im} f\cong2\mathbb{Z}_{10}$이다.

이제, 환 R의 부분환 S와 이데알 I에 대하여 성립하는 제2동형정리에 관하여 살펴본다.

정리 3.7.7 (제2동형정리) 환 R의 부분환 S와 이데알 I에 대하여 다음이 성립한다.

(1) $S\cap I\lhd S$

(2) $S+I\le R$이고 $I\lhd S+I$

(3) $S/S\cap I\cong(S+I)/I$

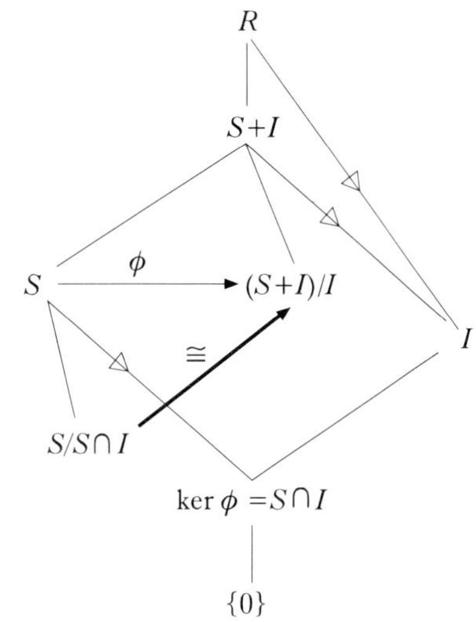

증명 (1) 정리 3.3.5에 의하여 $S\cap I\le S$이고, 환 $S\cap I$의 임의의 원소 i와 S의 임의의 원소 s에 대하여 $is, si\in I$이고 $is, si\in S$이므로 $S\cap I \triangleleft S$이다.

(2) 분명히 $I\subseteq(S+I)\subseteq R$이다.
이제 임의의 원소 $x, y\in(S+I)$이라면, $x=s_1+i_1$이고 $y=s_2+i_2$인 $s_k\in S$와 $i_k\in I$ $(k=1, 2)$가 존재한다. 그러면,

$$x-y=(s_1-s_2)+(i_1-i_2)\in S+I$$

이고 $I\triangleleft R$이므로 $i_1s_2+s_1i_2+i_1i_2\in I$이고

$$xy=(s_1+i_1)(s_2+i_2)=s_1s_2+(i_1s_2+s_1i_2+i_1i_2)\in S+I$$

이다. 그러므로 $S+I\le R$이다. 또, 임의의 원소 $i\in I$에 대하여 $I\triangleleft R$이므로 $ix, xi\in I$이다. 따라서 $I\triangleleft S+I$이다.

(3) 환 표준 준동형함수 $\pi: R\to R/I$의 축소함수

$$\phi: S\to R/I,\ \phi(s)=\pi(s)=s+I$$

는 환 준동형함수이다. 여기서 상과 핵을 구하면,

$$\text{im}\,\phi=\{\phi(s)\mid s\in S\}=\{s+I\mid s\in S\},$$
$$\ker\phi=\{s\in S\mid\phi(s)=I\}=\{s\in S\mid s+I=I\}=\{s\in S\mid s\in I\}=S\cap I$$

이다. 따라서 제1동형정리에 의하여 $S/S\cap I\cong\text{im}\,\phi$이다.
먼저, $S\subseteq S+I$이므로

$$\text{im}\,\phi=\{s+I\mid s\in S\}\subseteq\{x+I\mid x\in S+I\}=(S+I)/I$$

이고 $x\in S+I$에 대하여 적당한 $s\in S$와 $i\in I$에 대하여 $x=s+i$이고

$$x+I=(s+i)+I=s+(i+I)=s+I$$

이므로 $(S+I)/I=\{x+I\mid x\in S+I\}\subseteq\{s+I\mid s\in S\}=\text{im}\,\phi$이다.
즉, $\text{im}\,\phi=(S+I)/I$이다. 그러므로 $S/S\cap I\cong(S+I)/I$이다. ▩

정리 3.7.8 (제3동형정리) 환 R의 이데알 I와 J에 대하여 $I\subseteq J$이면, 다음이 성립한다.

(1) $I\lhd J$

(2) $J/I\lhd R/I$

(3) $\dfrac{R/I}{J/I}\cong R/J$

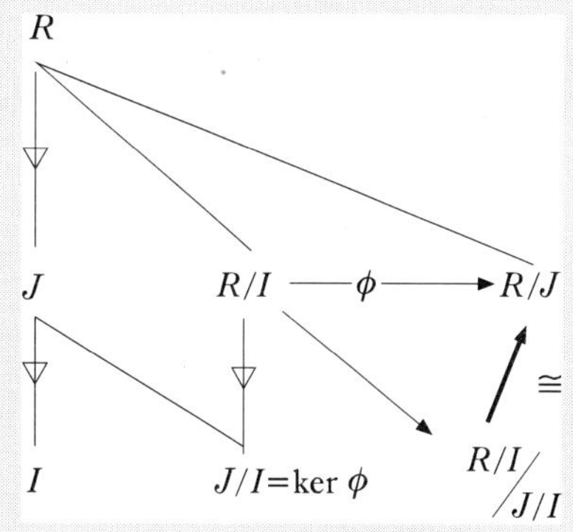

증명 (1) 정리 3.7.5의 증명 참조.

(2) J/I와 R/I는 잉여환이고 $J/I\subseteq R/I$이므로 $J/I\leq R/I$이다. 이제, $j+I\in J/I$와 $r+I\in R/I$에 대하여 $(j+I)(r+I)=jr+I\in J/I$, $(r+I)(j+I)=rj+I\in J/I$이므로 $J/I\lhd R/I$이다.

(3) 함수 $\phi : R/I\to R/J$를 $\phi(r+I)=r+J$로 정의하자. 먼저, $r_1+I=r_2+I$이면, $r_1-r_2\in I\subseteq J$이므로 $\phi(r_1+I)=r_1+J=r_2+J=\phi(r_2+I)$이다. 따라서 ϕ는 잘 정의된 함수이다. 또한

$$\phi(a+I+b+I)=\phi(a+b+I)=a+b+J=a+J+b+J=\phi(a+I)+\phi(b+I)$$
$$\phi((a+I)(b+I))=\phi(ab+I)=ab+J=(a+J)(b+J)=\phi(a+I)\phi(b+I)$$

이므로 ϕ는 준동형함수이다. 한편,

$$\text{im}\,\phi=\{\phi(r+I)\mid r+I\in R/I\}=\{r+J\mid r\in R\}=R/J,$$
$$\ker\phi=\{r+I\mid \phi(r+I)=J\}=\{r+I\mid r+J=0+J\}=\{r+I\mid r\in J\}=J/I$$

이다. 따라서 제1동형정리에 의하여 $\dfrac{R/I}{J/I}\cong R/J$이다. ■

환 $R=\mathbb{Z}$, $J=3\mathbb{Z}$, $I=12\mathbb{Z}$에서

$$R/I=\{0+12\mathbb{Z},\ 1+12\mathbb{Z},\ \cdots,\ 11+12\mathbb{Z}\}=\mathbb{Z}/12\mathbb{Z},$$
$$J/I=\{0+12\mathbb{Z},\ 3+12\mathbb{Z},\ 6+12\mathbb{Z},\ 9+12\mathbb{Z}\}=3\mathbb{Z}/12\mathbb{Z},$$
$$R/J=\{0+3\mathbb{Z},\ 1+3\mathbb{Z},\ 2+3\mathbb{Z}\}=\mathbb{Z}/3\mathbb{Z}$$

이고 정리 3.7.8에 의하여 $(\mathbb{Z}/12\mathbb{Z})/(3\mathbb{Z}/12\mathbb{Z})\cong\mathbb{Z}/3\mathbb{Z}$이다.

정리 3.7.9 (대응정리) 환 R과 $\overline{R}$에 대하여, 함수 $f : R \to \overline{R}$가 위로의 준동형함수이고 $K = \ker f$라고 하면 다음이 성립한다.

(1) R의 임의의 부분환 S에 대하여 $f(S)$는 $\overline{R}$의 부분환이다. 또, R의 임의의 이데알 I에 대하여 $f(I)$는 $\overline{R}$의 이데알이다.

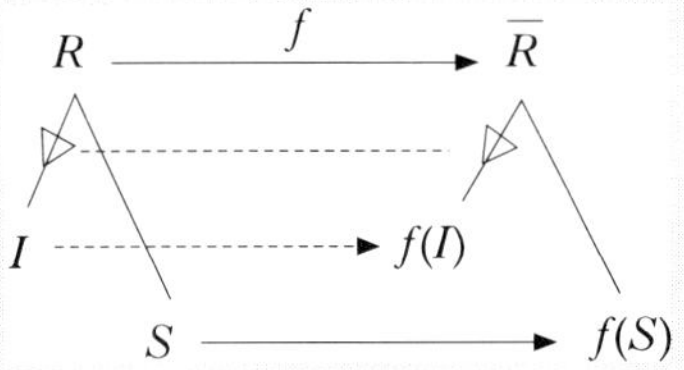

(2) $\overline{R}$의 임의의 부분환 $\overline{S}$에 대하여

$$f^{-1}(\overline{S}) = \{x \in R \mid f(x) \in \overline{S}\}$$

는 K를 품는 R의 부분환이다.

$\overline{R}$의 임의의 이데알 $\overline{I}$에 대하여

$$f^{-1}(\overline{I}) = \{x \in R \mid f(x) \in \overline{I}\}$$

는 K를 품는 R의 이데알이다.

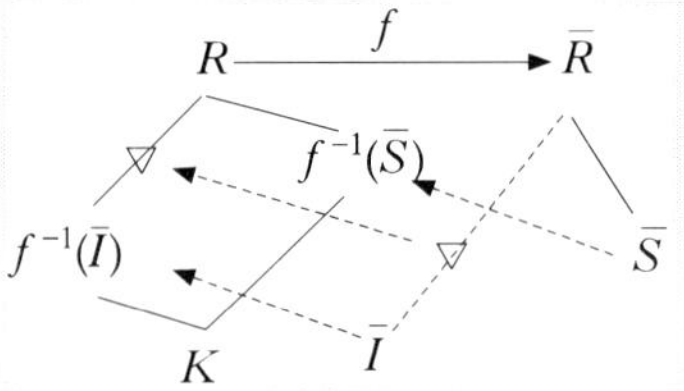

(3) R의 임의의 부분환 S에 대하여 $f^{-1}(f(S)) = S + K$이고 특히 $K \subseteq S$이면 $f^{-1}(f(S)) = S$이다. 또 $\overline{R}$의 임의의 부분환 $\overline{S}$에 대하여 $f(f^{-1}(\overline{S})) = \overline{S}$이다.

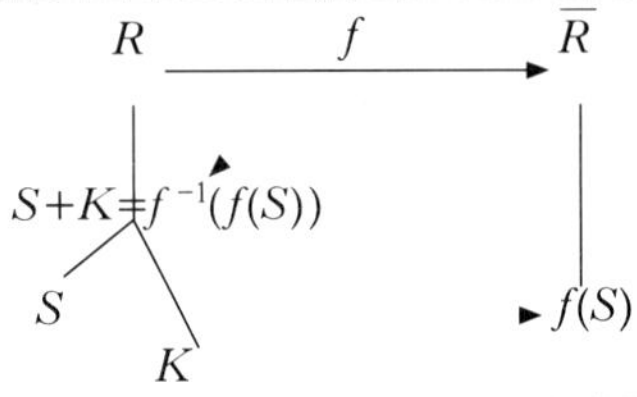

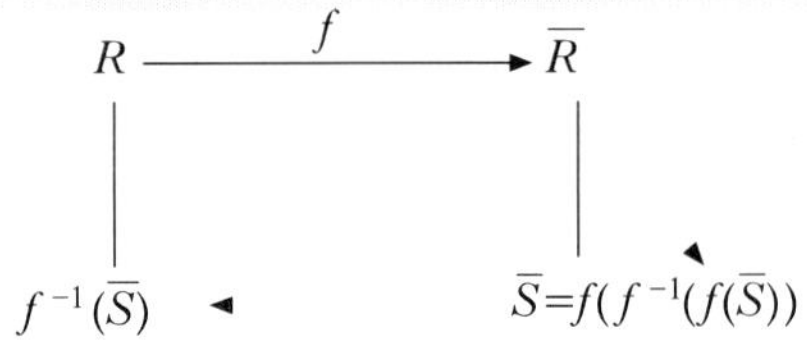

(4) 집합 $A = \{S \le R \mid K \le S\}$와 집합 $B = \{\overline{S} \mid \overline{S} \le \overline{R}\}$를 정의하면 집합 A와 B는 일대일대응이다. 즉, 다음과 같이 정의된 함수

$$\Phi : A \to B,\ \Phi(S) = f(S) \text{와 } \Psi : B \to A,\ \Psi(\overline{S}) = f^{-1}(\overline{S})$$

는 일대일대응 함수이다. 또 이데알 K를 품는 R의 이데알들의 집합과 $\overline{R}$의 이데알들의 집합은 일대일대응한다.

증명 정리 2.8.10의 증명 참조하기 바란다. ■

정리 3.7.10 환 R의 이데알 K에 대하여 K를 품는 R의 부분환(이데알)들의 집합과 잉여환 R/K의 부분환(이데알)들의 집합은 일대일대응한다.

증명 환 표준 준동형함수 $\pi : R \to R/K$는 $\ker \pi = K$ 위로의 함수이다. 함수 π를 함수 f로 놓으면 정리 3.7.9에 의하여 성립한다. ■

연습문제 3.7

1. 환 $\mathbb{Z}_6$에서 함수 $f : \mathbb{Z}_6 \to \mathbb{Z}_6$를 $f(x) = 3x$와 같이 정의하였다.
   (1) f가 환 준동형함수임을 증명하여라.
   (2) f의 상과 핵을 구하여라.

2. 다음과 같이 정의된 함수가 환 준동형함수이면 증명하고 아니면 이유를 설명하여라.
   (1) 환 $\mathbb{Z}_6$에서 함수 $f : \mathbb{Z}_6 \to \mathbb{Z}_6$를 $f(x) = 2x$
   (2) 환 $\mathbb{Z}_6$에서 함수 $f : \mathbb{Z}_6 \to \mathbb{Z}_6$를 $f(x) = 4x$
   (3) 환 $\mathbb{Z}[\sqrt{3}]$에서 환 $\mathbb{Z}[\sqrt{3}]$으로의 함수 $f(a + b\sqrt{3}) = a$

3. 환 $\mathbb{Z}_{10}$에서 환 동형함수 $f : \mathbb{Z}_{10} \to \mathbb{Z}_{10}$는 유일함을 증명하여라.

4. 체 F와 단위원 1을 가진 환 R에 대하여 함수 $f : F \to R$가 위로의 환 준동형함수이면, f는 환 동형함수임을 증명하여라.

5. 환 $\mathbb{Q}(\sqrt{3})$에서 환 $\mathbb{Q}(\sqrt{3})$으로의 환 준동형함수를 모두 찾아라.

6. 환 $\mathbb{Z}_{36}$의 모든 이데알을 구하여라.

7. 정리 3.7.9를 증명하여라.

3.8 환의 직합

이 절에서는 주어진 환들을 동형의 의미에서 포함하는 주어진 환들의 외적인 직합과 주어진 환을 작은 환들로 분해하는 내적인 직합에 관하여 다룬다. 이들 이론과 증명은 제2장 제9절 군의 직합에서 다룬 것과 유사하다.

정리 3.8.1 두 환 R_1과 R_2에 대하여 Cartesian 곱

$$R_1 \times R_2 = \{(r_1, r_2) \mid r_1 \in R_1, r_2 \in R_2\}$$

위에 연산 +과 ·을

$$(a_1, a_2) + (b_1, b_2) = (a_1 + b_1, a_2 + b_2),$$
$$(a_1, a_2) \cdot (b_1, b_2) = (a_1 \cdot b_1, a_2 \cdot b_2)$$

와 같이 정의하면, $R_1 \times R_2$는 두 연산 + 과 ·에 관하여 환이 된다. 이 환을 R_1과 R_2의 외적인 직합(external direct sum)이라 하고 $R_1 \oplus R_2$로 나타낸다.

증명 정리 2.9.1의 증명과 유사하므로 독자에게 맡긴다. ■

[예제 3.8.1] 두 환 $\mathbb{Z}_4$와 $\mathbb{Z}_3$의 외적인 직합은

$$\mathbb{Z}_4 \oplus \mathbb{Z}_3 = \{(a, b) \mid a \in \mathbb{Z}_4, b \in \mathbb{Z}_3\}$$

는 4×3개의 원소를 가지며, 영원은 (0, 0)이고 항등원은 (1, 1)이다.

다음 정리들은 쉽게 증명된다.

정리 3.8.2 두 환 R_1과 R_2에 대하여 $R_1 \oplus R_2 \cong R_2 \oplus R_1$이다.

증명 함수 $f : R_1 \oplus R_2 \to R_2 \oplus R_1$를 $f(r_1, r_2) = (r_2, r_1)$으로 정의하면, f는 잘 정의된다. 또한, 정의에 의하여 f는 일대일대응 함수임을 쉽게 알 수 있고

$$\begin{aligned} f((a_1, a_2)+(b_1, b_2)) &= f(a_1+b_1, a_2+b_2) \\ &= (a_2+b_2, a_1+b_1) \\ &= (a_2, a_1)+(b_2, b_1) \\ &= f(a_1, a_2)+f(b_1, b_2) \end{aligned}$$

$$\begin{aligned} f((a_1, a_2)(b_1, b_2)) &= f(a_1b_1, a_2b_2) \\ &= (a_2b_2, a_1b_1) \\ &= (a_2, a_1)(b_2, b_1) \\ &= f(a_1, a_2)f(b_1, b_2) \end{aligned}$$

이므로 f는 동형함수이다. 그러므로 $R_1 \oplus R_2 \cong R_2 \oplus R_1$이다. ■

정리 3.8.3 두 환 R_1과 R_2에 대하여 다음이 성립한다.

(1) R_1과 R_2가 유한이면, $R_1 \oplus R_2$도 유한이다. 더욱이, $|R_1 \oplus R_2| = |R_1|\,|R_2|$이다.

(2) R_1과 R_2가 가환환이면, $R_1 \oplus R_2$도 가환환이다.

(3) R_1과 R_2가 각각 항등원 1_{R_1}과 1_{R_2}를 가진 환이면, $R_1 \oplus R_2$도 항등원 $(1_{R_1}, 1_{R_2})$를 가진 환이다. 또, $U(R_1 \oplus R_2) = U(R_1) \times U(R_2)$이다.

증명 (1)과 (2) 증명은 연습문제로 남긴다.

(3) 임의의 원소 $(r_1, r_2) \in R_1 \oplus R_2$에 대하여

$$(1_{R_1}, 1_{R_2})(r_1, r_2) = (1_{R_1}r_1, 1_{R_2}r_2) = (r_1, r_2),$$
$$(r_1, r_2)(1_{R_1}, 1_{R_2}) = (r_1 1_{R_1}, r_2 1_{R_2}) = (r_1, r_2)$$

이므로 $R_1 \oplus R_2$도 항등원 $(1_{R_1}, 1_{R_2})$를 가진 환이다. 또,

$$\begin{aligned} &(a_1, a_2) \in U(R_1 \oplus R_2) \\ \Leftrightarrow\ &\text{적당한 원소 } (b_1, b_2) \in R_1 \oplus R_2 \text{가 존재하여 } (a_1, a_2)(b_1, b_2) = (1_{R_1}, 1_{R_2}) \\ \Leftrightarrow\ &\text{적당한 원소 } (b_1, b_2) \in R_1 \times R_2 \text{가 존재하여 } (a_1b_1, a_2b_2) = (1_{R_1}, 1_{R_2}) \\ \Leftrightarrow\ &(a_1, a_2) \in U(R_1) \times U(R_2) \end{aligned}$$

따라서 $U(R_1 \oplus R_2) = U(R_1) \times U(R_2)$이다. ■

정리 3.8.3에서 환 R_1과 R_2의 항등원을 간단히 1로 표현하면 편리하다. 특별이 혼돈이 일어나지 않는 경우에는 1로 표현한다.

[예제 3.8.2] 위수가 p^2인 두 가환환 $\mathbb{Z}_p \oplus \mathbb{Z}_p$와 $\mathbb{Z}_{p^2}$의 단원군의 위수를 살펴보면

$$|U(\mathbb{Z}_p \oplus \mathbb{Z}_p)| = |U(\mathbb{Z}_p) \times U(\mathbb{Z}_p)| = |U(\mathbb{Z}_p)| \times |U(\mathbb{Z}_p)| = (p-1)^2$$
$$|U(\mathbb{Z}_{p^2})| = \varphi(p^2) = p^2 - p$$

이다. 즉, 정리 3.6.5에 의하면 $\mathbb{Z}_p \oplus \mathbb{Z}_p$와 $\mathbb{Z}_{p^2}$는 동형이 아니다.

정리 3.8.4 두 환 R_1과 R_2의 외적인 직합 $R_1 \oplus R_2$에는 두 이데알 $\overline{R}_1$과 $\overline{R}_2$가 존재하여

$$\overline{R}_1 \cong R_1,\ \overline{R}_2 \cong R_2,\ \overline{R}_1 + \overline{R}_2 = R_1 \oplus R_2 = \overline{R}_2 + \overline{R}_1,\ \overline{R}_1 \cap \overline{R}_2 = \{(0, 0)\}$$

이다. 실제로, $\overline{R}_1 = \{(r_1, 0) \mid r_1 \in R_1\}$, $\overline{R}_2 = \{(0, r_2) \mid r_2 \in R_2\}$이다.

증명 두 집합 $\overline{R}_1 = \{(r_1, 0) \mid r_1 \in R_1\}$과 $\overline{R}_2 = \{(0, r_2) \mid r_2 \in R_2\}$를 정의하자.

먼저, 임의의 원소 $(a, 0), (b, 0) \in \overline{R}_1$에 대하여

$$(a, 0) - (b, 0) = (a-b, 0) \in \overline{R}_1 \text{이고 } (a, 0)(b, 0) = (ab, 0) \in \overline{R}_1$$

이므로 $\overline{R}_1$은 $R_1 \oplus R_2$의 부분환이다. 같은 방법으로 $\overline{R}_2$도 $R_1 \oplus R_2$의 부분환이다. 이제, 함수 $f_1 : R_1 \to \overline{R}_1$을 $f_1(a) = (a, 0)$으로 정의하면 f_1은 환 동형함수이다(연습문제). 즉, $\overline{R}_1 \cong R_1$이고 같은 방법으로 $\overline{R}_2 \cong R_2$이다. 한편, 환 $\overline{R}_1$의 임의의 원소 $(a, 0)$와 환 $R_1 \oplus R_2$의 임의의 원소 (r_1, r_2)에 대하여

$$(r_1, r_2)(a, 0) = (r_1 a, 0) \in \overline{R}_1 \text{이고 } (a, 0)(r_1, r_2) = (ar_1, 0) \in \overline{R}_1$$

이므로 $\overline{R}_1 \lhd R_1 \oplus R_2$이고 같은 방법으로 $\overline{R}_2 \lhd R_1 \oplus R_2$이다.

환 $\overline{R}_1$과 $\overline{R}_2$는 $R_1 \oplus R_2$의 부분환이므로 $\overline{R}_1 + \overline{R}_2 \subseteq R_1 \oplus R_2$이다. 역으로, 환 $R_1 \oplus R_2$의 임의의 원소 (r_1, r_2)에 대하여 $(r_1, r_2) = (r_1, 0) + (0, r_2) \in \overline{R}_1 + \overline{R}_2$이므

로 $\overline{R}_1+\overline{R}_2 \supseteq R_1 \oplus R_2$이다. 따라서 $\overline{R}_1+\overline{R}_2=R_1 \oplus R_2=\overline{R}_2+\overline{R}_1$이다.

마지막으로 $(r_1, r_2) \in \overline{R}_1 \cap \overline{R}_2$이면 $(r_1, r_2) \in \overline{R}_1$이고 $(r_1, r_2) \in \overline{R}_2$이다. 즉, $r_2=0$이고 $r_1=0$이므로 $\overline{R}_1 \cap \overline{R}_2=\{(0, 0)\}$이다. ■

정리 3.8.4를 말로 표현하면, 임의의 두 환에 대하여 동형의 의미에서 두 환을 이데알로 가지며 두 환은 영원만을 공유하는 더 큰 환을 만들 수 있음을 증명하였다. 그림으로 나타내보면 오른편 그림과 같다.

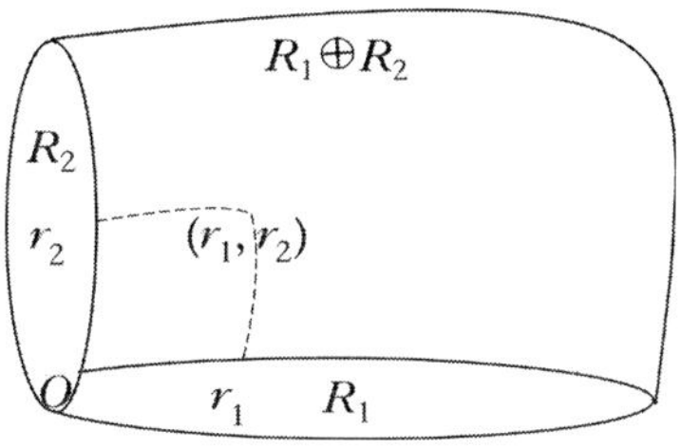

또한, 정리 3.8.4에서 두 환 R_1과 R_2를 실수체 $\mathbb{R}$로 생각하면, 그들의 직합 $\mathbb{R} \oplus \mathbb{R}$을 간단히 $\mathbb{R}^2$으로 나타낸다. 이때, $\mathbb{R}^2$은 실제로 실수평면좌표로 생각할 수 있다.

이 개념은 일반적으로 n개의 환들의 직합으로 확장할 수 있다. 이 성질의 증명은 독자에게 남긴다.

정리 3.8.5 n개의 환 $R_1, R_2, \cdots, R_n$에 대하여 Cartesian 곱

$$R_1 \times R_2 \times \cdots \times R_n=\{(r_1, r_2, \cdots, r_n) \mid r_1 \in R_1, r_2 \in R_2, \cdots, r_n \in R_n\}$$

위에 연산 +과 ·를

$$(a_1, a_2, \cdots, a_n)+(b_1, b_2, \cdots, b_n)=(a_1+b_1, a_2+b_2, \cdots, a_n+b_n),$$
$$(a_1, a_2, \cdots, a_n) \cdot (b_1, b_2, \cdots, b_n)=(a_1b_1, a_2b_2, \cdots, a_nb_n)$$

와 같이 정의하면, $R_1 \times R_2 \times \cdots \times R_n$은 환을 이룬다. 이 환을 $R_1, R_2, \cdots, R_n$의 외적인 직합이라 하고 $R_1 \oplus R_2 \oplus \cdots \oplus R_n$으로 나타낸다.

[예제 3.8.3] 위수 8인 세 환 $\mathbb{Z}_8$, $\mathbb{Z}_2 \oplus \mathbb{Z}_4$와 $\mathbb{Z}_2 \oplus \mathbb{Z}_2 \oplus \mathbb{Z}_2$의 원소들을 살펴보면, 다음 표와 같다.

<table>
<tr><th>환</th><th>단원</th><th>영인자</th><th>멱등원</th><th>멱영원</th></tr>
<tr><td>$\mathbb{Z}_8$</td><td>1, 3, 5, 7</td><td rowspan="3">영원과 단원 외의 모든 원소</td><td>0, 1</td><td>0, 2, 4, 6</td></tr>
<tr><td>$\mathbb{Z}_2 \oplus \mathbb{Z}_4$</td><td>(1, 1), (1, 3)</td><td>(0, 0), (0, 1)
(1, 0), (1, 1)</td><td>(0, 0), (0, 2)</td></tr>
<tr><td>$\mathbb{Z}_2 \oplus \mathbb{Z}_2 \oplus \mathbb{Z}_2$</td><td>(1, 1, 1)</td><td>모든 원소</td><td>(0, 0, 0)</td></tr>
</table>

또한, 환 $\mathbb{Z}_8$과 $\mathbb{Z}_2 \oplus \mathbb{Z}_4$의 이데알과 그들의 격자도를 살펴보면,

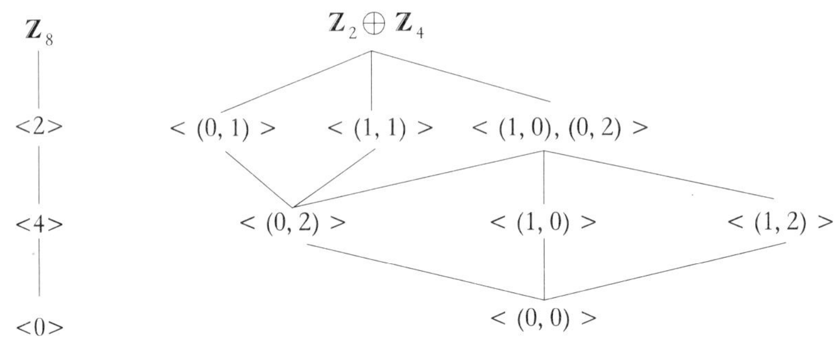

이고 $\mathbb{Z}_2 \oplus \mathbb{Z}_2 \oplus \mathbb{Z}_2$의 이데알은 자명한 이데알 2개, 위수 2인 이데알 7개와 위수 4인 이데알 7개를 가진다(연습문제). 이로부터 다음 사실을 알 수 있다.

(1) $\mathbb{Z}_8$은 단항 이데알 환이다.

(2) $\mathbb{Z}_2 \oplus \mathbb{Z}_2 \oplus \mathbb{Z}_2$는 Boole 환이다.

(3) $\mathbb{Z}_2 \oplus \mathbb{Z}_4$는 단항 이데알 환도 아니고 Boole 환도 아니다.

실제로 위수 8인 환은 이외에도 더 존재한다. 이들에 관하여는 뒤에 다룰 것이다.

정리 3.8.6 환 R의 두 이데알 M과 N에 대하여 $M \cap N = \{0\}$이면, M의 임의의 원소 m과 N의 임의의 원소 n에 대하여 $mn = nm = 0$이다.

증명 환 R의 이데알 M과 N의 임의의 원소를 각각 m과 n이라고 하면, 이데알의 정의에 의하여 $mn \in M \cap N$이므로 $mn = nm = 0$이다. ∎

정리 3.8.7 환 R의 두 이데알 M과 N에 대하여

$$M+N=R\text{이고 } M\cap N=\{0\}$$

일 때, 이데알 M과 N의 직합 $M\oplus N$에서 R로의 함수

$$\phi : M\oplus N \to R,\ \phi(m_1, n_1)=m_1+n_1$$

는 동형함수이다. 이 때, 환 R을 두 이데알 M과 N의 내적인 직합(internal direct sum)이라 하고 기호 $R=M\dotplus N$ 또는 $R=M\oplus N$으로 나타낸다. 이 경우에 R은 두 이데알 M과 N의 직합으로 분해된다고 하고, 두 이데알 M과 N을 R의 직합인자(direct summand)라고 한다.

증명 먼저, $m_1, m_2\in M$과 $n_1, n_2\in N$에 대하여

$$\begin{aligned}\phi((m_1, n_1)+(m_2, n_2))&=\phi(m_1+m_2, n_1+n_2)\\&=(m_1+m_2)+(n_1+n_2)\\&=(m_1+n_1)+(m_2+n_2)\\&=\phi(m_1, n_1)+\phi(m_2, n_2)\end{aligned}$$

이고, 정리 3.8.6에 의하여 M의 임의의 원소 m과 N의 임의의 원소 n에 대하여 $mn=nm=0$이므로

$$\begin{aligned}\phi((m_1, n_1)(m_2, n_2))&=\phi(m_1m_2, n_1n_2)\\&=m_1m_2+n_1n_2\\&=(m_1+n_1)(m_2+n_2)\\&=\phi(m_1, n_1)\phi(m_2, n_2)\end{aligned}$$

이므로 ϕ는 환 준동형함수이다. 환 R의 임의의 원소 r에 대하여 $R=M+N$이므로 $r=m+n$인 원소 $m\in M$과 원소 $n\in N$이 존재한다. 따라서 $\phi(m, n)=m+n=r$이므로 ϕ는 위로의 함수이다. 또, $(m, n)\in\ker\phi$이면 $\phi(m, n)=m+n=0$이므로 $m=-n\in M\cap N=\{0\}$이다. 따라서 $m=n=0$이므로 $M\cap N=\{0\}$이다. 그러므로 ϕ는 일대일 함수이다. 즉, ϕ는 환 동형함수이다. ■

외적인 직합이 동형의 의미에서 작은 환들을 품는 더 큰 환을 만드는 개념인 것과 비교하여 내적인 직합은 주어진 환을 보다 작은 환으로 분해하는 개념임을 알 수 있다.

이를테면, $\mathbb{Z}_{15}$의 두 이데알 $\langle 3\rangle=\{0, 3, 6, 9, 12\}$과 $\langle 5\rangle=\{0, 5, 10\}$는 $\langle 3\rangle\cap\langle 5\rangle=\{0\}$이다. 따라서 $\langle 3\rangle\oplus\langle 5\rangle=\mathbb{Z}_{15}$이다.

정리 3.8.8 환 R의 두 이데알 M과 N에 대하여 $M+N=R$일 때, 다음 명제들은 동치이다.

(1) $R=M\dotplus N$이다.

(2) $M\cap N=\{0\}$이다.

(3) 환 R의 각 원소 r은 유일한 원소 $m\in M$과 $n\in N$이 존재하여 $r=m+n$으로 표현된다.

(4) 원소 $m\in M$과 $n\in N$에 대하여 $m+n=0$이면 $m=n=0$이다.

증명 (1)⇔(2) 정의에 의하여 분명하다.

(2)⇒(3) $M+N=R$이므로 R의 원소는 M의 원소와 N의 원소의 합으로 표현된다. 이제, $r=m+n=m'+n'$이면 $m-m'=n'-n\in M\cap N=\{0\}$이다. 따라서 $m=m'$이고 $n=n'$이다.

(3)⇒(4) $m+n=0$이면 $m+n=0=0+0$이므로 $m=n=0$이다.

(4)⇒(2) $x\in M\cap N$이면 $(-x)+x=0$이므로 $x=0$이고 $M\cap N=\{0\}$이다. ■

정리 3.8.9 (중국인의 나머지 정리) 항등원 1을 가진 가환환 R에서 R의 두 이데알 M과 N에 대하여 $M+N=R$일 때, 함수

$$\psi : R \to R/M\oplus R/N,\ \psi(a)=(a+M,\ a+N)$$

는 그의 핵이 $M\cap N$인 환 위로의 준동형함수이다. 따라서

$$R/M\cap N\cong R/M\oplus R/N$$

이다.

증명 환 R의 임의의 두 원소 r, s에 대하여

$$(r+M)(s+M)=rs+rM+Ms+M=rs+M$$

이므로

$$\psi(r+s)=(r+s+M,\ r+s+N)=(r+M,\ r+N)+(s+M,\ s+N)=\psi(r)+\psi(s),$$
$$\psi(rs)=(rs+M,\ rs+N)=(r+M,\ r+N)(s+M,\ s+N)=\psi(r)\psi(s)$$

이므로 ψ는 환 준동형함수이다.

환 R이 항등원 1을 가지고 $M+N=R$이므로 $1=m+n$인 $m\in M$, $n\in N$이 존재한다. 임의의 원소 $(a+M,\ b+N)\in R/M\oplus R/N$에 대하여 이제 $x=na+mb$이라 놓으면

$$x-a=na+mb-a=(n-1)a+mb=-ma+mb\in M,$$
$$x-b=na+mb-b=na+(m-1)b=na-nb\in N$$

이므로 $x+M=a+M$, $x+N=b+N$이므로 $\psi(x)=(a+M,\ b+N)$이다. 따라서 ψ는 위로의 함수이다. 마지막으로 $x\in\ker\psi$이면, $\psi(x)=(x+M,\ x+N)=(0+M,\ 0+N)$이므로 $x\in M\cap N$이다. 따라서 $\ker\psi=M\cap N$이다.

그러므로 제1동형정리에 의하여 $R/M\cap N\cong R/M\oplus R/N$이다. ■

정리 3.8.10 (중국인의 나머지 정리) 두 양의 정수 m과 n이 서로소라고 할 때, 함수

$$\psi:\mathbb{Z}\to\mathbb{Z}/m\mathbb{Z}\oplus\mathbb{Z}/n\mathbb{Z},\ \psi(a)=(a+m\mathbb{Z},\ a+n\mathbb{Z})$$

는 그의 핵이 $mn\mathbb{Z}$인 환 위로의 준동형함수이다. 따라서

$$\mathbb{Z}/mn\mathbb{Z}\cong\mathbb{Z}/m\mathbb{Z}\oplus\mathbb{Z}/n\mathbb{Z}$$

이다. 가환환 $\mathbb{Z}_{mn}$의 각 원소 a에 대하여 a를 m, n으로 나눈 나머지를 각각 $\langle a\rangle_m$, $\langle a\rangle_n$이라고 하면, 함수

$$\phi:\mathbb{Z}_{mn}\to\mathbb{Z}_m\oplus\mathbb{Z}_n,\ \phi(a)=(\langle a\rangle_m,\ \langle a\rangle_n)$$

는 환 동형함수이다. 따라서 $\mathbb{Z}_{mn}\cong\mathbb{Z}_m\oplus\mathbb{Z}_n$이고 $\mathbb{Z}^*_{mn}\cong\mathbb{Z}^*_m\oplus\mathbb{Z}^*_n$이다.

증명 두 양의 정수 m과 n이 서로소이므로 $m\mathbb{Z}+n\mathbb{Z}=\mathbb{Z}$이고 $m\mathbb{Z}\cap n\mathbb{Z}=mn\mathbb{Z}$이다. 따라서 정리 3.8.9에 의하여 함수

$$\psi : \mathbb{Z} \to \mathbb{Z}/m\mathbb{Z} \oplus \mathbb{Z}/n\mathbb{Z},\ \psi(a)=(a+m\mathbb{Z},\ a+n\mathbb{Z})$$

가 그의 핵이 $mn\mathbb{Z}$인 위로의 환 준동형함수이다. 따라서 제1동형정리에 의하여

$$\mathbb{Z}/mn\mathbb{Z} \cong \mathbb{Z}/m\mathbb{Z} \oplus \mathbb{Z}/n\mathbb{Z}$$

이고 또 ϕ는 환 동형함수이다. 따라서 함수

$$\phi : \mathbb{Z}_{mn} \to \mathbb{Z}_m \oplus \mathbb{Z}_n,\ \phi(a)=(\langle a\rangle_m,\ \langle a\rangle_n)$$

는 환 동형함수이다. 그러므로 $\mathbb{Z}_{mn}\cong\mathbb{Z}_m\oplus\mathbb{Z}_n$이고 $\mathbb{Z}^*_{mn}\cong\mathbb{Z}^*_m\oplus\mathbb{Z}^*_n$이다. ▩

[예제 3.8.4] 7로 나누면 5가 남고 11로 나누면 4가 남는 정수를 구하여 보자.
정리 3.8.9에서 $a=5$, $b=4$이고 $7x+11y=1$인 정수 x, y를 구하면 $x=-3$이고 $y=2$이므로 $m=-21$이고 $n=22$이다. 따라서

$$x=5\cdot 22+4\cdot(-21)=26$$

이다. 실제로 $26\equiv 5 \bmod 7$, $26\equiv 4 \bmod 11$이다.

환 R이 두 개의 직합인자로 분해되는 이론은 일반적으로 확장 가능하다.
이를테면 정리 3.8.10을 확장한 예로 $\mathbb{Z}_{60}\cong\mathbb{Z}_4\oplus\mathbb{Z}_{15}\cong\mathbb{Z}_4\oplus\mathbb{Z}_3\oplus\mathbb{Z}_5$를 들 수 있다.

연습문제 3.8

1. 정리 3.8.1을 증명하여라.

2. 정리 3.8.3의 (1)과 (2)를 증명하여라.

3. 정리 3.8.4의 증명과정에서 f_1이 환 동형함수임을 증명하여라.

4. $\mathbb{Z}_2 \oplus \mathbb{Z}_2 \oplus \mathbb{Z}_2$의 부분환을 모두 구하고 부분환의 격자도를 만들어라.

5. 다음 환의 단원군을 구하여라.

(1) $\mathbb{Z}_{27}$　　(2) $\mathbb{Z}_3 \oplus \mathbb{Z}_9$

(3) $\mathbb{Z}_3 \oplus \mathbb{Z}_3 \oplus \mathbb{Z}_3$　　(4) $\mathbb{Z}_3 \oplus \mathbb{Z}_6 \oplus \mathbb{Z}_{12}$

6. 다음 명제 중 옳은 것은 증명하고 틀리는 것은 이유를 설명하여라.

(1) $\mathbb{Z}_3 \oplus \mathbb{Z}_5 \cong \mathbb{Z}_{15}$　　(2) $\mathbb{Z}_3 \oplus \mathbb{Z}_6 \cong \mathbb{Z}_{18}$

(3) $\mathbb{Z}_3 \oplus \mathbb{Z}_3 \oplus \mathbb{Z}_5 \cong \mathbb{Z}_3 \oplus \mathbb{Z}_{15}$　　(4) $\mathbb{Z}_3 \oplus \mathbb{Z}_3 \oplus \mathbb{Z}_5 \cong \mathbb{Z}_9 \oplus \mathbb{Z}_5$

7. 항등원 1을 가진 가환환 R에서 e가 멱등원이고, $f = 1 - e$라고 할 때 다음을 증명하여라.

(1) $eR = \{er \mid r \in R\}$은 R의 이데알이다.

(2) 원소 f도 멱등원이다.

(3) $eR + fR = R$이다.

(4) $eR \cap fR = \{0\}$이다.

(5) $R \cong eR \oplus fR$이다.

8. 두 환 R_1과 R_2에 대하여 아래와 같이 함수들을 정의할 때 다음을 증명하여라.

$$\pi_1 : R_1 \times R_2 \to R_1,\ \pi_1(r_1, r_2) = r_1, \quad \pi_2 : R_1 \times R_2 \to R_2,\ \pi_2(r_1, r_2) = r_2$$
$$i_1 : R_1 \to R_1 \times R_2,\ i_1(r_1) = (r_1, 0), \quad i_2 : R_2 \to R_1 \times R_2,\ i_2(r_2) = (0, r_2)$$

(1) π_1과 π_2는 환 위로의 준동형함수이다.

(2) i_1과 i_2는 환 일대일 준동형함수이다.

(3) $\pi_1 \circ i_1 = 1_{R_1}$이고 $\pi_2 \circ i_2 = 1_{R_2}$이다.

(4) $\pi_1 \circ i_2 = o$이고 $\pi_2 \circ i_1 = o$이다.

9. 47로 나누면 15가 남고 31로 나누면 4가 남는 정수를 구하여 보자.

3.9 정역의 분수체

정수환 $\mathbb{Z}$가 정역이고 유리수체 $\mathbb{Q}$는 정수환 $\mathbb{Z}$를 품는 체임은 이미 알고 있다. 즉, 임의의 영이 아닌 두 정수 a, b에 대하여 $ab \neq 0$이다. 또 $\mathbb{Q}$는 정수환 $\mathbb{Z}$를 부분환으로 가지며 유리수 r은 정수 p와 q를 사용하여 $\dfrac{q}{p}$ $(p \neq 0)$로 나타낼 수 있다. 이제 정수의 집합 $\mathbb{Z}$를 포함하는 가장 작은 체를 만들어 가는 과정을 알아본다.

정리 3.9.1 정역 D에 대하여 집합 $E = \{(a, b) \mid a, b \in D, b \neq 0\}$ 위에서 다음과 같이 정의된 관계 $\sim$는 동치관계이다.

$$(a, b) \sim (c, d) \Leftrightarrow ad = bc$$

증명 임의의 원소 $(a, b) \in E$에 대하여 D가 정역이므로 $ab = ba$이고 따라서 $(a, b) \sim (a, b)$이다. 또 $(a, b) \sim (c, d)$이면 $ad = bc$이므로 $cb = da$이다. 따라서 $(c, d) \sim (a, b)$이다. 또한, $(a, b) \sim (c, d)$이고 $(c, d) \sim (e, f)$이면 $ad = bc$이고 $cf = de$이다. 따라서 $(ad)f = (bc)f = b(cf) = b(de)$이고 $d(af) = d(be)$이다. 따라서 $af = be$이고 $(a, b) \sim (e, f)$이다.

그러므로 $\sim$는 정역 D 위에서 동치관계이다. ▩

원소 $(a, b) \in E$를 포함하는 동치류를 $\dfrac{a}{b}$로 나타내고 동치류 전체의 집합을 F로 나타내자. 즉,

$$\frac{a}{b} = \{(p, q) \in E \mid (p, q) \sim (a, b)\}, \quad F = \left\{ \frac{a}{b} \mid a, b \in D, b \neq 0 \right\}$$

따라서 집합 F의 원소는 일의적으로 표현되지 않는다. 이를테면, 정역 $\mathbb{Z}$에 대하여 $E = \{(a, b) \mid a, b \in \mathbb{Z}, b \neq 0\}$라고 하면 $\dfrac{a}{b} = \dfrac{2a}{2b} = \cdots$ 이다. 따라서 집합 F 위에 덧셈과 곱셈을 다음 정리에서와 같이 정의하면 집합 F 위에서 그 연산이 잘 정의된다.

> **정리 3.9.2** 집합 F의 임의의 원소 $\frac{a}{b}$와 $\frac{c}{d}$에 대하여 덧셈 $+$과 곱셈 $\cdot$을
>
> $$\frac{a}{b}+\frac{c}{d}=\frac{ad+bc}{bd} \text{와 } \frac{a}{b}\cdot\frac{c}{d}=\frac{ac}{bd}$$
>
> 로 정의하면, 이 연산은 집합 F 위에서 잘 정의된다. 즉,
>
> $\frac{a}{b}=\frac{a'}{b'}$이고 $\frac{c}{d}=\frac{c'}{d'}$이면, $\frac{a}{b}+\frac{c}{d}=\frac{a'}{b'}+\frac{c'}{d'}$이고 $\frac{a}{b}\cdot\frac{c}{d}=\frac{a'}{b'}\cdot\frac{c'}{d'}$이다.

증명 주어진 조건 $\frac{a}{b}=\frac{a'}{b'}$과 $\frac{c}{d}=\frac{c'}{d'}$으로부터 $ab'=ba'=a'b$이고 $cd'=dc'=c'd$이다. 덧셈 연산이 잘 정의되는 것을 보이기 위하여 식 $\frac{a}{b}+\frac{c}{d}=\frac{a'}{b'}+\frac{c'}{d'}$ 즉, $\frac{ad+bc}{bd}=\frac{a'd'+b'c'}{b'd'}$을 보여야 한다.

한편,

$$\begin{aligned}(ad+bc)b'd' &= (ad)b'd'+(bc)b'd' \\ &= (ab')dd'+(cd')bb' \\ &= (a'b)dd'+(c'd)bb' \\ &= (a'd')bd+(b'c')bd \\ &= (a'd'+b'c')bd\end{aligned}$$

이므로 $\frac{ad+bc}{bd}=\frac{a'd'+b'c'}{b'd'}$이다. 따라서 F 위에서 덧셈은 잘 정의된다. 같은 방법으로 F 위에서 곱셈 연산도 잘 정의된다. ■

> **정리 3.9.3** 집합 F는 정리 3.9.2에서 정의된 연산 아래 영원 $\frac{0}{1}$과 항등원 $\frac{1}{1}$을 가지는 체이다. 이 체를 정역 D의 분수체(field of fractions)라고 한다.

증명 집합 F의 임의의 원소 $\frac{a}{b}$, $\frac{c}{d}$, $\frac{e}{f}$에 대하여

$$\frac{a}{b}+\frac{c}{d}=\frac{ad+bc}{bd}=\frac{cb+da}{db}=\frac{c}{d}+\frac{a}{b},$$

$$\left(\frac{a}{b}+\frac{c}{d}\right)+\frac{e}{f}=\frac{ad+bc}{bd}+\frac{e}{f}=\frac{(ad+bc)f+(bd)e}{(bd)f}=\frac{adf+bcf+bde}{bdf},$$
$$\frac{a}{b}+\left(\frac{c}{d}+\frac{e}{f}\right)=\frac{a}{b}+\frac{cf+de}{df}=\frac{a(df)+b(cf+de)}{b(df)}=\frac{adf+bcf+bde}{bdf}$$

이므로 $\frac{a}{b}+\frac{c}{d}=\frac{c}{d}+\frac{a}{b}$이고, $\left(\frac{a}{b}+\frac{c}{d}\right)+\frac{e}{f}=\frac{a}{b}+\left(\frac{c}{d}+\frac{e}{f}\right)$이다. 또,

$$\frac{a}{b}+\frac{0}{1}=\frac{a}{b}=\frac{0}{1}+\frac{a}{b},\ \frac{a}{b}+\frac{-a}{b}=\frac{ab-ba}{b^2}=\frac{0}{1},\ \frac{-a}{b}+\frac{a}{b}=\frac{0}{1}$$

이므로 $(F, +)$는 덧셈군이다. 한편, 곱셈에 관하여

$$\frac{a}{b}\frac{c}{d}=\frac{ac}{bd}=\frac{ca}{db}=\frac{c}{d}\frac{a}{b},$$
$$\left(\frac{a}{b}\frac{c}{d}\right)\frac{e}{f}=\frac{ac}{bd}\frac{e}{f}=\frac{(ac)e}{(bd)f}=\frac{a(ce)}{b(df)}=\frac{a}{b}\frac{ce}{df}=\frac{a}{b}\left(\frac{c}{d}\frac{e}{f}\right),$$
$$\frac{a}{b}\frac{1}{1}=\frac{a}{b}=\frac{1}{1}\frac{a}{b}$$

이고 $\frac{a}{b}\neq\frac{0}{1}$에 대하여 $a\neq 0$이므로 $\frac{b}{a}\in F$가 존재하여 $\frac{a}{b}\frac{b}{a}=\frac{1}{1}=\frac{b}{a}\frac{a}{b}$이므로 $\left(F-\left\{\frac{0}{1}\right\},\ \cdot\right)$는 가환군이다. 따라서 집합 F가 체임을 보이려면 배분법칙이 성립하는 것을 보이면 된다. 배분법칙의 증명은 연습문제로 남긴다. ▒

정리 3.9.4 정역 D에 대하여 $F=\left\{\frac{a}{b}\mid a, b\in D, b\neq 0\right\}$를 D의 분수체라고 할 때, D의 각 원소 a에 대하여 F의 원소 $\frac{a}{1}$를 동일시하면, D는 체 F의 부분환으로 볼 수 있다.

증명 정역 D로부터 체 F로의 함수

$$\lambda : D \to F,\ \lambda(a)=\frac{a}{1}$$

를 정의하면, 임의의 원소 $a, b\in D$에 대하여

$$\lambda(a+b)=\frac{a+b}{1}=\frac{a}{1}+\frac{b}{1}=\lambda(a)+\lambda(b),\ \lambda(ab)=\frac{ab}{1}=\frac{a}{1}\frac{b}{1}=\lambda(a)\lambda(b)$$

이므로 λ는 환 준동형함수이다. 또, $a \in \ker \lambda$이면 $\lambda(a)=\frac{a}{1}=\frac{0}{1}$이므로 $a=0$이고 $\ker \lambda=\{0\}$이다. 즉, λ는 환 일대일 준동형함수이다. 따라서 정리 3.7.4에 의하여 $D \cong \operatorname{im} \lambda=\left\{\frac{a}{1} \mid a \in D\right\} \subseteq F$이다. 그러므로 D의 각 원소 a에 대하여 F의 원소 $\frac{a}{1}$를 동일시하면, D는 체 F의 부분환으로 볼 수 있다. ▩

[예제 3.9.1] 정수환 $\mathbb{Z}$는 정역이다. 이제 정수환 $\mathbb{Z}$의 분수체를 정리 3.9.1~3.9.4의 과정에 따라 만들어보자. 먼저, 집합 F는

$$F=\left\{\frac{a}{b} \mid a, b \in \mathbb{Z}, b \neq 0\right\}, \quad \frac{a}{b}=\frac{c}{d} \Leftrightarrow ad=bc$$

와 같고 연산 +과 ·을

$$\frac{a}{b}+\frac{c}{d}=\frac{ad+bc}{bd} \text{와 } \frac{a}{b} \cdot \frac{c}{d}=\frac{ac}{bd}$$

로 정의하면, $(F, +, \cdot)$는 정리 3.9.3에 의하여 체이다. 정리 3.9.4에 의하여 $\mathbb{Z}$의 각 원소 a에 대하여 F의 원소 $\frac{a}{1}$를 동일시하면, $\mathbb{Z}$는 체 F의 부분환으로 볼 수 있다. 여기서 체 F의 원소 $\frac{a}{b}$는 우리에게 익숙한 유리수이고 실제로

$$2=\frac{2}{1}=\frac{4}{2}=\frac{-6}{-3}=\cdots, \quad \frac{3}{2}=\frac{6}{4}=\frac{9}{6}=\cdots$$

등이다. 따라서 정수환 $\mathbb{Z}$의 분수체 F는 유리수체 $\mathbb{Q}$이다.

> **정리 3.9.5** 체 K가 정역 D를 부분환으로 가지면 정역 D의 분수체 F는 K의 부분체이다. 즉, 분수체 F는 동형의 의미에서 정역 D를 품는 최소체이다.

증명 정역 D에 대한 분수체 F는 정리 3.9.3에 의하여 정의되었다. 체 K는 정역 D를 부분환으로 가지므로 D의 영이 아닌 원소 a에 대하여 $a \in K$이고 K가 체이므로 $a^{-1} \in K$이다. 따라서 체 F로부터 체 K의 함수

$$\phi : F \to K, \ \phi\left(\frac{a}{b}\right)=ab^{-1}$$

를 정의한다. 먼저, $\frac{a}{b}=\frac{c}{d}$이면 $ad=bc$이고 $ab^{-1}=cd^{-1}$이다. 따라서

$$\phi\left(\frac{a}{b}\right)=ab^{-1}=cd^{-1}=\phi\left(\frac{c}{d}\right)$$

이므로 ϕ는 잘 정의된 함수이다. 또한,

$$\phi\left(\frac{a}{b}+\frac{c}{d}\right)=\phi\left(\frac{ad+bc}{bd}\right)=(ad+bc)(bd)^{-1}=ab^{-1}+cd^{-1}=\phi\left(\frac{a}{b}\right)+\phi\left(\frac{c}{d}\right),$$

$$\phi\left(\frac{a}{b}\cdot\frac{c}{d}\right)=\phi\left(\frac{ac}{bd}\right)=(ac)(bd)^{-1}=ab^{-1}\cdot cd^{-1}=\phi\left(\frac{a}{b}\right)\phi\left(\frac{c}{d}\right),$$

$$\frac{a}{b}\in\ker\phi \;\Rightarrow\; \phi\left(\frac{a}{b}\right)=0 \;\Rightarrow\; ab^{-1}=0 \;\Rightarrow\; a=0 \;\Rightarrow\; \frac{a}{b}=\frac{0}{b}=\frac{0}{1}$$

이므로 ϕ는 환 일대일 준동형함수이다. 따라서 정리 3.7.4에 의하여

$$F\cong \operatorname{im}\phi=\{ab^{-1}\mid a,\, b\in D,\, b\neq 0\}\subseteq K$$

이다. 그러므로 체 F는 K의 부분체이다. ■

지금까지 설명한 것을 정리하면, 정역 D의 분수체 F는 동형의 의미에서 D를 부분환으로 갖는 체 중에서 가장 작은 체인 것을 알 수 있다. 예제 3.9.1에 의하여 유리수체 $\mathbb{Q}$는 정수환 $\mathbb{Z}$의 분수체이다.

[예제 3.9.2] 정수 m이 완전제곱수가 아닐 때, 집합

$$\mathbb{Z}[\sqrt{m}]=\{a+b\sqrt{m}\mid a,\, b\in\mathbb{Z}\}$$

은 정역이고 이차체 $\mathbb{Q}(\sqrt{m})=\{u+v\sqrt{m}\mid u,\, v\in\mathbb{Q}\}$의 부분환이다.

실제로, 정역 $\mathbb{Z}[\sqrt{m}]$의 임의의 두 원소 $\xi=a+b\sqrt{m}$과 $\eta=c+d\sqrt{m}\neq 0$에 대하여

$$\frac{\xi}{\eta}=\frac{a+b\sqrt{m}}{c+d\sqrt{m}}=\frac{ac-bdm}{c^2-md^2}+\frac{bc-ad}{c^2-md^2}\sqrt{m}\in\mathbb{Q}(\sqrt{m})$$

이므로 $\mathbb{Q}(\sqrt{m})$은 정역 $\mathbb{Z}[\sqrt{m}]$을 품는 체이다.

따라서 $\mathbb{Q}(\sqrt{m})$은 정역 $\mathbb{Z}[\sqrt{m}]$의 분수체를 부분체로 가진다.

반면에 $u+v\sqrt{m} \in \mathbb{Q}(\sqrt{m})$이라면,

$$u=\frac{p}{q},\ v=\frac{r}{s}\ (p,\ q,\ r,\ s \in \mathbb{Z}\text{이고 } q \neq 0,\ s \neq 0)$$

이므로

$$u+v\sqrt{m}=\frac{p}{q}+\frac{r}{s}\sqrt{m}=\frac{ps+qr\sqrt{m}}{qs},\ ps+qr\sqrt{m} \in \mathbb{Z}[\sqrt{m}],\ qs \in \mathbb{Z}[\sqrt{m}]$$

이므로 $u+v\sqrt{m}$은 정역 $\mathbb{Z}[\sqrt{m}]$의 분수체의 원소이다.

따라서 $\mathbb{Q}(\sqrt{m})$은 정역 $\mathbb{Z}[\sqrt{m}]$의 분수체의 부분체이다.

그러므로 $\mathbb{Q}(\sqrt{m})$은 정역 $\mathbb{Z}[\sqrt{m}]$의 분수체이다.

가환환 D가 정역 또는 체일 때, 정리 3.5.6에 의하여 다항식환 $D[x]$는 정역이다. 정역 $D[x]$의 분수체를 D 위의 x에 관한 **유리식체**라 하고 기호 $D(x)$로 나타낸다. 즉, $D(x)=\left\{\frac{f(x)}{g(x)} \mid f(x),\ g(x) \in D[x],\ g(x) \neq 0\right\}$이다. 또 유리식체 $D(x)$의 원소

$$\frac{f(x)}{g(x)}\ (f(x),\ g(x) \in D[x],\ g(x) \neq 0)$$

를 x에 관한 **유리식**이라고 한다. 유리식체에서의 연산도 분수체에서와 유사한 방법으로 정의된다. 즉,

$$\frac{f(x)}{g(x)}=\frac{h(x)}{k(x)} \Leftrightarrow f(x)k(x)=g(x)h(x),$$

$$\frac{f(x)}{g(x)}+\frac{h(x)}{k(x)}=\frac{f(x)k(x)+g(x)h(x)}{g(x)k(x)},$$

$$\frac{f(x)}{g(x)}\cdot\frac{h(x)}{k(x)}=\frac{f(x)h(x)}{g(x)k(x)}$$

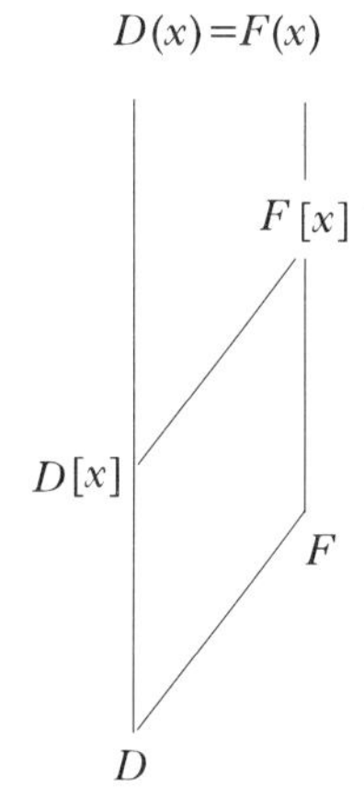

정역 D의 분수체를 F라고 할 때 지금까지 정의된 집합들의 관계를 격자도로 나타내면 다음 쪽에서 증명되는 정리 3.9.6에 의하여 오른쪽 그림과 같다. 이를테면, $D=\mathbb{Z}$이면 $F=\mathbb{Q}$이고 $\mathbb{Z}(\sqrt{3})=D(x)=F(x)=\mathbb{Q}(\sqrt{3})$이다(단, $x=\sqrt{3}$).

정리 3.9.6 정역 D의 분수체를 F라고 할 때 $D(x)=F(x)$이다.

증명 먼저 $D\subseteq F$이므로 $D[x]\subseteq F[x]$이고, 유리식체의 정의에 의하여 $D(x)\subseteq F(x)$이다. 이제, $F(x)$의 임의의 원소는

$$\frac{f(x)}{g(x)} \ (f(x),\ g(x)\in F[x]\text{이고 } g(x)\neq 0)$$

으로 나타낼 수 있다. 한편, $f(x),\ g(x)\in F[x]$는

$$f(x)=u_o+u_1x+\cdots+u_mx^m,\ g(x)=v_o+v_1x+\cdots+v_nx^n$$
$$\text{여기에서 } u_i,\ v_j\in F\ \ (i=0,\ 1,\ \cdots,\ m,\ j=0,\ 1,\ \cdots,\ n)$$

이다. 따라서

$$u_i=\frac{a_i}{b_i}\text{이고 } v_j=\frac{c_j}{e_j}$$
$$(a_i,\ b_i,\ c_j,\ e_j\in D,\ b_i\neq 0,\ e_j\neq 0,\ i=0,\ 1,\ \cdots,\ m,\ \ j=0,\ 1,\ \cdots,\ n)$$

이므로 $f(x)$와 $g(x)$는

$$\begin{aligned}
f(x)&=u_o+u_1x+\cdots+u_mx^m\\
&=\frac{a_0}{b_0}+\frac{a_1}{b_1}x+\cdots+\frac{a_m}{b_m}x^m\\
&=\frac{a_0B_0}{B}+\frac{a_1B_1}{B}x+\cdots+\frac{a_mB_m}{B}x^m,\\
g(x)&=v_o+v_1x+\cdots+u_nx^n\\
&=\frac{c_0}{e_0}+\frac{c_1}{e_1}x+\cdots+\frac{c_n}{e_n}x^n\\
&=\frac{c_0E_0}{E}+\frac{c_1E_1}{E}x+\cdots+\frac{c_nE_n}{E}x^n
\end{aligned}$$

으로 표현된다. 여기서 $B=b_0b_1\cdots b_m\in D,\ B_i=\dfrac{\mathrm{B}}{b_i}\in D,\ E=e_0e_1\cdots e_n\in D,\ E_j=\dfrac{E}{e_j}\in D$이다. 따라서

$$\frac{f(x)}{g(x)}=\frac{\dfrac{a_0B_0}{B}+\dfrac{a_1B_1}{B}x+\cdots+\dfrac{a_mB_m}{B}x^m}{\dfrac{c_0E_0}{E}+\dfrac{c_1E_1}{E}x+\cdots+\dfrac{c_nE_n}{E}x^n}$$
$$=\frac{a_0B_0E+a_1B_1Ex+\cdots+a_mB_mEx^m}{c_0E_0B+c_1E_1Bx+\cdots+c_nE_nBx^n}\in D(x)$$

이므로 $F(x)\subseteq D(x)$이다.

그러므로 $D(x)=F(x)$이다. ■

이를테면, $\mathbb{Z}(x)=\mathbb{Q}(x)$이고 특히, 정수 $x=m$이 완전제곱수가 아닐 때 $\mathbb{Z}(\sqrt{m})=\mathbb{Q}(\sqrt{m})$이다.

이제, 환의 표수에 관하여 설명한다.

정의 3.9.7 항등원 1을 가진 가환환 R에서 적당한 양의 정수 m에 대하여 $m\cdot 1=0$인 경우에 $n\cdot 1=1+1+\cdots+1=0$인 최소의 자연수 $\boldsymbol{n}$을 R의 표수(characteristic)라고 한다. 또, 모든 양의 정수 m에 대하여 $m\cdot 1\neq 0$일 때, R의 표수를 0으로 정의한다.

이를테면, $n(>1)$을 법으로 한 정수환 $\mathbb{Z}_n$의 표수는 n이고 $\mathbb{Z}$, $\mathbb{Q}$, $\mathbb{R}$의 표수는 0이다. 또 Boole 환 R의 표수는 2이다.

정의에 의하여 가환환 R의 부분환 S가 R의 항등원 1을 가진다면 R의 표수와 S의 표수는 같다. 즉, 다항식환 $\mathbb{Z}[x]$의 표수는 0이고 $\mathbb{Z}_n[x]$의 표수는 n이다. 이를테면 $\mathbb{Z}$의 표수와 $\mathbb{Z}[x]$의 표수는 같다.

정의에 의하여 항등원 1을 가진 가환환 R의 표수가 $n(>0)$일 때 모든 원소 $a\in R$에 대하여 $n\cdot a=n\cdot(1\cdot a)=(n\cdot 1)\cdot a=0\cdot a=0$이다.

정리 3.9.8 가환환 R이 정역이거나 체이면 R의 표수는 0이거나 소수이다.

증명 정역 R의 표수 n이 0이 아니라고 가정하자. 먼저 $n=1$이면, 0이 아닌 원소 a에 대하여 $a=1\cdot a=0$이므로 모순이다. 따라서 $n\neq 1$이다. 이제, n이 합성수라고 하면 적당한 정수 s와 t $(1<s<n,\ \ 1<t<n)$가 존재하여 $n=s\cdot t$이다. 그러면, $0=n\cdot 1=(s\cdot t)\cdot 1=(s\cdot 1)(t\cdot 1)$이다. 한편, $s\cdot 1\neq 0$, $t\cdot 1\neq 0$이므로 R은 영인자를 가지므로 R이 정역임에 모순이다. 따라서 n은 소수이다.

그러므로 R의 표수는 0이거나 소수이다. ▩

이를테면, $\mathbb{Z}_5$는 체이고 표수는 소수 5이다.

정리 3.9.9 체 K의 표수를 n이라고 하면 다음이 성립한다.
(1) $n=0$이면, K는 유리수체 $\mathbb{Q}$와 동형인 부분체를 가진다.
(2) $n=p$이면, K는 체 $\mathbb{Z}_p$와 동형인 부분체를 가진다.

증명 정수환 $\mathbb{Z}$로부터 K로의 함수 f를

$$f:\mathbb{Z}\to K,\ f(i)=i\cdot 1$$

로 정의하면, 임의의 정수 i와 j에 대하여

$$f(i+j)=(i+j)\cdot 1=i\cdot 1+j\cdot 1=f(i)+f(j),$$
$$f(ij)=(ij)\cdot 1=(i\cdot 1)(j\cdot 1)=f(i)f(j)$$

이므로 f는 환 준동형함수이다. 또, $\operatorname{im}f=\{i\cdot 1\mid i\in\mathbb{Z}\}$이다.

이제 $\ker f=\{n\in\mathbb{Z}\mid n\cdot 1=0\}$는 $\mathbb{Z}$의 이데알이므로 음이 아닌 정수 n에 대하여 $\ker f=n\mathbb{Z}$이다. 즉, n은 K의 표수이다

(1) $n=0$이면, $\ker f=\{0\}$이고 $\mathbb{Z}\cong\operatorname{im}f$이다. 따라서 K는 동형의 의미에서 정역 $\mathbb{Z}$를 품는 체이므로 정리 3.9.5에 의하여 K는 동형의 의미에서 정역 $\mathbb{Z}$의 분수체 $\mathbb{Q}$를 부분체로 가진다.
(2) $n=p$가 소수라면, $\ker f=p\mathbb{Z}$이고 제1동형정리에 의하여 $\mathbb{Z}/p\mathbb{Z}\cong\operatorname{im}f$이므로 $\operatorname{im}f$는 체 $\mathbb{Z}_p$와 동형이고 $\operatorname{im}f$는 K의 부분체이다. 따라서 K는 체 $\mathbb{Z}_p$와 동형인 부분체를 가진다. ▩

체 K에서 항등원 1에 의하여 생성된 부분체 P를 K의 소체(prime field)라고 한다. 체 K의 모든 부분체는 항등원 1을 가지므로 소체는 가장 작은 부분체이다. 이를테면, 실수체와 복소수체의 소체는 유리수체이다. 또 표수가 p인 체의 소체는 $\mathbb{Z}_p$이다.

정리 3.9.10 체 K의 표수가 소수 p일 때 함수

$$\sigma_p : K \to K,\ \sigma_p(a) = a^p$$

는 체 일대일 준동형함수이다. 즉,

$$(a+b)^p = a^p + b^p,\ (a-b)^p = a^p - b^p,\ (ab)^p = a^p b^p$$

이다. 특히, 임의의 원소 $a \in \mathbb{Z}_p$에 대하여 $a^p = a$이다. 또한, 체 K의 표수가 소수 p인 유한체이면, σ_p는 체 동형함수이다.

증명 임의의 원소 $a, b \in K$에 대하여

$$(a+b)^p = a^p + \binom{p}{1} a^{p-1} b + \cdots + \binom{p}{p-1} a b^{p-1} + b^p$$

이다. 한편 $\binom{p}{r} = \dfrac{p!}{r!(p-r)!}$에서 $1 \le r \le p-1$이면 분자는 p의 배수이고 분모는 p와 서로소이므로 $\binom{p}{r}$은 p의 배수이다. 따라서 $(a+b)^p = a^p + b^p$이다. 이제

$$(a-b)^p = \{a + (-b)\}^p = a^p + (-1)^p b^p$$

이므로 p가 홀수인 소수이면 $(a-b)^p = a^p - b^p$이고 $p = 2$이면

$$(a-b)^2 = \{a + (-b)\}^2 = a^2 + (-1)^2 b^2 = a^2 + b^2 = a^2 - b^2$$

이므로 성립한다. 마지막으로 체 K는 가환환이므로 $(ab)^p = a^p b^p$이다.

따라서, 임의의 원소 $a, b \in K$에 대하여

$$\sigma(a+b) = (a+b)^p = a^p + b^p = \sigma(a) + \sigma(b),\ \sigma(ab) = (ab)^p = a^p b^p = \sigma(a)\sigma(b)$$

이므로 σ_p는 체 준동형함수이다.

특히, $\mathbb{Z}_p^*$는 위수 $p-1$인 곱셈군이므로 모든 원소 $a \in \mathbb{Z}_p^*$에 대하여 $a^{p-1} = 1$이므로 $a^p = a$이다. 그러므로 임의의 원소 $a \in \mathbb{Z}_p$에 대하여 $a^p = a$이다.

이제, $a \in \ker \sigma_p$이면 $\sigma_p(a) = a^p = 0$이므로 $a = 0$이다. 따라서 σ_p는 체 일대일 준동형함수이다. 한편 K가 유한체이므로 σ_p는 체 동형함수이다. ■

연습문제 3.9

1. 정리 3.9.2에서 정의된 곱셈은 집합 F에서 잘 정의되는 것을 증명하여라.

2. 정리 3.9.2에서 정의된 연산에 관하여 배분법칙이 성립하는 것을 증명하여라.

3. 항등원 1을 가진 가환환 R에서 R의 부분집합 S가 다음 두 조건

$$\text{(i) } 0 \notin S, \quad 1 \in S, \quad \text{(ii) } s, t \in S \Rightarrow st \in S$$

을 만족할 때, S를 **곱셈집합**(multiplicative set)이라고 한다. 다음을 증명하여라.

(1) 임의의 정수 a $(a \geq 2)$에 대하여 $S = \{a^n \mid n = 0, 1, 2, \cdots\}$는 곱셈집합이다.

(2) 집합 $R_a = \left\{ \dfrac{b}{a^n} \mid b \in \mathbb{Z},\ a^n \in S \right\}$는 $\mathbb{Q}$의 부분환이고 $\mathbb{Z} \subsetneq R_a \subsetneq \mathbb{Q}$이다.

4. 소수 p에 대하여 $S = \mathbb{Z} - p\mathbb{Z}$라 하고 $\mathbb{Q}_p$와 M을 다음과 같이 정의한다.

$$\mathbb{Q}_p = \left\{ \frac{a}{s} \in \mathbb{Q} \mid a \in \mathbb{Z},\ s \in S \right\}, \quad M = \left\{ \frac{b}{s} \in \mathbb{Q} \mid b \in p\mathbb{Z},\ s \in S \right\}$$

(1) S는 정수환 $\mathbb{Z}$의 곱셈집합임을 증명하여라.

(2) $\mathbb{Q}_p$는 유리수체 $\mathbb{Q}$의 부분환이고 $\mathbb{Z} \subsetneq \mathbb{Q}_p \subsetneq \mathbb{Q}$임을 증명하여라.

(3) M은 $\mathbb{Q}_p$의 부분환임을 증명하여라.

(4) $U(\mathbb{Q}_p) = \left\{ \dfrac{c}{s} \in \mathbb{Q} \mid c,\ s \in S \right\} = \mathbb{Q}_p - M$임을 증명하여라.

5. 다음 가환환의 표수를 구하여라.

(1) $\mathbb{Z}[\sqrt{3}]$　　　(2) $\mathbb{Z}_8$

(3) $\mathbb{Q}(i)$　　　(4) $\mathbb{Z}_4 \oplus \mathbb{Z}_2$

6. 다음 체의 소체를 구하여라.

(1) $\mathbb{Z}(\sqrt{3})$　　　(2) $\mathbb{C}$

3.10 다항식의 성질

이 절에서는 체 F 위에서의 다항식환 $F[x]$의 성질에 관하여 알아본다.

정리 3.10.1 (나눗셈 알고리즘) 다항식환 $F[x]$는 임의의 다항식 $f(x)$와 $g(x) \in F[x]$에 대하여 다음 성질을 가진 정역이다.

(1) $\deg(f(x)g(x)) = \deg f(x) + \deg g(x)$

(2) $g(x) \neq 0$이면 유일한 다항식 $q(x)$와 $r(x)$가 $F[x]$에 존재하여

$$f(x) = q(x)g(x) + r(x),\ \ r(x) = 0 \text{ 또는 } 0 \leq \deg r(x) < \deg g(x)$$

를 만족한다.

증명 (1) 체는 정역이므로 정리 3.5.6에 의하여 성립한다.

(2) 먼저 $\deg f(x) < \deg g(x)$일 때, $q(x) = 0$과 $r(x) = f(x)$라 놓으면 성립한다. 또 $g(x) = a \neq 0$이라면, $f(x) = a^{-1}f(x)a$이다. 즉, $q(x) = a^{-1}f(x)$와 $r(x) = 0$이라 놓으면 성립한다.

이제, $1 \leq \deg g(x) \leq \deg f(x)$라고 가정하고 $\deg f(x)$에 대하여 귀납적으로 증명한다. 먼저 다항식 $f(x)$, $g(x) \in F[x]$를 각각

$$f(x) = a_n x^n + a_{n-1}x^{n-1} + \cdots + a_1 x + a_0,\ \ a_n \neq 0,$$
$$g(x) = b_m x^m + b_{m-1}x^{m-1} + \cdots + b_1 x + b_0,\ \ b_m \neq 0$$

이라 놓고 $h(x) = f(x) - a_n b_m^{-1} x^{n-m} g(x)$라고 하자. 그러면 $\deg h(x) < \deg f(x)$이므로 귀납법의 가정에 의하여

$$h(x) = q_1(x)g(x) + r_1(x),\ \ r_1(x) = 0 \text{ 또는 } 0 \leq \deg r_1(x) < \deg g(x)$$

이므로

$$f(x) = h(x) + a_n b_m^{-1} x^{n-m} g(x) = (q_1(x) + a_n b_m^{-1} x^{n-m})g(x) + r_1(x)$$

이다. 따라서 $q(x) = q_1(x) + a_n b_m^{-1} x^{n-m}$이고 $r(x) = r_1(x)$가 존재하여

$$f(x)=q(x)g(x)+r(x),\ \ r(x)=0 \text{ 또는 } 0\le \deg r(x)<\deg g(x)$$

를 만족한다.

이제, $q(x)$와 $r(x)$의 유일성을 증명하기 위하여, 다항식 $q'(x)$와 $r'(x)$가 존재하여

$$f(x)=q'(x)g(x)+r'(x),\ \ r'(x)=0 \text{ 또는 } 0\le \deg r'(x)<\deg g(x)$$

를 만족한다고 가정하자. 즉,

$$q(x)g(x)+r(x)=f(x)=q'(x)g(x)+r'(x)$$

이다. 따라서 $(q(x)-q'(x))g(x)=r'(x)-r(x)$이다. 만일, $q(x)\neq q'(x)$이라면

$$\deg\,(q(x)-q'(x))g(x)\ge \deg g(x)>\deg\,(r'(x)-r(x))$$

이므로 모순이다. 따라서 $q(x)=q'(x)$이고 $r'(x)=r(x)$이다. ▩

정리 3.10.1의 (2)에서 다항식 $q(x)$와 $r(x)$를 $f(x)$를 $g(x)$로 나누었을 때의 몫(quotient)과 나머지(remainder)라고 한다.

[예제 3.10.1] (1) 유리수체 $\mathbb{Q}$ 위에서

$$f(x)=x^3+2x+1\text{이고 } g(x)=2x+1$$

이라 할 때, 몫 $q(x)$와 나머지 $r(x)$를 오른쪽 그림과 같이 구하면,

$$q(x)=\frac{x^2}{2}-\frac{x}{4}+\frac{9}{8}\text{와 } r(x)=-\frac{1}{8}\text{이다.}$$

$$\begin{array}{r|l}
 & \frac{x^2}{2}-\frac{x}{4}+\frac{9}{8} \\ \hline
2x+1 & x^3+0x^2+2x+1 \\
 & x^3+\frac{x^2}{2} \\ \hline
 & -\frac{x^2}{2}+2x \\
 & -\frac{x^2}{2}-\frac{x}{4} \\ \hline
 & \frac{9x}{4}+1 \\
 & \frac{9x}{4}+\frac{9}{8} \\ \hline
 & -\frac{1}{8}
\end{array}$$

(2) 정수환 $\mathbb{Z}$ 위에서

$$f(x)=x^3+2x+1\text{이고 } g(x)=2x+1$$

이라면 나눗셈 알고리즘이 성립하지 않는다.

(3) 다항식환 $\mathbb{Z}_2[x]$에서 $f(x)=x^3+x+1$이고 $g(x)=x+1$이라면, $f(x)=x(x+1)g(x)+1$이다.

체 F 위의 두 다항식 $f(x)$와 $g(x)\in F[x]$에 대하여 $f(x)=h(x)g(x)$인 다항식 $h(x)\in F[x]$가 존재할 때, $g(x)$를 $f(x)$의 약수 또는 인수라 하고 $f(x)$를 $g(x)$의 배수라고 하며 기호 $g(x)\mid f(x)$로 나타낸다. 한편, $g(x)$가 $f(x)$의 약수가 아닐 때 기호 $g(x)\nmid f(x)$로 나타낸다. 이를테면, $\mathbb{Q}[x]$에서 $(x-1)\nmid(x^3+x+1)$이고 $\mathbb{Z}_3[x]$에서 $(x-1)\mid(x^3+x+1)$이다.

다항식 $f(x)$에 의하여 생성되는 환 $F[x]$의 단항 이데알을 $(f(x))$로 표현한다. 즉, 정리 3.4.8에 의하여 $(f(x))=f(x)F[x]=\{f(x)h(x)\mid h(x)\in F[x]\}$이다. 환 $F[x]$에서 단항 이데알에 관하여 다음과 같은 성질이 성립한다.

정리 3.10.2 임의의 다항식 $f(x), g(x)\in F[x]$에 대하여 다음이 성립한다.

(1) $(f(x))\subseteq(g(x)) \Leftrightarrow g(x)\mid f(x)$

(2) $(f(x))=(g(x)) \Leftrightarrow g(x)\mid f(x),\ f(x)\mid g(x)$

$\Leftrightarrow$ 적당한 원소 $a\in F^*$가 존재하여 $f(x)=ag(x)$이고 $g(x)=a^{-1}f(x)$

(3) $(f(x))=F[x] \Leftrightarrow$ 적당한 원소 $a\in F^*$가 존재하여 $f(x)=a$이다.

따라서 $\deg f(x)\geq 1 \Leftrightarrow \{0\}\subsetneq(f(x))\subsetneq F[x]$이다.

증명 (1) 먼저 $(f(x))\subseteq(g(x))$을 가정하면, $f(x)\in(g(x))$이므로 다항식 $h(x)\in F[x]$가 존재하여 $f(x)=h(x)g(x)$이다. 따라서 $g(x)\mid f(x)$이다.

역으로, $g(x)\mid f(x)$라면, 다항식 $h(x)\in F[x]$가 존재하여 $f(x)=h(x)g(x)$이다. 이제 $l(x)\in(f(x))$이면, 다항식 $k(x)\in F[x]$가 존재하여 $l(x)=k(x)f(x)$이다. 따라서

$$l(x)=k(x)f(x)=k(x)[h(x)g(x)]=[k(x)h(x)]g(x)$$

이고 $l(x)\in(g(x))$이므로 $(f(x))\subseteq(g(x))$이다.

(2) 독자에게 남긴다.

(3) 원소 $f(x)=a$가 단원이므로 정리 3.4.3에 의하여 $(f(x))=(a)=F[x]$이다. 역으로, $(f(x))=F[x]$이면, 따라서 $(1)\subseteq(f(x))$이므로 성질 (1)에 의하여 $f(x)\mid 1$이다. 즉, 적당한 원소 $a\in F^*$가 존재하여 $f(x)=a$이다.

따라서 $\deg f(x)\geq 1 \Leftrightarrow \{0\}\subsetneq(f(x))\subsetneq F[x]$이다. ■

다항식환 $F[x]$의 영이 아닌 원소 $f(x)$가

$$f(x)=a_nx^n+\cdots+a_1x+a_0,\ a_n\neq 0$$

으로 표현될 때, a_n을 $f(x)$의 최고차항의 계수(leading coefficient)라고 하고, 특히, $a_n=1$일 때 $f(x)$를 모닉다항식(monic polynomial)이라 한다.

정리 3.10.3 다항식환 $F[x]$의 모든 이데알은 단항 이데알이다. 즉, $F[x]$는 단항 이데알 정역이다.

증명 다항식환 $F[x]$의 임의의 다항식 $f(x)$에 대하여 $f(x)$의 배수들의 집합을

$$(f(x))=\{f(x)h(x)\mid h(x)\in F[x]\}$$

라고 하면, $f(x)$의 배수인 다항식들의 차는 $f(x)$의 배수인 다항식이다. 또 임의의 다항식과 $f(x)$의 배수인 다항식의 곱은 $f(x)$의 배수인 다항식이므로 $(f(x))$는 $F[x]$의 이데알이다.

이제, I를 $F[x]$의 이데알이라고 가정하자. 먼저 $I=\{0\}$이면, $I=\{0\}=(0)$이고 $F[x]=(1)$이므로 $\{0\}$과 $F[x]$는 단항 이데알이다. 이제, 이데알 I가 $\{0\}$과 $F[x]$가 아닌 이데알이라 하자. 그러면 이데알 I에 속하는 최소차 다항식이 존재한다. 이 최소차 다항식을 $f(x)$라고 하고 $I=(f(x))$임을 보이면 정리가 증명된다.

먼저, 단항 이데알의 정의에 의하여 $f(x)\in I$이므로 $(f(x))\subseteq I$이다.

이제, 다항식 $g(x)\in I-(f(x))$라고 가정하면, 정리 3.10.1에 의하여 유일한 다항식 $q(x)$와 $r(x)$가 $F[x]$에 존재하여 $g(x)=q(x)f(x)+r(x)$, $1\le\deg r(x)<\deg f(x)$이다. 그런데 $r(x)=g(x)-q(x)f(x)\in I$이므로 $f(x)$가 I에 속하는 최소차 다항식이라는 사실에 모순이다. 따라서 $I-(f(x))=\varnothing$ 즉, $I\subseteq(f(x))$이다. 따라서 $I=(f(x))$이고 I는 단항 이데알이다.

한편, $F[x]$는 정역이므로 $F[x]$는 단항 이데알 정역이다. ▩

한편, 예제 3.4.4에서 설명한 것처럼 정수환 $\mathbb{Z}$ 위의 다항식환 $\mathbb{Z}[x]$에서 단항 이데알 (x)와 (2)는 각각

$$(x)=\{xf(x)\mid f(x)\in\mathbb{Z}[x]\}=\{g(x)\in\mathbb{Z}[x]\mid g(0)=0\},$$
$$(2)=\{2f(x)\mid f(x)\in\mathbb{Z}[x]\}$$

이다. 그러면 2와 x를 품는 이데알은 정리 3.4.5에 의하여

$$(2,\ x)=\{2f(x)+xg(x) \mid f(x),\ g(x)\in\mathbb{Z}[x]\}$$

와 같이 나타낼 수 있으며, 실제로 이데알 $(2,\ x)$는 단항 이데알이 아니다. 그러므로 $\mathbb{Z}[x]$는 단항 이데알 정역이 아니다.

실제로 다항식환 $\mathbb{Z}[x]$에서 (2)는 계수가 2의 배수인 다항식들의 집합인 이데알로 $(2)\subsetneq\mathbb{Z}[x]$이지만, 체 $\mathbb{Q}$에서 2는 단원이므로 다항식환 $\mathbb{Q}[x]$에서는 $(2)=\mathbb{Q}[x]$이다.

두 다항식 $f(x),\ g(x)\in F[x]$에 대하여 다음 조건

(i) $d(x)\mid f(x),\ d(x)\mid g(x)$
(ii) $e(x)\mid f(x),\ e(x)\mid g(x) \Rightarrow e(x)\mid d(x)$

를 만족시키는 모닉다항식 $d(x)\in F[x]$를 $f(x)$와 $g(x)$의 **최대공약수**라고 하고 이것을 기호 $d(x)=(f(x),\ g(x))$ 또는 $d(x)=\gcd(f(x),\ g(x))$로 나타낸다.

또, 두 다항식 $f(x),\ g(x)\in F[x]$에 대하여 다음 조건

(i) $f(x)\mid l(x),\ g(x)\mid l(x)$
(ii) $f(x)\mid c(x),\ g(x)\mid c(x) \Rightarrow l(x)\mid c(x)$

를 만족시키는 모닉다항식 $l(x)\in F[x]$를 $f(x)$와 $g(x)$의 **최소공배수**라고 하고 이것을 기호 $l(x)=[f(x),\ g(x)]$ 또는 $l(x)=\operatorname{lcm}(f(x),\ g(x))$로 나타낸다.

정리 3.10.4 다항식환 $F[x]$의 두 다항식 $f(x),\ g(x)$에 대하여 최대공약수 $d(x)$와 최소공배수 $l(x)$가 존재하고 다음이 성립한다.

(1) $(d(x))=(f(x))+(g(x))$이고 $d(x)=f(x)s(x)+g(x)t(x)$인 다항식 $s(x)$와 $t(x)$가 존재한다.

(2) $(l(x))=(f(x))\cap(g(x))$

증명 (1) 먼저 $I=(f(x))+(g(x))$라고 하면, 정리 3.4.5의 (2)에 의하여 I는 $F[x]$의 이데알이다. 또, 정리 3.10.3에 의하여 $F[x]$는 단항 이데알 정역이므로 적당한 다항식 $d(x)\in F[x]$가 존재하여 $I=(d(x))$이다.

이제 $d(x)$가 최대공약수임을 보인다. $(d(x))=(f(x))+(g(x))$이므로 $f(x)\in(d(x))$이고 $g(x)\in(d(x))$이다. 따라서 $d(x)\mid f(x)$이고 $d(x)\mid g(x)$이다. 또 $e(x)\mid f(x)$이고 $e(x)\mid g(x)$이면 $(e(x))\supseteq(f(x))$이고 $(e(x))\supseteq(g(x))$이므로 $(e(x))\supseteq(f(x))+(g(x))=(d(x))$이다. 따라서 $e(x)\mid d(x)$이므로 $d(x)$는 두 다항식 $f(x)$, $g(x)$의 최대공약수이다.

최대공약수 $d(x)$는 $(f(x))+(g(x))$의 원소이므로 $f(x)$의 배수와 $g(x)$의 배수의 합의 꼴로 표현된다. 그러므로 $d(x)=f(x)s(x)+g(x)t(x)$인 다항식 $s(x)$와 $t(x)$가 존재한다.

(2) (1)과 유사하게 증명한다. ▩

다음 정리는 두 다항식 $f(x)$, $g(x)$의 최대공약수 $d(x)$를 $f(x)$의 배수와 $g(x)$의 배수의 합 즉, $d(x)=f(x)s(x)+g(x)t(x)$로 표현되는 $s(x)$와 $t(x)$를 구하는 알고리즘이다. 이 정리의 증명은 정리 1.4.10의 증명과 유사하다.

정리 3.10.5 (Euclid 알고리즘) 다항식환 $F[x]$의 두 다항식 $f(x)$, $g(x)$, $g(x)\neq 0$에 대하여 $f(x)=r_0(x)$, $g(x)=r_1(x)$라고 하고 다음

$$\begin{aligned}
r_0(x)&=q_0(x)r_1(x)+r_2(x), && 0\le \deg r_2(x)<\deg r_1(x)\\
r_1(x)&=q_1(x)r_2(x)+r_3(x), && 0\le \deg r_3(x)<\deg r_2(x)\\
r_2(x)&=q_2(x)r_3(x)+r_4(x), && 0\le \deg r_4(x)<\deg r_3(x)\\
&\ \vdots && \vdots\\
r_{n-1}(x)&=q_{n-1}(x)r_n(x)+r_{n+1}(x), && 0\le \deg r_{n+1}(x)<\deg r_n(x)\\
r_n(x)&=q_n(x)r_{n+1}(x)
\end{aligned}$$

이 성립하면, $(f(x), g(x))=r_{n+1}(x)$이다.

증명 먼저, 식 $r_0(x)=q_0(x)r_1(x)+r_2(x)$, $0\le\deg r_2(x)<\deg r_1(x)$로부터 $\gcd(r_0(x), r_1(x))=\gcd(r_1(x), r_2(x))$를 증명한다. 이 증명을 위하여

$$\gcd(r_0(x), r_1(x))=d(x)\text{이고 } \gcd(r_1(x), r_2(x))=d'(x)$$

라 놓으면 $d(x)$는 $r_0(x)$와 $r_1(x)$의 약수이고 $r_2(x)=r_0(x)-q_0(x)r_1(x)$이므로 $d(x)$

는 $r_2(x)$의 약수이다. 따라서 $d(x) \mid d'(x)$이다. 또 $d'(x)$는 $r_1(x)$와 $r_2(x)$의 약수이고 $r_0(x) = q_0(x)r_1(x) + r_2(x)$이므로 $d'(x)$는 $r_0(x)$의 약수이다. 따라서 $d'(x) \mid d(x)$이다. 따라서 $\gcd(r_0(x),\ r_1(x)) = \gcd(r_1(x),\ r_2(x))$이다.

상수항은 모든 다항식의 약수이므로 이 알고리즘은 기껏해야 $\deg g(x)$회 시행으로 $r_n(x) = q_n(x)r_{n+1}(x)$를 얻을 수 있다. 그리고

$$\gcd(r_0(x),\ r_1(x)) = \gcd(r_1(x),\ r_2(x)) = \cdots = \gcd(r_n(x),\ r_{n+1}(x)) = r_{n+1}(x)$$

이다. ■

[예제 3.10.2] (1) 유리수체 $\mathbb{Q}$ 위에서의 두 다항식

$$f(x) = x^4 + x + 1, \quad g(x) = x^2 + x + 1$$

의 최대공약수를 구하기 위하여 Euclid 알고리즘을 이용하면

$$f(x) = (x^2 - x)g(x) + 2x + 1,\ g(x) = \left(\frac{1}{2}x + \frac{1}{4}\right)(2x+1) + \frac{3}{4}$$

이므로 최대공약수 1을 $f(x)$와 $g(x)$의 일차결합의 꼴로 표현하면

$$1 = \left(-\frac{2}{3}x - \frac{1}{3}\right)f(x) + \left(\frac{2}{3}x^3 - \frac{1}{3}x^2 - \frac{1}{3}x + \frac{4}{3}\right)g(x)$$

이다.

(2) 체 $\mathbb{Z}_2$ 위에서의 두 다항식

$$f(x) = x^4 + x^2 + x + 1, \quad g(x) = x^2 + x + 1$$

의 최대공약수를 구하기 위하여 Euclid 알고리즘을 이용하면

$$f(x) = (x^2 + x + 1)g(x) + x,\ g(x) = (x+1)x + 1$$

이므로 최대공약수 1을 $f(x)$와 $g(x)$의 일차결합의 꼴은 다음과 같다.

$$\begin{aligned} 1 &= (x+1) \cdot [f(x) + (x^2 + x + 1)g(x)] + 1 \cdot g(x) \\ &= (x+1) \cdot f(x) + [(x+1)(x^2 + x + 1) + 1] \cdot g(x) \\ &= (x+1) \cdot f(x) + x^3 \cdot g(x) \end{aligned}$$

체 F 위의 두 다항식 $f(x)$, $g(x)$의 최대공약수가 1일 때, 이 두 다항식은 서로소라고 한다.

정리 3.10.5의 특수한 경우로 다음 정리를 얻는다.

> **정리 3.10.6** 체 F 위의 두 다항식 $f(x)$, $g(x)$가 서로소이기 위한 필요충분조건은 적당한 다항식 $s(x), t(x) \in F[x]$가 존재하여 $f(x)s(x)+g(x)t(x)=1$이다. 또, 두 다항식 $f(x)$, $g(x)$가 서로소이면
>
> $$(f(x))+(g(x))=F[x] \text{이고 } (f(x)) \cap (g(x))=(f(x)g(x))$$
>
> 이다.

이를테면, 예제 3.10.2의 두 예에서 $f(x)$와 $g(x)$는 서로소이다.

두 다항식의 최대공약수와 최소공배수는 n개의 다항식의 최대공약수와 최소공배수로 일반화 될 수 있다. 자세한 내용은 생략한다.

체 F가 체 K의 부분체일 때 체 F 위의 두 다항식 $f(x)$, $g(x)$에 대하여 두 다항식의 $F[x]$에서의 최대공약수와 $K[x]$에서의 최대공약수는 같다(연습문제).

연습문제 3.10

1. 정리 3.10.2의 (2)를 증명하여라.

2. 체 F 위의 다항식 $f(x) \in F[x]$에 대하여 다음을 증명하여라.

(1) $\deg f(x) = -\infty \Leftrightarrow f(x)=0 \Leftrightarrow (f(x))=\{0\}$

(2) $\deg f(x)=0 \Leftrightarrow f(x)=a (a \in F^*) \Leftrightarrow (f(x))=F[x]$

(3) $\deg f(x) \geq 1 \Leftrightarrow \{0\} \subsetneq (f(x)) \subsetneq F[x]$

3. 정리 3.10.4의 (2)를 증명하여라.

4. 체 F 위의 두 다항식 $f(x)$, $g(x)$의 최고차항의 계수가 1일 때, $f(x)$, $g(x)$의 최대공약수와 최소공배수를 각각 $d(x)$와 $l(x)$라고 할 때 다음을 증명하여라.

$$d(x)l(x) = f(x)g(x) \text{이고 } \deg d(x) + \deg l(x) = \deg f(x) + \deg g(x)$$

5. 체 F 위의 세 다항식 $f(x)$, $g(x)$, $h(x)$에 대하여 다음을 증명하여라.
   (1) $\gcd(f(x),\ g(x)) = 1$이고 $\gcd(f(x),\ h(x)) = 1 \Leftrightarrow \gcd(f(x),\ g(x)h(x)) = 1$
   (2) $\gcd(f(x),\ g(x)) = 1$이고 $f(x) \mid g(x)h(x) \Rightarrow f(x) \mid h(x)$
   (3) $\gcd(f(x),\ g(x)) = 1$이고 $f(x) \mid h(x)$, $g(x) \mid h(x) \Rightarrow f(x)g(x) \mid h(x)$

6. 체 F가 체 K의 부분체일 때 체 F 위의 두 다항식 $f(x)$, $g(x)$에 대하여 두 다항식의 $F[x]$에서의 최대공약수와 $K[x]$에서의 최대공약수는 같음을 증명하여라.

7. 주어진 체 F 위에서 두 다항식 $f(x)$, $g(x)$에 대하여 두 다항식의 최대공약수 $d(x)$와 최소공배수 $l(x)$를 구하고 $s(x)f(x) + t(x)g(x) = d(x)$를 만족하는 $s(x)$, $t(x)$를 구하여라.
   (1) $\mathbb{Q}[x]$에서 $f(x) = x^4 + x^2 + x + 1$과 $g(x) = x^2 + x + 1$
   (2) $\mathbb{Z}_3[x]$에서 $f(x) = x^4 + x^2 + x + 1$과 $g(x) = x^2 + x + 1$
   (3) $\mathbb{Z}_2[x]$에서 $f(x) = x^4 + x^2 + x + 1$과 $g(x) = x^2 + x + 1$

8. 체 $\mathbb{Z}_2[x]$에서 다음과 같이 주어진 두 다항식 $f(x)$와 $g(x)$의 최대공약수와 최소공배수를 구하여라.

$$f(x) = x^6 + 1, \qquad g(x) = x^8 + 1$$

9. 체 $\mathbb{Z}_3[x]$에서 다음과 같이 주어진 두 다항식 $f(x)$와 $g(x)$의 최대공약수와 최소공배수를 구하여라.

$$f(x) = x^4 + 2x + 1, \qquad g(x) = x^2 + 2x + 1$$

3.11 다항식의 인수분해

이 절에서는 체 위에서 다항식의 인수분해에 관하여 다룬다.

체 F가 체 K의 부분체일 때, K를 F의 **확대체**(extension field)라고 한다.

이를테면, 실수체 $\mathbb{R}$은 유리수체 $\mathbb{Q}$의 확대체이고, 복소수체 $\mathbb{C}$는 실수체 $\mathbb{R}$과 유리수체 $\mathbb{Q}$의 확대체이다.

체 K가 체 F의 확대체이면, F 위의 다항식은 체 K 위의 다항식이므로 $F[x] \subseteq K[x]$이다. 따라서 $F[x]$는 $K[x]$의 부분환이다.

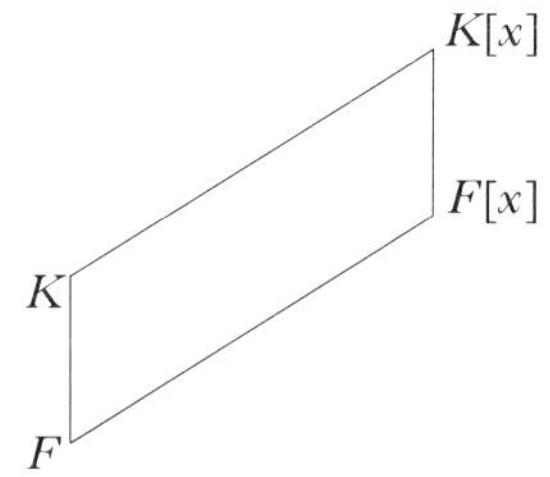

체 K가 체 F의 확대체일 때, F 위의 다항식

$$f(x) = a_n x^n + a_{n-1} x^{n-1} + \cdots + a_1 x + a_0$$

와 원소 $\alpha \in K$에 대하여 다음과 같은 꼴의 K의 원소

$$a_n \alpha^n + a_{n-1} \alpha^{n-1} + \cdots + a_1 \alpha + a_0$$

를 $f(\alpha)$로 나타내기로 한다. 특히, $f(\alpha) = 0$일 때, 즉,

$$a_n \alpha^n + a_{n-1} \alpha^{n-1} + \cdots + a_1 \alpha + a_0 = 0$$

일 때, α를 체 K에서 다항식 $f(x)$의 **근**(root) 또는 방정식 $f(x) = 0$의 근이라 한다.

이를테면, 유리수체 $\mathbb{Q}$ 위에서 다항식 $f(x) = x^2 - 3$의 근은 존재하지 않으나 실수체 $\mathbb{R}$ 위에서 $f(x) = x^2 - 3$는 $\pm\sqrt{3}$을 근으로 가진다.

정리 3.11.1 체 K가 체 F의 확대체일 때, F 위의 다항식 $f(x)$와 원소 $\alpha \in K$에 대하여

$$f(x) = q(x)(x - \alpha) + f(\alpha)$$

인 다항식 $q(x) \in K[x]$가 존재한다.

증명 다항식 $f(x)$와 $(x-\alpha)$에 대하여 정리 3.10.1 나눗셈 알고리즘을 적용하면 $\deg r(x) < \deg(x-\alpha)=1$이므로 $r(x)$는 상수이다. 따라서

$$f(x)=q(x)(x-\alpha)+C,\ C\in K$$

이다. 이제 위 식의 양변에 $x=\alpha$를 대입하면, $C=f(\alpha)$이다. 따라서

$$f(x)=q(x)(x-\alpha)+f(\alpha)$$

이다. ■

정리 3.11.2 체 K가 체 F의 확대체일 때, F 위의 다항식 $f(x)$에 대하여, 원소 $\alpha\in K$가 $f(x)$의 근이기 위한 필요충분조건은 다항식 $q(x)\in K[x]$가 존재하여 $f(x)=q(x)(x-\alpha)$인 것이다.

증명 정리 3.11.1에 의하여 $f(x)=q(x)(x-\alpha)+f(\alpha)$인 다항식 $q(x)\in K[x]$가 존재한다. 먼저, 원소 $\alpha\in K$가 $f(x)$의 근이라고 가정하면 $f(\alpha)=0$이므로 다항식 $q(x)\in K[x]$가 존재하여 $f(x)=q(x)(x-\alpha)$이다.

역으로, 다항식 $q(x)\in K[x]$가 존재하여 $f(x)=q(x)(x-\alpha)$이면 $f(\alpha)=0$이므로 원소 $\alpha\in K$가 $f(x)$의 근이다. ■

[예제 3.11.1] 다음 체 위에서 정의된 다항식 $f(x)=x^4+x^2+x+1$을 살펴보자.

(1) 실수체 $\mathbb{R}$에서 $\alpha=\sqrt{2}$라고 하면 $f(\sqrt{2})=7+\sqrt{2}$이고

$$f(x)=\{x^3+\sqrt{2}x^2+3x+(1+3\sqrt{2})\}(x-\sqrt{2})+7+\sqrt{2}$$

이다. 따라서 $x=\sqrt{2}$는 $f(x)$의 근이 아니다.

(2) 체 $\mathbb{Z}_3$에서 $\alpha=1$이라고 하면 $f(1)=1$이므로

$$f(x)=(x^3+x^2+2x)(x-1)+1$$

이다. 따라서 $x=1$은 $f(x)$의 근이 아니다.

(3) 체 $\mathbb{Z}_2$에서 $\alpha=1$이라고 하면 $f(1)=0$이므로 $x=1$은 $f(x)$의 근이고 따라서 $f(x)=(x^3+x^2+1)(x-1)$이다.

정의 3.11.3 체 F 위의 1차 이상인 다항식 $p(x)$의 약수가

$$a \text{ 또는 } ap(x) \quad (a \in F^*)$$

뿐일 때, $p(x)$를 체 F 위의 **기약다항식**(irreducible polynomial) 또는 $p(x)$는 체 F 위에서 **기약**(irreducible over F)이라고 한다. 한편, 1차 이상인 다항식 $f(x)$가 기약다항식이 아닐 때, $f(x)$를 체 F 위의 **가약다항식**(reducible polynomial) 또는 체 F 위에서 **가약**(reducible over F)이라고 한다.

위의 정의로부터 다항식 $f(x)$가 가약다항식일 필요충분조건은

$$f(x) = g(x)h(x), \ \ 1 \le \deg g(x) < \deg f(x), \ \ 1 \le \deg h(x) < \deg f(x)$$

인 다항식 $g(x)$와 $h(x)$가 존재하는 것임을 쉽게 알 수 있다.

기약다항식에 관한 위 성질로부터 가약다항식은 2차 이상의 다항식이기 때문에 일차다항식은 기약다항식임을 알 수 있다. 한편, 체 F 위의 다항식환 $F[x]$에서 기약다항식은 정수환 $\mathbb{Z}$에서 소수와 유사한 성질들을 가진다.

정리 3.11.4 체 F 위의 다항식 $p(x)$가 모닉인 기약다항식일 때, 임의의 다항식 $f(x) \in F[x]$에 대하여 $f(x)$와 $p(x)$의 최대공약수는 1 또는 $p(x)$이고, 다음이 성립한다.

(1) $\gcd(f(x), p(x)) = 1 \iff p(x) \nmid f(x)$

(2) $\gcd(f(x), p(x)) = p(x) \iff p(x) \mid f(x)$

증명 (1) 정리 3.10.6에 의하여

$$\gcd(f(x), p(x)) = 1 \iff \text{적당한 다항식 } s(x), t(x) \in F[x]\text{가 존재하여}$$
$$f(x)s(x) + p(x)t(x) = 1$$

이다. 따라서 $p(x) \nmid 1$이므로 $p(x) \nmid f(x)s(x)$이고 $p(x) \nmid f(x)$이다.

역으로, $p(x) \nmid f(x)$이라고 하면 $p(x)$의 약수는 1 또는 $p(x)$이므로 $f(x)$와 $p(x)$의 최대공약수는 1이다.

(2) 독자에게 남긴다. ■

정리 3.11.5 체 F 위의 다항식 $p(x)$, $\deg p(x) \geq 1$에 대하여 다음 두 명제는 동치이다.
(1) $p(x)$는 체 F 위의 기약다항식이다.
(2) $F[x]$에서 $p(x) \mid f(x)g(x)$이면 $p(x) \mid f(x)$ 또는 $p(x) \mid g(x)$이다.

증명 (1) $\Rightarrow$ (2) $p(x)$는 체 F 위의 기약다항식이라고 가정하고 $p(x) \nmid f(x)$라고 하자. 정리 3.11.4에 의하여 $\gcd(f(x), p(x)) = 1$이다. 따라서 정리 3.10.6에 의하여

$$\gcd(f(x), p(x)) = 1 \iff \text{적당한 다항식 } s(x), t(x) \in F[x]\text{가 존재하여 } f(x)s(x) + p(x)t(x) = 1$$

이다. 위 식의 양변에 $g(x)$를 곱하면 $g(x)f(x)s(x) + g(x)p(x)t(x) = g(x)$이고 이 식의 왼쪽 항들이 모두 $p(x)$의 배수이므로 $p(x) \mid g(x)$이다.

(2) $\Rightarrow$ (1) (2)가 성립한다고 가정하고, 이때 $p(x)$는 체 F 위의 기약다항식이 아니라고 하자. 가약다항식의 성질에 의하여

$$p(x) = a(x)b(x), \ 1 \leq \deg a(x) < \deg p(x) \text{이고 } 1 \leq \deg b(x) < \deg p(x)$$

이다. 따라서 $a(x) = f(x)$, $b(x) = g(x)$라 놓으면 $p(x) \mid f(x)g(x)$이지만 $p(x) \nmid f(x)$이고 $p(x) \nmid g(x)$이다.

따라서 가정에 모순이다. 그러므로 $p(x)$는 체 F 위의 기약다항식이다. ■

정리 3.11.6 체 F 위의 다항식 $f(x)$, $\deg f(x) \geq 2$가 체 F에서 근을 가지면, $f(x)$는 체 F 위에서 가약이다.

증명 다항식 $f(x)$가 체 F에서 근 a를 가지면 정리 3.11.2에 의하여 $f(x) = q(x)(x-a)$인 $q(x) \in F[x]$가 존재한다. 한편, $\deg f(x) \geq 2$이므로 $\deg q(x) \geq 1$이므로 $f(x)$는 체 F 위에서 가약이다. ■

정리 3.11.7 체 F 위의 다항식 $p(x)$, $2 \leq \deg p(x) \leq 3$에 대하여, $p(x)$가 F 위에서 기약이기 위한 필요충분조건은 $p(x)$가 F에서 근을 가지지 않는 것이다.

증명 다항식 $p(x)$가 기약다항식이고 $p(x)$가 체 F에서 근 a를 가지면 정리 3.11.2에 의하

여 $p(x)=q(x)(x-a)$인 $q(x)\in F[x]$가 존재한다. 또한 $\deg q(x)$는 1 또는 2이므로 $p(x)$가 기약다항식이라는 사실에 모순이다. 따라서, $p(x)$가 체 F에서 근을 가지지 않는다.

역으로, $p(x)$가 체 F 위에서 기약이 아니라고 가정하면

$$p(x)=a(x)b(x),\ 1\le \deg a(x)<\deg p(x) \text{이고 } 1\le \deg b(x)<\deg p(x)$$

인 다항식 $a(x)$와 $b(x)$가 존재한다. 또한, 조건에서

$$2\le \deg p(x)=\deg a(x)+\deg b(x)\le 3$$

이므로 $\deg a(x)=1$ 또는 $\deg b(x)=1$이다. 따라서 $a(x)$ 또는 $b(x)$가 체 F에서 근을 가지므로 $p(x)$는 체 F에서 근을 가진다. 따라서 가정에 모순이다. 그러므로, $p(x)$는 체 F 위에서 기약이다. ▩

체 F 위에서 3차 이하의 다항식이 기약인지 또는 가약인지 확인하는데 정리 3.11.7이 유용하게 이용된다.

[예제 3.11.2] 유리수체 $\mathbb{Q}$ 위의 2차 다항식 $f(x)=x^2+4x-8$이 기약인지 확인하기 위하여 $f(x)$의 근을 $\dfrac{a}{b}$ (a, b는 정수이고 $\gcd(a, b)=1$, $b\neq 0$)라고 하면

$$f\left(\frac{a}{b}\right)=\left(\frac{a}{b}\right)^2+4\left(\frac{a}{b}\right)-8=0$$

이어야 한다. 먼저 $\dfrac{a}{b}$가 정수가 아니면, $\left(\dfrac{a}{b}\right)^2+4\left(\dfrac{a}{b}\right)$는 정수가 아니다. 따라서 $\dfrac{a}{b}$는 정수이어야 하고

$$f(x)=(x-m)(x-n)=x^2+4x-8 \quad (m,\ n\text{은 정수이고})$$

이다. 즉, m은 8의 약수이다. 이제 8의 모든 약수 ±1, ±2, ±4, ±8을 $f(x)$에 대입하면 $f(x)=0$을 만족하지 않는다. 따라서 $f(x)$는 근을 갖지 않으므로 기약다항식이다.

주어진 다항식이 유리수체 위에서 기약인지 확인하는 것은 약간 복잡하지만 유한체 위에서는 다음 예들에서처럼 비교적 간단하다.

[예제 3.11.3] (1) 체 $\mathbb{Z}_2$ 위의 3차 다항식 $f(x)=x^3+x+1$이 기약인지 확인해보자. 체 $\mathbb{Z}_2$의 원소는 0과 1뿐이고 이들 값을 대입하면,

$$f(0)=1\neq 0\text{이고 } f(1)=1+1+1=1\neq 0$$

이므로 $f(x)$는 1차 인수를 갖지 않고 정리 3.11.7에 의하여 기약다항식이다.

(2) 체 $\mathbb{Z}_3$ 위의 3차 다항식 $f(x)=x^3+x+1$이 기약인지 확인해보자. 체 $\mathbb{Z}_3$의 원소는 0, 1, 2뿐이고 이들 값을 대입하면, $f(1)=1+1+1=0$이므로 $f(x)$는 가약다항식이다. 실제로

$$f(x)=x^3+x+1=(x-1)(x^2+x+2)$$

이다.

그러나 다음 예제에서와 같이 4차 이상인 다항식에서는 정리 3.11.7을 적용할 수 없다. 즉, 4차 이상인 다항식이 기약이려면 1차 인수 뿐만 아니라 2차 인수도 갖지 않아야 한다. 다음 예제를 살펴보자.

[예제 3.11.4] (1) 체 $\mathbb{Z}_2$ 위의 5차 다항식 $f(x)=x^5+x^4+1$이 기약인지 확인한다. 체 $\mathbb{Z}_2$의 원소는 0과 1뿐이고 이들 값을 대입하면,

$$f(0)=1\neq 0\text{이고 } f(1)=1+1+1=1\neq 0$$

이므로 $f(x)$는 1차 인수를 갖지 않는다. 따라서 $f(x)$가 기약다항식이 아니라면, $f(x)$는 2차 인수와 3차 인수를 가진다. 실제로

$$(x^2+ax+b)(x^3+cx^2+dx+e)=x^5+x^4+1$$

이다. 상수항의 계수를 비교하면, $be=1$이므로 $b=e=1$이다. 이제, 나머지 항들의 계수를 비교하면, 4차 항부터 시작하여 다음 관계식

$$a+c=1,\ d+ac+1=0,\ 1+ad+c=0,\ a+d=0$$

을 얻는다. 먼저 $a=0$이면, x^2+1은 1차 인수를 가지므로 모순이다. 즉, $a=1$이다. 따라서 $c=0$이고 $d=1$이다. 즉, $x^5+x^4+1=(x^2+x+1)(x^3+x+1)$이다. 그러므로 $f(x)$는 가약다항식이다.

(2) 체 $\mathbb{Z}_2$ 위의 4차 다항식 $f(x)=x^4+x^3+1$이 기약인지 확인한다. 체 $\mathbb{Z}_2$의 원소는 0과 1뿐이고 이들 값을 대입하면,

$$f(0)=1\neq 0 \text{이고 } f(1)=1+1+1=1\neq 0$$

이므로 $f(x)$는 1차 인수를 갖지 않는다. 따라서 $f(x)$가 기약다항식이 아니라면, $f(x)$는 2차 인수를 가진다. 실제로

$$(x^2+ax+b)(x^2+cx+d)=x^4+x^3+1$$

이라고 가정하고 상수항의 계수를 비교하면, $bd=1$이므로 $b=d=1$이다. 이제, 나머지 계수를 비교하면, 3차 항부터 시작하여 다음 관계식

$$a+c=1,\ ac=0,\ a+c=0$$

을 얻는다. 여기서 첫 식과 셋째 식은 동시에 성립할 수 없다.

그러므로 $f(x)$는 기약다항식이다.

지금부터 다항식의 기약성을 증명하는 몇 가지 방법을 소개한다.

체 F 위의 다항식 $f(x)=a_nx^n+a_{n-1}x^{n-1}+\cdots+a_1x+a_0\in F[x]$와 $c\in F$에 대하여 $f(x+c)$는 아래와 같이 정의된다.

$$f(x+c)=a_n(x+c)^n+a_{n-1}(x+c)^{n-1}+\cdots+a_1(x+c)+a_0\in F[x]$$

정리 3.11.8 체 F의 원소 $c\in F$에 대하여 다음과 같이 정의된 함수

$$\phi_c : F[x]\to F[x],\ \phi_c(f(x))=f(x+c)$$

는 환 동형함수이다. 따라서 $f(x)$가 기약이기 위한 필요충분조건은 $f(x+c)$가 기약이다.

증명 체 F 위의 다항식 $f(x)$와 $g(x)$에 대하여

$$\phi_c(f(x)+g(x))=f(x+c)+g(x+c)=\phi_c(f(x))+\phi_c(g(x)),$$
$$\phi_c(f(x)g(x))=f(x+c)g(x+c)=\phi_c(f(x))\phi_c(g(x))$$

이므로 ϕ_c는 환 준동형함수이다.

임의의 다항식 $f(x)\in F[x]$에 대하여 $f(x-c)\in F[x]$가 존재하여

$$\phi_c(f(x-c))=f((x+c)-c)=f(x)$$

이므로 $\operatorname{im}\phi_c=F[x]$이다. 또, $f(x)\in\ker\phi_c$이면 $\phi_c(f(x))=f(x+c)=0$이므로 $f(x)=0$이다. 즉, $\ker\phi_c=\{0\}$이다.

그러므로 ϕ_c는 환 동형함수이다.

이제 $f(x)=h(x)k(x)$이면,

$$f(x+c)=\phi_c(f(x))=\phi_c(h(x)k(x))=h(x+c)k(x+c)$$

이므로 $f(x)$가 가약이면 $f(x+c)$도 가약이다. 따라서 $f(x+c)$가 기약이면 $f(x)$도 기약이다.

또한 이의 역도 같은 방법으로 성립한다.

그러므로 $f(x)$가 기약이기 위한 필요충분조건은 $f(x+c)$가 기약이다. ■

이를테면, $\mathbb{Q}[x]$에서 x^2+x+1은 기약이므로 $(x+1)^2+(x+1)+1=x^2+3x+3$은 기약이고 x^2+x는 가약이므로 $(x+3)^2+x+3=x^2+7x+12$는 가약이다.

정의 3.11.9 체 F 위의 n차 다항식

$$f(x)=a_nx^n+a_{n-1}x^{n-1}+\cdots+a_1x+a_0\in F[x],\ a_n\neq 0$$

에 대하여 다항식

$$x^nf\left(\frac{1}{x}\right)=a_0x^n+a_1x^{n-1}+\cdots+a_{n-1}x+a_n$$

을 $f(x)$의 상반다항식(reciprocal polynomial)이라 하고 $f^*(x)$로 나타낸다.

정리 3.11.10 체 F 위의 n차 다항식

$$f(x)=a_nx^n+a_{n-1}x^{n-1}+\cdots+a_1x+a_0\in F[x],\ a_n\neq 0$$

에 대하여 다음이 성립한다.

(1) $f(0)\neq 0$일 때, $g(x)=f^*(x)$라고 하면 $g^*(x)=f(x)$이다.

(2) 두 다항식 $g(x), h(x)\in F[x]$에 대하여 $f(x)=g(x)h(x)$라고 하면 $f^*(x)=g^*(x)h^*(x)$이다.

따라서 $f(x)$가 기약일 필요충분조건은 $f^*(x)$가 기약이다.

증명 (1) $a_0=f(0)\neq 0$이면,

$$\begin{aligned} g(x)&=x^nf\left(\frac{1}{x}\right)\\ &=x^n\left\{a_n\left(\frac{1}{x}\right)^n+a_{n-1}\left(\frac{1}{x}\right)^{n-1}+\cdots+a_1\left(\frac{1}{x}\right)+a_0\right\}\\ &=a_0x^n+a_1x^{n-1}+\cdots+a_{n-1}x+a_n \end{aligned}$$

이고 같은 방법으로 $g^*(x)$를 구하면, $g^*(x)=f(x)$이다.

(2) $f(x)$가 가약이면, 적당한 다항식 $g(x)$와 $h(x)$가 존재하여 $f(x)=g(x)h(x)$이고

$$\deg g(x)=r,\ \deg h(x)=s,\ n=r+s$$

이다. 따라서 $f^*(x)=x^nf\left(\frac{1}{x}\right)=x^rx^sg\left(\frac{1}{x}\right)h\left(\frac{1}{x}\right)=x^rg\left(\frac{1}{x}\right)x^sh\left(\frac{1}{x}\right)=g^*(x)h^*(x)$이다. 즉, $f^*(x)$도 가약이다.

그러므로 $f^*(x)$가 기약이면 $f(x)$가 기약이고 (1)에 의하여 역도 성립한다. ▩

[예제 3.11.5] (1) 유리수체 $\mathbb{Q}$ 위에서 다항식 $f(x)=2x^3+7x^2+5x+1$을 인수분해하면 $f(x)=(2x+1)(x^2+3x+1)$이다. 따라서 $2x+1$의 상반방정식은 $x\left\{2\left(\frac{1}{x}\right)+1\right\}=x+2$이고 x^2+3x+1의 상반방정식은 x^2+3x+1이므로 $f(x)$의 상반방정식은

$$f^*(x)=(x+2)(x^2+3x+1)=x^3+5x^2+7x+2$$

이다.

(2) 다항식환 $\mathbb{Z}_2[x]$에서 x^3+x+1의 상반방정식은 x^3+x^2+1이고 두 다항식은 기약다항식이다. 또 $x^4+x^3+x^2+x+1$은 기약다항식이고 상반방정식은 자기 자신이다.

정리 3.11.11 정수를 계수로 가지는 $n(\geq 1)$차 다항식

$$f(x)=a_nx^n+a_{n-1}x^{n-1}+\cdots+a_1x+a_0\in\mathbb{Z}[x]\subseteq\mathbb{Q}[x],\ a_n\neq 0$$

가 유리수인 근 $\dfrac{b}{a}$ $(a, b\in\mathbb{Z}$이고 $\gcd(a, b)=1)$를 가지면, $a\,|\,a_n$, $b\,|\,a_0$이다.

특히, $a_n=1$이면 $f(x)$의 근은 모두 정수이다.

증명 가정에서 $\dfrac{b}{a}$가 $f(x)$의 근이므로

$$f\left(\frac{b}{a}\right)=a_n\left(\frac{b}{a}\right)^n+a_{n-1}\left(\frac{b}{a}\right)^{n-1}+\cdots+a_1\left(\frac{b}{a}\right)+a_0=0$$

이고 따라서

$$a_0a^n+a_1a^{n-1}b+\cdots+a_{n-1}ab^{n-1}+a_nb^n=0 \tag{*}$$

이다. 정리를 증명하기 위하여 식 (*)를 변형하면

$$a(a_0a^{n-1}+a_1a^{n-2}b+\cdots+a_{n-1}b^{n-1})=-a_nb^n,$$
$$b(a_1a^{n-1}+\cdots+a_{n-1}ab^{n-2}+a_nb^{n-1})=-a_0a^n$$

이다. 한편, $\gcd(a, b)=1$이므로 $\gcd(a, b^n)=1$이고 $\gcd(a^n, b)=1$이므로 $a\,|\,a_n$, $b\,|\,a_0$이다. 특히, $a_n=1$이면 $a=\pm 1$이므로 $f(x)$의 근은 모두 정수이다. ■

이를테면, 예제 3.11.2를 위 정리를 이용하여 알아보자. 먼저 $a_2=1$이므로 $f(x)$가 인수분해되면, $f(x)$는 -8의 약수를 근으로 가진다. 따라서, x대신에 ± 1, ± 2, ± 4, ± 8을 $f(x)$에 대입하여 구하여 보면 모든 x의 값에 대하여 $f(x)\neq 0$이다. 그러므로 $f(x)$는 기약다항식이다.

정의 3.11.12 정수를 계수로 가지는 $n(\geq 1)$차 다항식

$$f(x)=a_nx^n+a_{n-1}x^{n-1}+\cdots+a_1x+a_0\in\mathbb{Z}[x],\ a_n\neq 0$$

에서 $a_n, a_{n-1}, \cdots, a_1, a_0$의 최대공약수를 $f(x)$의 내용(content)이라 하고 기호 $c(f)$로 나타낸다. 특히, $c(f)=1$일 때, $f(x)$를 **원시다항식**(primitive polynomial)이라 한다.

이를테면, $f(x)=2x^3+3x+5$의 내용은 $c(f)=\gcd(2, 0, 3, 5)=1$이므로 $f(x)$는 원시다항식이다. 특히, 모닉다항식은 원시다항식이다.

일반적으로 정수를 계수로 가지는 $n(\geq 1)$차 다항식 $f(x)$는 내용 $c(f)$와 원시다항식 $f_1(x)$의 곱으로 표현된다. 즉, $f(x)=c(f)f_1(x)$이다.

이를테면, 다항식 $f(x)=2x^3+6x^2+8$의 내용은 $\gcd(2, 6, 0, 8)=2$이다. 이때 $f(x)$를

$$f(x)=2x^3+6x^2+8=2(x^3+3x^2+4)=c(f)f_1(x)$$

로 표현하면 $c(f_1)=\gcd(1, 3, 0, 4)=1$이므로 $f_1(x)$는 원시다항식이다.

정리 3.11.13 정수를 계수로 가지는 1차 이상인 두 다항식

$$f(x)=a_nx^n+a_{n-1}x^{n-1}+\cdots+a_1x+a_0,\ a_n\neq 0$$

$$g(x)=b_mx^m+b_{m-1}x^{m-1}+\cdots+b_1x+b_0,\ b_m\neq 0$$

가 모두 원시다항식이면, $f(x)g(x)$도 원시다항식이다.

증명 주어진 다항식 $f(x)$와 $g(x)$에 대하여 그의 곱은

$$f(x)g(x)=c_{n+m}x^{n+m}+c_{n+m-1}x^{n+m-1}+\cdots+c_1x+c_0,$$

$$c_k=a_kb_0+a_{k-1}b_1+\cdots+a_1b_{k-1}+a_0b_k,$$

단, $l>n$인 모든 l에 대하여 $a_l=0$이고 $l>m$인 모든 l에 대하여 $b_l=0$

이다. 이제, $f(x)g(x)$가 원시다항식이 아니라면 $c(fg)\neq 1$이므로 적당한 소수 p가 존재하여 $p\mid c(fg)$이다. 즉, 모든 $k(0\leq k\leq m+n)$에 대하여 $p\mid c_k$이다. 한편, $f(x)$는 원시다항식이므로 $c(f)=1$이다. 따라서, $p\nmid a_i$인 i가 존재하므로 이들 중에 가장 작은 첨자를 r이라 하자. 즉, $p\mid a_0$, $p\mid a_1$, $\cdots$, $p\mid a_{r-1}$, $p\nmid a_r$이다. 같은 방법으로 $g(x)$는 원시다항식이므로 가장 작은 첨자 s가 존재하여 $p\mid b_0$, $p\mid b_1$, $\cdots$, $p\mid b_{s-1}$, $p\nmid b_s$이다. 이제, $f(x)g(x)$의 $r+s$차 항의 계수 c_{r+s}를 살펴보면, 다음과 같다.

$$c_{r+s}=(a_0b_{r+s}+\cdots+a_{r-1}b_{s+1})+a_rb_s+(a_{r+1}b_{s-1}+\cdots+a_{r+s}b_0)$$

단, $l>n$이면 $a_l=0$이고 $l>m$이면 $b_l=0$이다.

먼저,

$$p\mid a_0,\ p\mid a_1,\ \cdots,\ p\mid a_{r-1}\text{이므로 } p\mid(a_0b_{r+s}+\cdots+a_{r-1}b_{s+1})$$

이고 또

$$p\mid b_0,\ p\mid b_1,\ \cdots,\ p\mid b_{s-1}\text{이므로 } p\mid(a_{r+1}b_{s-1}+\cdots+a_{r+s}b_0)$$

이지만 $p\nmid a_rb_s$이므로 $p\nmid c_{r+s}$이어서 $p\mid c_{r+s}$에 모순이다. 따라서 정리가 성립한다. ■

정리 3.11.14 유리수를 계수로 가지는 $n(\geq 1)$차 다항식

$$f(x)=r_nx^n+r_{n-1}x^{n-1}+\cdots+r_1x+r_0,\ r_n\neq 0$$

는 양의 유리수 r과 원시다항식 $f_1(x)\in\mathbb{Z}[x]$의 곱

$$f(x)=rf_1(x)$$

의 꼴로 유일하게 표현된다. 특히, $f(x)\in\mathbb{Z}[x]$이면, r은 정수이고 $r=c(f)$이다.

증명 각 i $(0\leq i\leq n)$에 대하여 r_i는 유리수이므로

$$r_i=\frac{a_i}{b_i}\ \ (a_i\text{와 } b_i\text{는 서로소이고 } b_i\neq 0)$$

로 표현된다. 이제, $B=b_0b_1 \cdots b_n$이고 $B_i=\dfrac{Ba_i}{b_i}$라 놓으면, 각 i $(0 \le i \le n)$에 대하여 $B_i \in \mathbb{Z}$ 이므로 $\gcd(B_n, B_{n-1}, \cdots, B_1, B_0)=D$라고 하면

$$f(x)=\frac{1}{B}(B_nx^n+B_{n-1}x^{n-1}+\cdots+B_1x+B_0)=\frac{D}{B}f_1(x)=rf_1(x)$$

이다. 여기에서 $c(f_1)=1$이므로 $f_1(x)$는 원시다항식이다.

이제, 양의 유리수 r과 원시다항식 $f_1(x) \in \mathbb{Z}[x]$가 유일함을 증명하기 위하여 유리수 s와 원시다항식 $f_2(x)$가 존재하여 $f(x)=sf_2(x)$라고 가정하자.

그러면 $sf_2(x)=f(x)=\dfrac{D}{B}f_1(x)$이고 $Bsf_2(x)=Df_1(x)$이다. 따라서 $Bs=c(Bsf_2(x))=c(Df_1(x))=D$이므로 $s=\dfrac{D}{B}=r$이고 $f_1(x)=f_2(x)$이다.

특히, $f(x) \in \mathbb{Z}[x]$이면 각 i $(0 \le i \le n)$에 대하여 $r_i \in \mathbb{Z}$ 이고 $b_i=1$이다. 따라서 $B=1$이고 $r=D=\gcd(B_n, \cdots, B_0)=(a_n, \cdots, a_0)=(r_n, \cdots, r_0)=c(f)$이다. ▩

정리 3.11.14를 만족하는 유리수 r을 $f(x)$의 **내용**이라고 정의하면, 정수 계수를 가지는 다항식의 내용은 유리수 계수를 가지는 다항식의 내용으로 확장됨을 알 수 있다.

[예제 3.11.6] 다항식 $f(x)=\dfrac{2}{3}x^3+\dfrac{3}{4}x^2-\dfrac{5}{6}x-\dfrac{2}{9}$의 내용을 정리에 의하여 구하면

$$B=3\cdot 4\cdot 6\cdot 9=648,\ B_3=432,\ B_2=486,\ B_1=540,\ B_0=144,\ D=18$$

이므로 $r=\dfrac{1}{36}$이다. 실제로 $f(x)=\dfrac{1}{36}(24x^3+27x^2-30x-8)$이다.

정리 3.11.15 유리수를 계수로 가지는 1차 이상인 다항식 $f(x)$가 유리수체 $\mathbb{Q}$에서

$$f(x)=g(x)h(x),\ 1 \le \deg g(x) < \deg f(x),\ 1 \le \deg h(x) < \deg f(x)$$

라면 $c(f)=c(g)c(h)$이다.

증명 정리 3.11.14에 의하여 다항식 $f(x)$, $g(x)$, $h(x)$에 대하여 각각 원시다항식 $f_1(x)$,

$g_1(x)$, $h_1(x)$가 유일하게 존재하여

$$f(x)=c(f)f_1(x),\ g(x)=c(g)g_1(x),\ h(x)=c(h)h_1(x)$$

이다. 따라서

$$c(f)f_1(x)=f(x)=g(x)h(x)=c(g)c(h)g_1(x)h_1(x)$$

이다. 정리 3.11.13과 정리 3.11.14에 의하여 다음을 얻는다.

$$c(f)=c(g)c(h)\text{이고 } f_1(x)=g_1(x)h_1(x)$$ ■

정리 3.11.16 (Gauss 정리) 정수를 계수로 가지는 $n(\geq 1)$차 다항식

$$f(x)=a_nx^n+a_{n-1}x^{n-1}+\cdots+a_1x+a_0\in\mathbb{Z}[x],\ a_n\neq 0$$

에 대하여 다음이 성립한다.

(1) $f(x)$가 유리수체 $\mathbb{Q}$에서 r차 다항식과 s차 다항식으로 인수분해되면, $f(x)$는 정수환 $\mathbb{Z}$에서도 r차 다항식과 s차 다항식으로 인수분해된다. 단, $1\leq r<n$이고 $1\leq s<n$이다. 즉, $f(x)$가 $\mathbb{Q}$에서 가약이면 $\mathbb{Z}$에서 가약이다.

(2) $f(x)$가 정수환 $\mathbb{Z}$ 위에서 1차 이상의 두 다항식의 곱으로 인수분해되지 않으면, $f(x)$도 유리수체 $\mathbb{Q}$ 위에서 1차 이상의 두 다항식의 곱으로 인수분해되지 않는다. 즉, $f(x)$가 정수환 $\mathbb{Z}$ 위에서 기약이면 $\mathbb{Q}$ 위에서 기약이다.

증명 (1) 유리수체 $\mathbb{Q}$에서 $f(x)=g(x)h(x)$, $\deg g(x)=r$, $\deg h(x)=t$이라고 가정하자. 정리 3.11.14에 의하여 각각 유일한 유리수들 $c(f)$, $c(g)$, $c(h)$와 원시다항식들 $f_1(x)$, $g_1(x)$, $h_1(x)$가 존재하여

$$c(f)f_1(x)=f(x)=g(x)h(x)=c(g)c(h)g_1(x)h_1(x)$$

이다. 이제

$$c(g)=\frac{b_1}{b_2}\text{이고 } c(h)=\frac{c_1}{c_2}\quad(\gcd(b_1,\ b_2)=1=\gcd(c_1,\ c_2),\ b_2c_2\neq 0)$$

라고 하면, $f(x)\in\mathbb{Z}[x]$이므로 $c(f)\in\mathbb{Z}$ 이므로 $c(g)c(h)=\dfrac{b_1}{b_2}\cdot\dfrac{c_1}{c_2}\in\mathbb{Z}$ 이다.

따라서 $c(g)c(h)g_1(x)=g_2(x)$이고 $h_1(x)=h_2(x)$라고 놓으면,

$$f(x)=g_2(x)h_2(x),\ \ g_2(x),\ h_2(x)\in\mathbb{Z}[x]$$

이다. 따라서 $f(x)$는 정수환에서도 r차 다항식과 s차 다항식으로 인수분해된다.

(2) (1)에 의하여 분명하다. ▩

[예제 3.11.7] 유리수체 $\mathbb{Q}$ 위에서 다항식 $f(x)=x^4+2x^2+2$는 기약인지 확인해보자.

다항식 $f(x)$가 1차 인수를 가진다면 $f(x)$는 유리수근을 가지고 정리 3.11.11에 의하여 $f(x)$는 정수근을 가진다. 따라서 정수근은 ±1 또는 ±2이어야 한다. 그러나 $f(\pm1)=5\neq0$이고 $f(\pm2)=26\neq0$이므로 $f(x)$는 1차 인수를 갖지 않는다.

다항식 $f(x)$가 2차 인수의 곱이라면, 즉,

$$x^4+2x^2+2=(x^2+ax+b)(x^2+cx+d)$$

이라면, 양변의 계수를 비교하면 정수 a, b, c, d에 대한 다음 식들을 얻는다.

$$a+c=0,\ b+d+ac=2,\ ad+bc=0,\ bd=2$$

먼저 $bd=2$로부터 $b=1$, $d=2$인 경우와 $b=-1$, $d=-2$인 경우를 생각하면 충분하다. 먼저, $b=1$, $d=2$일 때, $a+c=0$, $ac=-1$, $2a+c=0$이다. 그러나 이 식을 만족하는 a와 c의 값이 존재하지 않는다. 또, $b=-1$, $d=-2$인 경우도 같은 방법으로 a와 c의 값이 존재하지 않는다.

그러므로 다항식 $f(x)=x^4+2x^2+2$는 유리수체 $\mathbb{Q}$ 위에서 기약이다.

정리 3.11.17 (Eisenstein 정리) 정수를 계수로 가지는 $n(\geq1)$차 다항식

$$f(x)=a_nx^n+a_{n-1}x^{n-1}+\cdots+a_1x+a_0\in\mathbb{Z}[x],\ \ a_n\neq0$$

에 대하여 다음이 성립한다.

(1) 적당한 소수 p에 대하여 $p\mid a_n$, $p\mid a_{n-1}$, $\cdots$, $p\mid a_1$, $p\nmid a_0$, $p^2\nmid a_n$이면, $f(x)$는 유리수체 위에서 기약이다.

(2) 적당한 소수 p에 대하여 $p\mid a_0$, $p\mid a_1$, $\cdots$, $p\mid a_{n-1}$, $p\nmid a_n$, $p^2\nmid a_0$이면, $f(x)$는 유리수체 위에서 기약이다.

증명 (1) 적당한 소수 p에 대하여 $p \mid a_n$, $p \mid a_{n-1}$, $\cdots$, $p \mid a_1$, $p \nmid a_0$, $p^2 \nmid a_n$일 때, $f(x)$가 유리수체 위에서 기약이 아니라고 하자. 그러면 정리 3.11.16에 의하여 $f(x)$는 정수환 위에서 다음과 같이 인수분해 된다.

$$f(x) = (b_r x^r + b_{r-1} x^{r-1} + \cdots + b_1 x + b_0)(c_s x^s + c_{s-1} x^{s-1} + \cdots + c_1 x + c_0)$$
$$b_r \neq 0,\ c_s \neq 0,\ b_0 \neq 0,\ c_0 \neq 0,\ r+s=n,\ 1 \leq r < n,\ 1 \leq s < n$$

먼저 $a_n = b_r c_s$, $p \mid a_n$, $p^2 \nmid a_n$이므로 b_r 또는 c_s중 하나는 p의 배수이고 다른 하나는 p의 배수가 아니다. 이제 $p \mid b_r$이고 $p \nmid c_s$라고 가정하자.

또한, $p \nmid a_0$이므로 $p \nmid b_0$이고 $p \nmid c_0$이다. 한편, $p \mid b_r$이고 $p \nmid b_0$이므로 $p \mid b_r$, $\cdots$, $p \mid b_{t+1}$, $p \nmid b_t$인 최대정수 t가 존재한다. 이제 $f(x)$의 $s+t$차 항의 계수

$$a_{s+t} = b_t c_s + b_{t+1} c_{s-1} + b_{t+2} c_{s-2} + \cdots$$

를 살펴보면, $p \mid (b_{t+1} c_{s-1} + b_{t+2} c_{s-1} + \cdots)$이고 $p \nmid b_t c_s$이므로 $p \nmid a_{s+t}$이다.

여기서 $t < r$이므로 $1 \leq t+s < r+s = n$이므로 가정에서 $p \mid a_{s+t}$이다. 따라서 모순이다.

그러므로 $f(x)$는 유리수체 위에서 기약이다.

(2) (1)의 증명과 유사한 방법으로 증명할 수 있으므로 독자에게 맡긴다. ▒

[예제 3.11.8] 유리수체 $\mathbb{Q}$ 위에서 다항식 $f(x) = x^4 + 2x^2 + 2$는 기약인지 확인해 보자.

먼저 $2 \mid 2$, $2 \mid 0$, $2 \mid 2$, $2 \mid 0$, $2 \nmid 1$, $2^2 \nmid 2$임에 유의하면 정리 3.11.17의 (2)에 의하여 $f(x) = x^4 + 2x^2 + 2$는 $\mathbb{Q}$ 위에서 기약이다.

[예제 3.11.9] (Gauss 정리) 소수 p에 대하여 다항식

$$\phi_p(x) = \frac{x^p - 1}{x - 1} = x^{p-1} + x^{p-2} + \cdots + x + 1$$

는 유리수체 $\mathbb{Q}$ 위에서 기약인지 확인해 보자.

실제로 $\phi_p(x+1) = \dfrac{(x+1)^p - 1}{(x+1) - 1} = x^{p-1} + \dbinom{p}{1} x^{p-2} + \cdots + \dbinom{p}{p-2} x + \dbinom{p}{p-1}$이고 또, $p \nmid 1$, $p \left| \dbinom{p}{1} \right.$, $\cdots$, $p \left| \dbinom{p}{p-2} \right.$, $p \left| \dbinom{p}{p-1} \right.$, $p^2 \nmid \dbinom{p}{p-1}$이다. 따라서 정리

3.11.17에 의하여 $\phi_p(x+1)$이 유리수체 위에서 기약이다.

그러므로 정리 3.11.8에 의하여 $\phi_p(x)$가 유리수체 위에서 기약이다.

위 예제에 따르면,

$$x^2+x+1,\quad x^4+x^3+x^2+x+1,\quad x^6+x^5+x^4+x^3+x^2+x+1$$

등은 기약다항식이다.

이제 유한체 $\mathbb{Z}_p=\{0, 1, 2, \cdots, p-1\}$ 위에서 n차 기약다항식의 개수에 관하여 알아본다. 먼저 n차 모닉다항식

$$f(x)=a_nx^n+a_{n-1}x^{n-1}+\cdots+a_1x+a_0,\quad a_n\neq 0$$

이 기약다항식이면, 그의 상수 배는 기약다항식이므로 n차 기약다항식의 개수는 최고차 항의 계수가 1인 기약다항식을 조사한 뒤에 $(p-1)$배를 하여 구하면 된다. 따라서 여기에서는 최고차 항의 계수가 1인 p^n개의 다항식

$$f(x)=x^n+a_{n-1}x^{n-1}+\cdots+a_1x+a_0$$

에서 기약다항식을 구한다.

먼저 1차 다항식은 모두 기약이므로 p개의 모닉 기약다항식이 존재한다. 따라서 모두 $(p-1)p$개의 1차 다항식이 모두 기약이다.

이제 구체적인 예제를 살펴본다.

[예제 3.11.10] 체 $\mathbb{Z}_2$ 위에서의 n차 기약다항식에 관하여 살펴보면,

(1) 2차 모닉다항식은 모두 4가지

$$x^2=x\cdot x,\ x^2+1=(x+1)^2,\ x^2+x=x(x+1),\ x^2+x+1$$

가 있으며 이들 중 2차 기약다항식은 x^2+x+1 뿐이다.

(2) 3차 기약다항식의 개수를 조사하기 위하여 $p(x)=x^3+ax^2+bx+c$가 기약이라고 할 때, 계수 a, b, c를 구하여 보자. 먼저 $c=0$이면 $p(x)$는 x를 인수로

가지므로 $p(x)$는 가약이다. 따라서 $c=1$ 즉, $p(x)=x^3+ax^2+bx+1$의 꼴이다. 또한, $x+1$을 인수로 갖지 않아야 하므로

$$p(1)=1+a+b+1\neq 0 \text{ 즉, } a+b=1$$

이다. 따라서 3차 모닉기약다항식은 두 가지

$$p(x)=x^3+x^2+1, \quad p(x)=x^3+x+1$$

뿐이다.

위 예제와 같이 2차 기약다항식과 3차 기약다항식은 쉽게 확인할 수 있지만 고차 기약다항식을 모두 찾는 일은 쉽지 않다. 고차 기약다항식의 개수에 관하여는 참고문헌[15]를 보기 바란다.

여기에서는 체 $\mathbb{Z}_2$ 위에서의 5차 기약다항식에 관하여 살펴본다.

[예제 3.11.11] 체 $\mathbb{Z}_2$ 위에서의 5차 다항식을

$$p(x)=x^5+ax^4+bx^3+cx^2+dx+e$$

이라 놓자. 먼저 1차 인수를 갖지 않으므로 $p(0)=1$이고 $p(1)=1$이어야 한다. 즉, $p(0)=e=1$이고 $p(1)=1+a+b+c+d+e=1$로부터 $a+b+c+d=1$이어야 하므로 8가지 다항식을 생각할 수 있다.

$$x^5+x^4+1,\ x^5+x^3+1,\ x^5+x^2+1,\ x^5+x+1,\ x^5+x^4+x^3+x^2+1,$$
$$x^5+x^4+x^3+x+1,\ x^5+x^4+x^2+x+1,\ x^5+x^3+x^2+x+1$$

이들 중에 2차 기약다항식과 3차 기약다항식의 곱으로 표현되는 다항식을 제외하면 된다. 즉, 위 8가지 다항식 중

$$(x^2+x+1)(x^3+x^2+1)=x^5+x+1,\ (x^2+x+1)(x^3+x+1)=x^5+x^4+1$$

을 제외한 6가지 다항식이 모두 기약이다.

연습문제 3.11

1. 체 F가 체 K의 부분체일 때, 각각의 곱셈에 관한 항등원이 같은 것을 증명하여라.

2. 다항식 $f(x)$와 $g(x)$가 다음과 같이 주어질 때, 몫과 나머지를 구하여라.
   (1) 유리수체 위에서 $f(x)=x^4-2x^3+2x^2-x+3$와 $g(x)=x+1$
   (2) 유리수체 위에서 $f(x)=x^4-2x^3+2x^2-x+3$와 $g(x)=x^2+x+1$
   (3) 체 $\mathbb{Z}_5$ 위에서 $f(x)=x^4-2x^3+2x^2-x+3$와 $g(x)=x+1$
   (4) 체 $\mathbb{Z}_5$ 위에서 $f(x)=x^4-2x^3+2x^2-x+3$와 $g(x)=x^2+x+1$

3. 체 K가 체 F의 확대체일 때, 원소 $\alpha\in K$에 대하여 함수

$$\phi_\alpha : F[x] \to K,\ \phi_\alpha(f(x))=f(\alpha)$$

   는 환 준동형함수임을 증명하여라.

4. 체 F 위의 다항식 $f(x)$가 가약다항식일 필요충분조건은

$$f(x)=g(x)h(x),\ 1\le \deg g(x)<\deg f(x),\ 1\le \deg h(x)<\deg f(x)$$

   인 다항식 $g(x)$와 $h(x)$가 존재하는 것임을 증명하여라.

5. 체 F 위의 두 n차 다항식

$$f(x)=a_nx^n+a_{n-1}x^{n-1}+\cdots+a_1x+a_0,\ a_n\neq 0,$$
$$g(x)=b_nx^n+b_{n-1}x^{n-1}+\cdots+b_1x+b_0,\ b_n\neq 0$$

   가 체 F의 서로 다른 $n+1$개의 원소 c_i $(1\le i\le n+1)$에 대하여 $f(c_i)=g(c_i)$이면, $f(x)=g(x)$이다. 즉, $a_i=b_i$ $(0\le i\le n)$임을 증명하여라.

6. 정리 3.11.4의 (2)를 증명하여라.

7. 정수가 아닌 유리수 $r=\dfrac{a}{b}$ $(\gcd(a, b)=1)$에 대하여 r^2+4r은 정수가 아님을 증명하여라.

8. 체 F 위의 다항식환 $F[x]$에서 임의의 다항식 $f(x)$, $\deg f(x)\geq 1$는 다음과 같은 꼴

$$f(x)=ap_1(x)p_2(x)\cdots p_k(x),$$
$$a\in F\text{이고 } p_1(x), p_2(x), \cdots, p_k(x)\in F[x]\text{는 모닉 기약다항식}$$

로 인수분해되는 것을 증명하여라. 또, 기약다항식 $p_1(x), p_2(x), \cdots, p_k(x)$의 순서를 무시하면 이와 같은 인수분해는 유일함을 증명하여라.

이와 같은 조건을 만족하는 정역을 **유일인수분해정역**(UFD, unique factorization domain)이라고 한다.

9. 체 F 위의 n차 다항식 $f(x)\in F[x]$, $\deg f(x)=n\geq 1$에 대하여 다음이 성립하는 것을 증명하여라.

(1) $f(x)$는 체 F에서 n개 이하의 근을 가진다.

(2) $f(x)$가 체 F에서 n개의 서로 다른 근 $u_1, u_2, \cdots, u_n$을 가지면, 체 F 위에서 $f(x)$는 다음과 같이 인수분해된다.

$$f(x)=a(x-u_1)(x-u_2)\cdots(x-u_n),\ a\in F$$

10. 다음 다항식 $f(x)$가 유리수체 $\mathbb{Q}$ 위에서 기약이면 증명하고 가약이면 인수분해 하여라.

(1) $f(x)=x^5-3x^2+2$　　(2) $f(x)=x^3-3x^2+3$

(3) $f(x)=x^4-x^2+1$　　(4) $f(x)=x^4-11x^2+1$

11. 다음 다항식 $f(x)$가 체 $\mathbb{Z}_2$ 위에서 기약이면 증명하고 가약이면 인수분해 하여라.

(1) $f(x)=x^5+x^2+1$　　(2) $f(x)=x^3+x^2+1$

(3) $f(x)=x^4+x^2+1$　　(4) $f(x)=x^6+x^3+1$

12. 다음 다항식 $f(x)$가 체 $\mathbb{Z}_3$ 위에서 기약이면 증명하고 가약이면 인수분해 하여라.

(1) $f(x)=x^5+x^2+1$　　(2) $f(x)=x^3+2x^2+1$

(3) $f(x)=x^4+x^2+2$　　(4) $f(x)=x^6+x^3+1$

13. 유리수체 $\mathbb{Q}$ 위에서 다항식 $f(x)=x^5-3x^2+2$에 대하여 $f(x+3)$과 $f(x-1)$을 구하여라.

14. 정리 3.11.16의 (2)를 증명하여라.

15. 정리 3.11.17의 (2)를 증명하여라.

16. 소수 p와 양의 정수 k에 대하여

$$\Phi_{p^k}(x)=\frac{x^{p^k}-1}{x^{p^{k-1}}-1}=x^{p^{k-1}(p-1)}+x^{p^{k-1}(p-2)}+\cdots+x^{p^{k-1}}+1$$

이 기약다항식임을 다음 과정을 통하여 증명하여라.

(1) $1\le i<p$일 때, $\binom{p^k}{i}$은 p의 배수임을 증명하여라.

(2) $1\le j<p$일 때, $\binom{p^{k-1}}{j}$은 p의 배수임을 증명하여라.

(3) 다항식 $g(x)=\Phi_{p^k}(x+1)=x^q+a_1x^{q-1}+\cdots+a_{q-1}x+a_q,\quad q=p^{k-1}(p-1)$에서 $p\mid a_q$이고 $p^2\nmid a_q$임을 증명하여라.

(4) 다항식 $g(x)$를 $g(x)=\dfrac{x^{p^k}+pr(x)}{x^{p^{k-1}}+ps(x)}$꼴로 변형하고 이를 이용하여 $a_1, a_2, \cdots, a_q$는 p의 배수이고 $p^2\nmid a_q$임을 증명함으로서 $g(x)$가 기약다항식임을 증명하여라.

(5) 기약다항식 $\Phi_9(x)$와 $\Phi_{27}(x)$을 구하여라.

17. 소수 p에 대하여 $\mathbb{Z}_p$ 위에서 모닉인 2차 기약다항식과 3차 기약다항식의 개수를 구하여라.

18. 유한체 $\mathbb{Z}_2$ 위에서 4차 이하인 기약다항식의 개수를 구하여라.

3.12 기약다항식과 확대체

체 F 위의 다항식환 $F[x]$에서 임의의 다항식 $f(x)\in F[x]$에 대하여

$$(f(x))=\{f(x)h(x)\mid h(x)\in F[x]\}$$

는 $F[x]$의 이데알이고, 정리 3.10.3에 의하여 $F[x]$의 임의의 이데알 I에 대하여 적당한 다항식 $f(x)\in F[x]$가 존재하여 $I=(f(x))$이다. 또, 정리 3.10.2에 의하여

$$\deg f(x)\geq 1 \iff \{0\}\subsetneq (f(x))\subsetneq F[x]$$

이다. 또한 체 F 위의 다항식환에서 $f(x)$를 계수가 1인 적당한 모닉다항식 $f(x)$로 대체해도 좋다. 모닉다항식 $f(x)\in F[x]$, $\deg f(x)\geq 1$에 의하여 생성된 이데알 I에 의한 잉여환 $F[x]/I=\{g(x)+I\mid g(x)\in F[x]\}$는 다음

$$g(x)+I=h(x)+I \iff g(x)-h(x)\in I \iff f(x)\mid (g(x)-h(x)),$$
$$(g(x)+I)+(h(x)+I)=g(x)+h(x)+I,$$
$$(g(x)+I)(h(x)+I)=g(x)h(x)+I$$

과 같이 정의된 연산 아래 항등원 $1+I\neq 0+I$를 가지는 가환환이다. 실제로 잉여환 $F[x]/I$는 다음 정리를 만족한다.

정리 3.12.1 체 F 위의 다항식 $f(x)\in F[x]$, $\deg f(x)=n\geq 1$에 대하여 이데알 $I=(f(x))$에 의한 잉여환을 $F[x]/I$라면, 잉여환 $F[x]/I$의 각 원소 $g(x)+I$는

$$g(x)+I=a_0+a_1x+\cdots+a_{n-1}x^{n-1}+I$$

의 꼴로 유일하게 표현된다. 따라서

$$F[x]/I=\{a_0+a_1x+\cdots+a_{n-1}x^{n-1}+I\mid a_0, a_1, \cdots, a_{n-1}\in F\}$$

이다. 특히, $f(x)+I=0+I$이다.

증명 체 F 위의 임의의 다항식 $g(x)\in F[x]$에 대하여 정리 3.10.1에 의하여 적당한 다항

식 $q(x)$와 $r(x)$가 유일하게 존재하여

$$g(x)=q(x)f(x)+r(x),\ r(x)=0 \text{ 또는 } \deg r(x)<n$$

이다. 따라서 $r(x)$를 $r(x)=a_0+a_1x+\cdots+a_{n-1}x^{n-1}$, $a_i\in F\ (0\le i\le n-1)$로 유일하게 나타낼 수 있다. 따라서 $g(x)-r(x)=q(x)f(x)\in(f(x))=I$이므로

$$g(x)+I=r(x)+I=a_0+a_1x+\cdots+a_{n-1}x^{n-1}+I$$

이다. 이제 유일성을 증명하기 위하여

$$b_0+b_1x+\cdots+b_{n-1}x^{n-1}+I=a_0+a_1x+\cdots+a_{n-1}x^{n-1}+I$$

을 가정하면,

$$(b_0-a_0)+(b_1-a_1)x+\cdots+(b_{n-1}-a_{n-1})x^{n-1}\in I=(f(x))$$

이다. 따라서

$$(b_0-a_0)+(b_1-a_1)x+\cdots+(b_{n-1}-a_{n-1})x^{n-1}$$

은 $f(x)$의 배수이므로 $b_0=a_0,\ b_1=a_1,\ \cdots,\ b_{n-1}=a_{n-1}$이다. 그러므로 환 $F[x]/I$의 각 원소 $g(x)+I$는

$$g(x)+I=a_0+a_1x+\cdots+a_{n-1}x^{n-1}+I$$

의 꼴로 유일하게 표현된다. 따라서

$$F[x]/I=\{a_0+a_1x+\cdots+a_{n-1}x^{n-1}+I\mid a_0,\ a_1,\ \cdots,\ a_{n-1}\in F\}$$

이다. ■

[예제 3.12.1] 체 F 위의 다항식환 $F[x]$에서 이데알 $(f(x))$에 의한 잉여환을 살펴보면,

(1) $I=(x-3)$이면 $F[x]/I=\{a+I\mid a\in F\}$이다.

(2) $J=(x^2+1)$이면 $F[x]/J=\{a_0+a_1x+J\mid a_0,\ a_1\in F\}$이고 $x^2+1\in J$이다. 잉여환 $F[x]/J$에서 $x^2+1+J=0+J$이므로 $x^2+J=-1+J$이다. 이제, $F[x]/J$의 두 원소 $(2+3x+J)$와 $(3+4x+J)$의 합과 곱을 구하면

$$(2+3x+J)+(3+4x+J)=5+7x+J,$$

$$(2+3x+J)(3+4x+J)=6+17x+12x^2+J=-6+17x+J$$

이다.

(3) $N=(x^3-3x+2)$이면 $F[x]/N=\{a_0+a_1x+a_2x^2+N \mid a_0,\ a_1,\ a_2 \in F\}$이고 $x^3-3x+2 \in N$이다. 잉여환 $F[x]/N$에서 $x^3-3x+2+N=0+N$이므로 $x^3+N=3x-2+N$이다. 이제, 잉여환 $F[x]/N$의 두 원소 $(x^2-2x+1)+N$과 $(x^2+x-2)+N$의 합과 곱을 구해보면 다음과 같다.

$$\begin{aligned}
&(x^2-2x+1)+N+(x^2+x-2)+N=2x^2-x-1+N,\\
&[(x^2-2x+1)+N][(x^2+x-2)+N]=x^4-x^3-3x^2+5x-2+N\\
&\qquad\qquad=x(3x-2)-(3x-2)-3x^2+5x-2+N\\
&\qquad\qquad=0+N
\end{aligned}$$

다음 정리는 기약다항식과 동치명제에 관한 성질들을 나타낸다.

정리 3.12.2 체 F 위의 다항식 $p(x) \in F[x]$, $\deg p(x) \geq 1$에 대하여 이데알 $I=(p(x))$에 의한 잉여환을 $F[x]/I$이라 할 때, 다음 명제들은 서로 동치이다.

(1) $p(x)$는 체 F 위에서 기약다항식이다.

(2) $I=(p(x))$는 극대이데알이다.

(3) $F[x]/I$는 체이다.

(4) $F[x]/I$는 정역이다.

(5) $I=(p(x))$는 소이데알이다.

(6) $p(x) \mid f(x)g(x)$이면 $p(x) \mid f(x)$ 또는 $p(x) \mid g(x)$이다.

증명 (1)⇒(2) 다항식환 $F[x]$의 이데알 N이 $I \subsetneq N$이라면 적당한 다항식 $q(x) \in N-I$가 존재한다. 즉, $q(x)$는 $p(x)$의 배수가 아니므로 정리 3.11.4에 의하여 $\gcd(p(x),\ q(x))=1$이고 정리 3.10.6에 의하여 $1=s(x)p(x)+t(x)q(x)$인 $s(x),\ t(x) \in F[x]$가 존재한다. 한편, $p(x) \in I \subseteq N$이고 $q(x) \in N$이므로 $1 \in N$이다. 따라서 $N=F[x]$이고 I는 극대이데알이다.

(2)⇔(3) 정리 3.4.13에 의하여 증명된다.

(3)⇒(4) 정리 3.2.8에 의하여 증명된다.

(4)$\Leftrightarrow$(5) 정리 3.4.12에 의하여 증명된다.

(5)$\Rightarrow$(6) $p(x) \mid f(x)g(x)$이면 $f(x)g(x) \in (p(x))$이다. 가정에서 $(p(x))$는 소이데알이므로 $f(x) \in (p(x))$ 또는 $g(x) \in (p(x))$이다. 따라서 $p(x) \mid f(x)$ 또는 $p(x) \mid g(x)$이다.

(6)$\Rightarrow$(1) 다항식 $p(x)$가 체 F 위에서 기약이 아니라고 가정하자. 그러면 적당한 다항식 $a(x), b(x) \in F[x]$가 존재하여

$$p(x) = a(x)b(x),\ \ 1 \le \deg a(x) < \deg p(x),\ \ 1 \le \deg b(x) < \deg p(x)$$

이다. 따라서 $p(x) \mid a(x)b(x)$이지만 $p(x) \nmid a(x)$이고 $p(x) \nmid b(x)$이다. 따라서 가정에 모순이다. 그러므로 $p(x)$는 체 F 위에서 기약이다. ▩

정리 3.12.3 체 F 위의 $n(\ge 1)$차 다항식

$$p(x) = c_0 + c_1x + \cdots + c_{n-1}x^{n-1} + x^n \in F[x]$$

가 기약이면, 이데알 $I = (p(x))$에 의한 잉여환 $K = F[x]/I$는 다음을 만족한다.

(1) K는 체이고, $F \cong \bar{F} = \{a + I \mid a \in F\}$이고 $\bar{F}$는 K의 부분체이다.

(2) 체 F의 원소 a와 체 $\bar{F}$의 원소 $a+I$를 동일시하면 체 F와 체 $\bar{F}$를 동일한 체로 생각하여 체 F를 체 K의 부분체로 여긴다. 다시 말하면, K는 F의 확대체이다. 또한, $x+I$를 α라 놓으면 K의 각 원소는 $a_0 + a_1\alpha + \cdots + a_{n-1}\alpha^{n-1}$과 같은 꼴로 유일하게 표현된다. 따라서

$$K = \{a_0 + a_1\alpha + \cdots + a_{n-1}\alpha^{n-1} \mid a_0,\ a_1,\ \cdots,\ a_{n-1} \in F\}$$

이고 $p(\alpha) = 0$ 즉, $\alpha^n = -c_0 - c_1\alpha - \cdots - c_{n-1}\alpha^{n-1}$이다.

증명 (1) 정리 3.12.2에 의하여 잉여환 K는 체이다. 체 F로부터 체 K로의 함수 $\phi : F \to K$, $\phi(a) = a + I$를 정의하면

$$\phi(a+b) = a+b+I = a+I+b+I = \phi(a) + \phi(b),$$
$$\phi(ab) = ab + I = (a+I)(b+I) = \phi(a)\phi(b),$$
$$a \in \ker\phi \Rightarrow \phi(a) = 0 + I \Rightarrow a + I = 0 + I \Rightarrow a \in I = (p(x)) \Rightarrow p(x) \mid a \Rightarrow a = 0$$

이므로 ϕ는 체 일대일 준동형함수이다. 정리 3.7.4에 의하여 $F \cong \phi(F) = \bar{F}$이다.

따라서, $\overline{F}$는 체이므로 체 K의 부분체이다.

(2) 정리 3.12.1에 의하여 $K=F[x]/I$의 각 원소 $g(x)+I$는

$$g(x)+I=a_0+a_1x+a_{n-1}x^{n-1}+I$$

의 꼴로 유일하게 표현되며, F와 $\overline{F}$를 동일시 하면, 즉 $a+I$와 a를 같은 원소로 취급하고 $x+I$를 α라고 놓고 다시 표현하면,

$$\begin{aligned} g(x)+I &= a_0+a_1x+\cdots+a_{n-1}x^{n-1}+I \\ &= (a_0+I)+a_1(x+I)+\cdots+a_{n-1}(x^{n-1}+I) \\ &= (a_0+I)+a_1(x+I)+\cdots+a_{n-1}(x+I)^{n-1} \\ &= a_0+a_1\alpha+\cdots+a_{n-1}\alpha^{n-1} \end{aligned}$$

이다. 따라서,

$$K=\{a_0+a_1\alpha+\cdots+a_{n-1}\alpha^{n-1} \mid a_0, a_1, \cdots, a_{n-1}\in F\}$$

이다. 또,

$$\begin{aligned} p(\alpha) &= c_0+c_1\alpha+\cdots+c_{n-1}\alpha^{n-1}+\alpha^n \\ &= c_0+I+c_1(x+I)+\cdots+c_{n-1}(x+I)^{n-1}+(x+I)^n \\ &= c_0+c_1x+\cdots+c_{n-1}x^{n-1}+x^n+I \\ &= p(x)+I \\ &= 0+I \\ &= 0 \end{aligned}$$

이고 $\alpha^n=-c_0-c_1\alpha-\cdots-c_{n-1}\alpha^{n-1}$이다. ■

이제 정리 3.12.3을 예제 3.12.1에 적용하면 다음 결과를 얻는다.

[예제 3.12.2] 체 F 위의 다항식환 $F[x]$에서 이데알에 의한 잉여환을 살펴보면,

(1) $I=(x-3)$이면 $F[x]/I=\{a+I \mid a\in F\}$이다. 실제로, 함수

$$\phi : F[x] \to F, \ \phi(f(x))=f(3)$$

를 정의하면

$$\phi(f(x)+g(x))=f(3)+g(3)=\phi(f(x))+\phi(g(x)),$$
$$\phi(f(x)g(x))=f(3)g(3)=\phi(f(x))\phi(g(x))$$

이고 임의의 원소 $a\in F\subseteq F[x]$에 대하여 $\phi(a)=a$이므로 $\mathrm{im}\,\phi=F$이다. 따라서 ϕ는 환 위로의 준동형함수이다. 이제 $f(x)\in\ker\phi$이면 $f(3)=0$이다. 따라서 정리 3.11.2에 의하여 적당한 다항식 $g(x)\in F[x]$가 존재하여 $f(x)=(x-3)g(x)$이다.

즉, $\ker\phi=(x-3)=I$이다. 그러므로 제1동형정리에 의하여 $F\cong F[x]/I$이다.

실제로 $F\cong\overline{F}=F[x]/I$이다.

(2) $J=(x^2+1)$이면 $F[x]/J=\{a_0+a_1x+J\mid a_0,\ a_1\in F\}$이고 $x^2+1\in J$이다.

잉여환 $F[x]/J$에서 $x^2+1+J=0+J$이므로 $x^2+J=-1+J$이다. 실제로 $x+J$를 α로 놓으면 $\alpha^2=x^2+J=-1+J$이므로 F와 $\overline{F}$를 동일시하면,

$$\alpha^2=-1\text{이고 } K=\{a+b\alpha\mid a,\ b\in F\}$$

특히, 체 F를 실수체 $\mathbb{R}$로 생각하면, $K=\{a+b\alpha\mid a,\ b\in\mathbb{R}\}$, $\alpha^2=-1$이다. 따라서 체 K는 복소수체 $\mathbb{C}$와 같다. 즉, 함수 $\phi: K\to\mathbb{C}$, $\phi(a+b\alpha)=a+bi$는 체 동형함수이다(연습문제).

(3) $N=(x^3-3x+2)$이면 $F[x]/N=\{a_0+a_1x+a_2x^2+N\mid a_0,\ a_1,\ a_2\in F\}$이고 $x+N=\alpha$라 놓으면, $F[x]/N=\{a_0+a_1\alpha+a_2\alpha^2\mid a_0,\ a_1,\ a_2\in F\}$이다.

한편, $x^3-3x+2=(x-1)^2(x+2)$으로 기약이 아니다. 따라서 $F[x]/N$은 항등원 1을 갖는 가환환이지만 체는 아니다. 실제로 $(\alpha^2-2\alpha+1)(\alpha+2)=0$이므로 $F[x]/N$은 영인자를 가진다.

예제 3.12.2에서는 일반적인 체 위에서 3차 이하인 기약다항식에 의하여 확장된 확대체들에 관한 예를 알아보았다. 예제 3.12.3에서는 구체적으로 유리수체 위에서 3차 기약다항식에 의하여 확장된 체를 살펴본다.

[예제 3.12.3] 체 $\mathbb{Q}$ 위의 다항식환 $\mathbb{Q}[x]$에서 $p(x)=x^3-2x-2$는 정리 3.11.17에 의하여 기약이다. 체 K를 $p(x)$에 의하여 만들어진 확대체라고 하면,

$$K=\{a_0+a_1\alpha+a_2\alpha^2 \mid a_0,\ a_1,\ a_2\in\mathbb{Q}\},\quad \alpha^3=2\alpha+2$$

이다. 여기에서 $2-3\alpha+\alpha^2$과 $1+2\alpha+3\alpha^2$의 합과 곱은 각각

$$\begin{aligned}(2-3\alpha+\alpha^2)+(1+2\alpha+3\alpha^2)&=3-\alpha+4\alpha^2,\\(2-3\alpha+\alpha^2)(1+2\alpha+3\alpha^2)&=2+\alpha+\alpha^2-7\alpha^3+3\alpha^4\\&=-12-7\alpha+7\alpha^2\end{aligned}$$

이다. 이제 $2-3\alpha+\alpha^2$의 곱셈에 관한 역원을 정리 3.10.5를 이용하여 구하면,

$$\begin{aligned}\alpha^3-2\alpha-2&=(\alpha+3)(\alpha^2-3\alpha+2)+5\alpha-8,\\\alpha^2-3\alpha+2&=\left(\frac{1}{5}\alpha-\frac{7}{25}\right)(5\alpha-8)-\frac{6}{25}\end{aligned}$$

이므로

$$\begin{aligned}1&=-\frac{25}{6}(\alpha^2-3\alpha+2)+\frac{1}{6}(5\alpha-7)\{(\alpha^3-2\alpha-2)-(\alpha+3)(\alpha^2-3\alpha+2)\}\\&=\frac{1}{6}(5\alpha-7)(\alpha^3-2\alpha-2)+\left\{-\frac{25}{6}-\frac{1}{6}(5\alpha-7)(\alpha+3)\right\}(\alpha^2-3\alpha+2)\\&=\frac{1}{6}(5\alpha-7)(\alpha^3-2\alpha-2)+\frac{1}{6}(-5\alpha^2-8\alpha-4)(\alpha^2-3\alpha+2)\end{aligned}$$

이다. 따라서 $(\alpha^2-3\alpha+2)^{-1}=\dfrac{1}{6}(-5\alpha^2-8\alpha-4)$이다.

지금까지 몇 가지 무한체의 확대체에 관한 예를 들었다. 두 원소의 덧셈과 곱셈은 간단하지만 원소의 역원은 다소 복잡한 계산에 의하여 얻어지는 것을 알 수 있다.

체 K가 유한체라면, 정리 3.9.8에 의하여 그의 표수는 적당한 소수 p이고 소체의 정의에 의하여 그의 소체는 $\mathbb{Z}_p=\{0,\ 1,\ \cdots,\ p-1\}$이다. 즉, 유한체 K는 체 $\mathbb{Z}_p$의 확대체이다.

다음 정리는 유한체 위에서 n차 기약다항식에 의하여 결정되는 확대체에서도 정리 3.12.3과 유사한 결과가 성립하는 것을 알려준다.

정리 3.12.4 체 $\mathbb{Z}_p$ 위의 $n(\geq 1)$차 다항식

$$p(x) = c_0 + c_1 x + \cdots + c_{n-1}x^{n-1} + x^n \in \mathbb{Z}_p[x]$$

이 기약이면, 이데알 $I = (p(x))$에 의한 잉여환 $K = \mathbb{Z}_p[x]/I$는 p^n개의 원소를 가지는 $\mathbb{Z}_p$의 확대체이다. 즉, $x+I$를 α라 놓으면 K의 각 원소는

$$a_0 + a_1\alpha + \cdots + a_{n-1}\alpha^{n-1}$$

과 같은 꼴로 유일하게 표현된다. 따라서

$$K = \{a_0 + a_1\alpha + \cdots + a_{n-1}\alpha^{n-1} \mid a_0,\ a_1,\ \cdots,\ a_{n-1} \in \mathbb{Z}_p\}$$

이고 $p(\alpha) = 0$ 즉, $\alpha^n = -c_0 - c_1\alpha - \cdots - c_{n-1}\alpha^{n-1}$이다.

증명 정리 3.12.3의 특수한 경우로 성립한다. 여기에서 K의 원소는 n개의 계수 $a_0,\ a_1,\ \cdots,\ a_{n-1}$에 의하여 결정되므로 K는 p^n개의 원소를 가진다. ■

[예제 3.12.4] 체 $\mathbb{Z}_3$ 위의 다항식환 $\mathbb{Z}_3[x]$의 원소 $p(x) = x^2 + x + 2$에서

$$p(0) = 2 \neq 0,\ p(1) = 1 \neq 0,\ p(2) = 2 \neq 0$$

이므로 정리 3.11.7에 의하여 $p(x)$는 기약이다. 체 K를 $p(x)$에 의하여 만들어진 확대체라고 하면, 정리 3.12.4에 의하여

$$K = \{a_0 + a_1\alpha \mid a_0,\ a_1 \in \mathbb{Z}_3\} = \{0,\ 1,\ 2,\ \alpha,\ 1+\alpha,\ 2+\alpha,\ 2\alpha,\ 1+2\alpha,\ 2+2\alpha\}$$

는 3^2개의 원소를 가진다. 단, $\alpha^2 = 2\alpha + 1$이다.

한편, $\alpha^3 = \alpha(2\alpha+1) = 2\alpha^2 + \alpha = 2\alpha + 2$, $\alpha^4 = (2\alpha+1)^2 = \alpha^2 + \alpha + 1 = 2$, $\alpha^5 = 2\alpha$, $\alpha^6 = \alpha + 2$, $\alpha^7 = \alpha + 1$, $\alpha^8 = 1$이므로 α의 1차식으로 표현된 체 K는 $K = \{0,\ 1,\ \alpha,\ \alpha^2,\ \alpha^3,\ \alpha^4,\ \alpha^5,\ \alpha^6,\ \alpha^7\}$와 같이 표현되는 것을 알 수 있다.

이제, $2+2\alpha$와 $1+2\alpha$의 합과 곱은 각각

$$(2+2\alpha) + (1+2\alpha) = \alpha,$$
$$(2+2\alpha)(1+2\alpha) = 2 + 6\alpha + 4\alpha^2 = 2 + 4(2\alpha+1) = 2\alpha$$

이다. 이제 $(2+\alpha)$의 곱셈에 관한 역원을 정리 3.10.5를 이용하여 구하면 $(2+\alpha)^{-1}=1+2\alpha$이다.

[예제 3.12.5] 체 $\mathbb{Z}_2$ 위의 다항식환 $\mathbb{Z}_2[x]$에서 $p(x)=x^2+x+1$와 $q(x)=x^3+x+1$는 예제 3.11.10에 의하여 기약다항식이다.

(1) 체 K를 $p(x)$에 의하여 만들어진 확대체라고 하면,

$$K=\{a_0+a_1\alpha \mid a_0,\ a_1 \in \mathbb{Z}_2\}=\{0,\ 1,\ \alpha,\ 1+\alpha\}$$

이다. 단, $\alpha^2=\alpha+1$이다. 한편, $\alpha^3=1$이므로 체 K를 $K=\{0,\ 1,\ \alpha,\ \alpha^2\}$와 같이 표현할 수 있다. 이제, $1+\alpha$와 α의 합과 곱은 각각 $(1+\alpha)+\alpha=1$과 $(1+\alpha)\alpha=1$이다. 또, 정리 3.10.5를 이용하면 $(1+\alpha)^{-1}=\alpha$이다.

(2) 체 K를 $q(x)$에 의하여 만들어진 확대체라고 하면,

$$\begin{aligned}K&=\{a_0+a_1\alpha+a_2\alpha^2 \mid a_0,\ a_1,\ a_2 \in \mathbb{Z}_2\}\\&=\{0,\ 1,\ \alpha,\ 1+\alpha,\ \alpha^2,\ 1+\alpha^2,\ \alpha+\alpha^2,\ 1+\alpha+\alpha^2\}\end{aligned}$$

이다. 단, $\alpha^3=\alpha+1$이다.

한편, $\alpha^4=\alpha(\alpha+1)=\alpha^2+\alpha$, $\alpha^5=\alpha^2+\alpha+1$이고 $\alpha^6=\alpha^2+1$이므로 체 K를 $K=\{0,\ 1,\ \alpha,\ \alpha^2,\ \alpha^3,\ \alpha^4,\ \alpha^5,\ \alpha^6\}$와 같이 표현할 수 있다.

이제, $1+\alpha$와 $\alpha+\alpha^2$의 합과 곱은 각각

$$\begin{aligned}&(1+\alpha)+(\alpha+\alpha^2)=1+\alpha^2,\\&(1+\alpha)(\alpha+\alpha^2)=\alpha+\alpha^3=1\end{aligned}$$

이다. 또, 정리 3.10.5를 이용하면 $(1+\alpha)^{-1}=\alpha+\alpha^2$이다.

이제 16개의 원소를 가지는 체를 만들려면, $16=2^4$이므로 체 $\mathbb{Z}_2$ 위에서 4차 기약다항식을 이용해야 한다.

다음 예제는 4차 기약다항식 중에 하나를 이용하여 16개의 원소를 가지는 체를 만드는 과정을 설명한다.

[예제 3.12.6] 체 $\mathbb{Z}_2$ 위의 다항식환 $\mathbb{Z}_2[x]$의 원소 $p(x)=x^4+x+1$에서

$$p(0)=1\neq 0,\ p(1)=1\neq 0$$

이고 $p(x)$는 2차 인수를 갖지 않으므로 $p(x)$는 기약이다. 체 K를 $p(x)$에 의하여 만들어진 확대체라고 하면,

$$\begin{aligned} K &= \{a_0+a_1\alpha+a_2\alpha^2+a_3\alpha^2 \mid a_0,\ a_1,\ a_2,\ a_3 \in \mathbb{Z}_2\} \\ &= \{0,\ 1,\ \alpha,\ 1+\alpha,\ \cdots,\ \alpha+\alpha^2+\alpha^3,\ 1+\alpha+\alpha^2+\alpha^3\} \end{aligned}$$

이다. 단, $\alpha^4=\alpha+1$이다. 한편, $K^*=K-\{0\}$는 위수 15인 곱셈군이고 $\alpha^5\neq 1$이므로 α의 위수는 15이므로 $K^*=\langle\alpha\rangle$이다. 따라서 체 K를 $K=\{0\}\cup\{\alpha^i \mid i\in\mathbb{Z}_{15}\}$와 같이 표현할 수 있다.

이제, $1+\alpha+\alpha^3$와 $\alpha+\alpha^2+\alpha^3$의 합과 곱은 각각

$$\begin{aligned} (1+\alpha+\alpha^3)+(\alpha+\alpha^2+\alpha^3) &= 1+\alpha^2, \\ (1+\alpha+\alpha^3)(\alpha+\alpha^2+\alpha^3) &= \alpha+\alpha^5+\alpha^6=\alpha^3 \end{aligned}$$

이다. 이제 $(1+\alpha)$의 곱셈에 관한 역원을 정리 3.10.5를 이용하여 구하면 $(1+\alpha)^{-1}=\alpha+\alpha^2+\alpha^3$이다.

예제 3.12.4, 예제 3.12.5 및 예제 3.12.6에서 $K^*=K-\{0\}$는 α에 의하여 생성되는 곱셈에 관한 순환군임을 알 수 있다. 이때 원소 α를 **원시원소**(primitive element)라고 한다. 또 기약다항식 $p(x)$의 근이 원시원소가 되는 다항식을 **원시기약다항식**(primitive polynomial) 또는 간단히 원시다항식이라 한다. 이 사실은 일반적인 유한체로 확장된다. 따라서 위수가 같은 두 유한체는 동형임을 알 수 있다(연습문제). 이러한 의미에서 원소의 개수가 p^n인 유한체를 위수 p^n인 Galois 체라고 한다.

참고 정의 3.11.12에서 정의한 다항식의 모든 계수의 최대공약수가 1인 원시다항식과 다름에 유의한다.

연습문제 3.12

1. 예제 3.12.2의 (2)에서 함수 $\phi : K \to \mathbb{C}$, $\phi(a+b\alpha)=a+bi$는 체 동형함수임을 증명하여라.

2. 유리수체 $\mathbb{Q}$ 위의 다항식 $p(x)=x^4-8x^2+1$에 대하여 다음 물음에 답하여라.
   (1) $p(x)$는 유리수체 $\mathbb{Q}$에서 기약다항식임을 증명하여라.
   (2) 체 $K=\mathbb{Q}[x]/(p(x))=\{a_0+a_1\alpha+a_2\alpha^2+a_3\alpha^3 \mid a_0, a_1, a_2, a_3 \in \mathbb{Q}\}$에서 α^6을 체 K의 원소꼴로 표현하여라. 단, $p(\alpha)=0$이다.
   (3) $1+\alpha$의 역원을 구하여라.

3. 체 $\mathbb{Z}_2$ 위의 다항식 $p(x)=x^4+x^3+1$에 대하여 다음 물음에 답하여라.
   (1) $p(x)$는 체 $\mathbb{Z}_2$에서 기약다항식임을 증명하여라.
   (2) 체 $K=\mathbb{Z}_2[x]/(p(x))=\{a_0+a_1\alpha+a_2\alpha^2+a_3\alpha^3 \mid a_0, a_1, a_2, a_3 \in \mathbb{Z}_2\}$에서 α^6을 체 K의 원소 꼴로 표현하여라. 단, $p(\alpha)=0$이다.
   (3) $1+\alpha$의 역원을 구하여라.
   (4) α는 원시원소임을 증명하고 체 K의 원시원소의 개수를 구하여라.

4. 체 $\mathbb{Z}_p$ 위에서 n차 기약다항식 $p(x)$에 의하여 만들어지는 p^n개의 원소를 가지는 확대체를 K라고 할 때, 함수

$$\sigma : K \to K,\ \sigma(\alpha)=\alpha^p$$

   에 대하여 다음을 증명하여라.
   (1) 임의의 원소 $a \in \mathbb{Z}_p$에 대하여 $\sigma(a)=a$이다.
   (2) 함수 σ는 체 동형함수이다.
   (3) γ가 $p(x)$의 근이면, γ^p이 $p(x)$의 근이다.

5. 체 $\mathbb{Z}_2$ 위의 다항식 $p(x)=x^4+x^3+x^2+x+1$에 대하여 다음 물음에 답하여라.
   (1) $p(x)$는 1차 인수를 갖지 않음을 증명하여라.

(2) $p(x)$는 2차 인수를 갖지 않음을 보임으로써 기약다항식임을 증명하여라.

(3) $p(x)=0$의 근을 β라고 하면 $\beta^5=1$임을 증명하여라.

(4) $p(x)$는 원시기약다항식이 아님을 증명하여라.

(5) 체 $K=\mathbb{Z}_2[x]/(p(x))=\{a_0+a_1\beta+a_2\beta^2+a_3\beta^3 \mid a_0, a_1, a_2, a_3 \in \mathbb{Z}_2\}$라 할 때 곱셈에 관한 위수가 15인 원시원소를 구하고 여기에서 원시원소의 개수를 구하여라.

(6) $1+\beta+\beta^3$의 역원을 구하여라.

6. 위수 4인 항등원을 가지는 환 R에 대하여 다음을 증명하여라.

(1) $(R, +)$는 $(\mathbb{Z}_4, +)$ 또는 $(\mathbb{Z}_2 \oplus \mathbb{Z}_2, +)$와 동형이다.

(2) $(R, +)\cong(\mathbb{Z}_4, +)$일 때, 환 R은 한 가지뿐이다.

(3) $(R, +)\cong(\mathbb{Z}_2 \oplus \mathbb{Z}_2, +)$일 때, 동형의 의미에서 환 R은 두 가지뿐이다.

힌트 환 R을 편의상 $R=\{0, a, b, c\}$이라 하면 R은 Klein의 사원군이므로 $2a=2b=2c=0$이고 $a+b=c=b+a$, $a+c=b=c+a$, $b+c=a=c+b$이다. 이제 곱셈에 관한 항등원을 a로 가지는 곱셈표를 생각하면, $b \cdot b$만 결정되면 배분법칙에 의하여 나머지 항들은 결정된다. 따라서 4가지 곱셈표를 얻을 수 있다.

	0	a	b	c
0	0	0	0	0
a	0	a	b	c
b	0	b		
c	0	c		

먼저, $b \cdot b=0$인 경우와 $b \cdot b=a$인 경우에 표를 완성하고 이때에 얻어지는 두 환이 동형임을 확인하여라. 또 $b \cdot b=b$인 경우에 표를 완성하고 이때 얻어지는 환이 환 $\mathbb{Z}_2 \oplus \mathbb{Z}_2$와 동형임을 확인하여라. 마지막으로 $b \cdot b=c$인 경우에 표를 완성하고 이 환은 체가 되는 것을 확인하여라.

참고 유한개의 원소를 갖는 환의 구조를 파악하는 것은 문제 7에서와 같이 4개의 원소를 가지는 환도 간단하지 않다. 이 경우도 항등원을 갖지 않는 환을 생각하면 경우의 수가 늘어나는 것을 알 수 있다.

제 4 장

확 대 체

4.1 확대체

제3장에서 체 위에서의 다항식환을 이용한 확대체를 다루었다. 이 절에서는 확대체의 일반적인 성질들에 관하여 다룬다.

체 F가 체 K의 부분체일 때, K는 F의 확대체임과 체 K의 항등원은 체 F의 항등원과 같음을 제3장 제11절에서 다루었다.

또한 정의 1.7.1에 설명된 벡터공간의 정의에 의하면 체 K는 체 F 위의 벡터공간이다(연습문제). 이때 F 위에서의 벡터공간 K의 차원 $\dim_F K$를 이 장에서는 $[K:F]$로 나타낸다.

체 K가 체 F의 확대체일 때, 벡터공간의 의미에서 K가 F 위에서 유한차원 벡터공간일 때, K는 F의 **유한확대체**(finite extension field)라고 한다. 또, K가 F 위에서 무한차원 벡터공간일 때, K는 F의 **무한확대체**(infinite extension field)라고 한다.

[예제 4.1.1] (1) 체 $\mathbb{Q}(\sqrt{3})=\{a+b\sqrt{3} \mid a, b\in\mathbb{Q}\}$는 체 $\mathbb{Q}$ 위에서 기저 $\{1, \sqrt{3}\}$을 가지므로 체 $\mathbb{Q}$의 유한확대체이고 $[\mathbb{Q}(\sqrt{3}):\mathbb{Q}]=2$이다.

(2) 초월수 π를 품는 최소체 $\mathbb{Q}(\pi)=\left\{\dfrac{f(\pi)}{g(\pi)} \mid f(x), g(x)\in\mathbb{Q}[x], g(x)\neq 0\right\}$는 기저의 부분집합 $\{1, \pi, \pi^2, \cdots, \pi^{n-1}, \cdots\}$을 가지므로 체 $\mathbb{Q}$의 무한확대체이다.

정리 4.1.1 체 K가 체 L의 유한확대체이고 체 L이 체 F의 유한확대체이면, 체 K는 체 F의 유한확대체이고 $[K:F]=[K:L][L:F]$이다.

증명 먼저 $[K:L]=m$, $[L:F]=n$이라고 하자. 그러면 K의 임의의 원소 γ는 L 위에서 K의 기저 $\{\beta_1, \beta_2, \cdots, \beta_m\}$이 존재하여 $\{\beta_1, \beta_2, \cdots, \beta_m\}$의 일차결합

$$\gamma=l_1\beta_1+l_2\beta_2+\cdots+l_m\beta_m,\ l_i\in L\ (1\leq i\leq m)$$

으로 유일하게 표현되고 L의 임의의 원소 l은 F 위에서 L의 기저 $\{\alpha_1, \alpha_2, \cdots, \alpha_n\}$

이 존재하여 $\alpha_1, \alpha_2, \cdots, \alpha_n$의 일차결합

$$l = a_1\alpha_1 + a_2\alpha_2 + \cdots + a_n\alpha_n,\ a_i \in F\ (1 \le i \le n)$$

로 유일하게 표현된다. 즉, 각 원소 $l_j \in L\ (1 \le j \le m)$는 $\alpha_1, \alpha_2, \cdots, \alpha_n$의 일차결합

$$l_j = a_{1j}\alpha_1 + a_{2j}\alpha_2 + \cdots + a_{nj}\alpha_n,\ a_{ij} \in F\ (1 \le i \le n,\ 1 \le j \le m)$$

으로 유일하게 표현된다. 한편,

$$\begin{aligned}\gamma &= (a_{11}\alpha_1 + a_{21}\alpha_2 + \cdots + a_{n1}\alpha_n)\beta_1 + (a_{12}\alpha_1 + a_{22}\alpha_2 + \cdots + a_{n2}\alpha_n)\beta_2 \\ &\quad + \cdots + (a_{1m}\alpha_1 + a_{2m}\alpha_2 + \cdots + a_{nm}\alpha_n)\beta_m \\ &= a_{11}\alpha_1\beta_1 + a_{21}\alpha_2\beta_1 + \cdots + a_{n1}\alpha_n\beta_1 + \cdots + a_{1m}\alpha_1\beta_m + a_{2m}\alpha_2\beta_m + \cdots + a_{nm}\alpha_n\beta_m\end{aligned}$$

이므로, 집합 $\{\alpha_1\beta_1, \alpha_2\beta_1, \cdots, \alpha_n\beta_1, \cdots, \alpha_1\beta_m, \alpha_2\beta_m, \cdots, \alpha_n\beta_m\}$은 F 위에서 K를 생성한다. 이제,

$$a_{11}\alpha_1\beta_1 + a_{21}\alpha_2\beta_1 + \cdots + a_{n1}\alpha_n\beta_1 + \cdots + a_{1m}\alpha_1\beta_m + a_{2m}\alpha_2\beta_m + \cdots + a_{nm}\alpha_n\beta_m = 0$$

이라고 하면

$$\begin{aligned}&(a_{11}\alpha_1 + a_{21}\alpha_2 + \cdots + a_{n1}\alpha_n)\beta_1 + (a_{12}\alpha_1 + a_{22}\alpha_2 + \cdots + a_{n2}\alpha_n)\beta_2 \\ &+ \cdots + (a_{1m}\alpha_1 + a_{2m}\alpha_2 + \cdots + a_{nm}\alpha_n)\beta_m = 0\end{aligned}$$

이다. 집합 $\{\beta_1, \beta_2, \cdots, \beta_m\}$은 L 위에서 일차독립이므로

$$\begin{cases} a_{11}\alpha_1 + a_{21}\alpha_2 + \cdots + a_{n1}\alpha_n = 0 \\ a_{12}\alpha_1 + a_{22}\alpha_2 + \cdots + a_{n2}\alpha_n = 0 \\ a_{1m}\alpha_1 + a_{2m}\alpha_2 + \cdots + a_{nm}\alpha_n = 0 \end{cases}$$

이다. 또, $\{\alpha_1, \alpha_2, \cdots, \alpha_n\}$은 체 F 위에서 일차독립이므로

$$a_{11} = a_{21} = \cdots = a_{n1} = 0,\ a_{12} = a_{22} = \cdots = a_{n2} = 0,\ \cdots,\ a_{1m} = a_{2m} = \cdots = a_{nm} = 0$$

이다. 따라서 $\{\alpha_1\beta_1, \alpha_2\beta_1, \cdots, \alpha_n\beta_1, \cdots, \alpha_1\beta_m, \alpha_2\beta_m, \cdots, \alpha_n\beta_m\}$은 F 위에서 일차독립이다. 따라서 $\{\alpha_1\beta_1, \alpha_2\beta_1, \cdots, \alpha_n\beta_1, \cdots, \alpha_1\beta_m, \alpha_2\beta_m, \cdots, \alpha_n\beta_m\}$은 F 위에서 K의 기저이다. 그러므로 $[K:F] = mn = [K:L][L:F]$이다. ■

정리 4.1.1의 가정에서 설명된 체 L을 체 K와 체 F의 중간체(intermediate field)라고 한다.

[예제 4.1.2] 체 $\mathbb{Q}$의 유한확대체

$$L=\mathbb{Q}(\sqrt{3})=\{a+b\sqrt{3}\mid a,\ b\in\mathbb{Q}\},$$
$$K=L(\sqrt[3]{2})=\{a+b\sqrt[3]{2}+c\sqrt[3]{2^2}\mid a,\ b,\ c\in L\}$$

를 생각하면 $[L:\mathbb{Q}]=2$이고 $[K:L]=3$이므로 $[K:\mathbb{Q}]=6$이다.

정리 4.1.2 체 L이 체 K와 체 F의 중간체이며 체 K가 체 F의 유한확대체라고 하면, 다음이 성립한다.
(1) 체 K는 L의 유한확대체이고 체 L은 체 F의 유한확대체이다.
(2) $[K:F]=[K:L][L:F]$이다. 특히, $L=K$이면 $[L:F]=[K:F]$이다.

증명 (1) 체 K와 체 L은 체 F의 벡터공간으로 생각할 수 있고 $L\subseteq K$이므로 L은 K의 부분공간이다. 따라서 $[L:F]=\dim_F L\leq\dim_F K=[K:F]$이므로 체 L은 체 F의 유한확대체이다. 또 체 L은 체 K의 부분체이므로 $\dim_L K$를 생각해보자. 체 K가 체 F의 유한확대체이므로 $[K:F]=n$이라고 하면, F 위에서 K의 기저 $\{\alpha_1,\ \alpha_2,\ \cdots,\ \alpha_n\}$을 생각할 수 있다. 즉, K의 임의의 원소 γ는 F 위에서 $\alpha_1,\ \alpha_2,\ \cdots,\ \alpha_n$의 일차결합

$$\gamma=a_1\alpha_1+a_2\alpha_2+\cdots+a_n\alpha_n\quad(a_1,\ a_2,\ \cdots,\ a_n\in F)$$

으로 표현된다. 한편, $F\subseteq L$이므로 K의 임의의 원소 γ는 L 위에서 $\alpha_1,\ \alpha_2,\ \cdots,\ \alpha_n$의 일차결합

$$\gamma=a_1\alpha_1+a_2\alpha_2+\cdots+a_n\alpha_n\quad(a_1,\ a_2,\ \cdots,\ a_n\in L)$$

으로 표현된다. 따라서 K의 임의의 원소 γ는 L 위에서 유한개의 원소의 일차결합으로 표현되므로 $[K:L]\leq n$이다. 그러므로 K는 L의 유한확대체이다.

(2) 정리 4.1.1과 (1)에 의하여 $[K:F]=[K:L][L:F]$이다. 특히 $L=K$이면 즉, $[K:L]=1$이면 $[L:F]=[K:F]$이다. ■

체 K가 체 F의 확대체이고 X를 체 K의 부분집합이라고 하자. 집합 $F\cup X$에 의하여 생성되는 K의 부분체를 체 F 위에서 X에 의하여 생성된 K의 부분체(subfield generated by X over F)라고 하고 $F(X)$로 나타낸다. 집합 $X=\{\alpha_1,\ \alpha_2,\ \cdots,\ \alpha_n\}$에 대하

여 $F(X)$를 체 F 위의 유한생성 확대체(finitely generated extension field)라고 하고 $F(\alpha_1, \alpha_2, \cdots, \alpha_n)$으로 나타낸다. 특히, $X=\{\alpha\}$일 때, $F(\alpha)$를 **단순확대체**(simple extension field)라고 한다. 이와 같은 관점에서 $X=\{\alpha_1, \alpha_2, \cdots, \alpha_n\}$에 의하여 생성된 확대체 $F(\alpha_1, \alpha_2, \cdots, \alpha_n)$는

$$F(\alpha_1, \alpha_2, \cdots, \alpha_n)=F(\alpha_1, \alpha_2, \cdots, \alpha_{n-1})(\alpha_n)$$

으로 정의될 수 있다. 실제로 $F(X)$는 F와 X를 품는 최소체이다.

이를테면, $\mathbb{Q}(\sqrt{3})$과 $\mathbb{Q}(\pi)$는 단순확대체이다.

정의 4.1.3 체 K를 체 F의 확대체라 할 때, 체 K의 원소 α가 체 F 위의 다항식 $f(x)$의 근일 때, 원소 α를 체 F 위에서 **대수적**(algebraic) 또는 **대수적 원소**라 한다. 대수적이 아닌 원소 θ를 체 F 위에서 **초월적**(transcendental) 또는 **초월적 원소**라고 한다. 또, 체 F의 확대체 K의 모든 원소가 대수적일 때, 체 K를 **대수적 확대체**(algebraic extension field)라고 한다. 체 K가 대수적 확대체가 아닐 때, 체 K를 **초월적 확대체**(transcendental extension field)라고 한다.

[예제 4.1.3] (1) 체 F의 모든 원소는 F 위에서 대수적이다. 즉, 체 F는 자기 자신의 대수적 확대체이다. 실제로 $a \in F$에 대하여 a는 1차 다항식 $x-a \in F[x]$의 근이므로 a는 F 위에서 대수적이다.

(2) 복소수체 $\mathbb{C}$의 임의의 원소 $a+bi \in \mathbb{C}$는 2차 다항식 $x^2-2ax+(a^2+b^2)$의 근이다. 따라서 체 $\mathbb{C}$는 체 $\mathbb{R}$의 대수적 확대체이다.

정의 4.1.3에서 $F=\mathbb{Q}$인 특수한 경우를 생각하면 다음 예제와 같다.

[예제 4.1.4] 복소수 $\alpha \in \mathbb{C}$가 유리수체 $\mathbb{Q}$ 위에서 대수적일 때 α를 **대수적 수**(algebraic number)라고 하고, 초월적일 때 **초월수**(transcendental number)라고 한다. 이를테면, $\frac{3}{4}$, $\sqrt{2}$, $3+2i$ 등은 대수적 수이고 π, e 등은 초월수이다. 따라서 $\mathbb{Q}$의 대수적 확대체를 K라고 하면, 실수체 $\mathbb{R}$은 초월수를 원소로 가지므로 $\mathbb{Q}$의 대수적 확대체가 아니고 복소수 $3+2i$는 대수적 수이므로 K는 실수체

$\mathbb{R}$의 부분체가 아니다. 즉, 다음과 같은 격자도를 얻을 수 있다.

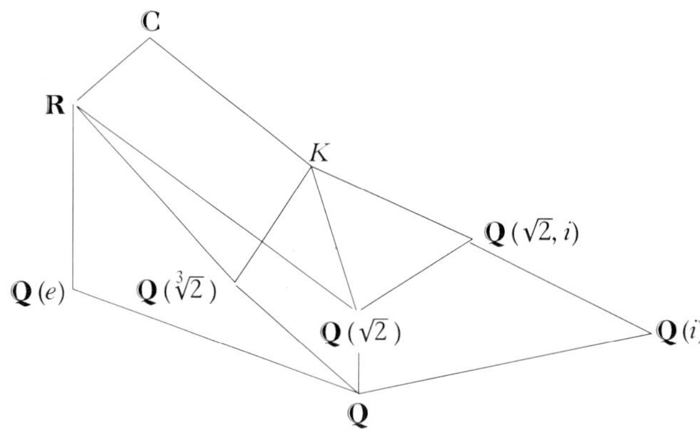

정리 4.1.4 체 K가 체 F의 유한확대체이면 K는 대수적 확대체이다.

(증명) 체 K가 체 F의 유한확대체이므로, $[K:F]=m$이라고 하자. 체 K의 임의의 원소를 α라고 하면 벡터공간의 관점에서 집합 $\{1, \alpha, \alpha^2, \cdots, \alpha^m\}$은 일차종속이다. 따라서 적당한 상수들 $c_0, c_1, c_2, \cdots, c_m \in F$이 존재하여

$$c_0 + c_1\alpha + c_2\alpha^2 + \cdots + c_m\alpha^m = 0$$

이다. 즉, α는 다항식 $c_m x^m + \cdots + c_2x^2 + c_1x + c_0$의 근이므로 α는 대수적 원소이다. 그러므로 K는 대수적 확대체이다. ■

체 K가 체 F의 확대체이고 원소 $\alpha \in K$에 대하여 다음 집합

$$F[\alpha] = \{ f(\alpha) \mid f(x) \in F[x]\}$$

를 정의하면 α를 품는 단순확대체는

$$F(\alpha) = \left\{ \frac{f(\alpha)}{g(\alpha)} \mid f(x),\ g(x) \in F[x],\ g(\alpha) \neq 0 \right\}$$

와 같이 표현된다. 즉, 다음 성질이 성립한다.

정리 4.1.5 체 K가 체 F의 확대체이고 임의의 원소 $\alpha \in K$에 대하여
(1) $F[\alpha]$는 K의 부분환으로 정역이다.
(2) $F(\alpha)$는 $F[\alpha]$의 분수체이고 $F \le F[\alpha] \le F(\alpha) \le K$이다.

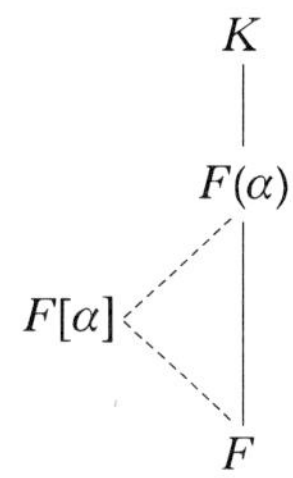

증명 (1) 함수 $\phi_\alpha : F[x] \to K$를 $\phi_\alpha(f(x)) = f(\alpha)$로 정의하면, 임의의 두 다항식 $f(x),\ g(x) \in F[x]$에 대하여

$$\phi_\alpha(f(x)+g(x)) = f(\alpha)+g(\alpha) = \phi_\alpha(f(x))+\phi_\alpha(g(x)),$$
$$\phi_\alpha(f(x)g(x)) = f(\alpha)g(\alpha) = \phi_\alpha(f(x))\phi_\alpha(g(x))$$

이므로 ϕ_α는 환 준동형함수이다. 따라서 정리 3.7.2에 의하여

$$\operatorname{im}\phi_\alpha = \{ f(\alpha) \mid f(x) \in F[x]\} = F[\alpha] \le K$$

이다. 또, $F[\alpha]$는 체 K의 부분환으로 F를 포함하므로 항등원 1을 갖는 가환환이다. 이제, $F[\alpha]$가 정역임을 보이기 위하여 $f(\alpha)g(\alpha) = 0$이라고 가정하면, $f(\alpha),\ g(\alpha) \in K$이고 K는 체 (따라서 정역)이므로 $f(\alpha) = 0$ 또는 $g(\alpha) = 0$이다. 따라서 $F[\alpha]$는 K의 부분환으로 정역이다.

(2) 단순확대체와 분수체의 정의에 의하여 $F(\alpha)$는 $F[\alpha]$의 분수체이고 $F \le F[\alpha] \le F(\alpha)$이다. 또한, 임의의 다항식 $f(x) \in F[x]$에 대하여 $f(\alpha) \in F[\alpha] \subseteq K$이므로 $F(\alpha)$의 정의에 의하여 $F(\alpha)$는 K의 부분체이다. ■

이를테면, 유리수체 $\mathbb{Q}$에 대하여 $\mathbb{Q}[\sqrt{2}] = \mathbb{Q}(\sqrt{2})$이지만 $\mathbb{Q}[\pi] \subsetneq \mathbb{Q}(\pi)$이다. 실제로 원소 $\alpha \in K$가 초월적이면 다음 정리가 성립한다.

정리 4.1.6 체 K가 체 F의 초월적 확대체이고 $\alpha \in K$를 체 F 위에서 초월적 원소라고 하면 체 동형함수 $\sigma : F(x) \to F(\alpha)$가 존재하고 임의의 원소 $a \in F$에 대하여 $\sigma(a) = a$이다.

증명 원소 $\alpha \in K$가 체 F 위에서 초월적이므로 영다항식이 아닌 임의의 다항식 $f(x) \in F[x]$에 대하여 $f(\alpha) \ne 0$이다. 이제 함수

$$\sigma : F(x) \to K,\ \sigma\left(\frac{f(x)}{g(x)}\right) = f(\alpha)g(\alpha)^{-1}$$

를 정의하면,

$$\begin{aligned}\frac{f(x)}{g(x)} = \frac{h(x)}{k(x)} &\Rightarrow f(x)k(x) = g(x)h(x) \\ &\Rightarrow f(\alpha)k(\alpha) = g(\alpha)h(\alpha) \\ &\Rightarrow f(\alpha)g(\alpha)^{-1} = h(\alpha)k(\alpha)^{-1} \\ &\Rightarrow \sigma\left(\frac{f(x)}{g(x)}\right) = \sigma\left(\frac{h(x)}{k(x)}\right)\end{aligned}$$

이므로 σ는 잘 정의된 함수이다. 함수 σ가 준동형함수인 것의 증명은 독자에게 맡긴다. 한편, $\frac{f(x)}{g(x)} \in \ker \sigma$이면 $f(\alpha)g(\alpha)^{-1} = 0$이고 $f(\alpha) = 0$이다. 한편, α가 초월적 원소이므로 영다항식이 아닌 임의의 다항식 $f(x) \in F[x]$에 대하여 $f(\alpha) \neq 0$이므로 $f(x)$는 영다항식이다. 즉, $\ker \sigma = \{0\}$이다. 또한, $\operatorname{im} \sigma = F(\alpha)$이므로 제1동형정리에 의하여 $F(x) \cong \operatorname{im} \sigma = F(\alpha)$이다.

특히, 임의의 원소 $a \in F$에 대하여 a는 상수함수이므로 $\sigma(a) = a$이다. ▩

체 K를 체 F의 확대체라고 할 때, 임의의 원소 $a \in F$에 대하여 $\sigma(a) = a$를 만족하는 동형함수 $\sigma : K \to K$를 **F-동형함수**(F-isomorphism)라고 한다.

정리 4.1.7 체 K가 체 F의 확대체이고 $\alpha \in K$를 체 F 위에서 대수적 원소라고 하면 체 F 위에서 모닉 기약다항식 $p(x)$가 유일하게 존재하여 '$p(\alpha) = 0$'이고 '$g(\alpha) = 0 (g(x) \in F[x]) \Leftrightarrow p(x) \mid g(x)$'이다.

더욱이 $\deg p(x) = n$이면, 다음이 성립한다.

(1) $F(\alpha) = F[\alpha] \cong F[x]/(p(x))$

(2) $F(\alpha)$는 기저 $\{1, \alpha, \alpha^2, \cdots, \alpha^{n-1}\}$을 가지는 n차원 벡터공간이다. 즉,

$$F(\alpha) = \{a_0 + a_1\alpha + a_2\alpha^2 + \cdots + a_{n-1}\alpha^{n-1} \mid a_0, a_1, a_2, \cdots, a_{n-1} \in F\}$$
$$[F(\alpha) : F] = n = \deg p(x)$$

특히, $\deg p(x) = 1 \Leftrightarrow [F(\alpha) : F] = 1 \Leftrightarrow F(\alpha) = F \Leftrightarrow \alpha \in F$이다.

증명 정리 4.1.5의 증명과정에서 함수 $\phi_\alpha : F[x] \to K$를 $\phi_\alpha(f(x)) = f(\alpha)$로 정의하면, ϕ_α는 환 준동형함수로

$$\text{im}\,\phi_\alpha = \{ f(\alpha) \mid f(x) \in F[x]\} = F[\alpha] \leq K$$

이다. 제1동형정리에 의하여 함수

$$\Phi_\alpha : F[x]/\ker\phi_\alpha \to F[\alpha], \quad \Phi_\alpha(f(x) + \ker\phi_\alpha) = f(\alpha)$$

는 환 동형함수이다. 따라서 $F[x]/\ker\phi_\alpha \cong F[\alpha]$이다.

한편, $\alpha \in K$는 체 F 위에서 대수적 원소이므로 적당한 다항식 $f(x) \in F[x]$가 존재하여 $f(\alpha) = 0$이므로 $\phi_\alpha(f(x)) = f(\alpha) = 0$이다. 따라서 $f(x) \in \ker\phi_\alpha$이고 $\{0\} \subsetneq \ker\phi_\alpha \subsetneq F[x]$이다. 한편, $\ker\phi_\alpha$는 이데알이므로 정리 3.10.3에 의하여

$$\ker\phi_\alpha = (p(x)) \text{ 즉, } \ker\phi_\alpha = \{ f(x) \in F[x] \mid f(\alpha) = 0\} = (p(x))$$

인 모닉다항식 $p(x) \in F[x]$, $\deg p(x) = n \geq 1$가 꼭 하나 존재한다. 다항식 $p(x)$가 기약이 아니라면 $p(x) = h(x)k(x)$, $1 \leq \deg h(x) < n$, $1 \leq \deg k(x) < n$인 $h(x)$와 $k(x)$가 존재한다. 한편, $p(\alpha) = 0$이므로 $h(\alpha) = 0$ 또는 $k(\alpha) = 0$이다. 따라서 $h(x) \in \ker\phi_\alpha$ 또는 $k(x) \in \ker\phi_\alpha$이므로 $p(x) \mid h(x)$ 또는 $p(x) \mid k(x)$이다. 이제, $p(x) \mid h(x)$이면 $h(x) = p(x)s(x)$인 $s(x)$가 존재한다. 따라서 $p(x) = h(x)k(x) = p(x)s(x)k(x)$이고 $s(x)k(x) = 1$이 되어 모순이다. 또, $p(k) \mid k(x)$인 경우도 같은 방법으로 모순이다. 그러므로 $p(x)$는 기약이다.

또, $\ker\phi_\alpha$의 정의에 의하여 $f(x) \in F[x]$에 대하여

$$f(\alpha) = 0 \iff f(x) \in \ker\phi_\alpha \iff p(x) \mid f(x)$$

이다.

마지막으로 정리 3.12.2와 정리 3.12.3에 의하여 (1)과 (2)가 성립한다. ■

체 K가 체 F의 확대체이고 체 F 위에서 대수적 원소 $\alpha \in K$에 대하여

$$`p(\alpha) = 0\text{'이고 }`g(\alpha) = 0\,(g(x) \in F[x]) \iff p(x) \mid g(x)\text{'}$$

를 만족하는 체 F 위에서 모닉 기약다항식 $p(x)$를 체 F 위의 α의 **최소다항식** (minimal polynomial)이라 하고 기호

$$\text{min.poly.}_F\alpha \text{ 또는 } \text{irr}(\alpha, F)$$

로 나타낸다.

[예제 4.1.5] 유리수체 $\mathbb{Q}$ 위에서 실수들의 최소다항식에 관한 예들은 다음과 같다.

(1) 유리수 r의 최소다항식은 $x-r$이다.

(2) $\sqrt[3]{2}$의 최소다항식은 x^3-2이다.

(3) 복소수 $\sqrt{2}+i$의 최소다항식을 구하기 위하여 $x=\sqrt{2}+i$이라 놓고 양변을 제곱하여 정리하면, $x^2=1+2\sqrt{2}i$이다. 따라서 $(x^2-1)^2=-8$이므로 $\sqrt{2}+i$의 최소다항식은 x^4-2x^2+9이다.

다른 방법으로 $x-i=\sqrt{2}$이고 $x^2-2ix-1=2$이다. 따라서 $x^2-3=2ix$이므로 $(x^2-3)^2=-4x^2$이다. 이를 정리하면 $\sqrt{2}+i$의 최소다항식은 x^4-2x^2+9이다.

정리 4.1.8 체 K가 체 F의 확대체이고 원소 $\alpha\in K$가 체 F 위에서 대수적일 때, 모닉다항식 $p(x)\in F[x]$, $\deg p(x)\geq 1$에 대하여 $p(\alpha)=0$인 경우에 다음 명제들은 동치이다.

(1) $p(x)=\mathrm{irr}(\alpha, F)$이다.

(2) $g(x)\in F[x]$에 대하여 $g(\alpha)=0\Rightarrow p(x)\mid g(x)$이다.

(3) 체 F 위에 영다항식이 아닌 다항식 $g(x)\in F[x]$에 대하여 $g(\alpha)=0$이면, $\deg p(x)\leq \deg g(x)$이다.

(4) $p(x)$는 체 F 위에서 기약이다.

증명 (1)⇒(2) 정의에 의하여 분명하다.

(2)⇒(3) 체 F 위에 영다항식이 아닌 다항식 $g(x)\in F[x]$에 대하여 $g(\alpha)=0$이면 가정에 의하여 $p(x)\mid g(x)$이다. 즉, 적당한 다항식 $q(x)\in F[x]$가 존재하여 $g(x)=q(x)p(x)$이다. 따라서 $\deg p(x)\leq \deg q(x)+\deg p(x)=\deg g(x)$이다.

(3)⇒(4) $p(x)$가 체 F 위에서 기약이 아니라면 적당한 다항식 $r(x), s(x)\in F[x]$가 존재하여 $1\leq \deg r(x)<\deg p(x)$, $1\leq \deg s(x)<\deg p(x)$이고 $p(x)=r(x)s(x)$이다. 따라서 $r(\alpha)s(\alpha)=p(\alpha)=0$이므로 $r(\alpha)=0$ 또는 $s(\alpha)=0$이다. 이 사실은 가정에 모순이므로 $p(x)$는 체 F 위에서 기약이다.

(4)⇒(1) 다항식 $g(x)\in F[x]$에 대하여 $g(\alpha)=0$이라고 가정하자. 한편, $p(x)$는 기약이므로 $\gcd(g(x), p(x))=1$ 또는 $\gcd(g(x), p(x))=p(x)$이다. 먼저 $\gcd(g(x), p(x))=1$이라면 적당한 다항식 $a(x), b(x)\in F[x]$가 존재하여

$$a(x)p(x)+b(x)g(x)=1$$

이다. 따라서 $1=a(\alpha)p(\alpha)+b(\alpha)g(\alpha)=0$이므로 모순이다. 그러므로 $\gcd(g(x),\ p(x))=p(x)$이고 $p(x)\mid g(x)$이다. 따라서 $p(x)=\operatorname{irr}(\alpha,\ F)$이다. ■

> **정리 4.1.9** 함수 $\sigma : F \to E$를 체 동형함수라 하고 함수 $\sigma^* : F[x] \to E[x]$를 $\sigma^*\left(\sum_{k=0}^{m} a_k x^k\right)=\sum_{k=0}^{m}\sigma(a_k)x^k$으로 정의된다고 하자. 체 F의 확대체의 원소 α와 체 E의 확대체의 원소 β에 대하여 다음 명제 중에 하나가 성립한다고 가정하자.
>
> (i) α는 F 위에서 초월적이고 β는 E 위에서 초월적이다.
>
> (ii) α는 기약다항식 $p(x)$의 근이고 β는 $\sigma^*(p(x))$의 근이다.
>
> 그러면 σ는
>
> $$\overline{\sigma}(a)=\sigma(a)\text{과 } \overline{\sigma}(\alpha)=\beta$$
>
> 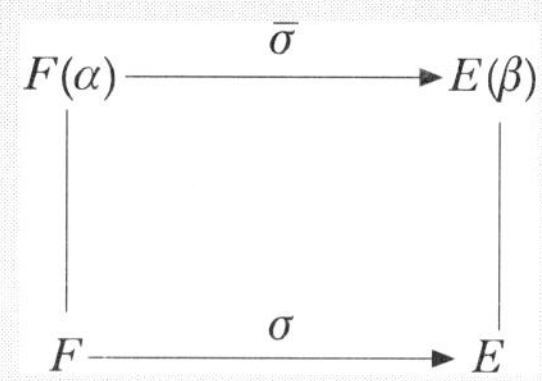
>
>
> 를 만족하는 체 동형함수
>
> $$\overline{\sigma} : F(\alpha) \to E(\beta)$$
>
> 로 확장된다.

증명 (i) α는 F 위에서 초월적이고 β는 E 위에서 초월적이라고 가정하자. 함수 σ^*는 환 동형함수이고 σ^*에 의하여 함수 $\sigma^{**} : F(x) \to E(x)$를 $\sigma^{**}(f(x)g(x)^{-1})=\sigma^*(f(x))\sigma^*(g(x))^{-1}$로 정의하면 σ^{**}는 체 동형함수이다. 정리 4.1.6에 의하여 $F(x)\cong F(\alpha)$이고 $E(x)\cong E(\beta)$이다. 따라서 체 동형함수 $\overline{\sigma} : F(\alpha) \to E(\beta)$ 는 $\overline{\sigma}(f(\alpha)g(\alpha)^{-1})=\overline{\sigma}(f(\alpha))\overline{\sigma}(g(\alpha))^{-1}$, $\overline{\sigma}\left(\sum_{k=0}^{m} a_k\alpha^k\right)=\sum_{k=0}^{m}\sigma(a_k)\overline{\sigma}(\alpha)^k=\sum_{k=0}^{m}\sigma(a_k)\beta^k$으로 되고, 따라서 $\overline{\sigma}(a)=\sigma(a)$와 $\overline{\sigma}(\alpha)=\beta$이다(연습문제).

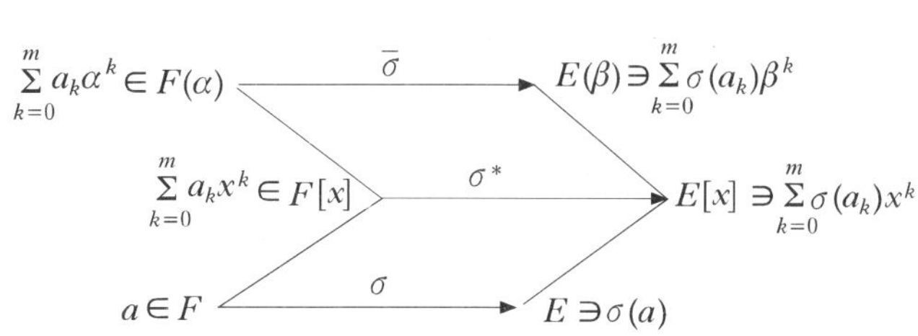

(ii) α는 기약다항식 $p(x)$의 근이고 β는 $\sigma^*(p(x))$의 근이라고 가정하자.

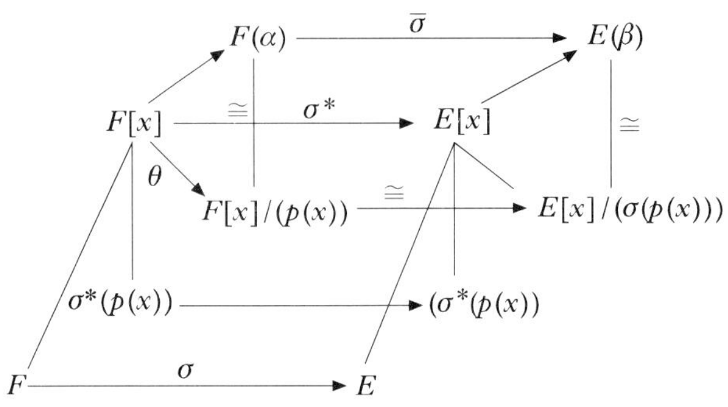

앞에서 체 동형함수 $\sigma : F \to E$는 동형함수 $\sigma^* : F[x] \to E[x]$로 확장된다. 다항식 $p(x)$가 F 위에서 기약이면, $\sigma^*(p(x))$는 E 위에서 기약이다. 따라서 환 $F[x]$에서 체 $E[x]/(\sigma^*(p(x)))$로의 함수 $\theta : F[x] \to E[x]/(\sigma^*(p(x)))$를 $\theta(f(x)) = \sigma^*(f(x)) + (\sigma^*(p(x)))$로 정의하면 θ는 환 준동형함수이다. 또 σ^*가 동형이므로 θ는 위로의 함수이다. 이제 $f(x) \in \ker\theta$이면,

$$\theta(f(x)) = \sigma^*(f(x)) + (\sigma^*(p(x))) = 0 + (\sigma^*(p(x)))$$

이므로 $\sigma^*(p(x)) \mid \sigma^*(f(x))$이고 $p(x) \mid f(x)$이다. 따라서 $\ker\theta = (p(x))$이고 제1동형정리에 의하여 $F[x]/(p(x)) \cong E[x]/(\sigma^*(p(x)))$이다. 또한 $F[x]/(p(x)) \cong F(\alpha)$이고 $E[x]/(\sigma^*(p(x))) \cong E(\beta)$이므로 $F(\alpha) \cong E(\beta)$이다. 따라서 함수 $\overline{\sigma} : F(\alpha) \to E(\beta)$는 동형이고 $\overline{\sigma}(a) = \sigma(a)$과 $\overline{\sigma}(\alpha) = \beta$이다. ■

정리 4.1.10 체 K와 L을 각각 체 F의 확대체라 하고, $\alpha \in K$와 $\beta \in L$를 각각 F 위에서 대수적이라고 하자. 다음 두 명제는 동치이다.

(1) α와 β는 각각 같은 기약다항식 $p(x) \in F[x]$의 근이다.

(2) F-동형함수 $\overline{\sigma} : F(\alpha) \to F(\beta)$가 존재하여 $\overline{\sigma}(\alpha) = \beta$이다.

증명 (1) ⇒ (2) α와 β는 각각 같은 기약다항식 $p(x) \in F[x]$의 근이라고 하자.

정리 4.1.9에서 $E = F$인 경우이므로 F 위에서 항등함수 $\sigma : F \to F$는 항등함수 $\sigma^* : F[x] \to F[x]$로 확장된다. 따라서 $\overline{\sigma}(a) = \sigma(a)$와 $\overline{\sigma}(\alpha) = \beta$를 만족하는 체 동형함수 $\overline{\sigma} : F(\alpha) \to F(\beta)$로 확장된다.

(2) ⇒ (1) F-동형함수 $\overline{\sigma} : F(\alpha) \to F(\beta)$가 존재하여 $\overline{\sigma}(\alpha)=\beta$라고 하고 α를 기약다항식 $p(x)=x^n+a_{n-1}x^{n-1}+\cdots+a_1x+a_0$의 근이라고 하자. 그러면 $p(\alpha)=\alpha^n+a_{n-1}\alpha^{n-1}+\cdots+a_1\alpha+a_0=0$이고

$$\begin{aligned}0=\overline{\sigma}(p(\alpha))&=\overline{\sigma}(\alpha^n+a_{n-1}\alpha^{n-1}+\cdots+a_1\alpha+a_0)\\&=\overline{\sigma}(\alpha)^n+a_{n-1}\overline{\sigma}(\alpha)^{n-1}+\cdots+a_1\overline{\sigma}(\alpha)+a_0\\&=\beta^n+a_{n-1}\beta^{n-1}+\cdots+a_1\beta+a_0\\&=p(\beta)\end{aligned}$$

이다. 즉, α와 β는 각각 같은 기약다항식 $p(x)\in F[x]$의 근이다. ■

정리 4.1.11 체 F 위의 n차 다항식 $f(x)\in F[x]$에 대하여 다음 조건

(i) $f(\alpha)=0$

(ii) $[F(\alpha):F]\le n$, $[F(\alpha):F]=n \Leftrightarrow f(x)$는 기약

(iii) $f(x)$가 기약이면, $F(\alpha)$는 동형의 의미에서 유일

들을 만족하는 체 F의 단순확대체 $K=F(\alpha)$가 존재한다.

증명 먼저 $f(x)$를 기약다항식이라 하면, $(f(x))$는 극대이데알이고 따라서 $F[x]/(f(x))$는 체이다. 이제 $F[x]/(f(x))=K$라 하고 자연 준동형함수 $\pi : F[x]\to K$를 생각하면 임의의 $a\in F$에 대하여 $\pi(a)=a+(f(x))\in K$이고 체 F에 대한 축소함수 $\pi|_F$는 일대일 준동형함수이므로 $F\cong\pi(F)\le K$이다. 따라서 K는 F의 확대체이다. 이제 $\pi(x)=x+(f(x))=\alpha$라고 놓으면 $\alpha\in K$이고 $f(\alpha)=0$이다. 즉, $\pi(f(x))=0$이다.
이제 $\phi_\alpha : F[x]\to F(\alpha)$를 $\phi_\alpha(g(x))=g(\alpha)$로 정의하면, ϕ_α는 위로의 환 준동형함수이다. 한편, $\ker\phi_\alpha=(f(x))$이므로 $F[x]/(f(x))\cong F(\alpha)$이고 $K=F(\alpha)$이다. 또 $[F(\alpha):F]=\deg f(x)=n$이다.

이제 n차 다항식 $f(x)$가 기약이 아니면 $f(x)$의 근 α의 최소다항식 $g(x)$가 존재하고 $\deg g(x)<\deg f(x)=n$이다. 위의 논리에 의하여 $[F(\alpha):F]=\deg g(x)<n$이고 $f(\alpha)=0$인 체 $K=F(\alpha)$가 존재한다. ■

정리 4.1.12 체 K가 체 F의 유한확대체이면, 체 K는 체 F의 유한생성 확대체이고 대수적 확대체이다.

증명 체 K가 체 F의 유한확대체이므로, 정리 4.1.4에 의하여 체 K는 체 F의 대수적 확대체이다. 이제, $[K : F]=m$이라고 하고 원소 $\alpha_1 \in K-F$이라고 하면 벡터공간의 관점에서 집합 $\{1, \alpha_1, \alpha_1^2, \cdots, \alpha_1^m\}$은 일차종속이다. 따라서 α_1의 최소다항식 $p(x)$가 존재하고 $[F(\alpha_1) : F]=\deg p(x)$이다. 만일 $\deg p(x)=m$이면 $K=F(\alpha_1)$이므로 체 K는 체 F의 단순확대체이다. 또 $\deg p(x)<m$이면 $F(\alpha_1)<K$이고 이때, 원소 $\alpha_2 \in K-F(\alpha_1)$를 택하여 확대체 $F(\alpha_1, \alpha_2)=F(\alpha_1)(\alpha_2)$를 얻는다. 그러면 $F(\alpha_1)< F(\alpha_1, \alpha_2) \leq K$이다. 가정 $[K : F]=m$에 의하여 적당한 $\alpha_1, \cdots, \alpha_k$가 존재하여 $F(\alpha_1, \cdots \alpha_k)=K$이다. 즉, 체 K는 체 F의 유한생성 확대체이다. ▩

정리 4.1.13 체 K가 체 F의 확대체이고 K의 부분집합 X에 대하여 $K=F(X)$라고 하자. 집합 X의 모든 원소가 대수적이면, 체 K는 체 F의 대수적 확대체이다. 특히, X가 유한집합이면, 체 K는 체 F의 유한확대체이다.

증명 체 K의 임의의 원소 α에 대하여 $K=F(X)$이므로 집합 X의 유한개의 원소 $\alpha_1, \alpha_2, \cdots, \alpha_{n-1}, \alpha_n$이 존재하여 $\alpha \in F(\alpha_1, \alpha_2, \cdots, \alpha_{n-1}, \alpha_n)$이다. 한편,

$$[F(\alpha_1, \alpha_2, \cdots, \alpha_{n-1}, \alpha_n) : F]=[F(\alpha_1, \alpha_2, \cdots, \alpha_{n-1}, \alpha_n) : F(\alpha_1, \alpha_2, \cdots, \alpha_{n-1})] \cdots [F(\alpha_1, \alpha_2) : F(\alpha_1)][F(\alpha_1) : F]$$

이고 각 $\alpha_i (1 \leq i \leq n)$는 대수적이므로 $F(\alpha_1, \alpha_2, \cdots, \alpha_{n-1}, \alpha_n)$는 F의 유한확대체이다. 따라서 $F(\alpha_1, \alpha_2, \cdots, \alpha_{n-1}, \alpha_n)$는 대수적 확대체이므로 원소 α는 대수적 원소이다. 그러므로 체 K는 체 F의 대수적 확대체이다.

집합 X가 유한집합이면, 앞의 논리에 의하여 체 K는 체 F의 유한확대체이다. ▩

정리 4.1.14 체 K가 체 L의 대수적 확대체이고 체 L이 체 F의 대수적 확대체이면 체 K는 체 F의 대수적 확대체이다.

증명 체 K의 임의의 원소 α에 대하여 체 K가 체 L의 대수적 확대체이므로 유한개의 원소 $a_0, a_1, \cdots, a_{n-1}, a_n \in L$이 존재하여

$$a_0+a_1\alpha+a_2\alpha^2+\cdots+a_{n-1}\alpha^{n-1}+a_n\alpha^n=0$$

이다. 따라서 α는 $F(\alpha_0, \alpha_1, \cdots, \alpha_{n-1}, \alpha_n)$ 위에서 대수적이고

$$\begin{aligned}&[F(\alpha_0, \alpha_1, \cdots, \alpha_{n-1}, \alpha_n)(\alpha) : F]\\&=[F(\alpha_0, \alpha_1, \cdots, \alpha_{n-1}, \alpha_n)(\alpha) : F(\alpha_0, \alpha_1, \cdots, \alpha_{n-1}, \alpha_n)]\\&\quad[F(\alpha_0, \alpha_1, \cdots, \alpha_{n-1}, \alpha_n) : F]\end{aligned}$$

이므로 정리 4.1.13에 의하여 $F(\alpha_0, \alpha_1, \cdots, \alpha_{n-1}, \alpha_n)(\alpha)$는 유한확대체이다. 따라서 α는 F 위에서 대수적 원소이다. 그러므로 K는 F의 대수적 확대체이다. ■

정리 4.1.15 체 K가 체 F의 확대체이고 체 K의 원소 중에 체 F 위의 대수적 원소들의 집합을 L이라면, 체 L은 체 K의 부분체이다.

증명 원소 $\alpha, \beta \in L$에 대하여 $F(\alpha, \beta)$는 F의 대수적 확대체이다. 따라서 $\alpha-\beta$, $\alpha\beta^{-1} \in F(\alpha, \beta)$이다. 체 $F(\alpha, \beta)$는 F의 대수적 확대체이므로 $\alpha-\beta, \alpha\beta^{-1} \in L$이다. 따라서 L은 체 K의 부분체이다. ■

체 K가 체 F의 확대체일 때, 체 K의 원소 중에 체 F 위의 대수적 원소들로 이루어진 체 L을 F 위의 체 K의 **대수적 폐포**(algebraic closure)라고 한다. 특히, 복소수체 $\mathbb{C}$의 유리수체 $\mathbb{Q}$ 위에서의 대수적 폐포를 **대수적 수체**(algebraic number field)라고 한다.

연습문제 4.1

1. 정의 1.7.1에 설명된 벡터공간의 정의에 의하면 체 F의 확대체 K는 체 F 위의 벡터공간임을 증명하여라.

2. 유리수체 위에서 $\sqrt[3]{2}$에 의하여 생성되는 체 $K=\mathbb{Q}(\sqrt[3]{2})$는

$$K=\{a+b\sqrt[3]{2}+c\sqrt[3]{2^2} \mid a, b, c\in\mathbb{Q}\}$$

로 표현됨을 다음 과정을 통하여 증명하여라.

(1) K는 덧셈군이다.

(2) K의 영이 아닌 임의의 원소 $a+b\sqrt[3]{2}+c\sqrt[3]{2^2}$가 곱셈에 관한 역원을 가진다.

(3) K는 $\sqrt[3]{2}$를 품는 최소체이다.

3. $\mathbb{Q}(\sqrt{2}, \sqrt{3})=\mathbb{Q}(\sqrt{2}+\sqrt{3})$임을 증명하여라.

4. 체 F의 대수적인 원소들의 집합을 K라고 하면 K는 F의 대수적 확대체이다.

5. 정리 4.1.6에 정의된 함수 σ가 준동형함수임을 증명하여라.

6. 유리수체 $\mathbb{Q}$ 위에서의 다음 실수들의 최소다항식을 구하여라.

(1) $\sqrt[5]{2}$

(2) $\sqrt{3}+\sqrt{5}$

(3) $\sqrt[3]{2}+i$

(4) $\sqrt[3]{2}+\sqrt{5}$

7. 정리 4.1.9의 (i)에서 정의된 함수 σ^*, σ^{**}와 $\overline{\sigma}$가 동형인 것을 증명하여라.

8. 체 K가 체 F의 유한확대체일 때, $[K:F]$가 소수라면 모든 원소 $\alpha\in K-F$에 대하여 $K=F(\alpha)$임을 증명하여라.

9. 체 F의 확대체 K에 대하여 원소 $\beta\in K$는 F 위에서 초월적 원소이고 적당한 원소 $\alpha\in K$에 대하여 $F(\alpha)$ 위에서 대수적 원소라고 할 때 다음을 증명하여라.

(1) 원소 $\alpha\in K$는 $F(\beta)$에서 대수적임을 보여라.

(2) 원소 $\alpha\in K$는 F 위에서 초월적 원소임을 보여라.

10. 체 F의 유한확대체 K에 대하여 원소 $\alpha\in K$의 차수가 F 위에서 n이면 $n\mid[K:F]$임을 증명하여라.

참고 체 F의 확대체 K에 대하여 원소 $\alpha\in K$가 F 위에서 대수적일 때 α의 최소다항식의 차수를 F 위에서 **α의 차수**(degree of α)라고 한다.

4.2 작도가능성

이 절에서는 유클리드 평면 위에서 작도가능한 도형에 관하여 알아본다.

유클리드 평면 위에서 눈금 없는 자와 컴퍼스를 사용하여 그릴 수 있는 도형을 **작도가능한 도형**(constructible figure)이라고 한다. 작도가능한 도형을 살펴보기 전에 전제가 되는 사항들을 정리하면 다음과 같다.

(i) 평면 위에 주어진 점은 작도가능한 점이다.

(ii) 눈금 없는 자를 사용하여 주어진 두 점을 잇는 선분 또는 직선을 작도할 수 있다.

(iii) 컴퍼스를 사용하여 주어진 두 점을 잇는 선분을 반지름으로 가지는 원을 작도할 수 있다.

(iv) 유한 번의 작도를 시행할 수 있다.

주어진 두 점

두 점을 지나는 선분 및 직선

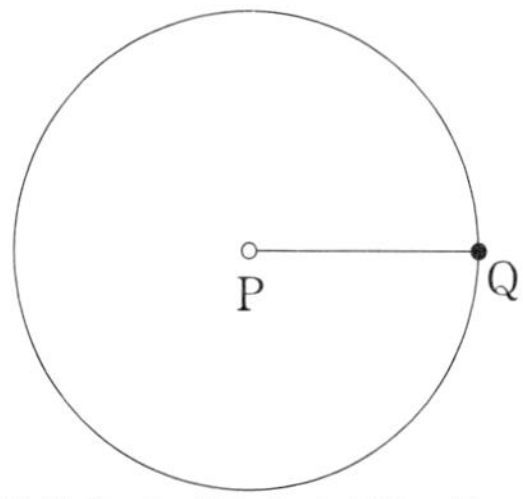

선분을 반지름으로 하는 원

작도가능성은 작도를 하고 작도가 완료된 뒤에 작도한 도형이 원하는 작도인지 확인(증명)하여야 한다. 편의상 두 점 A와 B를 지나는 직선과 선분을 각각 선분 AB와 직선 AB로 나타내고 선분 AB의 길이를 $\overline{AB}$로 나타낸다. 또, 두 선분 AB와 AC로 이루는 각 BAC를 각 BAC 또는 혼돈이 일어나지 않는 한 각 A로 나타내고, 그의 크기를 $\angle A$로 나타낸다. 또 점 A를 중심으로 점 B를 지나는 원 또는 호를 C(A ; B)로 나타내기로 한다.

위 전제 아래 작도에서 흔히 이용되는 네 가지 기본작도를 설명하면 다음과 같다.

기본작도 I : 한 점 P가 주어진 직선 l 위에 있지 않을 때, P를 지나 l에 수직인 직선은 작도가능하다.

[작도하기]

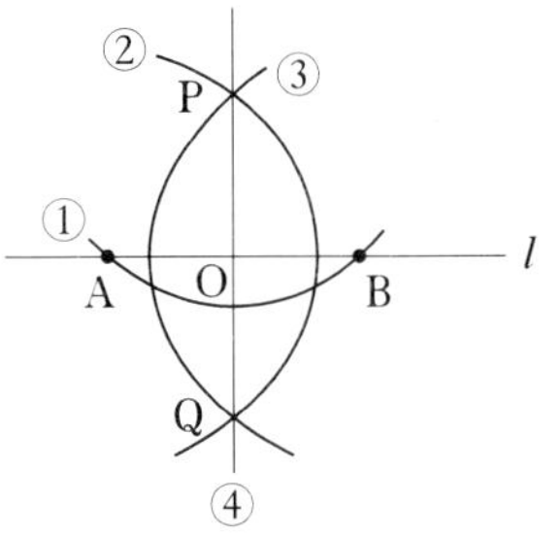

① 점 P를 중심으로 직선 l과 만나도록 적당히 큰 반지름을 선택하여 호를 작도하고 만난 교점을 각각 A와 B라 한다.

② 점 A를 중심으로 $\overline{AP}$를 반지름으로 하는 호를 작도한다.

③ 점 B를 중심으로 $\overline{BP}$를 반지름으로 하는 호를 작도한다.

④ 두 원의 교점 중에 P가 아닌 점을 Q라고 하고 직선 PQ를 작도하면 직선 PQ는 l과 수직인 직선이다.

[선분 PQ⊥l의 증명] 선분 PQ와 선분 AB가 만난점을 O라고 하자. 삼각형 APQ와 삼각형 BPQ가 합동인 사실로부터 삼각형 AOP와 삼각형 BOP가 합동이다. 따라서 ∠AOP=∠BOP이므로 선분 PQ⊥l이다.

기본작도Ⅱ : 주어진 직선 l 위에 한 점 P를 지나 직선 l과 수직인 직선은 작도가능하다.

[작도하기]

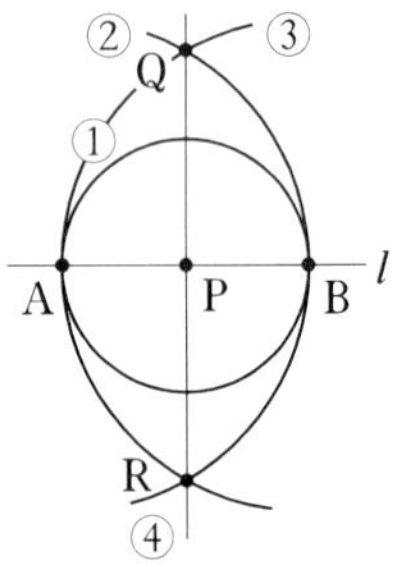

① 점 P를 중심으로 적당히 큰 반지름을 선택하여 원을 작도하고 직선 l과 만난 교점을 각각 A와 B라 한다.

② 점 A를 중심으로 $\overline{AB}$를 반지름으로 하는 호를 작도한다.

③ 점 B를 중심으로 $\overline{BA}$를 반지름으로 하는 호를 작도한다.

④ 두 원의 두 교점을 각각 Q와 R이라고 하고 직선 QR을 작도하면 직선 QR은 l과 수직인 직선이다.

[선분 PQ⊥l의 증명] 삼각형 AQR과 삼각형 BQR의 합동으로부터 삼각형 AQP와 삼각형 BQP가 합동이다. 따라서 ∠APQ=∠BPQ이므로 선분 PQ⊥l이다.

다음 쪽의 기본작도 Ⅲ과 기본작도 Ⅳ의 작도에 대한 증명은 독자에게 맡긴다.

기본작도 Ⅲ : 직선 l과 $P \not\in l$인 한 점 P가 주어질 때, P를 지나 l에 평행인 직선은 작도가능하다.

① 기본작도 Ⅰ을 이용하여 점 P를 지나 직선 l과 수직인 직선을 작도하고 직선 l과 만난 점을 Q라고 한다.

② 기본작도 Ⅱ를 이용하여 점 P를 지나 직선 PQ와 수직이 되는 직선 m을 작도하면 m과 l은 평행하다.

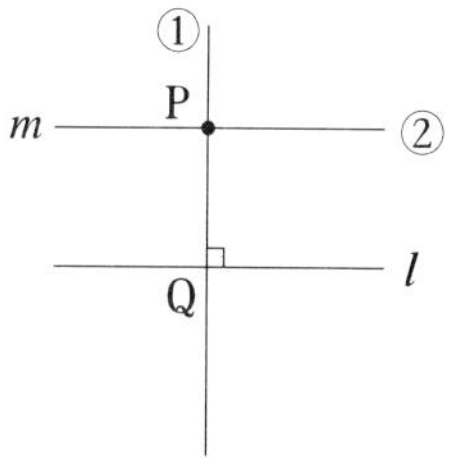

기본작도 Ⅳ : 주어진 두 점 A, B와 직선 l에 대하여, 점 P가 l 위에 있을 때, 직선 l 위에서 선분 AB와 같은 길이의 선분 PQ인 점 Q를 작도할 수 있다.

① 점 A를 지나 직선 l과 평행인 직선 m을 작도한다.

② 점 A를 중심으로 반지름이 선분 AB인 호를 작도하고 직선 m과 만난점을 C라고 한다.

③ 점 C를 지나 직선 AP와 평행인 직선을 작도하고 l과 만난 점을 Q라고 하면 $\overline{AB}=\overline{PQ}$이다.

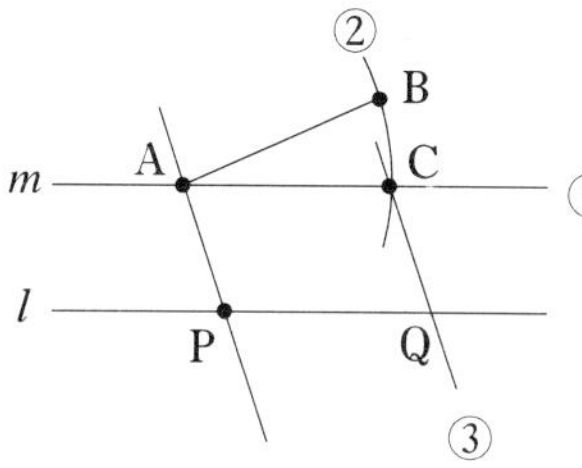

이제 주어진 직선 l을 이용하여 평면 위의 직교좌표계를 설정한다. 평면 위의 직교좌표계를 설정하는 시작과정을 설명하면 다음과 같다.

① 직선 l 위에 한 점 O를 선택하고 O와 다른 점 E를 l 위에 선택한다.

② 점 O를 중심으로 선분 OE를 반지름으로 하는 원을 작도하고 직선 l과의 교점을 E′이라 한다.

③ 점 O를 지나고 직선 l과 수직인 직선 m을 작도하고 중심 O인 원과 직선 m과의 교점을 B와 B′이라 한다.

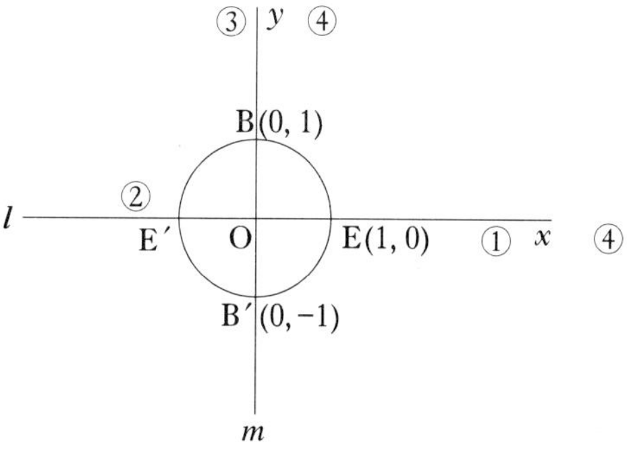

④ 직선 l과 직선 m을 각각 x축과 y축이라 하고, 점 E와 E′의 좌표를 (1, 0)과 (−1, 0), 점 B와 B′의 좌표를 (0, 1)과 (0, −1)이라고 한다.

이제 이들 점 E와 E′으로부터 시작하여 네 가지 기본작도를 유한 번 시행하여 얻게 되는 점들을 **작도가능한 점**(constructible point)이라 한다.

정리 4.2.1 작도가능한 점들에 대한 다음 성질이 성립한다.

(1) 점 $P(a, 0)$가 작도가능한 점이면, 점 $P'(-a, 0)$과 점 $Q(0, a)$가 작도가능하다.

(2) 점 $Q(0, a)$가 작도가능한 점이면, 점 $Q'(0, -a)$과 점 $P(a, 0)$가 작도가능하다.

(3) 점 $P(a, b)$가 작도가능한 점이면, 점 $P_1(a, 0)$과 점 $P_2(0, b)$가 작도가능하다. 또한, 역도 성립한다.

증명 연습문제로 남긴다. ▩

실수 $\alpha \in \mathbb{R}$에 대하여 좌표평면 위의 점 $P(\alpha, 0)$가 작도가능한 점일 때, α를 **작도가능한 수**(constructible number)라고 한다.

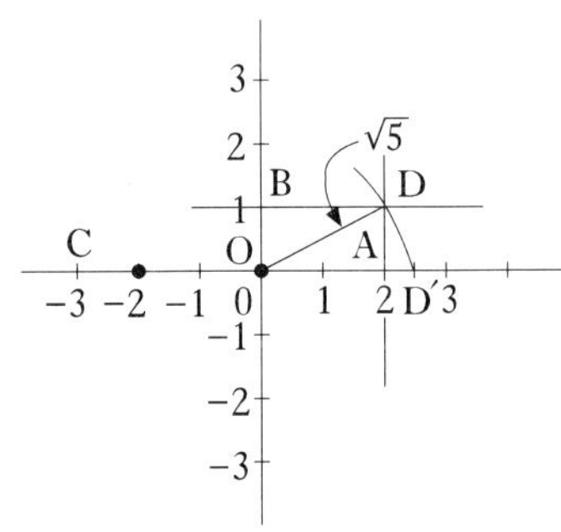

[예제 4.2.1] 수 2, −3, $\sqrt{5}$, $\frac{2}{3}$는 오른편 그림에서와 같이 작도가능한 수이다. 즉, 분명하게 점 A(2, 0)와 점 C(−3, 0)을 쉽게 작도할 수 있고 이로부터 2, −3이 작도가능한 수임을 알 수 있다.

점 A를 지나 y축과 평행한 직선을 그리고 점 B를 지나 x축과 평행한 직선을 그려 만난점을 D라고 하면, 직각삼각형 OAD에서 $\overline{OD} = \sqrt{5}$이다. 이제 원 C(O ; D)를 그리고 x축과 양의 방향에서 만난점을 D′이라고 하면, D′($\sqrt{5}$, 0)이므로 $\sqrt{5}$는 작도가능한 수이다.

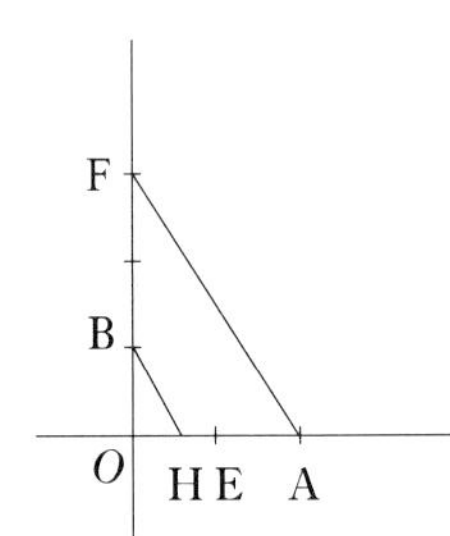

그림과 같이 F와 B를 선택하고 F와 A를 지나는 직선을 작도하고 B를 지나 직선 FA와 평행한 직선을 그리고 x축과 만난점을 H라고 하면 H의 좌표가 $\left(\frac{2}{3}, 0\right)$이다.

다음 정리는 쉽게 증명된다.

정리 4.2.2 실수 α에 대하여 다음 명제들은 동치이다.

(1) α는 작도가능한 수이다.

(2) $P(\alpha, 0)$는 작도가능한 점이다.

(3) $Q(0, \alpha)$는 작도가능한 점이다.

(4) $-\alpha$는 작도가능한 수이다.

(5) $P'(-\alpha, 0)$은 작도가능한 점이다.

(6) $Q'(0, -\alpha)$은 작도가능한 점이다.

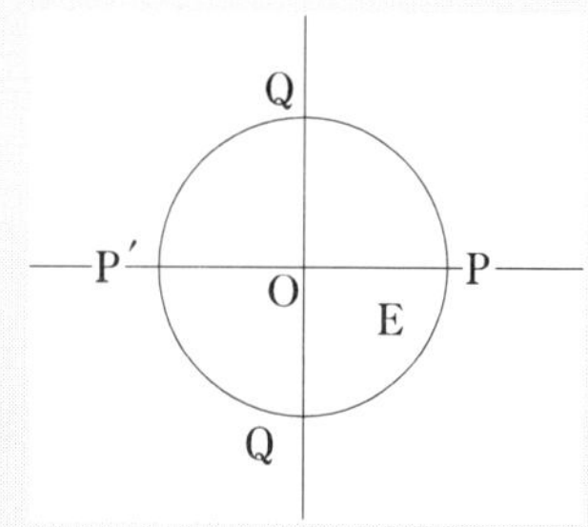

정리 4.2.3 작도가능한 실수 전체의 집합을 K라고 할 때 다음이 성립한다.

(1) $\mathbb{Q} \leq K \leq \mathbb{R}$이다.

(2) $\alpha \in K$, $\alpha \geq 0$이면 $\sqrt{\alpha} \in K$이다.

증명 (1) 임의의 실수 α, $\beta \in K$에 대하여 $P(\alpha, 0)$와 $Q(\beta, 0)$는 x축 위에 작도가능한 점이다. 실수 α가 음수인 경우는 출발점만 다르고 같은 방법으로 작도가 가능하므로 실수 α가 양수인 경우만 증명한다.

점 $R(\alpha-\beta, 0)$은

$\beta > 0$: 점 P로부터 왼쪽으로 β만큼 이동한 점

$\beta = 0$: 점 P

$\beta < 0$: 점 P로부터 오른쪽으로 $|\beta|$만큼 이동한 점

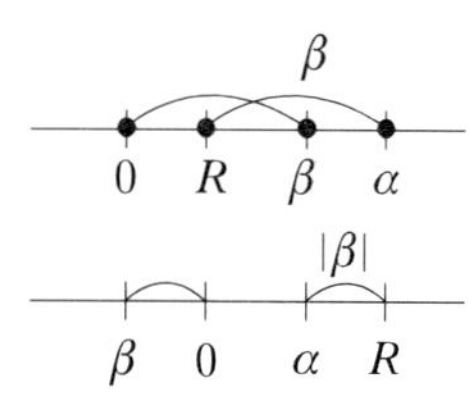

으로 작도가능한 점이다. 따라서 $\alpha - \beta \in K$이다.

이제, 점 $S(\alpha\beta, 0)$를 작도해보자. 실수 β가 0이면 분명하고, β가 음수인 경우는 $|\beta|$을 곱하여 방향만 반대 즉, y축에 대칭점을 찾으면 되므로 β가 양수인 경우에 작도한다. 또한, $\beta = 1$인 경우에는 분명하므로 $\beta > 1$인 경우 $F(\beta, 0)$와 $\beta < 1$인 경우 $G(\beta, 0)$에 대하여 각각 $S(\alpha\beta, 0)$와 $T(\alpha\beta, 0)$를 작도한다.

344쪽 왼쪽 그림과 같이 먼저 $F'(0, \beta)$과 $G'(0, \beta)$을 작도하고 점 $B(0, 1)$와 점 P를 잇는 선분 PB를 그린다. 점 F′과 점 G′을 지나고 선분 PB와 평행한 직선을 그리고 x축과 만난점을 각각 S와 T라 하면 S와 T가 구하는 점이므로 $\alpha\beta$는 작도가능한 점이다.

이제, 작도가능한 양수 α에 대하여 점 $U(\alpha^{-1}, 0)$의 작도를 $\alpha > 1$인 경우와 $0 < \alpha = \beta < 1$인 경우로 나누어 작도하면 다음 그림과 같다.

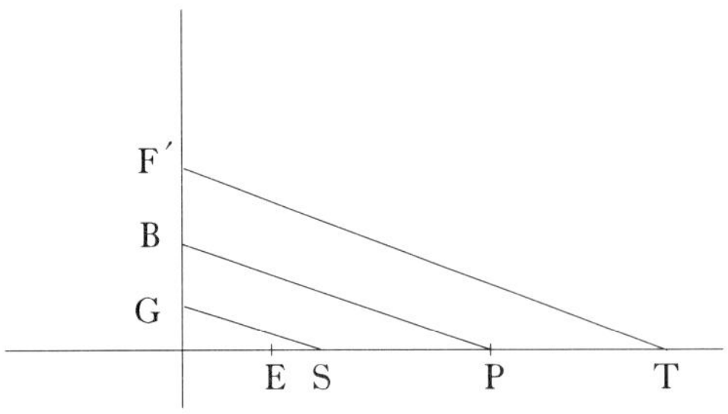

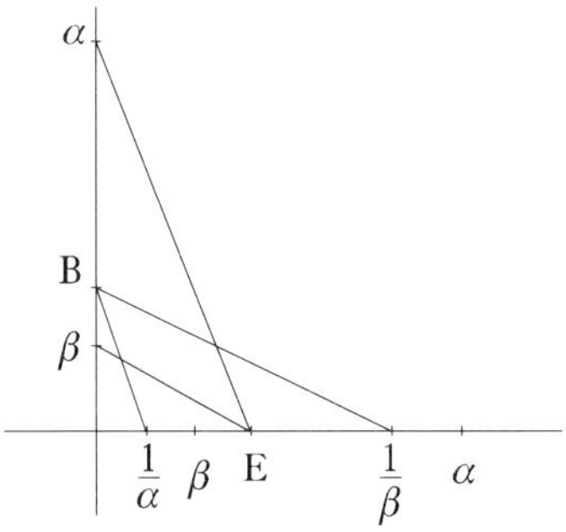

따라서 집합 K는 실수체의 부분체이다. 또 $1 \in K$이므로 $\mathbb{Q} \leq K \leq \mathbb{R}$ 이다.

(2) 먼저 $\alpha \in K$, $\alpha = 0$이면 $\sqrt{0} = 0$이므로 분명하다. 이제 $\alpha \in K$, $\alpha > 0$일 때 $\sqrt{\alpha} \in K$임을 보인다. 작도방법은 다음과 같다.

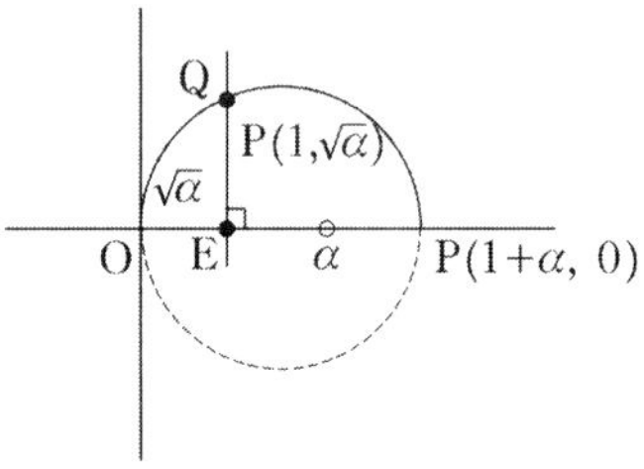

① 점 $P(1+\alpha,\ 0)$를 작도한다.

② 선분 OP를 지름으로 하는 원을 작도한다. 그러면 방정식은 $x^2 - (1+\alpha)x + y^2 = 0$이다.

③ 점 $E(1,\ 0)$를 지나 x축과 수직선을 작도하고 원과 만난점을 Q라고 하면 Q의 y좌표는 방정식에 $x = 1$을 대입하면 $y = \sqrt{\alpha}$ 이므로 $Q(1,\ \sqrt{\alpha})$이다. 그러므로 $\sqrt{\alpha} \in K$이다. ▒

위 정리에 의하면 모든 유리수는 작도가능하고 또한 유리수의 이차 무리수는 작도가능하다. 위 정리를 연속 적용하면 이차 무리수의 이차 무리수 꼴

$$\alpha + \sqrt{\beta} \quad (\alpha\text{와 } \beta\text{는 이차 무리수})$$

은 작도가능하고 이 사실은 연속적으로 확장가능하다.

실제로 작도할 수 있는 점은 궁극적으로 작도가능한 임의의 네 점 A, B, C, D의 좌표가 주어져 있을 때 다음 세 가지 경우를 생각할 수 있다.

(1) 직선 AB와 직선 CD가 만나는 점

(2) 직선 AB와 원 C(C ; D)가 만나는 점

(3) 원 C(A ; B)와 원 C(C ; D)가 만나는 점

즉, 각 계수가 작도가능한 실수 전체의 집합 K의 원소라고 할 때

(1) $ax+by+c=0$과 $a'x+b'y+c'=0$의 교점,

(2) $ax+by+c=0$과 $x^2+y^2+kx+ly+m=0$의 교점,

(3) $x^2+y^2+kx+ly+m=0$과 $x^2+y^2+k'x+l'y+m'=0$의 교점

은 작도가능한 점이다. 한편 두 직선의 교점은 원래 계수와 같은 차원의 원소이고 원과 원 또는 원과 직선의 교점은 2차 방정식의 근이므로 주어진 계수들에 관한 2차 무리수 꼴이 되는 것을 알 수 있다. 따라서 다음과 같은 결과를 얻을 수 있다. 이에 관한 증명은 참고문헌[2]를 참조하기 바란다.

정리 4.2.4 실수 α가 작도가능한 실수일 필요충분한 조건은 음이 아닌 실수 $\alpha_0, \alpha_1, \cdots, \alpha_i, \cdots, \alpha_{n-1}, \alpha_n=\alpha$가 존재하여

$$\alpha_0 \in \mathbb{Q},\ \alpha_1 \in \mathbb{Q}(\sqrt{\alpha_0}),\ \cdots,\ \alpha_{i+1} \in \mathbb{Q}(\sqrt{\alpha_0}, \cdots, \sqrt{\alpha_i})\ (1 \leq i \leq n-1)$$

$$\alpha \in \mathbb{Q}(\sqrt{\alpha_0}, \cdots, \sqrt{\alpha_{n-1}})$$

이다. 실수 α가 작도가능한 수이면, α는 대수적 수이고 적당한 음이 아닌 정수 m이 존재하여 $[\mathbb{Q}(\alpha) : \mathbb{Q}]=2^m$이다.

이제 작도 불가능한 예제들과 작도가능한 예제들에 관하여 살펴본다.

먼저, 작도 불가능한 예제들로는 수학에 관한 지식을 약간만 가진 사람이라면 누구나 문제를 이해할 수 있어서 그리스 시대부터 잘 알려진 삼대 작도 불능문제가 있다.

[예제 4.2.2] (1) 주어진 정육면체의 부피의 2배가 되는 정육면체의 작도 : 주어진 정육면체의 부피가 1이라 할 때 부피가 2가 되는 정육면체를 작도하는 일로 한 변의 길이가 $\sqrt[3]{2}$인 정육면체를 작도하는 문제로 $[\mathbb{Q}(\sqrt[3]{2}) : \mathbb{Q}]=3$이므로 작도할 수 없다.

(2) 주어진 원과 같은 넓이를 가진 정사각형의 작도 : 주어진 원의 반지름이 1이라 하면 원의 넓이는 π이다. 따라서 작도하여야 할 정사각형의 한 변의 길이는 $\sqrt{\pi}$이다. 한편 π는 초월수이므로 길이가 π인 선분의 작도가 불가능하므로 정사각형을 작도할 수 없다.

(3) 일반각을 3등분하는 작도 : 특수한 각들은 삼등분이 가능하지만 모든 각이 삼등분되지는 않는다. 이를테면, 크기가 60°인 각의 삼등분에 관하여 살펴

보면, $\theta=20^\circ$를 작도하여야 한다. 삼각함수의 공식

$$\cos 3\theta = 4\cos^3\theta - 3\cos\theta \text{와 } \cos 60^\circ = \frac{1}{2}$$

로부터 $8\cos^3\theta - 6\cos\theta - 1 = 0$이므로 $\cos\theta$는 다항식 $f(x)=8x^3-6x-1$의 근이다. 한편 $f(x)$는 유리수체 $\mathbb{Q}$ 위에서 기약이다(연습문제). 따라서

$$[\mathbb{Q}(\cos\theta) : \mathbb{Q}] = 3$$

이므로 $\cos\theta$를 작도할 수 없고 따라서 θ를 작도할 수 없다.

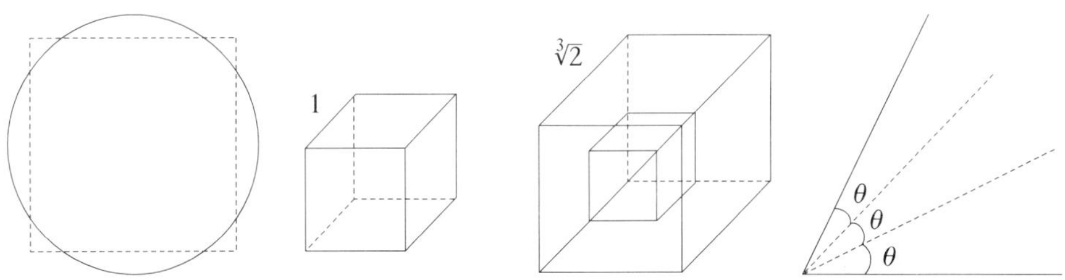

위 예제에서 크기가 60°인 각의 삼등분을 작도할 수 없었지만 특수한 각들의 삼등분은 작도가 가능하다.

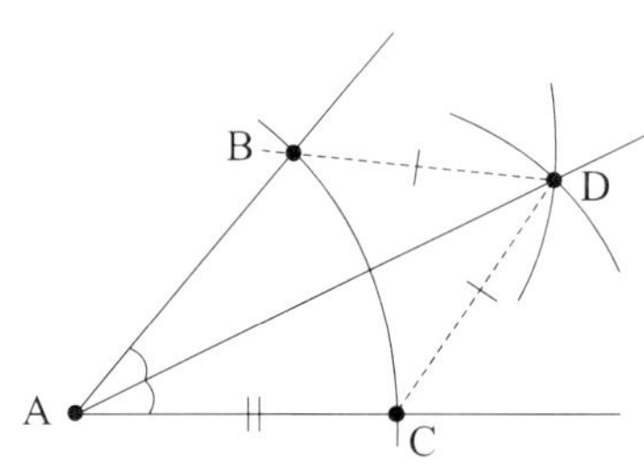

[예제 4.2.3] (1) 일반각의 2등분 : ① 주어진 꼭지점 A를 중심으로 적당한 반지름을 갖는 호를 그리고 $\angle A$를 이루는 두 선분과 만나는 점을 각각 B와 C라고 한다.

② 두 점 B와 C를 중심으로 갖는 반지름이 같은 호를 그려서 두 호가 만난 점을 D라고 하면 $\angle BAD = \angle CAD$이다.

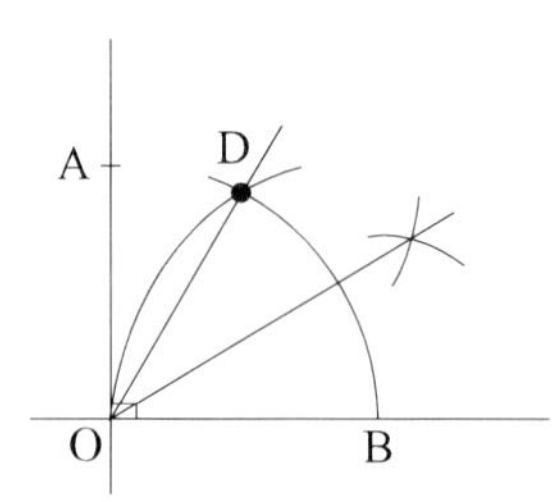

(2) 각 90°의 삼등분 : 점 O와 점 B를 중심으로 갖고 선분 OB의 길이를 반지름으로 하는 두 호를 그려서 만난 점을 D라고 하면 삼각형 OBD는 정삼각형이므로 $\angle BOD = 60^\circ$이다. 따라서 $\angle BOD = 60^\circ$를 (1)

과 같이 이등분하면 90°는 삼등분된다.

[예제 4.2.4] 각 54°의 작도와 그의 삼등분인 18°를 작도해보자. 삼각함수의 공식 $\cos A = \sin(90° - A)$를 적용하면 $\cos 54° = \sin 36°$이므로 $\theta = 18°$이라 놓으면 $\cos 3\theta = \sin 2\theta$이다. 따라서

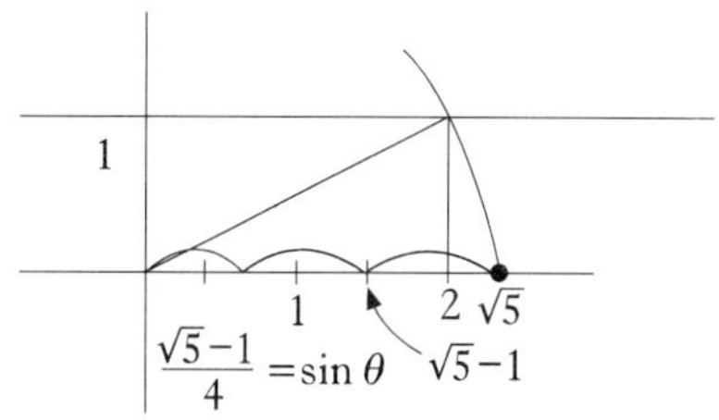

$$4\cos^3\theta - 3\cos\theta = 2\sin\theta\cos\theta$$

이고 $\cos\theta \neq 0$이므로 식을 정리하면,

$$4\sin^2\theta + 2\sin\theta - 1 = 0$$

이다. 또 $\sin\theta > 0$이므로 $\sin\theta = \dfrac{-1+\sqrt{5}}{4}$이다. 따라서 $\sin\theta$와 $\sin 3\theta$는 이차 무리수로 작도가능하다. 실제로 $\sin 3\theta = \dfrac{\sqrt{10+2\sqrt{5}}}{4}$이다.

이제, $\sin\theta$를 이용하여 θ를 작도한다. 단위 길이 1을 이용하여 $\sqrt{5}$를 작도하고 $\sqrt{5}-1$을 작도한 다음 $\sin\theta$를 작도한다(위 오른쪽 그림). 이제 y축에 $\sin\theta$에 해당하는 점 D를 선택하고 점 D를 지나 x축과 평행선을 그리고 원점 O를 중심으로 반지름이 1인 원과 1상한에서 만난 교점을 A라고 하고 이 원과 x축과 만난점을 B라고 하면 $\angle AOB$가 구하는 각 θ이다. 같은 방법으로 동일좌표평면 위에 $\sin 3\theta$를 이용하여 3θ를 작도할 수 있다(아래 오른쪽 그림).

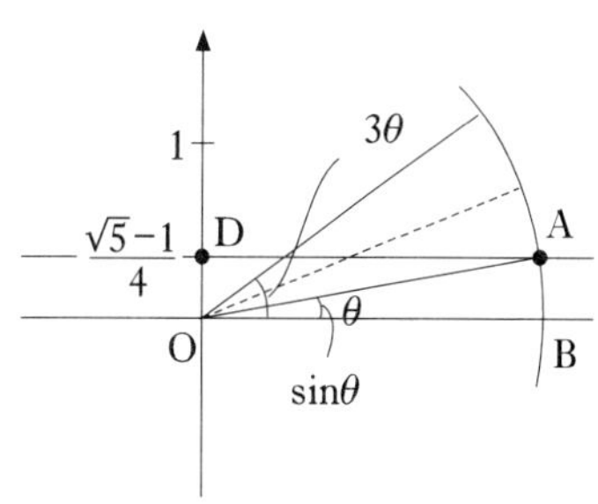

이미 두 각이 작도되므로 각 54°의 작도와 그의 삼등분이 작도되었다.

이제 정n각형의 작도에 관하여 알아본다.

중등학교에서 정삼각형, 정사각형과 정육각형에 관한 작도는 이미 다루었다. 정오각형은 여러 가지 방법으로 작도할 수 있으나 여기에서는 예제 4.2.4에서 구한 $\sin 18° = \cos 72°$를 이용하여 설명한다.

[예제 4.2.5] 정오각형의 한 각은 108°이므로 cos 72°를 이용하여 작도한다.

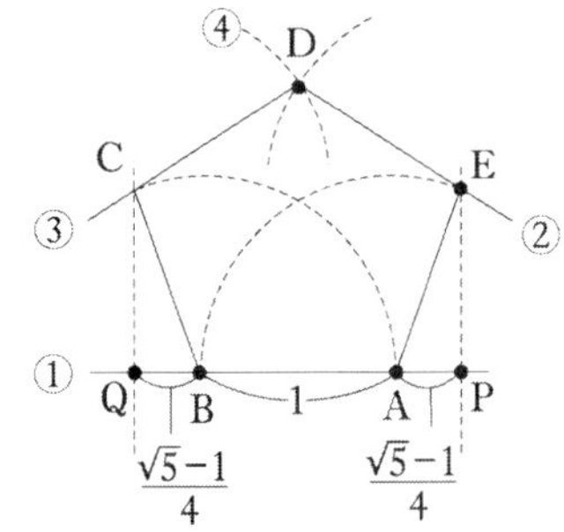

① x축 위에 점 A와 B를 잡고 단위 길이로 놓고 선분 AB의 양쪽 연장선 위에 $\cos 72^\circ = \dfrac{-1+\sqrt{5}}{4}$ 길이가 되는 점 P와 Q를 선택한다(예제 4.2.4 참조).

② 점 A를 중심으로 단위 길이의 원과 점 P를 지나고 x축과 수직인 직선을 그리고 1상한에서 만난 점을 E라고 한다.

③ 점 B를 중심으로 단위 길이의 원과 점 Q를 지나고 x축과 수직인 직선을 그리고 2상한에서 만난 점을 C라고 한다.

④ 점 C와 점 E를 중심으로 단위 길이 원을 각각 그려서 두 원이 만난 위에 있는 점을 D라고 한다.

⑤ 이제, 점 A, B, C, D, E를 순서대로 선분으로 이으면 도형 ABCDE는 구하는 정오각형이다.

일반적으로 정n각형이 작도되면 주어진 임의의 각의 2^l(l은 음이 아닌 정수)등분이 가능하므로 정$n2^l$각형의 작도가 가능하다. 이를테면, 정2^k각형($k \geq 2$), 정$3 \cdot 2^l$각형, 정$5 \cdot 2^l$각형 등이 작도가능하다.

실제로 홀수인 소수 p와 $k \geq 2$에 대하여 정p^k각형은 작도가 불가능함이 증명되었으며 Fermat 소수 p에 대하여 정p각형은 작도가능함이 증명되었다. 일반적으로 정m각형이 작도가능할 필요충분조건은 m의 값이 다음 꼴들 중에 하나임이 알려져 있다.

$$2^k\,(k \geq 2),\ \ 2^l p_1 p_2 \cdots p_r$$

단, l은 음이 아닌 정수이고, $p_1, p_2, \cdots, p_r$은 서로 다른 Fermat 소수이고 r은 $r \geq 1$인 정수이다.

여기에서 Fermat 소수란 $2^{2^n}+1$꼴의 소수로 현재까지 알려진 Fermat 소수는 3, 5, 17, 257, 65537이다.

연습문제 4.2

1. 기본작도 Ⅲ과 기본작도 Ⅳ를 주어진 방법으로 작도하면 구하는 도형이 되는 것을 증명하여라.

2. 정리 4.2.1을 증명하여라.

3. 정리 4.2.2를 증명하여라.

4. 유리수체 $\mathbb{Q}$ 위의 다항식 $f(x)=8x^3-6x-1$은 $\mathbb{Q}$ 위에서 기약인 것을 증명하여라. 이 사실을 이용하여 $\cos 20^\circ$가 작도가능하지 않음을 증명하여라.

5. 다음 수들 중에 작도가능한 수를 찾아라.

(1) $1+\sqrt{7}$ (2) $-2+\sqrt{2+\sqrt{3}}$

(3) $\sqrt{2+\sqrt[4]{5}}$ (4) $\sqrt[4]{5}+\sqrt[6]{2}$

(5) $\sin 40^\circ$ (6) $\sin 7.5^\circ$

6. 정수 n의 값이 다음과 같을 때, 정n각형이 작도가능한지 확인하여라.

(1) $n=12$ (2) $n=15$

(3) $n=18$ (4) $n=25$

(5) $n=36$ (2) $n=100$

7. 다음의 과정에 따라 정오각형을 작도하여라.

(1) 주어진 단위 길이에 대하여 $\sin 54^\circ$의 길이를 작도하여라.

(2) 길이 2를 갖는 주어진 선분 l의 수직 이등분선을 작도하고 선분 l과의 교점을 H라고 할 때 수직이등분선 위에 $\overline{\mathrm{OH}}=\sin 54^\circ$인 점 O를 작도하여라.

(3) 정오각형을 작도하여라.

4.3 Galois 이론의 기본 정리

이 절에서는 체 F 위의 확대체 K의 Galois 군과 체 F의 Galois 확대체를 다루고 Galois 이론의 기본정리를 설명한다.

정의 4.3.1 체 K와 L을 체 F의 확대체라고 하자. 함수 $\sigma : K \to L$가 임의의 원소 $\alpha, \beta \in K$와 $a \in F$에 대하여 다음 조건

$$\sigma(\alpha+\beta)=\sigma(\alpha)+\sigma(\beta),\ \sigma(\alpha\beta)=\sigma(\alpha)\sigma(\beta),\ \sigma(a)=a$$

을 만족하면, σ를 **F-준동형함수**(F-homomorphism)라고 한다. 특히, 일대일대응 F-준동형함수 σ를 **F-동형함수**(F-isomorphism)라고 한다. 또, $K=L$인 F-동형함수 σ를 **F-자기동형함수**(F-automorphism)라고 한다. 체 K 위의 모든 F-자기동형함수들의 집합은 군을 이룬다(연습문제). 이 군을 체 F 위의 체 K의 **Galois 군**(Galois group of K over F)이라 하고 $Gal_F K$로 나타낸다.

[예제 4.3.1] 체 F에 대하여 $K=F(x)$라고 할 때, 원소 $a \in F-\{0\}$에 대하여 함수

$$\sigma_a : K \to K,\ \sigma_a\left(\frac{f(x)}{g(x)}\right)=\frac{f(ax)}{g(ax)}$$

를 정의하면 σ_a는 F-자기동형함수이다. 즉,

$$\sigma_a\left(\frac{f(x)}{g(x)}+\frac{k(x)}{l(x)}\right)=\frac{f(ax)}{g(ax)}+\frac{k(ax)}{l(ax)}=\sigma_a\left(\frac{f(x)}{g(x)}\right)+\sigma_a\left(\frac{k(x)}{l(x)}\right),$$

$$\sigma_a\left(\frac{f(x)}{g(x)}\frac{k(x)}{l(x)}\right)=\frac{f(ax)}{g(ax)}\frac{k(ax)}{l(ax)}=\sigma_a\left(\frac{f(x)}{g(x)}\right)\sigma_a\left(\frac{k(x)}{l(x)}\right),$$

$$\sigma_a(c)=\sigma_a\left(\frac{c}{1}\right)=\frac{c}{1}=c \text{ (분모와 분자가 상수다항식이므로)}$$

이므로 σ_a는 F-준동형함수이다. 또, 임의의 원소 $\frac{f(x)}{g(x)} \in F(x)$에 대하여

$\dfrac{f\left(\frac{x}{a}\right)}{g\left(\frac{x}{a}\right)} \in F(x)$가 존재하여 $\sigma_a\left(\dfrac{f\left(\frac{x}{a}\right)}{g\left(\frac{x}{a}\right)}\right) = \dfrac{f(x)}{g(x)}$이고 $\ker \sigma_a = \{0\}$이다. 따라서 σ_a는 F-자기동형함수이다.

[예제 4.3.2] 체 F에 대하여 $K=F(x)$라고 할 때, 원소 $b \in F$에 대하여 함수

$$\tau_b : K \to K,\ \tau_b\left(\frac{f(x)}{g(x)}\right) = \frac{f(x+b)}{g(x+b)}$$

를 정의하면 τ_b는 F-자기동형함수이다. 즉,

$$\tau_b\left(\frac{f(x)}{g(x)} + \frac{k(x)}{l(x)}\right) = \frac{f(x+b)}{g(x+b)} + \frac{k(x+b)}{l(x+b)} = \tau_b\left(\frac{f(x)}{g(x)}\right) + \tau_b\left(\frac{k(x)}{l(x)}\right),$$

$$\tau_b\left(\frac{f(x)}{g(x)}\frac{k(x)}{l(x)}\right) = \frac{f(x+b)}{g(x+b)}\frac{k(x+b)}{l(x+b)} = \tau_b\left(\frac{f(x)}{g(x)}\right)\tau_b\left(\frac{k(x)}{l(x)}\right),$$

$$\tau_b(c) = \tau_b\left(\frac{c}{1}\right) = \frac{c}{1} = c \text{ (분모와 분자가 상수다항식이므로)}$$

이므로 τ_b는 F-준동형함수이다. 또, 임의의 원소 $\dfrac{f(x)}{g(x)} \in K$에 대하여 $\dfrac{f(x-b)}{g(x-b)} \in K$가 존재하여 $\tau_b\left(\dfrac{f(x-b)}{g(x-b)}\right) = \dfrac{f(x)}{g(x)}$이고 $\ker \tau_b = \{0\}$이다. 그러므로 τ_b는 F-자기동형함수이다.

> **정리 4.3.2** 체 K를 체 F의 확대체라고 하고 $f(x) \in F[x]$라 하자. 원소 $\alpha \in K$가 $f(x)$의 근이고 $\sigma \in Gal_F K$라면, $\sigma(\alpha)$가 $f(x)$의 근이다.

증명 다항식 $f(x) = \sum_{k=0}^{n} a_k x^k$에 대하여 $f(\alpha) = \sum_{k=0}^{n} a_k \alpha^k = 0$이다. 그러면

$$f(\sigma(\alpha)) = \sum_{k=0}^{n} a_k \sigma(\alpha)^k = \sum_{k=0}^{n} \sigma(a_k \alpha^k) = \sigma\left(\sum_{k=0}^{n} a_k \alpha^k\right) = \sigma(0) = 0$$

이다. 따라서 $\sigma(\alpha)$가 $f(x)$의 근이다. ■

체 F 위에서 대수적 원소 $\alpha \in K$의 최소다항식을 $p(x) \in F[x]$, $\deg p(x) = n \geq 1$이라 할 때, 확대체 $K = F(\alpha) = \{a_0 + a_1\alpha + \cdots + a_{n-1}\alpha^{n-1} \mid a_0, a_1, \cdots, a_{n-1} \in F\}$의 Galois 군 $Gal_F K$를 살펴보자. 먼저, K는 α에 의하여 결정되므로 $\sigma \in Gal_F K$는 $\sigma(\alpha)$에 의하여 결정된다. 또 $p(\alpha) = 0$이므로 $\sigma(\alpha)$도 $p(x)$의 근이다. 따라서 $Gal_F K$의 원소의 개수는 체 K에서 $p(x)$의 근의 개수와 같다. 그러므로 $|Gal_F K| \leq \deg p(x) = n$이다.

[예제 4.3.3] 체 F에 대하여 $K = F$라고 하면, $Gal_F K = \{1_K\}$이다. 그러나 $Gal_F K = \{1_K\}$라고 해서 $K = F$라 할 수 없다. 실제로 $F = \mathbb{Q}$라고 하고 $K = \mathbb{Q}(\sqrt[3]{2})$라 하면 $K \neq F$이지만 $x^3 - 2$는 K에서 하나의 근 $\sqrt[3]{2}$만 가지므로 $Gal_F K = \{1_K\}$이다.

[예제 4.3.4] (1) 체 $F = \mathbb{R}$이라 하고 $K = \mathbb{C} = \mathbb{R}(i)$라 하면, i의 최소다항식은 $x^2 + 1$이다. 이제 $\sigma \in Gal_F K$이면, $\sigma(a + bi) = \sigma(a) + \sigma(bi) = a + b\sigma(i)$이다.

한편, $\mathbb{C}$에서 $x^2 + 1$은 두 근 $\pm i$를 가지므로 $\sigma(i)$는 i 또는 $-i$이다. 먼저 $\sigma(i) = i$라면, $\sigma(a + bi) = a + bi$이다. 즉, $\sigma = 1_K$이다. 또 $\sigma(i) = -i$라면, $\sigma(a + bi) = a - bi$이다. 따라서 $Gal_F K = \{1_K, \sigma\}$이다(단, $\sigma(a + bi) = a - bi$).

(2) 체 $F = \mathbb{Q}$라고 하고 $K = \mathbb{Q}(\sqrt{2}, \sqrt{3}) = \mathbb{Q}(\sqrt{2})(\sqrt{3})$이라 하자. 즉,

$$\begin{aligned} K &= \{k + l\sqrt{3} \mid k, l \in \mathbb{Q}(\sqrt{2})\} \\ &= \{a + b\sqrt{2} + (c + d\sqrt{2})\sqrt{3} \mid a, b, c, d \in \mathbb{Q}\} \\ &= \{a + b\sqrt{2} + c\sqrt{3} + d\sqrt{6} \mid a, b, c, d \in \mathbb{Q}\} \end{aligned}$$

이다. 그러면 $\sigma \in Gal_{\mathbb{Q}} K$는 $\sigma(\sqrt{2})$와 $\sigma(\sqrt{3})$에 의하여 결정된다. 따라서, $\sigma(\sqrt{2})$는 $\sqrt{2}$ 또는 $-\sqrt{2}$이고 $\sigma(\sqrt{3})$은 $\sqrt{3}$ 또는 $-\sqrt{3}$이므로 $Gal_{\mathbb{Q}} K = \{1_K, \sigma, \rho, \tau\} \cong V_4 \cong \mathbb{Z}_2 \oplus \mathbb{Z}_2$이다. 여기서 σ, ρ, τ는

$$\begin{aligned} \sigma(a + b\sqrt{2} + c\sqrt{3} + d\sqrt{6}) &= a - b\sqrt{2} + c\sqrt{3} - d\sqrt{6}, \\ \rho(a + b\sqrt{2} + c\sqrt{3} + d\sqrt{6}) &= a + b\sqrt{2} - c\sqrt{3} - d\sqrt{6}, \\ \tau(a + b\sqrt{2} + c\sqrt{3} + d\sqrt{6}) &= a - b\sqrt{2} - c\sqrt{3} + d\sqrt{6} \end{aligned}$$

이고, $\sigma^2 = \rho^2 = \tau^2 = 1$, $\sigma\rho = \rho\sigma = \tau$, $\sigma\tau = \tau\sigma = \rho$, $\tau\rho = \rho\tau = \sigma$이다.

정리 4.3.3 체 L을 체 F와 확대체 K의 중간체라 하고 H를 $Gal_F K = G$의 부분군이라 하자. 그러면 다음이 성립한다.

(1) $H' = \{v \in K \mid$ 모든 $\sigma \in H$에 대하여 $\sigma(v) = v\}$는 중간체이다.

(2) $L' = \{\sigma \in G \mid$ 모든 $u \in L$에 대하여 $\sigma(u) = u\} = Gal_L K$는 G의 부분군이다.

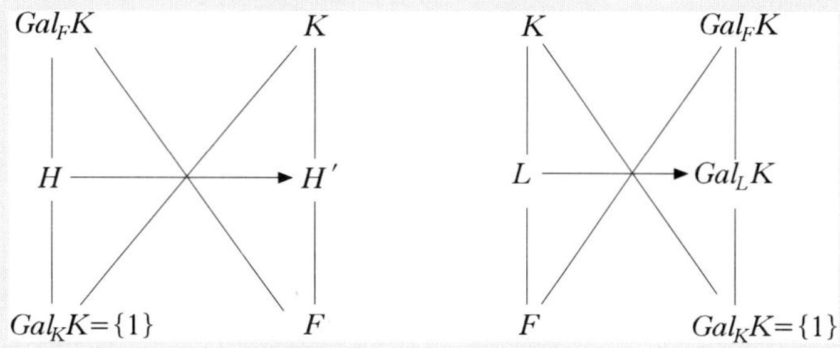

증명 (1) 두 원소 a, b가 집합 H'의 원소라면 임의의 $\sigma \in H$에 대하여

$$\sigma(a-b) = \sigma(a) - \sigma(b) = a - b \text{이고 } \sigma(ab^{-1}) = \sigma(a)\sigma(b)^{-1} = ab^{-1}$$

이므로 $a-b \in H'$이고 $ab^{-1} \in H'$이다. 따라서 $H' \leq K$이다. 체 F의 모든 원소는 G의 원소에 의하여 고정되므로 또한 그의 부분군 H의 원소에 의하여 고정된다. 따라서 $F \leq H'$이다. 그러므로 H'은 중간체이다.

(2) 정의에 의하여 분명하다. ■

이를테면, 예제 4.3.4(2)에서 $K = \mathbb{Q}(\sqrt{2}, \sqrt{3})$, $L = \mathbb{Q}(\sqrt{2})$, $M = \mathbb{Q}(\sqrt{3})$, $F = \mathbb{Q}$라 할 때 그들의 고정군과 $G = Gal_F K$, $H = \{1, \sigma\}$, $J = \{1, \rho\}$, $\{1_K\}$라 할 때 그들의 고정체에 관한 격자도는 다음과 같다.

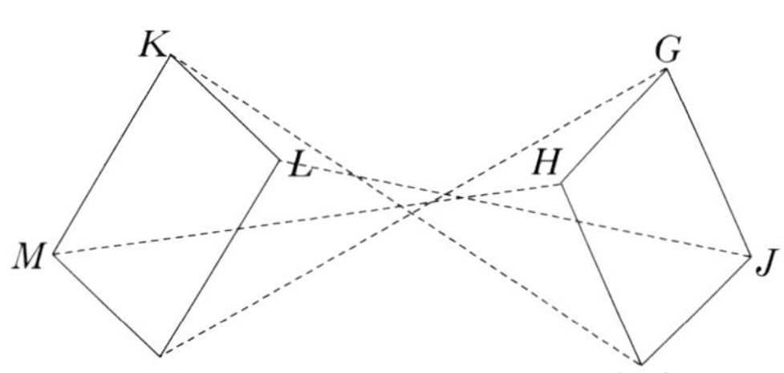

정리 4.3.3에서 H'을 체 K에서 H의 **고정체**(fixed field)라고 한다. 이러한 의미에서 군 $Gal_L K$는 중간체 L의 **고정군**(fixed group) L'으로 생각할 수 있다. 이와 같은 기호를 사용하면 편리하다. 즉, 체의 관점에서

체 K의 고정군은 $K' = Gal_K K$로 $\{1_K\}$,

체 K에서 체 F의 고정군은 $F' = Gal_F K = G$

이다. 또한 역으로 군의 관점에서는 G'이고 $\{1_K\}'$이다.

정리 4.3.4 체 F의 확대체 K에 대하여 다음이 성립한다.

(1) $K' = Gal_K K = \{1_K\}$이고 $(Gal_K K)' = \{1_K\}' = K$이다. 즉, $(K')' = K$이다.

(2) $F' = Gal_F K$

증명 정의에 의하여 분명하므로 독자에게 맡긴다. ■

체 F의 확대체 K에 대하여 $(K')' = K$인 것과는 달리 $(F')'$은 F와 항상 같은 것은 아니다. 특히, $(F')' = (Gal_F K)' = F$가 성립할 때, 체 K를 체 F의 **Galois 확대체**(Galois extension field)라고 한다. 즉, 체 K가 체 F의 Galois 확대체라는 것은 $Gal_F K$의 고정체가 F임을 의미한다. 여기에서 집합 X에 대하여 $(X')'$을 보통 X''으로 나타낸다.

[예제 4.3.5] (1) 체 $F = \mathbb{R}$이라 하고 $K = \mathbb{C} = \mathbb{R}(i)$라 하면, 예제 4.3.4에 의하여 $Gal_F K = \{1_K, \sigma\}$이다. 단, $\sigma(a+bi) = a-bi$이다. 그러면

$$(Gal_F K)' = \{\alpha \in K \mid \text{모든 } \sigma \in Gal_F K\text{에 대하여 } \sigma(\alpha) = \alpha\} = F$$

이므로 $\mathbb{C}$는 $\mathbb{R}$의 Galois 확대체이다.

(2) 체 $F = \mathbb{Q}$라고 하고 $K = \mathbb{Q}(\sqrt[3]{2})$이라 하자. 그러면 $K \neq F$이지만 $x^3 - 2$는 K에서 하나의 근 $\sqrt[3]{2}$만 가지므로 $Gal_F K = \{1_K\}$이다. 여기에서

$$(Gal_F K)' = \{\alpha \in K \mid \text{모든 } \sigma \in Gal_F K\text{에 대하여 } \sigma(\alpha) = \alpha\} = \{1_K\}' = K \neq F$$

즉, $F'' = K \neq F$이므로 $K = \mathbb{Q}(\sqrt[3]{2})$는 $F = \mathbb{Q}$의 Galois 확대체가 아니다.

체 L, M이 체 F의 확대체 K의 중간체이고 $L \subseteq M$일 때, 차원 $[M:L]$을 체 L과 체 M의 상대적 차원(relative dimension)이라 한다. 또 군 H, J가 Galois 군 $Gal_F K$의 부분군이고 $H \leq J$일 때, 지수 $[J:H]$를 H와 J의 상대적 지수(relative index)라고 한다.

정리 4.3.5 체 L과 M이 체 F의 확대체 K의 중간체라 하고 군 H와 J를 Galois 군 $G = Gal_F K$의 부분군이라고 하면 다음이 성립한다.

(1) $K' = \{1_K\}$이고 $K = \{1_K\}' = K''$

(2) $F' = G$이고 $F \leq G' = F''$

(3) $L \subseteq M$이면 $M' \leq L'$이고 $H \leq J$이면 $J' \subseteq H'$

(4) $L \subseteq (L')' = L''$이고 $H \subseteq (H')' = H''$

(5) $L' = L'''$이고 $H' = H'''$

증명 (1)~(3) 정의에 의하여 명백하다.

(4) 임의의 원소 $a \in L$에 대하여 L'의 정의에 의하여 임의의 원소 $\tau \in L'$에 대하여 $\tau(a) =$이다. L''의 정의 $L'' = \{a \in K \mid$ 모든 $\sigma \in L'$에 대하여 $\sigma(a) = a\}$에 의하여 $a \in L''$이다. 따라서 $L \subseteq (L')' = L''$이다. 유사한 방법으로 $H \subseteq (H')' = H''$이다.

(5) (4)에서 $L \subseteq L''$이고 (3)에 의하여 $L' \supseteq (L'')' = L'''$이다. 또 L'은 G의 부분군이므로 (4)에 의하여 $L' \subseteq (L')''$이다. 그러므로 $L' = L'''$이다.
유사한 방법으로 $H = H'''$을 증명할 수 있다. ■

집합 X가 중간체(또는 Gaois 군의 부분군)이며 $X'' = X$일 때, X는 **닫혀있다** 또는 **폐체**(또는 **폐군**)이라고 한다. 이를테면, 체 K가 체 F의 Galois 확대체이면 F는 닫혀있다.

정리 4.3.6 체 K가 체 F의 확대체일 때, 확대체의 폐중간체들의 집합과 Galois 군 $Gal_F K$의 모든 폐부분군들의 집합은 일대일대응된다.

증명 주어진 두 집합을 기호로 표현하면

$$\mathcal{I} = \{L \mid F \leq L \leq K\text{이고 } L'' = L\},\ \mathcal{H} = \{H \mid H \leq Gal_F K\text{이고 } H'' = H\}$$

이다. 이때, 두 함수 $\Psi : \mathcal{I} \rightarrow \mathcal{H}$과 $\Phi : \mathcal{H} \rightarrow \mathcal{I}$를 각각

$$\Psi(L) = L' \text{과 } \Phi(H) = H'$$

으로 정의하자. 그러면 임의의 원소 $L \in \mathcal{I}$에 대하여 $L = L''$이고 정리 4.3.5에 의하여 $L' = L'''$이므로 $\Psi(L) = L' \in \mathcal{H}$이고 따라서 함수 Ψ는 잘 정의된다. 같은 방법으로 Φ도 잘 정의된다. 이제 임의의 원소 $L \in \mathcal{I}$에 대하여

$$\Phi(\Psi(L)) = (L')' = L'' = L$$

이므로 $\Phi \circ \Psi = 1_{\mathcal{I}}$이다. 같은 방법으로 $\Psi \circ \Phi = 1_{\mathcal{H}}$이다.

그러므로 $\mathcal{I}$와 $\mathcal{H}$는 일대일대응된다. ▩

정리 4.3.7 체 L, M이 체 F의 확대체 K의 중간체이고 $L \subseteq M$일 때, 차원 $[M : L]$이 유한이면, $[L' : M'] \leq [M : L]$이다. 특히, $[K : F]$가 유한이면, $|Gal_F K| \leq [K : F]$이다.

증명 체 M이 L의 유한확대체이므로 $[M : L] = n$이라 하고 n에 관한 수학적 귀납법으로 증명한다.

먼저 $n = 1$이면 $M = L$이므로 $L' = M'$이므로 성립한다. 이제, $n > 1$일 때 n보다 작은 모든 i에 대하여 이 정리가 성립한다고 가정하자. 그러면 원소 $\alpha \in M - L$가 존재하고 정리 4.1.4에 의하여 α는 체 L 위의 대수적 원소이다. 따라서 정리 4.1.7에 의하여 적당한 기약다항식 $f(x) \in L[x]$가 존재하여 $\deg f(x) = k > 1$, $f(\alpha) = 0$이고 $[L(\alpha) : L] = k$이다. 또 정리 4.1.2에 의하여 $[M : L(\alpha)] = \dfrac{n}{k}$이다. 이제 $k = n$인 경우와 $k < n$인 경우로 나누어 증명한다.

먼저 $k < n$인 경우에 $1 < k < n$이고 $1 < \dfrac{n}{k} < n$이므로 귀납법의 가정에 의하여 $[L' : L(\alpha)'] \leq k$이고 $[L(\alpha)' : M'] \leq \dfrac{n}{k}$이다. 따라서

$$[L' : M'] = [L' : L(\alpha)'][L(\alpha)' : M'] \leq k \cdot \frac{n}{k} = n = [M : L]$$

이므로 성립한다. 마지막으로 $k = n$인 경우의 증명은 연습문제로 남긴다.

한편, $[\mathrm{K} : \mathrm{F}]$가 유한이면, $K = M$이고 $F = L$인 경우이므로 $[F' : K'] \leq [K : F]$이다. 즉, $|Gal_F K| \leq [K : F]$이다. ▩

정리 4.3.8 체 F의 확대체 K에 대하여 군 H, J가 Galois 군 $Gal_F K$의 부분군이고 $H \leq J$일 때, 차원 $[J : H]$가 유한이면, $[H' : J'] \leq [J : H]$이다.

증명 지수 $[J : H] = n$일 때 $[H' : J'] > [J : H]$라고 하자. 체 H'의 적당한 원소 $\alpha_1, \alpha_2, \cdots, \alpha_{n+1}$은 체 J' 위에서 일차독립이다. 또 $[J : H] = n$이므로, $\tau_1, \tau_2, \cdots, \tau_n$을 J에서의 H의 좌대표계의 모든 원소라고 하자. 즉,

$$J = \tau_1 H \cup \tau_2 H \cup \cdots \cup \tau_n H, \quad \tau_i^{-1}\tau_j \in H \Leftrightarrow i = j$$

이다. 체 K에서 다음 연립방정식

$$\begin{aligned} \tau_1(\alpha_1)x_1 + \tau_1(\alpha_2)x_2 + \cdots + \tau_1(\alpha_{n+1})x_{n+1} &= 0 \\ \tau_2(\alpha_1)x_1 + \tau_2(\alpha_2)x_2 + \cdots + \tau_2(\alpha_{n+1})x_{n+1} &= 0 \\ &\vdots \\ \tau_n(\alpha_1)x_1 + \tau_n(\alpha_2)x_2 + \cdots + \tau_n(\alpha_{n+1})x_{n+1} &= 0 \end{aligned} \tag{*}$$

은 자명하지 않은 해를 가진다. 이들 해 중에 0이 아닌 성분의 개수가 최소가 되는 해를 생각하고 첨자들의 순서를 정리한 해를

$$x_1 = a_1,\ x_2 = a_2,\ \cdots,\ x_r = a_r,\ x_{r+1} = \cdots = x_{n+1} = 0 \tag{**}$$

이라고 하면, 해 (**)의 상수 배는 (*)의 해이므로 $a_1 = 1$로 가정해도 좋다.

또, H'의 원소 $\alpha_1, \alpha_2, \cdots, \alpha_{n+1}$은 J' 위에서 일차독립이므로 $\sigma \in J$가 존재하여

$$x_1 = \sigma(a_1),\ x_2 = \sigma(a_2) \neq a_2,\ \cdots,\ x_r = \sigma(a_r),\ x_{r+1} = \cdots = x_{n+1} = 0 \tag{***}$$

도 (*)의 근이다(연습문제). 따라서 (**)와 (***)로부터

$$x_1 = 0,\ x_2 = a_2 - \sigma(a_2),\ \cdots,\ x_r = a_r - \sigma(a_r),\ x_{r+1} = \cdots = x_{n+1} = 0$$

이 근이 되므로 (**)의 가정인 0이 아닌 성분의 최소 개수에 모순이다.

그러므로 $[H' : J'] \leq [J : H]$이다. ■

정리 4.3.7과 정리 4.3.8에 의하여 다음 정리를 얻는다.

정리 4.3.9 체 L, M이 체 F의 확대체 K의 중간체이고 $L \subseteq M$이라 하고, 군 H, J가 Galois 군 $Gal_F K$의 부분군이고 $H \leq J$라고 하면 다음이 성립한다.

(1) L이 폐체이고 $[M : L]$이 유한이면, M이 폐체이고 $[L' : M'] = [M : L]$이다.

(2) H가 폐군이고 $[J : H]$가 유한이면, J가 폐군이고 $[H' : J'] = [J : H]$이다.

(3) 체 K가 체 F의 유한차원 Galois 확대체일 때, 확대체의 모든 중간체들과 Galois 군 $Gal_F K$의 모든 부분군들은 닫혀 있으며 $|Gal_F K| = [K : F]$이다.

증명 (1) $[M : L]$이 유한이면 정리 4.3.7에 의하여 $[L' : M'] \leq [M : L]$이고 따라서 정리 4.3.8에 의하여 $[M'' : L''] \leq [L' : M']$이다. 체 L이 폐체이고 $M \leq M''$이므로

$$[L' : M'] \leq [M : L] = [M : L''] \leq [M'' : L''] \leq [L' : M']$$

이므로 $[L' : M'] = [M : L]$이고 $M = M''$이다.

(2) (1)과 유사하게 증명할 수 있다(연습문제).

(3) 체 L을 체 F의 확대체 K의 중간체라면, $[L : F]$는 유한이다. 체 K가 체 F의 유한차원 Galois 확대체이므로 F'이 폐군이다. 따라서 (1)에 의하여 L이 폐체이고 $[F' : L'] = [L : F]$이다. 특히, $L = K$이면

$$|Gal_F K| = [Gal_F K : 1] = [F' : K'] = [K : F]$$

는 유한이다. 따라서 $Gal_F K$의 임의의 부분군 J는 유한이므로 (2)에 의하여 J는 폐군이다. ■

체 L이 체 F의 확대체 K의 중간체일 때, 모든 F-자기동형함수 $\sigma : K \to K$에 대하여 $\sigma(L) \subseteq L$일 때 L을 안정적(stable)이라고 한다.

체 L이 안정적이면, F-자기동형함수 $\sigma : K \to K$에 대하여 $\sigma^{-1} : K \to K$ 또한 $Gal_F K$에 속하므로 $\sigma^{-1}(L) \subseteq L$이다. 따라서 $\sigma|_L$은 L 위의 F-자기동형함수이다.

정리 4.3.10 체 L을 F의 확대체 K의 중간체라고 할 때, 다음이 성립한다.

(1) L이 안정적이라면, $L' = Gal_L K \triangleleft Gal_F K$이다.

(2) $H \triangleleft Gal_F K$이면, H'은 안정적 중간체이다.

증명 (1) 임의의 원소 $\tau \in L'$과 임의의 원소 $\alpha \in L$에 대하여 $\tau(\alpha)=\alpha$이고 체 L이 안정적이므로 임의의 원소 $\sigma \in Gal_F K$와 임의의 원소 $\alpha \in L$에 대하여 $\sigma(\alpha) \in L$이다. 따라서 $\tau \circ \sigma(\alpha)=\tau(\sigma(\alpha))=\sigma(\alpha)$이고 $\sigma^{-1} \circ \tau \circ \sigma(\alpha)=\alpha$이다. 그러므로 $\sigma^{-1} \circ \tau \circ \sigma \in L'$이고 $L'=Gal_L K \triangleleft Gal_F K$이다.

(2) 임의의 원소 $\sigma \in Gal_F K$와 임의의 원소 $\tau \in H$에 대하여 $\sigma^{-1} \circ \tau \circ \sigma \in H$이다. 따라서 임의의 원소 $\alpha \in H'$에 대하여 $\sigma^{-1} \circ \tau \circ \sigma(\alpha)=\alpha$이고 $\tau \circ \sigma(\alpha)=\sigma(\alpha)$이다. 그러므로 $\sigma(\alpha) \in H'$이고 H'은 안정적 중간체이다. ■

정리 4.3.11 체 K가 체 F의 Galois 확대체이고 L이 안정적 중간체라면, L은 체 F의 Galois 확대체이다.

증명 확대체 K가 체 F의 Galois 확대체이므로 원소 $\alpha \in L-F$에 대하여 적당한 원소 $\sigma \in Gal_F K$가 존재하여 $\sigma(\alpha) \neq \alpha$이다. 한편, L이 안정적 중간체이므로 $\sigma|_L \in Gal_F L$이다. 그러므로 L은 체 F의 Galois 확대체이다. ■

정리 4.3.12 체 K가 체 F의 확대체이고 중간체 L이 체 F 위에서 대수적이고 Galois 확대체라면, L은 안정적 중간체이다.

증명 임의의 원소 $\alpha \in L$에 대하여 α의 최소다항식을 $f(x) \in F[x]$라고 하고 체 L에서 $f(x)$의 근을 $\alpha_1=\alpha,\ \alpha_2,\ \cdots,\ \alpha_r\ (r \leq n=\deg f(x))$이라 하자. 정리 4.3.2에 의하여 원소 $\tau \in Gal_F L$는 $\alpha_i\ (1 \leq i \leq r)$들의 치환에 의하여 결정된다. 따라서 다항식 $g(x)=(x-\alpha_1)(x-\alpha_2)\cdots(x-\alpha_r) \in L[x]$의 계수들은 임의의 원소 $\tau \in Gal_F L$에 의하여 고정된다. 체 L이 체 F의 Galois 확대체이므로 $g(x) \in F[x]$이고 $g(\alpha)=0$이면, $f(x)$가 α의 최소다항식이므로 $f(x) \mid g(x)$이다. 따라서 $f(x)=g(x)$이고 $f(x)$의 모든 근은 서로 다른 L의 원소이다. 이제 $\sigma \in Gal_F K$이면 $\sigma(\alpha)$는 $f(x)$의 근이고 $\sigma(\alpha) \in L$이다. 따라서 L은 안정적이다. ■

체 L이 체 F의 확대체 K의 중간체일 때, F-자기동형함수 $\tau \in Gal_F L$에 대하여 적당한 $\sigma \in Gal_F K=G$가 존재하여 $\sigma|_L=\tau$일 때 τ는 **확장가능**(extendible)하다고 한다. 확장가능 F-자기동형함수들의 집합은 $Gal_F L$의 부분군이다.

체 L이 체 F의 확대체 K의 안정적 중간체이면 정리 4.3.10에 의하여 $L' = Gal_L K \lhd Gal_F K = G$이고 따라서 잉여군 G/L'이 정의된다.

> **정리 4.3.13** 체 K가 체 F의 확대체이고 L은 안정적 중간체라고 하면, 군 $Gal_F K / Gal_L K$는 K로 확장가능한 L 위에서의 F-자기동형함수들로 이루어진 군과 동형이다.

증명 체 L이 안정적 중간확대체이므로 함수

$$\Psi : Gal_F K \to Gal_F L,\ \Psi(\sigma) = \sigma|_L$$

는 군 준동형함수이다(연습문제). 함수 Ψ의 상 $\mathrm{im}\Psi$는 체 K로 확장가능한 L의 F-자기동형군이다. 이때 함수 Ψ의 핵을 구하면,

$$\ker \Psi = \{\sigma \in Gal_F K \mid \Psi(\sigma) = 1_L\} = \{\sigma \in Gal_F K \mid \sigma|_L = 1_L\} = Gal_L K$$

이다. 따라서 제1동형정리에 의하여 $Gal_F K / Gal_L K \cong Gal_F L$이다. ■

> **정리 4.3.14 (Galois 이론의 기본정리)** 체 K가 체 F의 유한차원 Galois 확대체일 때, 확대체의 중간체들의 집합과 Galois 군 $G = Gal_F K$의 모든 부분군들의 집합은 일대일대응되며 다음 조건이 성립한다.
>
> (1) 두 중간체의 상대적 차원은 대응되는 부분군에 대한 상대적 지수와 같다. 특히 $|Gal_F K| = [K : F]$이다.
>
> (2) 체 K는 모든 중간체 L 위의 Galois 확대체이다. 또한 체 L이 체 F 위의 Galois 확대체일 필요충분조건은 $Gal_L K \lhd Gal_F K$이다. 이 경우에
>
> $$Gal_F K / Gal_L K \cong Gal_F L$$
>
> 이다.

증명 (1) 정리 4.3.6에 의하여 체 K가 체 F의 확대체일 때, 확대체의 폐중간체들의 집합과 Galois 군 $Gal_F K$의 모든 폐부분군들의 집합은 일대일대응된다. 이 경우에 모든 중간체들과 모든 부분군들은 정리 4.3.9의 (3)에 의하여 닫혀있다. 그러므

로 정리 4.3.9의 (1)에 의하여 (1)이 성립한다.

(2) 체 L이 닫혀있으므로 체 K는 중간체 L 위의 Galois 확대체이다. 체 L은 체 F 위에서 유한차원이므로 정리 4.1.12에 의하여 F 위에서 대수적이다. 따라서 정리 4.3.12에 의하여 L은 안정적이다. 정리 4.3.10에 의하여 $Gal_L K \triangleleft Gal_F K$이다. 역으로 $Gal_L K \triangleleft Gal_F K$이면 L''은 안정적 중간체이고 모든 중간체는 닫혀있으로 L은 F 위에서 Galois 확대체이다.

이제, L이 F 위에서 Galois 확대체라고 하자. 체 L과 군 L'은 닫혀있고 $G' = F$이므로 정리 3.4.9에 의하여 다음이 성립한다.

$$|G/L'| = [G : L'] = [L'' : G'] = [L : G']$$

따라서 정리 3.4.13에 의하여 $G/L' = Gal_F K/Gal_L K$는 $Gal_F L$의 위수 $[L : F]$인 부분군과 동형이다. (1)에 의하여 $Gal_F L = [L : F]$이므로 $G/L' \cong Gal_F L$이다. ■

연습문제 4.3

1. 체 K 위의 모든 F-자기동형함수들의 집합은 군이 되는 것을 증명하여라.

2. 체 K에 대하여 체 준동형함수 $\sigma : K \to K$에 대하여 다음을 증명하여라.
   (1) σ는 영 체 준동형함수이거나 체 일대일 준동형함수이다.
   (2) 집합 $AutK = \{\sigma : K \to K \mid \sigma$는 체 자기동형함수이다.$\}$는 군이다.
   (3) 집합 $\mathrm{Gal}_F K = Aut_F K = \{\sigma \in AutK \mid \sigma$는 체 F-자기동형함수이다.$\}$는 $AutK$의 부분군이다.

3. 예제 4.3.1과 예제 4.3.2에서 σ_a와 τ_b가 덧셈과 곱셈을 보존하는 것을 엄밀하게 증명하여라.

4. 정리 4.3.3의 (2)를 증명하여라.

5. 정리 4.3.4를 증명하여라.

6. 체 $F=\mathbb{Q}$라고 하고 $K=\mathbb{Q}(\sqrt{2}, \sqrt{3})$이라 할 때 다음을 증명하여라.
   (1) 체 K가 체 F의 Galois 확대체이다.
   (2) 체 $F(\sqrt{2})$가 체 F의 Galois 확대체이다.
   (3) 체 K가 체 $F(\sqrt{2})$의 Galois 확대체이다.

7. 정리 4.3.5의 가정에서 $H\subseteq(H')'=H''$과 $H'=H'''$을 증명하여라.

8. 정리 4.3.6의 증명과정에서 다음을 증명하여라.
   (1) 함수 Φ도 잘 정의된다.
   (2) $\Psi\circ\Phi=1_{\mathscr{H}}$

9. 정리 4.3.7의 증명과정에서 $M=L(\alpha)$이고 M이 체 L의 유한확대체이면 $[L' : M']\leq[M : L]$을 증명하여라.

10. 정리 4.3.8의 증명과정에서 원소 $\alpha_1, \alpha_2, \cdots, \alpha_{n+1}$은 J' 위에서 일차독립이므로 $\sigma\in J$가 존재하여

$$x_1=\sigma(a_1),\ x_2=\sigma(a_2)\neq a_2,\ \cdots,\ x_r=\sigma(a_r),\ x_{r+1}=\cdots=x_{n+1}=0$$

이 (*)의 근임을 증명하여라.

11. 체 L, M이 체 F의 확대체 K의 중간체이고 $L\subseteq M$이라 하고, 군 H, J가 Galois 군 Gal_FK의 부분군이고 $H\leq J$라고 하자. 이때 H가 폐군이고 $[J : H]$가 유한이면, J도 폐군이고 $[H' : J']=[J : H]$임을 증명하여라.

12. 체 F의 다음 확대체 K 위의 Galois 군 Gal_FK을 구하여라.
   (1) $F=\mathbb{Q},\ K=\mathbb{Q}(\sqrt{2})$
   (2) $F=\mathbb{Q},\ K=\mathbb{Q}(\sqrt{3})$
   (3) $F=\mathbb{Q},\ K=\mathbb{Q}(\sqrt{2}, \sqrt{5})$
   (4) $F=\mathbb{Q},\ K=\mathbb{Q}(\sqrt{2}, \sqrt{5}, \sqrt{7})$

4.4 분해체와 분리확대체

이 절에서는 체 F 위의 $n(\geq 1)$차 다항식 $f(x) \in F[x]$에 대하여 $f(x)$의 근을 모두 포함하는 F의 확대체에 관하여 알아본다. 체 F 위의 $n(\geq 1)$차 다항식 $f(x) \in F[x]$가

$$f(x) = a_0(x-\alpha_1)(x-\alpha_2)\cdots(x-\alpha_n),\ a_0 \in F,\ \alpha_1, \cdots, \alpha_n \in K$$

일 때 다항식 $f(x)$는 체 K 위에서 분해된다(split)고 한다.

정의 4.4.1 체 F 위의 $n(\geq 1)$차 다항식 $f(x) \in F[x]$에 대하여 다음 두 조건

(i) $f(x)$는 확대체 K 위에서 1차 다항식의 곱으로 인수분해된다. 즉,

$$f(x) = a(x-\alpha_1)(x-\alpha_2)\cdots(x-\alpha_n),\ a \in F$$

(ii) $K = F(\alpha_1, \alpha_2, \cdots, \alpha_n)$

을 만족하는 체 F의 확대체 K를 F 위에서 $f(x)$의 분해체(splitting field) 또는 근체(root field)라고 한다.

위 정의로부터 체 F 위에서 $f(x)$의 분해체 K는 체 F와 $f(x)$의 모든 근을 포함하는 확대체 중에서 가장 작은 체이다.

[예제 4.4.1] (1) 유리수체 $\mathbb{Q}$ 위에서 기약다항식 $f(x) = x^2 - 3$을 인수분해하면,

$$f(x) = (x+\sqrt{3})(x-\sqrt{3})$$

이다. 따라서 유리수체 $\mathbb{Q}$와 $\pm\sqrt{3}$을 포함하는 가장 작은 체는 $\mathbb{Q}(\sqrt{3})$이다. 즉, 체 $\mathbb{Q}(\sqrt{3})$은 유리수체 $\mathbb{Q}$ 위에서의 $f(x)$의 분해체이고 $[\mathbb{Q}(\sqrt{3}) : \mathbb{Q}] = 2$이다.

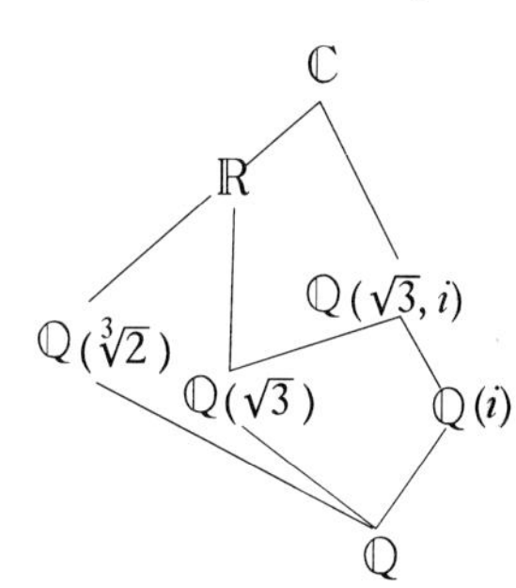

(2) 유리수체 $\mathbb{Q}$ 위에서 기약다항식 $g(x) = x^4 - 2x^2 - 3$을 인수분해하면,

$$g(x)=(x^2-3)(x^2+1)=(x+\sqrt{3})(x-\sqrt{3})(x+i)(x-i)$$

이다. 따라서 유리수체 $\mathbb{Q}$와 $\pm\sqrt{3}$, $\pm i$를 포함하는 가장 작은 체는 $\mathbb{Q}(\sqrt{3}, i)$이다. 즉, 체 $\mathbb{Q}(\sqrt{3}, i)$는 유리수체 $\mathbb{Q}$ 위에서의 $g(x)$의 분해체이고 $[\mathbb{Q}(\sqrt{3}, i) : \mathbb{Q}]=4$이다.

(3) 유리수체 $\mathbb{Q}$ 위에서 기약다항식 $f(x)=x^3-2$의 한 근은 $\sqrt[3]{2}$이지만 $\mathbb{Q}(\sqrt[3]{2})$는 $f(x)=x^3-2$의 분해체는 아니다. 왜냐하면, 체 $\mathbb{Q}(\sqrt[3]{2})$에서 $f(x)$는 $(x-\sqrt[3]{2})(x^2+\sqrt[3]{2}x+\sqrt[3]{2^2})$으로 분해되며 더 이상 1차 인수로 분해되지 않는다. 실제로 $f(x)$가 1차 인수로 모두 분해되려면 다항식 $x^2+\sqrt[3]{2}x+\sqrt[3]{2^2}$이 인수분해되어야 한다.

예제 4.4.1에서 설명된 여러 체들의 관계는 363쪽 오른쪽 그림과 같다.

다음 정리는 체 F 위에서 임의로 주어진 다항식 $f(x)$의 분해체 K의 존재성과 차수에 관한 설명이다.

정리 4.4.2 체 F 위의 $n(\geq 1)$차 다항식 $f(x)\in F[x]$에 대하여 $f(x)$의 분해체 K가 존재하고 $1\leq[K : F]\leq n!$이다.

증명 먼저 $n=1$이면, $f(x)=ax+b\in F[x]$, $a\neq 0$이므로

$$f(x)=a\left(x+\frac{b}{a}\right),\quad -\frac{b}{a}\in F$$

이다. 따라서 체 F 위에서 다항식 $f(x)$의 분해체 K는 F 자신이다. 따라서 $[K : F]=[F : F]=1$이므로 성립한다.

또 $n\geq 2$이고 $f(x)$가 체 F 위에서 1차 인수로 분해되면, 다항식 $f(x)$의 분해체 K는 F 자신이다. 따라서 $[K : F]=[F : F]=1$이므로 성립한다. 이제, $n\geq 2$이고 $f(x)$가 체 F 위에서 1차인수로 분해되지 않는다고 하고 $g(x)\in F[x]$를 $f(x)$의 2차 이상인 기약인수인 다항식이라고 하자. 그러면 정리 4.1.11에 의하여 적당한 단순확대체 $F(\alpha)$가 존재하여

$$g(\alpha)=0,\ [F(\alpha):F]=\deg g(x)\leq \deg f(x)=n$$

이다. 따라서 확대체 $F(\alpha)$ 위에서 $f(x)=(x-\alpha)h(x)$이다. 한편, $h(x)\in F(\alpha)[x]$이고 $\deg h(x)\leq n-1$이다. 다항식의 차수 n에 관하여 수학적 귀납법을 적용하면 $[K:F(\alpha)]\leq (n-1)!$이다. 따라서 다음 식이 성립한다.

$$[K:F]=[K:F(\alpha)][F(\alpha):F]=\leq n(n-1)!=n! \qquad ■$$

이를테면, 예제 4.4.1에서 유리수체 $\mathbb{Q}$ 위에서 다항식

$$x^2-3,\quad x^4-2x^2-3$$

의 분해체는 각각 $\mathbb{Q}(\sqrt{3})$과 $\mathbb{Q}(\sqrt{3},i)$이고 $[\mathbb{Q}(\sqrt{3}):\mathbb{Q}]=2=2!$이고 $[\mathbb{Q}(\sqrt{3},i):\mathbb{Q}]=4<4!=24$이다.

[예제 4.4.2] 유리수체 $\mathbb{Q}$ 위에서 기약다항식 $f(x)=x^3-2$의 분해체 K를 구하여 보자. 먼저 체 K 위에서 $f(x)=x^3-2$가 1차 인수로 인수분해되어야 한다. 한편, $f(x)=(x-\sqrt[3]{2})(x^2+\sqrt[3]{2}x+\sqrt[3]{2^2})$이므로 $\sqrt[3]{2}\in K$이다. 또한 체 K 위에서 다항식 $x^2+\sqrt[3]{2}x+\sqrt[3]{2^2}$이 1차 인수로 분해되어야 한다. 즉, 복소수체 $\mathbb{C}$ 위에서 이 2차 다항식의 근은

$$x=\frac{-\sqrt[3]{2}\pm\sqrt{-3\sqrt[3]{2^2}}}{2}=\frac{\sqrt[3]{2}(-1\pm\sqrt{-3})}{2}$$

이다. 여기서 $w=\dfrac{(-1+\sqrt{-3})}{2}$이라 놓으면 $w^2=\dfrac{(-1-\sqrt{-3})}{2}=-w-1$이고 $w^3=1$이다. 따라서 $f(x)=(x-\sqrt[3]{2})(x-\sqrt[3]{2}w)(x-\sqrt[3]{2}w^2)$이 되기 위해서는 $w\in K$이다. 그러므로 $K=\mathbb{Q}(\sqrt[3]{2},w)$이고 K는 다음과 같다.

$$[K:\mathbb{Q}]=[K:\mathbb{Q}(\sqrt[3]{2})][\mathbb{Q}(\sqrt[3]{2}):\mathbb{Q}]=2\cdot 3=6=3!,$$
$$K=\{a_0+a_1\sqrt[3]{2}+a_2\sqrt[3]{4}+(b_0+b_1\sqrt[3]{2}+b_2\sqrt[3]{4})w \mid a_0,a_1,a_2,b_0,b_1,b_2\in\mathbb{Q}\}$$

다음 정리는 쉽게 증명되므로 증명을 생략한다.

> **정리 4.4.3** 체 K에 관한 다음 조건들은 동치이다.
> (1) 1차 이상인 모든 다항식 $f(x) \in K[x]$는 체 K에서 근을 가진다.
> (2) 1차 이상인 모든 다항식 $f(x) \in K[x]$는 체 K에서 분해된다.
> (3) $K[x]$에서 모든 기약다항식은 1차이다.
> (4) 체 K 자신을 제외한 K의 대수적 확대체는 존재하지 않는다.
> (5) 체 K의 부분체 F가 존재하여 K는 F 위에서 대수적 확대체이고 $F[x]$의 모든 다항식은 $K[x]$에서 분해된다.

체 K가 정리 4.4.3의 한 조건을 만족할 때 K는 **대수적 폐체**(algebraically closed field)라고 한다.

> **정리 4.4.4** 체 K는 체 F 위에서 대수적이고 대수적 폐체일 필요충분조건은 체 K는 $F[x]$의 모든 기약다항식들 집합의 분해체이다.

증명 체 K는 F 위에서 대수적이고 대수적 폐체라고 가정하자. 정리 4.4.3의 (5)에 의하여 $F[x]$의 모든 다항식은 $K[x]$에서 분해된다. 따라서 $F[x]$의 모든 기약다항식은 $K[x]$에서 분해된다. 또 체 K는 F 위에서 대수적이므로 체 K는 $F[x]$의 모든 기약다항식들 집합의 분해체이다.

역으로, 체 K는 $F[x]$의 모든 기약다항식들 집합의 분해체라고 가정하면 $F[x]$의 모든 다항식은 $K[x]$에서 분해된다. 따라서 체 K는 F 위에서 대수적 폐체이다. 체 K의 임의의 원소 α는 적당한 기약다항식의 근이 되므로 대수적이다. ▒

체 K가 체 F 위에서 대수적이고 대수적 폐체일 때 K는 F의 **대수적 폐포**(algebraic closure)라고 한다. 이를테면, 복소수체 $\mathbb{C}$는 실수체 $\mathbb{R}$의 대수적 폐포이다. 체 K가 체 F의 대수적 폐포이고 S가 $K[x]$에서의 적당한 다항식의 집합이면, 체 F와 S의 모든 근들에 의하여 생성되는 K의 부분체는 F 위에서 S의 분해체이다. 즉, 체 F 위에서 분해체의 존재성은 체 F의 폐포의 존재성과 동치이다.

정리 4.4.5 체 K가 체 F의 대수적 확대체라면, $|K| \le \aleph_0 |F|$이다. 단, $\aleph_0$는 자연수의 집합 $\mathbb{N}$의 농도를 의미한다.

(증명) 다항식환 $F[x]$의 양의 차수인 모닉다항식의 집합을 T라고 하고 임의의 양의 정수 n에 대하여 $T_n = \{ f(x) \in T \mid \deg f(x) = n \}$을 정의하면 n차 모닉다항식은 n개의 계수에 의하여 결정되므로 $|T_n| = |F|^n$이다. 그러므로

$$|T| = \sum_{n=1}^{\infty} |T_n| = \sum_{n=1}^{\infty} |F|^n = \aleph_0 |F|$$

이다. 한편, 체 K의 임의의 원소 α에 대하여 유일한 기약다항식 $p(x) \in F[x]$가 존재하여 $p(\alpha) = 0$이다. 이때 $p(x)$의 근들을 적당한 순서로 나열하면 원소 α의 위치를 정할 수 있으므로 함수

$$\phi : K \to T \times \mathbb{N}, \ \phi(\alpha) = (p(x), i)$$

는 잘 정의된다. 또한, ϕ는 일대일함수이므로 $|K| \le |T \times \mathbb{N}| = |T||\mathbb{N}|$이다.

그러므로 $|K| \le |T||\mathbb{N}| \le \aleph_0 |F|$이다. ■

실제로 모든 체 F는 대수적 폐포를 가진다. 더욱이 임의의 F의 두 대수적 폐포는 F-동형이다. 또, 체 F 위의 다항식들의 집합 S의 분해체가 동형의 의미에서 유일하게 존재한다. 더욱이 동형의 의미에서 체 F 위에서 S의 분해체는 유일하다. 이들에 관한 자세한 증명에 관해서는 참고문헌[13]을 참조하기 바란다.

임의의 체 F 위에서 1차 이상인 다항식 $f(x) \in F[x]$가 근 $c \in F$를 가지면 $f(x) = (x-c)f_1(x)$이다. 또 $f_1(x)$가 c를 근으로 갖지 않으면 중지하고 $f_1(x)$가 $c \in F$를 근으로 가지면 $f_1(x) = (x-c)f_2(x)$이므로 $f(x) = (x-c)^2 f_2(x)$이다. 이와 같은 과정을 계속 시행하면,

$$f(x) = (x-c)^m g(x), \ g(c) \neq 0$$

인 $g(x) \in F[x]$가 존재한다. 이때, $m=1$이면 $x=c$를 $f(x)$의 단근(simple root)이라고 하고 $m \ge 2$이면 $x=c$를 $f(x)$의 중근(multiple root)이라고 한다. 또 m을 근 c의 중복도(multiplicity)라고 한다.

이를테면, 다항식환에서 다항식 $f(x)=x^2(x^4-1)$의 근에 대하여 알아보자. 체 $\mathbb{C}$ 위에서 $f(x)=x^2(x^4-1)=x^2(x-1)(x+1)(x-i)(x+i)$이므로 $x=0$은 2중근이고 나머지는 단근이다. 그러나 체 $\mathbb{Z}_2$ 위에서 $f(x)=x^2(x^4-1)=x^2(x^4+1)=x^2(x+1)^4$이므로 $x=0$은 2중근이고 $x=1$은 4중근이다.

정의 4.4.6 체 F 위에서 기약다항식 $p(x)$가 그의 분해체에서 $p(x)$의 모든 근이 단근일 때, $p(x)$를 **분리다항식**(separable polynomial) 또는 **분리가능한 다항식**이라 한다. 체 F의 확대체 K의 원소 α가 체 F 위에서 대수적일 때, 원소 α의 최소(기약)다항식이 분리다항식이면 원소 α를 체 F 위에서 **분리원소**(separable element) 또는 **분리가능한 원소**라고 한다. 체 F의 확대체 K의 모든 원소 α가 체 F 위에서 분리원소일 때, 체 K를 체 F의 **분리확대체**(separable extension field) 또는 **분리가능한 확대체**라고 한다.

[예제 4.4.3] 다항식 x^2+1은 복소수체 $\mathbb{C}$에서 단근 $\pm i$를 가지므로 분리다항식이지만 유한체 $\mathbb{Z}_2$에서 $x^2+1=(x+1)^2$이므로 분리다항식이 아니다. 또, 복소수체 위에서 다항식 x^2+1의 근 α는 분리원소이다. 그러나 유한체 $\mathbb{Z}_2$에서 x^2+1은 분리다항식은 아니지만 그의 근 1은 또한 $x+1$의 근이므로 분리원소이다.

체 F 위에서 다항식 $f(x)=a_nx^n+\cdots+a_2x^2+a_1x+a_0$에 대하여 다항식

$$na_nx^{n-1}+\cdots+2a_2x+a_1$$

을 $f(x)$의 **형식적 미분**이라 정의하고 $f'(x)$로 나타낸다.

실수체 위에서 함수의 미분은 주로 미분적분학에서 자세히 다루었기 때문에 여기에서 그에 관한 예는 생략한다. 그러나 유한체 위에서 연속에 관한 개념이 없기 때문에 유한체 위에서의 미분은 실수체 위에서의 미분과 다르고 함수의 변환만 같은 형태가 되므로 형식적 미분이란 용어를 사용한다. 이와 같은 형식적 미분은 실수체 위에서 성립하던 다음 성질들이 성립한다. 이들의 증명은 독자에게 맡긴다.

정리 4.4.7 체 F 위에서의 두 다항식 $f(x)$, $g(x) \in F[x]$와 $a \in F$에 대하여 다음이 성립한다.

(1) $(f(x)+g(x))' = f'(x)+g'(x)$

(2) $(af(x))' = af'(x)$이고 $a' = 0$

(3) $(f(x)g(x))' = f'(x)g(x)+f(x)g'(x)$

[예제 4.4.4] (1) 체 $\mathbb{Z}_5$ 위에서 $f(x)=x^3+2x^2+1$의 형식적 미분 $f'(x)=3x^2+4x$는 실수체 $\mathbb{R}$ 위에서 $f(x)=x^3+2x^2+1$의 미분과 같다.

(2) 체 $\mathbb{Z}_2$ 위에서 $g(x)=x^6+x^4+1$의 형식적 미분은 0으로 실수체 $\mathbb{R}$ 위에서 $g(x)$의 미분과 다르다.

정리 4.4.8 체 F 위에서 다항식 $f(x) \in F[x]$, $\deg f(x) \geq 1$가 확대체 K에서 1차 다항식들로 인수분해 된다고 가정할 때, 다항식 $f(x)$가 체 F 위의 분리다항식일 필요충분조건이 $\gcd(f(x), f'(x)) = 1$일 때이다.

증명 다항식 $f(x)$가 체 F 위의 분리다항식이라면, 확대체 K 위에서

$$f(x) = (x-\alpha_1)\cdots(x-\alpha_n),\ \alpha_1, \alpha_2, \cdots, \alpha_n\text{은 } K\text{의 서로 다른 원소}$$

이므로 정리 4.4.7을 적용하면

$$f'(x) = (x-\alpha_2)\cdots(x-\alpha_n) + \cdots + (x-\alpha_1)\cdots(x-\alpha_{n-1})$$

이다. $f(x)$의 근은 모두 $\alpha_1, \alpha_2, \cdots, \alpha_n$이지만, 이들 중 어느 원소도 $f'(x)$의 근이 되지 않으므로 공통근이 없다. 즉, $\gcd(f(x), f'(x)) = 1$이다.

역으로, 다항식 $f(x)$가 체 F 위의 분리다항식이 아니라면 확대체 K 위에서

$$f(x) = (x-\alpha)^2 g(x)$$

꼴이 된다. 따라서 $f'(x) = (x-\alpha)\{2g(x)+(x-\alpha)g'(x)\}$ 이고 $\gcd(f(x), f'(x)) = 1$에 모순이므로 $f(x)$가 체 F 위의 분리다항식이다. ■

정리 4.4.8에서와 같이 형식적 미분은 분리다항식을 확인하는데 매우 중요하다. 정리 4.4.8로부터 다음 정리들을 얻을 수 있다.

정리 4.4.9 체 F 위에서 기약다항식 $p(x) \in F[x]$, $\deg p(x) \geq 1$에 대하여 다음이 성립한다.

(1) $p(x)$가 체 F 위의 분리다항식일 필요충분조건이 $p'(x) \neq 0$이다.

(2) 체 F의 표수가 0이면 $p(x)$는 체 F 위의 분리다항식이다.

(3) 체 F의 표수가 소수 q일 때, $q \nmid \deg p(x)$이면 $p(x)$가 체 F 위의 분리다항식이다.

증명 (1) 다항식 $p(x)$가 체 F 위의 분리다항식이라고 할 때, $p'(x) = 0$이면 $\gcd(p(x), p'(x)) = p(x) \neq 1$이므로 정리 4.4.8에 의하여 $p(x)$는 분리다항식이 아니다. 따라서 모순이므로 $p'(x) \neq 0$이다. 역으로 $p'(x) \neq 0$이면, $\gcd(p(x), p'(x)) = 1$이므로 정리 4.4.8에 의하여 $p(x)$가 체 F 위의 분리다항식이다.

(2) 체 F의 표수가 0이면 1차 이상의 임의의 기약다항식 $p(x)$에 대하여 $p'(x) \neq 0$이므로 (1)에 의하여 $p(x)$는 체 F 위의 분리다항식이다.

(3) $p(x)$의 표수가 소수 q일 때, $q \nmid \deg p(x)$이면 $p'(x) \neq 0$이므로 (1)에 의하여 $p(x)$는 체 F 위의 분리다항식이다. ■

정리 4.4.10 체 F의 표수가 0일 때, K가 체 F의 대수적 확대체이면 체 K는 체 F의 분리확대체이다.

증명 체 F의 표수가 0이라 할 때 체 K의 임의의 원소 α에 대하여 체 F 위에서 α의 최소 다항식 $p(x)$는 기약다항식이다. 정리 4.4.9에 의하여 $p(x)$는 분리다항식이다. 따라서 α는 분리원소이므로 체 K는 체 F의 분리확대체이다. ■

정리 4.4.11 체 F의 표수가 소수 p일 때, K가 체 F의 유한확대체이고 $p \nmid [K : F]$이면 체 K는 체 F의 분리확대체이다.

증명 체 K가 체 F의 유한확대체이므로 임의의 원소 $\alpha \in K$는 체 F 위에서 대수적이다. 원소 α의 최소다항식을 $p(x) = x^m + a_{m-1}x^{m-1} + \cdots + a_1 x + a_0 \in F[x]$이라 하면

$[F(\alpha) : F] = m$이고 $[K : F] = [K : F(\alpha)][F(\alpha) : F] = m[K : F(\alpha)]$이다. 가정 $p \nmid [K : F]$에 의하여 $p \nmid m$이다. 따라서 $p'(x) \neq 0$이므로 정리 4.4.9에 의하여 체 K는 체 F의 분리확대체이다. ■

정리 4.4.12 체 F의 확대체 K에 관한 다음 명제들이 성립한다.

(1) 체 K가 체 F의 대수적 확대체이고 Galois 확대체이면, 체 K는 체 F 위에서 분리확대체이고 $F[x]$의 다항식들의 집합의 분해체이다.

(2) 체 K가 체 F 위에서 분리확대체이고 $F[x]$의 다항식들의 집합의 분해체이면, 체 K가 체 F 위에서 $F[x]$의 분리다항식들 집합의 분해체이다.

증명 (1) 체 K가 체 F의 대수적 확대체이므로 체 K의 임의의 원소 α에 대하여 α를 근으로 가지는 기약다항식 $p(x)$가 존재하고 또 정리 4.3.12의 증명과정에서 $L = K$라 놓으면 $p(x)$는 K 위에서 서로 다른 1차 인수로 분해된다. 따라서 체 K는 체 F 위에서 분리확대체이다. 집합 $\{\alpha_i \mid i \in I\}$를 체 F 위에서 체 K의 기저라고 하고 집합 $S = \{p_i(x) \mid p_i(x)$는 α_i의 최소다항식$\}$이라 하면, 체 K는 $F[x]$의 다항식들의 집합 S의 분해체이다.

(2) 체 F 위에서 다항식 $f(x)$의 모닉기약인수를 $g(x)$라고 하자. 체 K 위에서 $f(x)$는 분해되므로 적당한 원소 $\alpha \in K$가 존재하여 $g(x)$는 α의 최소다항식이고 α가 분리원소이므로 $g(x)$는 분리다항식이다. 따라서 체 K는 체 F 위에서 $F[x]$의 분리다항식들 집합의 분해체이다. ■

실제로 (1)과 (2)의 역도 성립하지만 여기에서는 다루지 않는다. 즉, 체 K가 체 F 위에서 $F[x]$의 분리다항식들 집합의 분해체이면 체 K는 체 F의 대수적 확대체임은 쉽게 알 수 있다. 그러므로 체 K는 체 F의 Galois 확대체임을 증명하면 되지만 다소 복잡하여 생략한다.

정의 4.4.13 체 F의 대수적 확대체 K가 K에서 근을 가지는 $F[x]$의 모든 기약다항식이 K에서 분해될 때, K는 F의 **정규확대체**(normal extension field)라고 한다.

[예제 4.4.5] (1) 체 K와 F를 각각 $K=\mathbb{Q}(\sqrt{2})$와 $F=\mathbb{Q}$라고 하면, K는 F의 대수적 확대체이다. 또 $a+b\sqrt{2}$를 근으로 가지는 F 위의 기약다항식 $p(x)$는

$$p(x)=x^2-2ax+a^2-2b^2=(x-a-b\sqrt{2})(x-a+b\sqrt{2})$$

이므로 $p(x)$는 K 위에서 분해된다. 따라서 K는 F의 정규확대체이다.

(2) 체 K와 F를 각각 $K=\mathbb{Q}(\sqrt[3]{2})$와 $F=\mathbb{Q}$라고 하면, K는 F의 대수적 확대체이다. 그러나 $\sqrt[3]{2}$를 근으로 가지는 F 위의 기약다항식 $p(x)$는

$$p(x)=x^3-2=(x-\sqrt[3]{2})(x^2+\sqrt[3]{2}x+\sqrt[3]{4})$$

이므로 K 위에서 분해되지 않는다. 따라서 K는 F의 정규확대체가 아니다.

정리 4.4.14 체 K가 체 F의 대수적 확대체일 때 다음이 성립한다.

(1) 체 K가 F의 정규확대체이면, K는 F 위에서 $F[x]$에 있는 적당한 다항식들의 집합의 분해체이다.

(2) 체 K가 F 위에서 $F[x]$에 있는 적당한 다항식들의 집합의 분해체라고 하자. 이때, $\overline{F}$가 K를 품는 F의 대수적 폐포이면, 임의의 F-일대일 준동형함수 $\sigma : K \to \overline{F}$에 대하여 $\operatorname{im}\sigma=K$이다. 즉, $\sigma : K \to K$는 F-동형함수이다.

증명 (1) 집합 $\{\alpha_i \mid i \in I\}$를 체 F 위에서 체 K의 기저라고 하고 집합 $S=\{p_i(x) \mid p_i(x)$는 α_i의 최소다항식$\}$이라 할 때, 체 K는 $p_i(x)$들의 분해체이다. 따라서 체 K는 $F[x]$에 있는 적당한 다항식들의 집합의 분해체이다.

(2) 체 K를 체 F 위에 $S=\{p_i(x) \mid p_i(x)$는 α_i의 최소다항식$\}$의 분해체라고 하고 $\sigma : K \to \overline{F}$를 F-일대일 준동형이라 하자. 원소 $\alpha \in K$를 다항식 $p_j(x)$의 근이라면 $\sigma(\alpha)$도 $p_j(x)$의 근이다. 가정에서 $p_j(x)$는 체 K에서 분해되므로 $p_j(x)=(x-\alpha_1)(x-\alpha_2)\cdots(x-\alpha_n)$, $\alpha=\alpha_1$이라 하면 임의의 i에 대하여 $\sigma(\alpha_i)$는 α_1, α_2, $\cdots$, α_n 중에 하나이다. 함수 σ는 일대일이므로 σ는 α_1, α_2, $\cdots$, α_n들의 치환이다. 한편, 체 K는 체 F 위에서 모든 $p_j(x)$들의 근에 의하여 생성되므로 $\sigma(K)=K$이다. 따라서 $\sigma \in Gal_F K$이다. ■

실제로 (1)과 (2)의 역도 성립하지만 여기에서는 다루지 않는다.

정리 4.4.15 체 K가 체 F의 대수적 확대체라고 하면 다음이 성립한다.
(1) 체 K가 체 F의 Galois 확대체일 필요충분조건은 체 K가 체 F의 정규확대체이고 분리확대체이다.
(2) 체 K의 표수가 0이면, 체 K가 체 F의 Galois 확대체일 필요충분조건은 체 K가 체 F의 정규확대체이다.

증명 (1) 체 K가 체 F의 Galois 확대체이면 정리 4.4.12에 의하여 체 F 위에서 분리확대체이고 따라서 정규확대체이다. 역으로 체 K가 체 F의 정규확대체이면 정리 4.4.14에 의하여 적당한 다항식들 집합의 분해체이므로 정리 4.4.12 (1)의 역에 의하여 체 K가 체 F의 Galois 확대체이다.
(2) 체 K의 표수가 0이면 기약다항식은 분리다항식이므로 정규확대체는 분리확대체이다. 따라서 (1)에 의하여 (2)가 성립한다. ■

연습문제 4.4

1. 유리수체 $\mathbb{Q}$ 위에서 기약다항식 $f(x)=x^4-4x^2-5$의 분해체를 구하여라.

2. 체 F 위의 n개의 다항식들의 집합을 $S=\{f_1(x), f_2(x), \cdots, f_n(x)\}$라고 할 때, S의 분해체와 다항식 $g(x)=f_1(x)f_2(x)\cdots f_n(x)$의 분해체는 같음을 증명하여라.

3. 체 K가 F 위에서 다항식들의 집합 S의 분해체이고 L이 중간체이면, 체 K는 L 위에서 다항식들의 집합 S의 분해체임을 증명하여라.

4. 체 K가 F 위에서 다항식들의 집합 S의 분해체이고 T가 S의 원소인 다항식들의 기약인수의 집합이라고 하면, 체 K는 F 위에서 기약다항식들의 집합 T의 분해체임을 증명하여라.

5. 정리 4.4.3을 증명하여라.

6. 복소수체 $\mathbb{C}$는 실수체 $\mathbb{R}$의 정규확대체임을 증명하여라.

7. (1) 표수 0인 체 F의 확대체 K의 원소들 $\alpha_1, \alpha_2, \cdots, \alpha_n$이 분리원소라면, 체 $F(\alpha_1, \alpha_2, \cdots, \alpha_n)$는 체 F의 분리확대체임을 증명하여라.

   (2) 표수 0인 체 F의 확대체 K가 체 F 위에서 분리원소들에 의하여 생성된 체라면 체 K는 체 F의 분리확대체임을 증명하여라.

8. 체 L을 체 F의 확대체 K의 중간체라고 할 때 다음을 증명하여라.

   (1) 체 K의 원소 α가 체 F 위에서 분리원소라면, α는 체 L 위에서 분리원소이다.

   (2) 체 K가 체 F 위에서 분리확대체라면, 체 K는 체 L 위에서 분리확대체이고 체 L은 체 F 위에서 분리확대체이다.

9. 체 K가 체 F의 확대체이고 $[K:F]=2$이면 체 K는 체 F의 정규확대체임을 증명하여라.

10. 체 $\mathbb{Z}_7$에서 다항식 $\sigma(x)=x^{14}+x^7+1$에 대하여 다음 물음에 답하여라.

    (1) $\sigma(x)$의 형식적 미분 $\sigma'(x)$을 구하여라.

    (2) $\sigma(x)$을 인수분해하여라.

    (3) $\sigma(x)$의 근의 중복도를 구하여라.

11. 체 $\mathbb{Z}_7$ 위의 두 다항식

$$f(x)=x^8+x^6+x^5+x^4+x^3+x^2+1\text{과 } g(x)=x^7+x^5+x^4+x^3+x^2+1$$

    에 대하여 다음 물음에 답하여라.

    (1) $f(x)$와 $g(x)$의 최대공약수를 구하여라.

    (2) (1)을 이용하여 $g(x)$를 인수분해하여라.

    (3) (2)의 결과로 $g(x)$의 근과 그의 중복도를 구하여라.

4.5 Galois 체

제3장 제12절에서 유한체에 관하여 설명하였다. 이 절에서는 유한체의 성질에 관하여 다룬다.

정리 4.5.1 체 K가 유한체라고 하면 다음이 성립한다.

(1) 체 K의 표수는 적당한 소수 p이고 K의 소체는 $\mathbb{Z}_p=\{0, 1, \cdots, p-1\}$이다. 또, 적당한 양의 정수 m에 대하여 $[K : \mathbb{Z}_p]=m$이고 $|K|=p^m$이다.

(2) 임의의 소수 p와 양의 정수 m에 대하여 $|K|=p^m$일 때, 체 K의 표수는 소수 p이고 체 K의 소체는 $\mathbb{Z}_p$이며 $[K : \mathbb{Z}_p]=m$이다. 이때 K는 체 $\mathbb{Z}_p$ 위에서 $f(x)=x^{p^m}-x$의 분해체이다.

증명 (1) 정리 3.9.8에 의하여 체 K의 표수는 소수이다. 이제 체 K의 표수를 p라고 하면, 정리 3.9.9에 의하여 K는 부분체 $\mathbb{Z}_p$를 가지며 $\mathbb{Z}_p$는 표수 p인 가장 작은 체이므로 체 K의 소체이다. 또한 체 K는 $\mathbb{Z}_p$ 위의 벡터공간으로 생각할 수 있으므로 적당한 양의 정수 m에 대하여 $[K : \mathbb{Z}_p]=m$이고 따라서 $|K|=p^m$이다.

(2) 정리 3.9.8에 의하여 체 K의 표수는 소수이므로 체 K의 표수는 p이다. (1)에 의하여 $\mathbb{Z}_p$는 K의 소체이다. 체 K의 0이 아닌 원소의 집합 $K^*=K-\{0\}$는 곱셈군이므로 K^*의 원소들의 위수는 p^m-1의 약수이다. 따라서 K^*의 원소들은 다항식 $x^{p^m-1}-1$의 근이다. 또, 체 K^*에서 $x^{p^m-1}-1$의 근은 p^m-1개 이하이고 다항식 $x^{p^m-1}-1$은 중근을 갖지 않으므로 $x^{p^m-1}-1$의 모든 근의 집합은 K^*이다. 따라서 $f(x)=x^{p^m}-x$의 모든 근의 집합은 K이다. 따라서 K는 $\mathbb{Z}_p$ 위에서의 $f(x)=x^{p^m}-x$의 분해체이다. ■

정리 4.5.2 체 K의 곱셈군 $K^*=K-\{0\}$의 부분군 G가 유한군이면 G는 순환군이다. 특히, K가 유한체이면 곱셈군 K^*는 순환군이다.

증명 군 G의 위수를 n이라고 하면 n의 각 양의 약수 d에 대하여

$$A_d = \{g \in G \mid |g| = d\} \text{ 와 } a_d = |A_d|$$

를 정의하면 $n = \sum_{d|n,\ d>0} |A_d| = \sum_{d|n,\ d>0} a_d$이다. 한편, 정리 1.5.11에 의하여 $n = \sum_{d|n,\ d>0} \varphi(d)$이므로

$$\sum_{d|n,\ d>0} a_d = \sum_{d|n,\ d>0} \varphi(d) \qquad (*)$$

이다. 먼저 $A_d \neq \phi$ 즉 $a_d > 0$일 때, $a_d = \varphi(d)$를 증명한다. 이 경우에 위수 d인 원소 g가 존재하고, 이때 G의 위수 d인 순환부분군 $\langle g \rangle$를 생각하면, $\langle g \rangle$의 모든 원소는 $x^d - 1$의 근이다. 한편, $x^d - 1$은 체 K 안에서 d개 이하의 해를 가지므로 군 K^*의 위수 d인 모든 원소는 G의 원소이고 또한 $\langle g \rangle$의 원소이다. 정리 2.4.6에 의하여 $a_d = \varphi(d)$이다. 위수 n의 적당한 양의 약수 e에 대하여 $A_e = \varnothing$이면 $a_e = 0$이지만 $\varphi(e) > 0$이므로 (*)를 만족하지 않으므로 모순이다. 즉, 위수 n의 모든 양의 약수 d에 대하여 $A_d \neq \phi$이므로 $A_n \neq \phi$이다. 따라서 군 G에는 위수 n인 원소가 존재하므로 G는 순환군이다. 그러므로 군 G는 K^*의 임의의 부분군이므로 곱셈군 K^*는 순환군이다. ■

이를테면, 예제 3.12.4부터 설명했던 유한체에서 0을 제외한 곱셈군은 순환군이다.

정리 4.5.3 유한체 K의 표수가 소수 p일 때,

$$\sigma_p : K \to K,\ \sigma_p(\alpha) = \alpha^p$$

는 동형함수이고 모든 원소 $a \in \mathbb{Z}_p$에 대하여 $\sigma_p(a) = a$이다. 즉, σ_p는 $\mathbb{Z}_p$-자기동형함수이다.

증명 정리 3.9.10을 참조하기 바란다. ■

정리 4.5.3에서와 같이 정의된 σ_p를 K의 Frobenius 동형함수라고 한다. 일반적으로, 체 K의 표수가 소수 p일 때 임의의 양의 정수 r에 대하여 함수 $\sigma_{p^r} : K \to K$, $\sigma_{p^r}(\alpha) = \alpha^{p^r}$은 $\mathbb{Z}_p$-자기동형함수이다(연습문제). 즉, 임의의 원소 $\alpha, \beta \in K$와 $a \in \mathbb{Z}_p$

에 대하여 다음 식이 성립한다.

$$\sigma_{p^r}(\alpha+\beta)=\sigma_{p^r}(\alpha)+\sigma_{p^r}(\beta) \qquad \text{즉, } (\alpha+\beta)^{p^r}=\alpha^{p^r}+\beta^{p^r}$$

$$\sigma_{p^r}(\alpha\beta)=\sigma_{p^r}(\alpha)\sigma_{p^r}(\beta) \qquad \text{즉, } (\alpha\beta)^{p^r}=\alpha^{p^r}\beta^{p^r}$$

$$\operatorname{im}\sigma_{p^r}=K \qquad \text{즉, } \{\alpha^{p^r} \mid \alpha\in K\}=K$$

$$\sigma_{p^r}(a)=a \qquad \text{즉, } a^{p^r}=a$$

정리 4.5.4 임의의 소수 p와 양의 정수 m에 대하여 $q=p^m$이라고 할 때, 다음이 성립한다.

(1) 체 K를 체 $\mathbb{Z}_p$ 위의 $f(x)=x^q-x$의 분해체라고 하면 K는 q개의 원소를 가지는 유한체이고 또 K는 $f(x)$의 서로 다른 근 전체로 이루어진 집합이다.

(2) q개의 원소를 가지는 유한체는 동형의 의미에서 유일하게 존재한다.

증명 (1) 정리 4.4.2에 의하여 체 $\mathbb{Z}_p$ 위의 다항식 $f(x)=x^q-x$의 분해체 K가 존재하고 $\mathbb{Z}_p\subseteq K$이므로 K의 표수는 p이다. 다항식 $f(x)=x^q-x$의 형식적 미분 $f'(x)=-1$이므로 $\gcd(f(x), f'(x))=1$이다. 따라서 $f(x)$는 K 안에서 서로 다른 q개의 근을 가진다. 이들 근을 $\alpha_1, \alpha_2, \cdots, \alpha_q$라면 $K=\mathbb{Z}_p(\alpha_1, \alpha_2, \cdots, \alpha_q)$이다.

이제 $L=\{\alpha_1, \alpha_2, \cdots, \alpha_q\}$라고 하면

$$L=\{\alpha\in K \mid f(\alpha)=0\}=\{\alpha\in K \mid \alpha^q=\alpha\} \text{ 이고 } |L|=q$$

이다. 정리 4.5.3에 의하여 임의의 원소 $\alpha, \beta\in L$에 대하여

$$(\alpha-\beta)^q=\alpha^q-\beta^q=\alpha-\beta,\ (\alpha\beta)^q=\alpha^q\beta^q=\alpha\beta,\ (\beta^{-1})^q=(\beta^q)^{-1}=\beta^{-1}$$

이므로 $L\leq K$이다. 또, 임의의 원소 $a\in\mathbb{Z}_p$에 대하여 $a^p=a$이므로 $a^q=a$이다. 따라서 $a\in L$이므로 $\mathbb{Z}_p\subseteq L$이다. 따라서 $L\leq K=\mathbb{Z}_p(\alpha_1, \alpha_2, \cdots, \alpha_q)\leq L$이므로 $L=K$이다.

(2) (1)에 의하여 q개의 원소를 가지는 유한체는 존재한다. 이제, L과 K를 위수 q인 유한체라고 하면 정리 4.5.1에 의하여 L과 K는 모두 체 $\mathbb{Z}_p$ 위의 $f(x)=x^q-x$의 분해체이므로 정리 4.5.2에 의하여 L과 K는 동형이다. ■

위 정리에서 q개의 원소를 가지는 유한체는 동형의 의미에서 유일하게 존재하므로 q개의 원소를 가지는 유한체를 위수 q인 Galois **체**라고 하고 $GF(q)$ 또는 F_q로 나타낸다.

Galois 체 F_q의 곱셈군 F_q^*는 위수 $q-1$인 순환군이다. 이때, F_q^*의 생성원 α를 F_q의 **원시원소**(primitive element)라고 한다. 또 F_p 위에서 원시원소의 최소다항식을 **원시다항식**(primitive polynomial)이라 한다.

> **정리 4.5.5** 임의의 소수 p와 양의 정수 m에 대하여 $q=p^m$이라고 할 때, Galois 체 F_q의 원시원소의 개수는 $\varphi(q-1)$이다. 또한, 체 F_p 위의 m차 원시다항식의 개수는 $\dfrac{\varphi(q-1)}{m}$이다.

증명 정리 4.5.2에 의하여 F_q^*는 위수 $q-1$인 순환군이므로 정리 2.4.7에 의하여 원시원소의 개수는 모두 $\varphi(q-1)$이다. 한편, m차 원시다항식은 m개의 원시원소를 근으로 가지며 서로 다른 원시다항식은 공통인 원시원소를 근으로 갖지 못하므로 원시다항식의 개수는 $\dfrac{\varphi(q-1)}{m}$이다. ■

[예제 4.5.1] 체 $\mathbb{Z}_3$ 위의 다항식 $p(x)=x^2+x+2$의 근 α에 의한 확대체 $K=F_9$에서 곱셈군 $K^*=\{1, \alpha, \alpha^2, \alpha^3, \alpha^4, \alpha^5, \alpha^6, \alpha^7\}=\langle\alpha\rangle$는 위수 8인 순환군이다. 원시원소는 $4(=\varphi(8))$개로 $\alpha, \alpha^3, \alpha^5, \alpha^7$이다. 정리 4.5.5에 의하면 원시다항식의 개수는 $\dfrac{\varphi(8)}{2}=2$이다. 즉,

$$p_1(x)=(x-\alpha)(x-\alpha^3)=x^2-(\alpha+\alpha^3)x+\alpha^4,$$
$$p_2(x)=(x-\alpha^5)(x-\alpha^7)=x^2-(\alpha^5+\alpha^7)x+\alpha^{12}$$

이다. 원시원소 α는 $p(x)=x^2+x+2$의 근이므로 $\alpha^2=2\alpha+1$이다. 따라서

$$\alpha^4=(2\alpha+1)^2=\alpha^2+\alpha+1=2\alpha+1+\alpha+1=2,$$
$$\alpha^3+\alpha=(2\alpha+1)\alpha+\alpha=2\alpha^2+2\alpha=2(2\alpha+1)+2\alpha=2$$

이므로 $p_1(x)=x^2-2x+2=x^2+x+2$이다. 같은 방법으로 $p_2(x)$를 구하면, $p_2(x)=x^2+2x+2$이다.

[예제 4.5.2] 체 $\mathbb{Z}_2$ 위의 다항식환 $\mathbb{Z}_2[x]$의 원소 $p(x)=x^4+x+1$에서

$$p(0)=1\neq 0,\ p(1)=1\neq 0$$

이고 $p(x)$는 2차 인수를 갖지 않으므로 $p(x)$는 기약이다. 체 K를 $p(x)$에 의하여 만들어진 확대체 $K=F_{16}$에서 곱셈군 $K^*=K-\{0\}$는 위수 15인 순환군이고 $\alpha^5\neq 1$이므로 α의 위수는 15 즉, α는 원시원소이다. 따라서 원시원소는 $\varphi(15)=8$개로 α, α^2, α^4, α^7, α^8, α^{11}, α^{13}, α^{14}이다. 정리 4.5.5에 의하면 원시다항식의 개수는 $\dfrac{\varphi(15)}{4}=2$이다. 즉,

$$\begin{aligned}p_1(x)&=(x-\alpha)(x-\alpha^2)(x-\alpha^4)(x-\alpha^8)\\&=x^4-(\alpha+\alpha^2+\alpha^4+\alpha^8)x^3\\&\quad+(\alpha^3+\alpha^5+\alpha^9+\alpha^6+\alpha^{10}+\alpha^{12})x^2-(\alpha^7+\alpha^{11}+\alpha^{13}+\alpha^{14})x+\alpha^{15},\\p_2(x)&=(x-\alpha^7)(x-\alpha^{14})(x-\alpha^{13})(x-\alpha^{11})\end{aligned}$$

이다. 원시원소 α는 $p(x)=x^4+x+1$의 근이므로 $\alpha^4=\alpha+1$이다. 따라서

$$\begin{aligned}&\alpha+\alpha^2+\alpha^4+\alpha^8=\alpha+\alpha^2+1+\alpha+(1+\alpha)^2=0,\\&\alpha^3+\alpha^5+\alpha^9+\alpha^6+\alpha^{10}+\alpha^{12}\\&\quad=\alpha^3+\alpha(\alpha+1)+\alpha(\alpha+1)^2+\alpha^2(\alpha+1)+\alpha^2(\alpha+1)^2+(\alpha+1)^3=0,\\&\alpha^7+\alpha^{11}+\alpha^{13}+\alpha^{14}=1,\\&\alpha^{15}=1\end{aligned}$$

이므로 $p_1(x)=x^4+x+1$이다. 같은 방법으로 계산하면, $p_2(x)=x^4+x^3+1$이다.

이들에 관한 자세한 내용은 참고문헌[15]를 참고하기 바란다.

연습문제 4.5

1. 체 K의 표수가 소수 p일 때, 임의의 양의 정수 r에 대하여 함수 $\sigma_{p^r} : K \to K$, $\sigma_{p^r}(\alpha) = \alpha^{p^r}$은 $\mathbb{Z}_p$-자기동형함수임을 증명하여라. 즉, 임의의 원소 $\alpha, \beta \in K$와 $a \in \mathbb{Z}_p$에 대하여

$$\sigma_{p^r}(\alpha+\beta) = \sigma_{p^r}(\alpha) + \sigma_{p^r}(\beta) \qquad 즉,\ (\alpha+\beta)^{p^r} = \alpha^{p^r} + \beta^{p^r}$$

$$\sigma_{p^r}(\alpha\beta) = \sigma_{p^r}(\alpha)\sigma_{p^r}(\beta) \qquad 즉,\ (\alpha\beta)^{p^r} = \alpha^{p^r}\beta^{p^r}$$

$$\operatorname{im}\sigma_{p^r} = K \qquad 즉,\ \{\alpha^{p^r} \mid \alpha \in K\} = K$$

$$\sigma_{p^r}(a) = a \qquad 즉,\ a^{p^r} = a$$

이다.

2. 예제 4.5.1에서 $p_2(x) = x^2 + 2x + 2$임을 계산하고 이는 $p_1(x)$의 상반다항식 $P_1^*(x)$의 배수임을 증명하여라.

3. 예제 4.5.2에서 $p_2(x) = x^4 + x^3 + 1$임을 계산하고 이는 $p_1(x)$의 상반다항식임을 증명하여라.

4. 다항식환 $\mathbb{Z}_2[x]$의 원소 $p(x) = x^5 + x^2 + 1$에 대하여 다음 물음에 답하여라.
   (1) $p(x)$는 기약임을 증명하여라.
   (2) $p(x)$는 원시다항식임을 증명하여라.
   (3) 원시원소의 개수를 구하고 원시다항식의 개수를 구하여라.
   (4) $p(x)$의 한 근을 α라고 할 때 각 다항식 $p_i(x)$는 $\mathbb{Z}_2[x]$ 원소임을 증명하여라.

$$p_1(x) = (x-\alpha)(x-\alpha^2)(x-\alpha^4)(x-\alpha^8)(x-\alpha^{16})$$

$$p_2(x) = (x-\alpha^3)(x-\alpha^6)(x-\alpha^{12})(x-\alpha^{24})(x-\alpha^{17})$$

$$p_3(x) = (x-\alpha^5)(x-\alpha^{10})(x-\alpha^{20})(x-\alpha^9)(x-\alpha^{18})$$

$$p_4(x) = (x-\alpha^7)(x-\alpha^{14})(x-\alpha^{28})(x-\alpha^{25})(x-\alpha^{19})$$

참고문헌

1. 김응태 · 박승안, 정수론, 제6판, 경문사, 2005
2. 김응태 · 박승안, 현대대수학, 제6판, 경문사, 2006
3. 김응태 · 박승안, 선형대수학, 제4판, 경문사, 2006
4. 이만영 외, 현대암호학 및 응용, 생능출판사, 2002
5. 이민섭, 정보이론, 제1판, 경문사, 2004
6. 이민섭, 현대암호학, 제2판, 교우사, 2007
7. 이민섭, 정수론과 암호학, 개정판, 교우사, 2008
8. Artin, E., Galois theory, Notre Dame, Ind. : Notre Dame Mathematical Lectures No. 2(2nd ed.), 1944
9. Atiyah, M. F. and I. G. MacDonald, Introduction to commutative algebra, Reading Mass. : Addion-Wesley Publishing Company, Inc., 1969
10. Fraleigh, J., A first course in abstract algebra, 7th ed., Pearson Education, Inc., New York, 2003
11. Hamming, R.W., Coding and information theory, Prentice-Hall, New York, 1980
12. Herstein, I.N., Topics in Algebra, 2nd ed., Wiley, New York, 1975
13. Hungerford, Thomas W., Algebra, Springer-Verlag, New York, 1974
14. Koblitz, N., A first course in number theory and cryptography, 2nd ed., Springer-Verlag, New York, 1994
15. Lidl, R. and Niederreiter, H., Finite fields, Encyclopedia of mathematics and its applications, Addison-Wesley, Reading, MA., 1983
16. MaCoy, N., Theory of rings, New York : The Macmillan Company, 1964
17. Stinson, Douglas R., Cryptography, Theory and Practice, 2nd ed., Chapman & Hall/CRC, 2002

연습문제 풀이

[연습문제 1.1]

1. 집합 X의 부분집합은 n개 이하의 원소를 가지므로 원소를 0개 가지는 부분집합, 원소를 1개 가지는 부분집합, …, 원소를 n개 가지는 부분집합이 모두 다르므로 부분집합의 총 개수는 $\binom{n}{0}+\binom{n}{1}+\cdots+\binom{n}{n}=2^n$이다.

2. 생략
3. 생략
4. 관계 R_2에서는 대칭관계가 성립하지 않고 관계 R_4에서는 반사관계가 성립하지 않는다.
5. (1) 집합 $A_1 \times A_2$는 정의에 의하여 각 성분에 의하여 결정되므로 유한집합이고 $|A_1 \times A_2| = |A_1| \times |A_2|$이다.
   (2) 귀류법으로 쉽게 증명할 수 있다.
6. (1) 동치관계이므로 반사를 만족한다. 즉, 임의의 원소 $x \in A$에 대하여 $x \sim x$이고 $x \in \bar{x}$이다.
   (2) 먼저, $\bar{x} \cap \bar{y} \neq \phi$을 가정하면 $z \in \bar{x} \cap \bar{y}$인 원소 $z \in A$가 존재한다. 따라서 $z \sim x$이고 집합 $\bar{z}$를 생각하자. 이제, 임의의 원소 $a \in \bar{z}$에 대하여 $a \sim z$이므로 $a \sim x$(추이 성질에 의하여)이고 $a \in \bar{x}$이다. 따라서 $\bar{z} \subseteq \bar{x}$이다. 같은 방법으로 $\bar{x} \subseteq \bar{z}$이므로 $\bar{x} = \bar{z}$이다. 한편, $z \sim y$이므로 $\bar{y} = \bar{z}$이다. 그러므로 $\bar{x} = \bar{y}$이다.
   (3) 임의의 원소 $x \in A$에 대하여 $\bar{x} \subseteq A$이므로 $\bigcup_{x \in A} \bar{x} \subseteq A$이다. 한편, 임의의 원소 $x \in A$에 대하여 $\{x\} \subseteq \bigcup_{x \in A} \bar{x}$이므로 $A = \bigcup_{x \in A} \{x\} \subseteq \bigcup_{x \in A} \bar{x}$이다. 그러므로 $\bigcup_{x \in A} \bar{x} = A$이다.
7. (1) 임의의 원소 $x \in \mathbb{Z}$에 대하여 $x-x=0$은 3의 배수이므로 $x \sim x$이다. 또, $x \sim y$이면 $x-y$는 3의 배수이다. 따라서 $y-x$도 3의 배수이고 $y \sim x$이다. 마지막으로 $x \sim y$이고 $y \sim z$이면 $x-y$와 $y-z$는 3의 배수이다. 따라서 $x-z=(x-y)+(y-z)$는 3의 배수이므로 $x \sim z$이다. 따라서 $\sim$는 동치관계이다.
   (2) $\bar{0} = \{x \in \mathbb{Z} \mid x = x-0$ 이 3의 배수이다$\} = 3\mathbb{Z}$
   (3) $P = \{\bar{0},\ \bar{1},\ \bar{2}\}$

[연습문제 1.2]

1. 항등함수는 일대일대응 함수이므로 치환이다.
2. 집합 X_n 위에서의 치환은 X_n의 원소들을 일렬로 나열하는 방법의 수이므로 $n!$이다.
3. (1) $g\circ f(x_1)=g\circ f(x_2)$이면 $g(f(x_1))=g(f(x_2))$이다. 먼저, g가 일대일이므로 $f(x_1)=f(x_2)$이다. 또, f가 일대일이므로 $x_1=x_2$이다. 따라서 $g\circ f$는 일대일 함수이다.

   (2) 가정에 의하여 $f(A)=B$이고 $g(B)=C$이다. 따라서 $g\circ f(A)=g(f(A))=g(B)=C$이다. 그러므로 $g\circ f$는 위로의 함수이다.

   (3) (1)과 (2)에 의하여 분명하다.
4. (1) 함수 f가 일대일이 아니라면, 서로 다른 A의 원소 x_1과 x_2가 존재하여 $f(x_1)=f(x_2)$이므로 $g\circ f(x_1)=g(f(x_1))=g(f(x_2))=g\circ f(x_2)$이다. 따라서 가정에 모순이다. 그러므로 f가 일대일 함수이다.

   (2) 함수 g가 위로의 함수가 아니라면, $g\circ f$도 위로의 함수가 아니므로 모순이다. 따라서 g는 위로의 함수이다.
5. 합성함수의 정의에 의하여 두 함수는 A로부터 D로의 함수로 A의 임의의 원소에 대하여 같은 함수값을 가진다. 따라서 $(h\circ g)\circ f=h\circ(g\circ f)$이다.
6. 정리 1.2.3에 의하여 1_A와 1_B가 일대일 함수이므로 f와 g가 일대일 함수이다. 또, 정리 1.2.3에 의하여 1_A와 1_B가 위로의 함수이므로 g와 f가 위로의 함수이다. 따라서 f와 g가 일대일대응 함수이다. 이제, 함수 $f:A\to B$가 일대일대응이라고 하자. 함수 f가 위로의 함수이므로 집합 B의 임의의 원소 $b\in B$에 대하여 집합 A의 원소가 대응되고 또한 f가 일대일이므로 유일하게 대응되는 원소 $a\in A$가 존재한다. 따라서 $g:B\to A$를 $g(b)=a$로 정의하면 g는 일대일대응 함수가 되고 $g\circ f=1_A$이고 $f\circ g=1_B$를 만족한다. 유일성을 증명하기 위하여 함수 $h:B\to A$가 존재하여 $h\circ f=1_A$이고 $f\circ h=1_B$이라고 하면, $h=h\circ 1_B=h\circ(f\circ g)=(h\circ f)\circ g=1_A\circ g=g$이므로 $h=g$이다.
7. (1) 정의에 의하여 분명하다.

   (2) 함수 f와 $(f^{-1})^{-1}$가 f^{-1}의 역함수이므로 정리 1.2.4에 의하여 $(f^{-1})^{-1}=f$이다.

   (3) $(g\circ f)^{-1}$과 $f^{-1}\circ g^{-1}$는 $g\circ f$의 역함수이므로 $(g\circ f)^{-1}=f^{-1}\circ g^{-1}$이다.
8. 먼저, $f(x_1)=f(x_2)$이면 $2x_1=2x_2$이고 $x_1=x_2$이다. 따라서 f는 일대일 함수이다.

또 임의의 원소 $y \in 2\mathbb{N}$에 대하여 $x \in \mathbb{N}$이 존재하여 $y=2x$이므로 $f(x)=y$이다. 따라서 f는 위로의 함수이다. 그러므로 f는 일대일대응 함수이다.

9. (1) 양의 유리수의 집합 $\mathbb{Q}^{+}$의 원소를 $1=\frac{1}{1}, \frac{1}{2}, \frac{2}{1}, \frac{1}{3}, \frac{2}{3}, \frac{1}{4}, \frac{3}{4}, \cdots$과 같이 나열하면 모든 양의 유리수를 나열할 수 있으므로 자연수의 집합 $\mathbb{N}$의 원소와 일대일대응 시킬 수 있다.

(2) 유리수 0과 정수 0을 대응시킨 후에 (1)과 같은 방법을 이용하여 양의 유리수의 집합은 양의 정수의 집합과 일대일대응 시키고 음의 유리수의 집합은 음의 정수의 집합과 일대일대응 시키면 되므로 두 집합의 농도는 같다.

(3) 함수 $f : \mathbb{N} \rightarrow \mathbb{Z}$를 $f(x)=\begin{cases} -\dfrac{x+1}{2} & : x=2k+1 \\ \dfrac{x}{2} & : x=2k \end{cases}$ $(k \in \mathbb{N})$로 정의하면 f는 일대일대응이므로 두 집합의 농도는 같다.

(4) (2)와 (3)에 의하여 농도의 정의로부터 분명하다.

(5) 집합 $\mathbb{R}$의 원소는 무한소수 $a_1 . a_2 a_3 a_4 \cdots$, $(a_i=\{0, 1, 2, \cdots, 9\})$의 꼴로 나타낼 수 있다. 이제 두 집합의 농도가 같다면 적당한 일대일대응 함수 f에 의하여 $f(1)=1_1 .1_2 1_3 1_4 \cdots$, $f(2)=2_1 .2_2 2_3 2_4 \cdots$, $\cdots$, $f(n)=n_1 .n_2 n_3 n_4 \cdots$, $\cdots$이다. 이제, $x=x_1 . x_2 x_3 x_4 \cdots$를 $x_1 \neq 1_1$, $x_2 \neq 2_2$, $x_3 \neq 3_3$, $\cdots$이 되도록 선택하면 x에 대응되는 자연수는 존재하지 않으므로 f는 일대일대응이 아니다. 따라서 두 집합의 농도는 다르다.

[연습문제 1.3]

1. 유한집합을 $X=\{x_1, x_2, \cdots, x_n\}$이라고 할 때, 임의의 치환 $\sigma \in S(X)$를 $\sigma=\begin{pmatrix} x_1 & x_2 & \cdots & x_n \\ x_{i_1} & x_{i_2} & \cdots & x_{i_n} \end{pmatrix}$과 같이 나타낼 수 있다. 단, $i_1, i_2, \cdots, i_n$은 $1, 2, \cdots, n$의 치환이다. 이때 $i_1, i_2, \cdots, i_n$은 σ에 의하여 결정되므로 σ를

$$\sigma=\begin{pmatrix} x_1 & x_2 & \cdots & x_n \\ x_{i_1} & x_{i_2} & \cdots & x_{i_n} \end{pmatrix}=\begin{pmatrix} x_1 & x_2 & \cdots & x_n \\ x_{\sigma(1)} & x_{\sigma(2)} & \cdots & x_{\sigma(n)} \end{pmatrix}=\begin{pmatrix} x_{i_1} & x_{i_2} & \cdots & x_{i_n} \\ x_{\sigma(i_1)} & x_{\sigma(i_2)} & \cdots & x_{\sigma(i_n)} \end{pmatrix}$$

와 같이 나타낼 수 있다. 이 원소를 S_n의 원소 $\begin{pmatrix} 1 & 2 & \cdots & n \\ i_1 & i_2 & \cdots & i_n \end{pmatrix}$으로 대응시켜보자.

그러면 $S(X)$의 임의의 치환 $\sigma = \begin{pmatrix} x_1 & x_2 & \cdots & x_n \\ x_{\sigma(1)} & x_{\sigma(2)} & \cdots & x_{\sigma(n)} \end{pmatrix}$과 $\tau = \begin{pmatrix} x_1 & x_2 & \cdots & x_n \\ x_{\tau(1)} & x_{\tau(2)} & \cdots & x_{\tau(n)} \end{pmatrix}$에 대응되는 S_n의 원소는 $\begin{pmatrix} 1 & 2 & \cdots & n \\ (\sigma(1) & \sigma(2) & \cdots & \sigma(n) \end{pmatrix}$와 $\begin{pmatrix} 1 & 2 & \cdots & n \\ \tau(1) & \tau(2) & \cdots & \tau(n) \end{pmatrix}$이며, σ와 τ의 합성치환

$$\begin{aligned}\tau\sigma &= \begin{pmatrix} x_1 & x_2 & \cdots & x_n \\ x_{\tau(1)} & x_{\tau(2)} & \cdots & x_{\tau(n)} \end{pmatrix}\begin{pmatrix} x_1 & x_2 & \cdots & x_n \\ x_{\sigma(1)} & x_{\sigma(2)} & \cdots & x_{\sigma(n)} \end{pmatrix} \\ &= \begin{pmatrix} x_{\sigma(1)} & x_{\sigma(2)} & \cdots & x_{\sigma(n)} \\ x_{\tau(\sigma(1))} & x_{\tau(\sigma(2))} & \cdots & x_{\tau(\sigma(n))} \end{pmatrix}\begin{pmatrix} x_1 & x_2 & \cdots & x_n \\ x_{\sigma(1)} & x_{\sigma(2)} & \cdots & x_{\sigma(n)} \end{pmatrix} \\ &= \begin{pmatrix} x_1 & x_2 & \cdots & x_n \\ x_{\tau(\sigma(1))} & x_{\tau(\sigma(2))} & \cdots & x_{\tau(\sigma(n))} \end{pmatrix}\end{aligned}$$

과 σ와 τ에 대응되는 S_n의 원소들의 합성치환

$$\begin{pmatrix} 1 & 2 & \cdots & n \\ (\sigma(1) & \sigma(2) & \cdots & \sigma(n) \end{pmatrix}\begin{pmatrix} 1 & 2 & \cdots & n \\ \tau(1) & \tau(2) & \cdots & \tau(n) \end{pmatrix} = \begin{pmatrix} 1 & 2 & \cdots & n \\ \tau(\sigma(1)) & \tau(\sigma(2)) & \cdots & \tau(\sigma(n)) \end{pmatrix}$$

은 유사함을 알 수 있다. 자세한 내용은 2.10절에서 확인할 수 있다.

2. 정의 1.3.2가 성립하면 문제 2의 조건을 만족한다. 역으로, 문제 2에서 주어진 조건을 만족한다고 가정하고 $\tau(i) \neq i$이라고 하자. 이때, $\sigma(i) \neq i$라고 하면 가정에서 $\tau(i) = i$이므로 모순이다. 따라서 $\sigma(i) = i$이므로 정의 1.3.2를 만족한다.

3. (1) $(1\ 2\ 4\ 7)(3\ 8\ 5)$　(2) $(1\ 2\ 5\ 7)(3\ 8\ 4)(6\ 9)$
(3) $(1\ 2\ 5\ 3\ 8\ 4\ 7)$　(4) $(1\ 2\ 7)(3\ 8\ 4)(6\ 9)$

4. (1) $(1\ 7)(1\ 4)(1\ 2)(3\ 5)(3\ 8)$　(2) $(1\ 7)(1\ 5)(1\ 2)(3\ 4)(3\ 8)(6\ 9)$
(3) $(1\ 7)(1\ 4)(1\ 8)(1\ 3)(1\ 5)(1\ 2)$　(4) $(1\ 7)(1\ 2)(3\ 4)(3\ 8)(6\ 9)$

5. $(i_1\ i_2 \cdots\ i_{r-1}\ i_r) = (i_2 \cdots\ i_{r-1}\ i_r\ i_1) = \cdots = (i_r\ i_1\ i_2 \cdots\ i_{r-1})$이므로 r순환치환의 개수는 n개 중에 r개를 뽑아 나열하는 가짓수를 r로 나눈 경우의 수이므로 $\binom{n}{r} \times (r-1)! = \dfrac{n!}{(n-r)!r}$이다.

6. (1) $(1\ 3)(2\ 4)$　(2) $(1\ 4)(2\ 3)$
(3) $(2\ 3)$　(4) $(1\ 3\ 2)$
(5) $(2\ 3\ 4\ 5)$　(6) $(3\ 1\ 4\ 5\ 6) = (1\ 4\ 5\ 6\ 3)$

7. 집합 X_n의 임의의 원소 a에 대하여 집합 $\{\sigma^i(a) \mid i = 1, 2, \cdots\}$은 X_n의 부분집합이

다. 집합 X_n이 유한이므로 $\{\sigma^i(a) \mid i=1, 2, \cdots\}$도 유한이다. 따라서 적당한 자연수 $m\ (\le n)$이 존재하여 $\sigma^m(a)=a$이다. 그러므로 최소의 자연수 r이 존재하여 $\sigma^r(a)=a$이다.

8. (1) $\binom{5}{2}=10$

(2) 짝수치환으로 $\binom{5}{3}\times 2=20$

(3) 홀수치환으로 $\binom{5}{4}\times 3!=30$

(4) 짝수치환으로 $\binom{5}{5}4!=24$

(5) 짝수치환으로 $\dfrac{\binom{5}{2}\binom{3}{2}}{2}=15$

(6) 홀수치환으로 $\binom{5}{2}\binom{3}{3}\times 2=20$

(7) $1+20+24+15=60$

9. 짝수치환의 집합을 A_n이라고 하면 S_n-A_n은 홀수치환의 집합이다. 임의의 호환 $\sigma=(1\ 2)$에 대하여 $\sigma A_n=\{\sigma\tau \mid \tau\in A_n\}$을 정의하면 $\sigma A_n\subseteq S_n-A_n$이다. 한편, $|A_n|=|\sigma A_n|\le|S_n-A_n|$이다. 같은 방법으로 $|S_n-A_n|=|\sigma(S_n-A_n)|\le|A_n|$이다. 따라서 $|A_n|=|S_n-A_n|=\dfrac{n!}{2}$이다.

[연습문제 1.4]

1. 먼저 (1) 이 성립한다고 가정하고 T를 집합 $\mathbb{N}$의 공집합이 아닌 부분집합이라고 하자. 집합 T가 최소원을 가지지 않는다면, $1\not\in T$이고 $n\not\in T$이면 $n+1\not\in T$이다. 따라서, $1\in\mathbb{N}-T$이고 $n\in\mathbb{N}-T$이면 $n+1\in\mathbb{N}-T$이다. (1)에 의하여 $\mathbb{N}-T=N$이고 $T=\phi$이므로 가정에 모순이다. 따라서 집합 $\mathbb{N}$의 공집합이 아닌 부분집합은 최소원을 가진다. 역으로, (2)가 성립하고 집합 $\mathbb{N}$의 부분집합 S가 두 조건 (i) $1\in S$과 (ii) $n\in S\Rightarrow n+1\in S$을 만족한다고 할 때, 집합 $\mathbb{N}-S$를 생각하면 $1\not\in\mathbb{N}-S$이다. 이제, $\mathbb{N}-S\ne\phi$이라면, $\mathbb{N}-S$는 최소원 $l(>1)$을 가진다. 따라서 $l-1\not\in\mathbb{N}-S$이고 $l-1\in S$이다. 한편 조건(ii)에 의하여 $l=(l-1)+1\in S$이므로 $l\in\mathbb{N}-S$라는 사실에 모순이다. 따라서, $\mathbb{N}-S=\phi$이고 $S=\mathbb{N}$이다.

2. 집합 S를 $S=\{n\in\mathbb{N} \mid p(n)$이 참이다$\}$로 정의하면, 가정에 의하여 $1\in S$이고 $n\in S$이면 $n+1\in S$이다. 따라서 정리 1.4.3에 의하여 $S=\mathbb{N}$이다. 그러므로 모든 양의 정수 n에 대하여 $p(n)$이 참이다.

3. 임의의 정수 x와 주어진 두 정수 $a, b(\ne 0)$에 대하여 $a-|b|x$는 정수이다. 이제,

$a-|b|x$꼴의 음이 아닌 정수들의 집합을 S로 정의하면 즉, $S=\{a-|b|x\geq 0 \mid x\in\mathbb{Z}\}$라면 $a-|b|(-|a|)=a+|b||a|\geq a+|a|\geq 0$이므로 S는 공집합이 아니고 음이 아닌 정수 전체의 집합 $\mathbb{N}\cup\{0\}$의 부분집합이다. 정수의 정렬성에 의하여 S는 최소원 r을 가진다. 즉, 적당한 정수 h가 존재하여 $a-|b|h=r$이다. 한편, $r\geq|b|$이라면 $r-|b|=a-|b|h-|b|=a-|b|(h+1)\geq 0$이므로 $r-|b|$가 S의 원소가 되어 r의 최소성에 모순이다. 따라서 $0\leq r<|b|$이고 $a=|b|h+r$이다. 따라서 정수 q를 $q=\begin{cases}h, & b>0\\ -h, & b<0\end{cases}$으로 정의하면, $a=bq+r$, $0\leq r<|b|$이다. 이제 $a=bq+r=bq'+r'$, $0\leq r, r'<|b|$라고 가정하면, $b(q-q')=r'-r$, $-|b|<r'-r<|b|$이므로 $-|b|<b(q-q')<|b|$이다. 즉, $-1<q-q'<1$이므로 $q=q'$이고 따라서 $r=r'$이다.

4. 주어진 정수 a의 배수인 임의의 두 정수의 합과 차는 a의 배수이므로 집합 $a\mathbb{Z}$는 덧셈과 뺄셈에 관하여 닫혀 있다. 역으로, 집합 $\mathbb{Z}$의 공집합이 아닌 부분집합 S가 덧셈과 뺄셈에 관하여 닫혀 있다고 하자. 집합 S는 적어도 하나의 원소 x를 가지므로 $x-x=0$을 원소로 가진다. 먼저 $S=\{0\}$이면 $S=0\mathbb{Z}$이고, $S\neq\{0\}$이라고 하면, S의 영이 아닌 정수 x에 대하여 $-x$ 또한 S의 원소이다. 따라서 정수의 정렬성에 의하여 S는 양의 최소원 m을 가진다. 이제 $S=m\mathbb{Z}$임을 증명한다. 양의 정수 k에 대하여

$$km=m+m+\cdots+m\in S,\quad 0m=0\in S,\quad (-k)m=0-km\in S$$

이므로 $m\mathbb{Z}\subseteq S$이다. 한편, 집합 S의 임의의 원소 x에 대하여 정리 1.4.6에 의하여 적당한 정수 q, r이 존재하여 $x=qm+r$, $0\leq r\leq m-1$이다. 따라서 $0\leq r\leq m-1$, $r=x-qm\in S$이며 m의 최소성에 의하여 $r=0$이어야 한다. 즉, $x=qm\in m\mathbb{Z}$이고 $S\subseteq m\mathbb{Z}$이다. 그러므로 $S=m\mathbb{Z}$이다.

5. (1) 6 (2) 24
   (3) 6 (4) 6

6. $(r_0, r_1)=d_0$이고 $(r_1, r_2)=d_1$이라고 하면 $r_2=r_0-q_0r_1$이므로 $d_0|r_2$이고, 따라서 $d_0|d_1$이다. 또한, $r_0=q_0r_1+r_2$이므로 $d_1|r_0$이고, 따라서 $d_1|d_0$이다. 그러므로 $d_0=d_1$이다. 같은 방법으로 $d_0=d_1=d_2=\cdots$이다. 한편, $0\leq r_{n+1}<r_n<\cdots<r_2<r_1=b$이므로 기껏해야 b회 이하에서 끝나므로 $(a, b)=d_0=d_n=r_{n+1}$이다.

7. $35=1\times 23+12$, $23=2\times 12-1$로부터 $1=2\times 12+(-1)\times 23=2\times 35+(-3)\times 23$

이므로 $x=-3$이고 $y=2$이다.

8. (1) $(a_1a_2, b)=1$이면 정리 1.4.11에 의하여 적당한 정수 s와 t가 존재하여 $(a_1a_2)s+bt=1$이다. 이를 변형하면 $a_1(a_2s)+bt=1$이고 $a_2(a_1s)+bt=1$이다. 따라서 정리 1.4.11에 의하여 $(a_1, b)=(a_2, b)=1$이다. 역으로, $(a_1, b)=(a_2, b)=1$이면, 정리 1.4.11에 의하여 적당한 정수 s_1, t_1과 s_2, t_2가 존재하여 $a_1s_1+bt_1=1$이고 $a_2s_2+bt_2=1$이다. 따라서 $1=(a_1s_1+bt_1)(a_2s_2+bt_2)=(a_1a_2)(s_1s_2)+b(a_1s_1t_2+a_2s_2t_1+bt_1t_2)$이다. 정리 1.4.11에 의하여 $(a_1a_2, b)=1$이다. 특히, $a_1=a_2$이면 $(a_1{}^2, b)=1 \Leftrightarrow (a_1, b)=1$이다.

(2) (1)의 특수한 경우를 일반화하면 쉽게 증명된다.

(3) 먼저, $b\,|\,a_2$이면 $b\,|\,a_1a_2$이다. 역으로, $(a_1, b)=1$이면, 적당한 정수 s_1, t_1이 존재하여 $a_1s_1+bt_1=1$이다. 이 식의 양변에 a_2배하면 $a_1a_2s_1+a_2bt_1=a_2$이다. $b\,|\,a_1a_2$이면 식의 좌변이 b의 배수이다. 따라서 오른쪽 식도 b의 배수이므로 $b\,|\,a_2$이다.

(4) ($\Rightarrow$) 분명하다. ($\Leftarrow$) a_2는 $[a_1, b]$의 배수이므로 a_1b의 배수이다.

9. (1) 210 (2) 0

(3) 0 (4) 630

10. (1) $p \nmid a$라고 가정하면, p의 양의 약수는 1과 p뿐이므로 $(p, a)=1$이다. 이제, $(p, a)=1$이라고 가정하면 $ps+at=1$인 정수 s, t가 존재한다. 따라서 $[p, a]ps+[p, a]at=[p, a]$이고 이 식의 왼쪽 항이 pa의 배수이므로 $pa\,|\,[p, a]$이다. 한편, $[p, a]\,|\,pa$이므로 $[p, a]=pa$이다. 마지막으로 $[p, a]=p\,|a|$라고 가정하면, $p\,|\,a$일 때 $[p, a]=|a|$이므로 모순이다. 따라서 $p \nmid a$이다.

(2) 먼저, $(p, a)=p$이면 $p|a$이다. 이제, $p|a$이면 $a|a$이므로 $[p, a]\,|\,|a|$이다. 역으로, $|a|\,|\,[p, a]$이다. 따라서 $|a|=[p, a]$이다. 마지막으로, $|a|=[p, a]$이면 a와 p와 a의 공배수이므로 $p|a$이다. 따라서 $(p, a)=p$이다.

11. ($\Leftarrow$) 분명하다. ($\Rightarrow$) $p\,|\,ab$를 가정하고 $p \nmid a$이라 하자. 그러면, 정리 1.4.11과 정리 1.4.16에 의하여 적당한 정수 s와 t가 존재하여 $as+pt=1$이다. 이 식의 양변에 b를 곱하면, $abs+pbt=b$이다. 가정에 의하여 $p\,|\,ab$이므로 $p\,|\,b$이다.

[연습문제 1.5]

1. [정리 1.5.2의 증명]

(1) 정수 a에 대하여 $a-a$는 모든 정수의 배수이므로 $a \equiv a \bmod m$이다.

(2) 정수 a, b에 대하여 $a-b$가 m의 배수이면, $b-a$도 m의 배수이므로 성립한다.

(3) $a \equiv b \bmod m$이고 $b \equiv c \bmod m$이면, $a-b$와 $b-c$는 m의 배수이다. 한편, $a-c=(a-b)+(b-c)$이므로 $a-c$는 m의 배수이다. 즉, $a \equiv c \bmod m$이다.

[정리 1.5.3의 증명]

(1) $a \equiv c \bmod m$, $b \equiv d \bmod m$이므로 $a=c+km$, $b=d+lm$인 정수 k, l이 존재한다. 따라서 $(a+b)-(c+d)=(c+km+d+lm)-(c+d)=(k+l)m$이므로 $a+b \equiv c+d \bmod m$이다. 또, $ab-cd=(c+km)(d+lm)-cd=(kd+lc+klm)m$이므로 $ab \equiv cd \bmod m$이다.

(2) 가정 $ab \equiv cb \bmod m$으로부터 $(a-c)b=lm$인 정수 l이 존재한다. 가정에서 $(b, m)=1$이므로 $b \mid l$ 즉, $l=eb$인 e가 존재한다. 따라서 $a-c=em$이므로 $a \equiv c \bmod m$이다.

(3) $a \equiv b \bmod md$이면 $a-b=km$인 정수 k가 존재한다. 이제, $(a, m)=d_1$이고 $(b, m)=d_2$라고 하자. 그러면, $b=a-km$이므로 $d_1 \mid b$이고 $d_1 \mid d_2$이다. 같은 방법으로 $d_2 \mid d_1$이다. 그러므로 $d_1=d_2$이므로 $(a, m)=(b, m)$이다.

[정리 1.5.4의 증명]

(1) 먼저, $(a, m)=1$이면, 정리 1.4.11에 의하여 $as+mt=1$인 정수 s, t가 존재한다. 따라서 $as \equiv 1 \bmod m$인 s가 존재하므로 s를 b이라 놓으면 $ab \equiv 1 \bmod m$이다.

(2) $ab \equiv 1 \bmod m$이라고 가정하면, 정리 1.5.3의 (3)에 의하여 $(ab, m)=(1, m)=1$이다. 따라서 $1=(ab, m) \geq (a, m) \geq 1$이고 $1=(ab, m) \geq (b, m) \geq 1$이다. 그러므로 $(a, m)=(b, m)=1$이다.

[정리 1.5.5의 증명]

(1) 가정에 의하여 $a-b=k_1m$과 $c-d=k_2m$인 정수 k_1과 k_2가 존재한다. 한편, $(a+c)-(b+d)=(a-b)+(c-d)=k_1m+k_2m=(k_1+k_2)m$이므로 $\overline{a+c}=\overline{b+d}$이다. 따라서 $\bar{a}+\bar{c}=\overline{a+c}=\overline{b+d}=\bar{b}+\bar{d}$이다.

(2) $ac-bd=(b+k_1m)(d+k_2m)-bd=(k_1d+k_2b+k_1k_2m)m$이므로 $\overline{a \cdot c}=\overline{b \cdot d}$이

다. 따라서 $\overline{a}\cdot\overline{c}=\overline{b}\cdot\overline{d}$이다.

2. 원소 $\overline{a}$가 단원이라면 $\overline{a}\overline{b}=\overline{1}$인 원소 $\overline{b}$가 존재한다. 따라서 $ab\equiv 1 \bmod m$이고 $(ab, m)=1$이다. 그러므로 $(a, m)=1$이다. 역으로, $(a, m)=1$이면 정리 1.4.11에 의하여 적당한 정수 s와 t가 존재하여 $as+mt=1$이다. 즉, $\overline{a}\,\overline{s}=\overline{as}=\overline{1}$이므로 원소 $\overline{a}$가 단원이다.

3. (1) $\{\overline{1}, \overline{2}, \overline{3}, \overline{4}, \overline{5}, \overline{6}\}$

   (2) $\{\overline{1}, \overline{3}, \overline{7}, \overline{9}\}$

   (3) $\{\overline{1}, \overline{5}, \overline{7}, \overline{11}\}$

   (4) $\{\overline{1}, \overline{2}, \overline{4}, \overline{5}, \overline{8}, \overline{10}, \overline{11}, \overline{13}, \overline{16}, \overline{17}, \overline{19}, \overline{20}\}$

4. (1) 16　　(2) $2^5-2^4=16$

   (3) $(2^5-2^4)(3^2-3)=96$　　(4) $(2^5-2^4)(3^2-3)(5-1)=384$

5. (1) 먼저 $m=1$이면, $\varphi(m)=\varphi(1)=1=m$이다. 역으로, $\varphi(m)=m$이라고 가정하자. $m\geq 2$이면, m개의 정수 $0, 1, \cdots, m-1$중에서 $(0, m)=m\neq 1$이므로 $\varphi(m)\leq m-1\neq m$이다. 따라서 $m=1$이다.

   (2) 분명히 $\varphi(1)=1, \varphi(2)=1$이다. 이제 양의 정수 m에 대하여 $\varphi(m)=1$이라고 하자. 이때 $m\geq 3$이라고 가정하면, $(1, m)=1$, $(m-1, m)=(-1, m)=1$이고 $1\neq m-1$이므로 $\varphi(m)=1$이라는 사실에 모순이다. 그러므로 $m=1$ 또는 $m=2$이다.

   (3) 분명히 $\varphi(3)=2, \varphi(4)=2, \varphi(6)=2$이다. 이제 양의 정수 m에 대하여 $\varphi(m)=2$이라고 하자. 이때, $m>6$이라고 가정하면, m이 홀수이면, $(1, m)=1$, $(2, m)=1$, $(m-1, m)=1$이므로 $\varphi(m)=2$이라는 사실에 모순이다. m이 짝수이면 $m=2^k l$(l은 홀수) $\varphi(m)=2^{k-1}\varphi(l)>2$이다.

   (4) 양의 정수 m이 소수이면, m과 서로소인 것은 $1, \cdots, m-1$로 $\varphi(m)=m-1$이다. 역으로, $\varphi(m)=m-1$라고 하자. 먼저 $\varphi(1)=1\neq 1-1$이므로 $m>1$이다. 그리고 합성수이면 다음이 성립한다. m이 합성수일 때, $m>1$이고 또 $m=de$, $1<d\leq e<m$인 정수 d, e가 존재한다. 그런데 m개의 정수 $0, 1, \cdots, m-1$중에서 적어도 0과 d가 제외되므로 $2\leq\varphi(m)\leq m-2$가 성립한다. 따라서 $\varphi(m)\leq m-2$가 되어 $\varphi(m)=m-1$이라는 사실에 모순이 된다. 따라서 m은 소수이다.

6. [정리 1.5.10의 증명] 이 정리를 증명하기 위하여 다음 두 사실을 보이면 충분하다.

(i) p가 소수이고 k가 양의 정수일 때 $\varphi(p^k)=p^k-p^{k-1}$이다.

(ii) 서로소인 양의 정수 m과 n에 대하여 $\varphi(mn)=\varphi(m)\varphi(n)$이다.

(i) 자연수 a에 대하여 $(p^k,\ a)=1$일 필요충분조건은 $(p,\ a)=1$이므로

$$\begin{aligned}\mathbb{Z}_{p^k}{}^* &= \{a\in\mathbb{Z}_{p^k} \mid (a,\ p^k)=1\} = \{a\in\mathbb{Z}_{p^k} \mid (a,\ p)=1\}\\ &= \mathbb{Z}_{p^k}-\{a\in\mathbb{Z}_{p^k} \mid (a,\ p)=p\}\end{aligned}$$

이다. 따라서 $\varphi(p^k)=|\mathbb{Z}_{p^k}|-|\{a \mid \mathbb{Z}_{p^k} \mid (a,\ p)=p\}|=p^k-p^{k-1}$이다.

(ii) 분명하게 $\varphi(1)=1$이므로 $(m,\ n)=1$이라고 가정하자.

집합 $\mathbb{Z}_{mn}=\{0,\ 1,\ 2,\ \cdots,\ mn-1\}$에 속하는 원소 a가 $\mathbb{Z}_{mn}{}^*$의 원소일 필요충분조건은 $(a,\ mn)=1$이다. 즉, $(a,\ m)=(a,\ n)=1$이다. 집합 $\mathbb{Z}_{mn}$의 원소 중에 m과 서로소인 원소인 원소의 개수는 다음 나열

$$\begin{array}{lllll} 0 & m & 2m & \cdots & (n-1)m \\ 1 & m+1 & 2m+1 & \cdots & (n-1)m+1 \ \ m\text{과 서로소인 행} \\ \vdots & \vdots & \vdots & \vdots & \\ r & m+r & 2m+r & \cdots & (n-1)m+r \ \ m\text{과 서로소인 행} \\ \vdots & \vdots & \vdots & \vdots & \\ m-1 & 2m-1 & 3m-1 & \cdots & (n)m-1 \ \ m\text{과 서로소인 행} \end{array}$$

로부터 $n\times\varphi(m)$이다. 또한 각 행은 n을 법으로 같은 원소가 없으므로 m과 서로소인 각 행에서 n과 서로소인 원소의 개수는 $\varphi(n)$이므로 $\varphi(mn)=\varphi(m)\varphi(n)$이다. 따라서

$$\begin{aligned}\varphi(m) &= \varphi(p_1{}^{e_1}p_2{}^{e_2}\cdots p_r{}^{e_r})\\ &= \varphi(p_1{}^{e_1})\varphi(p_2{}^{e_2})\cdots\varphi(p_r{}^{e_r})\\ &= (p_1{}^{e_1}-p_1{}^{e_1-1})(p_2{}^{e_2}-p_2{}^{e_2-1})\cdots(p_r{}^{e_r}-p_r{}^{e_r-1})\\ &= m(1-\frac{1}{p_1})(1-\frac{1}{p_2})\cdots(1-\frac{1}{p_r})\end{aligned}$$

[정리 1.5.11의 증명] 먼저, $m=1$이면 m의 양의 약수는 1뿐이고 $\varphi(1)=1$이므로 성립한다. 이제, m이 2이상의 수이고 그의 표준분해가 $m=p_1{}^{e_1}p_2{}^{e_2}\cdots p_r{}^{e_r}$일 때,

m의 양의 약수는 모두 $m=p_1^{f_1}p_2^{f_2}\cdots p_r^{f_r}$ $(0\le f_i\le e_i)$의 꼴이다. 따라서

$$\varphi(d)=\varphi(p_1^{f_1}p_2^{f_2}\cdots p_r^{f_r})=\varphi(p_1^{f_1})\varphi(p_2^{f_2})\cdots\varphi(p_r^{f_r})$$

이고 각 i에 대하여

$$\begin{aligned}\sum_{f_i=0}^{e_i}\varphi(p_i^{f_i}) &= \varphi(p_i^0)+\varphi(p_i^1)+\varphi(p_i^2)+\cdots+\varphi(p_i^{e_r})\\ &= p_i^0+(p_i-p^0)+(p_i^2-p_i^1)+\cdots+(p_i^{e_i}-p_i^{e_{i-1}})\\ &= p_i^{e_i}\end{aligned}$$

이므로

$$\begin{aligned}\sum_{d|m}\varphi(d) &= \sum_{d|m}\varphi(p_1^{f_1})\varphi(p_2^{f_2})\cdots\varphi(p_r^{f_r})\\ &=\sum_{f_1=0}^{e_1}\varphi(p_1^{f_1})\sum_{f_2=0}^{e_2}\varphi(p_2^{f_2})\cdots\sum_{f_r=0}^{e_r}\varphi(p_r^{f_r})\\ &=p_1^{e_1}p_2^{e_2}\cdots p_r^{e_r}\\ &=m\end{aligned}$$

이다.

[정리 1.5.12의 증명] 집합 $R=\{r_1, r_2, \cdots, r_{\varphi(m)}\}$이 법 m에 관한 기약잉여류 전체의 집합이라면 $(a, m)=1$인 임의의 정수 a에 대하여 집합 $T=\{ar_1, ar_2, \cdots, ar_{\varphi(m)}\}$도 법 m에 관한 기약잉여류 전체의 집합이다. 즉, $\overline{R}=\overline{T}$이다. 따라서 $\overline{r}_1\cdot\overline{r}_2\cdot\cdots\cdot\overline{r}_{\varphi(m)}=\overline{ar}_1\cdot\overline{ar}_2\cdot\cdots\cdot\overline{ar}_{\varphi(m)}$이고 $a^{\varphi(m)}\equiv 1 \pmod m$이다.

특히, 소수 p와 $(a, p)=1$인 정수 a에 대하여 $a^{p-1}\equiv 1 \bmod p$이다.

한편, 모든 정수 a에 대하여 $(a, p)=1$ 또는 $(a, p)=p$이다. 먼저, $(a, p)=p$이면, $a\equiv 0 \bmod p$이므로 임의의 자연수 k에 대하여 $a^k\equiv 0^k\equiv 0 \bmod p$이다. 따라서 $a^p\equiv a \bmod p$이다. 또, $(a, p)=1$이면 Fermat의 정리에 의하여 $a^{p-1}\equiv 1 \bmod p$이다. 양변에 정수 a를 곱하면 $a^p\equiv a \bmod p$이다. 따라서 정리가 성립한다.

7. 먼저 m이 n의 약수라고 하자. $m=1$이면 $\varphi(m)=1$이므로 성립한다. 이제 $m>1$이라 하고 n과 m의 표준분해를 $n=p_1^{k_1}p_2^{k_2}\cdots p_s^{k_s}$, $m=q_1^{r_1}q_2^{r_2}\cdots q_t^{r_t}(t\le s)$이라 하면,

$m|n$이므로 n은 $n=q_1^{k_1}q_2^{k_2}\cdots q_t^{k_t}p_{i_1}^{k_{i_1}}\cdots p_{i_{s-t}}^{k_{i_{s-t}}}$, $1\le r_i\le k_i(i=1, 2, \cdots, t)$의 꼴로 나타낼 수 있다.

한편, $m'=q_1^{k_1}q_2^{k_2}\cdots q_t^{k_t}$라고 놓으면, $\varphi(m)=m(1-\frac{1}{q_1})(1-\frac{1}{q_2})\cdots(1-\frac{1}{q_t})$이고 $\varphi(m')=m'(1-\frac{1}{q_1})(1-\frac{1}{q_2})\cdots(1-\frac{1}{q_t})$이므로 $\varphi(m)$은 $\varphi(m')$의 약수이다.

또, $\varphi(n)=\varphi(m'p_{i_1}^{k_{i_1}}\cdots p_{i_{s-t}}^{k_{i_{s-t}}})=\varphi(m')\varphi(p_{i_1}^{k_{i_1}}\cdots p_{i_{s-t}}^{k_{i_{s-t}}})$이므로 $\varphi(m')$은 $\varphi(n)$의 약수이다. 따라서 $\varphi(m)$은 $\varphi(n)$의 약수이다.

8. $\overline{1}^{-1}=\overline{1}$, $\overline{2}^{-1}=\overline{11}$, $\overline{4}^{-1}=\overline{16}$, $\overline{5}^{-1}=\overline{17}$, $\overline{8}^{-1}=\overline{8}$, $\overline{10}^{-1}=\overline{19}$, $\overline{13}^{-1}=\overline{13}$, $\overline{20}^{-1}=\overline{20}$

[연습문제 1.6]

1. $\alpha=a+bi$와 $\beta=c+di$에 대하여

(1) $\overline{\alpha+\beta}=\overline{(a+bi)+(c+di)}=\overline{(a+c)+(b+d)i}=a+c-(b+d)i$

$=a-bi+c-di=\overline{a+bi}+\overline{c+di}=\overline{\alpha}+\overline{\beta}$

$\overline{\alpha\beta}=\overline{(a+bi)(c+di)}=\overline{(ac-bd)+(bc+ad)i}$

$=ac-bd-(bc+ad)i=(a-bi)(c-di)=\overline{a+bi}\ \overline{c+di}=\overline{\alpha}\ \overline{\beta}$

(2) $N(\alpha\beta)=(\alpha\beta)(\overline{\alpha\beta})=(\alpha\beta)(\overline{\alpha}\overline{\beta})=(\alpha\overline{\alpha})(\beta\overline{\beta})=N(\alpha)N(\beta)$

(3) $N(\alpha)=0 \Leftrightarrow a^2+b^2=0 \Leftrightarrow a=b=0$

(4) $N(\alpha)=\alpha\overline{\alpha}$로부터 $1=\alpha\cdot\dfrac{\overline{\alpha}}{N(\alpha)}$이다. 따라서 $\alpha^{-1}=\dfrac{\overline{\alpha}}{N(\alpha)}$이다.

2. 39쪽의 그림을 이용하여 증명한다.

(1) 피타고라스 정리에 의하여 분명하다.

(2) $\sin(\theta+\phi)=\overline{\mathrm{CD}}=\overline{\mathrm{CE}}+\overline{\mathrm{ED}}=\overline{\mathrm{FG}}+\overline{\mathrm{ED}}=\overline{\mathrm{OG}}\sin\theta+\overline{\mathrm{DG}}\cos\theta$

$=\sin\theta\cos\phi+\cos\theta\sin\phi$

$\cos(\theta+\phi)=\overline{\mathrm{OC}}=\overline{\mathrm{OF}}-\overline{\mathrm{CF}}=\overline{\mathrm{OF}}-\overline{\mathrm{EG}}=\overline{\mathrm{OG}}\cos\theta-\overline{\mathrm{DG}}\sin\theta$

$=\cos\theta\cos\phi-\sin\theta\sin\phi$

(3) (2)에 $\phi=\theta$를 대입하여 얻는다.

(4) $\sin 3\theta=\sin(2\theta+\theta)=\sin 2\theta\cos\theta+\sin\theta\cos 2\theta=3\sin\theta-4\sin^3\theta$

$$\cos 3\theta = \cos(2\theta+\theta) = \cos 2\theta \cos\theta - \sin\theta \sin 2\theta = 4\cos^3\theta - 3\cos\theta$$

3. $\dfrac{\sqrt{3}}{2} = \cos 30 = 2\cos^2 15 - 1$과 $\cos 15 > 0$으로부터 $\cos 15 = \dfrac{\sqrt{2+\sqrt{3}}}{2}$이다.

4. (1) $e^{i\theta}e^{i\phi} = (\cos\theta + i\sin\theta)(\cos\phi + i\sin\phi)$

$$= (\cos\theta\cos\phi - \sin\theta\sin\phi) + i(\cos\theta\sin\phi + \sin\theta\cos\phi)$$

$$= \cos(\theta+\phi) + i\sin(\theta+\phi)$$

$$= e^{i(\theta+\phi)}$$

$$(e^{i\theta})^{-1} = (\cos\theta + i\sin\theta)^{-1} = \cos\theta - i\sin\theta = \cos(-\theta) + i\sin(-\theta)$$

$$= (e^{-i\theta}) = e^{\overline{i\theta}}$$

(2) $e^{i\theta} = 1 \Leftrightarrow \cos\theta + i\sin\theta = 1 \Leftrightarrow \theta = 2n\pi \ (n \in \mathbb{Z})$

$e^{i\theta} = e^{i\phi} \ \Leftrightarrow \ e^{i(\theta-\phi)} = 1 \ \Leftrightarrow \ \theta - \phi = 2n\pi \ \ (n \in \mathbb{Z})$

(3) (1)에서 $\phi = \theta$를 대입하면 $(e^{i\theta})^2 = e^{i2\theta}$이고 수학적 귀납법과 (1)을 반복하여 적용하여 증명한다.

5. 정리 1.6.4의 (3)에 $n=2$와 $n=3$을 대입하여 (3)과 (4)를 각각 얻는다. 따라서 $\cos 2\theta + i\sin 2\theta = (\cos\theta + i\sin\theta)^2 = (\cos^2\theta - \sin^2\theta) + i(2\sin\theta\cos\theta)$로부터 $\cos 2\theta = \cos^2\theta - \sin^2\theta$이고 $\sin 2\theta = 2\sin\theta\cos\theta$이다.

또, $\cos 3\theta + i\sin 3\theta = (\cos\theta + i\sin\theta)^3 = (4\cos^3\theta - 3\cos\theta) + i(3\sin\theta - 4\sin^3\theta)$로부터 $\cos 3\theta = 4\cos^3\theta - 3\cos\theta$이고 $\sin 3\theta = 3\sin\theta - 4\sin^3\theta$이다.

6. (1) $x = \dfrac{1 \pm i\sqrt{3}}{2}$

(2) $\alpha = \dfrac{1+i\sqrt{3}}{2} = \cos 60^\circ + i\sin 60^\circ$, $\beta = \dfrac{1-i\sqrt{3}}{2} = \cos(-60^\circ) + i\sin(-60^\circ)$

(3) $N(\alpha) = N(\beta) = 1$

(4) $\alpha^3 = \cos 180^\circ + i\sin 180^\circ = -1$,

$$\beta^4 = \cos(-240^\circ) + i\sin(-240^\circ) = \cos 120^\circ + i\sin 120^\circ = \frac{1+i\sqrt{3}}{2}$$

[연습문제 1.7]

1. 집합 W_2의 임의의 두 원소 $w_1 = (a_1, 0)$, $w_2 = (b_1, 0)$와 임의의 실수 $a \in \mathbb{R}$에 대

하여 $w_1-w_2=(a_1-b_1,\ 0)\in W_2$이고 $aw_1=(aa_1,\ 0)\in W_2$이다. 따라서 정리 1.7.3에 의하여 W_2는 $\mathbb{R}^2$의 부분공간이다.

2. 집합 $W_1\cap W_2$의 임의의 두 원소 u, v와 임의의 원소 $a\in F$에 대하여 u, v는 W_1과 W_2의 원소이다. 한편, W_1과 W_2는 V의 부분공간이므로 $u-v\in W_1$, $au\in W_1$이고 $u-v\in W_2$, $av\in W_2$이다. 따라서 $u-v\in W_1\cap W_2$이고 $au\in W_1\cap W_2$이다. 그러므로 정리 1.7.3에 의하여 $W_1\cap W_2$는 $\mathbb{R}^2$의 부분공간이다.

   집합 W_1+W_2의 임의의 두 원소를 u, v라고 하면 적당한 u_1, $v_1\in W_1$과 u_2, $v_2\in W_2$가 존재하여 $u=u_1+u_2$이고 $v=v_1+v_2$이다. W_1과 W_2가 부분공간이므로 $u-v=(u_1+u_2)-(v_1+v_2)=(u_1-v_1)+(u_2-v_2)\in W_1+W_2$이고 임의의 원소 $a\in F$에 대하여 $au=au_1+au_2\in W_1+W_2$이므로 W_1+W_2는 부분공간이다.

3. 먼저, V에서 교환법칙과 결합법칙이 성립하므로

$$\begin{aligned}
&(v+W)+(w+W)=(v+w)+W=(w+v)+W=(w+W)+(v+W),\\
&[(u+W)+(v+W)]+(w+W)=[(u+v)+w+W]\\
&\qquad\qquad\qquad\qquad\qquad\quad=[u+(w+v)+W]=(u+W)+[(w+W)+(v+W)]
\end{aligned}$$

   이다. 또, V에서와 같이 덧셈 +에 관하여 항등원과 역원이 존재한다. 즉,

$$\begin{aligned}
&(0+W)+(v+W)=v+W=(v+W)+(0+W),\\
&(-v+W)+(v+W)=0+W=(v+W)+(-v+W)
\end{aligned}$$

   또, 임의의 원소 $a\in F$와 $v+W\in V/W$에 대하여 $a(v+W)=av+W$이므로 위에서와 같은 논리로 벡터공간의 나머지 4가지 조건도 만족한다. 따라서 V/W는 벡터공간이다.

4. 집합 S에 대하여 $\langle S\rangle=\{a_1v_1+\cdots+a_nv_n\mid a_1,\ \cdots,\ a_n\in F\}$이다. 집합 $\langle S\rangle$의 임의의 두 원소를 x와 y라고 하면, $x=a_1v_1+\cdots+a_nv_n$이고 $y=b_1v_1+\cdots+b_nv_n$인 a_i, $b_i\in F$ $(i=1,\ 2,\ \cdots,\ n)$가 존재한다. 따라서 $x-y=(a_1-b_1)v_1+\cdots+(a_n-b_n)v_n\in\langle S\rangle$이고 임의의 원소 $a\in F$에 대하여 $ax=(aa_1)v_1+\cdots+(aa_n)v_n\in\langle S\rangle$이다. 그러므로 정리 1.7.3에 의하여 $\langle S\rangle$는 V의 부분공간이다.

[연습문제 2.1]

1. (1) 결합법칙과 교환법칙을 만족한다. 따라서 $(\mathbb{N}, +)$는 반군이다.

(2) 결합법칙과 교환법칙을 만족하고 항등원 1이 존재한다. 따라서 $(\mathbb{N}, \cdot)$는 모노이드이다.

2. (1) $(\mathbb{Z}, +)$는 덧셈군이다.

(2) 집합 $\{0\} = 0\mathbb{Z}$와 1보다 큰 자연수 n에 대하여 n의 배수들의 집합 $n\mathbb{Z}$는 덧셈군이다.

3. 2행 : 1 (1 2 3) (1 3 2) (1 2) (1 3) (2 3)

3행 : (1 2 3) (1 3 2) 1 (1 3) (2 3) (1 2)

4행 : (1 3 2) 1 (1 2 3) (2 3) (1 2) (1 3)

5행 : (1 2) (2 3) (1 3) 1 (1 3 2) (1 2 3)

6행 : (1 3) (1 2) (2 3) (1 2 3) 1 (1 3 2)

7행 : (2 3) (1 3) (1 2) (1 3 2) (1 2 3) 1

4. (1) (1 2)(3 4) (2) (1 3)(2 4)

(3) (1 3)(2 4) (4) (1 4 3 2)

(5) (1 4 3 2) (6) (1 2)(3 4)

(7) $3! = 6$ (8) $\binom{4}{3} \times 2 = 8$

(9) 3 (10) $\binom{4}{2} = 6$

5. 위수 : 10, $1^{-1} = 1,\ 2^{-1} = 6,\ 3^{-1} = 4,\ 5^{-1} = 9,\ 7^{-1} = 8,\ 10^{-1} = 10$

6. 위수 : 4, $1^{-1} = 1,\ 3^{-1} = 7,\ 9^{-1} = 9$. 곱셈표는 생략한다.

7. (1) 집합 $\mathbb{Q}^+$는 곱셈에 관하여 닫혀 있으며 집합 $\mathbb{Q}^+$에서 교환법칙, 결합법칙이 성립한다. 또, $1 \in \mathbb{Q}^+$이고 임의의 원소 $a \in \mathbb{Q}^+$에 대하여 $a^{-1} \in \mathbb{Q}^+$이다. 따라서 $(\mathbb{Q}^+, \times)$은 가환군이다.

(2) 집합 $\{a^n \mid n \in \mathbb{Z}\}$을 $\langle a \rangle$로 나타내면 임의의 원소 $x, y, z \in \langle a \rangle$에 대하여 $x = a^m,\ y = a^n,\ z = a^l$인 $m, n, l \in \mathbb{Z}$이 존재한다. 따라서

$$xy = a^m a^n = a^{m+n} = a^{n+m} = a^n a^m = yx,\ a^0 = 1,$$
$$(xy)z = (a^m a^n)a^l = a^{m+n}a^l = a^{(m+n)+l} = a^{m+(n+l)} = a^m a^{n+l} = x(yz)$$

이고 $(a^m)^{-1}=a^{-m}$이다. 따라서 $\langle a\rangle$는 곱셈에 관하여 가환군이다.

8. 임의의 세 원소 f, g, $h\in C[0, 1]$와 임의의 원소 $a\in[0, 1]$에 대하여

$$\begin{aligned}(f+g)(a)&=f(a)+g(a)=g(a)+f(a)=(g+f)(a)\\ [(f+g)+h](a)&=(f+g)(a)+h(a)=[f(a)+g(a)]+h(a)\\ &=f(a)+[g(a)+h(a)]=f(a)+(g+h)(a)=[f+(g+h)](a)\end{aligned}$$

이므로 $f+g=g+f$이고 $(f+g)+h=f+(g+h)$이다. 또 함수 o를 임의의 원소 $a\in[0, 1]$에 대하여 $o(a)=0$으로 정의하면 $o\in C[0, 1]$이고 $o+f=f+o=f$이다. 한편, 함수 $f\in C[0, 1]$에 대하여 $(-f)$를 임의의 원소 $a\in[0, 1]$에 대하여 $(-f)(a)=-f(a)$로 정의하면, $-f\in C[0, 1]$이고 $f+(-f)=o=(-f)+f$이다. 따라서 $C[0, 1]$은 덧셈군이다.

9. 각 성분이 0 또는 1 두 값을 가질 수 있으므로 $M_2(\mathbb{Z}_2)$의 원소의 개수는 $2^4=16$이다. 행렬 $A=\begin{pmatrix}a & b\\ c & d\end{pmatrix}\in GL_2(\mathbb{Z}_2)$이면 $ad-bc=1$이므로 $ad=1$, $bc=0$ 또는 $ad=0$, $bc=1$이다. 따라서 $GL_2(\mathbb{Z}_2)=\left\{\begin{pmatrix}1 & 0\\ 0 & 1\end{pmatrix}, \begin{pmatrix}1 & 1\\ 0 & 1\end{pmatrix}, \begin{pmatrix}1 & 0\\ 1 & 1\end{pmatrix}, \begin{pmatrix}0 & 1\\ 1 & 0\end{pmatrix}, \begin{pmatrix}1 & 1\\ 1 & 0\end{pmatrix}, \begin{pmatrix}0 & 1\\ 1 & 1\end{pmatrix}\right\}$는 군이다. 한편, $\begin{pmatrix}1 & 1\\ 1 & 0\end{pmatrix}\begin{pmatrix}1 & 1\\ 0 & 1\end{pmatrix}=\begin{pmatrix}1 & 0\\ 1 & 1\end{pmatrix}\neq\begin{pmatrix}0 & 1\\ 1 & 0\end{pmatrix}=\begin{pmatrix}1 & 1\\ 0 & 1\end{pmatrix}\begin{pmatrix}1 & 1\\ 1 & 0\end{pmatrix}$이므로 $GL_2(\mathbb{Z}_2)$는 비가환군이다.

10. (1) 2행 : $1\ \sigma\ \rho\ \tau$, 3행 : $\sigma\ 1\ \tau\ \rho$, 4행 : $\rho\ \tau\ 1\ \sigma$, 5행 : $\tau\ \rho\ \sigma\ 1$.

(2) 2행 : $1\ \sigma\ \sigma^2\ \sigma^3\ \tau_1\ \tau_2\ \tau_3\ \tau_4$, 3행 : $\sigma\ \sigma^2\ \sigma^3\ 1\ \tau_2\ \tau_3\ \tau_4\ \tau_1$,

4행 : $\sigma^2\ \sigma^3\ 1\ \sigma\ \tau_3\ \tau_4\ \tau_1\ \tau_2$, 5행 : $\sigma^3\ 1\ \sigma\ \sigma^2\ \tau_4\ \tau_1\ \tau_2\ \tau_3$,

6행 : $\tau_1\ \tau_4\ \tau_3\ \tau_2\ 1\ \sigma^3\ \sigma^2\ \sigma$, 7행 : $\tau_2\ \tau_1\ \tau_4\ \tau_3\ \sigma\ 1\ \sigma^3\ \sigma^2$,

8행 : $\tau_3\ \tau_2\ \tau_1\ \tau_4\ \sigma^2\ \sigma\ 1\ \sigma^3$, 9행 : $\tau_4\ \tau_3\ \tau_2\ \tau_1\ \sigma^3\ \sigma^2\ \sigma\ 1$,

11. (1) 2^n(연습문제 1.1.1 참조)

(2) 결합법칙을 각자 증명바람. $\wp(X_n)$ 위에서 합집합과 공통집합에 관하여 교환법칙이 성립하므로 연산 $\triangledown$에 관하여 교환법칙이 성립, 항등원은 공집합 ϕ이고 각 원소 $A\in\wp(X_n)$에 대하여 $A^{-1}=A$이므로 $\wp(X_n)$은 가환군이다.

12. 결합법칙이 성립하고 항등원은 1이다. 또, 각 원소는 역원을 가지지만 $ij\neq ji$이므로 교환법칙이 성립하지 않는다. 따라서, Q_4는 비가환군이다.

13. (1) $5+3i-6j-3k$, $-1+3i-2j+3k$

(2) 정의로부터 교환법칙과 결합법칙이 성립하는 것을 쉽게 알 수 있으며 0이 덧셈에 관한 항등원이고 $a_1+b_1i+c_1j+d_1k$의 역원은 $-a_1-b_1i-c_1j-d_1k$이므로 $\mathbb{H}$는 덧셈군이다.

(3) 곱셈의 정의에 $b_1=b_2=1$, $a_1=c_1=d_1=0$이고 $a_2=c_2=d_2=0$을 대입하면 $ii=-1$이다. 같은 방법으로 $jj=kk=-1$이다.

(4) 곱셈의 정의에 ij는 $b_1=c_2=1$, $a_1=c_1=d_1=0$이고 $a_2=b_2=d_2=0$을 대입하면 $ij=k$이다. 같은 방법으로 $ji=-k$, $ik=-j$, $ki=j$, $jk=i$, $kj=-i$이다.

(5) $-2+21i-7j-12k$, $-2-3i-25j$

(6) $ij=k$이고 $ji=-k$이므로 교환법칙이 성립하지 않는다.

(7) 결합법칙은 정의에 의하여 쉽게 보일 수 있고 곱셈에 관한 항등원은 1이다.

(8) $(a_1+b_1i+c_1j+d_1k)^{-1}=\dfrac{1}{{a_1}^2+{b_1}^2+{c_1}^2+{d_1}^2}\{a_1-b_1i-c_1j-d_1k\}$이고 교환법칙이 성립하지 않으므로 $\mathbb{H}$는 비가환군이다.

[연습문제 2.2]

1. (1) 첫 식의 양변의 왼쪽에 a^{-1}를 곱해주면 증명되고 둘째 식의 양변의 오른쪽에 a^{-1}를 곱해주면 증명된다.

(2) 식의 양변의 왼쪽에 a^{-1}를 곱해주면 증명된다.

(3) 첫 식의 양변의 오른쪽에 a^{-1}를 곱해주면 증명되고 둘째 식의 양변의 왼쪽에 a^{-1}를 곱해주면 증명된다.

(4) 각 줄에 있는 첫 식의 양변의 오른쪽에 a^{-1}를 곱해주면 증명되고 둘째 식의 양변의 왼쪽에 a^{-1}를 곱해주면 증명된다.

2. [정리 2.2.5]

(1) $m=1$, $n=1$이면 정의에 의하여 분명하다. 한편, 정의와 결합법칙에 의하여 $a^n=a^{n-1}a=aa^{n-1}$이다. 이제, $k<m$, $l<n$인 모든 k, l에 대하여 $a^ka^l=a^{k+l}$이 성립한다고 가정하면, $a^ma^n=(aa^{m-1})(a^{n-1}a)=a(a^{m-1}a^{n-1})a=aa^{m+n-2}a$ $=a^{m+n-1}a=a^{m+n}$이므로 모든 자연수 m, n에 대하여 성립한다.

(2) 먼저 $n=1$일 때 $(a^m)^1=a^m$이다. 이제 $l<n$인 모든 l에 대하여 $(a^m)^l=a^{ml}$이

라고 가정하면, $(a^m)^{l+1}=(a^m)^l a^m = a^{ml}a^m = a^{ml+m}=a^{m(l+1)}$이다. 따라서 모든 자연수 m, n에 대하여 $(a^m)^n = a^{mn}$이다.

(3) 정의에 의하여 $a^{-n}=(a^{-1})^n$이므로 $a^n a^{-n}=a^n(a^{-1})^n=1$이다. 따라서 역원의 유일성에 의하여 $a^{-n}=(a^n)^{-1}$이므로 (3)이 성립한다.

(4) $n=1$이면 분명하다. 이제 $l<n$인 모든 l에 대하여 $(ab)^l=a^l b^l$이 성립한다고 하자. 그러면 $b^l a = ab^l$이므로 $(ab)^{l+1}=(ab)^l(ab)=(a^l b^l)(ab)=a^{l+1}b^{l+1}$이다. 따라서 (4)가 성립한다.

[정리 2.2.6] $m=0$ 또는 $n=0$인 경우에 (1)－(4)는 분명하다. 또한 자연수 m, n에 대하여 정리 2.2.5에 의하여 (1)－(4)가 성립한다. 따라서 m 또는 n이 음의 정수인 경우에 증명하면 된다.

(1) 먼저 $m=-t<0$이고 n이 양의 정수인 경우에 $a^m a^n=(a^{-1})^t a^n$으로

$$a^m a^n=(a^{-1})^t a^n=\begin{cases} a^{n-t} & : t<n \\ 1 & : t=n \\ (a^{-1})^{t-n} & : t>n \end{cases} \quad \text{이고} \quad a^{m+n}=a^{n-t}=\begin{cases} a^{n-t} & : t<n \\ 1 & : t=n \\ (a^{-1})^{t-n} & : t>n \end{cases}$$

이다. 따라서 $a^m a^n = a^{m+n}$이다. 또, m이 양의 정수이고 $n=-t<0$인 경우는 위 경우와 같이 증명된다. 마지막으로 $m=-s<0$이고 $n=-t<0$인 경우에 $a^m a^n = a^{-s}a^{-t}=(a^{-1})^s(a^{-1})^t=(a^{-1})^{s+t}=a^{-s-t}=a^{m+n}$이다. 따라서 (1)이 성립한다.

(2) 먼저 m이 양의 정수이고 $n=-t$이 음의 정수일 때,

$$(a^m)^n=[(a^m)^{-1}]^t=[a^{-m}]^t=[(a^{-1})^m]^t=(a^{-1})^{mt}=a^{-mt}=a^{mn}$$

이다. 또, $m=-s<0$이고 n이 양의 정수인 경우에

$$(a^m)^n=[(a^{-1})^s]^n=(a^{-1})^{sn}=a^{-sn}=a^{mn}$$

이다. 마지막으로 $m=-s<0$이고 $n=-t<0$인 경우에

$$(a^m)^n=[(a^m)^{-1}]^t=\{[(a^s)^{-1}]^{-1}\}^t=(a^s)^t=a^{st}=a^{mn}$$

이다.

(3) 정리 2.2.6의 (2)에 의하여 증명된다.

(4) $n=-t<0$이면 $(ab)^n=(ab)^{-t}=[(ab)^t]^{-1}=(a^tb^t)^{-1}=(b^ta^t)^{-1}=(a^t)^{-1}(b^t)^{-1}$ $=a^nb^n$이다.

3. (1) $ab=e \Leftrightarrow aba=a \Leftrightarrow ba=e$

(2) $cab=e \Leftrightarrow c(ab)=e \Leftrightarrow c^{-1}[c(ab)]c=e \Leftrightarrow abc=e$

$cab=e \Leftrightarrow (ca)b=e \Leftrightarrow b[(ca)b]b^{-1}=e \Leftrightarrow bca=e$

4. 정리 2.2.3을 이용한다.

(1) $(gag^{-1})^{-1}=(g^{-1})^{-1}a^{-1}g^{-1}=ga^{-1}g^{-1}$, $(g^{-1}ag)^{-1}=g^{-1}a^{-1}(g^{-1})^{-1}=g^{-1}a^{-1}g$

(2) $n=0$, $n=1$, $n=-1$일 때 분명하다. 이제, $l<n$인 모든 양의 정수 l에 대하여 $(gag^{-1})^l=ga^lg^{-1}$을 가정하면, $(gag^{-1})^{l+1}=(ga^lg^{-1})(gag^{-1})=ga^{l+1}g^{-1}$이므로 모든 음이 아닌 정수 n에 대하여 $(gag^{-1})^n=ga^ng^{-1}$이다. 이제 $n=-l$이 음의 정수라면 $(gag^{-1})^n=[(gag^{-1})^{-1}]^l=(ga^{-1}g^{-1})^l=g(a^{-1})^lg^{-1}=ga^{-l}g^{-1}=ga^ng^{-1}$ 이다. 같은 방법으로 $(g^{-1}ag)^n=g^{-1}a^ng$을 증명할 수 있다.

(3) 두 식의 오른쪽 식으로부터 결합법칙을 이용하면 왼쪽 식을 유도할 수 있다.

5. (1) ⇒ (2) 분명하다.

(2) ⇒ (3) $(ab)(ab)=(ab)^2=a^2b^2$으로부터 $ba=ab$이다.

따라서 $(ab)^{-1}=(ba)^{-1}=a^{-1}b^{-1}$이다.

(3) ⇒ (4) (3)이면 $ab=ba$이고 정리 2.2.6에 의하여 $(ab)^n=a^nb^n$이다.

(4) ⇒ (1) 특히 $(ab)^2=a^2b^2$이므로 $ba=ab$이다. 따라서 G는 가환군이다.

6. (1) ⇒ (2)와 (1) ⇒ (3)은 군의 정의에 의하여 분명하다.

(2) ⇒ (1)과 (3) ⇒ (1)의 증명은 유사하므로 (2) ⇒ (1)만 증명한다. (2)가 성립한다고 하면, 조건(ii)에 의하여 각 $a\in G$에 대하여 $aa_r=e$를 만족하는 $a_r\in G$이 존재한다. 또, 조건(ii)에 의하여 $a_ra_s=e$를 만족하는 $a_s\in G$가 존재한다. 따라서

$$a_ra=(a_ra)e=(a_ra)(a_ra_s)=a_r(aa_r)a_s=a_r(e)a_s=(a_re)a_s=a_ra_s=e$$

이므로 우항등원에 관한 우역원은 좌역원이 된다.

이제, $ea=(aa_r)a=a(a_ra)=ae=a$이므로 우항등원이 좌항등원이 된다. 따라서 G는 군이다.

7. 군 G의 항등원 e는 $e^2=e$이다. 먼저 $|G|=2$이면 항등원이 아닌 원소도 자신이

자신의 역원이므로 성립한다. 이제 $|G|>2$일 때 증명한다. 군 G의 항등원이 아닌 원소 a가 존재하여 $a^{-1}=a$이면 문제가 증명되므로 $a^{-1}=a$인 원소가 군 G에 존재하지 않는다고 가정하자. 그러면 항등원이 아닌 원소 $a\in G$에 대하여 $a^{-1}\neq a$이고 a의 역원의 유일성에 의하여 a의 역원은 a^{-1}뿐이고 a^{-1}의 역원도 a뿐이다. 이제, $G_1=G-\{e, a, a^{-1}\}$을 생각하면 $G_1\neq\phi$이므로 $a_2\in G_1$을 선택하고 $a_2{}^{-1}$를 구하면 a_2와 $a_2{}^{-1}$는 각각 $a_2{}^{-1}$와 a의 유일한 역원이다. 따라서 같은 방법으로 $G_2=G-\{e, a, a^{-1}, a_2, a_2{}^{-1}\}$를 생각하면 $G_2\neq\phi$이므로 같은 과정을 반복한다. 그러면, $|G_1|=|G|-3$, $|G_2|=|G|-5$, $\cdots$ 이다. G는 유한군으로 위수가 짝수이므로 유한 k번 시행 후 $|G_k|=1$이 된다. 즉, 하나의 원소는 역원이 존재하지 않으므로 군의 정의에 모순이다. 따라서 군 G에는 항등원이 아닌 원소 a가 존재하여 $a^{-1}=a$이다.

8. 집합 $\mathbb{R}^*=\mathbb{R}-\{0\}$의 임의의 두 원소 a, b에 대하여 $a\cdot b=a|b|$로 정의하면, 1은 우항등원이다. 또, 임의의 원소 $a\in\mathbb{R}^*$에 대하여 $a^{-1}=\dfrac{1}{|a|}$이 존재하여 $a^{-1}\cdot a=\dfrac{1}{|a|}|a|=1$이므로 각 원소는 좌역원이 존재한다. 그러나 음의 실수인 a에 대한 우역원은 존재하지 않으므로 $\mathbb{R}^*$는 연산 $\cdot$에 관하여 군이 아니다.

9. 임의의 원소 a_i, $g\in G$에 대하여 $a_ig\in G$이므로 $a_iG\subseteq G$이다. 역으로 군 G의 임의의 원소 g에 대하여 $a_i^{-1}g\in G$이고 $g=a_i(a_i{}^{-1}g)\in a_iG$이다. 따라서 $g\in a_iG$이고 $G\subseteq a_iG$이다. 그러므로 $G=a_iG$이다.

10. (1) 제2행의 왼쪽에서 오른쪽으로 차례로 e, a, b, c이고 제2열의 위에서 아래로 차례로 e, a, b, c이다.
(2) 제3행의 4열과 제4행 3열에 c가 쓰일 수 없으므로 제3행의 왼쪽에서 오른쪽으로 차례로 a, b, c, e이고 제3열의 위에서 아래로 차례로 a, b, c, e이다. 이때 제4행의 왼쪽에서 오른쪽으로 차례로 b, c, e, a이고 제5행의 왼쪽에서 오른쪽으로 차례로 c, e, a, b이다.
(3) $aa=e$이면, 위와 같은 논리로 제3행의 왼쪽에서 오른쪽으로 차례로 a, e, c, b이고 제3열의 위에서 아래로 차례로 a, e, c, b이다. 또 $aa=e$이고 $bb=e$이면 제4행의 왼쪽에서 오른쪽으로 차례로 b, c, e, a이고 제5행의 왼쪽에서 오른쪽으로 차례로 c, b, a, e이다.

(4) 어느 경우에도 대각선을 중심으로 대칭이다. 따라서 G는 가환군이다.

11. 두 번째 식을 첫 번째 식에 대입하면, $b^{-1}=a^{-1}ba=(b^{-1}ab)ba$이므로 $ab^2a=e$이고 $b^2=a^{-2}$이다. 또, $b^2=a^{-2}=(b^{-1}ab)(b^{-1}ab)=b^{-1}a^2b$이므로 $b^2=a^2$이다. 따라서 $a^2=b^{-2}=a^{-2}$이므로 $a^4=e$이고 같은 방법으로 $b^4=e$이다.

[연습문제 2.3]

1. (1) 군 $\mathbb{C}$는 덧셈군이고 군 $\mathbb{R}^*$는 곱셈군이므로 $\mathbb{R}^*$는 $\mathbb{C}$의 부분군이 아니다.
   (2) 집합 $\mathbb{N}$은 군이 되지 않으므로 거짓이다.

2. (1) H의 임의의 두 원소 $\begin{pmatrix}1 & a\\ 0 & 1\end{pmatrix}$과 $\begin{pmatrix}1 & b\\ 0 & 1\end{pmatrix}$에 대하여 $\begin{pmatrix}1 & a\\ 0 & 1\end{pmatrix}\begin{pmatrix}1 & b\\ 0 & 1\end{pmatrix}^{-1}=\begin{pmatrix}1 & a\\ 0 & 1\end{pmatrix}\begin{pmatrix}1 & -b\\ 0 & 1\end{pmatrix}=$

   $\begin{pmatrix}1 & a-b\\ 0 & 1\end{pmatrix}\in H$이므로 H는 군이다.

   (2) $\begin{pmatrix}1 & 2\\ 2 & 1\end{pmatrix}^2\notin H$이므로 H는 군이 아니다.

   (3) H의 임의의 두 원소 $\begin{pmatrix}a_1 & b_1\\ 0 & 1\end{pmatrix}$과 $\begin{pmatrix}a_2 & b_2\\ 0 & 1\end{pmatrix}$에 대하여 $\begin{pmatrix}a_1 & b_1\\ 0 & 1\end{pmatrix}\begin{pmatrix}a_2 & b_2\\ 0 & 1\end{pmatrix}^{-1}=\begin{pmatrix}a_1 & b_1\\ 0 & 1\end{pmatrix}$

   $\begin{pmatrix}\dfrac{1}{a_2} & \dfrac{-b_2}{a_2}\\ 0 & 1\end{pmatrix}=\begin{pmatrix}\dfrac{a_1}{a_2} & \dfrac{-a_1b_2+a_2b_1}{a_2}\\ 0 & 1\end{pmatrix}\in H$이므로 H는 군이다.

   (4) H의 임의의 두 원소 $\begin{pmatrix}1 & a\\ 0 & 1\end{pmatrix}$과 $\begin{pmatrix}1 & b\\ 0 & 1\end{pmatrix}$에 대하여 $\begin{pmatrix}1 & a\\ 0 & 1\end{pmatrix}\begin{pmatrix}1 & b\\ 0 & 1\end{pmatrix}^{-1}=\begin{pmatrix}1 & a\\ 0 & 1\end{pmatrix}\begin{pmatrix}1 & -b\\ 0 & 1\end{pmatrix}=$
   $\begin{pmatrix}1 & a-b\\ 0 & 1\end{pmatrix}\in H$이므로 H는 군이다.

3. $\{1\}$, V_4, $\{1, \sigma\}$, $\{1, \tau\}$, $\{1, \rho\}$

4. (1) $\{1\}$, $\mathbb{Z}_8^*$, $\{1, 3\}$, $\{1, 5\}$, $\{1, 7\}$
   (2) $\{1\}$, $\mathbb{Z}_{10}^*$, $\{1, 9\}$

5. (1) H는 군 K의 부분집합으로 K에서와 같은 연산 아래 군이므로 K의 부분군이다.
   (2) H는 군 G의 부분집합으로 G에서와 같은 연산 아래 군이므로 G의 부분군이다.

6. (1) 자연수의 집합 $\mathbb{N}$은 곱셈군 $\mathbb{Q}^+=\{a\in\mathbb{Q}\mid a>0\}$의 부분집합으로 곱셈에 관하여 닫혀있으나 군은 아니다.
   (2) 집합 $\{1, -1, 2, -2\}$의 모든 원소는 덧셈에 관한 역원은 존재하지만 덧셈군

$\mathbb{Z}$의 부분군이 아니다.

7. (1) $\Rightarrow$ (2) 임의의 원소 $a, b \in H$에 대하여 $ab \in H$이므로 $HH = \{ab \mid a, b \in H\} \subseteq H$이다. 역으로 $H = H\{e\} \subseteq HH$이다. 따라서 $HH = H$이다. 또, 임의의 원소 $a \in H$에 대하여 $a^{-1} \in H$이므로 $H^{-1} = \{h^{-1} \mid h \in H\} \subseteq H$이다.

   역으로 $H = (H^{-1})^{-1} \subseteq H^{-1}$이다. 따라서 $H^{-1} = H$이다.

   (2) $\Rightarrow$ (3) $HH^{-1} = HH = H$이다.

   (3) $\Rightarrow$ (1) 임의의 원소 $a, b \in H$에 대하여 $ab^{-1} \in HH^{-1} = H$이므로 H는 G의 부분군이다.

   (1) $\Rightarrow$ (4) 앞 (1) $\Rightarrow$ (2)의 증명과정에서 분명하다.

   (4) $\Rightarrow$ (1) 임의의 원소 $a, b \in H$에 대하여 $ab \in H$이므로 정리 2.3.3을 이용하면 증명된다.

8. 먼저 $G = HK$이므로 HK는 G의 부분군이다. 정리 2.3.7에 의하여 $HK = KH$이고 $KH = G$이다.

9. 군 G의 두 부분군 H, K에 대하여 $H \cup K$가 G의 부분군이고 $H \not\subseteq K$이고 $K \not\subseteq H$이라고 가정하자. 그러면 $x \in H - K$이고 $y \in K - H$인 원소 $x, y \in G$가 존재한다. 이제 원소 $z = xy \in G$를 생각하면 $H \cup K \leq G$이므로 $xy \in H \cup K$이다. 따라서 $xy \in H$ 또는 $xy \in K$이다. 먼저 $xy \in H$라고 하면 $y = x^{-1}z \in H$이므로 모순이고 $xy \in K$라고 하면 $x = zy^{-1} \in K$이므로 모순이다. 따라서 $H \subseteq K$ 또는 $K \subseteq H$이다.

10. 군 G에서 다음 조건

$$G = H \cup K,\ H \cap K = \{e\},\ H \neq \{e\},\ K \neq \{e\}$$

을 만족시키는 두 부분군 H와 K가 존재한다고 가정하자. 가정에 의하여 $x \in H - K$이고 $y \in K - H$인 원소 $x, y \in G$가 존재한다. 문제 2.3.9와 같이 원소 $z = xy \in G$를 생각하면 $H \cup K = G$이므로 $xy \in H \cup K$이다. 따라서 $xy \in H$ 또는 $xy \in K$이다. 먼저 $xy \in H$라고 하면 $y = x^{-1}z \in H$이므로 모순이고 $xy \in K$라고 하면 $x = zy^{-1} \in K$이므로 모순이다. 따라서 조건

$$G = H \cup K,\ H \cap K = \{e\},\ H \neq \{e\},\ K \neq \{e\}$$

을 만족시키는 두 부분군 H와 K는 존재하지 않는다.

[연습문제 2.4]

1. $\langle 1 \rangle = \{1\}$, $\langle (1\ 3)(2\ 4) \rangle = \{1, (1\ 3)(2\ 4)\}$, $\langle (2\ 4) \rangle = \{1, (2\ 4)\}$, $\langle (1\ 2)(3\ 4) \rangle = \{1, (1\ 2)(3\ 4)\}$, $\langle (1\ 3) \rangle = \{1, (1\ 3)\}$, $\langle (1\ 4)(2\ 3) \rangle = \{1, (1\ 4)(2\ 3)\}$, $\langle (1\ 2\ 3\ 4) \rangle = \{1, (1\ 2\ 3\ 4), (1\ 3)(2\ 4), (1\ 4\ 3\ 2)\}$
2. $\langle 1 \rangle = \{1\}$, $\langle -1 \rangle = \{1, -1\}$, $\langle i \rangle = \{1, -1, i, -i\}$, $\langle j \rangle = \{1, -1, j, -j\}$, $\langle k \rangle = \{1, -1, k, -k\}$
3. 군 $\mathbb{Q}^+$가 순환군이라고 하면 $r \in \mathbb{Q}^+$이 존재하여 $\mathbb{Q}^+ = < r >$이다. 그러나 $\frac{r}{2} \in \mathbb{Q}^+$이지만 $\frac{r}{2} \notin \langle r \rangle$이므로 모순이다. 따라서 군 $\mathbb{Q}^+$는 순환군이 아니다.
4. 군 $\mathbb{Z}_{12}{}^* = \{1, 5, 7, 11\}$의 순환부분군은 $\langle 1 \rangle = \{1\}$, $\langle 5 \rangle = \{1, 5\}$, $\langle 7 \rangle = \{1, 7\}$, $\langle 11 \rangle = \{1, 11\}$이므로 $\mathbb{Z}_{12}{}^*$는 순환군이 아니다.
5. 먼저 $2^0 = 1$, $2^1 = 2$, $2^2 = 4$, $2^3 = 8$, $2^4 = 3$, $2^5 = 6$, $2^6 = 12$, $\cdots$이므로 $|2| = 12 = \varphi(13)$이다. 따라서 $\langle 2 \rangle = \mathbb{Z}_{13}{}^*$이므로 $\mathbb{Z}_{13}{}^*$는 순환군이다. 따라서 $\mathbb{Z}_{13}{}^*$의 생성원소는 정리 2.4.7에 의하여 $2^1 = 2$, $2^5 = 6$, $2^7 = 11$, $2^{11} = 7$이다.
6. (1) 가환군의 모든 부분군은 교환법칙이 성립하는 군이므로 가환군이다.
   (2) 사원수 군 Q_4, 정이면체군 D_4, 대칭군 S_3 등은 비가환군이지만 모든 진부분군은 가환군이다.
   (3) 증명은 정리 2.4.3에 있음.
   (4) 사원수 군 Q_4와 대칭군 S_3 등은 순환군이 아니지만 모든 진부분군은 순환군이다.
   (5) 사원수 군 Q_4와 대칭군 S_3 등은 비가환군이지만 모든 진부분군은 순환군이다.
7. 먼저, $\left\langle a^{\frac{n}{d}} \right\rangle = \left\{1, a^{\frac{n}{d}}, a^{\frac{2n}{d}}, \cdots, a^{\frac{(d-1)n}{d}}\right\}$은 군 G의 위수 d인 부분군이다. 이제 H를 위수 d인 군 G의 부분군이라고 하자. 정리 2.4.3에 의하여 H는 순환부분군이므로 $H = \langle x \rangle = \langle a^t \rangle$이다. 한편, $|a^t| = \frac{n}{(n,t)} = d$이고 $(n,t) = \frac{n}{d} = (n, \frac{n}{d})$이다. 정리 2.4.7의 (4)에 의하여 $H = \left\langle a^{\frac{n}{d}} \right\rangle$이므로 군 G의 위수 d인 부분군은 유일하다.
8. (1) 정의에 의하여 $|ab| = t$라고 하면 $(ab)^t = a^t b^t = e$이다.
   먼저 $(ab)^{[m,n]} = a^{[m,n]} b^{[m,n]} = 1$이므로 $t \mid [m,n]$이다. 즉, ab의 위수는 $[m,n]$의 약수이다.

(2) $(m,n)=1$일 때, $1=(ab)^{tm}=a^{tm}b^{tm}=(a^m)^t b^{tm}=b^{tm}$이므로 $n|tm$이고 $n|t$이다. 같은 방법으로 $1=(ab)^{tn}=a^{tn}b^{tn}=a^{tn}(b^n)^t=a^{tn}$이므로 $m|tn$이고 $m|t$이다. 따라서 $mn|t$이다. 한편, (1)에 의하여 $t|mn$이다. 그러므로 $|ab|=t=mn$이다.

9. (1) $|a^{-1}|=|a^{n-1}|=\dfrac{n}{(n,n-1)}=n$이다.

(2) 먼저 $|ab|=t$이고 $|ba|=s$라고 하면, $1=(ab)^t=a(ba)^{t-1}b$이므로 $a^{-1}b^{-1}=(ba)^{t-1}$이고 $(ba)^{t-1}=a^{-1}b^{-1}=(ba)^{-1}$이다. 따라서 $(ba)^t=1$이고 $s\,|\,t$이다. 같은 방법으로 $t\,|\,s$이므로 $s=t$이다.

(3) 먼저, $|bab^{-1}|=t$이라 놓으면 연습문제 2.2.4에 의하여 $1=(bab^{-1})^t=ba^tb^{-1}$이고 $a^t=1$이므로 $n\,|\,t$이다. 역으로, $(bab^{-1})^n=ba^nb^{-1}=1$이므로 $t\,|\,n$이다. 그러므로 $|bab^{-1}|=n$이다.

(4) (3)의 증명과 같은 방법으로 $|b^{-1}ab|=n$이다.

(5) $|a^2|=\dfrac{n}{(n,2)}=\dfrac{n}{2}$이다.

(6) $|a^2|=\dfrac{n}{(n,2)}=\dfrac{n}{1}=n$이다.

10. 연습문제 2.4.7에 의하여 위수 2인 부분군은 $\left\langle a^{\frac{n}{2}}\right\rangle$으로 유일하므로 위수 2인 원소도 $a^{\frac{n}{2}}$으로 유일하다.

11. $\mathbb{Z}_{30}=\langle 1\rangle$, $\langle 2\rangle$, $\langle 3\rangle$, $\langle 5\rangle$, $\langle 6\rangle$, $\langle 10\rangle$, $\langle 15\rangle$, $\langle 0\rangle$

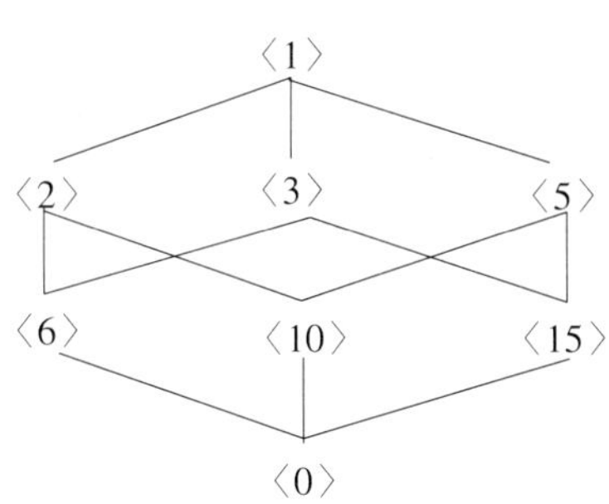

12.

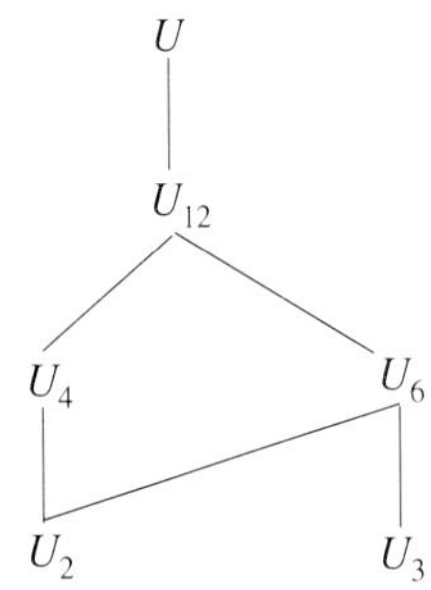

13. $\{0\}$, $\langle p \rangle = \{0, p, 2p, \cdots, (p-1)p\}$, $\mathbb{Z}_{p^2}$, 격자도 생략

위수가 p인 원소 : $p-1$개, 위수가 p^2인 원소 : p^2-p개

14. 먼저, G가 위수 n인 유한군이면 G의 부분집합의 개수는 2^n이다. 따라서 G의 부분군의 수는 2^n개 이하이다. 역으로, G가 무한군이라 가정하자. G의 원소 중에 무한 위수를 가지는 원소 a가 존재한다면 $\langle a \rangle$, $\langle a^2 \rangle$, $\langle a^3 \rangle$, $\cdots$등은 서로 다른 G의 부분군이므로 무한 개의 부분군을 가진다. 한편, G의 모든 원소가 유한 위수를 가지고 부분군의 개수가 유한이면 G가 유한이므로 모순이다. 따라서 G가 무한군이면 G의 부분군의 개수는 무한이다. 그러므로 대우명제인 G의 부분군의 개수가 유한이면 G는 유한군이다.

15. (1) $\langle X \rangle$는 X를 품는 G의 부분군 중에 가장 작은 군이고 $\langle Y \rangle$는 X를 품는 G의 부분군이므로 $\langle X \rangle \leq \langle Y \rangle$이다.

(2) $\langle \langle X \rangle \cup \langle Y \rangle \rangle$는 X와 Y를 품는 G의 부분군이므로 $\langle X \cup Y \rangle \subseteq \langle \langle X \rangle \cup \langle Y \rangle \rangle$이다. 한편, $X \subseteq X \cup Y$이고 $Y \subseteq X \cup Y$이므로 $\langle X \rangle \subseteq \langle X \cup Y \rangle$이고 $\langle Y \rangle \subseteq \langle X \cup Y \rangle$이다. 따라서 $\langle X \rangle \cup \langle Y \rangle \subseteq \langle X \cup Y \rangle$이므로 $\langle \langle X \rangle \cup \langle Y \rangle \rangle \subseteq \langle X \cup Y \rangle$이다.

그러므로 $\langle \langle X \rangle \cup \langle Y \rangle \rangle = \langle X \cup Y \rangle$이다.

(3) $\langle X \cap Y \rangle \subseteq \langle X \rangle$이고 $\langle X \cap Y \rangle \subseteq \langle Y \rangle$이므로 $\langle X \cap Y \rangle \subseteq \langle X \rangle \cap \langle Y \rangle$이다.

(4) $X \subseteq \langle X \rangle$이므로 $\langle X \rangle \subseteq \langle \langle X \rangle \rangle$이다. 한편, $\langle \langle X \rangle \rangle$는 $\langle X \rangle$를 품는 G의 부분군 중에 가장 작은 군이고 $\langle X \rangle$는 $\langle X \rangle$를 품는 G의 부분군이므로 $\langle \langle X \rangle \rangle \subseteq \langle X \rangle$이다. 따라서 $\langle \langle X \rangle \rangle = \langle X \rangle$이다.

16. $G = \mathbb{Z}$일 때, $X = \{6, 12\}$이고 $Y = \{2\}$이라고 하면 $\langle X \rangle = 6\mathbb{Z}$이고 $\langle Y \rangle = 2\mathbb{Z}$이다. 따라서 $\langle X \rangle \subseteq \langle Y \rangle$이지만 $X \not\subseteq Y$이다.

[연습문제 2.5]

1. 100쪽 예제 2.6.1에 있음. 좌대표계 : $\{1, (1\ 2)\}$, $\{(1\ 2\ 3), (1\ 2)\}$ 등 9가지, 우대표계 : 좌대표계와 같음.
2. 생략
3. 먼저, G가 무한 위수를 가지는 원소 a를 가진다면 $\langle 1\rangle \subsetneq \langle a^2\rangle \subsetneq \langle a\rangle \subseteq G$이므로 모순이다. 또 G의 모든 원소가 유한 위수를 가지는 무한군이면 G의 항등원이 아닌 임의의 원소 a에 대하여 $\langle 1\rangle \subsetneq \langle a\rangle \subsetneq G$이므로 모순이다. 따라서 G는 유한군이다. 이제, $|G|=n=st$, $1<s<n$, $1<t<n$이다. 먼저 G가 순환군이 아니면, G의 항등원이 아닌 임의의 원소 a에 대하여 $\langle 1\rangle \subsetneq \langle a\rangle \subsetneq G$이므로 모순이다. 따라서 G는 순환군이다. 그러나 $G=\langle a\rangle$이면, $\langle 1\rangle \subsetneq \langle a^s\rangle \subsetneq G=\langle a\rangle$이므로 모순이다. 따라서 $|G|$는 소수이고 G는 Lagrange 정리에 의하여 순환군이다.
4. 덧셈군 $\mathbb{Z}$의 자명하지 않은 부분군 H는 예제 2.3.6에 의하여 적당한 양의 정수 m (>1)이 존재하여 $H=m\mathbb{Z}$이다. 따라서 $|\mathbb{Z}:H|=m$이다. 그러므로 유한지수를 가진다.
5. 함수 $f:\{a+\mathbb{Z} \mid a\in\mathbb{Q}\} \to \{a\in Q \mid 0\le a<1\}$를 $f(a+\mathbb{Z})=a-[a]$로 정의할 때, $a_1+\mathbb{Z}=a_2+\mathbb{Z}$이면 $a_1-a_2\in\mathbb{Z}$이다. 따라서 소수 부분이 같으므로 $a_1-[a_1]=a_2-[a_2]$이고 $f(a_1+\mathbb{Z})=f(a_2+\mathbb{Z})$이므로 f는 잘 정의된다. 이제 $f(a_1+\mathbb{Z})=f(a_2+\mathbb{Z})$이면 $a_1-[a_1]=a_2-[a_2]$이므로 $a_1-a_2\in\mathbb{Z}$이고 $a_1+\mathbb{Z}=a_2+\mathbb{Z}$이다. 따라서 f는 일대일 함수이다. 또한, f는 위로의 함수이므로 두 집합은 일대일대응이다.
6. (1) 가능한 위수는 1, 2, 4, 8이고 위수에 따른 부분군은 다음과 같다.

   $1:\langle 1\rangle$, $2:\langle -1\rangle$, $4:\langle i\rangle, \langle j\rangle, \langle k\rangle$, $8:Q_4$

   (2) 가능한 위수는 1, 2, 4, 8이고 위수에 따른 부분군은 다음과 같다(101쪽 참조).

   $1:\langle 1\rangle$,

   $2:\langle (1\ 2)(3\ 4)\rangle, \langle (1\ 4)(2\ 3)\rangle, \langle (1\ 3)(2\ 4)\rangle, \langle (1\ 3)\rangle, \langle (2\ 4)\rangle$,

   $4:N_1, N_2, N_3$,

   $8:D_4$

   (3) 가능한 위수는 1, 2, 3, 4, 6, 12이고 위수에 따른 부분군은 다음과 같다.

   $1:\langle 0\rangle$, $2:\langle 6\rangle$, $3:\langle 4\rangle$, $4:\langle 3\rangle$, $6:\langle 2\rangle$, $12:\langle 1\rangle$

7. (1) 순환군의 부분군은 순환군(정리 2.4.3)이고 유일(문제 2.4.7)하다.

(2) 덧셈군 $\mathbb{Z}_2 \times \mathbb{Z}_2$의 위수는 4이고 그의 약수는 1, 2 또는 4이다. 위수 1과 4인 부분군은 자명한 부분군이고 위수 2이 부분군이 $\{(0, 0), (0, 1)\}$, $\{(0, 0), (1, 0)\}$, $\{(0, 0), (1, 1)\}$의 3가지가 존재한다.

(3) 군 A_4의 부분군으로 위수 6인 경우를 알아보자. 위수 6인 부분군이 존재한다고 가정하고 이를 H라고 하자. 그러면, 길이 3인 순환치환 이외의 원소는 모두 4개뿐이므로 H는 길이 3인 순환치환을 반드시 원소로 가진다. 부분군 H가 $(1\ 2\ 3)$을 원소로 가지면 $\{1, (1\,2\,3), (1\,3\,2)\} \subseteq H$이다. 한편, H는 이들 세 원소 이외의 원소를 가져야 하므로 길이 3인 순환치환 또는 위수 2인 치환을 원소로 가진다. 어느 경우 즉, 이를테면 H가 $(1\,2\,4)$ 또는 $(1\,2)(3\,4)$를 갖는 경우 H는 6개 보다 더 많은 원소를 가지므로 모순이다. 따라서 A_4는 위수 12인 군이지만 그의 약수 6을 위수로 가지는 부분군은 존재하지 않는다.

[연습문제 2.6]

1. 군 G를 가환군이라 하고 N을 G의 부분군이라고 하면, 임의의 원소 $g \in G$에 대하여 $gN = \{gn \mid n \in N\} = \{ng \mid n \in N\} = Ng$이므로 $N \lhd G$이다.

2. 군 G : 가환군 $\Leftrightarrow$ 임의의 원소 $a, b \in G$에 대하여 $ab = ba$이다. 따라서 임의의 원소 $g \in G$와 모든 원소 $a \in G$에 대하여 $ag = ga$이므로 $g \in Z(G)$이므로 $G \subseteq Z(G)$이다. 한편, $Z(G) \subseteq G$는 정의에 의하여 분명하므로 $Z(G) = G$이다. 역으로, $Z(G) = G$이면 임의의 원소 $a, b \in G$에 대하여 $ab = ba$이므로 G는 가환군이다.

3. $Z(D_4) = \{1, \sigma^2\}$, 정규부분군 : $\{1\}$, $\{1, (1\,3)(2\,4)\}$, $\{1, (1\,2\,3\,4), (1\,3)(2\,4), (1\,4\,3\,2)\}$, $\{1, (1\,3)(2\,4), (1\,2)(3\,4), (1\,4)(2\,3)\}$, $\{1, (1\,3)(2\,4), (1\,3), (2\,4)\}$, [예제 2.6.2 참조].

4. (1) 임의의 원소 $i, j \in \{0, 1, 2, \cdots, n-1\}$에 대하여 $\sigma^i = \sigma^j$이면 $i = j$이고 $\sigma^i\tau = \sigma^j\tau$이면 $i = j$이다. 또 $\sigma^i\tau = \sigma^j$이면 $\tau = \sigma^{j-i}$이므로 모순이다. 따라서 집합 $\{1, \sigma, \sigma^2, \cdots, \sigma^{n-1}, \tau, \sigma\tau, \sigma^2\tau, \cdots, \sigma^{n-1}\tau\}$는 $2n$개의 원소를 가진다. 이제, 군 D_n의 정의로부터 $D_n \supseteq \{1, \sigma, \sigma^2, \cdots, \sigma^{n-1}, \tau, \sigma\tau, \sigma^2\tau, \cdots, \sigma^{n-1}\tau\}$이다. 마지막으로, $D_n \subseteq \{1, \sigma, \sigma^2, \cdots, \sigma^{n-1}, \tau, \sigma\tau, \sigma^2\tau, \cdots, \sigma^{n-1}\tau\}$을 증명하자. 먼저 임의의 정수 i에 대하여 $\sigma^i = \sigma^r \in D_n$(단, $i = qn + r$, $0 \le r < n$)이

고 같은 방법으로 $\tau^j \in D_n$이면 $j=0, 1$이다. 따라서 임의의 정수 i와 j에 대하여 $\sigma^i\tau^j \in D_n$이면, $i=0, 1, \cdots, n-1$이고 $j=0, 1$이다. 한편, 군 D_n의 정의로부터 $\tau\sigma=\sigma^{-1}\tau$이므로 임의의 정수 i와 j에 대하여 $\tau^j\sigma^i=(\sigma^i)^{-j}\tau^j \in D_n$이다. 따라서 $D_n \subseteq \{1, \sigma, \sigma^2, \cdots, \sigma^{n-1}, \tau, \sigma\tau, \sigma^2\tau, \cdots, \sigma^{n-1}\tau\}$이다.

그러므로 $D_n=\{1, \sigma, \sigma^2, \cdots, \sigma^{n-1}, \tau, \sigma\tau, \sigma^2\tau, \cdots, \sigma^{n-1}\tau\}$이고 D_n의 위수는 $2n$이다.

(2) $[D_n : \langle\sigma\rangle]=2$이므로 $\langle\sigma\rangle \lhd D_n$이다.

(3), (4) 정의에 의하여 다음 동치명제를 얻는다.

$$\begin{aligned}\sigma^i\tau^j \in Z(D_n) &\Leftrightarrow (\sigma^i\tau^j)(\sigma^m\tau^l)=(\sigma^m\tau^l)(\sigma^i\tau^j)\\ &\Leftrightarrow (\sigma^i(\sigma^m)^{(-1)^j}\tau^{j+l})=(\sigma^m(\sigma^i)^{(-1)^l}\tau^{l+j})\\ &\Leftrightarrow i+m(-1)^j=m+i(-1)^l \bmod n\end{aligned}$$

한편, $l=0$일 때 $i+m(-1)^j \equiv m+i \bmod n$이고 $l=1$일 때 $i+m(-1)^j \equiv m-i \bmod n$이다. 이 식들은 임의의 m에 관하여 성립해야 하므로 첫 식에서 $j=0$이고 $2i \equiv 0 \bmod n$이다.

따라서 (3)과 (4)가 성립한다.

5. 가정으로부터 $aba^{-1} \in N$이므로 $aba^{-1}b^{-1} \in N$이고 $ba^{-1}b^{-1} \in M$이므로 $aba^{-1}b^{-1} \in M$이다. 따라서 $aba^{-1}b^{-1} \in M \cap N=\{1\}$이고 $aba^{-1}b^{-1}=1$이다. 따라서 $ab=ba$이다.

6. [문제 2.5.7의 증명과 비교] 군 A_4의 위수 6인 부분군 H가 존재한다면 $|A_4 : H|=2$이므로 $H \lhd A_4$이고 $g \in A_4$에 대하여 $g^{-1}Hg \subseteq H$이다.

먼저, $(1\ 2)(3\ 4) \in H$이면 $\{(1\ 2)(3\ 4), (1\ 3)(2\ 4), (1\ 4)(2\ 3)\} \subseteq H$이고 같은 방법으로 $\{(1\ 2)(3\ 4), (1\ 3)(2\ 4), (1\ 4)(2\ 3)\}$의 원소 중에 어느 하나가 H의 원소라면 $\{(1\ 2)(3\ 4), (1\ 3)(2\ 4), (1\ 4)(2\ 3)\} \subseteq H$이다. 또 $\{(1\ 2\ 3), (1\ 3\ 4), (1\ 4\ 2), (2\ 4\ 3)\}$의 원소 중에 어느 하나가 H의 원소라면 $\{(1\ 2\ 3), (1\ 3\ 4), (1\ 4\ 2), (2\ 4\ 3)\} \subseteq H$이고 $\{(1\ 3\ 2), (1\ 4\ 3), (1\ 2\ 4), (2\ 3\ 4)\}$의 원소 중에 어느 하나가 H의 원소라면 $\{(1\ 2\ 3), (1\ 3\ 4), (1\ 4\ 2), (2\ 4\ 3)\} \subseteq H$이다. 한편 $1 \in H$이므로 H가 $\{(1\ 2)(3\ 4), (1\ 3)(2\ 4), (1\ 4)(2\ 3)\}$의 원소 중에 한 원소를 포함한다면 $|H| \geq 4$이다. $|H|=6$이

므로 H는 길이가 3인 순환치환을 1개 이상을 원소로 가져야 하는데 위의 논리에 의하여 $|H|\geq 8$이 되어 모순이다. 또, H가 $\{(1\,2)(3\,4), (1\,3)(2\,4), (1\,4)(2\,3)\}$의 원소를 포함하지 않는다면, H는 길이가 3인 순환치환 5개를 원소로 가져야 하는데 위의 논리에 의하여 모순이다. 따라서 A_4는 위수 6인 부분군을 갖지 않는다.

7. (1) $\begin{pmatrix} a & b \\ c & d \end{pmatrix}\begin{pmatrix} k & 0 \\ 0 & k \end{pmatrix}=\begin{pmatrix} ak & bk \\ ck & dk \end{pmatrix}=\begin{pmatrix} k & 0 \\ 0 & k \end{pmatrix}\begin{pmatrix} a & b \\ c & d \end{pmatrix}$이므로 $\left\{\begin{pmatrix} k & 0 \\ 0 & k \end{pmatrix} \mid k\in\mathbb{R}-\{0\}\right\}\subseteq Z(GL_2(\mathbb{R}))$이다.

(2) $\begin{pmatrix} a & b \\ c & d \end{pmatrix}\begin{pmatrix} m & n \\ o & p \end{pmatrix}=\begin{pmatrix} am+bo & an+bp \\ cm+do & cn+dp \end{pmatrix}$와 $\begin{pmatrix} m & n \\ o & p \end{pmatrix}\begin{pmatrix} a & b \\ c & d \end{pmatrix}=\begin{pmatrix} ma+nc & mb+nd \\ oa+pc & ob+pd \end{pmatrix}$는 같으므로

$$am+bo=ma+nc,\ an+bp=mb+nd,\ cm+do=oa+pc,\ cn+dp=ob+pd$$

이다. 이 식들을 정리하면, $bo=nc$, $an+bp=mb+nd$, $cm+do=oa+pc$이다. 여기서 m, n, o, p는 임의의 실수이므로 $bo=nc$로부터 $b=c=0$이다. 이를 나머지 두 식에 대입하면 $an=nd$, $do=oa$이므로 $a=d$이다. 따라서 $\begin{pmatrix} a & b \\ c & d \end{pmatrix}\in Z(GL_2(\mathbb{R}))$이면 $b=c=0$, $a=d\neq 0$이다.

(3) (1)과 (2)에 의하여 $Z(GL_2(\mathbb{R}))=\left\{\begin{pmatrix} k & 0 \\ 0 & k \end{pmatrix} \mid k\in\mathbb{R}-\{0\}\right\}$이다.

(4) 임의의 행렬 $\begin{pmatrix} a & b \\ c & d \end{pmatrix}\in GL_2(\mathbb{R})$과 $\begin{pmatrix} k & 0 \\ 0 & k \end{pmatrix}\in Z(GL_2(\mathbb{R}))$에 대하여 $\begin{pmatrix} a & b \\ c & d \end{pmatrix}\begin{pmatrix} k & 0 \\ 0 & k \end{pmatrix}\begin{pmatrix} a & b \\ c & d \end{pmatrix}^{-1}=\begin{pmatrix} k & 0 \\ 0 & k \end{pmatrix}$이므로 $Z(GL_2(\mathbb{R}))\lhd GL_2(\mathbb{R})$이다.

(5) 임의의 행렬 $A\in GL_2(\mathbb{R})$와 $S\in SL_2(\mathbb{R})$에 대하여 $\det(ASA^{-1})=\det(A)\det(S)\det(A^{-1})=1$이므로 $ASA^{-1}\in SL_2(\mathbb{R})$이므로 $SL_2(\mathbb{R})\lhd GL_2(\mathbb{R})$이다. 또, 행렬 $\begin{pmatrix} k & 0 \\ 0 & k \end{pmatrix}\in Z(GL_2(\mathbb{R}))$에서 행렬식의 값이 1인 경우는 두 가지 뿐이다. 즉, $SL_2(\mathbb{R})\cap Z(GL_2(\mathbb{R}))=\{I, -I\}$이다.

8. (1) 군 G의 정규부분군을 $N=\{1, a\}$라고 하면 임의의 원소 $g\in G$에 대하여 $gNg^{-1}\subseteq N$이고 $gag^{-1}\neq 1$이므로 $gag^{-1}=a$이다. 따라서 $ga=ag$이고 $a\in Z(G)$이다. 따라서 $N\subseteq Z(G)$이다.

(2) $N\subseteq Z(G)$이므로 N은 가환군이다. 또 $|G:N|$이 소수이므로 G/N은 순환군이다. 즉, 적당한 원소 $a\in G$가 존재하여 $G/N=\langle aN\rangle$이다. 이제, x, y를 군 G

의 임의의 원소라고 하면, 적당한 양의 정수 i와 j가 존재하여 $xN=(aN)^i=a^iN$이고 $yN=(aN)^j=a^jN$이다. 따라서 적당한 원소 n_1, $n_2\in N$가 존재하여 $x=a^in_1$이고 $y=a^jn_2$이다. 가정에서 $N\subseteq Z(G)$이므로 $xy=(a^in_1)(a^jn_2)$ $=(a^jn_2)(a^in_1)=yx$이다. 그러므로 G는 가환군이다.

(3) 먼저 $|G/Z(G)|$이 소수라면 (2)에 의하여 $Z(G)\lhd G$이므로 G는 가환군이다. 따라서 $Z(G)=G$이므로 $|G/Z(G)|$이 소수라는 사실에 모순이다.

9. (1) 임의의 원소 $x, y\in gHg^{-1}$에 대하여 적당한 원소 $h_1, h_2\in H$가 존재하여 $x=gh_1g^{-1}$이고 $y=gh_2g^{-1}$이다. 따라서 $xy^{-1}=(gh_1g^{-1})(gh_2g^{-1})^{-1}$ $=g(h_1h_2^{-1})g^{-1}\in gHg^{-1}$이므로 gHg^{-1}는 G의 부분군이다. 이제, H가 유한부분군일 때 함수 $\phi: H\to gHg^{-1}$를 $\phi(h)=ghg^{-1}$로 정의하면 ϕ는 일대일대응 함수이다. 따라서 $|H|=|gHg^{-1}|$이다. 같은 방법으로 $g^{-1}Hg$도 G의 부분군이고 $|H|=|g^{-1}Hg|$이다.

(2) 군 G의 임의의 원소 g에 대하여 gHg^{-1}는 (1)에 의하여 위수 m인 G의 부분군이다. 가정에서 H는 위수 m인 유일한 G의 부분군이므로 임의의 원소 g에 대하여 $gHg^{-1}=H$이다. 따라서 $H\lhd G$이다.

(3) 임의의 원소 $g\in N_G(H)$에 대하여 $gHg^{-1}=H$이고 따라서 $g^{-1}Hg=H$이고 $g^{-1}\in N_G(H)$이다. 임의의 원소 g_1, $g_2\in N_G(H)$에 대하여 $(g_1g_2)H(g_1g_2)^{-1}$ $=(g_1g_2)H(g_2^{-1}g_1^{-1})=g_1(g_2Hg_2^{-1})g_1^{-1}=g_1Hg_1^{-1}=H$이므로 $g_1g_2\in N_G(H)$이다. 그러므로 $N_G(H)$는 G의 부분군이다.

(4) 임의의 원소 $g\in N_G(H)$에 대하여 $gHg^{-1}=H$이고 $H\subseteq N_G(H)$이므로 $H\lhd N_G(H)$이다. 그러므로 $H\lhd G\Leftrightarrow G=N_G(H)$이다.

10. 임의의 원소 $r+\mathbb{Z}\in\mathbb{Q}/\mathbb{Z}$에 대하여 $r=\dfrac{q}{p}(p\in\mathbb{N},\ (p, q)=1)$이므로 $|r+\mathbb{Z}|$ $=p$이므로 $r+\mathbb{Z}$는 유한 위수를 가진다.

11. (1) $\Rightarrow$ (2) 군 G의 항등원이 아닌 원소 a를 선택하고 순환부분군 $\langle a\rangle$를 생각하면 Lagrange 정리에 의하여 $|\langle a\rangle|=|G|$이므로 $\langle a\rangle=G$이다. 따라서 순환군이고 또한 부분군은 $\{1\}$과 G뿐이므로 단순군이다.

(2) $\Rightarrow$ (3) 순환군은 가환군이므로 성립한다.

(3) $\Rightarrow$ (1) 군 G의 위수가 소수가 아니라고 하면, $|G|=n=st$ $(1<s<n,\ 1<t<n)$이다. 군 G가 순환군이면 적당한 원소 $a\in G$에 대하여 $G=\langle a\rangle$이므로 $\{1\}\subsetneq\langle a^s\rangle\subsetneq G$이므로 모순이고, 군 G가 순환군이 아니면 적당한 원소 $a\in G-\{1\}$에 대하여 $\{1\}\subsetneq\langle a\rangle\subsetneq G$이므로 모순이다. 따라서 군 G의 위수가 소수이다.

12. (1) $g[a,\ b]g^{-1}=g(aba^{-1}b^{-1})g^{-1}=gag^{-1}gbg^{-1}ga^{-1}g^{-1}gb^{-1}g^{-1}$

$$=(gag^{-1})(gbg^{-1})(gag^{-1})^{-1}(gbg^{-1})^{-1}=[gag^{-1},\ gbg^{-1}]$$

(2) G가 가환군이면 임의의 원소 $a,\ b\in G$에 대하여 $ab=ba$이므로 $aba^{-1}b^{-1}=1$이고 $[a,\ b]=1$이다. 따라서 $\langle X\rangle=1$이다. 역으로, $\langle X\rangle=1$이면 임의의 원소 $a,\ b\in G$에 대하여 $[a,\ b]=1$이고 $aba^{-1}b^{-1}=1$이므로 $ab=ba$이다. 따라서 G는 가환군이다.

(3) 군 $\langle X\rangle$의 임의의 원소는 $[a_1,\ b_1]\cdots[a_n,\ b_n]$의 꼴이고 군 G의 임의의 원소 g에 대하여 $g[a_1,\ b_1]\cdots[a_n,\ b_n]g^{-1}=g[a_1 b_1]g^{-1}\cdots g[a_n,\ b_n]g^{-1}=$ $[ga_1g^{-1},\ gb_1g^{-1}]\cdots[ga_ng^{-1},\ gb_ng^{-1}]$는 군 $\langle X\rangle$의 원소이므로 $\langle X\rangle\lhd G$이다.

[연습문제 2.7]

1. 덧셈군 $\mathbb{Z}_8$은 순환군이므로 군 준동형함수를 f라고 하면 $f(1)$에 의하여 결정되므로

$f(1)=1$이면 $f(x)=1$인 자명한 군 준동형함수
$f(1)=2$이면 $0\to1$ $1\to2$ $2\to4$ $3\to8$ $4\to1$ $5\to2$ $6\to4$ $7\to8$
$f(1)=4$이면 $0\to1$ $1\to4$ $2\to1$ $3\to4$ $4\to1$ $5\to4$ $6\to1$ $7\to4$
$f(1)=7$이면 $0\to1$ $1\to7$ $2\to4$ $3\to13$ $4\to1$ $5\to7$ $6\to4$ $7\to13$
$f(1)=8$이면 $0\to1$ $1\to8$ $2\to4$ $3\to2$ $4\to1$ $5\to8$ $6\to4$ $7\to2$
$f(1)=11$이면 $0\to1$ $1\to11$ $2\to1$ $3\to11$ $4\to1$ $5\to11$ $6\to1$ $7\to11$
$f(1)=13$이면 $0\to1$ $1\to13$ $2\to4$ $3\to7$ $4\to1$ $5\to13$ $6\to4$ $7\to7$
$f(1)=14$이면 $0\to1$ $1\to14$ $2\to1$ $3\to14$ $4\to1$ $5\to14$ $6\to1$ $7\to14$

2. 덧셈군 $\mathbb{Z}_8$은 순환군이므로 군 준동형함수를 f라고 하면 $f(1)$에 의하여 결정되고 정리 2.7.5에 의하여 $f(1)$의 위수는 1 또는 2이므로 $f(1)=0$ 또는 $f(1)=3$이다. 따라서 $f(1)=0$이면 $f(x)=0$인 자명한 군 준동형함수 $f(1)=3$이면 $0\to0$ $1\to3$

$2 \to 0$ $3 \to 3$ $4 \to 0$ $5 \to 3$ $6 \to 0$ $7 \to 3$

3. 덧셈군 $\mathbb{Z}_6$은 순환군이므로 군 준동형함수를 f라고 하면 $f(1)$에 의하여 결정되고 정리 2.7.5에 의하여 $f(1)$의 위수는 1 또는 2이므로 $f(1)=0$ 또는 $f(1)=4$이다. 따라서 $f(1)=0$이면 $f(x)=0$인 자명한 군 준동형함수 $f(1)=4$이면 $0 \to 0$ $1 \to 4$ $2 \to 0$ $3 \to 4$ $4 \to 0$ $5 \to 4$

4. 덧셈군 $\mathbb{Z}$는 순환군이므로 군 준동형함수를 f라고 하면 $f(1)$에 의하여 결정된다. 이제 $f(1)=r$이라 놓으면 $f(n)=nr$인 군 준동형함수이다. 이 함수의 경우 $\mathbb{Q}$의 원소 $\frac{r}{2}$에 대응되는 정수가 없다. 따라서 f는 군 동형함수가 아니다.

5. 사원수군 Q_4는 $\langle i, j \rangle$에 의하여 생성되므로 군 준동형함수를 f라고 하면 $f(i)$와 $f(j)$에 의하여 결정된다. 따라서 $f(i)$와 $f(j)$는 각각 8가지를 가지므로 모두 64가지 군 준동형함수가 존재한다.

6. 대칭군 S_3는 $\langle (123), (12) \rangle$에 의하여 생성되므로 군 준동형함수를 f라고 하면 $f((1\,2\,3))$과 $f((12))$에 의하여 결정된다. $f((1\,2\,3))$의 위수는 $(1\,2\,3)$의 위수인 3의 약수이므로 3가지이고 같은 방법으로 $f((1\,2))$의 위수는 2의 약수이므로 4가지이다. 따라서 모두 12가지 군 준동형함수가 존재한다.

7. 먼저, 임의의 원소 $g, h \in G$에 대하여 $f(gh)=a(gh)a^{-1}=(aga^{-1})(aha^{-1})=f(g)f(h)$이므로 군 준동형함수이다. 이제 $f(g)=f(h)$이면 $aga^{-1}=aha^{-1}$이므로 $g=h$이다. 또 $a^{-1}ga \in G$가 존재하여 $f(a^{-1}ga)=a(a^{-1}ga)a^{-1}=g$이다. 따라서 f는 일대일대응 함수이므로 f는 군 동형함수이다.

또한, f가 항등함수 $\Leftrightarrow$ 군 G의 임의의 원소 g에 대하여 $f(g)=1(g)=g$

$\Leftrightarrow$ 군 G의 임의의 원소 g에 대하여 $aga^{-1}=g$

$\Leftrightarrow$ $a \in Z(G)$

8. 함수 f가 군 동형함수라고 하면 임의의 원소 $g, h \in G$에 대하여 $(gh)^{-1}=f(gh)=f(g)f(h)=g^{-1}h^{-1}$이고 $h^{-1}g^{-1}=g^{-1}h^{-1}$이다. 따라서 G는 가환군이다.

역으로 G가 가환군이라고 하면 $f(gh)=(gh)^{-1}=h^{-1}g^{-1}=g^{-1}h^{-1}=f(g)f(h)$이므로 군 준동형함수이다. 또, 임의의 원소 $g, h \in G$에 대하여 $f(g)=f(h)$이면 $g^{-1}=h^{-1}$이고 $g=h$이다. 군 G의 임의의 원소 g에 대하여 $g^{-1} \in G$이고 $f(g^{-1})=g$이다. 따라서 f는 군 동형함수이다.

9. 함수 f가 군 준동형함수라고 하면 임의의 원소 $g, h \in G$에 대하여 $(gh)^2 = f(gh) = f(g)f(h) = g^2h^2$이고 $gh = hg$이다. 따라서 G는 가환군이다. 역으로 G가 가환군이라고 하면 $f(gh) = (gh)^2 = g^2h^2 = f(g)f(h)$이므로 군 준동형함수이다.

[연습문제 2.8]

1. $\text{im}\,\sigma_1 = \{1\}$ $\ker\sigma_1 = \{1, 2, 3, 4\}$, $\text{im}\,\sigma_2 = \{1, 3\}$ $\ker\sigma_2 = \{1, 4\}$,
$\text{im}\,\sigma_3 = \{1, 5\}$ $\ker\sigma_3 = \{1, 4\}$, $\text{im}\,\sigma_4 = \{1, 7\}$ $\ker\sigma_4 = \{1, 4\}$

2.

i	1	2	3	4	5	6	7	8	9	10	11	12	13	14	15	16
$\text{im}\,f_i$	$\{1\}$	$\{1,3\}$	$\{1,5\}$	$\{1,7\}$	$\{1,3\}$	$\{1,3\}$	$\mathbb{Z}_8^*$	$\mathbb{Z}_8^*$	$\{1,5\}$	$\mathbb{Z}_8^*$	$\{1,5\}$	$\mathbb{Z}_8^*$	$\{1,7\}$	$\mathbb{Z}_8^*$	$\mathbb{Z}_8^*$	$\{1,7\}$
$\ker f_i$	$\mathbb{Z}_8^*$	$\{1,3\}$	$\{1,3\}$	$\{1,3\}$	$\{1,5\}$	$\{1,7\}$	$\{1\}$	$\{1\}$	$\{1,5\}$	$\{1\}$	$\{1,7\}$	$\{1\}$	$\{1,5\}$	$\{1\}$	$\{1\}$	$\{1,7\}$

3. $\text{im}\,f_a = G$, $\ker f_a = \{1\}$

4. (1) $f(1) = 1, f(3)\cdot f(5) = \sigma^2\tau = f(7) = f(3\cdot 5), f(3\cdot 7) = f(5) = \tau = \sigma^2\cdot\sigma^2\tau = f(3)\cdot f(7)$이고 $f(5\cdot 7) = f(3) = \sigma^2 = \tau\cdot\sigma^2\tau = f(5)\cdot f(7)$이므로 군 준동형함수이다.
 (2) $\text{im}\,f = \{1, \sigma^2, \tau, \sigma^2\tau\}$, $\ker f = \{1\}$
 (3) $f(\langle 1\rangle) = \langle 1\rangle$, $f(\langle 3\rangle) = \{1, \sigma^2\}$, $f(\langle 5\rangle) = \{1, \tau\}$, $f(\langle 7\rangle) = \{1, \sigma^2\tau\}$,
 $f(\mathbb{Z}_8^*) = \{1, \sigma^2, \tau, \sigma^2\tau\}$
 (4) $\langle 5\rangle \triangleleft \mathbb{Z}_8^*$이지만 $f(\langle 5\rangle)$는 D_4의 정규부분군이 아니다.

5. (1) $f(x+y) = \cos(x+y) + i\sin(x+y)$
$$= (\cos x\cos y - \sin x\sin y) + i(\sin x\cos y + \cos x\sin y)$$
$$= (\cos x + i\sin x)(\cos y + i\sin y) = f(x)f(y)$$
 (2) $\text{im}\,f = \{x+iy \in \mathbb{C} \mid x^2+y^2 = 1\}$, $\ker f = \{2n\pi \mid n \in \mathbb{Z}\}$
 (3) $\mathbb{R}/\ker f \cong \text{im}\,f = \{x+iy \in \mathbb{C} \mid x^2+y^2 = 1\}$이므로 (3)이 성립한다.

6. 덧셈군 $\mathbb{Z}_{24}$에서 덧셈군 $\mathbb{Z}_{12}$로 보내지는 군 준동형함수를 f라고 하면 덧셈군 $\mathbb{Z}_{24}$가 1에 의하여 생성되는 순환군이므로 $f(1)$에 의하여 결정된다. 따라서 모두 12가지로 $f_i(1) = i$라고 할 때 $\ker f_i$와 $\text{im}\,f_i$는 다음 표와 같다.

i	0	1	2	3	4	5	6	7	8	9	10	11
$\text{im}\,f_i$	$\{0\}$	$\mathbb{Z}_{12}$	$2\mathbb{Z}_{12}$	$3\mathbb{Z}_{12}$	$4\mathbb{Z}_{12}$	$\mathbb{Z}_{12}$	$6\mathbb{Z}_{12}$	$\mathbb{Z}_{12}$	$4\mathbb{Z}_{12}$	$3\mathbb{Z}_{12}$	$2\mathbb{Z}_{12}$	$\mathbb{Z}_{12}$
$\ker f_i$	$\mathbb{Z}_{24}$	$12\mathbb{Z}_{24}$	$6\mathbb{Z}_{24}$	$4\mathbb{Z}_{24}$	$3\mathbb{Z}_{24}$	$12\mathbb{Z}_{24}$	$2\mathbb{Z}_{24}$	$12\mathbb{Z}_{24}$	$3\mathbb{Z}_{24}$	$4\mathbb{Z}_{24}$	$6\mathbb{Z}_{24}$	$12\mathbb{Z}_{24}$

7. 군 G의 임의의 원소 g와 부분군 N의 임의의 원소 n에 대하여 $f(gng^{-1}n^{-1})$ $=f(g)+f(n)-f(g)-f(n)=0$이므로 $gng^{-1}n^{-1}\in \ker f\subseteq N$이다.
따라서 $gng^{-1}n^{-1}\in N$이고 $gng^{-1}\in N$이다. 그러므로 $N\lhd G$이다.

8. 증명을 위하여 집합 $f^{-1}(\overline{H})=\{g\in G\,|\,f(g)\in\overline{H}\}$를 이용하면 정리 2.8.10의 (2)에 의하여 $f^{-1}(\overline{H})$는 G의 부분군이다. 군 $\overline{H}$의 임의의 원소 $\overline{h}$에 대하여 f가 위로의 군 준동형함수이므로 적당한 원소 $h\in f^{-1}(\overline{H})$가 존재하여 $f(h)=\overline{h}$이다. 또 $f^{-1}(\{\overline{h}\})\subseteq f^{-1}(\overline{H})$이므로 $\{\overline{h}\}=f(f^{-1}(\{\overline{h}\}))\subseteq f(f^{-1}(\overline{H}))$이고 따라서 $\overline{H}\subseteq f(f^{-1}(\overline{H}))$이다. 역으로, 임의의 원소 $x\in f(f^{-1}(\overline{H}))$에 대하여 적당한 원소 $h\in f^{-1}(\overline{H})$가 존재하여 $x=f(h)$이다. 한편, $f(h)\in\overline{H}$이므로 $x\in\overline{H}$이다. 따라서 $f(f^{-1}(\overline{H}))\subseteq\overline{H}$이다. 그러므로 $f(f^{-1}(\overline{H}))=\overline{H}$이다.

[연습문제 2.9]

1. 두 군 G_1과 G_2가 유한군이면 각각의 위수는 유한이므로 두 군 G_1과 G_2의 위수를 각각 m과 n이라 놓을 수 있다. Cartesian 곱의 정의에 의하여 $G_1\times G_2$는 mn개의 원소를 가지므로 $G_1\times G_2$은 유한군이고 $|G_1\times G_2|=|G_1||G_2|$이다.

2. 두 군 G_1과 G_2가 가환군이라고 하자. 군 $G_1\times G_2$의 임의의 두 원소 (a_1, a_2)와 (b_1, b_2)에 대하여 $(a_1, a_2)(b_1, b_2)=(a_1b_1, a_2b_2)=(b_1a_1, b_2a_2)=(b_1, b_2)(a_1, a_2)$이다. 따라서 $G_1\times G_2$은 가환군이다. 역으로, $G_1\times G_2$가 가환군이라고 하자. 임의의 원소 $a_1, b_1\in G_1$와 임의의 원소 $a_2, b_2\in G_2$에 대하여 (a_1, a_2)와 (b_1, b_2)는 군 $G_1\times G_2$의 원소이므로 $(a_1b_1, a_2b_2)=(a_1, a_2)(b_1, b_2)=(b_1, b_2)(a_1, a_2)=(b_1a_1, b_2a_2)$이다. 즉, $a_1b_1=b_1a_1$이고 $a_2b_2=b_2a_2$이다. 따라서 군 G_1과 G_2는 가환군이다.

3. (1) 집합 $H_1\times H_2$의 임의의 두 원소 (a_1, a_2)와 (b_1, b_2)에 대하여 $(a_1, a_2)(b_1, b_2)^{-1}$ $=(a_1b_1^{-1}, a_2b_2^{-1})$이다. 한편, H_1과 H_2가 군이므로 $(a_1, a_2)(b_1, b_2)^{-1}\in$ $H_1\times H_2$이다. 따라서 $H_1\times H_2$는 군 $G_1\times G_2$의 부분군이다.

   (2) (1)에 의하여 $H_1\times H_2$는 $G_1\times G_2$의 부분군이다. 또, 군 $G_1\times G_2$의 임의의 원소 (g_1, g_2)와 $H_1\times H_2$의 임의의 원소 (a_1, a_2)에 대하여 $(g_1, g_2)(a_1, a_2)(g_1, g_2)^{-1}$ $=(g_1a_1g_1^{-1}, g_2a_2g_2^{-1})$이다. H_1과 H_2가 정규부분군이므로 $(g_1, g_2)(a_1, a_2)$

$(g_1, g_2)^{-1} \in H_1 \times H_2$이다. 따라서 $H_1 \times H_2$는 군 $G_1 \times G_2$의 정규부분군이다.

(3) 함수 $\phi : G_1 \times G_2 / H_1 \times H_2 \to G_1/H_1 \times G_2/H_2$를 $\phi((g_1, g_2)H_1 \times H_2) = (g_1H_1, g_2H_2)$로 정의하자. 먼저 $(a_1, a_2)H_1 \times H_2 = (b_1, b_2)H_1 \times H_2$이면 $H_1 \times H_2(a_1, a_2) = H_1 \times H_2(b_1, b_2)$이므로 $(a_1, a_2)(b_1, b_2)^{-1} \in H_1 \times H_2$이고 $(a_1b_1^{-1}, a_2b_2^{-1}) \in H_1 \times H_2$이다. 따라서 $a_1b_1^{-1} \in H_1$, $a_2b_2^{-1} \in H_2$이므로 $a_1H_1 = b_1H_1$, $a_2H_2 = b_2H_2$이다. 그러므로

$$\phi((a_1, a_2)H_1 \times H_2) = (a_1H_1, a_2H_2) = (b_1H_1, b_2H_2) = \phi((b_1, b_2)H_1 \times H_2)$$

이고 ϕ는 잘 정의된다. 또,

$$\begin{aligned}\phi((a_1, a_2)H_1 \times H_2(b_1, b_2)H_1 \times H_2) &= \phi((a_1b_1, a_2b_2)H_1 \times H_2) \\ &= (a_1b_1H_1, a_2b_2H_2) \\ &= (a_1H_1, a_2H_2)(b_1H_1, b_2H_2) \\ &= \phi((a_1, a_2)H_1 \times H_2)\phi((b_1, b_2)H_1 \times H_2)\end{aligned}$$

이므로 ϕ는 군 준동형함수이다. 임의의 원소 $(g_1H_1, g_2H_2) \in G_1/H_1 \times G_2/H_2$에 대하여 $(g_1, g_2)H_1 \times H_2 \in G_1 \times G_2/H_1 \times H_2$가 존재하여 $\phi((g_1, g_2)H_1 \times H_2) = (g_1H_1, g_2H_2)$이므로 ϕ는 위로의 함수이다. 이제, $\phi((a_1, a_2)H_1 \times H_2) = \phi((b_1, b_2)H_1 \times H_2)$이라고 하면 $(a_1H_1, a_2H_2) = (b_1H_1, b_2H_2)$이고 $a_1b_1^{-1} \in H_1$, $a_2b_2^{-1} \in H_2$이다. 따라서 $(a_1, a_2)(b_1, b_2)^{-1} \in H_1 \times H_2$이고 $(a_1, a_2)H_1 \times H_2 = (b_1, b_2)H_1 \times H_2$이다. 즉, ϕ는 일대일 함수이다. 그러므로 ϕ는 군 동형함수이다.

4. Lagrange 정리에 의하여 C_{p^2}의 원소의 위수는 1, p 또는 p^2이고 연습문제 2.4.7에 의하여 p^2의 임의의 약수를 위수로 가지는 부분군이 유일하게 존재하므로 위수가 1, p 그리고 p^2인 원소가 존재한다. 한편 정리 2.4.7에 의하여 위수 p^2인 원소는 $\varphi(p^2) = p^2 - p$개이고 위수 1인 원소는 1개이고 위수 p인 원소는 $p-1$개다.

5. $\ker f = \left\{b^i \in C_{p^2} \mid (x, y)^i = (1, 1)\right\} = \left\{b^i \in C_{p^2} \mid p | i\right\} = \{1, b^p, \cdots, b^{p(p-1)}\}$

$\mathrm{im} f = \left\{(x^i, y^i) \mid i \in \mathbb{Z}_p\right\}$

6. 자명한 부분군 : $\{(0, 0, 0)\}$, $\mathbb{Z}_2 \oplus \mathbb{Z}_2 \oplus \mathbb{Z}_2$

위수 2인 부분군 : 항등원을 제외한 임의의 원소 $(x, y, z) \in \mathbb{Z}_2 \oplus \mathbb{Z}_2 \oplus \mathbb{Z}_2$에 대하여 $\langle (x, y, z) \rangle$는 위수 2인 부분군이므로 7가지이다.
위수 4인 부분군 : 위수 4인 부분군은 항등원을 제외한 서로 다른 두 원소에 의하여 생성된다. 이를테면,

$$\langle (1, 0, 1), (1, 1, 0) \rangle = \{(0, 0, 0), (1, 0, 1), (1, 1, 0), (0, 1, 1)\}$$

이다. 이때, 7개의 원소들 중에 두 원소로 $(1, 0, 1)$과 $(1, 1, 0)$을 선택하는 경우 $(1, 0, 1)$과 $(0, 1, 1)$을 선택하는 경우 및 $(1, 1, 0)$과 $(0, 1, 1)$을 선택하는 경우는 같은 군을 생성한다. 따라서 항등원을 제외한 7개의 원소 중에 2개를 뽑을 경우의 수들 중의 3가지가 하나의 부분군이 되므로 위수 4인 부분군은 $\binom{7}{2} \div 3 = 7$가지이다. 군 $\mathbb{Z}_2 \oplus \mathbb{Z}_2 \oplus \mathbb{Z}_2$의 부분군들에 관한 격자도는 다음과 같다.

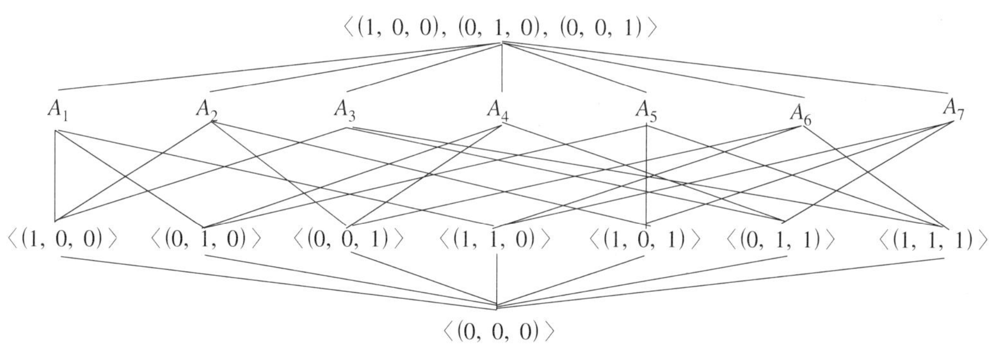

7. [정리 2.9.3의 일반화] 군 $G_1, G_2, \cdots, G_n$에 대하여 다음이 성립한다.

(1) 군 $G_1, G_2, \cdots, G_n$이 유한군이면, $G_1 \times G_2 \times \cdots \times G_n$도 유한군이다. 더욱이, $|G_1 \times G_2 \times \cdots \times G_n| = |G_1||G_2| \cdots |G_n|$

(2) 군 $G_1, G_2, \cdots, G_n$이 가환군이면, $G_1 \times G_2 \times \cdots \times G_n$도 가환군이다.

[정리 2.9.4의 일반화] 군 $G_1, G_2, \cdots, G_n$의 외적인 직적 $G_1 \times G_2 \times \cdots \times G_n$에는 n개의 정규부분군 $\overline{G}_1, \overline{G}_2, \cdots, \overline{G}_n$이 존재하여

$$\overline{G}_1 \cong G_1,\ \overline{G}_2 \cong G_2,\ \cdots,\ \overline{G}_n \cong G_n,\ \overline{G}_1 \overline{G}_2 \cdots \overline{G}_n = G_1 \times G_2 \times \cdots \times G_n,$$
$$\overline{G}_1 \cap \overline{G}_2 \cdots \overline{G}_n = \{(1, 1, \cdots, 1)\},\ \overline{G}_2 \cap \overline{G}_1 \overline{G}_3 \cdots \overline{G}_n = \{(1, 1, \cdots, 1)\},\ \cdots,$$
$$\overline{G}_n \cap \overline{G}_1 \cdots \overline{G}_{n-1} = \{(1, 1, \cdots, 1)\}$$

이다. 실제로 $\overline{G}_1=\{(g_1, 1, \cdots, 1)\mid g_1\in G_1\}$, $\overline{G}_2=\{(1, g_2, 1, \cdots, 1)\mid g_2\in G_2\}$, $\cdots$, $\overline{G}_n=\{(1, 1, \cdots, 1, g_n)\mid g_n\in G_n\}$이다.

8. (1) 정리 2.9.9′에 의하여 옳은 명제이다.
   (2) $\mathbb{Z}_3\oplus\mathbb{Z}_6$은 순환군이 아니고 $\mathbb{Z}_{18}$은 순환군이다. 따라서 두 군의 위수는 같으나 동형이 아니다.
   (3) (1)에서 $\mathbb{Z}_3\oplus\mathbb{Z}_5\cong\mathbb{Z}_{15}$이므로 옳은 명제이다.
   (4) $\mathbb{Z}_3\oplus\mathbb{Z}_3$와 $\mathbb{Z}_9$가 동형이 아니므로 (4)는 성립하지 않는다.

9. 군 G의 임의의 원소 g에 대하여 정리 2.9.10에 의하여 $g=g_1g_2(g_1\in G_1,\ g_2\in G_2)$의 꼴로 유일하게 표현되므로 함수 $\phi: G\to G_1$을 $\phi(g)=g_1$으로 정의하면 ϕ는 잘 정의된다. 이제, 임의의 원소 $a, b\in G$에 대하여 각각 원소 $a_1, b_1\in G_1$, $a_2, b_2\in G_2$가 유일하게 존재하여 $a=a_1a_2$이고 $b=b_1b_2$이다. 따라서 $\phi(ab)=\phi((a_1a_2)(b_1b_2))=\phi(a_1(a_2b_1)b_2)=\phi(a_1(b_1a_2)b_2)=\phi((a_1b_1)(a_2b_2))=a_1b_1=\phi(a)\phi(b)$이므로 ϕ는 군 준동형함수이다. 군 G_1의 임의의 원소 $a_1\in G_1$에 대하여 $\phi(a_1)=\phi(a_1\cdot 1)=a_1$이므로 ϕ는 위로의 함수이다. 또, $\ker\phi=\{g\in G\mid \phi(g)=1\}=\{a_1a_2\in G=G_1G_2\mid a_1=1\}=\{a_2\in G_2\mid a_1=1\}=G_2$이다. 그러므로 제1동형정리에 의하여 $G/G_2\cong G_1$이다. 같은 방법으로 $G/G_1\cong G_2$이다.

10. (1) 먼저, 임의의 원소 $(a_1, a_2), (b_1, b_2)\in G_1\times G_2$에 대하여 $\pi_1((a_1, a_2)(b_1, b_2))=\pi_1(a_1b_1, a_2b_2)=a_1b_1=\pi_1(a_1, a_2)\pi_1(b_1, b_2)$이므로 π_1은 군 준동형함수이다. 또, 임의의 원소 $g_1\in G_1$에 대하여 $\pi_1(g_1, 1)=g_1$이므로 π_1은 위로의 함수이다. 같은 방법으로 π_2는 군 위로의 준동형함수이다.
   (2) 먼저, 임의의 원소 $a_1, b_1\in G_1$에 대하여 $i_1(a_1b_1)=(a_1b_1, 1)=(a_1, 1)(b_1, 1)=i_1(a_1)i_1(b_1)$이므로 군 준동형함수이다. 또 $i_1(a_1)=i_1(b_1)$이면 $(a_1, 1)=(b_1, 1)$이고 $a_1=b_1$이므로 i_1은 일대일이다. 같은 방법으로 i_2는 군 일대일 준동형함수이다.
   (3) 임의의 원소 $a_1\in G_1$에 대하여 $\pi_1\circ i_1(a_1)=\pi_1(i_1(a_1))=\pi_1(a_1, 1)=a_1$이므로 $\pi_1\circ i_1=1_{G_1}$이다. 같은 방법으로 $\pi_2\circ i_2=1_{G_2}$이다.
   (4) 임의의 원소 $a_1\in G_1$에 대하여 $\pi_2\circ i_1(a_1)=\pi_2(i_1(a_1))=\pi_2(a_1, 1)=1$이므로

$\pi_2 \circ i_1 = o$이다. 같은 방법으로 $\pi_1 \circ i_2 = o$이다.

(5) i_1은 군 일대일 준동형함수이므로 $G_1 \cong \mathrm{im}\, i_1 = \overline{G}_1$이고 유사하게 $G_2 \cong \mathrm{im}\, i_2 = \overline{G}_2$이다. 정리 2.9.4에 의하여 나머지는 증명된다.

[연습문제 2.10]

1. 덧셈군 $\mathbb{Z}_{12}$는 1에 의하여 생성된 순환군이므로 자기동형함수 f는 $f(1)$에 의하여 결정된다. 한편, $|f(1)| = |1| = 12$이므로 $(f(1), 12) = 1$이다. 즉, $f(1)$은 1, 5, 7, 11 중에 하나이다. 따라서 $f(1) = i$인 함수를 f_i라면 $\mathrm{Aut}(\mathbb{Z}_{12}) = \{f_1, f_5, f_7, f_{11}\}$이다. 또한 $f_i^2(1) = i^2 = 1$이다. 실제로 $\mathrm{Aut}(\mathbb{Z}_{12}) \cong V_4$이다.
2. 무한순환군을 $G = \langle a \rangle$라고 하자. 군 G 위에서의 자기동형함수 f에 대하여 $f(a) = x = a^i$은 생성원이다. 따라서 $a \in \langle a^i \rangle$이고 적당한 정수 $j \in \mathbb{Z}$에 대하여 $a = (a^i)^j$이다. 따라서 $i = j = 1$ 또는 $i = j = -1$이다. 즉, G의 생성원은 a 또는 a^{-1} 뿐이므로 $\mathrm{Aut}(G) = \{f_1, f_{-1}\}$이다(단, $f_i(a) = a^i$이다). 실제로 $\mathrm{Aut}(G) \cong C_2$이다.
3. 먼저 $\beta_g(ab) = g^{-1}(ab)g = g^{-1}(agg^{-1}b)g = (g^{-1}ag)(g^{-1}bg) = \beta_g(a)\beta_g(b)$이므로 β_g는 군 준동형함수이다. 한편, 임의의 원소 $a \in G$에 대하여 $gag^{-1} \in G$이 존재하여 $\beta_g(gag^{-1}) = g(g^{-1}ag)g^{-1} = a$이므로 β_g는 위로의 함수이다. 또, $\beta_g(a) = \beta_g(b)$이면 $gag^{-1} = gbg^{-1}$이고 $a = b$이다. 따라서 β_g는 일대일 함수이다. 그러므로 β_g는 군 자기동형함수이다. 임의의 원소 $a \in G$에 대하여 $\beta_{gh}(a) = (gh)^{-1}a(gh) = h^{-1}(g^{-1}ag)h = h^{-1}(\beta_g(a))h = \beta_h(\beta_g(a)) = \beta_h \circ \beta_g(a)$이므로 $\beta_{gh} = \beta_h \circ \beta_g$이다. 실제로 $\beta_g = \alpha_{g^{-1}}$이므로 $\{\beta_g \mid g \in G\} = \{\alpha_{g^{-1}} \mid g \in G\} = \{\alpha_g \mid g \in G\} = \mathrm{Inn}(G)$이다.
4. 군 $V_4 = \{1, a, b, c\}$ 위에서의 군 자기동형함수 σ는 $V_4 = \langle a, b \rangle$이므로 $\sigma(a)$와 $\sigma(b)$에 의하여 결정된다. 또, $|\sigma(a)| = |\sigma(b)| = 2$이므로 $\sigma(a)$는 a, b, c중에 한 원소이므로 3가지를 가질 수 있고 $\sigma(b)$는 $\sigma(a)$가 아닌 원소이므로 2가지를 가질 수 있다. 따라서 $|\mathrm{Aut}(V_4)| = 6$이다. 군 V_4 위에서의 두 군 자기동형함수 σ와 τ를 각각 $\sigma(a) = b$, $\sigma(b) = c$이고 $\tau(a) = a$, $\tau(b) = c$라고 하자. 그러면 $\sigma(1) = 1$, $\sigma(c) = a$이고 $\tau(1) = 1$, $\tau(c) = b$이다. 그러면

$$\sigma \circ \tau(1) = 1,\ \sigma \circ \tau(a) = b,\ \sigma \circ \tau(b) = a,\ \sigma \circ \tau(c) = c$$

$$\tau\circ\sigma(1)=1,\ \tau\circ\sigma(a)=c,\ \tau\circ\sigma(b)=b,\ \tau\circ\sigma(1)=a$$

이므로 $\sigma\circ\tau\neq\tau\circ\sigma$이다. 따라서 $Aut(V_4)$는 6개의 원소를 가지는 비가환군이므로 $Aut(V_4)\cong S_3$이다.

[연습문제 2.11]

1. (1) $N\lhd G$이므로 임의의 원소 $g\in G$와 $n\in N$에 대하여 $gng^{-1}\in N$이다. 이제 $x\in N$에 대하여 $C_x=\{gxg^{-1}\mid g\in G\}\subseteq N$이다.

   (2) 먼저 $N\lhd G$이라고 가정하자. 그러면 (1)에 의하여 임의의 원소 $x\in N$에 대하여 $C_x\subseteq N$이므로 $\cup\{C_x\mid x\in N\}\subseteq N$이다. 역으로, 임의의 원소 $x\in N$에 대하여 $\{x\}\subseteq C_x$이므로 $N=\{x\mid x\in N\}\subseteq\cup\{C_x\mid x\in N\}$이다. 그러므로 $N=\cup\{C_x\mid x\in N\}$이다.

   이제 $N=\cup\{C_x\mid x\in N\}$이라고 가정하자. 그러면 임의의 원소 $g\in G$와 임의의 원소 $x\in N$에 대하여 $gxg^{-1}\in C_x\subseteq N$이므로 $N\lhd G$이다.

2. 군 $D_4=\{1,\ \sigma,\ \sigma^2,\ \sigma^3,\ \tau,\ \sigma\tau,\ \sigma^2\tau,\ \sigma^3\tau\}$의 켤레류를 구하면, $C_1=\{1\}$, $C_{\sigma^2}=\{\sigma^2\}$, $C_\sigma=\{\sigma,\ \sigma^3\}$, $C_\tau=\{\tau,\ \sigma^2\tau\}$, $C_{\sigma\tau}=\{\sigma\tau,\ \sigma^3\tau\}$이다.

   또, $D_5=\{1,\ \sigma,\ \sigma^2,\ \sigma^{3,}\ \sigma^4,\ \tau,\ \sigma\tau,\ \sigma^2\tau,\ \sigma^3\tau,\ \sigma^4\tau\}$의 켤레류를 구하면, $C_1=\{1\}$, $C_\sigma=\{\sigma,\ \sigma^4\}$, $C_{\sigma^2}=\{\sigma^2,\sigma^3\}$, $C_\tau=\{\tau,\ \sigma\tau,\ \sigma^2\tau,\ \sigma^3\tau,\ \sigma^4\tau\}$이다.

3. 대칭군 S_5의 켤레류는 다음과 같다. 여기서 $\{i,\ j,\ k,\ l,\ m\}=X_5=\{1,\ 2,\ 3,\ 4,\ 5\}$

켤레류	형	원 소	개 수
C_1	(1, 1, 1, 1, 1)	1	1
$C_{(1\,2)}$	(1, 1, 1, 2)	(1 2), (1 3), ⋯, (4 5)	10
$C_{(1\,2\,3)}$	(1, 1, 3)	(1 2 3), (1 3 2), ⋯ ,(3 5 4)	20
$C_{(1\,2)(3\,4)}$	(1, 2, 2)	(1 2)(3 4), ⋯, (2 3)(4 5)	15
$C_{(1\,2\,3\,4)}$	(1, 4)	(1 2 3 4), ⋯, (2 5 4 3)	30
$C_{(1\,2\,3)(4\,5)}$	(2, 3)	(1 2 3)(4 5), ⋯, (1 2)(3 4 5)	20
$C_{(1\,2\,3\,4\,5)}$	(5)	(1 2 3 4 5), ⋯, (1 5 4 3 2)	24

또, 교대군 A_5의 켤레류는 다음과 같다.

켤레류	형	원 소	개 수
C_1	(1, 1, 1, 1, 1)	1	1
$C_{(1\,2\,3)}$	(1, 1, 3)	(1 2 3), (1 3 2), ⋯ ,(3 5 4)	20
$C_{(1\,2)(3\,4)}$	(1, 2, 2)	(1 2)(3 4), ⋯, (2 3)(4 5)	15
$C_{(1\,2\,3\,4\,5)}$	(5)	(1 2 3 4 5), ⋯	12
$C_{(1\,5\,4\,3\,2)}$	(5)	(1 5 4 3 2), ⋯	12

4. (1) 군 G가 가환군이면, $|Z(G)|=|G|\geq p$이다. 이제, 군 G가 가환군이 아니라면, 155쪽 류등식 (**) $|G|=|Z(G)|+|C_{k+1}|+\cdots+|C_r|$에서 $|C_{k+1}|\geq\cdots\geq|C_r|>1$인 켤레류 $C_{k+1},\cdots,C_r$이 존재한다. 한편, $k+1\leq i\leq r$인 i에 대하여 $|G|>|C_G(x_i)|$이므로 $|C_i|=|G:C_G(x_i)|=\dfrac{|G|}{|C_G(x_i)|}$는 p의 배수이다. 따라서 류등식의 좌변과 우변이 p의 배수이므로 $p\,|\,|Z(G)|$이다. 따라서 $|Z(G)|\geq p$이다.

   (2) $|G:Z(G)|=1$이면, $G=Z(G)$이므로 G는 가환군이다. 또, $|G:Z(G)|=p$이면, 연습문제 2.6.8에 의하여 G는 가환군이다. 따라서 G가 가환군이 아니라면 $|G:Z(G)|>p$이고 G가 유한 $p-$군이므로 $|G:Z(G)|\geq p^2$이다.

   (3) $|G|=p^2$이라고 하면, (1)에 의하여 $|Z(G)|\geq p$이므로 $Z(G)$에는 위수 p인 정규부분군 N이 존재하고 $|G/N|$이 소수이므로 G는 가환군이다. 이제 G가 순환군이 아니라고 가정하면 G의 항등원이 아닌 임의의 원소의 위수는 p이다. 먼저, 원소 $x\in G-\{1\}$를 선택하고 원소 $y\in G-\langle x\rangle$를 선택하면 $\langle x\rangle\cong C_p$이고 $\langle y\rangle\cong C_p$이다. 이제, $z\in\langle x\rangle\cap\langle y\rangle$이면 $z=1$이다. 또한 $|\langle x\rangle\langle y\rangle|=p^2$이므로 $G=\langle x\rangle\langle y\rangle$이고 $G\cong\langle x\rangle\times\langle y\rangle=C_p\times C_p$이다.

[연습문제 2.12]

1. (1) $e\in H\subseteq G$이고 $h_1,h_2\in H\subseteq G$이므로 X의 임의의 원소 x에 대하여

   (ⅰ) $e\cdot x=x$이고 (ⅱ) $(h_1h_2)\cdot x=h_1\cdot(h_2\cdot x)$

   이므로 H는 집합 X의 왼쪽에서 작용한다.

   (2) 임의의 원소 $g\in G$와 $y\in Y$ 에 대하여 $g\cdot y\in Y$이므로 (ⅰ) $e\circ y=y$ (e는 G의 항등원이고 임의의 원소 $y\in Y$는 X의 원소이므로) (ⅱ) $(gh)\circ y=g\circ(h\circ y)$ (임의의 원소 $g,h\in G$와 $y\in Y\subseteq X$)이므로 G는 집합 Y의 왼쪽에서 작용한다.

   [정리 2.12.3′] 군 G와 X에 대하여 G는 작용

$$\cdot : X \times G \to X,\ \ \cdot(x,\ g) = x \cdot g$$

을 통하여 집합 X의 오른쪽에서 작용할 때 다음이 성립한다.

(1) 군 G의 부분군 H에 대하여 H는 작용

$$\cdot : X \times H \to X,\ \ \cdot(x,\ h) = x \cdot h$$

를 통하여 집합 X의 오른쪽에서 작용한다.

(2) 집합 X의 부분집합 $Y(\neq \varnothing)$에서, 임의의 원소 $g \in G$와 $y \in Y$ 에 대하여 $y \cdot g \in Y$이면, G는 작용

$$\cdot : Y \times G \to Y,\ \ \cdot(y,\ g) = y \cdot g$$

를 통하여 집합 Y의 오른쪽에서 작용한다.

2. (1) $y \in O_y = O_x$이므로 정의에 의하여 적당한 원소 $g \in G$가 존재하여 $y = g \cdot x$이다. 역으로, 적당한 원소 $g \in G$가 존재하여 $y = g \cdot x$이면 $y \in O_x$이다. 따라서 $O_y \subseteq O_x$이다. 또한, 동치류의 성질에 의하여 $O_y = O_x$이다.

(2) (1)로부터 분명하다.

(3) (1)과 (2)로부터 분명하다.

3. (1) 임의의 궤도 O_i에 대하여 $O_i \subseteq X$이므로 $X \supseteq O_1 \cup O_2 \cup \cdots \cup O_r$이다. 한편, 임의의 원소 $x \in X$에 대하여 적당한 i가 존재하여 $x \in O_i$이고 $\{x\} \subseteq O_i$이다. 따라서 $X = \cup\{\{x\} \mid x \in X\} \subseteq \cup\{O_i \mid i = 1, 2, \cdots, r\} = O_1 \cup O_2 \cup \cdots \cup O_r$이다.

따라서 $X = O_1 \cup O_2 \cup \cdots \cup O_r$이다. 정리 2.12.5의 (2)와 (3)에 의하여 서로소인 동치류만 선택할 수 있다.

(2) (1)에서 서로소인 동치류만으로 구성되어 있으므로 $|X| = |O_1| + |O_2| + \cdots + |O_r|$이다.

(3) 증명은 정리 2.12.6의 (1)에 있음.

4. 먼저 $1 \in H$에 대하여 $1 = a^0$이므로 임의의 원소 $(x_1,\ x_2,\ \cdots,\ x_p) \in X$에 대하여 $1 \cdot (x_1,\ x_2,\ \cdots,\ x_p) = a^0 \cdot (x_1,\ x_2,\ \cdots,\ x_p) = (x_1,\ x_2,\ \cdots,\ x_p)$이다. 또한, 임의의 원소 $a,\ b \in H$에 대하여 적당한 음이 아닌 정수 $i,\ j$가 존재하여 $a = a^i,\ b = a^j$이므로 $a \cdot (b \cdot (x_1,\ x_2,\ \cdots,\ x_p)) = a \cdot (x_{j+1},\ x_{j+2},\ \cdots,\ x_p,\ x_1,\ \cdots,\ x_j) = (x_{t+1},\ \cdots,\ x_p,\ x_1,\ \cdots,\ x_t)$이다. 여기에서 음이 아닌 임의의 정수 l에 대하여 $t + l \equiv i + j + l \bmod p$이다. 또한,

$(a \cdot b) \cdot (x_1, x_2, \cdots, x_p) = a^{i+j} \cdot (x_1, x_2, \cdots, x_p) = (x_{t+1}, \cdots, x_p, x_1, \cdots, x_t)$이 므 로 $a \cdot (b \cdot (x_1, x_2, \cdots, x_p)) = (a \cdot b) \cdot (x_1, x_2, \cdots, x_p)$이다. 따라서 H는 함수 $\cdot$를 통하여 왼쪽에서 X에 작용한다.

5. (1) $\Rightarrow$ (2) 임의의 원소 $x \in X$에 대하여 $O_x \subseteq X$이다. 역으로 임의의 원소 $x \in X$에 대하여 $x \in O_a$이므로 적당한 원소 $g \in G$에 대하여 $x = g \cdot a$이고 $a = g^{-1} \cdot x$이다. 이제 X의 임의의 원소 y에 대하여 $y \in O_a$이므로 적당한 원소 $k \in G$가 존재하여 $y = k \cdot a$이므로 $y = (kg^{-1}) \cdot x$이다. 따라서 $y \in O_x$이고 $X \subseteq O_x$이다. 따라서 $O_x = X$이다.
   (2) $\Rightarrow$ (3) (2)에 의하여 $y \in O_y = O_x$이므로 적당한 원소 $g \in G$가 존재하여 $y = g \cdot x$이다.
   (3) $\Rightarrow$ (1) $x = a$로 고정하면 임의의 원소 $y \in X$에 대하여 적당한 원소 $g \in G$가 존재하여 $y = g \cdot a$이므로 $X = \{y \mid y \in X\} \subseteq \{g \cdot a \mid g \in G\} = O_a$이고 $O_a = X$이다.
6. (1) $O_1 = \{(1\,2\,3\,4)^i \cdot 1 \mid i = 0,\ 1,\ 2,\ 3\} = X$이므로 추이적으로 작용한다.
   (2) $O_1 = \{g \cdot 1 \mid g \in G_2\} = \{1,\ 2\}$이므로 추이적으로 작용하지 않는다.
   (3) $O_1 = \{g \cdot 1 \mid g \in V_4\} = \{1,\ 2,\ 3,\ 4\} = X$이므로 추이적으로 작용한다.

[연습문제 2.13]

1. 위수 2인 부분군 : $\{(0,0,0), (1,0,0)\}$, $\{(0,0,0), (0,1,0)\}$,
   $\{(0,0,0), (1,1,0)\}$
   위수 6인 부분군 : $\{(0,0,0), (1,0,0), (0,0,1), (0,0,2), (1,0,1), (1,0,2)\}$,
   $\{(0,0,0), (0,1,0), (0,0,1), (0,0,2), (0,1,1), (0,1,2)\}$,
   $\{(0,0,0), (1,1,0), (0,0,1), (0,0,2), (1,1,1), (1,1,2)\}$
2. 군 G를 유한가환군이라 하고 그의 위수를 $p_1^{e_1} p_2^{e_2} \cdots p_r^{e_r}$ ($p_1, p_2, \cdots, p_r$은 서로 다른 소수)이라고 하면 Sylow 정리 I에 의하여 G는 $|G|$의 임의의 약수 $p_i^{f_i}$ ($i = 1, 2, \cdots, r$이고 $f_i \le e_i$)를 위수로 가지는 부분군 $H_i^{f_i}$를 가진다. 이제 G의 임의의 약수 d에 대하여 위수 d인 군의 존재성을 알아보자. 먼저 $d = p_1^{f_1} p_2^{f_2} \cdots p_r^{f_r}$이고 Sylow 정리 I에 의하여 G는 각 $p_i^{f_i}$ ($i = 1, 2, \cdots, r$이고 $f_i \le e_i$)를 위수로 가지는 부분군 $H_i^{f_i}$를 가진다. 군 G는 가환군이므로 각 i에 대

하여 $H_i^{f_i} \lhd G$이고 임의의 서로 다른 양의 정수 i와 j에 대하여 $H_i^{f_i} \cap H_j^{f_j} = \{1\}$이므로 $H_i^{f_i} H_j^{f_j}$는 위수 $p_i^{f_i} p_j^{f_j}$인 G의 부분군이다. 같은 방법으로 $H = H_1^{f_1} H_2^{f_2} \cdots H_r^{f_r}$는 위수 d인 G의 부분군이다. 따라서 유한가환군의 위수의 임의의 약수를 위수로 가지는 부분군이 항상 존재한다.

3. 위수 56인 군 G의 Sylow 2－부분군과 Sylow 7－부분군을 각각 P와 Q라고 하면 $|P| = 8$이고 $|Q| = 7$이다. 먼저, $n_2 \equiv 1 \bmod 2$이고 $n_2 \mid 56$이므로 $(n_2, 2) = 1$이기 때문에 $n_2 \mid 7$이다. 따라서 $n_2 = 1$ 또는 $n_2 = 7$이다. 먼저, $n_2 = 1$이면 $P \lhd G$이므로 G는 단순군이 아니다.
   이제, $n_2 = 7$인 경우에 $P_1 = P, P_2, \cdots, P_7$을 서로 다른 Sylow 2-부분군이라고 하자. 그러면, 임의의 서로 다른 양의 정수 i와 j에 대하여$(1 \le i, j \le 7)$ $|P_i \cap P_j| \le 4$이다. 따라서 $12 \le |P_1 \cup P_2 \cup \cdots \cup P_7| \le 7 \times (8-1) + 1 = 50$이다. 군 G에 위수가 2^i꼴이 아닌 원소는 6개 이상 40개 이하이다. 한편, Sylow 7-부분군의 개수 n_7은 1 또는 8이다. 또한, Sylow 7-부분군 P는 7개의 원소를 가지므로 위수 7인 원소의 개수는 6 또는 48이다. 따라서 Sylow 7-부분군이 8개라면 모순이다. 즉, Sylow 7-부분군은 유일하다. 따라서 $Q \lhd G$이고 G는 단순군이 아니다.
   그러므로 군 G는 단순군이 아니다.

4. $|G| = 12 = 2^2 \cdot 3$이면 Sylow 2-부분군 P와 Sylow 3-부분군 Q가 존재한다. 또, $n_3 \equiv 1 \bmod 3$이고 $n_3 | 12$이므로 $n_3 = 1$ 또는 $n_3 = 4$이다. 먼저, $n_3 = 1$이면 $Q \lhd G$이다. 이제, $n_3 = 4$이면 예제 2.13.4의 논리에 의하여 위수 3인 원소의 개수는 $4 \times (3-1) = 8$이므로 위수가 2의 멱인 원소는 4개이다. 따라서 Sylow 2-부분군 P가 유일하고 $P \lhd G$이다. 그러므로 G는 단순군이 아니다.
   $|G| = 28 = 2^2 \cdot 7$이면 Sylow 2-부분군 P와 Sylow 7-부분군 Q가 존재한다. 또, $n_7 \equiv 1 \bmod 7$이고 $n_7 | 28$이므로 $n_7 = 1$이다. 따라서 $Q \lhd G$이다. 그러므로 G는 단순군이 아니다.
   $|G| = 200 = 2^3 \cdot 5^2$이면 Sylow 2-부분군 P와 Sylow 5-부분군 Q가 존재한다. 또, $n_5 \equiv 1 \bmod 5$이고 $n_5 | 200$이므로 $n_5 = 1$이다. 따라서 $Q \lhd G$이다. 그러므로 G는 단순군이 아니다.

5. $|G| = 15 = 3 \cdot 5$이면 Sylow 3-부분군 P와 Sylow 5-부분군 Q가 존재한다. 먼저,

$n_3 \equiv 1 \bmod 3$이고 $n_3 \mid 15$이므로 $n_3 = 1$이고 따라서 $P \lhd G$이다. 또, $n_5 \equiv 1 \bmod 5$이고 $n_5 \mid 15$이므로 $n_5 = 1$이고 따라서 $Q \lhd G$이다. 한편, $P \cap Q = \{1\}$이고 $PQ = G$이다. 그러므로 G는 가환군이다. 예제 2.13.3의 논리에 의하여 G는 순환군이다.

$|G| = 35 = 5 \cdot 7$이면 Sylow 5-부분군 P와 Sylow 7-부분군 Q가 존재한다. 먼저, $n_5 \equiv 1 \bmod 5$이고 $n_5 \mid 35$이므로 $n_5 = 1$이고 따라서 $P \lhd G$이다. 또, $n_7 \equiv 1 \bmod 7$이고 $n_7 \mid 35$이므로 $n_7 = 1$이고 따라서 $Q \lhd G$이다. 한편, $P \cap Q = \{1\}$이고 $PQ = G$이다. 그러므로 G는 가환군이다. 예제 2.13.3의 논리에 의하여 G는 순환군이다.

6. 군 G의 Sylow p-부분군을 P라고 하면 $n_p \equiv 1 \bmod p$이고 $n_p \mid p^n q$이다. 먼저, $(n_p, p) = 1$이므로 $n_p \mid q$이고 $p > q$이므로 $n_p = 1$이다. 그러므로 P는 G의 유일한 Sylow p-부분군이고 $P \lhd G$이다.

7. 군 G의 Sylow p-부분군을 P라고 하고 Sylow q-부분군을 Q라고 하면, 문제 6에 의하여 $P \lhd G$이다. 또 $n_q \mid pq$이므로 $n_q \mid p$이다. 한편, $n_q = kq + 1 \neq 1$이라면 $(kq+1) \mid p$이고 p가 소수이므로 $p = kq + 1$이고 $q \mid (p-1)$이다. 가정 $q \nmid (p-1)$에 의하여 $n_q = 1$이고 $Q \lhd G$이다. 군 P와 Q의 위수가 소수이므로 각각은 순환군이고 $P \cap Q = \{1\}$이므로 P와 Q의 원소는 교환법칙이 성립하므로 $PQ = G$는 가환군이다. 한편 $P = \langle a \rangle$이고 $Q = \langle b \rangle$이라고 하면 ab의 위수는 pq이므로 $PQ = \langle ab \rangle$이다. 그러므로 $PQ = G$는 순환군이다. 문제 5는 이 문제의 특수한 경우이다.

8. (1) 군 G에서의 군 내부자기동형함수 $\alpha_g : G \to G$, $\alpha_g(a) = gag^{-1}$에 의하여 $S \cong \alpha_g(S) \cong gSg^{-1}$이므로 $|sSg^{-1}| = |S|$이다. 한편, $N \lhd G$이므로 $gSg^{-1} \subseteq gNg^{-1} = N$이다. 따라서 gSg^{-1}는 N의 Sylow $p-$부분군이다.

   (2) 군 G의 임의의 원소 g에 대하여 Sylow 정리 II에 의하여 S와 gSg^{-1}은 N의 켤레부분군이므로 적당한 원소 $x \in N$가 존재하여 $S^x = gSg^{-1}$이다. 따라서 $S = g^{-1}(xSx^{-1})g = (g^{-1}x)S(g^{-1}x)^{-1}$이므로 $g^{-1}x \in N_G(S)$이고 $x^{-1}g \in N_G(S)$이다. 즉, $g \in xN_G(S) \subseteq NN_G(S)$이므로 $G \subseteq NN_G(S)$이다. 따라서 $NN_G(S) = G$이다. 또, $N \lhd G$이므로 $N_G(S)N = NN_G(S) = G$이다.

9. (1) 정의에 의하여 $H \subseteq N_G(H)$이다. 먼저, $H \lhd N_G(H)$이고 $S \subseteq N_G(S) \subseteq H$이므로 S는 $N_G(H)$의 Sylow $p-$부분군이다. 따라서 문제 8의 (2)에 의하여 $N_G(H) = N_{N_G(H)}(S)H \subseteq N_G(S)H \subseteq HH = H$이다. 그러므로 $H = N_G(H)$이다.

(2) 특히 $H=N_G(S)$이면, $N_G(S)\subseteq H$이므로 $N_G(N_G(S))=N_G(S)$이다.

10. (1) 군 P를 S_4의 Sylow 2-부분군이라면, $|P|=8$이고 $n_2=(1+2k)|24$이다. 따라서 $n_2=1$ 또는 $n_2=3$이다. 예제 2.11.3을 이용하여 다음 세 가지를 얻는다.

$$C_{(1\,2)(3\,4)}$$
$$=\{1,\ (1\,2)(3\,4),\ (1\,3)(2\,4),\ (1\,4)(2\,3),\ (1\,2),\ (3\,4),\ (1\,3\,2\,4),\ (1\,4\,2\,3)\}$$
$$C_{(1\,3)(2\,4)}$$
$$=\{1,\ (1\,2)(3\,4),\ (1\,3)(2\,4),\ (1\,4)(2\,3),\ (1\,3),\ (2\,4),\ (1\,2\,3\,4),\ (1\,4\,3\,2)\}$$
$$C_{(1\,4)(2\,3)}$$
$$=\{1,\ (1\,2)(3\,4),\ (1\,3)(2\,4),\ (1\,4)(2\,3),\ (1\,4),\ (2\,3),\ (1\,2\,4\,3),\ (1\,3\,4\,2)\}$$

(2) 군 Q를 S_4의 Sylow 3-부분군이라면, $|Q|=3$이고 $n_3=(1+3k)\,|\,24$이다. 따라서 $n_3=1$ 또는 $n_3=4$이다. 예제 2.11.3을 이용하면, Sylow 3-부분군은 $\langle(1\,2\,3)\rangle$, $\langle(1\,2\,4)\rangle$, $\langle(1\,3\,4)\rangle$, $\langle(2\,3\,4)\rangle$이다.

(3) 위수 2인 부분군은 S_4의 위수 2인 원소에 의하여 생성된 부분군으로 (1)에 의하여 9가지이다. 즉, $\langle(1\,2)(3\,4)\rangle$, $\langle(1\,3)(2\,4)\rangle$, $\langle(1\,4)(2\,3)\rangle$, $\langle(1\,2)\rangle$, $\langle(3\,4)\rangle$, $\langle(1\,3\rangle$, $\langle(2\,4)\rangle$, $\langle(1\,4)\rangle$, $\langle(2\,3)\rangle$이다. 또, 위수 4인 부분군은 (1)의 각 부분군으로부터 3가지 씩 나오며 한 가지가 공통이므로 모두 7가지이다. 즉,

공통인 부분군 : $\{1,\ (1\,2)(3\,4),\ (1\,3)(2\,4),\ (1\,4)(2\,3)\}$

$C_{(1\,2)(3\,4)}$의 부분군 : $\{1,\ (1\,2)(3\,4),\ (1\,2),\ (3\,4)\}$,
$\{1,\ (1\,2)(3\,4),\ (1\,3\,2\,4),\ (1\,4\,2\,3)\}$

$C_{(1\,3)(2\,4)}$의 부분군 : $\{1,\ (1\,3)(2\,4),\ (1\,3),\ (2\,4)\}$,
$\{1,\ (1\,3)(2\,4),\ (1\,2\,3\,4),\ (1\,4\,3\,2)\}$

$C_{(1\,4)(2\,3)}$의 부분군 : $\{1,\ (1\,4)(2\,3),\ (1\,4),\ (2\,3)\}$,
$\{1,\ (1\,4)(2\,3),\ (1\,2\,4\,3),\ (1\,3\,4\,2)\}$

(4) $\langle(1\,2\,3),\ (12)\rangle$,$\langle(1\,2\,4),\ (1\,2)\rangle$,$\langle(1\,3\,4),\ (1\,3)\rangle$,$\langle(2\,3\,4),\ (2\,3)\rangle$

(5) 만일 H가 위수 12인 부분군이라면, $H\lhd S_4$이고 $gHg^{-1}\subseteq H$이므로 예제 2.11.3에 의하여 $(i_1,\ \cdots,\ i_r)$-형 치환이 H의 원소이면 모든 $(i_1,\ \cdots,\ i_r)$-형 치환이 H의

원소이므로 예제 2.11.3의 표로부터 A_4뿐이다.

11. (1) 군 P를 A_4의 Sylow 2-부분군이라면, $|P|=4$이고 $n_2=(1+2k)\mid 12$이다. 따라서 $n_2=1$ 또는 $n_2=3$이다. 예제 2.11.3을 이용하면, $\{1, (1\,2)(3\,4), (1\,3)(2\,4), (1\,4)(2\,3)\}$ 뿐이다.
   (2) 군 Q를 A_4의 Sylow 3-부분군이라면, $|Q|=3$이고 $n_3=(1+3k)\mid 12$이다. 따라서 $n_3=1$ 또는 $n_3=4$이다. 예제 2.11.3을 이용하면, $\langle(1\,2\,3)\rangle, \langle(1\,2\,4)\rangle, \langle(1\,3\,4)\rangle, \langle(2\,3\,4)\rangle$이다.
   (3) $\langle(1\,2)(3\,4)\rangle, \langle(1\,3)(2\,4)\rangle, \langle(1\,4)(2\,3)\rangle$
   (4) 문제 10의 (5)와 같은 논리에 의하여 존재하지 않는다.
12. 군 H의 항등원 1과 집합 X의 임의의 원소 xS에 대하여 $1\cdot xS=(1\cdot x)\cdot S=xS$이다. 또, 임의의 원소 $g, h\in H$와 집합 X의 임의의 원소 xS에 대하여 $g\cdot(h\cdot xS)=g\cdot(hxS)=g(hx)H=(gh)xH=gh\cdot xH$이다. 따라서 H는 X의 왼쪽에서 작용한다.
13. 먼저 $p=2$이면 $G\cong V_4$이므로 G는 위수 2인 정규부분군을 가진다. 이제 p가 홀수인 소수이면, G의 Sylow p-부분군의 개수 $n_p\equiv 1 \bmod p$이고 $n_p\mid 2p$이다. 따라서 $n_p=1$이고 Sylow p-부분군은 G의 정규부분군이다.

[연습문제 2.14]

1. 분명히 $[\sigma^i, \sigma^j]=1$, $[\tau^i, \tau^j]=1$, $[\sigma^i, \tau]=\sigma^i\tau(\sigma^i)^{-1}\tau^{-1}=\sigma^{2i}$, $[\sigma^i\tau, \tau]=\sigma^{2i}$, $[\sigma^i\tau, \sigma^j\tau]=\sigma^{2i-2j}$ 등이므로 $D'=\langle\sigma^2\rangle$이다. 따라서 가환 부분정규열 $\{1\}\lhd\langle\sigma^2\rangle\lhd D_n$이 존재하므로 D_n은 가해군이다.
2. 군 G의 Sylow 5-부분군을 P라고 하면, $n_5\equiv 1 \bmod 5$이고 $n_5|20$이므로 $n_5=1$이다. 따라서 $P\lhd G$이고 $|G/P|=4$이므로 G/P는 가환군이다. 따라서 G/P는 가해군이고 정리 2.14.11에 의하여 G는 가해군이다.
3. (1) 임의의 원소 $x, y\in S_n$에 대하여 $[x,y]=x^{-1}y^{-1}xy$은 짝수치환이므로 $S_n'\subseteq A_n$이다.
   (2) 군 A_n의 임의의 원소는 짝수치환의 곱이므로 $(i\,j\,k)$의 꼴 또는 $(i\,j)(k\,l)$의 꼴의 곱으로 표현된다. 한편,
   $(i\,j)(k\,l)=(i\,j)(j\,k)(j\,k)(k\,l)=[(i\,j)(j\,k)][(j\,k)(k\,l)]=(j\,k\,i)(k\,l\,j)=(i\,j\,k)(j\,k\,l)$

이므로 군 A_n의 임의의 원소는 치환 $(i\,j\,k)$꼴의 원소에 의하여 생성된다.

한편, 임의의 원소 $(i\,j\,k) \in A_n$에 대하여 $[(i\,k), (j\,k)] = (i\,k)\,(j\,k)(i\,k)\,(j\,k) = (i\,j\,k) \in S_n{}'$이므로 $A_n \subseteq S_n{}'$이다.

(3) 간단한 계산에 의하여 $[(i\,s\,j), (i\,r\,k)] = (i\,j\,k)$이므로 $A_n \subseteq A_n{}'$이므로 $A_n = A_n{}'$이다.

(4) (3)과 A_n의 비가환성에 의하여 S_n과 A_n은 가해군이 아니다.

[연습문제 3.1]

1. (1) (1, 5) (2) (6, −6)
   (3) (0, 0)
   (4) (3)에 의하여 영인자를 가지므로 정역이 아니다.
2. (1) ($\Leftarrow$) $a_1 = b_1 = 0$이면 $a_1 + b_1\sqrt{m} = 0 + 0\sqrt{m} = 0$이다. ($\Rightarrow$) $b_1 \neq 0$이라고 가정하면 $\sqrt{m} = -\dfrac{a_1}{b_1}$이므로 왼쪽 식은 유리수가 아니고 오른쪽 식은 유리수이므로 모순이다. 따라서 $b_1 = 0$이고 $a_1 = 0$이다.
   (2) 실수에서 교환법칙과 배분법칙을 이용하여 계산하면 (2)가 성립한다.
   (3) 교환법칙과 배분법칙을 적용하고 $(\sqrt{m})^2 = m$을 이용하면 (3)이 성립한다.
3. 체 $\mathbb{Q}(\sqrt{m})$의 임의의 원소를 $\xi = a_1 + b_1\sqrt{m}$와 $\eta = a_2 + b_2\sqrt{m}$라고 하자.
   (1) $\xi + \eta = (a_1 + a_2) + (b_1 + b_2)\sqrt{m}$이므로

$$\overline{\xi+\eta} = (a_1 + a_2) - (b_1 + b_2)\sqrt{m} = (a_1 - b_1\sqrt{m}) + (a_2 - b_2\sqrt{m}) = \overline{\xi} + \overline{\eta}$$

이고 $\xi\,\eta = (a_1a_2 + b_1b_2m) + (a_1b_2 + a_2b_1)\sqrt{m}$이므로

$$\overline{\xi\,\eta} = (a_1a_2 + b_1b_2m) - (a_1b_2 + a_2b_1)\sqrt{m} = (a_1 - b_1\sqrt{m})(a_2 - b_2\sqrt{m}) = \overline{\xi}\,\overline{\eta}$$

   (2) $N(\xi) = a_1{}^2 - b_1{}^2m = (a_1 + b_1\sqrt{m})(a_1 - b_1\sqrt{m}) = \xi\overline{\xi}$이고

$$N(\xi\eta) = (\xi\eta)(\overline{\xi\eta}) = (\xi\eta)(\overline{\xi}\,\overline{\eta}) = (\xi\overline{\xi})(\eta\overline{\eta}) = N(\xi)N(\eta)$$

(3) $\xi \cdot \dfrac{\overline{\xi}}{N(\xi)} = 1$이므로 $\xi^{-1} = \dfrac{\overline{\xi}}{N(\xi)}$이다.

(4) $\xi \neq 0$이라고 하면 $a_1 \neq 0$ 또는 $b_1 \neq 0$이다. 이제, $\xi\eta = 0$이면 $a_1a_2 + b_1b_2m = 0$, $a_1b_2 + a_2b_1 = 0$이다. 두 식에서 a_2를 구하는 과정으로부터 $(a_1{}^2 - b_1{}^2m)a_2 = 0$을 얻는다. 한편, $a_1 \neq 0$ 또는 $b_1 \neq 0$이므로 $a_1{}^2 - b_1{}^2m \neq 0$이고 따라서 $a_2 = 0$이다. 같은 방법으로 $b_2 = 0$이다. 그러므로 $\eta = 0$이다.

4. (1) 임의의 원소 $x \in \mathbb{Q}(\sqrt{12})$에 대하여 $x = a + b\sqrt{12} = a + 2b\sqrt{3} \in \mathbb{Q}(\sqrt{3})$이므로 $\mathbb{Q}(\sqrt{12}) \subseteq \mathbb{Q}(\sqrt{3})$이다. 역으로, 임의의 원소 $x \in \mathbb{Q}(\sqrt{3})$에 대하여 $x = a + b\sqrt{3} = a + \dfrac{b}{2}\sqrt{12} \in \mathbb{Q}(\sqrt{12})$이고 $\dfrac{b}{2} \in \mathbb{Q}$이므로 $\mathbb{Q}(\sqrt{3}) \subseteq \mathbb{Q}(\sqrt{12})$이다. 따라서 $\mathbb{Q}(\sqrt{12}) = \mathbb{Q}(\sqrt{3})$이다.

(2) (1)에 의하여 $\mathbb{Z}[\sqrt{12}] \subseteq \mathbb{Z}[\sqrt{3}]$이다.

그러나, $2 + \sqrt{3} = 2 + \dfrac{1}{2}\sqrt{12} \in \mathbb{Z}[\sqrt{3}] - \mathbb{Z}[\sqrt{12}]$이므로 (2)는 거짓이다.

(3) $(4 + \sqrt{3})^{-1} = \dfrac{4}{13} - \dfrac{\sqrt{3}}{13} \notin \mathbb{Z}[\sqrt{3}]$이므로 $\mathbb{Z}[\sqrt{3}]$은 체가 아니다.

(4) 영이 아닌 임의의 원소 $a + b\sqrt{3} \in \mathbb{Q}(\sqrt{3})$일 때, $(a + b\sqrt{3})^{-1} = \dfrac{a}{a^2 - 3b^2} + \dfrac{-b}{a^2 - 3b^2}\sqrt{3}$이다. 또, $a, b \in \mathbb{Q}$이면 $\dfrac{a}{a^2 - 3b^2}, \dfrac{-b}{a^2 - 3b^2} \in \mathbb{Q}$이므로 $\mathbb{Q}(\sqrt{3})$은 체이다.

5. 연속함수의 합과 연속함수의 곱은 연속함수이므로 두 연산이 잘 정의되고 임의의 원소 $f, g, h \in C[0, 1]$에 대하여 $f + g = g + f$, $fg = gf$, $(f + g) + h = f + (g + h)$, $(fg)h = f(gh)$, $(f + g)h = fh + gh$, $f(g + h) = fg + fh$이다. 또, 임의의 실수 $x \in [0, 1]$에 대하여 두 함수 o과 1을 $o : [0, 1] \to \mathbb{R}$, $o(x) = 0$과 $1 : [0, 1] \to \mathbb{R}$, $1(x) = 1$로 정의하면 $o, 1 \in C[0, 1]$이고 $f + o = f = o + f$, $f1 = f = 1f$이다. 마지막으로 함수$(-f) : [0, 1] \to \mathbb{R}$, $(-f)(x) = -f(x)$를 정의하면 $(-f) \in C[0, 1]$이고 $f + (-f) = o = (-f) + f$이다. 따라서 $C[0, 1]$은 항등원을 가지는 가환환이다.

6. 60쪽에 있는 연습문제 2.1.13의 (1)－(6)을 참조하여라.

7. $\xi = a_1 + b_1i + c_1j + d_1k$와 $\eta = a_2 + b_2i + c_2j + d_2k$에 대하여

$$\xi + \eta = (a_1 + a_2) + (b_1 + b_2)i + (c_1 + c_2)j + (d_1 + d_2)k,$$

$$\xi\eta=(a_1a_2-b_1b_2-c_1c_2-d_1d_2)+(a_1b_2+a_2b_1+c_1d_2-d_1c_2)i$$
$$+(a_1c_2+a_2c_1-b_1d_2+d_1b_2)j+(a_1d_2+a_2d_1+b_1c_2-b_2c_1)k$$

이므로

(1) $\overline{\xi+\eta}=(a_1+a_2)-(b_1+b_2)i-(c_1+c_2)j-(d_1+d_2)k=\overline{\xi}+\overline{\eta}$,

$$\overline{\xi\eta}=(a_1a_2-b_1b_2-c_1c_2-d_1d_2)-(a_1b_2+a_2b_1+c_1d_2-d_1c_2)i$$
$$-(a_1c_2+a_2c_1-b_1d_2+d_1b_2)j-(a_1d_2+a_2d_1+b_1c_2-b_2c_1)k$$
$$=\overline{\eta}\,\overline{\xi}$$

(2) $N(\xi)={a_1}^2+{b_1}^2+{c_1}^2+{d_1}^2=(a_1+b_1i+c_1j+d_1k)(a_1-b_1i-c_1j-d_1k)=\xi\overline{\xi}$
$=\overline{\xi}\xi$,

$$N(\xi\eta)=(\xi\eta)(\overline{\xi\eta})=(\xi\eta)(\overline{\eta}\,\overline{\xi})=\xi(\eta\overline{\eta})\overline{\xi}=\xi N(\eta)\overline{\xi}=\xi\overline{\xi}N(\eta)$$
$$=N(\xi)N(\eta)$$

(3) $N(\xi)=0 \Leftrightarrow {a_1}^2+{b_1}^2+{c_1}^2+{d_1}^2=0 \Leftrightarrow a_1=b_1=c_1=d_1=0 \Leftrightarrow \xi=0 \Leftrightarrow$
$\overline{\xi}=0$

(4) $N(\xi)=\xi\overline{\xi}$으로부터 $\xi\cdot\dfrac{\overline{\xi}}{N(\xi)}=1$이므로 $\xi^{-1}=\dfrac{\overline{\xi}}{N(\xi)}$이다.
따라서 $(2+3i-4j)^{-1}=\dfrac{2}{29}-\dfrac{3i}{29}+\dfrac{4j}{29}$이다.

(5) $ij\neq ji$이므로 $\mathbb{H}$는 사체이다.

(6) $\mathbb{H}_0$은 교환법칙이 성립함으로 체이다. 또한 $0j+0k$를 무시하면 복소수체와 같다.

8. (1) (5,7), (4, 0)

(2) (−6, 17), (13, 0)

(3) $(a, b)+(0, 0)=(a, b)=(0, 0)+(a, b)$, $(a, b)(1, 0)=(a, b)=(1, 0)(a, b)$
또한, C에서 덧셈과 곱셈에 관한 교환법칙과 결합법칙이 성립한다. 한편, (a, b)의 덧셈에 관한 역원은 $(-a, -b)$이고 배분법칙 또한 쉽게 증명된다. 따라서 C는 항등원을 가지는 가환환이다.

(4) $(0, 1)^{-1}=(0, -1)$, $(2, 3)^{-1}=(\dfrac{2}{13}, \dfrac{-3}{13})$

(5) C의 영이 아닌 임의의 원소(a, b)에 대하여 $(a, b)^{-1}=\left(\frac{a}{a^2+b^2}, \frac{-b}{a^2+b^2}\right)$이므로 C는 체이다. 실제로 (a, b)를 $a+bi$라 놓으면 $C=\mathbb{C}$이 된다.

9. (1) $\mathbb{Z}_2\times\mathbb{Z}_2$는 영원 $(0, 0)$과 항등원 $(1, 1)$을 가지는 가환환이다.

(2) $\mathbb{Z}_2\times\mathbb{Z}_2$는 영원 $(0, 0)$과 항등원 $(1, 0)$을 가지는 가환환이다.

10. (1) 연습문제 5번과 유사하게 증명된다.

(2) $f(x)=2x+2$이고 $g(x)=3x+2$라고 하면 $f, g\in C(\mathbb{R})$이고 $f\cdot g(x)=f(g(x))=f(3x+2)=2(3x+2)+2=6x+6$이고 $g\circ f(x)=g(f(x))=g(2x+2)=3(2x+2)+2=6x+8$이므로 교환법칙이 성립하지 않는다.

또, 두 함수 o과 1을 $o:\mathbb{R}\to\mathbb{R}$, $o(x)=0$과 $1:\mathbb{R}\to\mathbb{R}$, $1(x)=x$로 정의하면 $o, 1\in C[0, 1]$이고 $f+o=f=o+f$, $f\cdot 1=f=1\cdot f$이다. 결합법칙은 정의에 의하여 성립하지만 배분법칙 중에 $f\cdot(g+h)\neq f\circ g+f\cdot h$이다. 따라서 $C(\mathbb{R})$은 환이 아니다. 비가환환이다.

(3) 자명한 가환환이다.

11. $a\cdot a=0$이면 $a\cdot b=0$이므로 $0=(a+b)\cdot b=a\cdot b+b\cdot b=b\cdot b$이다.

12. $a\cdot a=a$이면 $a\cdot b=b$이므로 $0=(a+b)\cdot b=a\cdot b+b\cdot b=b+b\cdot b$이므로 $b\cdot b=a$이다.

[연습문제 3.2]

1. 정리 2.2.5의 (1), (2)와 (4)와 같다[연습문제 2.2.2 해답 참조].

2. $\binom{n-1}{r-1}+\binom{n-1}{r}=\frac{(n-1)!}{(n-r)!(r-1)!}+\frac{(n-1)!}{(n-r-1)!r!}=\frac{n!}{(n-r)!r!}=\binom{n}{r}$

3. 배분법칙에 의하여 $ab+a(-b)=a(b+(-b))=a0=0$, $ab+(-a)b=(a+(-a))b=0b=0$이다. 따라서 $a(-b)$와 $(-a)b$는 ab의 덧셈에 관한 역원이므로 $a(-b)=(-a)b=-ab$이다.

또 $(-a)(-b)$와 ab는 $-ab$의 덧셈에 관한 역원이므로 $(-a)(-b)=ab$이다.

특히, $b=1$이면 $a(-b)=(-a)b$는 $a(-1)=-a$이고 $a=1$, $b=-a$이면 $(-a)(-b)=ab$는 $(-1)a=-a$이다. 따라서 $a(-1)=-a=(-1)a$이다. 이 식에 $a=-1$을 대입하면 $(-1)(-1)=1$이다.

4. 정리 3.2.4의 (2)에 의하여 $(-a)^2=(-a)(-a)=a^2$이다.

5. (1) $U(\overline{\mathbb{Z}}_{12})=\{\bar{1}, \bar{5}, \bar{7}, \overline{11}\}$, $\overline{\mathbb{Z}}_{12}-U(\overline{\mathbb{Z}}_{12})-\{\bar{0}\}$

(2) $U(\mathbb{Z}^2)=\{(1,\ 1),\ (-1,\ 1),\ (1,-1),\ (-1,-1)\}$,
$\{(a,0)\mid a\in\mathbb{Z}-\{0\}\}\cup\{(0,a)\mid a\in\mathbb{Z}-\{0\}\}$

(3) $U(\overline{\mathbb{Z}}_{12}{}^2)=U(\overline{\mathbb{Z}}_{12})^2$, $\overline{\mathbb{Z}}_{12}{}^2-U(\overline{\mathbb{Z}}_{12}{}^2)-\{(\overline{0},\overline{0})\}$

(4) $U(\mathbb{R}^2)=(\mathbb{R}^*)^2$, $\mathbb{R}^2-U(\mathbb{R}^2)-\{(0,\ 0)\}$ (단, $\mathbb{R}^*=\mathbb{R}-\{0\}$이다.)

6. (1) $U(M_2(\mathbb{R}))=GL_2(\mathbb{R})=\left\{\begin{pmatrix}a & b\\ c & d\end{pmatrix}\in M_2(\mathbb{R})\mid ad-bc\neq 0\right\}$

(2) $\begin{pmatrix}1 & 1\\ 0 & 0\end{pmatrix}\begin{pmatrix}1 & -1\\ -1 & 1\end{pmatrix}=\begin{pmatrix}0 & 0\\ 0 & 0\end{pmatrix}$

(3) $\begin{pmatrix}1 & 2\\ 3 & 6\end{pmatrix}\begin{pmatrix}2 & 6\\ -1 & -3\end{pmatrix}=\begin{pmatrix}0 & 0\\ 0 & 0\end{pmatrix}$

(4) $M_2(\mathbb{R})-GL_2(\mathbb{R})-\left\{\begin{pmatrix}0 & 0\\ 0 & 0\end{pmatrix}\right\}$ 또는 $\left\{\begin{pmatrix}a & b\\ c & d\end{pmatrix}\in M_2(\mathbb{R})\mid ad-bc=0\right\}-\left\{\begin{pmatrix}0 & 0\\ 0 & 0\end{pmatrix}\right\}$

7. 환 R이 6개의 원소를 가지면, 덧셈군의 관점에서 $R\cong\overline{\mathbb{Z}}_6$이다. 환 R이 체이면 정리 3.2.6에 의하여 $U(R)=R-\{0\}$은 5개의 원소를 가지는 곱셈에 관한 가환군이다. 또 $|U(R)|$은 소수이므로 $U(R)$은 순환군이다. 따라서 체 R은 $R=\{\overline{0},\ \overline{1},\ \overline{a},\ \overline{a^2},\ \overline{a^3},\ \overline{a^4}\}$과 같이 나타낼 수 있다. 한편, R은 덧셈에 관하여도 순환군이므로 적당한 양의 정수 $k\in\{2,\ 3,\ 4\}$가 존재하여 $\overline{a}=k\cdot\overline{1}$이고 $\overline{a^5}=\overline{1}$로부터 $\overline{k^5}=\overline{1}$이다. 따라서 $R=\{\overline{0},\ \overline{1},\ \overline{k},\ \overline{k^2},\ \overline{k^3},\ \overline{k^4}\}=\{\overline{0},\ \overline{1},\ \overline{2},\ \overline{3},\ \overline{4},\ \overline{5}\}$이다. 그러나 조건을 만족하는 k는 존재하지 않는다. 이를테면, $k=2$이면 $\overline{2}^3=\overline{2}$이어서 모순이다. 따라서 R은 체가 될 수 없다.
[참고] 이 문제는 뒤에 표수를 정의하면 쉽게 증명된다.

8. (1) $U(C(\mathbb{R}))=\{f\in C(\mathbb{R})\mid x\in\mathbb{R}$인 모든 x에 대하여 $f(x)\neq 0\}$
(2) 항등원이 존재하지 않으므로 $U(C(\mathbb{R}))$은 논할 수 없다.

9. 연속함수 $c(x)$가 영인자라고 하면 적당한 원소 $d(x)\in C[0,\ 1]$가 존재하여 $c(x)d(x)=o(x)=0$이다. 한편, $x\neq\frac{1}{2}$일 때 $c(x)\neq 0$이므로 $x\neq\frac{1}{2}$일 때 $d(x)=0$이다. 즉, $d(x)$는 $x=\frac{1}{2}$를 제외한 모든 점에서 함수값 0을 갖고 $d(x)$는 $[0,\ 1]$의 모든 구간에서 연속이므로 $d(\frac{1}{2})=0$이어야 한다. 따라서 $d=o$이므로 $c(x)$는 영인자가 아니다. 또, $c(x)$가 단원이라면, 적당한 원소 $d(x)\in C[0,\ 1]$가 존재하여 $c(x)d(x)=1(x)=1$이다. 그러나 $c\left(\frac{1}{2}\right)d\left(\frac{1}{2}\right)=0$이므로 모순이다. 따라서 $c(x)$는

단원이 아니다.

[연습문제 3.3]

1. (1) 집합 R의 임의의 두 원소 (a, b)와 (c, d)에 대하여 $(a, b)+(c, d)=(a+c, b+d)=(c+a, d+b)=(c, d)+(a, b)$이고 $(a, b)(c, d)=(ac-bd, ad+bc)=(c, d)(a, b)$이다. 같은 방법으로 덧셈과 곱셈에 관한 결합법칙이 성립한다. 또, $(a, b)+(0, 0)=(a, b)=(0, 0)+(a, b)$, $(a, b)(1, 0)=(a, b)=(1, 0)(a, b)$이다. 한편, (a, b)의 덧셈에 관한 역원은 $(-a, -b)$이고 영원이 아닌 원소 (a, b)의 곱셈에 관한 역원은 $(a, b)^{-1}=\left(\frac{a}{a^2+b^2}, \frac{-b}{a^2+b^2}\right)$이며 배분법칙 또한 쉽게 증명된다. 따라서 R은 체이다.

   (2) 임의의 원소 $(a, 0), (b, 0)\in S$에 대하여 $(a, 0)-(b, 0)=(a-b, 0)\in S$, $(a, 0)(b, 0)=(ab, 0)\in S$이고 $(a, 0)\neq(0, 0)$에 대하여 $(a, 0)^{-1}=(a^{-1}, 0)$이므로 S는 R의 부분체이다.

2. 정역 R의 부분환 S는 가환환이고 $1\in S$이므로 S는 항등원을 가진 가환환이다. 이제 S의 두 원소 $ab=0$이라고 가정하면, S의 원소는 R의 원소이므로 $a=0$ 또는 $b=0$이다. 따라서 S는 영인자를 갖지 않으므로 정역이다.

3. 양의 정수 m에 대하여 m의 배수인 임의의 두 원소의 차와 곱은 m의 배수이므로 $m\mathbb{Z}$는 $\mathbb{Z}$의 부분환이다. 또한, $6\mathbb{Z}\cap 8\mathbb{Z}$는 6의 배수이고 동시에 8의 배수이므로 $[6, 8]$의 배수이다. 즉, $6\mathbb{Z}\cap 8\mathbb{Z}=24\mathbb{Z}$이다.

4. 임의의 원소 $x, y\in R_p$에 대하여 $a, b\in\mathbb{Z}$와 음이 아닌 정수 m, n이 존재하여 $x=\frac{a}{p^m}$이고 $y=\frac{b}{p^n}$이다. 따라서 $x-y=\frac{ap^n-bp^m}{p^{m+n}}\in R_p$이고 $xy=\frac{ab}{p^{m+n}}\in R_p$이므로 R_p는 $\mathbb{Q}$의 부분환이다. 모든 정수 $a=\frac{a}{p^0}$는 R_p의 원소이고 $\frac{1}{p}\in R_p-\mathbb{Z}$이므로 $\mathbb{Z}\subsetneq R_p$이다. 한편, $\frac{1}{p+1}\in\mathbb{Q}-R_p$이므로 $R_p\subsetneq\mathbb{Q}$이다.

5. (1) 임의의 원소 $\begin{pmatrix}a_1 & b_1\\ 0 & c_1\end{pmatrix}, \begin{pmatrix}a_2 & b_2\\ 0 & c_2\end{pmatrix}\in S$에 대하여 $\begin{pmatrix}a_1 & b_1\\ 0 & c_1\end{pmatrix}-\begin{pmatrix}a_2 & b_2\\ 0 & c_2\end{pmatrix}=\begin{pmatrix}a_1-a_2 & b_1-b_2\\ 0 & c_1-c_2\end{pmatrix}\in S$이고 $\begin{pmatrix}a_1 & b_1\\ 0 & c_1\end{pmatrix}\begin{pmatrix}a_2 & b_2\\ 0 & c_2\end{pmatrix}=\begin{pmatrix}a_1a_2 & a_1b_2+b_1c_2\\ 0 & c_1c_2\end{pmatrix}\in S$이므로 S는 R의 부분환이다.

(2) 임의의 원소 $\begin{pmatrix} a_1 & b_1 \\ 0 & a_1 \end{pmatrix}$, $\begin{pmatrix} a_2 & b_2 \\ 0 & a_2 \end{pmatrix} \in T$에 대하여 $\begin{pmatrix} a_1 & b_1 \\ 0 & a_1 \end{pmatrix} - \begin{pmatrix} a_2 & b_2 \\ 0 & a_2 \end{pmatrix} = \begin{pmatrix} a_1 - a_2 & b_1 - b_2 \\ 0 & a_1 - a_2 \end{pmatrix}$ $\in T$이고 $\begin{pmatrix} a_1 & b_1 \\ 0 & a_1 \end{pmatrix}\begin{pmatrix} a_2 & b_2 \\ 0 & a_2 \end{pmatrix} = \begin{pmatrix} a_1a_2 & a_1b_2 + b_1a_2 \\ 0 & a_1a_2 \end{pmatrix} \in T$이므로 T는 S의 부분환이고 R의 부분환이다.

(3) 연습문제 2.6.7을 참조하면 $C(R) = \left\{ \begin{pmatrix} a & 0 \\ 0 & a \end{pmatrix} \mid a \in \mathbb{R} \right\}$이다. 또 $\begin{pmatrix} x & y \\ 0 & z \end{pmatrix} \in C(S)$라면 임의의 행렬 $\begin{pmatrix} a & b \\ 0 & c \end{pmatrix} \in S$에 대하여 $\begin{pmatrix} a & b \\ 0 & c \end{pmatrix}\begin{pmatrix} x & y \\ 0 & z \end{pmatrix} = \begin{pmatrix} x & y \\ 0 & z \end{pmatrix}\begin{pmatrix} a & b \\ 0 & c \end{pmatrix}$이므로 $ax = xa$, $ay + bz = xb + yc$, $cz = zc$이다. 한편, $ay + (z - x)b - yc = 0$이고 a, b, c는 임의의 실수이므로 $x = z$이고 $y = 0$이다. 따라서 $C(S) = \left\{ \begin{pmatrix} a & 0 \\ 0 & a \end{pmatrix} \mid a \in \mathbb{R} \right\}$이다. 마지막으로 환 T는 가환환이므로 $C(T) = T$이다.

6. (1) $\{(0, 0)\}$, $\{(0, 0), (1, 0)\}$, $\{(0, 0), (0, 1)\}$, $\{(0, 0), (1, 1)\}$, $\mathbb{Z}_2 \times \mathbb{Z}_2$

(2) $\{(0, 0)\}$, $\{(0, 0), (1, 0)\}$, $\{(0, 0), (1, 1)\}$, $\mathbb{Z}_2 \times \mathbb{Z}_2$

[연습문제 3.4]

1. (1) $\langle \bar{0} \rangle$, $\langle \bar{1} \rangle$, $\langle \bar{2} \rangle$, $\langle \bar{3} \rangle$, $\langle \bar{4} \rangle$, $\langle \bar{6} \rangle$

(2) $\langle \bar{0} \rangle$, $\langle \bar{1} \rangle$, $\langle \bar{2} \rangle$, $\langle \bar{3} \rangle$, $\langle \bar{4} \rangle$, $\langle \bar{5} \rangle$, $\langle \bar{6} \rangle$, $\langle \overline{10} \rangle$, $\langle \overline{12} \rangle$, $\langle \overline{15} \rangle$, $\langle \overline{20} \rangle$, $\langle \overline{30} \rangle$

(3) $\langle \bar{0} \rangle \times \langle \bar{0} \rangle$, $\langle \bar{1} \rangle \times \langle \bar{0} \rangle$, $\langle \bar{2} \rangle \times \langle \bar{0} \rangle$, $\langle \bar{3} \rangle \times \langle \bar{0} \rangle$, $\langle \bar{4} \rangle \times \langle \bar{0} \rangle$, $\langle \bar{6} \rangle \times \langle \bar{0} \rangle$, $\langle \bar{0} \rangle \times \langle \bar{1} \rangle$, $\langle \bar{1} \rangle \times \langle \bar{1} \rangle$, $\langle \bar{2} \rangle \times \langle \bar{1} \rangle$, $\langle \bar{3} \rangle \times \langle \bar{1} \rangle$, $\langle \bar{4} \rangle \times \langle \bar{1} \rangle$, $\langle \bar{6} \rangle \times \langle \bar{1} \rangle$, $\langle \bar{0} \rangle \times \langle \bar{2} \rangle$, $\langle \bar{1} \rangle \times \langle \bar{2} \rangle$, $\langle \bar{2} \rangle \times \langle \bar{2} \rangle$, $\langle \bar{3} \rangle \times \langle \bar{2} \rangle$, $\langle \bar{4} \rangle \times \langle \bar{2} \rangle$, $\langle \bar{6} \rangle \times \langle \bar{2} \rangle$, $\langle \bar{0} \rangle \times \langle \bar{3} \rangle$, $\langle \bar{1} \rangle \times \langle \bar{3} \rangle$, $\langle \bar{2} \rangle \times \langle \bar{3} \rangle$, $\langle \bar{3} \rangle \times \langle \bar{3} \rangle$, $\langle \bar{4} \rangle \times \langle \bar{3} \rangle$, $\langle \bar{6} \rangle \times \langle \bar{3} \rangle$

2. 임의의 행렬 $\begin{pmatrix} a & 0 \\ c & 0 \end{pmatrix}$, $\begin{pmatrix} b & 0 \\ d & 0 \end{pmatrix} \in J$에 대하여 $\begin{pmatrix} a & 0 \\ c & 0 \end{pmatrix} - \begin{pmatrix} b & 0 \\ d & 0 \end{pmatrix} = \begin{pmatrix} a - b & 0 \\ c - d & 0 \end{pmatrix} \in J$이고 임의의 행렬 $\begin{pmatrix} x & y \\ z & u \end{pmatrix}$에 대하여 $\begin{pmatrix} x & y \\ z & u \end{pmatrix}\begin{pmatrix} a & 0 \\ c & 0 \end{pmatrix} = \begin{pmatrix} xa + yc & 0 \\ za + uc & 0 \end{pmatrix} \in J$이므로 J는 좌측이데알이다. 또, $\begin{pmatrix} a & 0 \\ c & 0 \end{pmatrix}\begin{pmatrix} x & y \\ z & u \end{pmatrix} = \begin{pmatrix} ax & ay \\ cx & cy \end{pmatrix} \not\in J$이므로 우측이데알은 아니다. $I \neq \left\{ \begin{pmatrix} 0 & 0 \\ 0 & 0 \end{pmatrix} \right\}$인 이데알이

라고 하면 I는 영이 아닌 원소를 적어도 하나의 성분으로 가지는 행렬을 가진다. 이제 $a \neq 0$이고 $\begin{pmatrix} a & 0 \\ 0 & 0 \end{pmatrix} \in I$이라고 하면, $\begin{pmatrix} 0 & 0 \\ 0 & a \end{pmatrix} = \begin{pmatrix} 0 & 0 \\ 1 & 0 \end{pmatrix}\begin{pmatrix} a & 0 \\ 0 & 0 \end{pmatrix}\begin{pmatrix} 0 & 1 \\ 0 & 0 \end{pmatrix} \in I$이다. 한편 $\begin{pmatrix} a & 0 \\ 0 & a \end{pmatrix} = \begin{pmatrix} a & 0 \\ 0 & 0 \end{pmatrix} + \begin{pmatrix} 0 & 0 \\ 0 & a \end{pmatrix} \in I$은 역행렬을 가지므로 $I=R$이다. 이데알 I가 어느 성분이 영이 아닌 행렬을 원소로 가져도 유사한 방법을 통하여 I는 역행렬을 가지는 행렬을 원소로 가진다. 따라서 $I=R$이다. 따라서 R은 단순환이다.

3. (1) 임의의 행렬 $\begin{pmatrix} a & 0 \\ c & 0 \end{pmatrix}$, $\begin{pmatrix} b & 0 \\ d & 0 \end{pmatrix} \in J$에 대하여 $\begin{pmatrix} a & 0 \\ c & 0 \end{pmatrix} - \begin{pmatrix} b & 0 \\ d & 0 \end{pmatrix} = \begin{pmatrix} a-b & 0 \\ c-d & 0 \end{pmatrix} \in J$이고 임의의 행렬 $\begin{pmatrix} x & y \\ z & u \end{pmatrix}$에 대하여 $\begin{pmatrix} x & y \\ z & u \end{pmatrix}\begin{pmatrix} a & 0 \\ c & 0 \end{pmatrix} = \begin{pmatrix} xa+yc & 0 \\ za+uc & 0 \end{pmatrix} \in J$이므로 J는 좌측이데알이다.

(2) 임의의 행렬 $\begin{pmatrix} a & b \\ 0 & 0 \end{pmatrix}$, $\begin{pmatrix} c & d \\ 0 & 0 \end{pmatrix} \in I$에 대하여 $\begin{pmatrix} a & b \\ 0 & 0 \end{pmatrix} - \begin{pmatrix} c & d \\ 0 & 0 \end{pmatrix} = \begin{pmatrix} a-c & b-d \\ 0 & 0 \end{pmatrix}$이고 임의의 행렬 $\begin{pmatrix} x & y \\ z & u \end{pmatrix}$에 대하여 $\begin{pmatrix} a & b \\ 0 & 0 \end{pmatrix}\begin{pmatrix} x & y \\ z & u \end{pmatrix} = \begin{pmatrix} ax+bz & ay+bu \\ 0 & 0 \end{pmatrix} \in I$이므로 I는 우측이데알이다.

(3) 행렬의 모든 성분이 2의 배수인 두 행렬의 차는 모든 성분이 2의 배수이고, 모든 성분이 2의 배수인 행렬과 정수를 성분으로 가지는 행렬의 곱은 순서와 관계없이 모든 성분이 2의 배수이므로 K는 이데알이다.

4. (1) 임의의 원소 $x, y \in \mathbb{Q}_p$에 대하여 $s_1, s_2, a_1, a_2 \in \mathbb{Z}$가 존재하여 $x = \dfrac{a_1}{s_1}$이고 $y = \dfrac{a_2}{s_2}$이다(단, $(s_1, p) = (s_2, p) = 1$). 따라서 $(s_1 s_2, p) = 1$이므로 $x - y = \dfrac{a_1 s_2 - a_2 s_1}{s_1 s_2} \in \mathbb{Q}_p$이고 $xy = \dfrac{a_1 a_2}{s_1 s_2} \in \mathbb{Q}_p$이다. 따라서 유리수의 곱셈은 교환법칙이 성립하므로 $\mathbb{Q}_p$는 가환환이다.

(2) 임의의 원소 $x, y \in M$에 대하여 $s_1, s_2, b_1, b_2 \in \mathbb{Z}$가 존재하여 $x = \dfrac{b_1}{s_1}$이고 $y = \dfrac{b_2}{s_2}$이다(단, $(b_1, p) = (b_2, p) = p$이고 $(s_1, p) = (s_2, p) = 1$). 따라서 $(s_1 s_2, p) = 1$이므로 $x - y = \dfrac{b_1 s_2 - b_2 s_1}{s_1 s_2} \in M$이고 $xy = \dfrac{b_1 b_2}{s_1 s_2} \in M$이다. 또, 임의의 원소 $q = \dfrac{a}{s} \in \mathbb{Q}_p$에 대하여 $xq = \dfrac{b_1 a}{s_1 s} = \dfrac{a b_1}{s s_1} = qx \in M$이므로 M은

$\mathbb{Q}_p$의 이데알이다. 이제, 이데알 N이 $M \subsetneq N$이라고 하면 적당한 원소 $z=\dfrac{c}{s} \in N-M$이다. 따라서 $(c, p)=1$이고 $(s, p)=1$이므로 $\dfrac{s}{c} \in \mathbb{Q}_p$이다. 한편, N이 이데알이므로 $1=z \cdot \dfrac{s}{c} \in N$이다. 따라서 $N=\mathbb{Q}_p$이고 M은 극대이데알이다.

5. 환 R의 부분집합 I가 우측이데알이라면, I는 부분환이고 R의 모든 원소 r과 I의 모든 원소 a에 대하여 $ar \in I$이다. 또, I는 부분환이므로 I의 모든 원소 a, b에 대하여 $a-b \in I$이다. 즉, R의 모든 원소 r과 I의 모든 원소 a, b에 대하여

$$a-b \in I\text{이고 } ar \in I$$

이다. 역으로, R의 모든 원소 r과 I의 모든 원소 a, b에 대하여 $a-b \in I$이고 $ar \in I$이라 하자. 그러면, I의 모든 원소 a, b에 대하여 $b \in R$로 생각하면 $ab \in I$이므로 I는 부분환이다. 따라서 I는 우측이데알이다.

6. (1) 환 R의 원소 a에 대하여 $I=(a)$라고 하고 $a \in I$, $r, r_i, s, s_i \in R$ $(i=1, 2, \cdots, m)$이고 $n \in \mathbb{Z}$이고 $m \in \mathbb{N}$이라고 하자. 이데알의 정의에 의하여 $ra \in I$, $na \in I$, $as \in I$이고 $r_i a s_i \in I$이다. 따라서 $ra+na+as+\sum_{i=1}^{m} r_i a s_i \in I$이므로 $\left\{ra+na+as+\sum_{i=1}^{m} r_i a s_i \mid r, r_i, s, s_i \in R, n \in \mathbb{Z}, m \in \mathbb{N}\right\} \subseteq I$이다.

역으로 $\left\{ra+na+as+\sum_{i=1}^{m} r_i a s_i \mid r, r_i, s, s_i \in R, n \in \mathbb{Z}, m \in \mathbb{N}\right\}$는 a를 품는 이데알(정의에 의하여 이데알임을 증명하여라.)이고 I는 a를 품는 최소이데알이므로 $\left\{ra+na+as+\sum_{i=1}^{m} r_i a s_i \mid r, r_i, s, s_i \in R, n \in \mathbb{Z}, m \in \mathbb{N}\right\} \supseteq I$이다.

그러므로 $\left\{ra+na+as+\sum_{i=1}^{m} r_i a s_i \mid r, r_i, s, s_i \in R, n \in \mathbb{Z}, m \in \mathbb{N}\right\} = I$이다.

(2) 환 R이 항등원을 가지면 $a=1 \cdot a \in I$이므로 $na=\sum_{i=1}^{n} 1 \cdot a \cdot 1$, $ra=ra \cdot 1$이고 $as=1 \cdot as$이므로 $I=\left\{\sum_{i=1}^{m} r_i a s_i \mid r_i, s_i \in R, m \in \mathbb{N}\right\}$이다.

(3) 원소 $a \in C(R)$이면 임의의 원소 $r \in R$에 대하여 $ar=ra$이고 $r_i a s_i=(r_i s_i)a$이므로 $I=\{ra+na \mid r \in R, n \in \mathbb{Z}\}$이다.

(4) (2)와 (3)에 의하여 $I=\{ra \mid r \in R\}=Ra=aR$이다.

7. 임의의 원소 $a, b \in N(R)$에 대하여 적당한 양의 정수 m, n이 존재하여 $a^m = 0 = b^n$이다. 환 R이 가환환이므로 $(a-b)^{m+n} = [a+(-1)b]^{m+n} = \sum_{r=0}^{m+n} \binom{m+n}{r} a^r(-1)^{m+n-r} b^{m+n-r}$이다. 이제, $r \geq m$이면 $a^r = 0$이므로 $a^r(-1)^{m+n-r} b^{m+n-r} = 0$이다. 또, $r \leq m$이면 $m+n-r \geq n$이므로 $b^{m+n-r} = 0$이고 $a^r(-1)^{m+n-r} b^{m+n-r} = 0$이다. 따라서 $(a-b)^{m+n} = 0$이고 $a-b \in N(R)$이다. 한편 환 R의 임의의 원소 r에 대하여 $(ar)^m = a^m r^m = 0$이므로 $ar = ra \in N(R)$이다. 그러므로 $N(R)$은 이데알이다. 정역 R의 멱영원이 0이 아닌 원소 a를 가지다면, $a^m = 0$인 최소의 자연수 $m\,(m \geq 2)$이 존재한다. 한편 $a^{m-1} \neq 0$이고 $a \cdot a^{m-1} = 0$이므로 a는 영인자가 되어 모순이다. 따라서 $N(R) = \{0\}$이다.

8. (1) $N(\overline{\mathbb{Z}}_{12}) = \{\bar{0}, \bar{6}\}$

   (2) $N(\overline{\mathbb{Z}}_{72}) = \{\bar{0}, \bar{6}, \overline{12}, \overline{18}, \overline{24}, \overline{30}, \overline{36}, \overline{42}, \overline{48}, \overline{54}, \overline{60}, \overline{66}\}$

9. 이데알 M을 품는 이데알 N이 $M \neq N$이라면, 적당한 원소 $a \in N-M$가 존재하고 $a+M \neq 0+M$이다. 잉여환 R/M이 사체이므로 적당한 원소 $b+M \in R/M$이 존재하여 $(a+M)(b+M) = 1+M$이다. 따라서 $1-ab \in M$이고 $1 = ab+m$인 원소 $m \in M$이 존재한다. 따라서 $1 = ab+m \in N$이고 $N = R$이다. 그러므로 M은 극대이데알이다.

10. 정리 3.4.13 이데알 M이 극대이데알이기 위한 필요충분조건은 R/M이 체이다. 또한 R이 유한가환환이므로 정리 3.2.8과 정리 3.2.9에 의하여 R/M이 체이기 위한 필요충분조건은 R/M이 정역이다. 또, 정리 3.4.12에 의하여 R/M이 정역이기 위한 필요충분조건은 M이 소이데알이다. 따라서 M이 극대이데알이기 위한 필요충분조건은 M이 소이데알이다.

11. (1) 임의의 원소 $(ma_1, 0), (ma_2, 0) \in I$와 $(a, b) \in \mathbb{Z}^2$에 대하여 $(ma_1, 0)-(ma_2, 0) = (m(a_1-a_2), 0) \in I$이고 $(ma_1, 0)(a, b) = (m(a_1 a), 0) = (a, b)(ma_1, 0) \in I$이므로 I는 $\mathbb{Z}^2$의 이데알이다.

    (2) (1)과 같은 방법으로 J는 $\mathbb{Z}^2$의 이데알이다.

    (3) $I+J = \{x+y \mid x \in I,\ y \in J\} = \{(a, b) \mid a \in m\mathbb{Z},\ b \in n\mathbb{Z}\} = m\mathbb{Z} \times n\mathbb{Z}$

    (4) $(3, 1) \notin 3\mathbb{Z} \times 5\mathbb{Z}$이고 $(1, 5) \notin 3\mathbb{Z} \times 5\mathbb{Z}$이지만 $(3, 1)(1, 5) = (3, 5) \in 3\mathbb{Z} \times 5\mathbb{Z}$이므로 소이데알이 아니다.

(5) $3\mathbb{Z}\times 5\mathbb{Z} \subsetneq \mathbb{Z}\times 5\mathbb{Z} \subsetneq \mathbb{Z}^2$(또는 $3\mathbb{Z}\times 5\mathbb{Z} \subsetneq 3\mathbb{Z}\times\mathbb{Z} \subsetneq \mathbb{Z}^2$)이므로 극대이데알이 아니다.

(6) $(a, b)(x, y)\in 3\mathbb{Z}\times\mathbb{Z}$이라고 하면 $ax\in 3\mathbb{Z}$이고 $by\in\mathbb{Z}$이다. 따라서 $a\in 3\mathbb{Z}$또는 $x\in 3\mathbb{Z}$이다. 그러므로 $(a, b)\in 3\mathbb{Z}\times\mathbb{Z}$ 또는 $(x, y)\in 3\mathbb{Z}\times\mathbb{Z}$이다. 따라서 $3\mathbb{Z}\times\mathbb{Z}$는 소이데알이다.

(7) 이데알 N이 $3\mathbb{Z}\times\mathbb{Z}\subsetneq N$이라고 하면 $(a, b)\in N-3\mathbb{Z}\times\mathbb{Z}$이 존재한다. 따라서 $a\notin 3\mathbb{Z}$이다. 즉 $(3, a)=1$이다. 따라서 $3s+at=1$인 s와 t가 존재한다. 그러므로 $(3, 1)s+(a, 1)t+(0, 1-s-t)=(1, 1)\in N$이고 $N=\mathbb{Z}^2$이다.

12. (1) 임의의 함수 $f, g\in N$와 임의의 함수 $h\in C(I)$에 대하여 $[f-g](\frac{1}{2})=f(\frac{1}{2})-g(\frac{1}{2})=0-0=0$, $[fh](\frac{1}{2})=f(\frac{1}{2})h(\frac{1}{2})=0$이고 $[f-g](1)=f(1)-g(1)$, $=0-0=0$, $[fh](1)=f(1)h(1)=0$이다. 따라서 $f-g\in N$이고 $fh\in N$이다. 따라서 N은 이데알이다.

(2) (1)과 같은 방법으로 M은 이데알이다. 이제, 이데알 J가 $M\subsetneq J$이라고 하면 함수 $k\in J-M$가 존재한다. 즉 $k(\frac{1}{2})\neq 0$이다. 환 $C(I)$에서 $g(x)=|x-\frac{1}{2}|$로 정의된 g는 M의 원소이고 $k^2+g\in J$이다. 한편, 임의의 원소 $a\in I$에 대하여 $[k^2+g](a)\neq 0$이므로 k^2+g는 $C(I)$의 단원이다. 따라서 $J=C(I)$이므로 M은 극대이데알이다.

(3) 임의의 원소 $\alpha\in I$ 에 대하여 $M_\alpha=\{f\in C(I)\mid f(\alpha)=0\}$가 극대이데알이므로 $C(I)$는 무한히 많은 극대이데알을 가진다.

[연습문제 3.5]

1. (1) $\langle 0\rangle$, $\langle 1\rangle$, $\langle 2\rangle$, $\langle 3\rangle$, $\langle 4\rangle$, $\langle 6\rangle$

(2) $\langle 0\rangle$, $\langle 1\rangle$, $\langle 2\rangle$, $\langle 3\rangle$, $\langle 4\rangle$, $\langle 5\rangle$, $\langle 6\rangle$, $\langle 10\rangle$, $\langle 12\rangle$, $\langle 15\rangle$, $\langle 20\rangle$, $\langle 30\rangle$

(3) $\langle 0\rangle\times\langle 0\rangle$, $\langle 1\rangle\times\langle 0\rangle$, $\langle 2\rangle\times\langle 0\rangle$, $\langle 3\rangle\times\langle 0\rangle$, $\langle 4\rangle\times\langle 0\rangle$, $\langle 6\rangle\times\langle 0\rangle$, $\langle 0\rangle\times\langle 1\rangle$, $\langle 1\rangle\times\langle 1\rangle$, $\langle 2\rangle\times\langle 1\rangle$, $\langle 3\rangle\times\langle 1\rangle$, $\langle 4\rangle\times\langle 1\rangle$, $\langle 6\rangle\times\langle 1\rangle$, $\langle 0\rangle\times\langle 2\rangle$, $\langle 1\rangle\times\langle 2\rangle$, $\langle 2\rangle\times\langle 2\rangle$, $\langle 3\rangle\times\langle 2\rangle$, $\langle 4\rangle\times\langle 2\rangle$, $\langle 6\rangle\times\langle 2\rangle$, $\langle 0\rangle\times\langle 3\rangle$, $\langle 1\rangle\times\langle 3\rangle$, $\langle 2\rangle\times\langle 3\rangle$, $\langle 3\rangle\times\langle 3\rangle$, $\langle 4\rangle\times\langle 3\rangle$, $\langle 6\rangle\times\langle 3\rangle$

2. (1) $\langle 0\rangle$, $\langle 1\rangle$, $\langle 2\rangle$, $\langle 3\rangle$, $\langle 4\rangle$, $\langle 6\rangle$, $\langle 8\rangle$, $\langle 9\rangle$, $\langle 12\rangle$, $\langle 18\rangle$, $\langle 24\rangle$, $\langle 36\rangle$

(2) $\varphi(72)=(2^3-2^2)(3^2-3^1)=24$

(3) $72-24-1=47$

(4) 멱등원의 집합 : $\{0, 1, 9, 64\}$,

멱영원의 집합 : $\{0, 6, 12, 18, 24, 30, 36, 42, 48, 54, 60, 66\}$

3. $2^8=256$

4. (1) (10100011)

(2) $\{1, 2, 3, 8\}$

(3) $f(A)=f(B)$이면 $(a_1a_2\cdots a_8)=(b_1b_2\cdots b_8)$이고 $a_i=b_i$이다. 따라서 $A=B$이다.

(4) $\wp(X)$의 덧셈연산 $\oplus$는 $A\oplus B=A\cup B-A\cap B$이고 함수 f가 덧셈연산을 보존하려면 $(a_1a_2\cdots a_8)\oplus(b_1b_2\cdots b_8)=(c_1c_2\cdots c_8)$, $c_i=a_i\oplus b_i=\begin{cases}0 : a_i=b_i\\1 : a_i\neq b_i\end{cases}$이다.

5. (1) $1+x^4$ (2) $1+x^2+x^6$

(3) $1+x+x^2+x^3$ (4) $1+x+x^4+x^5$

6. (1) $1+x+x^3+x^4$ (2) $1+x^3+x^9$

(3) $1+x^3$ (4) $1+2x+x^2+2x^3+x^4+2x^5$

7. (1) $1+4x+4x^3+x^4$ (2) $3+4x^2+x^3+2x^4+2x^5$

(3) $4+3x^3$ (4) $2+5x+2x^3+2x^4+3x^5$

8. $1+x+x^2+x^3+x^4+x^5+x^6+\cdots$, $x+x^5+x^9+x^{13}+\cdots$

9. (1) $1+x^2+x^4+x^6+\cdots$ (2) $1+x+x^3+x^4+x^6+x^7+\cdots$

10. (1) $1-x^2+x^4-x^6+\cdots$ (2) $1-x+x^3-x^4+x^6-x^7+\cdots$

11. (1) $(a_i+a_j)+a_k=a_{(i\oplus j)\oplus k}=a_{i\oplus(j\oplus k)}=a_i+(a_j+a_k)$, a_0은 덧셈에 관한 영원, $-a_0=a_0$이고 $-a_i=a_{n-i}$이므로 A는 덧셈군이다. $a_i\cdot a_j=a_{i\otimes j}=a_{j\otimes i}=a_j\cdot a_i$이고 또한 결합법칙과 배분법칙이 성립한다. 따라서 A는 가환환이다.

(2) (1)에 의하여 덧셈군이고 A는 자명한 환이 된다.

12. $\mathbb{Z}[[x]]$는 덧셈에 관하여 가환군이다. 곱셈에 관하여 항등원 1이 존재하고 환의 조건을 만족한다. 그러므로 $\mathbb{Z}[[x]]$는 항등원을 가지는 가환환이다.

[연습문제 3.6]

1. 환 R_1에서 환 R_2로의 환 준동형함수를 f라고 하면, $f(0, 0)=(0, 0)$이고 $f(1, 1)^2=$

$f(1, 1)$이므로 $f(1, 1)=(0, 0)$ 또는 $f(1, 1)=(1, 0)$이다.
먼저, $f(1, 1)=(0, 0)$이면 $f(a, b)=f(a, b)f(1, 1)=0$이므로 f는 환 영준동형함수이다. 이제 $f(1, 1)=(1, 0)$이라고 하자. $f(1, 0)+f(0, 1)=f(1, 1)=(1, 0)$이고 $f(1, 0)f(0, 1)=f(0, 0)=(0, 0)$이므로 $f(1, 0)=(1, 0)$, $f(0, 1)=(0, 0)$ 또는 $f(1, 0)=(0, 0)$, $f(0, 1)=(1, 0)$이다. 따라서 모두 세가지 환 준동형함수가 존재한다.

2. $m=1$일 때 $f(a^1)=f(a)=f(a)^1$이다. 이제 양의 정수 k에 대하여 $f(a^k)=f(a)^k$을 가정하면, $f(a^{k+1})=f(a^k a)=f(a^k)f(a)=f(a)^k f(a)=f(a)^{k+1}$이므로 모든 자연수 m에 대하여 $f(a^m)=f(a)^m$이다.

3. 환 $\mathbb{Z}_8$에서 환 $\mathbb{Z}_6$으로의 환 준동형함수를 f라고 하면 $f(0)=0$이고 $f(1)^2=f(1)$이다. 즉, $f(1)=0, 1, 3, 4$이다. 먼저 $f(1)=0$이면 f는 환 영준동형함수이다. 이제 $f(1)=1$이면 $f(0)=f(8)=8f(1)=2f(1)=2$이므로 모순이다. $f(1)=3$인 경우에 $f(2)=0$, $f(3)=3$, $f(4)=0$, $f(5)=3$, $f(6)=0$, $f(7)=3$인 환 준동형함수이다. $f(1)=4$인 경우에 $f(0)=f(8)=8f(1)=2f(1)=2$이므로 모순이다. 따라서 두 가지 환 준동형함수가 존재한다. 따라서 군의 경우와 일치한다.

4. 환 $\mathbb{Z}_6$에서 환 $\mathbb{Z}_8$으로의 환 준동형함수를 f라고 하면 f는 $f(1)$에 의하여 결정되고 또 $f(1)^2=f(1)$이므로 $f(1)=0$ 또는 $f(1)=1$뿐이다. 먼저, $f(1)=0$이면 $f(x)=0$인 자명한 환 준동형함수이고 또 $f(1)=1$이면 $2=f(2)=f(8)=8f(1)=0$이므로 모순이다. 따라서 유일한 환 영준동형함수를 가진다.

5. 예제 3.6.3의 (2)에서 $f(1)=0, 1, 3, 4$이다. 먼저 $f(1)=0$이면 f는 환 영준동형함수이고 $f(1)=1$이면 f는 환 항등동형함수이다. 또 $f(1)=3$이면, $f(2)=0$, $f(3)=3$, $f(4)=0$, $f(5)=3$인 환 준동형함수이다. 마지막으로 $f(1)=4$이면, $f(2)=2$, $f(3)=0$, $f(4)=4$, $f(5)=2$인 환 준동형함수이다.

6. 환 $\mathbb{Z}_{10}$에서 환 $\mathbb{Z}_{10}$으로의 환 준동형함수를 f라고 하면 f는 $f(1)$에 의하여 결정되고 또 $f(1)^2=f(1)$이므로 $f(1)=0$, $f(1)=1$, $f(1)=5$ 또는 $f(1)=6$이다. 따라서 4가지 준동형함수를 구할 수 있다.

7. 임의의 원소 $a_1+b_1i, a_2+b_2i \in \mathbb{C}$에 대하여

$$\begin{aligned} f((a_1+b_1i)+(a_2+b_2i)) &= f((a_1+a_2)+(b_1+b_2)i) \\ &= (a_1+a_2)-(b_1+b_2)i = (a_1-b_1i)+(a_2-b_2i) \end{aligned}$$

$$=f(a_1+b_1i)+f(a_2+b_2i),$$

$$f((a_1+b_1i)(a_2+b_2i))=f((a_1a_2-b_1b_2)+(a_1b_2+a_2b_1)i)$$
$$=(a_1a_2-b_1b_2)-(a_1b_2+a_2b_1)i=(a_1-b_1i)(a_2-b_2i)$$
$$=f(a_1+b_1i)f(a_2+b_2i)$$

이므로 환 준동형함수이다. 또 $f(a_1+b_1i)=f(a_2+b_2i)\Rightarrow a_1-b_1i=a_2-b_2i\Rightarrow a_1=a_2,\ b_1=b_2\Rightarrow a_1+b_1i=a_2+b_2i$이므로 f는 일대일이고 f가 위로의 함수인 것은 분명하므로 f는 환 동형함수이다.

또, $f:\mathbb{C}\rightarrow\mathbb{C}$가 환 준동형함수라면 임의의 복소수 $a+bi$에 대하여 $f(a+bi)=f(a)+f(b)f(i)$이다. 한편, 가정에서 임의의 실수 a에 대하여 $f(a)=0$ 또는 $f(a)=a$이다. 먼저 $f(a)=0$이면 $f(a+bi)=0$이므로 환 영준동형함수이다. 이제, $f(a)=a$이면 $f(a+bi)=a+bf(i)$이다. 힌트에서 $f(i^2)=-1$이므로 $f(i)=i$ 또는 $f(i)=-i$이다. 따라서 $f(i)=i$인 경우에는 $f(a+bi)=a+bi$이므로 환 항등동형함수이고 $f(i)=-i$인 경우에는 $f(a+bi)=a-bi$이므로 환 동형함수이다. 따라서 환 영준동형함수와 두 가지 환 동형함수가 존재한다.

8. (1) $f(1)^2=f(1)$이므로 $f(1)=0$ 또는 $f(1)=1$이다.
   (2) $f(1)=0$이면 임의의 유리수 r에 대하여 $f(r)=f(1)f(r)=0$이므로 $f(a+b\sqrt{3})=f(a)+f(b)f(\sqrt{3})=0$이다.
   (3) $f(\sqrt{3})^2=f(3)=3$이므로 $f(\sqrt{3})=\sqrt{3}$ 또는 $f(\sqrt{3})=-\sqrt{3}$이다.
   (4) $f(1)=0$일 때 환 영준동형함수이고, $f(1)=1$일 때 $f(\sqrt{3})$의 값에 따라 두 가지 환 동형함수

$$f(a+b\sqrt{3})=a+b\sqrt{3},\ f(a+b\sqrt{3})=a-b\sqrt{3}$$

   가 존재한다.

[연습문제 3.7]

1. (1) $f(x+y)=3(x+y)=3x+3y=f(x)+f(y)$이고 $f(xy)=3xy=3^2xy=f(x)f(y)$이므로 환 준동형함수이다.
   (2) $\ker f=\{0,\ 2,\ 4\}$, $\operatorname{im} f=\{0,\ 3\}$

2. (1) $2=f(1)=f(1)^2=4$이므로 모순이다. 즉, f는 환 준동형함수가 아니다.

(2) $f(x+y)=4(x+y)=4x+4y=f(x)+f(y)$이고 $f(xy)=4xy=4^2xy=f(x)f(y)$이므로 환 준동형함수이다.

(3) $3=f(3)=f(\sqrt{3}\cdot\sqrt{3})=f(\sqrt{3})^2=0^2=0$이므로 모순이다. 즉, f는 환 준동형함수가 아니다.

3. 연습문제 3.6.6에 의하여 환 동형함수는 환 항등동형함수인 경우만 존재한다.

4. $\ker f$는 체 F의 이데알이므로 $\ker f=\{0\}$ 또는 $\ker f=F$이다. f가 위로의 함수이므로 $\ker f \neq F$이다. 따라서 $\ker f=\{0\}$이므로 f는 환동형함수이다.

5. 연습문제 3.6.8에 의하여 3가지 환 준동형함수가 존재한다.

6. $\{0\}=(0)$, (1), (2), (3), (4), (6), (9), (12), (18)

7. (1) 임의의 원소 $s_1', s_2' \in f(S)$에 대하여 원소 $s_1, s_2 \in S$가 존재하여 $f(s_1)=s_1'$이고 $f(s_2)=s_2'$이다. 따라서 $s_1'-s_2'=f(s_1)-f(s_2)=f(s_1-s_2)\in f(S)$이고 $s_1's_2'=f(s_1)f(s_2)=f(s_1s_2)\in f(S)$이므로 $f(S)$는 부분환이다. 같은 방법으로 임의의 이데알 I에 대하여 $f(I)$는 환 $\overline{R}$의 부분환이다. 임의의 원소 $i'\in f(I)$에 대하여 적당한 원소 $i\in I$가 존재하여 $f(i)=i'$이고 f가 위로의 함수이므로 임의의 원소 $r'\in\overline{R}$에 대하여 원소 $r\in R$이 존재하여 $f(r)=r'$이다. 따라서 $r'i'=f(r)f(i)=f(ri)\in f(I)$이고 $i'r'=f(i)f(r)=f(ir)\in f(I)$이다. 그러므로 $f(I)$는 환 $\overline{R}$의 이데알이다.

(2) 임의의 원소 $s_1, s_2\in f^{-1}(\overline{S})$에 대하여 $f(s_1), f(s_2)\in\overline{S}$이고 $\overline{S}$가 $\overline{R}$의 부분환이므로 $f(s_1-s_2)=f(s_1)-f(s_2)\in\overline{S}$이고 $f(s_1s_2)=f(s_1)f(s_2)\in\overline{S}$이다. 따라서 $s_1-s_2\in f^{-1}(\overline{S})$이고 $s_1s_2\in f^{-1}(\overline{S})$이다. 또, $K=f^{-1}(\{e'\})\subseteq f^{-1}(\overline{S})$이므로 $f^{-1}(\overline{S})$는 K를 품는 R의 부분환이다. 같은 방법으로 임의의 이데알 $\overline{I}$에 대하여 $f^{-1}(\overline{I})$는 K를 품는 R의 부분환이다. 임의의 원소 $i\in f^{-1}(\overline{I})$에 대하여 $f(i)\in\overline{I}$이다. 한편, 임의의 원소 $r\in R$에 대하여 $f(r)\in\overline{R}$이므로 $f(ir)=f(i)f(r)\in\overline{I}$이고 $f(ri)=f(r)f(i)\in\overline{I}$이다. 따라서 $ir, ri\in f^{-1}(\overline{I})$이다. 그러므로 $f^{-1}(\overline{I})$는 K를 품는 환 R의 이데알이다.

(3) 환 R의 임의의 부분환 S에 대하여 $f(S)$는 (1)에 의하여 $\overline{R}$의 부분환이고 (2)에 의하여 $f^{-1}(f(S))$는 K를 품는 R의 부분환이다. 이제 $f^{-1}(f(S))=S+K$임

을 증명한다. 먼저 $x \in S+K$라고 하면 $x=s+k$ $(s \in S,\ k \in K)$이고 $f(x)=f(s) \in f(S)$이다. 따라서 $x \in f^{-1}(f(S))$이고 $S+K \subseteq f^{-1}(f(S))$이다. 역으로 임의의 원소 $y \in f^{-1}(f(S))$에 대하여 $f(y) \in f(S)$이고 적당한 원소 $s \in S$가 존재하여 $f(y)=f(s)$이다. 따라서 $f(y-s)=\bar{0}$ 즉, $y-s \in K$이고 $y \in s+K$이다. 따라서 $y \in S+K$이므로 $f^{-1}(f(S)) \subseteq S+K$이다. 그러므로 $f^{-1}(f(S))=S+K$이다. 특히, $K \subseteq S$이면 $f^{-1}(f(S))=S$이다.

이제, $f(f^{-1}(\bar{S}))=\bar{S}$을 증명한다. 먼저 $s' \in \bar{S}$이면 적당한 원소 $s \in R$가 존재하여 $f(s)=s' \in \bar{S}$이고 $s \in f^{-1}(\bar{S})$이다. 따라서 $s'=f(s) \in f(f^{-1}(\bar{S}))$이므로 $\bar{S} \subseteq f(f^{-1}(\bar{S}))$이다. 역으로 $y \in f(f^{-1}(\bar{S}))$이라고 하면 적당한 원소 $x \in f^{-1}(\bar{S})$가 존재하여 $y=f(x)$이다. 또한, $y=f(x) \in \bar{S}$이므로 $f(f^{-1}(\bar{S})) \subseteq \bar{S}$이다. 그러므로 $f(f^{-1}(\bar{S}))=\bar{S}$이다.

(4) Φ는 (1)에 의하여 정의되고 Ψ는 (2)에 의하여 정의된다. 또한, (3)에 의하여 $\Psi \circ \Phi = 1_A$이고 $\Phi \circ \Psi = 1_B$이다. 그러므로 (4)가 성립한다.

[연습문제 3.8]

1. 집합 $R_1 \times R_2$의 임의의 원소 $(a_1, a_2), (b_1, b_2), (c_1, c_2)$에 대하여

$$\begin{aligned}
[(a_1, a_2)+(b_1, b_2)]+(c_1, c_2) &= (a_1+b_1, a_2+b_2)+(c_1, c_2) \\
&= ((a_1+b_1)+c_1, (a_2+b_2)+c_2) \\
&= (a_1+(b_1+c_1), a_2+(b_2+c_2)) \\
&= (a_1, a_2)+(b_1+c_1, b_2+c_2) \\
&= (a_1, a_2)+[(b_1, b_2)+(c_1, c_2)]
\end{aligned}$$

$$(a_1, a_2)+(b_1, b_2)=(a_1+b_1, a_2+b_2)=(b_1+a_1, b_2+a_2)=(b_1, b_2)+(a_1, a_2)$$

$$(a_1, a_2)+(0, 0)=(a_1, a_2)=(0, 0)+(a_1, a_2),\ -(a_1, a_2)=(-a_1, -a_2)$$

이므로 $R_1 \times R_2$는 덧셈군이다. 또

$$\begin{aligned}
[(a_1, a_2)\cdot(b_1, b_2)]\cdot(c_1, c_2) &= (a_1 \cdot b_1, a_2 \cdot b_2)\cdot(c_1, c_2) \\
&= ((a_1 \cdot b_1)\cdot c_1, (a_2 \cdot b_2)\cdot c_2)
\end{aligned}$$

$$
\begin{aligned}
&= (a_1 \cdot (b_1 \cdot c_1), a_2 \cdot (b_2 \cdot c_2)) \\
&= (a_1, a_2) \cdot (b_1 \cdot c_1, b_2 \cdot c_2) \\
&= (a_1, a_2) \cdot [(b_1, b_2) \cdot (c_1, c_2)]
\end{aligned}
$$

$$
\begin{aligned}
[(a_1, a_2) + (b_1, b_2)] \cdot (c_1, c_2) &= (a_1 + b_1, a_2 + b_2) \cdot (c_1, c_2) \\
&= ((a_1 + b_1) \cdot c_1, (a_2 + b_2) \cdot c_2) \\
&= (a_1 \cdot c_1 + b_1 \cdot c_1, a_2 \cdot c_2 + b_2 \cdot c_2) \\
&= (a_1 \cdot c_1, a_2 \cdot c_2) + (b_1 \cdot c_1, b_2 \cdot c_2) \\
&= (a_1, a_2) \cdot (c_1, c_2) + (b_1, b_2) \cdot (c_1, c_2)
\end{aligned}
$$

같은 방법으로 $(c_1, c_2) \cdot [(a_1, a_2) + (b_1, b_2)] = (c_1, c_2) \cdot (a_1, a_2) + (c_1, c_2) \cdot (b_1, b_2)$이므로 $R_1 \times R_2$는 환이다.

2. (1) 두 환 R_1과 R_2가 유한환이면 각각의 위수는 유한이므로 두 환 R_1과 R_2의 위수를 각각 m과 n이라 놓을 수 있다. Cartesian 곱의 정의에 의하여 $R_1 \times R_2$는 mn개의 원소를 가지므로 $R_1 \times R_2$은 유한환이고 $|R_1 \times R_2| = |R_1||R_2|$이다.

   (2) 두 환 R_1과 R_2가 가환환이라고 하자. 환 $R_1 \times R_2$의 임의의 두 원소 (a_1, a_2)와 (b_1, b_2)에 대하여 $(a_1, a_2)(b_1, b_2) = (a_1b_1, a_2b_2) = (b_1a_1, b_2a_2) = (b_1, b_2)(a_1, a_2)$이다. 따라서 $R_1 \times R_2$은 가환환이다.

3. 환 R_1의 임의의 두 원소 a_1, a_2에 대하여

$$
\begin{aligned}
&f_1(a_1 + b_1) = (a_1 + b_1, 0) = (a_1, 0) + (b_1, 0) = f_1(a_1) + f_1(b_1) \\
&f_1(a_1 b_1) = (a_1 b_1, 0) = (a_1, 0)(b_1, 0) = f_1(a_1) f_1(b_1) \\
&f_1(a_1) = f_1(b_1) \Rightarrow (a_1, 0) = (b_1, 0) \Rightarrow a_1 = b_1
\end{aligned}
$$

4. 연습문제 2.9.6의 풀이와 같음.

5. (1) $U(\mathbb{Z}_{27})$

   $= \{1, 2, 4, 5, 7, 8, 10, 11, 13, 14, 16, 17, 19, 20, 22, 23, 25, 26\}$

   (2) $U(\mathbb{Z}_3 \oplus \mathbb{Z}_9)$

   $= \{(1, 1), (1, 2), (1, 4), (1, 5), (1, 7), (1, 8), (2, 1), (2, 2), (2, 4), (2, 5), (2, 7), (2, 8)\}$

   (3) $U(\mathbb{Z}_3 \oplus \mathbb{Z}_3 \oplus \mathbb{Z}_3)$

$=\{(1, 1, 1), (1, 1, 2), (1, 2, 1), (1, 2, 2), (2, 1, 1), (2, 1, 2), (2, 2, 1), (2, 2, 2)\}$

(4) $U(\mathbb{Z}_3 \oplus \mathbb{Z}_6 \oplus \mathbb{Z}_{12})$

$=\{(1, 1, 1), (1, 1, 5), (1, 1, 7), (1, 1, 11), (1, 5, 1), (1, 5, 5), (1, 5, 7), (1, 5, 11),$
$(2, 1, 1), (2, 1, 5), (2, 1, 7), (2, 1, 11), (2, 5, 1), (2, 5, 5), (2, 5, 7), (2, 5, 11)\}$

6. (1) 동형이다. $f(1, 1)=1$로 정의하면 f는 환 동형함수이다.

(2) 동형이 아니다. 덧셈군의 관점에서 $\mathbb{Z}_{18}$은 순환군이지만 $\mathbb{Z}_3 \oplus \mathbb{Z}_6$은 순환군이 아니다.

(3) (1)에 의하여 동형이다.

(4) $\mathbb{Z}_9$는 순환군이지만 $\mathbb{Z}_3 \oplus \mathbb{Z}_3$은 순환군이 아니다. 그러므로 두 환은 동형이 아니다.

7. (1) 임의의 원소 $x, y \in eR$에 대하여 $x=er_1$, $y=er_2$인 r_1, $r_2 \in R$가 존재한다. 그러면 $x-y=e(r_1-r_2) \in eR$이고 임의의 원소 $r \in R$에 대하여 $rx=xr=e(r_1 r) \in eR$이므로 eR은 R의 이데알이다.

(2) $f^2=(1-e)^2=1-2e+e^2=1-e=f$이므로 f는 멱등원이다.

(3) 먼저, $eR+fR \subseteq R$은 분명하다. 역으로, 임의의 원소 $r \in R$에 대하여 $r=1 \cdot r=(e+f)r=er+fr \in eR+fR$이므로 $R \subseteq eR+fR$이다. 따라서 $R=eR+fR$이다.

(4) 먼저, $f=1-e$이므로 $ef=e(1-e)=0$이다. 이제 $r \in eR \cap fR$이면 $r=er_1=fr_2$인 r_1, $r_2 \in R$가 존재한다. 따라서 $r=er_1=e^2r_1=e(fr_2)=(ef)r_2=0$이고 $eR \cap fR=\{0\}$ 이다.

(5) 정리 3.8.7에 의하여 $R \cong eR \oplus fR$

8. (1) 먼저, 임의의 원소 $(a_1, a_2), (b_1, b_2) \in R_1 \times R_2$에 대하여 $\pi_1((a_1, a_2)+(b_1, b_2))=\pi_1(a_1+b_1, a_2+b_2)=a_1+b_1=\pi_1(a_1, a_2)+\pi_1(b_1, b_2)$이고 $\pi_1((a_1, a_2)(b_1, b_2))=\pi_1(a_1b_1, a_2b_2)=a_1b_1=\pi_1(a_1, a_2)\pi_1(b_1, b_2)$이므로 π_1은 환 준동형함수이다. 또, 임의의 원소 $r_1 \in R_1$에 대하여 $\pi_1(r_1, 0)=r_1$이므로 π_1은 환 위로의 준동형함수이다. 같은 방법으로 π_2도 환 위로의 준동형함수이다.

(2) 먼저, 임의의 원소 $a_1, b_1 \in R_1$에 대하여 $i_1(a_1+b_1)=(a_1+b_1, 0)=(a_1, 0)+(b_1, 0)=i_1(a_1)+i_1(b_1)$이고 $i_1(a_1b_1)=(a_1b_1, 0)=(a_1, 0)(b_1, 0)=i_1(a_1)i_1(b_1)$

이므로 환 준동형함수이다. 또 $i_1(a_1)=i_1(b_1)$이면 $(a_1, 0)=(b_1, 0)$이고 $a_1=b_1$ 이므로 i_1은 환 일대일 준동형함수이다. 같은 방법으로 i_2도 환 일대일 준동형함수이다.

(3) 임의의 원소 $a_1 \in R_1$에 대하여 $\pi_1 \circ i_1(a_1)=\pi_1(i_1(a_1))=\pi_1(a_1, 0)=a_1$이므로 $\pi_1 \circ i_1 = 1_{R_1}$이다. 같은 방법으로 $\pi_2 \circ i_2 = 1_{R_2}$이다.

(4) 임의의 원소 $a_1 \in R_1$에 대하여 $\pi_2 \circ i_1(a_1)=\pi_2(i_1(a_1))=\pi_2(a_1, 0)=0$이므로 $\pi_2 \circ i_1 = o$이다. 같은 방법으로 $\pi_1 \circ i_2 = o$이다.

9. $(47,31)=1=2\times 47+(-3)\times 31$이므로 정리 3.8.9에 의하여 $x=15\times(-93)+4\times 94=-1019$이다. 따라서 $x\equiv -1019 \bmod 47\cdot 31 \equiv 438 \bmod 47\cdot 31$이다.

[연습문제 3.9]

1. 주어진 조건 $\frac{a}{b}=\frac{a'}{b'}$이고 $\frac{c}{d}=\frac{c'}{d'}$으로부터 $ab'=ba'=a'b$이고 $cd'=dc'=c'd$ 이다. 식

$$(ac)(b'd')=(ab')(cd')=(a'b)(c'd)=(a'c')(bd)$$

이므로 $\frac{a}{b}\cdot\frac{c}{d}=\frac{ac}{bd}=\frac{a'c'}{b'd'}=\frac{a'}{b'}\cdot\frac{c'}{d'}$이다. 따라서 F 위에서 곱셈은 잘 정의된다.

2. $$\left(\frac{a}{b}+\frac{c}{d}\right)\cdot\frac{e}{f}=\frac{ad+bc}{bd}\cdot\frac{e}{f}=\frac{(ad+bc)e}{(bd)f}=\frac{ade+bce}{bdf}$$
$$=\frac{ae}{bf}+\frac{ce}{df}=\frac{a}{b}\cdot\frac{e}{f}+\frac{c}{d}\cdot\frac{e}{f}$$

같은 방법으로 $\frac{a}{b}\cdot\left(\frac{c}{d}+\frac{e}{f}\right)=\frac{a}{b}\cdot\frac{c}{d}+\frac{a}{b}\cdot\frac{e}{f}$이다.

3. (1) 양의 정수의 지수승은 0이 아니므로 $0\notin S$이고 $1=a^0\in S$이다. 또 S의 임의의 원소 a^s와 a^t에 대하여 $a^s a^t = a^{s+t}\in S$이므로 S는 곱셈집합이다.

(2) 임의의 원소 $x, y\in R_a$에 대하여 $m, n\in\{0\}\cup\mathbb{N}$과 $b, c\in\mathbb{Z}$가 존재하여 $x=\frac{b}{a^m}$이고 $y=\frac{c}{a^n}$이다. 따라서 $x-y=\frac{ba^n-ca^m}{a^{m+n}}\in R_a$이고 $xy=\frac{bc}{a^{m+n}}\in R_a$ 이므로 R_a는 $\mathbb{Q}$의 부분환이다. 또, $\frac{1}{a}\in R_a-\mathbb{Z}$이고 $\frac{1}{(a+1)a}\in Q-R_a$이므로 $\mathbb{Z}\subsetneq R_a\subsetneq\mathbb{Q}$이다.

4. (1) 먼저, $0 \in p\mathbb{Z}$이므로 $0 \notin S$이다. 또, $p \nmid 1$이므로 $1 \in S$이다. 이제 $a, b \in S$이면 $p \nmid a$이고 $p \nmid b$이다. 따라서 $p \nmid ab$이고 $ab \in S$이다. 그러므로 S는 곱셈집합이다.

(2) 임의의 원소 $x, y \in \mathbb{Q}_p$에 대하여 $a_1, a_2 \in \mathbb{Z}$와 $s_1, s_2 \in S$가 존재하여 $x = \frac{a_1}{s_1}$이고 $y = \frac{a_2}{s_2}$이다. 따라서 $x - y = \frac{a_1 s_2 - a_2 s_1}{s_1 s_2} \in \mathbb{Q}_p$이고 $xy = \frac{a_1 a_2}{s_1 s_2} \in \mathbb{Q}_p$이므로 $\mathbb{Q}_p$는 $\mathbb{Q}$의 부분환이다. 또, $\frac{1}{p+1} \in \mathbb{Q}_p - \mathbb{Z}$이고 $\frac{1}{p} \in \mathbb{Q} - \mathbb{Q}_p$이므로 $\mathbb{Z} \subsetneq \mathbb{Q}_p \subsetneq \mathbb{Q}$이다.

(3) (2)에서 a_1과 a_2가 p의 배수이면 $a_1 s_2 - a_2 s_1$과 $a_1 a_2$는 p의 배수이므로 M은 $\mathbb{Q}_p$의 부분환이다.

(4) 임의의 원소 $x = \frac{a}{s} \in \mathbb{Q}_p - M$에 대하여 $(a, p) = 1$이고 $(s, p) = 1$이다. 따라서 $\frac{1}{x} = \frac{s}{a} \in \mathbb{Q}_p - M$이다. 즉, $\mathbb{Q}_p - M \subseteq U(\mathbb{Q}_p)$이다. 역으로 $x = \frac{a}{s} \in U(\mathbb{Q}_p)$이면 $\frac{s}{a} \in \mathbb{Q}_p$이고 $1 = \frac{a}{s} \cdot \frac{s}{a}$이다. 즉, $a \in S$이므로 $x \notin M$이다. 따라서 $x \in \mathbb{Q}_p - M$이고 $\mathbb{Q}_p - M \supseteq U(\mathbb{Q}_p)$이다. 그러므로 $\mathbb{Q}_p - M = U(\mathbb{Q}_p)$이다.

5. (1) 0 (2) 8
(3) 0 (4) 4

6. (1) $\mathbb{Q}$ (2) $\mathbb{Q}$

[연습문제 3.10]

1. $(f(x)) = (g(x)) \Leftrightarrow (f(x)) \subseteq (g(x))$이고 $(f(x)) \supseteq (g(x)) \Leftrightarrow g(x) | f(x)$이고 $f(x) | g(x)$이다((1)에 의하여). 먼저, $(f(x)) = (g(x))$이면 적당한 다항식 $k(x)$, $l(x) \in F[x]$가 존재하여 $f(x) = k(x)g(x)$이고 $g(x) = l(x)f(x)$이다. 즉, $f(x) = k(x)l(x)f(x)$이고 $F[x]$는 정역이므로 $k(x)l(x) = 1$이다. 그러므로 정리 3.10.1에 의하여 $\deg k(x) = \deg l(x) = 0$이므로 적당한 원소 $a \in F^*$가 존재하여 $k(x) = a$, $l(x) = a^{-1}$이다. 즉, $f(x) = ag(x)$이고 $g(x) = a^{-1}f(x)$이다. 역으로 $f(x) = ag(x)$ 또는 $g(x) = a^{-1}f(x)$이면 $f(x) | g(x)$이고 $g(x) | f(x)$이므로 $(f(x)) = (g(x))$이다.

2. (1) $\deg f(x) = -\infty \Leftrightarrow f(x) = 0$(다항식의 차수의 정의) $\Leftrightarrow (f(x)) = \{0\}$ (유한생

성 이데알의 정의)

(2) 다항식의 차수의 정의에 의하여 $\deg f(x)=0 \Leftrightarrow f(x)=a\ (a\in F^*)$이다. 먼저 $f(x)=a\ (a\in F^*)$이면 $(f(x))$는 단원을 포함하는 이데알이므로 $(f(x))=F[x]$이다. 역으로, $(f(x))=F[x]$이면, $1\in(f(x))$이므로 $f(x)$는 단원이므로 적당한 원소 $a\in F^*$가 존재하여 $f(x)=a$이다.

(3) $\deg f(x)\geq 1 \Leftrightarrow \deg f(x)\neq 0$이고 $\deg f(x)\neq -\infty$이다. $\Leftrightarrow (f(x))\neq\{0\}$이고 $(f(x))\neq F[x] \Leftrightarrow \{0\}\subsetneq(f(x))\subsetneq F[x]$

3. 다항식 $f(x)$와 $g(x)$의 최소공배수를 $l(x)$라 가정하고 증명하자. 다항식 $f(x)$와 $g(x)$에 대하여 $(f(x))$와 $(g(x))$는 $F[x]$의 이데알이므로 $(f(x))\cap(g(x))$는 $F[x]$의 이데알이고 $F[x]$는 단항 이데알 정역이므로 적당한 다항식 $m(x)\in F[x]$가 존재하여 $(f(x))\cap(g(x))=(m(x))$이다. 먼저 $m(x)\in(f(x))$이고 $m(x)\in(g(x))$이므로 $m(x)$는 $f(x)$와 $g(x)$의 배수이다. 따라서 $l(x)|m(x)$이다. 역으로 $l(x)$는 $f(x)$와 $g(x)$의 배수이므로 $l(x)\in(f(x))$와 $l(x)\in(g(x))$이다. 따라서 $l(x)\in(f(x))\cap(g(x))=(m(x))$이고 $m(x)|l(x)$이다. 그러므로 $m(x)=l(x)$이고 $(f(x))\cap(g(x))=(m(x))=(l(x))$이다.

4. 다항식 $d(x)$를 $f(x)$와 $g(x)$의 최대공약수라고 하면 서로소인 두 다항식 $f_1(x),\ g_1(x)\in F[x]$가 존재하여 $f(x)=d(x)f_1(x)$이고 $g(x)=d(x)g_1(x)$이다. 여기서 $f(x)$와 $g(x)$가 모닉다항식이므로 $f_1(x)$와 $g_1(x)$가 모닉다항식이다. 이제, $(f_1(x),\ g_1(x))=1$이므로 $l(x)=[f(x),\ g(x)]=[d(x)f_1(x),\ d(x)g_1(x))]=d(x)[f_1(x),\ g_1(x)]=d(x)f_1(x)g_1(x)$이다. 따라서 $d(x)l(x)=f(x)g(x)$이다. 또한, 정리 3.10.1에 의하여 $\deg d(x)+\deg l(x)=\deg f(x)+\deg g(x)$이다.

5. (1) $\gcd(f(x),\ g(x))=1$이고 $\gcd(f(x),\ h(x))=1$

$\Leftrightarrow$ 적당한 다항식 $s_1(x),\ s_2(x),\ t_1(x),\ t_2(x)\in F[x]$가 존재하여

$f(x)s_1(x)+g(x)t_1(x)=1$이고 $f(x)s_2(x)+h(x)t_2(x)=1$이다.

$\Leftrightarrow$ 적당한 다항식 $s_1(x),\ s_2(x),\ t_1(x),\ t_2(x)\in F[x]$가 존재하여

$(f(x)s_1(x)+g(x)t_1(x))(f(x)s_2(x)+h(x)t_2(x))=1$이다.

$\Leftrightarrow$ 적당한 다항식 $s_1(x),\ s_2(x),\ t_1(x),\ t_2(x)\in F[x]$가 존재하여

$f(x)[f(x)s_1(x)s_2(x)+s_1(x)h(x)t_2(x)+g(x)t_1(x)s_2(x)]+g(x)h(x)[t_1(x)t_2(x)]=1$

이다. 따라서 $\gcd(f(x),\ g(x)h(x))=1$이다. 역으로, $\gcd(f(x),\ g(x)h(x))=1$이

면 분명하게 $\gcd(f(x),\ g(x))=1$이고 $\gcd(f(x),\ h(x))=1$이다.

(2) $\gcd(f(x),\ g(x))=1 \Leftrightarrow$ 적당한 다항식 $s(x),\ t(x)\in F[x]$가 존재하여 $f(x)s(x)+g(x)t(x)=1$이다. 따라서 $f(x)h(x)s(x)+g(x)h(x)t(x)=h(x)$이다. 따라서 $f(x)\mid g(x)h(x)$이면 $f(x)\mid h(x)$이다.

(3) $\gcd(f(x),\ g(x))=1$이므로 $[(f(x),\ g(x)]=f(x)g(x)$이다. 한편 $h(x)$는 $f(x)$와 $g(x)$의 공배수이므로 $f(x)g(x)\mid h(x)$이다.

6. 먼저 $F[x]\subseteq K[x]$이므로 $f(x),\ g(x)\in F[x]$이면 $f(x),\ g(x)\in K[x]$이다. 정리 3.10.1에 의하여 유일한 $q_1(x)$와 $r_1(x)$가 $F[x]$에 존재하여

$$f(x)=q_1(x)g(x)+r_1(x),\ \ r_1(x)=0 \text{ 또는 } \deg r_1(x)<\deg g(x)$$

이다. 또한, 정리 3.10.1에 의하여 유일한 $q_2(x)$와 $r_2(x)$가 $K[x]$에 존재하여

$$f(x)=q_2(x)g(x)+r_2(x),\ \ r_2(x)=0 \text{ 또는 } \deg r_2(x)<\deg g(x)$$

이다. 한편, $q_1(x),\ r_1(x)\in K[x]$이므로 $q_1(x)=q_2(x)$이고 $r_1(x)=r_2(x)$이다. 따라서 두 체에서 같은 나눗셈 알고리즘을 가진다. 정리 3.10.5 Euclid 알고리즘도 동일하게 되므로 최대공약수는 같다.

7. (1) $f(x)=(x^2-x+1)g(x)+x$이고 $g(x)=(x+1)x+1$이므로 정리 3.10.5에 의하여 $d(x)=1,\ l(x)=f(x)g(x)$이고 $(-x-1)f(x)+(x^3+2)g(x)=1$이다.

(2) $f(x)=(x^2+2x+1)g(x)+x$이고 $g(x)=(x+1)x+1$이므로 정리 3.10.5에 의하여 $d(x)=1,\ l(x)=f(x)g(x)$이고 $(2x+2)f(x)+(x^3+2)g(x)=1$이다.

(3) $f(x)=(x^2+x+1)g(x)+x$이고 $g(x)=(x+1)x+1$이므로 정리 3.10.5에 의하여 $d(x)=1,\ l(x)=f(x)g(x)$이고 $(x+1)f(x)+x^3g(x)=1$이다.

8. $g(x)=x^2f(x)+x^2+1$이고 $f(x)=(x^2+1)(x^4+x^2+1)$이므로 정리 3.10.5에 의하여 $d(x)=x^2+1,\ l(x)=(x^8+1)(x^4+x^2+1)$이고 $x^2f(x)+g(x)=x^2+1$이다.

9. $f(x)=(x^2+x)g(x)+x+1$이고 $g(x)=(x+1)(x+1)$이므로 정리 3.10.5에 의하여 $d(x)=x+1,\ l(x)=(x^4+2x+1)(x+1)$이고 $x+1=f(x)+(2x^2+2x)g(x)$이다.

[연습문제 3.11]

1. 체 F와 체 K의 항등원을 각각 1_F와 1_K라고 하면, 체 F와 체 K의 관점에서

$1_F 1_F = 1_F = 1_F 1_K$이다. 따라서 소약법칙에 의하여 $1_F = 1_K$이다.

2. (1) $x^3 - 3x^2 + 5x - 6$, 9

   (2) $x^2 - 3x + 4$, $-2x - 1$

   (3) $x^3 - 3x^2 - 1$(또는 $x^3 + 2x^2 + 4$), 4

   (4) $x^2 - 3x + 4$(또는 $x^2 + 2x + 4$), $-2x - 1$(또는 $3x + 4$)

3. 임의의 두 다항식 $f(x), g(x) \in F[x]$에 대하여 $\phi_\alpha(f(x) + g(x)) = f(\alpha) + g(\alpha) = \phi_\alpha(f(x)) + \phi_\alpha(g(x))$이고 $\phi_\alpha(f(x)g(x)) = f(\alpha)g(\alpha) = \phi_\alpha(f(x))\phi_\alpha(g(x))$이므로 ϕ_α는 환 준동형함수이다.

4. 다항식 $f(x)$에 대하여 다항식 $g(x)$와 $h(x)$가 존재하여

$$f(x) = g(x)h(x),\ 1 \le \deg g(x) < \deg f(x),\ 1 \le \deg h(x) < \deg f(x)$$

이라고 하면 기약다항식의 정의에 의하여 $f(x)$는 기약이 아니다. 즉, $f(x)$는 가약이다. 역으로 $f(x)$가 가약이라 하면 $f(x)$는 1차 이상이고 $\deg f(x)$ 보다 작은 차수를 가지는 다항식 $g(x)$를 약수로 가진다. 따라서 1차 이상인 다항식 $h(x)$가 존재하여 $f(x) = g(x)h(x)$이다. 즉, $1 \le \deg g(x) < \deg f(x)$, $1 \le \deg h(x) < \deg f(x)$이다.

5. 임의의 i $(1 \le i \le n+1)$에 대하여 $f(c_i) = g(c_i)$ 즉, $f(c_i) - g(c_i) = 0$이다. $f(x) - g(x)$를 $h(x)$라고 놓으면 $h(x) = (a_n - b_n)x^n + (a_{n-1} - b_{n-1})x^{n-1} + \cdots + (a_1 - b_1)x + (a_0 - b_0)$이 $n+1$개의 근 c_i $(1 \le i \le n+1)$를 가진다. 따라서 $h(x)$는 $n+1$차 다항식 $(x - c_1)(x - c_2)\cdots(x - c_{n+1})$의 배수이다. 따라서 $a_0 = b_0$, $a_1 = b_1$, $\cdots$, $a_n = b_n$이다.

6. 기약다항식 $p(x)$의 인수는 1 또는 $p(x)$이므로 $\gcd(f(x), p(x)) = 1$ 또는 $p(x)$이다. 먼저 $p(x) \mid f(x)$이면 $p(x) \mid \gcd(f(x), p(x))$이므로 $\gcd(f(x), p(x)) = p(x)$이다. 역으로 $\gcd(f(x), p(x)) = p(x)$이면, 공약수의 정의에 의하여 $p(x) \mid f(x)$이다.

7. 유리수 $r^2 + 4r$이 정수라고 하면 $r^2 + 4r = \dfrac{a^2}{b^2} + \dfrac{4a}{b} = \dfrac{a(a+4b)}{b^2}$이고 $\gcd(a, b^2) = 1$이므로 $\dfrac{a+4b}{b^2}$가 정수이다. 따라서 적당한 정수 k가 존재하여 $a + 4b = kb^2$이다. 이 식의 우변이 b의 배수이므로 좌변 $a + 4b$도 b의 배수이다. 따라서 a도 b의 배수이어야 하므로 모순이다. 따라서 $r^2 + 4r$은 정수가 아니다.

8. $f(x)$가 기약이면, $f(x) = af_1(x)$이므로 증명된다. $f(x)$가 가약이면, 다항식 $g(x)$와 $h(x)$가 존재하여

$$f(x)=g(x)h(x),\ 1\le \deg g(x)<\deg f(x),\ 1\le \deg h(x)<\deg f(x)$$

이다. $g(x)$와 $h(x)$가 기약이면, 각각 $g(x)=a_1p_1(x)$와 $h(x)=a_2p_2(x)$로 표현되므로 $f(x)=ap_1(x)p_2(x)$, $(a=a_1a_2)$이다. 다항식 $g(x)$또는 $h(x)$가 가약이면 위 방법을 계속 진행한다. 그러면 $f(x)$의 차수 이하의 시행으로 $f(x)=ap_1(x)p_2(x)\cdots p_r(x)$로 표현된다.

이제, $ap_1(x)p_2(x)\cdots p_r(x)=f(x)=bq_1(x)q_2(x)\cdots q_r(x)$라고 가정하면 $a=b$이고 $p_1(x)\mid q_1(x)q_2(x)\cdots q_r(x)$이다. 따라서 적당한 다항식 $q_{i_1}(x)$가 존재하여 $q_{i_1}(x)=p_1(x)$이다. 기약다항식 $p_1(x),\cdots,p_r(x)$에 대하여 같은 방법을 적용하면, $p_1(x)p_2(x)\cdots p_r(x)=q_{i_1}(x)q_{i_2}(x)\cdots q_{i_r}(x)$를 얻을 수 있다. 즉, 순서를 무시하면 임의의 다항식은 기약다항식의 곱으로 유일하게 표현된다.

9. (1) 먼저, 1차 다항식 $ax+b$는 유일하게 한 개의 근을 가진다. 이제, n차 미만의 다항식에서 성립한다고 가정하자. 먼저, n차 다항식 $f(x)$가 근을 갖지 않는다면 0개의 근을 가지므로 성립한다. 이제, $f(x)$가 근 u_1을 갖는다면 $f(x)=(x-u_1)g(x)$, $\deg g(x)=n-1$이다. 수학적 귀납법에 의하여 $g(x)$는 $n-1$개 이하의 근을 가지므로 $f(x)$는 n개 이하의 근을 가진다.

(2) 정리 3.11.2를 연속하여 적용하면 $f(x)=a(x-u_1)(x-u_2)\cdots(x-u_n)g(x)$, $a\in F$가 된다. 먼저, $\deg f(x)=n$이므로 $g(x)$는 0차 모닉다항식이고 $g(x)=1$이다. 따라서 $f(x)=a(x-u_1)(x-u_2)\cdots(x-u_n)$, $a\in F$이다.

10. (1) $f(1)=0$이므로 $f(x)=(x-1)(x^4+x^3+x^2-2x-2)$이다. 실제로 $g(x)=x^4+x^3+x^2-2x-2$에 대하여 $g(\pm1)\neq0$이고 $g(\pm2)\neq0$이므로 1차 인수를 갖지 않는다. 계수비교법을 통하여 2차 인수를 갖지 않음으로 $g(x)$가 기약이다. 따라서 $f(x)=(x-1)(x^4+x^3+x^2-2x-2)$이다.

(2) 정리 3.11.17(Eisenstein)에 의하여 $f(x)=x^3-3x^2+3$은 기약이다.

(3) $f(x)=x^4-x^2+1$은 유리근을 갖지 않으므로 1차 인수를 갖지 않는다. 이제, $(x^2+ax+b)(x^2+cx+d)=x^4-x^2+1$이라고 하면

$$a+c=0,\ b+d+ac=-1,\ ad+bc=0,\ bd=1$$

이다. 먼저 $b=d=1$이면 $a+c=0$, $ac=-3$이므로 만족하는 해가 없다. 또

$b=d=-1$이면 $a+c=0$, $ac=1$이므로 만족하는 해가 없다. 따라서 $f(x)$는 기약이다.

(4) $f(x)=x^4-11x^2+1=(x^2-3x-1)(x^2+3x-1)$

11. (1) $f(0)=f(1)=1$이므로 1차 인수를 갖지 않는다. 이제 $(x^2+ax+1)(x^3+bx^2+cx+1)=x^5+x^2+1$이라고 하면 계수를 비교하면 다음 계수방정식을 얻는다.

$$a+b=0,\ ab+c+1=0,\ ac+b+1=1\text{이고 } a+c=0$$

따라서 첫 식과 넷째 식으로부터 $a=b=c$이고 이 사실은 $ab+c+1=0$에 모순이므로 계수방정식은 해를 갖지 않는다. 그러므로 $f(x)$는 기약이다.

(2) $f(0)=f(1)=1$이므로 $f(x)$는 기약이다.

(3) $f(x)=(x^2+x+1)^2$

(4) $f(0)=f(1)=1$이므로 1차 인수를 갖지 않는다. 이제 $(x^2+ax+1)(x^4+bx^3+cx^2+dx+1)=x^6+x^3+1$이라고 하면, 계수를 비교하여 계수방정식

$$a+b=0,\ ab+c+1=0,\ ac+b+d=1,\ ad+c+1=0\text{이고 } a+d=0$$

을 얻는다. 따라서 $a=b=d$가 된다. 먼저, $a=b=d=0$이면 $ac+b+d=1$에 모순이고 $a=b=d=1$이면 $ab+c+1=0$, $ac+b+d=1$으로부터 c의 값을 구할 수 없으므로 $f(x)$는 2차 인수를 갖지 않는다. 이제 $(x^3+ax^2+bx+1)(x^3+cx^2+dx+1)=x^6+x^3+1$이라고 하면, 계수를 비교하여 계수방정식

$$a+c=0,\ ac+b+d=0,\ ad+bc=1,\ bd+a+c=0\text{이고 } b+d=0$$

을 얻는다. 이다. 따라서 $a=c$, $b=d$가 된다. 두 번째 식으로부터 $a=c=0$인데 세 번째 식에 모순이다. 따라서 $f(x)$는 3차 인수를 갖지 않는다. 그러므로 $f(x)$는 기약이다.

12. (1) $f(1)=0$이므로 $f(x)=(x-1)(x^4+x^3+x^2+2x+2)$이다. 이제 $g(x)=x^4+x^3+x^2+2x+2$라고 할 때, $g(0)\neq0$, $g(1)\neq0$, $g(2)\neq0$이므로 1차 인수를 갖지 않는다. 이제 $(x^2+ax+b)(x^2+cx+d)=x^4+x^3+x^2+2x+2$이면,

$$a+c=1,\ b+d+ac=1,\ bc+ad=2\text{이고, } bd=2$$

이다. 먼저 $a+c=1$로부터 (i) $a=1$, $c=0$, (ii) $a=2$, $c=2$ 또는 (iii)

$a=0$, $c=1$을 얻는다.

(i) $a=1$, $c=0$일 때, $b+d=1$, $d=2$, $bd=2$를 만족하는 b를 구할 수 없다.

(ii) $a=2$, $c=2$일 때, $b+d=0$, $b+d=1$, $bd=2$를 만족하는 b, d를 구할 수 없다.

(iii) $a=0$, $c=1$일 때, $b+d=1$, $b=2$, $bd=2$를 만족하는 d를 구할 수 없다.

그러므로 $g(x)$는 기약다항식이므로 $f(x)=(x-1)(x^4+x^3+x^2+2x+2)$이다.

(2) $f(0)\neq 0$, $f(1)\neq 0$이고 $f(2)\neq 0$이므로 $f(x)$는 기약다항식이다.

(3) $f(0)\neq 0$, $f(1)\neq 0$이고 $f(2)\neq 0$이므로 $f(x)$는 1차 인수를 갖지 않는다. 이제, $(x^2+ax+b)(x^2+cx+d)=x^4+x^2+2$이라고 하면

$$a+c=0,\ b+d+ac=1,\ ad+bc=0,\ bd=2$$

이다. 먼저 $b=2$, $d=1$이면 $a+c=0$, $ac=1$, $a+2c=0$이므로 만족하는 해가 없다. 또 $b=1$, $d=2$인 경우도 만족하는 해가 없다. 따라서 $f(x)$는 기약이다.

(4) $f(x)=(x+2)^6$

13. $f(x+3)=x^5+15x^4+90x^3+267x^2+387x+218$,

$f(x-1)=x^5-5x^4+10x^3-13x^2+11x-2$

14. 다항식 $f(x)$가 유리수체 $\mathbb{Q}$ 위에서 1차 이상의 두 다항식의 곱으로 인수분해 된다면 정리 3.11.16의 (1)에 의하여 다항식 $f(x)$가 정수환 $\mathbb{Z}$ 위에서도 1차 이상의 두 다항식의 곱으로 인수분해 되므로 가정에 모순이다. 따라서 다항식 $f(x)$가 유리수체 $\mathbb{Q}$ 위에서 1차 이상의 두 다항식의 곱으로 인수분해 되지 않는다.

15. 적당한 소수 p에 대하여 $p|a_0, p\,|\,a_1, \cdots, p\,|\,a_{n-1}, p\nmid a_n, p^2\nmid a_0$일 때, $f(x)$가 유리수체 위에서 기약이 아니라고 하자. 그러면, 정리 3.11.16에 의하여 $f(x)$는 정수환 위에서 다음과 같이 인수분해 된다.

$$f(x)=(b_rx^r+b_{r-1}x^{r-1}+\cdots+b_1x+b_0)(c_sx^s+c_{s-1}x^{s-1}+\cdots+c_1x+c_0),$$
$$b_r\neq 0,\ c_s\neq 0,\ b_0\neq 0,\ c_0\neq 0,\ r+s=n,\ 1\leq r<n,\ 1\leq s<n$$

먼저 $a_0=b_0c_0$, $p|a_0$, $p^2\nmid a_0$이므로 b_0 또는 c_0중 하나는 p의 배수이고 다른 하나는 p의 배수가 아니다. 이제 $p|b_0$이고 $p\nmid c_0$이라고 가정하자.

또한, $p \nmid a_n$이므로 $p \nmid b_r$이고 $p \nmid c_s$이다. 한편, $p|b_0$이고 $p \nmid b_r$이므로 $p|b_0$, $\cdots$, $p|b_{t-1}$, $p \nmid b_t$인 최소 정수 t가 존재한다. 이제 $f(x)$의 t차 항의 계수

$$a_t = b_t c_0 + b_{t-1} c_1 + \cdots + b_1 c_{t-1} + b_0 c_t$$

를 살펴보면, $p \mid (b_{t-1}c_1 + \cdots + b_1 c_{t-1} + b_0 c_t)$이고 $p \nmid b_t c_0$이므로 $p \nmid a_t$이다. 여기서 $t \leq r$이므로 $t < r+s = n$이므로 가정에서 $p|a_t$이다. 따라서 모순이다.

그러므로 $f(x)$는 유리수체 위에서 기약이다.

16. (1) $\binom{p^k}{i} = \dfrac{p^k(p^k-1)\cdots(p^k-i+1)}{i!}$에서 $1 \leq i < p$일 때 분자는 p의 배수이고 분모는 p의 배수가 아니다. 한편, $\binom{p^k}{i}$는 자연수이므로 p의 배수이다.

(2) $k=1$인 경우에 $\binom{p^{1-1}}{j} = 0$이므로 p의 배수이고 $k>1$일 때에는 $\binom{p^k}{i}$가 p의 배수임을 증명한 것과 같은 방법으로 증명된다.

(3) $a_q = g(0) = \Phi_{p^k}(1) = p$이므로 $p \mid a_q$이고 $p^2 \nmid a_q$이다.

(4) (1)에 의하여 $\binom{p^k}{i}$가 p의 배수이므로

$$(x+1)^{p^k} - 1 = x^{p^k} + \binom{p^k}{1} x^{p^k-1} + \cdots + \binom{p^k}{p^k-1} x = x^{p^k} + pr(x)$$

(2)에 의하여 $\binom{p^{k-1}}{j}$가 p의 배수이므로

$$(x+1)^{p^{k-1}} - 1 = x^{p^{k-1}} + \binom{p^{k-1}}{1} x^{p^{k-1}-1} + \cdots + \binom{p^{k-1}}{p^{k-1}-1} x = x^{p^{k-1}} + ps(x)$$

이므로 $g(x) = \Phi_{p^k}(x+1) = \dfrac{x^{p^k} + pr(x)}{x^{p^{k-1}} + ps(x)}$이고

$$p[r(x) - g(x)s(x)] = g(x)x^{p^{k-1}} - x^{p^k} = a_1 x^{q-1} + a_2 x^{q-2} + \cdots + a_{q-1}x + a_q$$

에서 $p \mid a_1, \cdots, p \mid a_q$이다. 따라서 $g(x) = x^q + a_1 x^{q-1} + \cdots + a_{q-1}x + a_q$는 정리 3.11.17에 의하여 기약다항식이다.

(5) $\Phi_9(x) = \dfrac{x^9-1}{x^3-1} = x^6 + x^3 + 1$, $\Phi_{27}(x) = \dfrac{x^{27}-1}{x^9-1} = x^{18} + x^9 + 1$

17. $p(x)=x^2+ax+b$가 기약다항식이려면 1차 인수를 갖지 않아야 한다. 따라서 모닉 기약다항식은 전체 모닉다항식으로부터 1차 인수를 가지는 다항식을 제외하면 된다. 한편, 서로 다른 근을 가지는 2차 다항식은 $\binom{p}{2}$개이고 중근을 가지는 2차 다항식은 $\binom{p}{1}$개다. 즉, 모닉인 기약다항식의 개수는 $p^2-\binom{p}{2}-\binom{p}{1}=\dfrac{p(p-1)}{2}$이다.
또, $p(x)=x^3+ax^2+bx+c$가 기약다항식이려면 1차 인수를 갖지 않아야 한다. 따라서 모닉인 기약다항식은 전체 모닉다항식으로부터 1차 인수를 가지는 다항식을 제외하면 된다. 즉, 모닉인 가약다항식은

(i) 세 개의 서로 다른 근을 가지는 3차 다항식 : $\binom{p}{3}$

(ii) 하나의 중근과 다른 한 근을 가지는 3차 다항식 : $\binom{p}{2}\cdot 2$

(iii) 하나의 중근 3차 다항식 : $\binom{p}{1}$

(iv) 1차 다항식과 2차 기약다항식의 곱인 3차 다항식 : $p\times\dfrac{p(p-1)}{2}$이다. 따라서 3차 기약다항식의 개수는 $p^3-\binom{p}{3}-2\binom{p}{2}-\binom{p}{1}-p\times\dfrac{p(p-1)}{2}=\dfrac{p^3-p}{3}$이다.

18. 유한체 $\mathbb{Z}_2$ 위에서 4차 이하인 기약다항식은 다음과 같다:

1차 : $x,\ x+1$

2차 : x^2+x+1

3차 : $x^3+x+1,\ x^3+x^2+1$

4차 : $x^4+x+1,\ x^4+x^3+1,\ x^4+x^3+x^2+x+1$

따라서 모두 8가지이다.

[연습문제 3.12]

1. 임의의 두 원소 $a_1+b_1\alpha,\ a_2+b_2\alpha\in K$에 대하여

$$\begin{aligned}\phi((a_1+b_1\alpha)+(a_2+b_2\alpha))&=\phi((a_1+a_2)+(b_1+b_2)\alpha)\\&=(a_1+a_2)+(b_1+b_2)i\\&=(a_1+b_1i)+(a_2+b_2i)\end{aligned}$$

$$
\begin{aligned}
&= \phi(a_1+b_1\alpha)+\phi(a_2+b_2\alpha),\\
\phi((a_1+b_1\alpha)(a_2+b_2\alpha)) &= \phi((a_1a_2-b_1b_2)+(a_1b_2+a_2b_1)\alpha)\\
&= (a_1a_2-b_1b_2)+(a_1b_2+a_2b_1)i\\
&= (a_1+b_1i)(a_2+b_2i)\\
&= \phi(a_1+b_1\alpha)\phi(a_2+b_2\alpha)
\end{aligned}
$$

이므로 ϕ는 체 준동형함수이다. 또, 임의의 원소 $a+bi \in \mathbb{C}$에 대하여 $\phi(a+b\alpha)=a+bi$이고 $\phi(a_1+b_1\alpha)=\phi(a_2+b_2\alpha)$이면 $a_1+b_1i=a_2+b_2i$이고 $a_1=a_2$, $b_1=b_2$이므로 ϕ는 체 동형함수이다.

2. (1) $p(\pm 1)=-6\neq 0$이므로 1차 인수를 갖지 않는다.

이제, $(x^2+ax+b)(x^2+cx+d)=x^4-8x^2+1$이라고 하고 계수들을 비교하면

$$a+c=0,\ b+d+ac=-8,\ bc+ad=0,\ bd=1$$

이다. $bd=1$로부터 $b=d=-1$ 또는 $b=d=1$이다. 먼저, $b=d=-1$이면, $a+c=0$와 $ac=-6$이 되어 유리수 해가 존재하지 않는다. 같은 방법으로 $b=d=1$인 경우도 유리수 해가 존재하지 않는다. 그러므로 $p(x)$는 체 $\mathbb{Q}$ 위의 기약다항식이다.

(2) 체 K의 원소 α는 $p(x)$의 근이므로 $\alpha^4=8\alpha^2-1$이다.

따라서 $\alpha^6=\alpha^4\alpha^2=(8\alpha^2-1)\alpha^2=8\alpha^4-\alpha^2=8(8\alpha^2-1)-\alpha^2=63\alpha^2-8$이다.

(3) $(\alpha+1, \alpha^4-8\alpha^2+1)=1$이므로 $\alpha^4-8\alpha^2+1=(\alpha^3-\alpha^2-7\alpha+7)(\alpha+1)-6$이다.

따라서 $(\alpha+1)^{-1}=\dfrac{\alpha^3-\alpha^2-7\alpha+7}{6}$이다.

3. (1) $p(0)=p(1)=1\neq 0$이므로 1차 인수를 갖지 않는다.

이제, $(x^2+ax+b)(x^2+cx+d)=x^4+x^3+1$이라고 하고 계수들을 비교하면

$$a+c=1,\ b+d+ac=0,\ bc+ad=0,\ bd=1$$

이다. 그러면, $bd=1$로부터 $b=d=1$이다. 따라서 $a+c=1$, $ac=0$, $c+a=0$이 되어 만족하는 해가 존재하지 않는다. 그러므로 $p(x)$는 기약다항식이다.

(2) $\alpha^4=\alpha^3+1$이므로 $\alpha^6=\alpha^4\alpha^2=(\alpha^3+1)\alpha^2=\alpha^5+\alpha^2=\alpha(\alpha^3+1)+\alpha^2=\alpha^3+\alpha^2+\alpha+1$

(3) $\alpha^4+\alpha^3+1=\alpha^3(\alpha+1)+1$이므로 $(1+\alpha)^{-1}=(\alpha+1)^{-1}=\alpha^3$

(4) α의 위수는 $15=|K-\{0\}|$의 약수이다. 한편, $\alpha^3\neq1$, $\alpha^5=\alpha(\alpha^3+1)=\alpha^3+\alpha+1\neq1$이므로 α의 위수는 15이므로 원시원소이다. 또한, 원시원소의 개수는 $\varphi(15)=8$이다.

4. (1) 임의의 원소 $a\in\mathbb{Z}_p$에 대하여 $a=0$이면 $0^p=0$이고 $a\neq0$일 때 Fermat 정리에 의하여 $a^{p-1}=1$ 즉, $a^p=a$이다. 따라서 임의의 원소 $a\in\mathbb{Z}_p$에 대하여 $\sigma(a)=a^p=a$이다.

(2) 임의의 정수 i $(1\leq i\leq p-1)$에 대하여 $\binom{p}{i}$는 p의 배수이므로 체 K의 임의의 원소 α, β에 대하여 $\sigma(\alpha+\beta)=(\alpha+\beta)^p=\alpha^p+\beta^p=\sigma(\alpha)+\sigma(\beta)$이고 $\sigma(\alpha\beta)=(\alpha\beta)^p=\alpha^p\beta^p=\sigma(\alpha)\sigma(\beta)$이다. 또, $\alpha\in\ker\sigma\Rightarrow\sigma(\alpha)=0\Rightarrow\alpha^p=0\Rightarrow\alpha=0\Rightarrow\ker\sigma=\{0\}$이므로 σ는 체 동형함수이다.

(3) n차 기약다항식을 $p(x)=a_nx^n+a_{n-1}x^{n-1}+\cdots+a_1x+a_0$라고 할 때, $p(\gamma)=0$이면 $a_n\gamma^n+a_{n-1}\gamma^{n-1}+\cdots+a_1\gamma+a_0=0$이다. 한편

$$\begin{aligned}p(\gamma^p)&=a_n\gamma^{pn}+a_{n-1}\gamma^{p(n-1)}+\cdots+a_1\gamma^p+a_0\\&=a_n{}^p\gamma^{np}+a_{n-1}{}^p\gamma^{(n-1)p}+\cdots+a_1{}^p\gamma^p+a_0{}^p\\&=(a_n\gamma^n)^p+(a_{n-1}\gamma^{(n-1)})^p+\cdots+(a_1\gamma)^p+a_0{}^p\\&=(a_n\gamma^n+a_{n-1}\gamma^{(n-1)}+\cdots+a_1\gamma+a_0)^p\\&=p(\gamma)^p=0\end{aligned}$$

이므로 γ^p는 $p(x)$의 근이다.

5. (1) $p(0)=p(1)=1\neq0$이므로 1차 인수를 갖지 않는다.

(2) $(x^2+ax+b)(x^2+cx+d)=x^4+x^3+x^2+x+1$이라고 하고 계수들을 비교하면

$$a+c=1,\ b+d+ac=1,\ bc+ad=1,\ bd=1$$

이다. 그러면, $bd=1$로부터 $b=d=1$이다. 따라서 $a+c=1$와 $ac=1$이 되어 만족하는 해가 존재하지 않는다. 그러므로 $p(x)$는 기약다항식이다.

(3) 다항식 $p(x)$의 근이 β이므로 $p(\beta)=\beta^4+\beta^3+\beta^2+\beta+1=0$이므로 $\beta^4=\beta^3+$

$\beta^2+\beta+1$이다. 한편, $\beta^5=\beta^4\beta=(\beta^3+\beta^2+\beta+1)\beta=\beta^4+\beta^3+\beta^2+\beta=1$이다.

(4) $p(x)$의 근의 위수가 5이므로 $p(x)$가 원시기약다항식이 아니다.

(5) 원시원소는 $\varphi(15)=8$개 존재한다. 15개의 원소 중 선택하여 위수가 15인 것을 찾는다. 이를테면, $\beta+1$은 위수 15인 원시원소이다.

(6) $\beta^4+\beta^3+\beta^2+\beta+1=(\beta+1)(\beta^3+\beta+1)+\beta$ 과 $\beta^3+\beta+1=(\beta^2+1)\beta+1$으로

$$\begin{aligned}1&=(\beta^2+1)(\beta^4+\beta^3+\beta^2+\beta+1+(\beta+1)(\beta^3+\beta+1))+\beta^3+\beta+1\\&=[(\beta^2+1)(\beta+1)+1](\beta^3+\beta+1)\end{aligned}$$

이므로 $(\beta^3+\beta+1)^{-1}=\beta^3+\beta^2+\beta$이다.

6. (1) $(R, +)$는 위수 4인 덧셈군이므로 $(\mathbb{Z}_4, +)$ 또는 $(\mathbb{Z}_2\oplus\mathbb{Z}_2, +)$과 동형이다.

(2) $(R, +)$가 $(\mathbb{Z}_4, +)$와 동형인 경우에 $R=\{0, a, 2a, 3a\}$이다. 이 환은 $a\cdot a$에 의하여 결정된다. 먼저 $a\cdot a=0$이면 모든 원소의 곱셈이 0이므로 R은 항등원을 갖지 않는다. 이제 $a\cdot a=a$이면 예제 3.6.1에 의하여 환으로서 $R\cong\mathbb{Z}_4$이다. 한편,

$\cdot$	0	a	b	c
0	0	0	0	0
a	0	a	b	c
b	0	b		
c	0	c		

$a\cdot a=2a$이면 항등원을 갖지 않는다. 또, $a\cdot a=3a$이면 $3a$가 곱셈에 관한 항등원으로 $R\cong\mathbb{Z}_4$이다. 따라서 $R\cong\mathbb{Z}_4$이다.

(3) $(R, +)\cong(\mathbb{Z}_2\oplus\mathbb{Z}_2, +)$일 때, $R=\{0, a, b, c\}$이라 하면 R은 Klein의 사원군이므로 $2a=2b=2c=0$이고 $a+b=c=b+a$, $a+c=b=c+a$, $b+c=a=c+b$이다. 항등원을 a로 가지는 곱셈표를 생각하면, $b\cdot b$만 결정되면 배분법칙에 의하여 나머지 값이 결정된다. 따라서 아래와 같은 4가지 곱셈표를 얻는다.

$\cdot$	0	a	b	c
0	0	0	0	0
a	0	a	b	c
b	0	b	**0**	b
c	0	c	b	a

$\cdot$	0	a	b	c
0	0	0	0	0
a	0	a	b	c
b	0	b	$\boldsymbol{a}$	c
c	0	c	c	0

$\cdot$	0	a	b	c
0	0	0	0	0
a	0	a	b	c
b	0	b	$\boldsymbol{b}$	0
c	0	c	0	c

$\cdot$	0	a	b	c
0	0	0	0	0
a	0	a	b	c
b	0	b	$\boldsymbol{c}$	a
c	0	c	a	b

먼저, $b\cdot b=0$인 경우와 $b\cdot b=a$인 경우는 b와 c를 교환하면 같은 환이 된다. 또 $b\cdot b=b$인 경우는 환 $\mathbb{Z}_2\oplus\mathbb{Z}_2$와 비교할 때 $a=(1, 1)$, $b=(1, 0)$, $c=(0, 1)$로 놓으면 같은 환이 된다. 마지막으로 $b\cdot b=c$인 경우는 0을 제외한 모든 원소

가 곱셈에 관한 역원을 가지므로 체가 된다.

[연습문제 4.1]

1. 체 F의 원소는 체 K의 원소로 생각할 수 있으므로 체 F의 원소 a와 체 K의 원소 α의 곱 $a\circ\alpha$를 체 K에서 두 원소의 곱 $a\alpha$로 정의하면 정의 1.7.1의 8가지 조건을 모두 만족하므로 체 K는 체 F 위의 벡터공간이다.

2. (1) K의 임의의 세 원소 $a_1+b_1\sqrt[3]{2}+c_1\sqrt[3]{2^2}$, $a_2+b_2\sqrt[3]{2}+c_2\sqrt[3]{2^2}$, $a_3+b_3\sqrt[3]{2}+c_3\sqrt[3]{2^2}$에 대하여

$$\begin{aligned}(a_1+b_1\sqrt[3]{2}+c_1\sqrt[3]{2^2})+(a_2+b_2\sqrt[3]{2}+c_2\sqrt[3]{2^2})&\\ &=(a_1+a_2)+(b_1+b_2)\sqrt[3]{2}+(c_1+c_2)\sqrt[3]{2^2}\\ &=(a_2+a_1)+(b_2+b_1)\sqrt[3]{2}+(c_2+c_1)\sqrt[3]{2^2}\\ &=(a_2+b_2\sqrt[3]{2}+c_2\sqrt[3]{2^2})+(a_1+b_1\sqrt[3]{2}+c_1\sqrt[3]{2^2})\end{aligned}$$

이고 같은 방법으로

$$\begin{aligned}&[(a_1+b_1\sqrt[3]{2}+c_1\sqrt[3]{2^2})+(a_2+b_2\sqrt[3]{2}+c_2\sqrt[3]{2^2})]+(a_3+b_3\sqrt[3]{2}+c_3\sqrt[3]{2^2})\\ &\quad=(a_1+b_1\sqrt[3]{2}+c_1\sqrt[3]{2^2})+[(a_2+b_2\sqrt[3]{2}+c_2\sqrt[3]{2^2})+(a_3+b_3\sqrt[3]{2}+c_3\sqrt[3]{2^2})]\end{aligned}$$

이다. 또, $0+0\sqrt[3]{2}+0\sqrt[3]{2^2}$은 덧셈에 관한 항등원이고 $-a_1-b_1\sqrt[3]{2}-c_1\sqrt[3]{2^2}$은 $a_1+b_1\sqrt[3]{2}+c_1\sqrt[3]{2^2}$의 덧셈에 관한 역원이므로 K는 덧셈군이다.

(2) 곱셈에 관한 교환법칙, 결합법칙은 직접 계산하여 증명하면 된다. 곱셈에 관한 항등원은 $1+0\sqrt[3]{2}+0\sqrt[3]{2^2}$이고, 덧셈과 곱셈에 관한 배분법칙 또한 직접 계산하면 증명할 수 있다. 이제, 영이 아닌 원소 $a+b\sqrt[3]{2}+c\sqrt[3]{2^2}$의 곱셈에 관한 역원을 $x+y\sqrt[3]{2}+z\sqrt[3]{2^2}$이라고 하면, $(a+b\sqrt[3]{2}+c\sqrt[3]{2^2})(x+y\sqrt[3]{2}+z\sqrt[3]{2^2})=1$이다. 따라서 x, y, z는 다음 연립방정식

$$ax+2cy+2bz=1,\quad bx+ay+2cz=0,\quad cx+by+az=0$$

의 해이다. 따라서 연립방정식의 계수행렬의 행렬식을 구하면,

$$\begin{vmatrix} a & 2c & 2b \\ b & a & 2c \\ c & b & a \end{vmatrix} = a^3+2b^3+4c^3-6abc$$

$$= \frac{1}{2}(a+\sqrt[3]{2}b+\sqrt[3]{4}c)[(a-\sqrt[3]{2}b)^2+(a-\sqrt[3]{4}c)^2+(\sqrt[3]{2}b-\sqrt[3]{4}c)^2]$$

이고 a, b, c 중에 어느 하나가 0이 아니면 행렬식은 0이 아니므로 역행렬이 존재한다. 따라서 연립방정식은 해를 가진다. 즉, 영이 아닌 원소 $a+b\sqrt[3]{2}+c\sqrt[3]{2^2}$은 곱셈에 관한 역원을 가진다. 그러므로 K는 체이다.

(3) K는 $\sqrt[3]{2}$를 품는 체이므로 $\mathbb{Q}(\sqrt[3]{2})$를 포함한다. 즉, $\mathbb{Q}(\sqrt[3]{2})\subseteq K$이다. 역으로 $\mathbb{Q}(\sqrt[3]{2})$는 $\sqrt[3]{2}$에 의하여 생성된 체이므로 $\sqrt[3]{2}\in\mathbb{Q}(\sqrt[3]{2})$, $\sqrt[3]{4}=(\sqrt[3]{2})^2\in\mathbb{Q}(\sqrt[3]{2})$이다. 따라서 $a+b\sqrt[3]{2}+c\sqrt[3]{2^2}$은 $\mathbb{Q}(\sqrt[3]{2})$의 원소이다. 따라서 $K\subseteq\mathbb{Q}(\sqrt[3]{2})$이다.

3. 먼저, $\sqrt{2}, \sqrt{3}\in\mathbb{Q}(\sqrt{2}, \sqrt{3})$이고 $\mathbb{Q}(\sqrt{2}, \sqrt{3})$은 체이므로 $\sqrt{2}+\sqrt{3}\in\mathbb{Q}(\sqrt{2}, \sqrt{3})$이다. 따라서 $\mathbb{Q}(\sqrt{2}+\sqrt{3})\subseteq\mathbb{Q}(\sqrt{2}, \sqrt{3})$이다. 역으로, $\sqrt{2}+\sqrt{3}\in\mathbb{Q}(\sqrt{2}+\sqrt{3})$이므로 $\sqrt{6}=\dfrac{(\sqrt{2}+\sqrt{3})^2-5}{2}\in\mathbb{Q}(\sqrt{2}+\sqrt{3})$이다.
또, $2\sqrt{3}+3\sqrt{2}=(\sqrt{2}+\sqrt{3})\sqrt{6}\in\mathbb{Q}(\sqrt{2}+\sqrt{3})$이고 $\mathbb{Q}(\sqrt{2}+\sqrt{3})$은 체이므로 $\sqrt{2}=(2\sqrt{3}+3\sqrt{2})-2(\sqrt{2}+\sqrt{3})$이므로 $\sqrt{2}\in\mathbb{Q}(\sqrt{2}+\sqrt{3})$이고, $\sqrt{3}=(\sqrt{2}+\sqrt{3})-\sqrt{2}$이므로 $\sqrt{3}\in\mathbb{Q}(\sqrt{2}+\sqrt{3})$이다. 따라서 $\mathbb{Q}(\sqrt{2}+\sqrt{3})$는 $\sqrt{2}$와 $\sqrt{3}$을 품는 체이므로 $\mathbb{Q}(\sqrt{2}+\sqrt{3})\supseteq\mathbb{Q}(\sqrt{2}, \sqrt{3})$이다. 그러므로 $\mathbb{Q}(\sqrt{2}+\sqrt{3})=\mathbb{Q}(\sqrt{2}, \sqrt{3})$이다.

4. $\alpha, \beta\in K$라고 하면, $[F(\alpha, \beta):F]=[F(\alpha, \beta):F(\alpha)][F(\alpha):F]$은 유한이다. 즉, $F(\alpha, \beta)$는 유한확대체이므로 $\alpha-\beta\in F(\alpha, \beta)\subseteq K$이고 $\alpha\beta^{-1}\in F(\alpha, \beta)\subseteq K$이다. 그러므로 대수적 원소들의 집합 K는 체이다.

5. 임의의 원소 $\dfrac{f(x)}{g(x)}, \dfrac{h(x)}{k(x)}\in F(x)$에 대하여

$$\begin{aligned}\sigma\left(\frac{f(x)}{g(x)}+\frac{h(x)}{k(x)}\right) &= \sigma\left(\frac{f(x)k(x)+g(x)h(x)}{g(x)k(x)}\right) \\ &= \{f(\alpha)k(\alpha)+g(\alpha)h(\alpha)\}\{g(\alpha)k(\alpha)\}^{-1} \\ &= \{f(\alpha)g(\alpha)^{-1}+h(\alpha)k(\alpha)^{-1}\}\end{aligned}$$

$$=\sigma\left(\frac{f(x)}{g(x)}\right)+\sigma\left(\frac{h(x)}{k(x)}\right),$$

$$\sigma\left(\frac{f(x)}{g(x)}\frac{h(x)}{k(x)}\right)=\sigma\left(\frac{f(x)h(x)}{g(x)k(x)}\right)=\{f(\alpha)h(\alpha)\}\{g(\alpha)k(\alpha)\}^{-1}$$

$$=\{f(\alpha)g(\alpha)^{-1}\}\{h(\alpha)k(\alpha)^{-1}\}$$

$$=\sigma\left(\frac{f(x)}{g(x)}\right)\sigma\left(\frac{h(x)}{k(x)}\right)$$

이므로 σ는 체 준동형함수이다.

6. (1) x^5-2 (2) x^4-16x^2+4

(3) $x^6-6x^4-4x^3+18x^2+6x+5$ (4) $x^6-15x^4-4x^3+75x^2-60x-121$

7. 먼저 $f(x)=\sum_{i=0}^{m} a_ix^i$, $g(x)=\sum_{i=0}^{n} b_ix^i$이고 $m\geq n$이라고 가정하면,

$$f(x)+g(x)=\sum_{i=0}^{m}(a_i+b_i)x^i,\ (\text{단, } k>n\text{이면 } b_k=0),$$

$$f(x)g(x)=\sum_{k=0}^{m+n}(\sum_{i+j=k}a_ib_i)x^k,\ (\text{단, } i>m\text{이면 } a_i=0\text{이고 } j>n\text{이면 } b_j=0\text{이다})$$

이다. 따라서

$$\sigma^*(f(x)+g(x))=\sigma^*\left(\sum_{i=0}^{m}(a_i+b_i)x^i\right)=\sum_{i=0}^{m}\sigma(a_i+b_i)x^i=\sum_{i=0}^{m}\sigma(a_i)x^i+\sum_{i=0}^{m}\sigma(b_i)x^i$$

$$=\sigma^*(f(x))+\sigma^*(g(x))$$

$$\sigma^*(f(x)g(x))=\sum_{k=0}^{m+n}\sigma^*\left(\sum_{i+j=k}a_ib_i\right)x^i=\sum_{k=0}^{m+n}\sum_{i+j=k}\sigma(a_i)\sigma(b_j)x^k$$

$$=\sigma^*(f(x))\sigma^*(g(x))$$

이므로 σ^*는 체 준동형함수이고 σ가 위로의 함수이므로 σ^*도 위로의 함수이다. 이제 $\sigma^*(f(x))=0$이면 $\sum_{i=0}^{m}\sigma(a_i)x^i=0$이므로 임의의 $i\ (0\leq i\leq m)$에 대하여 $\sigma(a_i)=0$이고 $a_i=0$이다. 따라서 $f(x)=0$이므로 σ^*는 일대일이다. 따라서 σ^*는 체 동형함수이다. 한편,

$$\sigma^{**}(f_1(x)g_1(x)^{-1}+f_2(x)g_2(x)^{-1})$$
$$=\sigma^{**}[(f_1(x)g_2(x)+f_2(x)g_1(x))(g_1(x)g_2(x))^{-1}]$$
$$=\sigma^{*}(f_1(x)g_2(x)+f_2(x)g_1(x))\sigma^{*}(g_1(x)g_2(x))^{-1}$$
$$=[\sigma^{*}(f_1(x))\sigma^{*}(g_2(x))+\sigma^{*}(f_2(x))\sigma^{*}(g_1(x))]\sigma^{*}((g_1(x))^{-1}\sigma(g_2(x))^{-1}$$
$$=\sigma^{*}(f_1(x))\sigma^{*}((g_1(x))^{-1}+\sigma^{*}(f_2(x))\sigma^{*}(g_2(x))^{-1}$$
$$=\sigma^{**}(f_1(x)g_1(x)^{-1})+\sigma^{*}(f_2(x)g_2(x)^{-1})$$
$$\sigma^{**}(f_1(x)g_1(x)^{-1}f_2(x)g_2(x)^{-1})$$
$$=\sigma^{**}[(f_1(x)f_2(x))(g_1(x)g_2(x))^{-1}]$$
$$=\sigma^{*}(f_1(x)f_2(x))\sigma^{*}(g_1(x)g_2(x))^{-1}$$
$$=\sigma^{*}(f_1(x))\sigma^{*}(g_1(x))^{-1}\cdot\sigma^{*}(f_2(x))\sigma^{*}(g_2(x))^{-1}$$
$$=\sigma^{**}(f_1(x)g_1(x)^{-1})\sigma^{**}(f_2(x)g_2(x)^{-1})$$

이므로 σ^{**}는 체 준동형함수이다. 또한 σ^{**}는 일대일대응 함수이므로 σ^{**}는 체 동형함수이다. 마지막으로 $F(\alpha)\cong F(x)\cong E(x)\cong E(\beta)$이므로 $\overline{\sigma}$는 체 동형함수이다.

8. 모든 원소 $\alpha\in K-F$에 대하여 $F(\alpha)$는 F의 확대체이고 K의 부분체이다. 따라서 $[K:F(\alpha)][F(\alpha):F]=[K:F]$가 소수이다. 한편, $F(a)\neq F$이므로 $[F(\alpha):F]\neq 1$이므로 $[F(\alpha):F]$는 소수이고 $[K:F(\alpha)]=1$이다. 그러므로 $K=F(\alpha)$이다.

9. 가정에서 $[F(\beta):F]$는 무한이고 $[F(\alpha)(\beta):F(\alpha)]$은 유한이다.

(1) $[F(\alpha)(\beta):F(\alpha)]=n$이라고 하면 β는 $x^n+c_1x^{n-1}+\cdots+c_{n-1}x+c_0$, $c_i\in F(\alpha)$의 근이다. 따라서 $\beta^n+c_1\beta^{n-1}+\cdots+c_{n-1}\beta+c_0=0$, $c_i\in F(\alpha)$이다. 각 i에 대하여 c_i는 $a_{0i}+a_{1i}\alpha+\cdots+a_{m_ii}\alpha^{m_i}$의 꼴로 표현되며 위식을 α의 올림차순으로 정리하면 하면, α의 멱승에 대한 계수가 β의 멱승에 관한 일차결합으로 표현된다. 따라서 α는 $F(\beta)$ 위에서 대수적이다.

(2) α가 F 위에서 대수적이라고 가정하자. 그러면 $[F(\alpha):F]$이 유한이다. 가정에서 $[F(\alpha)(\beta):F(\alpha)]$은 유한이므로 $[F(\alpha)(\beta):F]=[F(\alpha)(\beta):F(\alpha)][F(\alpha):F]$이 유한이다. 한편, $[F(\beta):F]$는 무한이고 $[F(\beta):F]<[F(\alpha,\beta):F]$이므로 모순이다. 따라서 α가 F 위에서 초월적이다.

10. 정리 4.1.7에 의하여 체 K의 원소 α의 차수가 n이므로 $[F(\alpha):F]=n$이다. 한편, $F(\alpha)$는 K의 부분체이고 K는 F의 유한확대체이므로 $[K:F]=[K:F(\alpha)][F(\alpha):F]$ $=[K:F(\alpha)]n$이다. 따라서 $n\,|\,[K:F]$이다.

[연습문제 4.2]

1. (기본작도 Ⅲ) 직선 m과 직선 l이 직선 PQ와 수직이므로 직선 m과 직선 l은 평행하다.

   (기본작도 Ⅳ) 같은 반지름의 호로 $\overline{AB}=\overline{AC}$이고 사각형 APQC는 평행사변형이므로 $\overline{AC}=\overline{PQ}$이다. 따라서 $\overline{AB}=\overline{PQ}$이다.

2. (1) 원점 O와 P를 잇는 선분 $\overline{OP}$를 반지름으로 하는 원을 그려서 점 P가 아닌 x축과 만나는 점이 P′이고 y축과 만난 점 중에 P와 시계 반대 방향에서 만난 점이 Q이다.

   (2) (1)과 같은 방법으로 증명된다.

   (3) 점 P에서 x축에 수선을 그려 만난점이 P_1이고 y축에 수선을 그려 만난점이 P_2이다. 역으로 점 P_1을 지나 y축과 평행한 직선을 그리고 점 P_2를 지나 x축과 평행한 직선을 그려서 만난점을 구하면 이 점이 P이다.

3. 연습문제 4.2.2와 같은 방법으로 쉽게 증명할 수 있다.

4. 다항식 $f(x)=8x^3-6x-1$이 가약이라면 정리 3.11.11에 의하여 $f(x)$는 1차 인수를 가지므로 유리수 근으로 $\pm1, \pm\frac{1}{2}, \pm\frac{1}{4}, \pm\frac{1}{8}$ 중에 적어도 하나를 근을 가진다. 그러나 $f(x)$는 이들을 근으로 갖지 않으므로 기약이다. 이제, $\cos 20^\circ=x$라 놓으면 $\frac{1}{2}=\cos 60^\circ=\cos 3\cdot 20^\circ=4x^3-3x$이다. 따라서 $\cos 20^\circ$는 $8x^3-6x-1=0$의 해이다. 한편, $[\mathbb{Q}(\cos 20^\circ):\mathbb{Q}]=3$이므로 $\cos 20^\circ$는 작도불가능하다.

5. 작도가능한 수 : (1), (2), (3), (6)

6. (1) $12=2^2 3$이므로 작도가능

   (2) $15=3\times5$이므로 작도가능

   (3) $18=2\times3^2$이므로 작도불가능

   (4) $25=5^2$이므로 작도불가능

   (5) $36=2^2 3^2$이므로 작도불가능

(6) $100 = 2^2 5^2$이므로 작도불가능

7. (1) 예제 4.2.4와 같이 주어진 단위 길이 1에 대한 $\sin 54^\circ$를 작도한다.
   (2) 길이 2인 선분 l을 작도하고 중점을 H라고 한다(①).
   (3) 점 H를 지나 선분 l과 수직인 길이 $\sin 54^\circ$가 되는 점을 O라고 한다(②).
   (4) 점 O를 중심으로 반지름 1인 원을 그리고 선분 l과 만난 점을 각각 A와 B라고 한다(③).
   (5) OH의 연장선과 원이 만난점을 D라고 한다(④).
   (6) 점 D를 중심으로 반지름 $\overline{AB}$인 호를 그려 단위원과 만난점을 C와 E라면 오각형 ABCDE는 정오각형이다(⑤).

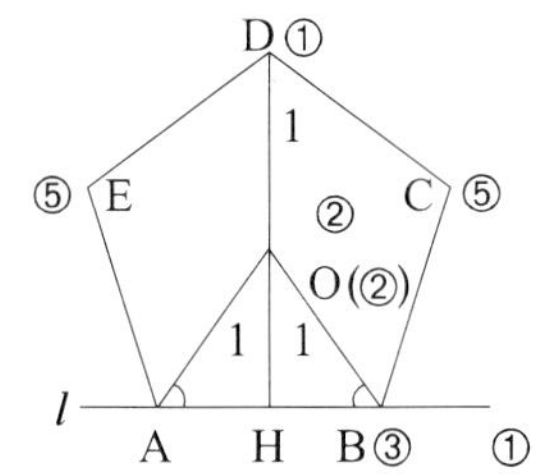

[연습문제 4.3]

1. 임의의 원소 $f, g, h \in Gal_F K$에 대하여 $g \circ f$는 체 K 위에 자기동형이고, 임의의 원소 $a \in F$에 대하여 $g \circ f(a) = g(f(a)) = g(a) = a$이므로 $g \circ f \in Gal_F K$이다. 한편, 함수의 합성연산에 관하여 결합법칙이 성립하므로 $(h \circ g) \circ f = h \circ (g \circ f)$이다. 또한 $1_K \in Gal_F K$는 항등원이다. 자기동형함수의 역함수는 자기동형이고 F의 원소를 고정시키므로 $f^{-1} \in Gal_F K$이다. 따라서 $Gal_F K$는 군이다.

2. (1) 체 준동형함수의 핵 $\ker \sigma$는 K의 이데알이므로 $\ker \sigma = \{0\}$이거나 $\ker \sigma = K$이다. 따라서 σ는 일대일 체 준동형함수(즉, 체 동형함수)이거나 영 체 준동형함수이다.
   (2) 체 자기동형함수의 합성함수는 체 자기동형함수이고 체 자기동형함수의 역함수는 체 자기동형함수이다. 또한 체 위에서 항등함수는 체 자기동형함수이다. 따라서 $Aut(K)$는 군이다.
   (3) $Gal_F K \subseteq Aut(K)$이고 (1)에 의하여 $Gal_F K$는 군이므로 $Gal_F K$는 $Aut(K)$의 부분군이다.

3. 먼저, σ_a에 대하여

$$\sigma_a\left(\frac{f(x)}{g(x)} + \frac{k(x)}{l(x)}\right) = \sigma_a\left(\frac{f(x)l(x) + g(x)k(x)}{g(x)l(x)}\right) = \frac{f(ax)l(ax) + g(ax)k(ax)}{g(ax)l(ax)}$$

$$=\frac{f(ax)}{g(ax)}+\frac{k(ax)}{l(ax)}=\sigma_a\left(\frac{f(x)}{g(x)}\right)+\sigma_a\left(\frac{k(x)}{l(x)}\right),$$

$$\sigma_a\left(\frac{f(x)}{g(x)}\frac{k(x)}{l(x)}\right)=\sigma_a\left(\frac{f(x)k(x)}{g(x)l(x)}\right)=\frac{f(ax)k(ax)}{g(ax)l(ax)}=\frac{f(ax)}{g(ax)}\frac{k(ax)}{l(ax)}$$

$$=\sigma_a\left(\frac{f(x)}{g(x)}\right)\sigma_a\left(\frac{k(x)}{l(x)}\right)$$

이므로 σ_a는 덧셈과 곱셈을 보존한다. 같은 방법으로 ax대신에 $x+b$를 대입하면 τ_b는 덧셈과 곱셈을 보존한다.

4. 먼저 Gal_LK의 원소는 K 위에서의 자기동형함수로서 L의 모든 원소를 고정시키므로 F의 원소는 분명하게 고정되므로 G의 원소이다. 즉, $Gal_LK\subseteq Gal_FK$이다. 이제 $\sigma,\ \tau\in Gal_LK$이면, $\sigma\circ\tau$와 σ^{-1}는 L의 원소를 고정시키는 K 위에서의 자기동형함수이다. 따라서 $\sigma\circ\tau,\ \sigma^{-1}\in Gal_LK$이다. 그러므로 Gal_LK는 G의 부분군이다.

5. (1) 원소 $\sigma\in K'=Gal_KK$이면 모든 원소 $\alpha\in K$에 대하여 $\sigma(\alpha)=\alpha$이므로 σ는 항등함수이고 따라서 $K'=\{1_K\}$이다. 또, $(Gal_KK)'=\{1_K\}'=\{\alpha\in K\mid 1_K(\alpha)=\alpha\}=K$이다. 즉, $(K')'=K$이다.

(2) 정의에 의하여 분명하다.

6. (1) Gal_FK의 정의에 의하여 $Gal_FK=\{1_K,\ \sigma,\ \tau,\ \rho\}$이다. 여기서

$$\sigma(a+b\sqrt{2}+c\sqrt{3}+d\sqrt{6})=a-b\sqrt{2}+c\sqrt{3}-d\sqrt{6}$$
$$\tau(a+b\sqrt{2}+c\sqrt{3}+d\sqrt{6})=a+b\sqrt{2}-c\sqrt{3}-d\sqrt{6}$$
$$\rho(a+b\sqrt{2}+c\sqrt{3}+d\sqrt{6})=a-b\sqrt{2}-c\sqrt{3}+d\sqrt{6}$$

이다. 한편, $(Gal_FK)'=\{\alpha\in K\mid f(\alpha)=\alpha,\ f\in\{1_K,\ \sigma,\ \tau,\ \rho\}\}$이고 $\sigma,\ \tau,\ \rho$에 의하여 고정되는 원소는 F의 원소뿐이다. 즉, $(Gal_FK)'=F$이다. 그러므로 K는 F의 Galois 확대체이다.

(2) 정의에 의하여 $Gal_FF(\sqrt{2}))=\{1_{F(\sqrt{2})},\ \sigma\}$이다. 여기에서 $\sigma(a+b\sqrt{2})=a-b\sqrt{2}$이다. 이제, $(Gal_FF(\sqrt{2}))'=\{\alpha\in F(\sqrt{2})\mid\sigma(\alpha)=\alpha\}=F$이므로 $F(\sqrt{2})$는 F의 Galois 확대체이다.

(3) 정의에 의하여 $(Gal_{F(\sqrt{2})}K)=\{1_K,\ \tau\}$이다. 여기에서 $\tau(a+b\sqrt{3})=a-b\sqrt{3}$,

$a, b \in F(\sqrt{2})$이다. 이제, $(Gal_{F(\sqrt{2})}K)' = \{\alpha \in K \mid \tau(\alpha) = \alpha\} = F(\sqrt{2})$이므로 K는 $F(\sqrt{2})$의 Galois 확대체이다.

7. 정의에 의하여 $H' = \{a \in K \mid$ 모든 원소 $\sigma \in H$에 대하여 $\sigma(a) = a\}$이고 $H'' = (H')' = \{\sigma \in G \mid$ 모든 원소 $a \in H'$에 대하여 $\sigma(a) = a\}$이다. H'의 정의에 의하여 임의의 원소 $\sigma \in H$는 H'에 속하는 모든 원소 $a \in H'$에 대하여 $\sigma(a) = a$이므로 $\sigma \in H''$이다. 따라서 $H \subseteq H''$이다. 정의에 의하여 $H \subseteq H''$으로부터 $(H'')' \subseteq H'$이다. 또, 정리 4.3.5 (4)의 체에 관한 성질에 의하여 $H' \subseteq (H')''$이다. 그러므로 $H' = (H')''$이다.

8. 임의의 원소 $H \in \mathscr{H}$에 대하여 $H' = (H')''$이므로 $\Phi(H) = H' \in \mathscr{J}$으로 정의된 함수 Φ는 잘 정의된다. 또한 $\Psi \circ \Phi(H) = \Psi(\Phi(H)) = \Psi(H') = H'' = H$이므로 $\Psi \circ \Phi = 1_{\mathscr{H}}$이다.

9. 집합 $S = \{\tau M' \mid \tau \in L'\}$과 $T = \{\alpha \in K \mid f(\alpha) = 0\}$를 정의하면, $|S| = [L' : M']$이고 $|T| \le \deg f(x) = n = [M : L]$이다. 먼저, 임의의 원소 $\sigma \in M'$와 임의의 원소 $u \in M$에 대하여 $\tau \circ \sigma(u) = \tau(\sigma(u)) = \tau(u)$이다. 따라서 임의의 원소 $u \in M$에 대하여 $\tau M'$의 모든 원소는 τ와 같은 함수이다. 만일 α가 $f(x) \in L[x]$의 근이면, 정리 4.3.2에 의하여 $\tau(\alpha)$는 $f(x) \in L[x]$의 근이다. 따라서, 함수 $\phi : S \to T$를 $\phi(\tau M') = \tau(\alpha)$로 정의하면 ϕ는 잘 정의된다. 이제 $\phi(\tau M') = \phi(\rho M')$이면 $\tau(\alpha) = \rho(\alpha)$이고 $\rho^{-1}\tau(\alpha) = \alpha$이다. 따라서 $\rho^{-1}\tau \in M'$이고 $\tau M' = \rho M'$이다. 그러므로 ϕ는 일대일 함수이고 $[L' : M'] = |S| \le |T| \le \deg f(x) = n = [M : L]$이다.

10. 집합 $\{\tau_1, \tau_2, \cdots, \tau_n\}$은 군 J에서 H의 대표계이므로 원소 중에 꼭 한 원소는 H의 원소이다. 이 원소를 τ_1이라 하면 다른 원소는 H의 원소가 아니다. 따라서 임의의 원소 $\alpha_i \in H'$에 대하여 $\tau_1(\alpha_i) = \alpha_i$이다. 따라서 (*)의 첫 식은 $\alpha_1 x_1 + \alpha_2 x_2 + \cdots + \alpha_{n+1} x_{n+1} = 0$이고 해 $x_1 = a_1, x_2 = a_2, \cdots, x_r = a_r, x_{r+1} = \cdots = x_{n+1} = 0$을 대입하면 $\alpha_1 a_1 + \alpha_2 a_2 + \cdots + \alpha_r a_r = 0$이다. 여기에서 $\alpha_1, \cdots, \alpha_r$은 J' 위에서 일차독립이고 $a_1, \cdots, a_r$은 영이 아니므로 $a_1, \cdots, a_r$ 들 중에 J'의 원소가 아닌 원소가 존재한다. $a_2 \notin J'$라고 하자. 그러면 정의에 의하여 원소 $\sigma \in J$가 존재하여 $\sigma(a_2) \ne a_2$이다.

11. 가정에 의하여 $H'' = H$이고 정리 4.3.5에 의하여 $J \subseteq J''$이다. 또한, 정리 4.3.7과 정리 4.3.8에 의하여 $[J : H] \le [J'' : H] = [J'' : H''] \le [H' : J'] \le [J : H]$이다. 따라

서 $[J'':H'']=[H':J']=[J:H]$이고 $J''=J$이다.

12. (1) $\{1_K, \sigma\}$, $\sigma(a+b\sqrt{2})=a-b\sqrt{2}$

(2) $\{1_K, \sigma\}$, $\sigma(a+b\sqrt{3})=a-b\sqrt{3}$

(3) $\{1_K, \sigma, \tau, \rho\}$, $\sigma(a+b\sqrt{2}+c\sqrt{5}+d\sqrt{10})=a-b\sqrt{2}+c\sqrt{5}-d\sqrt{10}$

$\tau(a+b\sqrt{2}+c\sqrt{5}+d\sqrt{10})=a+b\sqrt{2}-c\sqrt{5}-d\sqrt{10}$

$\rho(a+b\sqrt{2}+c\sqrt{5}+d\sqrt{10})=a-b\sqrt{2}-c\sqrt{5}+d\sqrt{10}$

(4) $\langle 1_K, \sigma, \tau, r\rangle=\{1_K, \sigma, \tau, \rho, \sigma\tau, \sigma\rho, \tau\rho, \sigma\tau\rho\}$

$$\sigma(a+b\sqrt{2}+c\sqrt{5}+d\sqrt{7}+e\sqrt{10}+f\sqrt{14}+g\sqrt{35}+h\sqrt{70})$$
$$=a-b\sqrt{2}+c\sqrt{5}+d\sqrt{7}-e\sqrt{10}-f\sqrt{14}+g\sqrt{35}-h\sqrt{70}$$
$$\tau(a+b\sqrt{2}+c\sqrt{5}+d\sqrt{7}+e\sqrt{10}+f\sqrt{14}+g\sqrt{35}+h\sqrt{70})$$
$$=a+b\sqrt{2}-c\sqrt{5}+d\sqrt{7}-e\sqrt{10}+f\sqrt{14}-g\sqrt{35}-h\sqrt{70}$$
$$\rho(a+b\sqrt{2}+c\sqrt{5}+d\sqrt{7}+e\sqrt{10}+f\sqrt{14}+g\sqrt{35}+h\sqrt{70})$$
$$=a+b\sqrt{2}+c\sqrt{5}-d\sqrt{7}+e\sqrt{10}-f\sqrt{14}-g\sqrt{35}-h\sqrt{70}$$

[연습문제 4.4]

1. $f(x)=x^4-4x^2-5=(x^2-5)(x^2+1)=(x-\sqrt{5})(x+\sqrt{5})(x-i)(x+i)$이므로 $f(x)$의 분해체는 $\mathbb{Q}(\sqrt{5}, i)$이다.

2. 다항식들의 집합 S의 분해체를 K라고 하고 다항식 $g(x)$의 분해체를 L이라고 하자. 먼저, 체 K 위에서 S의 모든 원소가 분해되므로 체 K 위에서 $g(x)$도 분해된다. 따라서 L은 K의 부분체이다. 역으로, 체 L 위에서 $g(x)$가 분해되고 S의 각 다항식 $f_i(x)$는 $g(x)$의 인수이므로 $f_i(x)$도 체 L 위에서 분해된다. 따라서 L 위에서 S의 모든 원소는 분해되므로 K는 L의 부분체이다. 그러므로 $L=K$이다.

3. 체 L은 체 F의 확대체이므로 F 위에서 다항식들의 집합 S는 체 L 위에서 다항식의 집합 S로 생각할 수 있다. 체 F 위에서의 다항식들의 집합 S의 분해체를 K라고 하고 체 L 위에서의 다항식의 집합 S의 분해체를 K'이라고 하자. 먼저, $F\leq L\leq K$이므로 체 L 위에서의 다항식의 집합 S의 원소가 체 K 위에서 분해되므로 $K'\leq K$이다. 역으로 체 L 위에서 다항식의 집합 S와 체 F 위에서 다항식들의 집합 S는 같으므로 체 F 위에서 다항식들의 집합 S의 원소가 체 K' 위에서 분해되는 것으로 생각할 수 있으므로 $K\leq K'$이다. 그러므로 $K=K'$이다.

4. 체 F 위에서 다항식들의 집합 S에 대하여 집합 T는

$$T=\{p_i(x) \mid p_i(x)\text{는 } S\text{의 원소인 다항식의 기약인수 }\}$$

이다. 집합 T의 분해체를 K'이라고 하자. 먼저, S의 모든 원소는 체 K 위에서 분해되고 T의 임의의 원소는 S의 원소의 인수이므로 K 위에서 분해된다. 따라서 $K' \leq K$이다. 역으로 S의 모든 원소는 체 F위에서 기약인수의 곱으로 표현되고 기약인수는 K' 위에서 분해되므로 S의 모든 원소는 K'위에서 분해된다. 따라서 $K \leq K'$이다. 그러므로 $K'=K$이다.

5. (1) $\Rightarrow$ (2) 2차 이상인 어떤 다항식 $f(x) \in K[x]$가 체 K에서 분해되지 않는다고 하자. 가정에서 $f(x)$는 체 K에서 근을 가지므로, 근을 $\alpha \in K$라고 하자. 정리 3.12.2에 의하여 적당한 $q(x) \in K[x]$가 존재하여 $f(x)=(x-\alpha)q(x)$이다. 따라서 가정에 모순이다. 즉 (2)가 성립한다.

   (2) $\Rightarrow$ (3) 2차 이상인 기약다항식 $g(x) \in K[x]$가 존재한다고 가정하면, (2)에 의하여 $g(x)$가 분해되므로 기약이라는 사실에 모순이다. 따라서 모든 기약다항식은 1차이다.

   (3) $\Rightarrow$ (4) 체 K 자신을 제외한 K의 대수적 확대체 K'이 존재한다면 $[K':K]=n>1$이고 $K'-K$의 원소를 근으로 가지는 2차 이상인 기약다항식 $p(x) \in K[x]$가 존재한다. 이는 (3)의 가정에 모순이므로 (4)가 성립한다.

   (4) $\Rightarrow$ (5) 체 K는 K의 부분체이고 (4)에 의하여 K는 K자신의 대수적 확대체이다. 또한 $K[x]$의 모든 다항식은 분해된다.

   (5) $\Rightarrow$ (1) 체 K 위에서 근을 갖지 않는 2차 이상의 다항식 $p(x) \in K[x]$가 존재한다고 하자. 그러면 $p(x)$의 근 α를 가지는 K의 확대체 $K(\alpha)$를 생각할 수 있다. 체 $K(\alpha)$는 K의 대수적 확대체이고 K는 F의 대수적 확대체이므로 $K(\alpha)$는 F의 대수적 확대체이다. 따라서 α는 F 위에서 대수적 원소이므로 α를 근으로 가지는 다항식 $q(x) \in F[x]$가 존재한다. 가정 (5)에 의하여 $q(x)$는 $K[x]$에서 분해되므로 $\alpha \in K$이므로 모순이다. 따라서 (1)이 성립한다.

6. $[\mathbb{C}:\mathbb{R}]=2$이므로 $\mathbb{C}$는 $\mathbb{R}$의 대수적 확대체이다. 또한 임의의 원소 $a+bi$를 근으로 가지는 기약다항식 $p(x)=x^2-2ax+(a^2+b^2)$는 $\mathbb{C}$ 위에서 $p(x)=(x-a-bi)(x-a+bi)$이다. 따라서 $\mathbb{C}$는 $\mathbb{R}$의 정규확대체이다.

7. (1) 체 $F(\alpha_1, \alpha_2, \cdots, \alpha_n)$은 유한 생성 확대체이므로 F의 유한확대체이다. 따라서

$F(\alpha_1, \alpha_2, \cdots, \alpha_n)$은 대수적 확대체이다. 즉, $F(\alpha_1, \alpha_2, \cdots, \alpha_n)$의 임의의 원소 α에 대하여 기약다항식 $p(x)$가 존재하여 $p(\alpha)=0$이다. 체 F의 표수가 0이므로 $p(x)$는 중근을 갖지 않는다. 따라서 α는 분리원소이다. 그러므로 $F(\alpha_1, \alpha_2, \cdots, \alpha_n)$은 분리확대체이다.

(2) 체 K를 분리원소에 의하여 생성된 체라고 할 때, α를 체 K의 임의의 원소라고 하면, 적당한 분리원소 $\alpha_1, \alpha_2, \cdots, \alpha_n \in K$가 존재하여 $\alpha \in F(\alpha_1, \alpha_2, \cdots, \alpha_n)$이다. (1)에 의하여 α는 분리원소이므로 K는 F의 분리확대체이다.

8. (1) 가정에 의하여 $\alpha \in K$를 근으로 가지는 기약다항식 $p(x) \in F[x]$는 분리다항식이다. 또한, $p(x) \in L[x]$이고 $p(x)$는 분리다항식이므로 $\alpha \in K$는 L 위에서 분리원소이다.

(2) 체 K가 체 F 위에서 분리확대체이면 (1)에 의하여 K는 체 L 위에서 분리확대체이다. 이제 체 L의 임의의 원소는 체 K의 원소이므로 F 위에서 분리원소이다. 따라서 L은 F 위에서 분리확대체이다.

9. 먼저 $[K:F]=2$이므로 K는 F의 대수적 확대체이다. 이제 K의 임의의 원소 α를 근으로 가지는 기약다항식 $p(x)$를 생각하면 $\deg p(x) \le 2$이다. 먼저 $\deg p(x)=1$이면, 이미 분해된 다항식이다. 이제, $p(x)=ax^2+bx+c \in F[x] \subseteq K[x]$ 라고 하면 $p(x)=(x-\alpha)(x-\beta)$이다. 이때, $\alpha+\beta=-\dfrac{a}{b}$이므로 $\beta=-\dfrac{a}{b}-\alpha \in K$이므로 $p(x)$는 K 위에서 분해된다. 따라서 K는 F의 정규확대체이다.

10. (1) $\sigma'(x)=0$ (2) $\sigma(x)=(x^2+x+1)^7=(x+5)^7(x+3)^7$

(3) 중복도 7

11. (1) $f(x)=xg(x)+x^2-x+1$이고 $g(x)=(x^5+x^4+x^3+x^2+x+1)(x^2-x+1)$이므로 $\gcd(f(x), g(x))=x^2-x+1$

(2) $g(x)=(x^5+x^4+x^3+x^2+x+1)(x^2-x+1)=(x^3+1)(x^2+x+1)(x^2-x+1)$
$=(x+1)(x^2+x+1)(x^2-x+1)^2=(x+1)(x+4)^2(x+2)^2(x+3)(x+5)$

(3) 단근 : 2, 4, 6 중복도 2인근 : 3, 5

[연습문제 4.5]

1. 체 K의 표수가 p이므로 p의 배수는 0이다. 임의의 r $(1 \le r \le p-1)$에 대하여 $\binom{p}{r}$

은 p의 배수이므로 $(\alpha+\beta)^p=\alpha^p+\beta^p$이고 $(\alpha+\beta)^{p^2}=(\alpha^p+\beta^p)^p=\alpha^{p^2}+\beta^{p^2}$이다. 따라서 귀납적으로 $(\alpha+\beta)^{p^r}=\alpha^{p^r}+\beta^{p^r}$이다. 또한, K는 체이므로 교환법칙이 성립하므로 $(\alpha\,\beta)^{p^r}=\alpha^{p^r}\,\beta^{p^r}$이다. 먼저, $\ker\sigma_p=\{0\}$이므로 σ_p는 자기동형함수이고 $\operatorname{im}\sigma_p=K$이다. 귀납적으로 $\operatorname{im}\sigma_{p^r}=K$이다. 임의의 원소 $a\in\mathbb{Z}_p$에 대하여 $a^p=a$이므로 $\sigma_{p^r}(a)=a$이다. 따라서 σ_{p^r}은 $\mathbb{Z}_p$-자기동형함수이다.

2. $\alpha^5=(2\alpha+1)^2\alpha=(\alpha^2+\alpha+1)\alpha=2\alpha$이므로 $\alpha^5+\alpha^7=2\alpha+2\alpha(2\alpha+1)=\alpha+\alpha^2=1$이고 $\alpha^{12}=\alpha^4=(2\alpha+1)^2=\alpha^2+\alpha+1=2$이므로 $p_2(x)=x^2+2x+2$이다.
또한, $p_1^{\,*}(x)=x^2p_1\left(\frac{1}{x}\right)=x^2\left(\frac{1}{x^2}+\frac{1}{x}+2\right)=2x^2+x+1=2p_2(x)$이다.

3.
$$\begin{aligned}\alpha^7+\alpha^{11}+\alpha^{13}+\alpha^{14}&=\alpha^3(\alpha+1)+\alpha^3(\alpha+1)^2+\alpha(\alpha+1)^3+\alpha^2(\alpha+1)^3\\&=\alpha^4+\alpha^3+\alpha^5+\alpha^3+\alpha^4+\alpha^3+\alpha^2+\alpha+\alpha^5+\alpha^4+\alpha^3+\alpha^2\\&=\alpha^4+\alpha=1,\end{aligned}$$
$$\alpha^{21}+\alpha^{20}+\alpha^{18}+\alpha^{27}+\alpha^{25}+\alpha^{24}=\alpha^6+\alpha^5+\alpha^3+\alpha^{12}+\alpha^{10}+\alpha^9=0,$$
$$\alpha^{34}+\alpha^{32}+\alpha^{31}+\alpha^{38}=\alpha^4+\alpha^2+\alpha^1+\alpha^8=0,\ \alpha^{45}=1$$

이므로 $p_2(x)=x^4+x^3+1$이다.
또한, $p_1^{\,*}(x)=x^4p_1\left(\frac{1}{x}\right)=x^4\left(\frac{1}{x^4}+\frac{1}{x}+1\right)=x^4+x^3+1=p_2(x)$이다.

4. (1) 먼저, $p(0)=p(1)=1$이므로 $p(x)$는 1차 인수를 갖지 않는다. 이제, $p(x)$가 2차 기약인수를 가진다면, $x^5+x^2+1=(x^2+x+1)(x^3+ax^2+bx+c)$이다. 따라서 관계식 $a+1=0$, $a+b+1=0$, $a+b+c=1$, $b+c=0$, $c=1$을 얻는다. 그러나 이 식을 만족하는 a, b, c는 존재하지 않으므로 $p(x)$는 기약다항식이다.
(2) 다항식 $p(x)$의 근을 α라고 하면, α는 $p(x)$에 의하여 생성되는 확대체의 원소이다. 원소 α의 위수는 확대체의 곱셈군의 위수 31의 약수이다. 실제로 α의 위수는 31이므로 $p(x)$는 원시기약다항식이다.
(3) 원시원소의 개수는 $\varphi(31)=30$이다. 원시다항식은 5개의 원시원소를 근으로 가지고 또한, 서로 다른 원시기약다항식은 공통근을 갖지 않으므로 원시기약다항식의 개수는 $\frac{\varphi(31)}{5}=6$이다.
(4) 각각을 구하면

$$p_1(x) = x^5 + x^2 + 1,$$

$$p_2(x) = x^5 + x^4 + x^3 + x^2 + 1,$$

$$p_3(x) = x^5 + x^4 + x^2 + x + 1,$$

$$p_4(x) = x^5 + x^3 + x^2 + x + 1$$

찾아보기

[ㅈ]

이 민 섭

서울대학교 사범대학 수학과 (이학사)
서강대학교 대학원 수학과 (이학석사)
University of Alabama 대학원 (Ph. D)
Queensland University of Technology (Australia)
1980 ~ 현재 : 단국대학교 수학과 교수
1992.12 ~ 1994.2 정보보호연구소(ISRC) 방문연구원
1994.1 ~ 2004.12 : 충청수학회 이사, 부회장
1994.1 ~ 2007.12 : 한국정보보호학회 이사, 부회장, 회장
2008.1 ~ 2009.2 : Purdue 대학 전자계산학과 방문교수
e-mail : msrhee@dankook.ac.kr, msrhee@dku.edu
URL : http://home.dankook.ac.kr/msrhee

[저서] 현대암호학, 정보화 사회와 수학, 정수론과 암호학 外 다수

[개정판]
현대대수학

2009년 3월 2일 초 판 발행
2010년 2월 26일 개정판 발행

저 자 / 이민섭
발행자 / 오판근
발행처 / 교우사

주 소 / 서울 동대문구 제기2동 148-19
전 화 / 925-2861(代), 편집부 / 925-2825
팩 스 / 925-2860

E-mail / kyowoo@kyowoo.co.kr
http://www.kyowoo.co.kr

등록 / 1994. 3. 24 제6-0256호

ISBN 978-89-8172-760-4 (93410)

값 **29,000** 원